国家出版基金项目
NATIONAL PUBLICATION FOUNDATION

"十二五"国家重点图书出版规划项目
中国森林生态网络体系建设出版工程

中 国 城 市 森 林
Urban Forestry for China

彭镇华　等著
Peng Zhenhua etc.

中国林业出版社
China Forestry Publishing House

图书在版编目（CIP）数据

中国城市森林 / 彭镇华等著 . —北京：
中国林业出版社，2014.12
“十二五”国家重点图书出版规划项目
中国森林生态网络体系建设出版工程
ISBN 978-7-5038-7747-6

Ⅰ. ①中… Ⅱ. ①彭… Ⅲ. ①城市林 – 研究 –
中国 Ⅳ. ① S731.2

中国版本图书馆 CIP 数据核字（2014）第 274441 号

出版人：金 旻
中国森林生态网络体系建设出版工程
选题策划 刘先银 策划编辑 徐小英 李 伟

中国城市森林

编辑统筹 刘国华 马艳军
责任编辑 刘先银 李 伟

出版发行 中国林业出版社
地 址 北京西城区刘海胡同 7 号
邮 编 100009
E - mail 896049158@qq.com
电 话（010）83143525 83143544
制 作 北京大汉方圆文化发展中心
印 刷 北京中科印刷有限公司
版 次 2014 年 12 月第 1 版
印 次 2014 年 12 月第 1 次
开 本 889mm × 1194mm 1/16
字 数 570 千字
印 张 24.5
定 价 139.00 元

序
FOREWORD

20 世纪以来，社会发展的重要趋势之一，是全球城市化的步伐不断加速。这种趋势一方面表现在城市的面积和数量不断扩大，另一方面表现在城市的人口不断增长。城市是人口最为集中的地方，它在促进社会经济发展的同时，也带来了一系列严重的生态环境问题。随着科学的进步，人们越来越认识到由各种生物与环境相互作用构成的多种生态系统在改善景观、净化空气、涵养水源、滞尘降噪、保护生物多样性、体现城市文化等具有多方面的、甚至是不可替代的环境服务功能。树木和以木本植物为主体构成的森林生态系统以其丰富的生物多样性、巨大的生物生产力、生命周期的长期性、垂直层次的复杂性以及管护的相对简易性使其在城市景观建设中具有特殊重要的地位。当前我国政府已经把可持续发展作为我国的基本国策。国家在实施以经济建设为中心的同时，把生态环境建设放到十分重要的位置。全国许多城市也提出了以可持续发展原则和生态经济学原理为指导的建设生态城市的长远目标。我国的城市建设正在摆脱的以建筑和观感为主导的传统观点，形成了以人为本，重视人居环境建设，提出城市生态环境建设、城市生态产业建设和城市生态文化建设的新理念，发展城市森林是这一复杂的生态城市系统工程中的非常重要环节。

进入新世纪，国家又提出了林业可持续发展战略，即"确定以生态建设为主的林业可持续发展道路，建立以森林植被为主体的国土生态安全体系，建设以山川秀美的生态文明社会。"在全国构建"点、线、面"结合的林业生态网络体系，并提出实施城市林业发展战略。因此，大力发展城市森林，使城市与森林和谐共存，人与自然和谐相处，是新世纪世界生态城市发展的必然趋势。

中国林业科学研究院彭镇华教授，10 多年来，集中对我国城市森林的理论构架进行了深入研究，取得了显著成效；特别是近几年在中国可持续发展林业战略研究、亚欧城市森林网络研究以及世界各国城市森林研究方面都有了新的突破；在主持的"中国森林生态网络体系建设的研究"项目期间，对全国 12 个城市的城市森林的研究和实践进行了系统的分析与总结；在此基础上撰写了《中国城市森林》这本专著。

彭镇华教授在《中国城市森林》一书中，详细阐明了城市森林的发展过程和城市森林的功能效益，从我国的实际出发提出了林网化与水网化的现代城市森林建设理念，对城市森林建设的基本原理、树种选择、植物配置、城市森林规划、评价体系、管护体系等进行了全面研究。这本书不仅是中国城市森林研究的总结，也是我国第一部比较全面、系统阐述中国城市森林建设的专著，对我国城市森林的健康发展具有十分重要的指导意义。

中国工程院院士 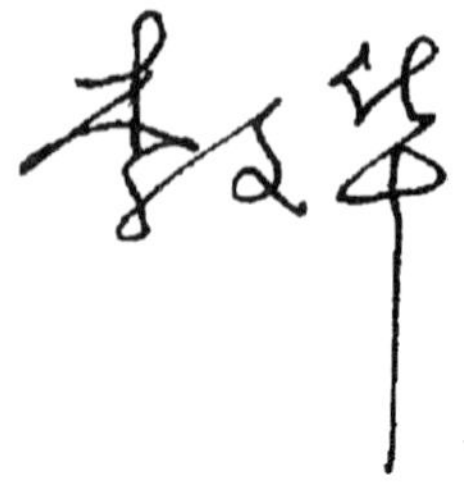

2013 年 1 月

前 言
PREFACE

森林是人类文明的摇篮，在城市发展的历史进程中，森林保障和推动了城市的健康发展。随着城市化进程的加速，人类正在不自觉地破坏自己赖以生存的自然生态系统，城市生态建设用地比例失调、污染程度加剧、污染种类增多、人居环境欠佳、生物多样性丧失等一系列生态环境问题严重制约了城市可持续发展。城市森林作为城市生态系统中具有自净功能的重要组成部分，在保护人体健康、调节生态平衡、改善环境质量、美化城市景观等方面具有城市其他基础设施不可替代的作用，大力发展城市森林，使城市与森林和谐共存，人与自然和谐相处，已经成为新世纪世界生态城市的发展方向。

城市森林的理论研究与实践是20世纪60年代由美国、加拿大的专家首先提出的。经过40多年的发展完善，城市森林的城市生态环境建设模式已经越来越被世界各国政府所接受。进入新世纪，世界城市森林建设呈现积极的发展态势。美国的洛杉矶、纽约、亚特兰大，日本的东京，韩国的汉城、釜山，印度的新德里等城市，都正在把建设城市森林作为新世纪生态城市发展的重要内容。欧盟大力支持开展城市森林的研究和实践，以德国莱比锡大学为首，组织德国、英国、意大利、芬兰、荷兰等国的研究力量，在这5个国家联合8个城市，共同研究21世纪现代都市城市绿地空间发展对策。

我国城市森林建设起步于20世纪80年代末期，在各级政府和有关部门的积极推动下，城市森林理论研究与实践都取得了积极的进展和显著的成效。1998年，在国家科技部、财政部和国家林业局的支持下，我们开展了“中国森林生态网络体系建设研究”项目的研究工作。该项目从整个国土生态安全角度，在全国范围内系统地开展了森林生态网络体系研究。针对我国地域广阔，地貌类型复杂，气候和森林植被类型多样，以及社会经济发展不平衡的特点，在充分考虑到现有我国陆地生态环境建设的基础上，以城市为“点”，以河流、海岸及交通干线为“线”，以我国林业区划的东北区、西北区等8大林区为“面”，初步构建了我国“点、线、面”相结合的森林生态网络布局框架。城市作为中国森林生态网络体系建设中的“点”，其核心内容就是发展城市森林。通过在全国12个示范点的城市森林建设，对城市森林的建设理论、发展规划、构建模式、树种选择、城市森林功能与效益、城市森林评价指标等方面进行了系统研究，其中上海、大连、合肥、珠海、深圳等城市森林建设的规划与工程实施都取得了显著成效。在研究过程中，项目成员还对美国、巴西、澳大利亚、新西兰、俄罗斯、瑞典、挪威、芬兰、德国、南非和日本等国家的城市森林建设进行了考察，扩大了视野。5 年来，在项目组全体人员的共同努力下，城市森林的研究与示范都取得了重大进展。

一是把城市森林建设纳入了中国森林生态网络体系建设。城市森林建设并不仅仅是单纯意义上的城市建成区绿化建设，要从保障整个国土生态安全的角度，把城市森林建设纳入了中国森林生态网络体系建设，强调由过去注重视觉效果转变到注重生态效益和人类的身心健康上来，突出了以林为主，乔、灌、草结合，林水结合，以人为本的城市森林建设基本原则。

二是完善了中国城市森林建设的理论，提出了林网化与水网化的现代城市森林建设理念。2000 年 10 月 25 日，由国家林业局科技司在江苏省扬州市主持召开的“长江中下游低丘滩地综合治理与开发研究”“中国森林生态网络体系建设研究”和“人工林木材性质及其生物形成与功能性改良机理的研究”3 项国家级重大科研项目的科研协作会，在这次会议上，项目主持人彭镇华教授全面总结了城市“点”研究的进展，首次提出了林网化与水网化的现代城市森林建设理念，并对其内涵进行了初步的阐述。2002 年，在进行“上海现代城市森林规划研究”项目的研究中，除了将上海作为“中国森林生态网络体系建设研究”中的点以外，又进一步对林网化与水网化的现代城市森林建设理念内涵、提出依据、建设途径和保障机制等问题进行了全面深入的研究。根据中国国情和城市市情提出的林网化与水网化的现代城市森林建设理念正是贯穿本书的主线。

三是推动了典型区域的城市森林建设规划与实践。在城市森林的研究中，在哈尔滨、合肥、厦门等城市开展了城市森林生态功能、保健功能、评价指标等方面的基础研究，在各个示范城市进行了配套工程建设。并以林网化与水网化的现代城市森林建设理念为指导，在上海、安徽怀宁重点进行了城市森林建设的规划研究。在上海，提出了“三网、一区、多核”的上海城市森林发展布局；在怀宁，提出了“一区、一湖、两片、三网”的总体布局。这些研究成果获得了有关部门的高度评价，已经成为“中国可持续发展林业战略研究”中“城市林业发展战略”的核心内容，将对我国正在兴起的城市森林建设发挥重要的指导和示范辐射作用。

本书的主要内容是“中国森林生态网络体系建设研究”项目的研究成果，哈尔滨、合肥、上海、厦门、怀宁等 12 个城市试验点的研究和实践为本书打下了扎实的研究基础和提供了丰富的内容，可以说它凝聚了项目组全体人员的辛勤汗水，是集体智慧的结晶；同时，本书也借鉴了国内城市森林和城市林业方面的相关研究成果，我们在参考文献中已经列出，这里对有关研究的作者表示感谢！因城市森林的研究在我国还是一项全新的工作，错漏和不当之处在所难免，请读者批评指正。

我们相信，通过推进全国范围内的城市森林建设，将调整整个国土的森林资源布局，增加森林资源相对匮乏的城市化地区的森林面积，使森林资源分配更趋于合理，建立起完善的国土生态安全保障体系，为全面建设小康社会，实施可持续发展战略，建设和谐优美、健康舒适的人居环境作出贡献！

著　者

2013 年 1 月

目　录
CONTENTS

序
前言

第一章　绪论……(1)
第一节　中国城市环境建设的传统理念……(1)
一、以人为本的古代建筑风水观……(2)
二、以中国园林为代表的自然观……(4)
三、以中国传统文化为特色的生态观……(7)
第二节　中国城市生态环境的现实问题……(8)
一、大气污染……(9)
二、水污染……(10)
三、固体废物……(11)
四、噪声污染……(11)
五、光污染……(12)
六、酸雨污染……(12)
七、土壤污染……(13)
八、热岛效应……(14)
九、生物多样性降低……(14)
第三节　城市森林是中国城市生态建设的必然……(15)
一、城市森林建设是现代林业研究的重要内容……(15)
二、城市森林建设是国家六大林业工程的有效补充……(16)
三、城市森林建设是中国森林生态网络体系建设的重要组成部分……(16)
四、城市森林建设是建设城市生态文明的重要手段……(16)
五、城市森林是体现城市竞争力的重要标志……(17)
六、城市森林是全面实现小康社会的重要特征……(17)
七、城市森林是城市可持续发展的需要……(18)

第二章　中国城市生态环境建设发展 ………………………………………………（19）
第一节　中国城市绿化建设的发展 …………………………………………………（19）
一、中国城市建设概况 …………………………………………………………（20）
二、中国城市生态环境建设发展历程 …………………………………………（20）
三、不同历史时期的代表理念 …………………………………………………（24）
四、中国城市生态环境建设历史的借鉴作用 …………………………………（28）
第二节　中国城市绿化建设中存在的问题 …………………………………………（36）
一、缺少生态学指导，城市绿地发展规划滞后 ………………………………（37）
二、城市绿地结构单一，生物多样性降低 ……………………………………（37）
三、绿地生态效益重视不够，绿化体系亟待完善 ……………………………（39）
四、未能充分体现以人为本的中心原则 ………………………………………（40）
五、考虑国情市情不足，绿化缺乏地方特色 …………………………………（41）
第三节　21 世纪城市生态环境建设的发展趋势 ……………………………………（42）
一、注重城市发展理念，倡导“绿色城市及绿色社区”空间规划 …………（42）
二、重视水体景观要素，提高城市生态环境品位 ……………………………（43）
三、加强文化生态内涵，重塑城市文脉特征 …………………………………（45）
四、遵循人居环境科学，创造人类理想家园 …………………………………（46）
五、开展城市林业建设，完善城市森林生态系统 ……………………………（47）
六、强调以人为本原则，满足居民身心健康需求 ……………………………（49）

第三章　城市森林的形成与发展 ……………………………………………………（50）
第一节　城市森林的概念及研究范畴 ………………………………………………（50）
一、城市森林的概念 ……………………………………………………………（50）
二、城市森林的特点 ……………………………………………………………（51）
三、城市森林的基本定位 ………………………………………………………（53）
四、研究对象及内容 ……………………………………………………………（55）
第二节　典型国家和地区城市森林的形成与发展 …………………………………（59）
一、国外城市森林的形成与发展概述 …………………………………………（59）
二、城市森林发展现状 …………………………………………………………（61）
第三节　中国城市森林的形成与发展 ………………………………………………（70）
一、中国城市森林引入 …………………………………………………………（70）
二、我国城市林业实践 …………………………………………………………（72）

第四章　城市森林的功能效应分析 …………………………………………………（74）
第一节　城市森林功能效应影响因素 ………………………………………………（74）
一、生态系统稳定性的影响 ……………………………………………………（74）

二、景观分布格局的影响 …………………………………………………………………（75）
三、城市森林类型的影响 …………………………………………………………………（76）
第二节　城市森林功能效应分析 …………………………………………………………（79）
一、生态环境功能 ……………………………………………………………………………（79）
二、人体保健功能 ……………………………………………………………………………（86）
三、教育文化功能 ……………………………………………………………………………（90）
四、景观游憩功能 ……………………………………………………………………………（92）
五、产业经济功能 ……………………………………………………………………………（94）

第五章　中国城市森林建设的内涵……………………………………………………（96）
第一节　城市森林建设的目标与原则 ……………………………………………………（96）
一、城市林业发展的战略目标 ……………………………………………………………（96）
二、城市森林建设的原则 ……………………………………………………………（100）
第二节　城市森林建设的核心理念——林网化与水网化 ……………………………（101）
一、林网化与水网化的概念 …………………………………………………………（101）
二、林网化与水网化提出的背景 ……………………………………………………（102）
三、林网化与水网化建设理念提出的依据 …………………………………………（104）
四、林网化与水网化建设的具体措施 ………………………………………………（106）
第三节　中国城市森林发展的总体战略 ……………………………………………（112）
一、中国城市森林建设战略布局的原则 ……………………………………………（112）
二、中国城市森林建设战略分区 ……………………………………………………（113）

第六章　城市森林建设的基本理论……………………………………………………（117）
第一节　森林生态学基本原理 ………………………………………………………（117）
一、森林生态系统结构理论 …………………………………………………………（117）
二、生态平衡理论 ……………………………………………………………………（119）
三、植物群落演替理论 ………………………………………………………………（119）
四、生态适应性及生态位理论 ………………………………………………………（120）
五、森林生态学基本原理在城市森林建设中的应用 ………………………………（121）
第二节　生物多样性原理 ……………………………………………………………（122）
一、城市森林建设中保护生物多样性的必要性 ……………………………………（123）
二、不能混淆的几个问题 ……………………………………………………………（124）
三、生物多样性原理在城市森林建设中的应用 ……………………………………（126）
第三节　景观生态学原理 ……………………………………………………………（127）
一、城市景观要素和生态类型 ………………………………………………………（127）
二、城市森林景观要素属性与功能 …………………………………………………（129）

三、影响整个网络功能的结构因素 …………………………………………（134）
四、景观生态学原理在城市森林建设中的应用 ……………………………（135）
第四节　生态系统管理理论 ……………………………………………………（136）
一、森林生态系统管理理论 ……………………………………………………（136）
二、生态系统管理在城市森林建设和管理中的应用 ………………………（138）
第五节　城市生态学原理 ………………………………………………………（140）
一、城市生态学的基本理论 ……………………………………………………（140）
二、城市生态学原理在城市森林建设中的应用 ……………………………（141）
第六节　人文生态学原理 ………………………………………………………（142）
一、人文生态学的内涵 …………………………………………………………（142）
二、人文生态学原理在城市森林建设中的应用 ……………………………（145）
第七节　环境经济学原理 ………………………………………………………（148）
一、自然资源价值理论 …………………………………………………………（148）
二、环境资源价值的含义 ………………………………………………………（149）
三、环境资源价值的决定因素 …………………………………………………（149）
四、环境资源的外部不经济性 …………………………………………………（150）
五、环境经济学原理在城市森林建设中的应用 ……………………………（150）

第七章　城市森林建设中的植物选择……………………………………………（152）
第一节　植物材料应用情况 ……………………………………………………（152）
一、植物材料应用丰富度分析 …………………………………………………（152）
二、典型城市绿化树种使用情况分析 …………………………………………（155）
三、植物材料应用的发展趋势 …………………………………………………（161）
第二节　不同植物材料生态功能分析 …………………………………………（165）
一、净化有毒气体 ………………………………………………………………（165）
二、减少粉尘 ……………………………………………………………………（167）
三、杀灭有害病菌 ………………………………………………………………（170）
四、修复污染土壤 ………………………………………………………………（171）
第三节　植物材料选择的原则与方法 …………………………………………（176）
一、植物材料选择的原则 ………………………………………………………（176）
二、植物材料选择的方法 ………………………………………………………（177）

第八章　城市森林建设中的植物配置……………………………………………（179）
第一节　植物配置现状分析 ……………………………………………………（180）
一、物种丰富度分析 ……………………………………………………………（180）
二、物种关联性分析 ……………………………………………………………（182）

三、优势种（建群种）分析 ……………………………………………………（184）
四、他感作用分析 ……………………………………………………………（185）
第二节　不同植物组合功能分析 ……………………………………………（186）
一、生态功能差异 ……………………………………………………………（186）
二、社会功能差异 ……………………………………………………………（190）
三、经济功能差异 ……………………………………………………………（191）
第三节　植物配置原则及方法 ………………………………………………（191）
一、配置原则 …………………………………………………………………（191）
二、配置方法 …………………………………………………………………（192）

第九章　城市森林建设布局……………………………………………………（193）
第一节　城市森林景观格局分析 ……………………………………………（193）
一、分析方法 …………………………………………………………………（193）
二、实例分析——合肥城市森林景观格局分析 ……………………………（197）
第二节　城市森林建设布局的原则和依据 …………………………………（203）
一、布局的原则 ………………………………………………………………（203）
二、布局的依据 ………………………………………………………………（204）
第三节　城市森林建设布局要点 ……………………………………………（207）
一、实现生态规划 ……………………………………………………………（207）
二、构筑生态廊道 ……………………………………………………………（210）
三、实现城乡一体化 …………………………………………………………（213）

第十章　城市森林建设评价……………………………………………………（214）
第一节　城市森林建设评价的意义 …………………………………………（214）
一、有助于提高全社会对城市森林建设重要意义的认识 …………………（215）
二、有助于运用经济手段保护城市生态系统 ………………………………（215）
三、有助于建立综合的经济与资源环境核算体系 …………………………（216）
四、有助于建立具有良好结构和功能的城市森林 …………………………（216）
第二节　城市森林建设评价的现状 …………………………………………（217）
一、评价指标的研究现状 ……………………………………………………（218）
二、评价指标量化方法和综合方法的研究现状 ……………………………（219）
三、评价程序或评价路线的研究现状 ………………………………………（221）
第三节　评价的原则和指导思想 ……………………………………………（222）
一、评价的指导思想 …………………………………………………………（222）
二、评价的原则 ………………………………………………………………（222）
第四节　评价指标体系的构成 ………………………………………………（223）

一、目标层 …………………………………………………………………（223）
二、准则层 …………………………………………………………………（223）
三、指标层及分指标层 ……………………………………………………（225）
四、评价指标的量化和标准的制定 ………………………………………（232）
第五节　评价指标标准值的计算和评价分析 ……………………………（235）
一、三级指标数值的计算 …………………………………………………（235）
二、二级指标数值的计算 …………………………………………………（236）
三、一级指标数值的计算 …………………………………………………（236）
四、城市森林建设评价综合指数的计算 …………………………………（236）

第十一章　城市森林建设管理……………………………………………（237）
第一节　城市森林建设管理中的问题 ……………………………………（237）
一、城市森林的经营目标 …………………………………………………（237）
二、城市森林经营中的问题 ………………………………………………（238）
第二节　城市森林经营管理发展的驱动因素分析 ………………………（242）
一、大学和学会的作用 ……………………………………………………（242）
二、历届城市林业研讨会的作用 …………………………………………（243）
三、树木经营公司的贡献 …………………………………………………（243）
四、公共媒体的作用 ………………………………………………………（243）
五、政府的作用 ……………………………………………………………（244）
第三节　城市森林经营的几个主要方面 …………………………………（245）
一、对城市森林实行生态系统的经营管理方法 …………………………（245）
二、近自然的设计和管护——创建富有活力的高效城市森林 …………（246）
三、实现可持续发展的城市森林建设 ……………………………………（247）
四、建立和完善城市树木价值的估算方法 ………………………………（251）
五、城市林业建设的财政保证 ……………………………………………（255）
六、完善政策法规 …………………………………………………………（257）
七、加快人才培养和建立科研队伍 ………………………………………（258）
八、协调各部门之间的关系 ………………………………………………（258）
九、开展广泛的国际合作 …………………………………………………（259）

第十二章　中国典型城市森林建设研究…………………………………（260）
第一节　上海城市森林建设 ………………………………………………（261）
一、上海城市森林现状与格局分析 ………………………………………（261）
二、上海城市生态分区与城市森林功能定位及布局 ……………………（263）
三、上海城市森林的规划框架 ……………………………………………（267）

四、城市森林生态功能的相关研究 …………………………………………………… (268)
第二节　哈尔滨城市森林建设研究 …………………………………………………… (283)
一、哈尔滨城市森林现状与格局分析 ………………………………………………… (283)
二、哈尔滨绿地系统生态功能分析 …………………………………………………… (290)
三、树种生态功能（滞尘能力）分析 ………………………………………………… (295)
四、哈尔滨城市森林建设的树种选择 ………………………………………………… (296)
第三节　厦门城市森林建设 …………………………………………………………… (299)
一、厦门概况 ………………………………………………………………………… (299)
二、厦门森林生态现状 ……………………………………………………………… (301)
三、厦门森林生态网络体系建设 …………………………………………………… (305)
四、沿海防护林在滨海城市环境建设中的地位及发展对策 ………………………… (315)
五、3S 技术在厦门城市森林建设中应用 ……………………………………………… (320)
六、厦门市主要行道绿化树种凤凰木生长效应 ……………………………………… (324)
第四节　怀宁县城市森林建设 ………………………………………………………… (327)
一、怀宁县基本概况 ………………………………………………………………… (327)
二、规划总体思路 …………………………………………………………………… (331)
三、城区城市森林体系建设规划方案 ………………………………………………… (335)
四、怀宁新城生态辐射区范围的森林网络体系建设规划 …………………………… (343)
五、重点建设项目规划 ……………………………………………………………… (347)
六、树种规划 ………………………………………………………………………… (348)
七、实施规划的保障措施 …………………………………………………………… (349)
八、分期建设规划及投资概算 ……………………………………………………… (351)
九、规划附件 ………………………………………………………………………… (352)

参考文献……………………………………………………………………………… (356)

植物名称对照表……………………………………………………………………… (368)

内容简介……………………………………………………………………………… (378)

第一章　绪　　论

中国是一个历史悠久的文明古国，延续5000多年所创造的辉煌灿烂的古典文化，对人类的文明与进步曾经做出过巨大的贡献。一个文明发祥地能不能称得上城市，要看它是否具有固定居民点、大型神庙建筑、防御性设施以及手工业作坊、集市等要素。中国城市的起源，大约可以追溯到5000多年前。目前，考古界公认中国最早的城市座落在山东省日照市五莲县丹土村，距今有4000多年的历史。而2002年7月考古工作者对正在发掘的安徽省含山凌家滩原始部落遗址的初步分析表明，这里可能是中国最早的城市遗址，这表明中国早在5500年前就出现了城市,从而使中国城市的历史又向前推进了1000多年。城市的产生，是人类社会由原始时代进入文明时代的一个重要标志。它是人类文明的结晶，又是人类文明进一步丰富、发展的重要基地与舞台。“城”和“市”最初是两个不同的概念，“城”是一种防御设施，是奴隶制国家为了维护其政治统治和进行军事防御而建造的一种防御设施，正如中国古书上所言“城郭沟地以为固”“筑城以卫君，造郭以守民”。“市”是商品交换的固定场所，从生产力角度看，产生城市的基础是人类劳动的三次大分工。如果说把畜牧业、渔业从农业中分离出来作为第一次大分工，那么，人类历史第二次社会大分工是手工业的分离，第三次大分工则是商品交换和服务性行业从农业中分离出来。“城”和“市”结合在一起，既反映了城市的来源，又反映了城市两种最古老的功能，即作为一定区域的政治中心与经济中心，与这两种功能相适应，文化中心的功能也伴随产生。在城市诞生初期，城市的结构与功能是比较简单的。城市的类型比较单一，城市的规模较小，城市人口在社会总人口中所占的比重不大。因此,城市在整个社会生产和社会生活中的主导作用也比较有限。随着社会生产力的发展，科学文化的进步与社会制度的变革，城市规模不断扩大，城市数量不断增多，城市的类型日益多样化。

第一节　中国城市环境建设的传统理念

由于开凿运河,修筑公路、港口,推动了城市发展。早在战国时期,就曾经有临淄“车毂击，人肩摩，连衽成帷，举袂成幕，挥汗成雨”的盛况。后来又相继出现了唐代长安、北宋东京、南宋临安、明代北京等拥有百万人口或百万以上人口的特大城市。总的看来，在奴隶社会、封建社会中，城市发展的总趋势是上升的，只是速度比较缓慢。

数千年中，中国城镇化进程虽然缓慢，但我们的祖先早就知道选择居住环境的重要性。作为一种环境观，中华文化优秀传统之一的“风水”，一直是中国人追求理想环境的代名词，对中国古代民居、村落，甚至城市的形成与发展产生了重要而深刻的影响。

一、以人为本的古代建筑风水观

中国传统风水思想，将天、地、人三者紧密结合，倡导人与自然和谐。风水观对理想生活环境的追求，始终是人类生存和发展的主题。风水观对中国传统的自然观、环境观的发展和对中国传统建筑文化与艺术均做出了巨大贡献。风水观实际上是集地质学、地理学、生态学、景观学、建筑学、伦理学、心理学、美学等于一体的综合性、系统性很强的古代建筑规划设计理论，是中国古建筑理论的精华，与营造学、造园学共同构成中国古代建筑理论的三大支柱。中国的风水观具有鲜明的生态实用性，既包含着丰富的实用价值，也蕴含着浓厚的审美情趣，并超越时空的限制，在现代风景、园林、建筑和城市设计中得到了继承与发展。

中国古代风水观，从字面解释，“风水”的意思，就是阴、阳宅周围风向、水流的形势。晋代郭璞《葬书》说：“葬者，乘生气也”，经曰：“气乘风则散，界水则止，古人聚之使不散，行之使有止，故谓之风水”。对天地万物的认识，起初是分为对立的“阴”和“阳”，阴阳是中国早期自然哲学中一对相互对立又互为消长的最基本范畴。正如《淮南子·天文训》中：“天地之袭精者为阴阳，阴阳之专精者为四时，四时之散精者为万物；积阳之热气久者生火，火气之精者为日；积阴之寒气久者为水，水气之精者为月……”，风水就是以阴阳为前提，以气为指导思想而展开的。风水中人们习惯于把阴阳五行放在一起，其实阴阳和五行分属不同的学说。原始的阴阳说早于五行说。阴阳说产生于夏代以前，而原始的五行说据范文澜《与颉刚论五行说的起源》认为产生于夏代之初，殷代卜辞中有“东土受年、南土受年、西土受年、北土受年”等“四方”的观念，于是商代就称自己为“中商”，便是五方，可见最迟殷代已有五行观念。这种原始的五行学说，力图用金、木、水、火、土五种不同物质概括世间万物的本原。而八卦本身则是由阴阳派生而来，《周易·系辞》曰：“易有太极，是生两仪、两仪生四象，四象生八卦。”这是阴阳衍八卦的程序。有了八卦的名称，就有了八卦的物象，于是人们就用自然界中天、雷、风、水、地、火、泽、山8种常见的事物作为八卦的物象。按照《周易》的体系，特别是经过汉代“天人感应”思想的发挥，使八卦中每一卦又有了特定含义。在风水观中，八卦主要用作方位。风水作为一门学问，经过长期发展，形成不同流派，秦汉时代，风水理论已有一定雏形。《汉书·艺文志》中所录的相地书，已有“气论”和“形论”的早期著作。清代学者丁黄朴在《风水祛感》中论及：“风水之术，大抵不出形势、方位两家。言形势者，今谓之峦体；言方位者，今谓之理气。唐宋时人，各有宗派授受，自立门户，不相通用。”理气派产生的理论基础比形法派更依赖于中国古代哲学中的气论思想。气论思想以方以智为代表，认为天地万物皆是气所生成，即王廷相所言“山泽水土，气皆入乘之，造化之大宅也”，朱熹的“气之流行，充塞宇宙”，程灏说“万物只有一个天理”。风水中的“气”是一种无形而连续性的物质，地气是藏于地中的，好似人之血脉。中国古代气论认为，天生于气、地生于气、人生于气、万物皆生于气，它们有着共同的本原。既然气论认为天、地、人都是气所生成，那么它们之间有着某种共性，可彼此感应。有了天、地、人自然感应观，大地有生命的学说也就自然出现了。自然界中的水、火、土、石分别比作人身上的血、气、肉、骨。“水则人生之血”“火则人身之气”“土则人身之肉”“石则人身之骨”，“合水火土石则为地，犹合血气骨肉为人”。整个风水学都是以气论为主旨，而“大地生气”说本身就是“土地有机”自然观的反映。其中“青龙、白虎、朱雀、玄武”，是风水中推崇的四个方位神的名称。青龙、白虎是上古时代传说中的东、西方之神。“前朱雀而后玄武，左青龙而右白虎”，代表四个方位天神的名字。“青龙、白虎、朱雀、玄武”作为四方之神，后为道教所尊奉，因而在中国文化中影响较广泛。起初人们对风水的评价不是从科学观而更多的是从文化观来考虑的。至少在战国末年齐、燕一派的方术中，就已有了“风水术”的萌芽。风水观的真正兴起，还是汉和汉以后的事。唐宋以后，有关著作越来越多。

近代，新文化运动的影响下，风水作为一门学说在新科学面前受挫，但作为一种文化现象仍以一种民俗形式传播。其根本的目标是追求对人生发展有利的生产生活环境。我们应去除封建迷信之糟粕，吸取科学之精华，去伪存真。重视人之居处，本是中华本土文化中一项重要的内容。

中国所处的地理环境特点，决定了中国主导风向一个是偏北风，一个是偏南风。偏南风是夏季风，温暖湿润，有和风拂煦，温和滋润之感；偏北风是冬季风，寒冷干燥，风力大，凛冽刺骨，有伤筋之感。因此，避开寒冷的偏北风就成为古代中国人普遍重视的问题。风水理想模式的重要功能之一就是挡风，或叫“避风”“藏风”，最终目的是保护小环境。

此外，在中国古代大地有机说中，始终把水看作大自然的重要组成部分。认识到水是生命之本，人类的生产生活离不开水，优美的环境也离不开水。《博山篇》云：“凡看山，到山场，先问水……水来处是发龙，水尽处龙亦尽。”《周礼·考工记》中所说“天下之地势，两山之间，必有川矣”，表明战国古代先哲很早就阐述了山水间的伴生关系。因此，风水中讲求相地先看水，古代城镇的选址与风水中所倡导的“河水朝抱，屈曲有情”的思想很大程度上吻合；体现了科学的一面。同时，还强调水对环境的影响，中国的村落和城市几乎无一不是临水而建的。

中国由于地处北半球、高纬度，阳光大多数时间是从南面照射过来，人们的生产、生活以直接获得阳光为前提，因此决定了人们采光的朝向必须是南向的，从而出现了“面南而立”“面南而居”“面南而治”的文化模式。这也决定了中国风水——这个土生土长的环境模式也是一个背北朝南的模式，它的西、北、东三面环山，以抵挡寒冷的冬季风，南面略显开阔，以迎纳暖湿的夏季风，足见中国风水模式是一个功能性很强的环境模式。古代建筑朝向多数是南偏东或南偏西，就是现代的建筑朝向，也是如此。还有，在中国文化中，将威严的龙，凶猛的虎，稳重的龟，飞升的雀，作为公认的四灵兽。风水模式中引入四灵兽，组成一个“玄武垂头、朱雀翔舞、青龙蜿蜒、白虎驯俯”的吉祥模式。它以玄武（龟）为靠山，象征稳如泰山，左有青龙蜿蜒，右有白虎踞蹲，前方朱雀翔舞，充满生气，构成了一个典型的吉祥地。通常,人们认为好的风水地从外形上应像一把“太师椅”,后面屏风高大,左右山脉呈扶手状。“太师椅”要四平八稳，前方还需有桌案之山，意味着出文官、状元等，满足人们吉祥心理的需求。

再则，中国古人对理想环境的追求包括对满意生态环境的追求，认为好的风水地不仅形局佳、气场好，而且山清水秀，环境宜人，将山上林木茂盛作为环境的标准，把禁止森林砍伐看作是“吉”的表现，把破坏森林看作是“凶”的行为。为人之居获得好的风水，还采取“补风水”作为重要途径之一，主要办法有“引水聚财”，在不同方位引水、开塘，或主科甲、或主聚财、或避邪等；有“植树补基”，起到挡风聚气的功效，维持小环境的生态，在形态上完整，景观上显得更丰富和有生机。此外，还有建塔“兴文运”等。总之，自周代以来，对环境的吉凶意识，就开始具有生态学上的功利性，追求满意的生态环境，特别注重生态环境的生态功能。风水中常把“土高水深，郁草茂林”生态环境看作是理想的风水环境。可见,风水观始终把生态作为风水思想的核心之一。风水说对满意生态环境的追求，使风水的积极意义远远超过它迷信的成分，成为人们追求理想环境的永恒主题。

中国古代的城市除本身具有城墙之外，在选址时一般注意选择固险之处，同时又遵循风水所要求的山水条件。多数城市都是以风水所具备的山水环境作为第一道防线，城墙为第二道防线。中国古代的城市,很少有在东北方开门的,城门的名称,也多能体现风水的特色。风水中的“四神砂”结构，以左为青龙，右为白虎，前为朱雀，后为玄武，其中尤以称北面的玄武门和南面的朱雀门最为常见。总之，城、村、宅的选址模式，其间有着明显的共性，都是后有靠山，前有流水（或水池），左右有砂山护卫，构成一种相对封闭的环境单元，只是因为它们本身单位大小的差异而导致环境模式上的相对差异。城市单位等级比较大，必须从大环境上选择城址，诸如来脉、护砂、朝案、去水等均有讲究，条理分明。典型的风水模式就是坐北朝南的，城市布局采纳了这种“面南而居”体系。中国古代城市的选址注重都邑的脉络形势，几乎成为一种传统。通常“面南而居”的规划体系又是通过“中轴线”来展开的，城市规划始终没有脱离“中轴线”这一传统城市的骨架，“面南而居”“坐北朝南”，就是“坐”在城市中轴线北端。例如：明清时代的北京城就是一个典型的“面南而居”的城市，其中轴线基本上是南北向沿中轴而规划的，城市空间极为理想，为了体现风水中北面必须有“镇山”的思想，通过人工修造一座“景山”，在城市结构上起到点景作用。紫金城内金水河的引入，体现了水在中国文化里的“财富”象征的作用。按照风水中的“水格”行事，体现了风水所谓“环抱有情”的意象，河水在武英殿、太和门前凸成“金城环抱”（冠带形）之势。与此相似，流经天安门前的外金水河，也向南凸成“金城环抱”之势。规划布局思想，既符合风水的布局原则，又满足了人们对滚滚财富向往的心理，在客观上改善了城市的空间布局。这种做法反映出“天人合一”的思想影响，为多数城市所效仿与遵循。

二、以中国园林为代表的自然观

中国的园林，从殷、周时代“囿”的出现，至今已有 3000 多年历史。中国是世界园林起源最早的国家之一，在世界园林史上有着极其重要的地位。

中国园林的兴起，最初的形式为“囿”，是奴隶社会在一定地域上，让天然的草木和鸟兽滋生繁育，挖池筑台，供帝王贵族们狩猎和游乐。除部分人工外，大片地域还是朴素的天然景象。由于囿中狩猎不是社会劳动，而是贵族的享受与游乐，所以说囿是园林的雏形。到了秦汉时代的封建社会，由于生产力的提高，囿的单调游乐已不能满足统治者的需求，从而出现了以宫室为主体的建筑宫苑，除有动物供狩猎或圈养观赏外，还有植物和山水的内容。

秦汉建筑宫苑和私家园林有一个共同的特点，即大量使用建筑与山水相结合的布局手法，中国园林自然观的这一传统特点开始出现。在囿的基础上发展出新的园林形式——苑，其中分布着宫殿建筑，苑中养百兽，供帝王射猎取乐。苑中有宫、有观，成为以建筑组群为主的宫苑。散布在广大自然环境中的建筑组群，使苑中有宫、宫中有苑，离宫别院相望，周阁复道相连。私家园林自西汉亦开始出现，只是规模比宫苑小，但内容仍不脱囿和苑的传统，以建筑组群结合自然山水。同时，筑石为山，反映出当时已开始人工构筑石山，园中建有大量建筑组群，但园中景色大体还比较粗旷自然。

南北朝时，由于思想、文化、艺术上的变化，一些朝臣贵族“广开囿园，采土筑山，十里九坂，以象二崤，深林绝涧，有若自然，奇禽训兽，飞走其间”。这时期的筑山以仿真山为主，所以山求真宏大，峰必求其高峻，已开山水之先河。西晋时出现山水诗和游记，逐步发展到对自然景物的描绘用来抒发内心的情感与志趣。反映在园林上，则追求再现山水，有若自然，朝自然山水园发展。

到了隋代，采取以湖渠水系为主体，将宫苑建筑融于山水之中。从此，中国园林从建筑宫苑演变到山水建筑宫苑。唐代的自然园林，在充分认识自然美的基础上，运用艺术和技术手段来造景、借景，构成优美的园林境域，对中国园林的发展产生了决定性的影响。唐朝文人诗画的产生，文人画家以风雅高洁自居，多自建园林，并将诗情画意融贯于园林之中，追求抒情的园林趣味，从模仿自然到写意山水。又由于唐、宋两代是中国历史上诗词文学的极盛时期，出现了许多著名的山水诗、山水画，他们把喜好的诗情画意应用于园林中，追求秀逸、超脱的意境，借景抒情，融汇交织，把缠绵的情思从一角红楼、小桥流水、树木绿化中泄露出来，形成文人构思的写意山水园林艺术。这在造园手法上，布置得山岭起伏，沟谷交错，注意引注泉流，或为池沼，或为挂天飞瀑，临水又置亭、榭等，使咫尺之地，俨然大地。所造之园，多以山水画为蓝本、诗词为主题，以画设景，以景入画，寓情于景，寓意于形，以情立意，以形传神。楹联、诗词与园林建筑相结合，富有诗情画意，耐人寻味。诗情画意写入园林，形成了“唐宋写意山水园”的特色。唐宋写意山水园开创了中国园林的一代新风，它效法自然，高于自然，寓情于景，情景交融，富有诗情画意，为明清园林，特别是江南私家园林所继承和发展，成为中国园林的重要特征之一。

明、清是中国园林建筑艺术的集成时期。明代宫苑园林建造不多，大体上继承了北宋山水宫苑的传统。清代宫苑建设日繁，数量之多、规模之大，超过了历史上任何朝代。清代宫苑园林一般建筑数量多、尺度大，装饰豪华、庄重，布局中多园中有园，即使有山有水，仍注意园林建筑的规模和主体作用。同时，京城的园林造景模仿江南山水，吸取江南园林特色，体现建筑山水宫苑的特色，颐和园、圆明园和承德避暑山庄可为代表。皇家园林更是把劳动者的伟大创造变成了统治者的一种精神上的享受和威慑力量。历代营造皇室均以"非宏伟壮丽，难以重威"为指导思想。此时期除规模宏大的皇家园林之外，士大夫和富商贵族为满足家居生活的需要，在城市中或近郊大量建造以山水为骨干、饶有山林之趣的宅园，作为日常聚会、游憩、宴客、居住等需要。宅园多是因阜掇山，团洼疏地，亭、台、楼、阁众多，植以树木花草的"城市山林"。这种宅院几乎遍及全国，其中比较集中在北方的北京，南方的苏州、扬州、杭州、南京。园林艺术较前有了提高，文学艺术成了园林艺术组成部分，所建之园处处有景趣，幅幅有画意。"因地制宜""虽由人作，宛自天开"的园林艺术效果，系统地总结出空间处理、叠山理水、园林建筑设计，树木花草配置等艺术做法。园景的处理则顺应自然，布局灵活、变化有致。在较小空间，创造出"多方胜景，咫尺山林"的园林艺术，"妙在小，精在景，贵在变，长在情"，成为中国园林艺术的精华所在。明清的园林，尤其是江南私家园林的造园意境，达到了自然美、建筑美、绘画美和文学艺术的有机统一。由建筑、山水、花木组成综合艺术品，追求的是再现自然山水之美，而又不露人工开凿的痕迹，高于自然。可见中国古典园林的主要特点是：因地制宜，掘地造山，布置建筑花木，并利用环境组织借景，构成富于自然风趣的园林。中国园林重诗情画意，取山林之趣于一园之间，精雕细刻在一封闭的空间之中。造园中既有模仿自然，又有主观创造。正是"外师造化，中得心源"。通过对所得的自然现象的"神韵"经艺术构思、虚构和想象创造出进一步深化和形象化的作品。

总之，中国园林，历史悠久、源远流长，园林离不开山，也离不开水。掇山是中国造园的独特手法，其形象构思取材于大自然真山中的峰、岩、峦、洞、穴、涧、坡。理水手法与环境，无不来源于自然风景中的江湖、溪涧、瀑布。来自自然，而又高于自然，山、水、植物构成自然山水园林的基础，"小中见大""曲中通幽""虽由人作，宛自天开"，创造出中国自然式的风景园林，对世界园林产生很大影响，中国被誉为"世界园林之母"。中国造园艺术，能从科学理论作为系统阐述的，要以明末吴江计成所撰写的《园冶》一书最为著名，得到国内外推崇，尊为世界造园学最早名著。特别是对近邻日本国有深刻影响。此外，如果说园林艺术是自然山水的缩写，那么与园林艺术相辅相成，巧妙结合的盆景艺术则可以说是对自然山水的浓缩，使人赏心悦目，给人以艺术的享受，被誉为"无声的诗，立体的画"。制作精妙在有限空间内引来自然山水画意，真可谓顺乎自然之理，巧夺造化之功，令人陶醉，神驰千里之外，更有宜于坐观景赏，给人以清淡、脱俗、典雅、幽静的精神感受。但盆景毕竟是对自然山水景观的浓缩，是一种微型景观，适合于在庭院或室内这样相对小的环境空间内摆放，可谓小家碧玉，需要细细的品味，更主要的是一种文化内涵而非生态功能，因此，它的使用是在特定的环境条件下，是要与背景条件相称的。近代中国园林又有新的发展，城市公园的建设，城市的绿化均继承了中国自然山水风景园林的特点，在城市公园建设和城市绿化中发扬光大，古为今用，洋为中用，西方的城市公园自民国后在中国兴起，将传统园林艺术广泛应用于城市公园之中。尤其是新中国成立后，古典园林从为少数人享受，而为公众开放，为广大人民服务。现代的古典园林大师陈从周的《说园》作为代表作，结合现代的造园技术被广泛应用于中国特色的现代城市园林建设之中。

三、以中国传统文化为特色的生态观

中国传统文化的生态观是先哲们处理人与自然关系的基本态度与理性思考，是传统文化丰富内容中的重要组成部分。

中国古代城市在选址、布局、供水、防火、绿化等方面实际上已经充分考虑到生态平衡的因素，应该认为是城市生态学思想的萌芽。

城市是以人为中心的，是以一定的环境条件为背景，以经济为基础的社会、经济、自然综合体，亦可称作城市系统。城市系统是以人为核心的系统，它不仅包含自然生态系统所包含的生物组成要素（动物、植物、微生物）与非生物组成要素（光、热、水、岩石、土壤、矿物资源等），而且还包含最重要的人类及其社会经济要素。因此，城市生态系统是一个由自然、社会、经济组成的复合人工生态系统。随着城市人口的不断增长，城市人口密度逐年增大，城市人均用地逐年减少，人居环境问题日显突出。因此，无论从自然的角度还是从社会的意义上看，人与环境的各种构成因素都不是孤立存在的，也不是偶然聚集在一起的，更不是静止不动的，它们之间相互影响，相互制约，息息相关。人类通过长期实践，悟出人类与自然和谐相处是人类自身生存的基础。

中华民族5000年的优秀传统文化，在人与自然如何和谐相处，人类如何合理开发利用自然这一领域提出了许多先进主张。如“自然守道而行，万物皆得其所”（汉《太平经》）、“万物皆有所可，皆有所不可”（战国田骈）、“仁者浑然与物同体”（程颢）、“天地与我并生，万物与我为一”（老子），三国竹林七贤之一的嵇康还主张人类回归自然——“越名教而任自然”等。为了改善人类生存环境，一要治理和减少人类对大自然的污染，二要让人类家园绿起来，尤其后者是中国的一大优势。人居环境的传统理念“天下为庐”进一步说明人居环境回归自然的根本要求。城市不仅需要人工美，更需要人为之美化天然，清幽之趣的环境生态观。中国传统文化的生态观，主要体现在：

（1）自然本体意识。审视思考人与自然关系时，给予自然重要的地位，以至将其作为人与自然关系的本体。自然界的客观存在及其规律的客观性相对于人类的能动性要重要得多。

（2）生态伦理意识。从自然生态的本体意识出发，萌发出对自然界及其存在的爱惜观念。儒、道两家均从不同角度论证了自然界及其存在的价值意义。对人类活动做出了道德限定。这种生态伦理意识，称得上是最早的生态伦理学。

（3）生态经济意识。一是要“动必以道，静必以理”，人类只有遵从自然界的规律与本性，自然资源才能永续利用。二是要“取物不尽物，用之有度”。三是要“取物以顺时，按时采伐”。这些论述表明，古时人们已初步认识应依据自然资源的数量与自然季节来合理发展经济和满足人类物质需要的重要性。

（4）自然环境管理意识。传统环境管理的指导思想是“以时禁发”，保证人们按照自然时节变化生产与生活。办法有三,一是设置机构，明确职能。二是制定法律，严格执法。三是运用经济手段管理。

在环境建设上，中国自古以来就利用自然地形和人造自然地形作为人居环境的地形骨架或调剂性的穿插。天然的地形起伏成为大气候，人工地形形成小气候，因此改善人居环境利用天然地形与改善小气候相结合。利用地形起伏构成阴、阳、向、背、干、湿、闭、敞等不同生态环境，籍以种植尽可能多样化的植被，实现生物多样性的环境。绿地的布局也以自然式为主，提倡自然式种植设计。而文化内涵和园林小品也多借人居环境之因，因地制宜布置。

中国的聚居环境，除了山水，在山水之间，还有中间层次，如田野、村庄。可见，中国古往今来，早已将人类的聚居背景、聚居活动、聚居建设构成了人类聚居环境的三要素。环境生态，其核心就是对景观环境的自然要素环境与因景观开发建设而引起的环境影响进行识别、分析、保护。因此，中国城市与居民点历来多是建立在沿海地区、江河流域及其河网地带。例如，唐代的长安水源比较丰富，北临渭水，东有涪水及灞水，城西一片平原，南对终南山及子午谷。城市规划布局采用中轴式对称法，城东南的曲江池、芙蓉园建有帝王专用园林，城北建有御园，其中有离宫别院。实际上自古以来城市在选址、布局、供水、防火、绿化等方面已经考虑到生态平衡的因素。中国传统文化和生态意识也以其一定的完整性，形成了一个内容丰富的理论系统，既对华夏文明的持续发展起到了积极作用，也对现代生态环境建设有着借鉴的价值。

20世纪末，中国提出的园林城市、生态城市、山水城市、森林城市，以及在这里提出的林网化、水网化在城镇建设中的地位与作用，充分体现了中国传统文化人居环境的生态观在当今条件下的应用与发展。

第二节　中国城市生态环境的现实问题

城市化促进了社会各要素的聚集，也为城市获取整体高效益创造了前提条件。城市活动的社会化，是城市获取整体高效益的重要因素。在城市适度聚集的基础上，分工越细、协作越广，即社会化程度越高，城市的经济、社会、环境效益就越好，这是城市由低级向高级走向现代化的一条客观规律。因此，今天的城市形态和性质与产业革命以前相比发生了巨大变化,城市的概念也远远越过“城”和“市”。城市已成为在国土范围内，一定地域的政治、经济、文化中心，是非农业人口占绝对多数的聚集地。20世纪60年代初，国际上随着《寂静的春天》和《设计结合自然》书籍相继问世，以美国为代表在全世界掀起了考虑人居环境质量进行城市建设的高潮。20世纪70年代以来，全球人口猛增，资源锐减，城市化水平迅速提高，住房需求爆涨，环境生态恶化，各种城市问题愈演愈烈。城市的生态环境问题已经成为城市化的一个重要组成部分，它是现代社会所面临的一个巨大威胁。刚刚过去的20世纪是伟大进步的时代，又是患难与迷惘的时代。人类利用自然和改造自然取得了骄人的成就，城市的物质文明得到了显著提高，同时也付出了一定的代价。恩格斯早已指出，人类不能陶醉于对自然的胜利，每次胜利之后都将是自然界的报复。直到今天，人们才开始在严峻的事实面前逐步觉醒，城市的大气污染、水体污染、土壤污染、噪音污染等环境问题都严重威胁人类健康，致使城市环境与人的心理和生理要求相悖。近代工业文明，满足了人们对物质需求的欲望，却使城市生态环境遭到严重破坏，可以毫不夸张地说，从来没有任何一种文明能创造这种手段，能够不仅摧毁一个城市，甚至可以毁灭整个地球。人们越来越意识到生态环境建设的重要性，良好的城市生态环境是人类生存繁衍和社会经济发展的基础，是社会文明发达的标志，是实现城市可持续发展的根本保证。健全城市生态安全体系，倡导城市生态文明，实现城市的可持续发展，使子孙后代能够有一个永续利用和安居乐业的生态环境，已成为时代的迫切要求和人们的强烈愿望。

一、大气污染

城市的大气污染主要来源于固定污染源和流动污染源两类。其污染物主要有：烟尘和粉尘、SO_2、CO_2和CO、光化学烟雾、含氟和氯的废气等。大气污染轻者可以使人体感到不舒服，重者可以造成人体的中毒，甚至死亡。据世界银行报告，中国一些主要城市大气污染物浓度远远超过国际标准，在世界主要城市中名列前茅，位于世界污染最为严重的城市之列。目前，中国已成为世界SO_2排放的头号大国。研究表明，中国大气中87%的SO_2来自烧煤。近几年，中国主要大城市机动车数量大幅度增长，机动车尾气已成为城市大气污染的重要污染物，使大气中NO_X严重超标。排放的Pb也是城市大气中的重要污染物。自20世纪80年代以来，由于汽油消费量年均增长率达70%以上，仅在1986~1995年10年间，中国累计约1500tPb排放大气、水体等自然环境中，并且主要集中在大城市。因此，对居住城市的儿童、交警和清洁工的身体健康造成不良影响。中国城市的大气污染在过去的很长时间里是以煤烟型为主要特征，污染物的排放主要来源于煤炭的燃烧，燃煤排放的污染物占全部排尘量的80%，SO_2占90%。由于SO_2的大量排放，酸雨污染面积在不断扩大，有的城市酸雨出现的频率达到90%以上，成为世界酸雨污染最严重的地区之一。

中国城市大气污染有几个特点：一是北方城市的污染重于南方城市，北方城市烟尘污染较重，特别在冬季，表1-1为SO_2、NO_X与颗粒物污染的城市排序表，而南方城市的SO_2污染较重。二是冬春季较重，夏秋季较轻。三是大城市的污染发展趋势有所缓解，中小城市的污染程度在加重。四是污染程度与人口、经济、能源、交流密度呈正相关。按城市功能分，从空气污染总体程度排序，工业城市污染居首位，交通稠密城市污染次之，综合性的混合城市稍低于交通城市，风景旅游城市和经济尚不发达城市污染最轻。

表 1-1 大气污染城市排位

污染物	污染较严重的城市排位情况
二氧化硫 SO_2	北方：太原、济南、乌鲁木齐、本溪、邯郸、天津 南方：贵阳、重庆、黄石、长沙、柳州、无锡
氮氧化物 NO_X	北方：唐山、沈阳、鞍山、济南、包头、天津 南方：上海、攀枝花、南京、南昌、武汉、杭州
颗粒物	北方：吉林、秦皇岛、西安、济南、乌鲁木齐、北京 南方：黄石、贵阳、重庆、南昌、宁波、温州
降尘	北方：本溪、包头、乌鲁木齐、唐山、鞍山、郑州 南方：黄石、上海、南京、长沙、衡阳、南昌

二、水污染

城市的水污染来自于城市的生活污水和工业废水，水污染已经使许多城市的生态环境受到了不可逆转的破坏。中国的水资源总量虽然丰富，但人均水量并不多，只及世界平均水平的 1/4，是严重缺水的国家。随着人口的增长和经济的发展，城市缺水的问题日趋严重，一半以上的城市缺水，缺水成为城市发展的一个限制因子。中国约有 300 多个城市缺水，严重缺水的城市达 100 多个，而严重的水体污染又进一步加剧了水荒。由于全国 80% 左右的污水未经处理而直接排入水域，造成全国 1/3 以上的河流、90% 以上的城市水源污染，50% 以上的城镇水源不符合饮用标准。据对全国 130 万家污染企业和城市污水排放量的测算，1998 年度水排放量为 394.4 亿吨，其中工业废水 200.4 亿吨；生活污水 194 亿吨。与 1997 年相比，工业废水排放量下降了 11.6%，而生活污水排放量增加了 2.6%。2001 年，全国工业和城镇生活污水排放总量为 428.4 亿吨，比 2000 年增加 3.2%，其中工业废水排放量 200.7 亿吨，比 2000 年增加 3.5%，城镇生活污水排放量 227.7 亿吨，比 2000 年增加 3.0%。废水中化学需氧量（COD）排放总量 1406.5 万吨，比上年减少 2.7%。其中工业废水中 COD 排放量 607.5 万吨，比上年减少 13.8%；生活污水中 COD 排放量 799 万吨，比上年增加 8.0%。2001 年，全国工业废水排放达标率为 85.6%，其中重点企业工业废水排放达标率为 86.9%，非重点企业工业废水排放达标率为 73.9%。

在城市日渐缺水的同时，城市的扩大也造成城市区域的水污染日益加剧。首先是工业废水污染。例如昆明市（不包括市辖县），1994 年所排放的工业废水 5397 万吨，其中符合排放标准的仅为 2353 万吨，即有 56.4% 的废水直接排放到河流、湖泊中。其次，生活污水的排放也不容忽视。1994 年昆明市污水处理后排放的 2008 万吨，还有 5054 万吨未经处理就排出。这些污水或经下水道流入河流、湖泊而污染地表水，或进入土壤中污染地下水。滇池的污染，使水生生物散失，水体失去原有的提供饮用水和养殖功能，并使周围的生态环境变坏，高原明珠已经失去其昔日的光辉。

人类生活中使用的化学品日益增加（洗衣粉、洗涤剂、洗相液等），随生活废水排出形成水污染。加之城郊农田的农药、化肥使用量不断增加，中国城市区域的地面水污染普遍严重，并呈恶化趋势。在中国监测的 136 条流经城市的河流中，有 50% 已无法农灌，符合地面水Ⅱ类标准的仅有18条。全国城市附近的湖泊，富营养化程度不断加重。一些湖泊是污染严重的水体，且危害到附近地区人们的健康，影响和制约了社会、经济的发展。

三、固体废物

城市固体废物目前主要有两种：一是生活垃圾；二是工业废弃物。中国城市垃圾有四个特点：数量剧增，成分变化，占地剧增，处理难度加大。在中国，平均每人每天排出量约为1kg，因居民中多数还以煤为日常主要燃料，特别是北方城市冬季取暖，煤灰量特大，要占垃圾量的70%~80%。随着城市规模的不断扩大，消费水平的提高，造成垃圾数量增加，垃圾处理问题变得日趋尖锐，垃圾任意堆放，往往侵占土地，污染环境，影响景观，并且传播疾病，对人体造成危害。

城市的固体废物主要包括了城市的垃圾、工业和城市建筑工程排放出的废渣及少量废水处理的污泥，这些固体废物随城市的发展及人民生活水平的提高排除量日益增加，日积月累，占地堆积，而且有许多有毒废物，造成大气、水和土壤的环境污染，以致影响整个环境的整洁美观。中国年生活垃圾排放量为5000万~7000万吨，并在以每年10%的速度增长。城市工业废渣和生活垃圾等废物的排放日益增多，无害化处理率和综合利用率却很低，历年累计堆存量估计已达70亿吨以上，许多城市周围排满了一座座垃圾山，严重影响市容和城市建设。作为西南地区的云南省1996年有统计的垃圾粪便清运量为127万吨，而无害化处理量仅为33万吨，仅占25%，垃圾围城现象已经十分普遍。全国工业固体废弃物，1997年产生量为10.6亿吨，其中乡镇企业固体废弃物产生量4.0亿吨，占总产生量的37.7%。危险废物量1077万吨，约占1.0%。2001年产生量为8.87亿吨，工业固体废弃物综合利用量为4.7亿吨，综合利用率为52.19%。全国工业固体废弃物的累计堆存量已达65亿吨，占地51680公顷；其中危险废物约占5%。

国家环保总局对全国生活垃圾处理设施进行了调查、监测，共调查各类处理场545座，监测107座。截至2001年底，全年清运生活垃圾、粪便1.64亿吨，全国有2/3的城市陷入困扰之中。近年来，塑料包装物用量迅速增加，“白色污染”问题突出。污染来源主要是工业固体废弃物、废旧物资、城市生活垃圾。

中国传统的垃圾消纳倾倒方式是一种“污染物转移”方式，而现在的垃圾处理的技术和规模远不能适应城市垃圾增长的要求，大部分垃圾仍呈露天集中堆放状态，对环境的及时和潜在危害问题日趋严重。不仅侵占大量土地，对农田破坏严重，还严重污染空气、严重污染水体，甚至引起垃圾爆炸事故发生。

四、噪声污染

中国大约有2/3的城市居民生活在超标的声环境中，其中，生活噪声影响范围呈扩大趋势。噪声的心理效应反应为噪声引起烦恼和工作效率降低。噪声超过60分贝时，工作时就易感到疲倦。强噪声可使交感神经兴奋、失眠、疲劳、心跳加速、心律紊乱、心电图出现缺血征兆和血管收缩，还会出现头昏、头痛、神经衰弱、消化不良和心血管病等。

就城市噪声而言，主要有交通噪声、工业噪声、建筑施工噪声和其他的社会生活噪声等。1991 年中国国家环境噪声监测网的 52 个城市的区域环境噪声监测数据表明，有 32.7% 的城市平均噪声水平超过 60 分贝（标准值）；57.1% 的城市平均噪声水平处于 55~60 分贝；仅有 10.2% 的城市平均噪声水平低于 55 分贝。

住宅区噪声状况：特殊住宅区噪声超标最严重。1991 年度，中国城市的特殊住宅区噪声超标率为 100%。有 60% 的城市特殊住宅区噪声超标 5 分贝以上，而超标 10 分贝以上的城市达 20%，最严重的超标达 16 分贝。

居民文教区噪声状况：1991 年度，中国有 97.1% 的城市居民文教区噪声超标。

工业集中区噪声状况：与历年的情况相同，工业集中区是中国城市中噪声超标最低的城市功能区。1991 年度中国城市工业集中区的噪声平均超标为 25%，仅有 12.5% 的城市工业集中区噪声超标 5 分贝以上。

交通干线道路两侧区域噪声状况：道路交通噪声是中国城市最主要的噪声源。在城市道路交通噪声水平长期居高不下的情况下，交通干线道路两侧区域的声环境质量最难改善。1991 年度有 64.5% 的城市交通干线两侧区域的噪声超过该区域标准值，最高的超标 9 分贝。

2001 年，对 273 个城市进行了道路交通噪声监测，其中 9.5% 的城市污染严重，16.5% 的城市属中度污染，48.7% 的城市属轻度污染。2001 年，监测区域环境噪声的 176 个城市，等效声级范围在 47.2~65.8 分贝（A），6.3% 的城市污染较重，49.4% 的城市属中度污染，33% 的城市属轻度污染。

五、光污染

城市建筑物的玻璃幕墙、釉面砖墙、磨光大理石和各种涂料等装饰，经阳光强烈照射，明晃白亮、眩眼夺目，即产生白亮污染。专家研究表明，长时间在白色光亮污染环境下工作和生活的人，视网膜和虹膜都会受到不同程度的损害，白内障的发病率高达 45%。夏天，玻璃幕墙强烈的反射进入附近居民楼房内，增加了室内温度，影响了正常的生活。有些玻璃幕是半圆形的，反射光汇聚还容易引发火灾。烈日下驾车行驶的司机会出其不意地遭到玻璃幕墙反射光的突然袭击，眼睛受到强烈刺激，很容易诱发车祸。城市里人工白昼现象也很严重，夜幕降临后，商场、酒店上的广告灯、霓虹灯闪烁夺目，令人眼花缭乱。有些强光束甚至直冲云霄，使得夜晚如同白天一样，使人难以入睡，扰乱人体正常的生物钟。人工白昼还会伤害鸟类和昆虫，破坏在夜间的正常繁殖过程。此外，城市彩光污染也不容忽视。据科学家研究表明，光污染不仅有损人的生理功能，还会影响心理健康。

六、酸雨污染

酸雨（acid rain）是空气污染的另一种表现形式，通常将 pH 值小于 5.6 的雨雪或其他方式形成的大气降水（如雾、露、霜等）统称为酸雨。一般的降水由于空气中有 CO_2 生成的碳酸饱和水溶液，pH 值可以达到 5.6。SO_2 等致酸污染物引发的酸雨是中国大气污染危害的又一重要方面。酸雨的毒害比 SO_2 毒害要大，当空气中硫酸雾达到 0.8 毫升 / 升时，会使人患病。酸雨还影响动植物生长，使水体酸化，还会腐蚀金属、油漆、含碳酸钙的建筑材料。

目前中国酸雨正呈急剧蔓延之势，是继欧洲、北美之后世界第三大重酸雨区。20 世纪 80 年代，中国酸雨主要发生以重庆、贵阳和柳州为代表的川贵地区，酸雨区面积为 170 万平方公里，到 90 年代中期，酸雨区已发展到长江以南、青藏高原以东及四川盆地的广大地区，酸雨面积扩大了 100 多万平方公里，危害面积已占全国面积的 29%左右，其发展速度十分惊人，并呈逐年加重的趋势。酸雨的危害是多方面的包括对人体健康、生态系统和建筑设施都有直接和潜在危害。据南方八省研究表明，酸雨每年造成农作物受害面积 1260 多万公顷，经济损失 42.6 亿元，造成的木材经济损失 18 亿元。从全国来看，酸雨每年造成的直接经济损失 140 亿元。中国华东、中南、华南已经出现酸雨。北方的青岛市也出现了酸雨。广东的广州、韶关、汕头、肇庆等地区均出现酸雨，且持续多年，有发展的趋势。青岛市酸雨 pH 值年平均最低值可达 4.6。

中国酸雨的特点有：①在空间地理分布上南方比北方严重，尤以烧高硫煤的西南城市为重，如重庆和贵阳近年降雨的年平均 pH 值在 5 以下；②在时间分布上有季节性，冬天和春天比较严重，如厦门地区春雨的酸化最为严重，其 pH 值均在 4~4.7 范围内；③酸雨逐年严重的趋势；④以硫酸型为主。

七、土壤污染

城市在发展过程中，一般是从占领土地开始的，由于人类在城市的活动方式和内容多样，所以城市土壤的形态亦多样。城市化地区只有公园或林地才有可能存在与自然土壤相接近的土壤。城市土壤与自然土壤不同，具有明显的特异性质。例如形态方面，城市土层无分化，含碳量低，细菌总数较少等。管东生等人（1998）曾对广州城市绿地土壤特征开展过较为详细的研究，研究结果表明，行道树土壤与公园土壤有明显的不同，前者由于人为压实降低了土壤的孔隙度，从而降低土壤持水能力和通气性能，增加了植物根系生长的阻力，同时普遍存在 pH 值太高及有机质、N 和 P 含量低等特点。城市化、工业化对城市地表所覆盖土壤的改造，不但破坏了自然土壤的物理、化学属性以及改变了原来的微生物区系，同时还使一些人工污染物进入土壤，并因土壤的污染引起农作物受害和减产。

土壤受城市化因素影响的问题，在中国研究得较多的是大城市工业化对近郊区土壤的污染以及污染对环境的影响。北京地区由于污水灌溉引起重金属对土壤和农作物的污染，污染区主要集中在东南部工业区，该区高碑店地区污水处理厂经过一段处理的污水直接灌溉农田。北京西郊灌区和房山石化灌区则主要是酚氰对土壤的污染。污水所含成分复杂，随污染物性质的不同，对土壤、农作物的危害程度亦有所不同。含有三氯乙醇等有机物的污水极易引起急性中毒，含有无机物如重金属、氟化物、硝酸盐和有机氯农药等的污水往往在土壤、农作物以至地下水中形成残留和累积，从而导致人畜慢性中毒。

利用城市工业化污水进行灌溉引起土壤的重金属污染，靠近污水源头和城市工业区的灌区，土壤污染最重；远离污水源头和城市工业区的灌区，土壤几乎不受污染，其中多种含量与本底土壤的平均含量大体相近。城市污灌区土壤和作物受害的程度主要取决于污水中污染物质性质和浓度、灌溉的方式（污灌、清灌加污灌、以清灌为主、常灌溉、间歇灌溉），被灌溉土壤物质成分的背景值以及环境容量。

八、热岛效应

“热岛效应”是城市气候最明显的特征之一。城市热岛效应是指城市气温高于郊区气温的现象。城市本身就是一个热岛，城市的热岛效应是城市气候最明显的特征之一。一般大城市年平均气温比郊区高0.5~1℃，冬季平均最低气温约高1~2℃。城市的热岛效应随城市化的程度提高而不断加剧。城市热岛产生和形成的条件主要是由于以下几个因素：其一是城市中下垫面主要由一些具有发射率小，吸收率大，储热量多的砖石、水泥等建筑材料形成的建筑群；其二是由于城市上空有污染覆盖层易于吸收地面长波辐射，使城市夜间的气温比郊区高；其三是由于参差不齐的建筑物阻碍了城市地面长波辐射的损失，同时使空气流通不利，使热量不利于扩散；其四是由于城市内有许多人为的热量进入大气；其五是由于城市中的水分多已从排水沟中排走，热量很少被用于水分的蒸发。

城市热岛现象的存在使城市的气温比郊区普遍提高，并形成了城市中春夏早，秋冬迟，严寒日少，夏季高温日多，初夏日来得早等现象。中国城市热岛强度的年变化，大都是秋、冬季偏大，夏季最小。例如：天津市热岛强度全年平均为1℃，其中夏季平均为0.9℃，春季平均为0.4℃，最强的热岛效应出现在冬季，可达5.3℃。经有关部门测定，中国北京市城区年平均气温比郊区高0.7~1℃，夏季个别日数一般市区平均温度比北京气象台高0.5~0.8℃，最高温度高0.8~2℃，最低温度高1.4~2.5℃，北京市的高温中心在城区南部。沿东西长安街呈东西长、南北短的椭图形闭合中心。在石景山的首钢也存在一个高温区。北京市20世纪70年代的平均温度比50年代高出0.9℃。由于人口密集、建筑密集、工业密集而形成城市热岛效应可见一斑。

在同一季节，同样的天气条件下，城市热岛强度还因地区而异，与城市规模、人口密度、建筑密度、城市布局、附近的自然景观区以及城市内局部下垫面的性质有关。城市热岛具体形成的条件有：①城市下垫面的性质特殊。②城市下垫面建筑材料的热容量、导热率比郊区农村自然界的下垫面要大得多，而且城市大气中有二氧化碳和污染物覆盖层，善于吸收长波辐射，使城市夜间气温比郊区高。③城市中的建筑物、道路、广场不透水。一般城市不透水面积约在50%以上，而上海高达80%。降水之后，雨水很快通过排水管网流失，因而地面蒸发小。④城市中有较多的人为热进入大气层，特别在冬季，北方地区燃烧大量的燃料采暖。⑤城市建筑密集，通风不良，不利于热量的扩散。

九、生物多样性降低

生物多样性是生物进化的结果，是人类赖以生存的基础，一个物种一旦消失，就不可能重新出现。自然生态系统是生物与环境之间长期相互作用、相互适应的产物，它在维持生态平衡、生物多样性保存方面发挥着重要的作用。随着城市化进程的加速，人类正在不自觉地破坏自己赖以生存的自然生态系统，与人类的生存发展有着极为密切关系的生物多样性受到严重破坏。20 世纪 70 年代以来，科学家们发现，由于工业化的发展，环境的污染，人们对自然资源的盲目开发和滥用，自然界的生物正以空前的速度在减少，全球大约有 15%~20% 的物种在消失。城市化过程造成了以森林为主的自然生态系统不断被肢解和蚕食,使城市化地区的生物多样性受到破坏。城市地域生物多样性受到威胁的原因是多方面的，但最主要是来自于人类活动。济南市在 1958~1991 的 30 多年时间里，市区的鸟类共消失了 4 个目 8 个科 33 种，而仅增加了 2 科 18 种，不仅稀有种消失率高，而且随着自然生态系统破坏，一些优势种成为稀有种甚至消失，这种变化的根源就在于城市化导致了鸟类生存的自然生态系统失衡。在自然生态系统中，虽然昆虫和植物是捕食和被捕食的关系，但一般达不到危害的程度，这得益于生物的多样性和物种之间的互相制约。植物群落丰富的自然生态系统为多种昆虫提供了食物来源，也促进了鸟类等天敌动物的大量繁衍，由此带来的多重营养结构和食物链，在食物和天敌两个方面限制了单个种类昆虫的过量繁殖。随着城市化进程的加快，破坏了这种自然生态系统的平衡，城市里建成的人工生态系统植物种类单一，通常是单一的食物链，以植食性昆虫居多，而缺乏以昆虫为食的二级取食者，故有可能引发病虫害的大面积爆发。因此，只能依靠人工措施才能维持这种脆弱人工生态系统的平衡，但依靠化学农药灭虫的城市，不仅造成严重的环境污染，也杀死了天敌，导致恶性循环。

第三节 城市森林是中国城市生态建设的必然

随着全球性生态环境问题日渐突出，人们开始重新审视自己的行为，对原有的社会生产方式、消费模式进行了日益深入的讨论与反思，对人地关系、人际关系的处理有了更深层次的认识,传统的思想观念逐步发生改变,可持续发展战略成为世纪之交的全球发展战略。因此，为了避免城市问题的加剧，城市就必须走可持续发展的道路，加强城市的生态环境建设。城市森林建设有利于改善光、热、气、水、土等生态因子，在实现城市社会、经济和生态环境可持续发展中发挥着不可替代的作用。城市森林所面临的机遇和挑战是前所未有的，城市森林的发展目标已经成为环境、经济和社会诸多目标的综合体现。

一、城市森林建设是现代林业研究的重要内容

现代林业是以满足人类对森林的生态需求为主，多效益利用的林业。保护森林、发展林业，关系到人类的生存和发展，关系到国家的现代化建设大局和可持续发展大计，是一个在国民经济和社会发展中涉及面广、影响层次深的重大问题。城市作为人口主要集中居住的地区，其生态环境的日益恶化已经受到普遍关注。通过建设城市森林来改善城市环境，维持和保护城市生物多样性，提高城市综合竞争力，是城市实现可持续发展的根本保证和迫切需要，是现代城市生态环境建设的重要内容和主要标志，是中国现代林业发展研究的

重点之一。

二、城市森林建设是国家六大林业工程的有效补充

新世纪上半叶中国林业发展确立了以生态建设为主的林业可持续发展道路，建立以森林植被为主体的国土生态安全体系，建设山川秀美的生态文明社会的总体战略思想。提出的天然林资源保护、退耕还林、野生动物保护和自然保护区建设等宏观生态环境整治的六大林业重点工程，基本上都分布在农区和山区，目前尚未直接涉足生态问题突出、经济发达、人口密度大的城市地区。城市森林建设在我国还处于起步阶段，远落后于欧美发达国家水准，开展城市森林建设对构建完善的国土生态安全体系具有重要作用。

三、城市森林建设是中国森林生态网络体系建设的重要组成部分

中国森林生态网络体系建设是新世纪中国森林生态环境建设的一项重大工程，它由点、线、面组成，是一个完整的巨大系统，最大限度地利用时间与空间，面向整个国土生态环境保护与建设，以营建一个覆盖全国、分布均衡、结构合理、功能完备、效益兼顾的森林生态环境，实现国土长治久安和经济社会可持续发展为目标。城市森林生态网络体系作为中国森林生态网络体系建设的组成部分，以林学、园林学、生态学和系统工程的原理为指导，把城市森林生态环境建设作为一个整体，进行系统布局设计。在不同地段，把现有的技术进行组装配套，开展绿化树种、绿地配置模式、经营管理技术等方面的研究，建立相对稳定的城市森林生态体系，用以改善植物空间分布的状况，增加城市森林覆盖率，从而使城市水土流失、粉尘污染、大气污染、热岛效应等环境问题得到控制和改善，使中国城市环境质量得到全面的提高。建设城市森林是中国森林生态网络体系建设的一项具体内容，有利于保证在当前中国城市化进程不断加速的背景条件下，可持续发展战略的顺利实施。

四、城市森林建设是建设城市生态文明的重要手段

城市生态文明的重要标志就是具有一个良好的城市环境。生态文明是在生态良好、物质生产丰厚的基础上所实现的人类文明的高级形态，是与传统美德相承接的良好的社会人文环境、思想理念与行为方式。城市是人类文化的结晶，森林是人类文明的摇篮。随着人们对生态环境保护意识的增强，对社会可持续发展的向往，人们的思想意识发生了根本转变，人们的发展观念也发生了明显变化，在保护和优化城市自然生态的同时优化城市人文生态，在合理建设城市森林的基础上加强人文资源的开发利用与呵护。也就是说，在保护生态资源和自然环境的前提下，发挥人们的聪明才智，发扬积极进取、开拓创新精神，依靠科技进步，促进城市人文生态与城市自然生态良性互动，再造山川秀美的自然生态与文化荟萃的人文生态的有机平衡。建设城市森林就是把人工的自然搬进城市，使人们回到自然，在亲近自然中享受自然，陶冶情操。城市森林在给人带来美的享受的同时，提高了人们的文化素质，增加了人力资本。城市森林本身就是传统文化的载体，并对文化遗产的继承和精神文明建设产生积极影响，它是现代文明的重要内容。

五、城市森林是体现城市竞争力的重要标志

城市的竞争力是通过物质资本、人力资本和环境资本的协调生产来实现的。在城市化的初期，人们向自然索取的生产能力还不高，自然资本的消耗量也不大，物质资本成了决定一个国家和地区竞争力大小的重要内容。到了20世纪中叶，人类对大自然的无节制的索取，使自然物质日渐枯竭，自然环境趋于恶劣，造成了严重的灾难。这时，环境资本就日益成为社会发展的制约因素。因此，也日益成为制约一个国家和地区竞争力的重要内容。城市的发展就更是如此，由于人工生态系统具有明显的脆弱性、依赖性和开放性的特征，使城市的生产处于极不平衡状态，环境生产能力远低于其他生产能力，而且随着城市工商业的发展，人口与物质在城市的聚集速度加快，这种不平衡状态具有不断加剧的趋势。物质资本和人力资本可以从城市之外引入，环境资本则必须依靠自己建设来积累，因此，环境资本应是决定城市竞争力的最小限制因子。发展城市森林是积累环境资本的主要途径，它成为现代城市竞争力的重要标志。由于森林在改善城市生态系统结构、功能等方面的重要作用，使森林成为城市形象和城市实力的象征，国外的实践已提供了有力的证明。城市森林能够有效地拉动环境消费，促进城市旅游业的迅速发展，直接增强城市的竞争力。在中国，虽然城市化进程落后于发达国家，也滞后于中国的现代化进程，但正在加快的城市化进程却有可能吸取发达国家的经验和教训，可以避免走先污染后治理再进行环境建设的弯路，发达国家在几百年、几十年的城市发展的实践中才悟出发展城市森林的道理，并创造了许多有益的经验。我们应借他山之石，大力发展城市森林，推进城市的环境建设，并把城市森林纳入城市总体规划，实现跨越式发展，促进城市的可持续发展和城市化进程进入良性循环的健康道路。随着经济全球化的发展，改善生态环境质量，美化城市形象，营造良好的生活、生产和投资环境，已成为提高城市综合竞争力的主要因素和根本保障之一。发展城市森林是世界城市建设不可逆转的潮流。

六、城市森林是全面实现小康社会的重要特征

小康社会不仅体现在人们的经济收入水平和物质消费水准上，还应满足人们对居住的环境质量和绿色消费的需求。近5~10年是中国进入全面建设小康社会，向第三步战略目标前进的重要时期，为贯彻环境保护基本国策和可持续发展战略，坚持环境保护与经济协调发展非常重要。在经济发展中，通过促进经济结构优化和引导生产力方向，使资源得到永续利用，人民的生活得到改善。改善环境质量，提高人民的生活质量和健康水平是城市森林建设的根本目的。建设城市森林促进经济结构优化，促进环境与经济“双赢”，倡导生态效率，推动生态工业和循环经济的发展，才能从根本上解决环境问题。在现代社会中，人们的工作乃至日常生活的节奏明显加快，在激烈竞争的环境中，一切都充满紧张和压力，城区内的森林公园为人们长期紧张的心态的缓解提供了良好的环境。人们进入森林，融于绿色之中，直接感受森林的观赏、娱乐消遣、疗养保健等多种功能，游憩林已成为人们工作之余理想的休闲场所。随着人们生活水平的提高和小康社会的全面建设，人们更加认识到身体健康

的重要性，森林的多目标利用就成为城市森林发展的目标。

七、城市森林是城市可持续发展的需要

城市可持续发展就是指其经济和社会发展不超越环境所承载的能力。随着社会、经济的快速发展和城市化水平的提高，城市面临一系列生态环境问题，如高层建筑林立，人口密集，热岛效应明显，水、土、气受到不同程度的污染。种种生态危机使人们认识到，城市环境问题是城市可持续发展的最大制约因素。城市森林作为城市生态系统中具有自净功能的重要组成部分，在保护人体健康、调节生态平衡、改善环境质量、美化城市景观等方面具有其他城市基础设施不可替代的作用。城市森林作为解决水、土壤、生物多样性问题的重要手段，已越来越受到高度重视，许多国家都把大力发展城市森林作为改善城市生态、提高环境质量的一项重要举措，如加拿大城市模式森林计划、英国城市森林计划、德国城市林业规划、日本城市保安林规划等。中国城市森林建设的总体水平与发达国家相比有着明显的差距。就规模而言，美国约有城市森林面积2800万公顷，占全国土地面积的3%；德国64个城市的人均森林面积为26平方米（1988）；前苏联城市森林共有1900万公顷（1989），占城市用地面积的22%；日本强调城市的近郊林及自然公园的建设，全国森林的10%位于城市周围。仅就城市绿化水平而言，中国城市树木的覆盖率、人均拥有绿地面积、城市中（特别是大城市）连片的大块的绿地数量、城市生物多样性（特别是城市野生动物的种类与种群）都比较低，城市的生态环境问题已严重影响了城市的可持续发展。因此，必须通过大力发展城市森林，逐步改善城市的生态环境，实现城市社会、经济的可持续发展。

总之，城市森林建设已成为新世纪城市生态建设的主要途径，发展城市森林是当今社会的主流。在人类进入新千年、迎接新世纪之时，世界各国都把发展城市森林作为增强城市综合实力的重要手段，作为城市现代化建设和可持续发展水平的重要标志。把城市森林作为改善城市人居环境，提高人们生活质量和城市形象特征的重要手段，作为评价城市生态环境质量的标志和水准，作为实现环境与发展相统一的关键和纽带。中国的城市森林建设起步较晚，远落后于其他国家发展水平，要赶超发达国家，提高中国城市的综合实力和竞争力，就必须意识到问题的严重性和紧迫性，加大力度发展城市森林，增强环境意识，更新发展观念，建立起有利于环境、资源与经济协调发展的城市森林，改善城市生态环境，努力实现城市经济社会的可持续发展。2002年中国对林业发展制订了新的战略，在新近出版的《中国可持续发展林业战略研究总论》中明确指出：新时期的林业发展必须努力实现由以木材生产为主向以生态建设为主的历史性转变，这是中国林业发展史上的一项带有根本性的重大转变。提出了“生态建设、生态安全、生态文明”的战略思想，并把以建设城市森林为核心的“城市林业发展战略问题”列为10大战略性问题之一，其核心就是要加快城市林业发展步伐，建设城区绿岛、城边绿带、城郊森林，使城市生态环境建设由单一绿化型向生态绿化型转变，创造安全、优美、自然、舒适的人居环境。因此，建设城市森林已经成为新世纪城市生态环境建设的重要方向。

第二章　中国城市生态环境建设发展

城市的发达程度，往往是衡量一个国家和地区经济、文化、社会发展水平的重要标志之一。随着经济的发展，科学技术的进步，原有的城市规模在不断扩大，新兴城市越来越多，城市化已经成为人类社会经济技术发展的必然趋势。相继出现了旅游城市、工业城市、商业城市、港口城市、历史文化城市、经济发展特区城市等，但不管城市的类型和功能是否相同，城市的兴起和大规模发展在给人们带来方便和舒适的同时，也确实给人们的生存环境造成了许多不良的影响。

首先，城市的发展总是以牺牲自然环境为代价的。城市的发展，虽然只有5000多年，但这一高度人工化的社会生态系统，是对地球环境干扰最强烈、对自然界损害最严重。“人”成为城市生态系统中的绝对优势生物，城市建筑越来越密集，大量的钢筋、水泥、砖瓦、玻璃、沥青以及人工合成材料，改变了天然的水文、土壤、地形地貌以及地上的一切自然生物，绿色空间和植被大量减少，是导致城市生态系统环境变化的重要原因。其次，由于城市无可非议地具有诸多的优势和方便，使得城市人口高度密集，高楼林立、道路纵横交错、工商企业集中、交通工具多种多样，城市成为了一个特殊的生态环境。人们在生产生活中制造的废水、废气、废弃物、噪音、强光等，对环境造成严重的污染，这不仅影响了经济的发展和社会的进步，也严重地威胁着城市居民的身心健康。

因此，城市居民对于回归较舒适的自然环境的要求越来越迫切，当城市内部的园林、绿地难以满足人们的需求时，发展城市周围的森林及绿地生态系统，发挥其改善人类聚居环境及提供人们野外游憩、娱乐等的社会功能越来越引起人们的重视。伴随着城市化过程而产生的，以创建良好的城市人居环境为目的的生态建设，就成为人类社会发展的必然趋势。

第一节　中国城市绿化建设的发展

城市的发展过程，始终是一个“打破平衡、恢复平衡、再打破平衡”的动态过程。虽然城市规模的自然增长取决于聚集经济效益，但是城市生态环境优化却在于有意识地人为控制和引导。从1898年英国霍华德（E. Howard）的“田园城市”（Garden City）、沙里宁的“有机疏散”、十人小组（Team X）的“丛簇模式”到“生态城市”“山水城市”，无不是追求人与城市、自然的和谐共生关系，力图消解城市的混乱、拥挤、环境的恶化等问题，通过合理地规划城市的结构和形态，有效地控制大城市的无序扩张和蔓延，达到城市可持续发展的目标。

中国城市生态环境建设具有悠久的历史，基于我国城市建设的不同阶段，对城市生态环境存在着由认识到重视，在城市生态环境建设中经历了探索、实践和总结的过程。

一、中国城市建设概况

中国古代“天人合一”的哲学观点，决定了中国古代城市从选址到建设都追求与自然的和谐共生。纵观中国古代人居环境发展的历程，园林与城市、造园与建城，始终相互交织，以私家园林和庭院绿化为载体的“城市山林”享誉全球。

20世纪50年代后期，我国逐渐强调“控制大城市规模和发展小城镇”的方针，通过严格的户籍制度，禁止城乡、区际人口的自由流动，保护城市的发展。因此，30年中（1949~1978年）全国城市数量仅增加61个，城市化水平提高不到5个百分点。

改革开放以来，随着国民经济的迅速发展，城市的发展进入稳定增长期。1978~1997年，城市数量从193个增加到662个，城市非农业人口从7986.66万增加到21390.83万（国家统计局，1999）。大量新设城市的出现，以及各规模级城市增长速度的差别，使城市体系的规模结构处于变动之中。城市化迅速发展，城市生活和城市面貌发生了巨大变化，实际上改变了整个中国的面貌，2000年我国城市化水平达到36.1%。

二、中国城市生态环境建设发展历程

在民国时期，1930年就把孙中山先生逝世纪念日作为全国人民的植树节，开展全国范围的植树活动。

1980年3月5日中共中央、国务院发出《关于大力开展植树造林的指示》，将大规模地开展植树造林，加速绿化祖国，作为一项重大战略任务。指出“农林牧互相依赖，缺一不可，居于同等重要的地位。水利是农业的命脉，森林能够涵养水源。植树造林是一项根本的农业基本建设，林业没有一个大的发展，我国农业是过不了关的。搞好绿化，对于防治空气污染，保护和美化环境，增强人民身心健康也有着重大意义”。要求“加速城市绿化建设，发动群众大力种树、种草、种花，管理好园林绿地，美化市容。城市附近的国有荒山荒地，要在统一规划下，实行机关、团体、学校、部队等单位分段包干，义务造林，由林业部门组织管护，或者谁造谁管谁有。也可以组织待业青年专业队，参加城市和郊区的绿化工作。”

1. 全民义务植树

1979年，在邓小平同志提议下，第五届全国人大常委会第六次会议决定每年3月12日为我国的植树节。

1981年12月13日，五届全国人大四次会议讨论通过了《关于开展全民义务植树运动的决议》。这是新中国成立以来国家最高权力机关对绿化祖国做出的第一个重大决议。规定“凡是中华人民共和国公民，男11~60岁，女11~55岁，除丧失劳动能力者外，均应承担义务植树任务。因地制宜每人每年义务植树 3~5 棵，或者完成相应劳动量的育苗、管护和其他绿化任务。”。1982 年 2 月 27 日国务院常务会议通过了《关于开展全民义务植树运动的决议》实施办法。从此，全民义务植树运动作为一项法律开始在全国实施（表 2-1，表 2-2）。

表 2-1　建国以来全国义务植树情况

年度	参加人数（万人）	完成情况		造林面积	
		总株数（万株）	人均株数（株）	本年度（万公顷）	总数（万公顷）
1982~1990	18950	108500	5.7		
1991	50000	230000	4.6		
1992	50000	240000	4.8		
1993	50000	240000	4.8		
1994	49279.24	251723.97	5.1	107.53	477.60
1995	52141.23	252732.5	4.85	241.65	381.92
1996	53518.69	239554.72	4.5	188.34	424.14
1997	54227.45	258859.62	4.8	196.38	601.73
1998	56432.34	219573.26	3.89	129.23	587.13
1999	58652.31	243900.63	3.62	92.41	587.13
2000	55867.42	245870.46	3.696	85.66	601.77

注：引自全国绿化委员会统计数据。

以河北省为例，河北省林业局绿化办公室统计数据表明，全省有林地面积达到 365.54 万公顷，林木蓄积 7931 万立方米，森林覆盖率达到 19.48%，全省完成造林合格面积 33.09 万公顷。义务植树者从 1981 年的 900 多万人增加到如今的 3000 多万人。多年来，全省共有 5.3 亿人次参加了义务植树活动，占全省应尽义务人次数的 85.2%，共植树 21.4 亿株，植绿篱 1250 万米，铺草坪 1266 万平方米。全省全民义务植树工作逐步走上了“有组织、有基地、有登记卡”“法制化、社会化、经常化”，义务植树与重点生态工程相结合的发展轨道。截至 2002 年，全省各种类型的义务植树基地总数累计达到了 6900 多个，总面积为 16.67 多万公顷，共兴办基地产业 50 多个，取得了良好的生态、社会效益。

2. 形成城市绿地系统格局

1990 年前后，许多城市结合各自的城市特色进行了绿地系统规划和实践。如上海市 1991 年开始编制《上海 2050 绿地系统规划》；南京市中心城区由于天然的地理条件和历史人文景观因素形成了条带式绿地系统模式；苏州市、三亚市利用水系网络形成了网格式绿地系统；杭州市利用周围的山、水等地形地貌形成了环绕中心城区的环状绿地系统；深圳市因地制宜利用绿地资源的天然状况形成了并列组团式城市结构间的平行楔状绿地系统；北京市、桂林市提出建设分散集团式城市结构间的放射状楔形绿地系统，将田园的优点引进城市，为城市发展提供秩序和弹性；合肥市利用自然条件和城市历史发展过程形成了环状和楔形相结合的绿地系统模式；江西临川市和四川乐山市沿用城市历史发展过程形成了城镇分散格局构想的绿心式绿地系统格局等。

表 2-2　2000 年全民义务植树统计

省（自治区直辖市）	完成总株数（万株）	完成情况						与工程造林结合情况			人均植树（株）
		其中						各项生态工程植树总数（万株）	其中义务植树株数（万株）	义务植树所占比例（%）	
		植树（万株）		植绿篱（万米）		铺草坪（万平方米）					
		农村	城市	农村	城市	农村	城市				
总计	245870.5	149251	67677.06	3315.86	6164.94	2658.82	5525.13	478736.94	119053.71	24.87	3.6962
北京	1074.3		414.69				215	3000	500	17	3.51
天津	1154	1984	70			133.8	232.7				3.7
河北	12349.5	8799.8	3209.7	30.3	421	16.6	608.3				3.9
山西	8100	4860	3240	1104	3592	359	120.75	12814.7	6087.9	47.5	5
内蒙古	5726.79										4.53
辽宁	14200	12722	1477.8	1132	671.2	79.51	268	19796	6947	35	7.5
吉林	5596	3451	1479	4.1	36.5	9.7	87.3	14800	3108	21	4.8
黑龙江	10692.9	644.9	2195	203.36	158.22	72.8	436.1	46008	8131.7	17.1	4.8
上海	1642.72	787	826.7		96.17	194.04				2	
江苏	11000	8500	1300	250	50	170	150	29000	5000	17.2	3.5
浙江	6018	32813	871	61.1	120.2	78.7	301.1	4608	1697.2	36.8	3
安徽	11400	6000	3500	160	220	10	150	8000	6000	75	4
福建	7419.78	5315.99	1527.44	15.52	37.49	18.55	170.79	5787.4	1215.35	21	4
江西	9850.85	7230.72	1280.71	33.68	15.15	7.77	94.4	12336.87	4388.14	35.57	4.77
山东	14039	7800	5200	42.6	63.6	34.7	241.5	12000	3600	60	3.5
河南	12300	9303.5	2742	18.5	58.2	7.8	170	15909	6738.5	42.4	3
湖北	12667	8439	4230	10.2	17.6	4.5	60.5	9528.22	2480	25	4.7
湖南	12439.33	8913.59	2313.46	27.43	135.92	48.98	224.32	11098.3	1895.79	17	3.8
广东	10712.7	6300	3185.8	89.7	286.7	53	331.7	9401.5	3292.5	35	3.9
广西	7146.55	121.9	4127.4	1.66	6.63	18.19	72.78	3585.6	1792.8	50	3.7
海南	1176.9	613.1	181.7	6.1	11.7	23.2	305.5	1977.3	256.6	13	5
四川	15431	5450	9860	8.2	62.5	13.6	156.8	28340	15431	54	3.64
重庆	7100	6860	240	3.8	15.2	4.5	129	23600	916	0.04	4.7
贵州	4231	3300	773		15	90	53	28664	2646	9.2	3.8
云南	13948.6	12145.6	1803	91.52	18.15	1206.2	121.2	17873.06	4086.4	22.9	6.7
西藏	655	550	105					1667	655	39	3.8
陕西	9018.1		8963		25		30.1	101000	20000	20	6.17
甘肃	8223	6821.62	1401.28	22.09	18.98	4.68	155.15	51734.1	8223	15.9	6.3
青海	1261.44	614.6	307.4		5.6		333.84	1995.74	887.7	44.5	4.6
宁夏	1875	1657.92	217.08		0.61		32.87	1657.92	1657.92	100	6.6
新疆	7421	6786.1	634.9		5.62		272.43	2554.23	1419.21	45.56	9

注：引自全国绿化委员会统计数据。

3. 创建园林城市

反思我国长期以来的城市建设的得失，很重要的一条教训就是使城市远离了大自然；如果说成功的经验，很重要的一条就是开展造林植树种草养花，大力开展城市园林绿化事业。

为了促进城市绿化事业的发展，改善城市生态环境，美化生活空间，增进人民身心健康，在 1992 年制定并实施了《城市绿化条例》。条例包括总则、规划和建设、保护和管理、罚则、附则共五章。总则第 2 条明确规定“本条例适用于在城市规划区内种植和养护树木花草等城市绿化的规划、建设、保护和管理”；第 3 条明确了城市绿化的地位——“城市人民政府应当把城市绿化建设纳入国民经济和社会发展计划”；第 7 条建立了管理机构“国务院设立全国绿化委员会，统一组织领导全国城乡绿化工作，其办公室设在国务院林业行政主管部门。国务院城市建设行政主管部门和国务院林业行政主管部门等，按照国务院规定的职权划分，负责全国城市绿化工作。地方绿化管理体制，由省、自治区、直辖市人民政府根据本地实际情况规定。城市人民政府城市绿化行政主管部门主管本行政区域内城市规划区的城市绿化工作”。《城市绿化条例》的制定和实施，标志着我国城市绿化工作走上了正规。

1992 年建设部在全国范围内开展园林城市的创建活动，得到了各地政府的积极响应。到 1998 年，全国城市绿化覆盖率达 26.56%，人均公共绿地面积达到 6.1 平方米，北京、合肥、珠海、杭州、深圳、马鞍山、威海、中山、大连、南京、厦门、南宁、青岛、濮阳、十堰、佛山、三明、秦皇岛、烟台 19 个城市先后被评为“国家园林城市”，上海市浦东区被评为“国家园林城区”。全国城市文明程度有很大程度的提高，市容市貌大有改观，城市生态环境明显改善。

为做好创建国家园林城市工作，进一步规范国家园林城市的申报、考核及有关管理工作，2000 年建设部制订并颁发了《创建国家园林城市实施方案》《国家园林城市标准》。在《创建国家园林城市实施方案》中明确提出“以党的十五大精神为指导，认真贯彻落实党中央、国务院关于城市生态环境建设、城市可持续发展、城市建设及城市绿化工作的方针政策，以提高城市生态环境质量为目标，调动全社会力量参与城市园林绿化建设，创建国家园林城市，实施城市可持续发展和生物多样性保护行动计划，不断提高城市规划、建设和管理水平，促进经济、社会发展。”的指导思想。在《国家园林城市标准》中规范了组织管理、规划设计、景观保护、绿化建设、园林建设、生态建设、市政建设等内容及评定指标。在规划设计上要求“完成编制城市绿地系统规划，获批准并纳入城市总体规划，严格实施规划，取得良好的生态、环境效益”“城市公共绿地、居住区绿地、单位附属绿地、防护绿地、生产绿地、风景林地及道路绿化布局合理、功能健全，形成有机的完善系统”“编制完成城市规划区范围内植物物种多样性保护规划”；在景观保护方面必须“突出城市文化和民族特色”，即保护城市的文脉；在绿化建设方面提出指标管理、道路绿化、居住区绿化、单位绿化、苗圃建设、城市全民义务植树、立体绿化等 7 个具体的建设内容，其中“城市街道绿化按道路长度普及率、达标率分别在 95% 和 80% 以上”“市区干道绿化带面积不少于道路总用地面积的 25%”“全市形成林荫路系统，道路绿化、美化具有本地区特点。江、河、湖、海等水体沿岸绿化良好，具有特色，形成城市特有的风光带”等；在生态建设上要求达到“城市大环境绿化扎实开展，效果明显，形成城乡一体的优良环境，形成城市独有的独特自然、文化风貌”“按照城市卫生、安全、防灾、环保等要求建设防护绿地，维护管理措施落实，城市热岛效应缓解，环境效益良好”等具体条件。

事实证明，创建园林城市，发展城市园林绿化事业，是城市建设发展的必然的阶段性需求，是满足广大居民的需求、改善生态环境及时代发展趋势的需要。

三、不同历史时期的代表理念

1. 大地园林化

1956 年，毛泽东同志发出了“绿化祖国”“实现大地园林化”的号召。中国开始了“12 年绿化运动”，目标是“在 12 年内，基本上消灭荒地荒山，在一切宅旁、村旁、路旁、水旁，以及荒地荒山上，即在一切可能的地方，均要按规格种起树来，实行绿化”。大地园林化既确立了林业建设的地位，又概括了绿化事业的目标。它规模宏大，内容丰富，要求提高，既饶有中华特色，又富于时代精神。大规模的群众植树造林运动使祖国大地“脱下黄破衫，穿上绿新装”。不少荒山秃岭乱石滩，变成了“高山远山森林山，近山低山花果山”“公路两旁林荫道，村庄左右果木园”。

1958 年 8 月，毛泽东在北戴河提出，要使我们祖国的山河全部绿化起来，要达到园林化，到处都很美丽，自然面貌要改变过来。同年 11 月 28 日到 12 月 10 日，中共八届六中全会明确提出，要“实现大地园林化”。1959 年 2~3 月在广州召开全国造林、园林化现场会议；同年 3 月，《人民日报》发表了有关社论和短评，提出“大地园林化是一个长远的奋斗目标”。随后，中国林业出版社出版了两辑《大地园林化文集》，汇编了有关文章。

大地园林化就是要在全国范围内根据全面规划，在一切必要和可能的城乡土地上，因地制宜地植树造林、种草栽花，并结合其他措施，逐步改造荒山、荒地，治理沙漠、戈壁，从而减少自然灾害，调节气候，美化环境，建立起既有利于生产、又有益于人民生活的环境。实现大地园林化，既要保护自然，美化大地，又要兴山川草木之利，发展生产，提高人民生活水平。绿化是大地园林化的基础，大地园林化是绿化的进一步发展和提高。大地园林化的内容比绿化更丰富多彩，是绿化祖国的高级阶段。其规模和形式是多种多样的，但总的内容是以林木为主体，组成有色、有香、有花、有果、有山、有水，有丰富生产内容又有诸多美景的大花园。

1980 年 3 月 5 日中共中央、国务院关于大力开展植树造林的指示，提出“实行大地园林化，把森林覆盖率提高到 30%，是全国人民一项建设社会主义、造福子孙后代的长期奋斗目标。第一步，到本世纪末，要力争使全国森林覆盖率达到 20%。要坚韧不拔地抓好西北、华北北部和东北西部防护林体系，华北、中原、东北等地的农田林网化和“四旁”绿化，南方、北方的速生用材林基地和以木本油料为主的经济林基地，东北等地区的迹地更新等重点建设”。

2. 生态园林

1986 年中国园林学会在温州召开的“城市绿地系统，植物造景与城市生态”会议，从保护环境、维护生态平衡的观点出发，就园林绿化建设，提出了生态园林的概念。

1989 年初，上海市绿化委员会和上海市园林管理局有关领导和技术干部根据 40 年园林建设经验和问题，学习生态学理论和温州会议的有关论文，研究如何把生态学园林与园林绿化实践相结合，提出了建设生态园林的设想和实施意见，得到上海市领导的大力支持和重视。1990 年上海市科委下达了“生态园林研究与实施”课题，由上海市园林管理局承担。两年中，该课题以生态学、景观生态学、生态经济学等原理为指导，在继承和总结传统园林的基础上，对生态园林的兴起、范围、定义、内容、经济等进行了系统的理论探讨，并建立了试验示范区，为生态园林理论研究和具体实践奠定了基础。1990 年上海市绿化委员会汇编出版了《生态园林论文集》。1992 年，课题鉴定时，鉴定专家组一致认为该课题的研究为我国园林建设事业开创了新局面。1993 年《园林》杂志社出版了《生态园林论文续集》。

程绪珂 1993 年提出“生态园林是继承和发展传统园林的经验，遵循生态学的原理，建立多层次、多结构、多功能的科学的植物群落。建立人类、动物、植物相联系的新秩序，达到生态美、科学美、文化美和艺术美。以经济学为指导，强调直接经济效益与间接经济效益并重。应用系统工程发展园林，使生态、社会和经济效益同步发展，实现良性循环，为人类创造清洁、优美、文明的生态环境。”

建设生态园林就是要继承我国传统园林的精华，达到“古为今用”，也要吸收世界各国风景园林中适合我国国情的有益经验，做到“洋为中用”。在内容上，生态园林建设要求将改善环境的生态效益同社会效益相结合；并紧密结合当地的历史、文化、古迹以及动植物资源；紧密结合生态条件，因地制宜，因城而异，创造具有地方特色和风格的园林，避免千篇一律。要求建设大块绿地，以绿色植物材料造园、造景为主，减少建筑比例，融科学、生态、艺术、文化娱乐、游憩为一体的园林建设，才符合人们对环境的综合需求。

生态园林从客观上打破了城市园林绿化的狭隘的小圈子、小范围的概念，打破了孤立的城市小环境绿化的概念。在范围上远远超过公园、风景名胜区、自然保护区的传统观念，还涉及到社会单位绿化、城市郊区森林、农田林网、桑园、茶园和果园等能起到调节城市生态环境的一切绿色植物群落。实行城乡一体化的大环境绿化，紧扣改善和提高生态环境的战略目标，形成绿点、绿线、绿面、绿带、绿网、绿片的生态园林体系，逐步走向国土治理，使园林绿化成为人类环境工程中具有相对独立性的一个体系。

生态园林建设的根本目的，一是为人们提供赖以生存的良性循环的生活环境；二是建立科学的人工植物群落结构、时间结构、空间结构和食物链结构，充分利用绿色植物调节生态平衡；在绿色环境中提高艺术水平，提高游览观赏价值，提高社会公益效益，提高保健休养功能等；为社会成员提供更高层次的文化、游憩、娱乐空间和人们生存发展的生态环境。

陈自新（1993）认为，在构成特征上，生态园林具备以下几个基本特征：生态性、景观性、多样性、经济性、综合性。

生态性是生态园林科学性的基础，人工植物群落的生态性是顺应组成群落的植物的适应性和植物之间的竞争、共生及他感作用进行合理配置的科学体现。符合自然植被演潜规律，是生态园林建设的基础和核心。

景观性是生态学与美学结合的体现，生态园林的景观性应该体现出科学与艺术的和谐结合。对景观的合理设计应源于对自然的深刻理解并符合自然规律，综合考虑不同土壤、地形、气候等对植物的影响及植物间的相互关系，融合园林美学，从整体上更好地体现出植物群落的美，并在维护这种主体美的前提下，适当利用造景的其他要素，来展示园林景观的丰富内涵。

多样性是尊重自然规律的标志。植物种类的多样性和动物种类的丰富性在生态园林中具有同样重要的地位，对“鸟语花香”的追求一直被人们认为是更胜一筹的园林意境。保持群落内生物的多样性，有助于增加群落的稳定性。

经济性是对生态园林价值的合理认定和延伸。生态园林的经济性是强调体现于园林工程使用时间的长久性。

综合性是人对环境需求的准则。一般所提的“生态效益”，多是指净化环境的效益，是从改善人体生理健康的角度服务于人类；“景观效益”也不是孤立地提倡美化，而是通过景观的改变从改善人体的心理机能和精神状态方面服务于人类；“游憩效益”则是从改善人的行为方式和行为质量方面服务于人类。三者致力的目标，都是追求人与环境的协调，实质是以人为主体的生态问题。融科学、艺术、文化美为一体的园林建设，才更符合人与环境的关系中人对环境综合因素要求的生态准则。

在建设生态园林的思想和理论指导下，北京、石家庄、重庆、中山、包头、西宁、深圳、青岛等城市陆续开展了具有各自特色的生态园林建设实践，并取得了良好的效果。

生态园林建设在我国城市绿化建设进程中具有划时代的重要意义，可以称之为我国城市绿化由追求美学艺术效果转变为重视绿化的生态功能等综合效益的转折点，是使城市绿化建设成为为城市居民服务、提供良好居住环境的手段和措施的里程碑，使绿化与城市成为不可分割的有机体。从此，城市绿化成为城市综合系统中一个重要组成部分。

3. 山水城市

1990 年钱学森提出创立“山水城市”的概念，指出“人离开自然又要返回自然。社会主义的中国，能建造出山水城市式的居住区”，认为中国的城市应该走山水城市的建设方向和道路。

1993 年 2 月 1 日，《光明日报》报道了钱学森同志提出建设山水城市的设想，钱学森同志指出：“我看到北京市正在兴起的一座座长方形高楼，外表如积木块，进到房间向外望，则是一片灰黄，见不到绿色，连一点点蓝天也淡淡无光。难道这就是中国 21 世纪的城市吗！”钱老认为，未来的中国城市，应该发扬中国园林建筑的特色与长处，规划师、建筑师要研究皇帝的大规模园林，如颐和园、承德避暑山庄等，把未来城市建成为一座超大型园林，他称其为“山水城市”。

1993 年 3 月 4 日《光明日报》以“挥起绿色巨笔改写一片灰黄，建筑界呼吁改善城市生态环境”为题，报道了中国城市科学研究会、中国城市规划学会和中国建筑文协环境艺术委员会在京邀集建设文化界专家讨论山水城市的建设问题，展望 21 世纪中国城市的发展方向。他们认为，在我国经济加速发展的同时，切实改善生态环境，提高环境质量已刻不容缓。钱学森同志又再次指出:“山水城市的设想是中外文化的有机结合，是城市园林和城市森林的结合。社会主义中国21世纪城市构筑应以山水城市为模型，全面改善居民的生活环境”。钱学森同志的这些观点，揭示了具有中国特色的社会主义城市的研究方向和建设方向。

周干峙（2000）认为从理性的角度，山水城市是一种理念，“一个学术思想”，不同于一个具体的设计项目，在一种思想理念下，形式可能是多种多样的。强调城市不能破坏生态环境，不能破坏自然环境，首先就要处理好人工环境与自然环境的关系，处理好山与水的关系。山水城市问题是长远的，不是一时一世的。从历史、文化的角度看，“山水城市”很好地概括了我国的城市特色，我们的城市很少离开山、离开水的。

吴良镛（2000）认为“山水城市”可以理解为城市要结合自然。强调城市的山水，有生态学、城市气候学、美学、环境科学的意义。山与水是自然的代表，如“青山绿水”勾画出美好的自然环境，反映了人们对美好自然环境的向往和我们改造自然的努力方向。山水城市的提出，还有其特殊的文化意义，即中国山水文化、山水美学的意义。

4. 生态城市

“生态城市”的提出是基于人类对生态文明的觉醒和对传统工业化和工业城市的反思，生态城市的“生态”不是纯自然的生态，突破了狭义的生物学概念，而是包含了自然、社会、经济复合协调共生、持续发展的含义，体现在人与自然、人与人、人工环境与自然环境、经济社会发展与自然保护之间的和谐，寻求建立一种良性循环的发展新秩序；生态城市的“城市”已经不是一般概念的城市，而是以一定区域为条件的社会、经济、自然综合体，在地域空间结构上生态城市不是“城市”，而是一定地域空间内的城乡融合、互为一体的“区域市”或开放系统。

和山水城市、园林城市等概念不同，生态城市是人、自然、环境和谐发展的形式，是城市物质文明和精神文明高度发达的标志，也是城市经济、文化和科技发展的必然结果。山水城市、园林城市、花园城市以及环境保护、园林绿化建设等与生态城市的目标既有区别，又有联系，它们都有特定的科学内涵、目标定位与建设侧重，从科学的意义上说前者并不等同于后者，但在遏制生态退化、改善城市环境质量、丰富城市景观、提高市民文化素质与生活质量方面都有重要的功效，都能在城乡生态化的进程中发挥重要的作用，都应该加以提倡和鼓励，异曲而同工，殊途而同归，以形成中国百花绽开、万紫千红的城市建设风貌与特色。

中国幅员广大、地域辽阔，生态环境条件千差万别，城市与区域发展水平也相差悬殊，因此，生态城市的规划建设不可能是单一的发展类型和发展模式，应根据不同地区、不同城市（镇）的具体条件，来制定适合于自身特点的生态化发展策略与创建各具特色、多种类型的生态城市规划、建设的发展模式。

生态城市的规划与建设应遵循自然生态规律与城市发展规律，以持续发展为目标、以生态学为基础、以人与自然和谐为核心、以现代技术为手段，综合协调城市及其所在区域的社会、经济、自然复合生态系统，以促进健康、高效、文明、舒适、可持续的人居环境的发展。

湖北省宜昌市从1986~1991年开展了生态城市的试点建设，并取得了良好的效益，马鞍山市也于1996年完成了生态城市规划。近年来，上海、天津、哈尔滨、扬州、常州、成都、张家港、秦皇岛、唐山、襄樊、十堰、日照等城市纷纷提出建设生态城市的目标，海南、吉林两省提出了建设“生态省”的奋斗目标，并开展了广泛的国际合作和交流。

生态城市的建设过程，就是一个不断实践、创新和解决矛盾的生态化发展过程，也是生态城市学理论形成与完善的过程。生态城市的建设不仅是自然与社会物质空间的创造过程，更是新文化、新观念、新经济、新秩序的建立过程，因此生态化的理念应贯彻到城乡规划、建设与管理的全过程，并且需要做出长期不懈的努力。通过生态城市的规划、建设与管理，不仅改造了现有人类住区的弊端，完善人类住区的形式与功能，同时也改造了人类自己。

20世纪90年代初，我国公布了《全国生态环境建设规划》，规划为期50年，要求各地结合实际编制生态环境建设规划。从1995年起，我国开展了生态示范区的试点工作，到1999年，共建立生态示范区222个。

生态热中也有冷思考。虽然在新一轮城市规划中，更多的城市提出了建设“生态城”，但是，重庆大学黄光宇（2001）指出，当前我国生态城市的规划和建设仍处于初始发展阶段，有关生态城市的理论、规划思路、设计方法和管理机制还不够成熟，它需要生态学理论的指导和城市规划、环境保护、园林景观等多学科专家的参与，需要全体市民的积极投入。

四、中国城市生态环境建设历史的借鉴作用

1. 城市选址

人类的文化思想总是与其所在的地理环境中的生活实践相联系的。中国人眼中的现实世界不同于西方人的现实世界，风水正是“中国人的一种认识世界、感知世界和处理现实世界的一种方式（Feuchtwang，1974）。”。风水对中国人的生活产生的深远影响，它超越于西方的价值观念和理论体系之外。风水，是原始文化的延续，其中既包括有朴素的合理的内涵，又混杂有非科学的、神秘的内容和外衣。对于风水问题，关键在于从文化的历史发展观点，来取其精华，去其糟粕。从科学的、唯物的观点分析风水这一传统文化，多数学者认为，其内容反映了人类根据气候、地貌、水文、土质、植被等自然条件的特点及其地域的组合，来寻求理想的生活环境与居住区位。

一般认为，风水理论是古代先民在选址和规划经营城邑宫宅活动中的基本追求，是审慎周密地考察自然环境，顺应自然，有节有制地利用和改造自然，创造良好的居住环境而臻于天时、地利、人和，诸吉兼备，达到天人合一的至善境界。

风水说中始终强调一种基本的整体意象模式：“左青龙，右白虎，前朱雀，后玄武”。这一意象模式的理想状态是“玄武垂头，朱雀翔舞，青龙蜿蜒，白虎驯俯”（《葬书》）。就山地而言，这一理想意象模式所对应的理想景观为“穴场坐于山脉止落之处，背依绵延山峰，俯临平原，穴周清流屈曲有致，两侧护山环抱，眼前朝山，案山拱揖相迎。”（图2-1，2-2）。

图 2-1　理想风水的意向模式

图 2-2　理想风水的景观模式

引自俞孔坚《理想景观探源——风水的文化意义》，商务印书馆，1998

俞孔坚（1998）认为风水表达了中国人内心深处的理想景观图式。在不同的背景下，产生的理想景观模式，如昆仑山模式、蓬莱模式、壶天模式、陶渊明模式、山水画中的理想可居模式和统计心理学模式等，却具有一些共同的结构特征，理想风水模式则综合了上述各种模式的所有结构特征，并通过一些具有象征意义的符号（如亭、塔等）来弥补，强化某种结构。除风水模式外，各种理想景观模式显然都是超越现实的，无论是否带有某种物质与社会的功利性，这些理想尽管都只是虚构的，处于一种不可及的理想状态，它们似乎来源于中国人内心深处的一个共同的图式。而风水模式则表达了这种图式并试图在现实环境中实现这种理想图式，渴望因此会带来现实社会与社会功利目的的最大满足（福禄寿喜，子孙满堂等）。

因此，阴宅、阳宅、村落的选址和规划中，最基本的理想模式为枕山、环山、面屏，并通过一些具有象征意义的风水小品如亭、桥、阁、塔、门和风水林、池塘等来使自然风水结构达到理想化。

城市的理想风水模式本质上与村落风水模式及葬穴模式无异，《阳宅十书》说："人之居处，宜以大地山河为主。"地理因素，如地形地貌、地质水文、气候、植被、物产、人口、交通等，是以农业文明为基础的中国古代城市生存发展之本。负阴抱阳，背山面水，是风水观念中城市选址的基本原则和基本格局。所谓负阴抱阳，即基址后面有主峰来龙山，左右有次峰或岗阜的左辅有弼山，山上要保持丰茂的植被；前面有弯曲的水流；水的对面还有一个对景山；轴线方向最好是坐北朝南。不难想象，具备这样条件的一种自然环境和这种较为封闭的空间是很有利于形成良好的生态和良好的局部小气候的。我们都知道，背山可以屏挡冬日北来寒流；面水可以迎接夏日南来凉风；朝阳可以采取良好的日照；近水可以方便水运交通及生活、灌溉用水，且可以适合水中养殖；缓坡可以避免洪涝之灾；植被可以保持水土，调整气候，果林或经济林还可以取得经济效益和部分燃料能源（尚廓，1989）。这一点已经有许多学者进行了探讨（戚珩、范为，1989；堀逾宪二，1989；卢明景，1990；于希贤，1990）。在同一个风水解释和操作模式下，从国家之首都到州府县衙，整个中国大地形成某种风水“分形”格局（图 2-3）。

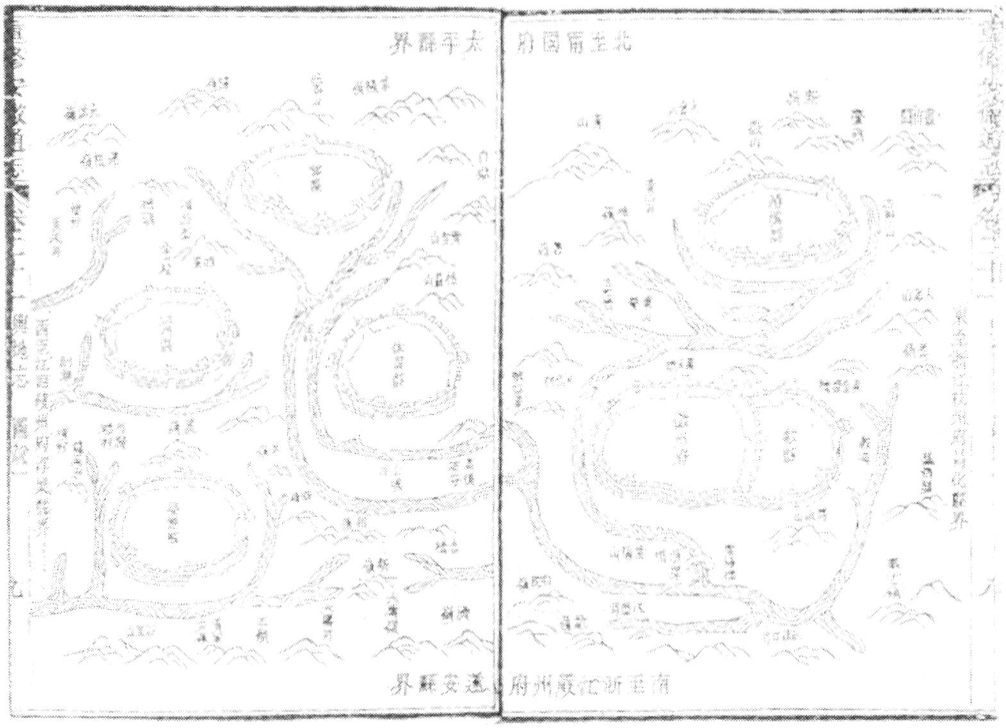

图 2-3　安徽省州府县衙景观格局意向解释（清·《安徽府志》）

引自俞孔坚《理想景观探源——风水的文化意义》，商务印书馆，1998

理想的栖息地景观结构具有以下主要生态功能：①围合与尺度效应。人类的空间辨识能力是极有限的，一个边界明确、尺度有限的围合空间，可以使人类的猎采活动在一个熟悉的、边界明确的、而生态关系相对确定的空间内进行。一个围合的盆地或河谷具有良好的小气候，这对资源的丰富性和再生能力，以及原始人类维持自身的生理代谢平衡都是极有利的。②边缘效应。边缘地带具有“瞭望—庇护”的便利性。由于人类视阈的局限性，必须确定其看不见的背后是安全可靠的，并能根据情况进行有效的攻击或逃避。背依崇山俯临平原的山麓正是“看别人而不被人看到”，易攻易走的最佳地形。另外，边缘地带物种丰富、地形复杂，是采集和狩猎的好场所。③隔离效应。可以排除潜在的危险，控制全局。④豁口与走廊效应。豁口和廊道是物质、能量和信息流动的高效、密集场所，并在空间辨析和捍卫行为中具有关键的作用（俞孔坚，1998）。

2. 山与水相结合的自然布局

我国国土的特点是“七山、一水、二分田”，在此总体环境背景下进行城市选址和规划，城市的布局就具备了山与水相结合的自然形式。

云南丽江古城用一种“神奇的构思”，把山和水有机地统一在一起。在古城的大环境上，占尽了滇西北高原的天时和地利，玉龙雪山、长江第一湾、虎跳峡、拉市海、泸沽湖，以及传说中的玉龙第三国、花马国、“香格里拉”密境，成为其独特的依托；她包容了雪山、峡谷、江、河、湖、海，众多的高原风光。

从古城本身看，在选址上充分利用高原坝子的地理环境和黑龙潭丰富的水源，西枕狮山，东北依象山、金虹山，从整体上形成坐西北朝东南的格局。以二山为屏，挡住了冬季来自西北的寒风，东南连接辽阔的平川，春迎朝阳，夏驱暑热，“城依水存，水随城在”是古城的最大的特点。古城没有规则的道路网，而是依山就水，不求方正，不拘一格地随地形水势沟渠建房布街，房屋层叠起伏，错落有致；道路亦结合水系坡势而建，曲径通幽，不求平直，形成空间疏朗和谐的街景。在无序中有序，在杂多中求统一。古城依然保持着一种自然形态的平面。是当今世界共同追求的“人与自然和谐”的最古老的版本（图 2-4）。

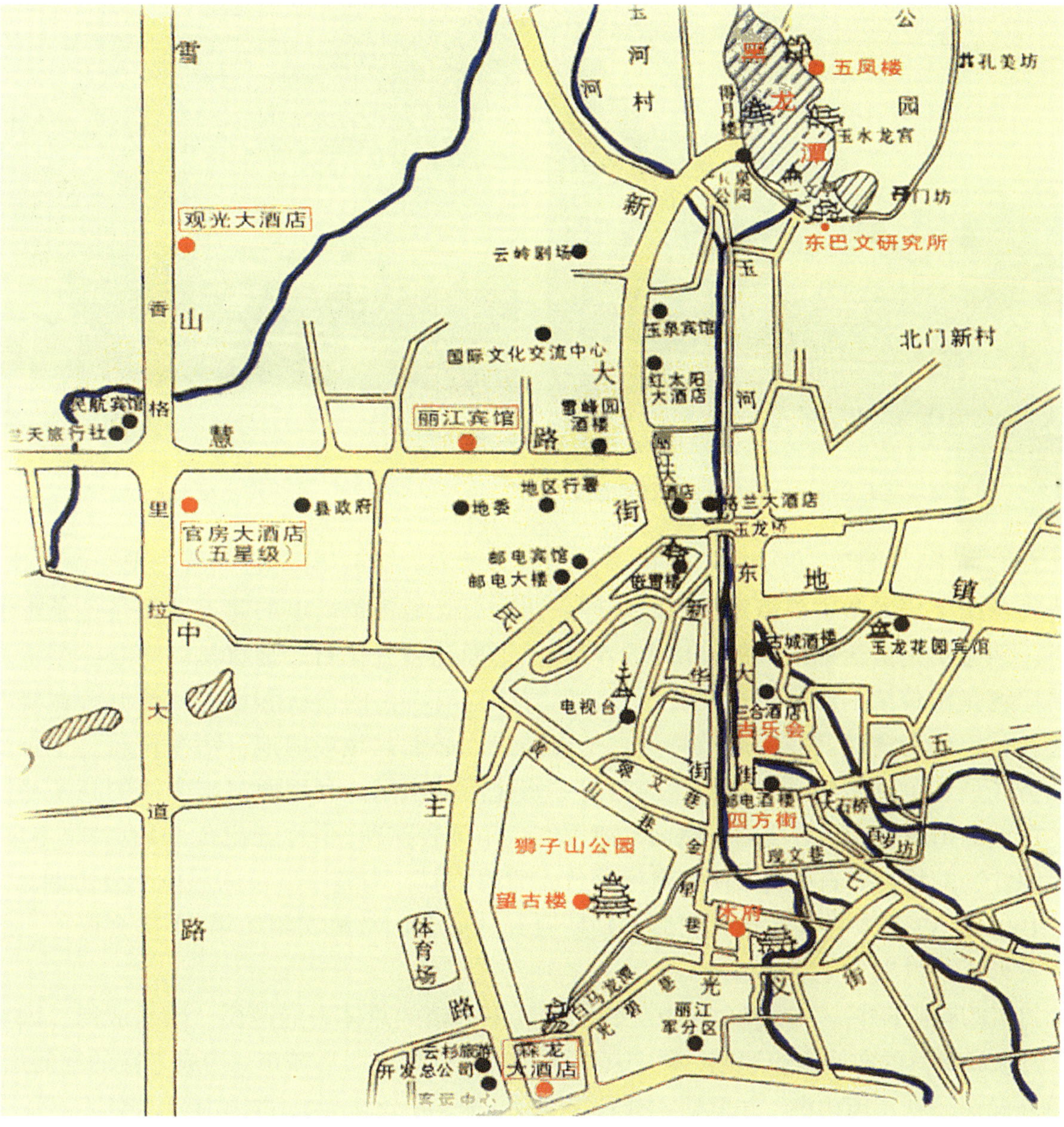

图 2-4　丽江古城平面图

山为水之骨，水为山之魂。在20世纪40年代，俄国人顾彼得（P. Goullart）在他的《被遗忘的王国》一书中写道："丽江城市布满水渠网络，家家房背后有淙淙溪流淌过，加上座座石桥，使人产生小威尼斯的幻觉。河水太浅太急，根本无法通航。何况丽江没有任何的船。然而这些溪流给城市提供了许多便利，为各种用途提供了新鲜水。"丽江的水系由龙潭、泉眼、沟渠、水井等组成。龙潭水由北向南曲折蜿蜒而下，至玉龙桥处被分为东、中、西三条支流进入古城区，各支流又分为若干细流，像人的血脉一样，临街穿巷，入墙绕户，流遍全城，形成"主街傍河，小巷临水，跨水建筑"的动人景象（图2-5，图2-6）。在龙潭、泉水处，不许砍伐树木，不许放牧牲畜。古城用一种宗教的神圣来保护水源的生态环境。同时，在面积3.8平方公里的古城内，飞架354座桥梁，"小桥流水人家"景观随处可见（图2-7）。

图2-5　引龙潭水至玉龙桥，分东、中、西三河进入

图2-6　引龙潭水至玉主街傍河

在布局上，以四方街为中心，以新华街、东大街、五一街、七一街、光义街现文巷、新华街黄山下段6条主要街道向四面延伸。四方街既是各条街道的起点，又是各条街道的终点。四方街是由店铺围成的一块方形广场，地面铺以五花石，是贸易的中心。据说这个贸易广场是由传统的露天集市发展而来。四方街还有洗街的传统和设施。建城者在修四方街之初就已经考虑到其露天集市特点。街市结束，必然是垃圾遍地，污渍斑斑。于是就根据四方街所在的地势特点，在西侧的西河上修建活动水闸，利用西河与中河的高差冲洗街面。古城的街道全为步行交通。路面一律用红色角砾岩铺砌，俗称五花石，具有"旱不飞灰，雨不泥泞"的特点。石上花纹图案自然雅致，质感细腻，与整个城市的环境十分协调。

1997年12月4日，在意大利那不勒斯召开的联合国教科文组织第21次会议上，丽江古城被列入"世界文化遗产名录"。

"诸湖环抱于外，一镇包含其中"的江苏同里古镇的总体布局遵循"因水成街、因水成市、因水成镇"的空间组织原则，顺应其网状河流特征形成团形城市，构成丰富的空间层次。古镇外湖荡环列（庞山湖、九里湖、同里湖、南星湖、叶泽湖等），古镇内河港交叉，水、路、桥融为一体，建筑依河而筑，刻意亲水，与古镇河道和周围的湖泊的优美自然地理环境融合

图 2-7　穿墙绕屋的水网（a~f）形成“小桥、流水、人家”景观，故有“东方威尼斯”之喻

在一起。形成街巷逶迤，河道纵横，家家临水，户户通舟，“小桥、流水、人家”的自然景观和生活特征，充分体现和反映了人工与自然的和谐。同里古镇水、街相依，可以说水巷和街巷是古镇整个空间系统的骨架，是人们组织生活、交通的主要脉络（图 2-8）。不同于丽江的水系，同里的水巷河道是古镇交通的要道，而陆路街巷只是辅助系统。

图 2-8　同里古镇空间结构形态

3. 中国传统造园

中国古代园林，是中国传统文化中的一颗璀璨的明珠，以其独特的民族风格和高度的艺术成就著称于世界，并对欧洲的造园艺术产生深刻的影响。英国建筑师钱伯斯（William Chambers，1723~1796 年）赞扬中国园林是“从大自然中收集赏心悦目的东西”，“组成一个最赏心悦目的、最动人的整体”。中国园林的艺术境界和表现出的趣味，“是英国长

期追求而没有达到的”。

（1）“虽由人作，宛自天开”。中国传统的造园艺术最高境界是“虽由人作，宛自天开”。这实际上是中国传统文化中“天人合一”道教思想的在园林中的体现。具体而言，是尊重自然、崇尚自然、师法自然、加工自然、再现自然，“外师造化，中得心源”，即以自然山水作为创作的模本，但并非刻板地照搬照抄自然山水，而是要经过艺术加工使自然景观升华。这种艺术加工尽管带有艺术家的主观（感情）色彩，但却是自然美景在真实空间里的艺术再现，是对自然美的倾心追求。曹雪芹写《红楼梦》里有个大观园，其中有一段关于园林的精彩对话。贾宝玉和贾政顶起牛来了，贾宝玉问：“古人常云‘天然’二字，不知何意？”旁边的人就说了，自然就不是人工的，人工就不自然，宝玉说：“却又来！此处置一田庄，分明见得人力穿凿扭捏而成。远无邻村，近不负郭，背山山无脉，临水水无源，高无隐寺之塔，下无通市之桥，峭然孤出，似非大观，争似先处有自然之理，得自然之气，虽种竹引泉，亦不伤于穿凿。古人云‘天然图画’四字，正畏非其地而强为地，非其山而强为山，虽百般精致而终不相宜。”

（2）寄情山水，天然画图。我国幅员辽阔，山川秀美多姿，自古以来国人就对大自然怀有特殊的感情，尤其是对山环水抱构成的生存环境更为热爱，山与水在风水理论中被认为是阴阳两极的结合。孔子曾指出：“智者乐水，仁者乐山。”，把山水与人的品格结合起来。孔子的自然美思想的中心就是自然之美在于“比德”，所比之德是“君子之德”。在人与自然的审美关系中，以生活的想象和联想，见自然山水树石的某些形态特征，看作是人的精神拟态，这种审美心理特点已经成为民族的历史传统了。

先秦的自然美学思想，对我国艺术（包括造园）的发展具有很大的作用。正是因为这种“比德”说，是主观感情的外移，重在情感的感受，对自然物的各种形式属性，如色彩、线条、形状、比例、韵律等，在审美意识中就不占主要地位，审美要求在“似”，而不要求“是”，揭示出艺术的本质特征。艺术之妙就妙在“似而不似”（齐白石语），“真与不真”（歌德语）之间。中国古代的造园艺术，尤其是封建社会后期的园林人工山水的创作，曰山，曰水，不过是一堆土石，半亩水塘，要求的就是“有真有假”“做假成真”，惟其神似，才“虽由人作，宛自天开”，被喻为“咫尺山林”。

空间意识，对于以自然山水为创作主题的山水诗画和造园艺术，具有独特而深远的影响。道家“天地为庐”的宇宙观，是与儒家“比德”自然美学思想互为补充的空间意识。庄子曾说：“吾以天地为棺椁，以日月为连璧，星辰为珠玑，万物为齑送……”，把自已与天地浑然一体。这种“天地为庐”的宇宙观，对造园的影响表现在“无往不复，天地际也”的空间意识，在造园中追求使有限的空间达于无限，达到纳时空于自我，收山川于户牖的目的。

造园随城市经济的繁荣与发展，由自然山林向喧嚣的城市发展，造园的空间越来越小，突破园林的局限，取得视觉空间的扩展和时间上的延续，是中国传统园林建设的重要贡献。这就是全局在胸，在视线上有所引导和规划，在景境上做到“屏俗收佳”的剪裁。往复无尽的空间意识，在园林艺术实践中，形成中国所特有的空间艺术理论“借景”，并有远借、邻借、仰借、俯借、应时而借等，在空间意境上积累了丰富的经验和处理手法，如山水景境的创作，“未山先麓”“水令人远，石令人古”……计成在《园冶》中，有“借景”篇，提出“互相借资”“妙于因借”的独到见解，成为造园艺术的一个重要原则。

在中国的造园中，从山水造景到空间的意境，以及一系列空间处理的技巧和手法中，无不包含着动与静的辨证关系。古代造园艺术偏重于感性形态，但在感性的经验中，却又充满着古典的理性主义精神，在艺术思想上提出许多相对对立的范畴，如形与神、景与情、意与境、虚与实、动与静、因与借、真与假、有限与无限、有法与无法等，闪耀着艺术辩证法的光辉。

（3）移天缩地。中国传统园林的一个重要特点是以有限的空间表达无限的内涵。宋代宋徽宗的艮岳曾被喻为“括天下美，藏古今胜”。而圆明园中的“九州清晏”则是将中国大地的版图凝聚在一个小小的山水单元中来体现“普天之下莫非王土”的思想。明代造园家文震亨也在《长物志》中强调了“一峰则太华千寻，一勺则江湖万里”的造园立意。

（4）诗情画意，丰富的文化内涵。中国美学思想起源于先秦儒道两家大师，如孔子、老子、庄子，虽然他们是哲学家，但重视的不是求知，而是做人。所以中国的美学思想不重视系统的著作，而重零星的感受；不重理论的分析，而重直观的欣赏；不重逻辑推理，而重联想的丰富。“比德”的自然美学思想，对园林的影响十分大。在花卉观赏方面，如松柏、竹、梅、兰、菊等等被比喻有人的品德的植物，很多古代诗词及民众习俗中都留下了赋予植物人格化的优美篇章。从欣赏植物景观形态美到意境美是欣赏水平的升华。不但含意深邃，而且达到了天人合一的境界。

中国传统文化中的山水画、山水诗深刻表达了人们寄情山水之间，追求超脱，与自然协调共生的思想。因此，山水诗、山水画的意境就成为了中国传统园林创作的目标之一。东晋文人谢灵运在其庄园的建设中就追求“四山周回，溪涧交过，水石竹林之美，岩岫　之好”；而唐代诗人白居易在庐山所建草堂，则倾心于“仰观山，俯听泉，旁睨竹树云石”的意境。江苏的扬州园林就有丰富的文学底蕴。扬州山明水秀、风景宜人，素来是人文荟萃之地，风物繁华之城。城里有众多的名胜古迹和雅致园林，是一个在全国具有悠久文化的历史名城，在园林历史上占有很重要的地位。这里历史上园林有一百多个，很多园林都非常悠久，直到今天保存下来的还有一些名园，比如个园、何园、冶春园、翠园、瘦西湖等，那里有很深厚的中国传统文化底蕴。以个园为例，它的起名就有竹子文化的内涵，一枝竹叶有3片小叶，形似“个”字，所以以竹叶来命名，使人一下子就想到了这里的竹子。一提到竹子，我们就会想到“扬州八怪”之一的郑板桥的竹子画，就会想到“岁寒三友”，就会想到中国很多竹子的文化。在个园中也有假山，但这些假山是动态的，有春、夏、秋、冬之分，配置很多不同的植被，这是全国极富特色的假山。

在中国文化当中非常注重环境对人的精神影响。有许多文学作品，文章的表达通常是先有景，后有情，然后情景交融，它是这种表述方式。如扬州平山堂，就是与欧阳修有关系，与文化有关系。欧阳修在《醉翁亭记》第一句就提到“环滁皆山也”，还有“醉翁之意不在酒，在乎山水之间也”。山水之间就是说，环境很好，家乡很美，国家很美。激发起我们要热爱家乡、热爱祖国的情绪。所以，建设美好的环境，不光是生活环境很好，还有重要的精神作用。把环境建设好了，人就会振奋精神。这些都是在追求“文态环境”建设中可以借鉴的增加景观的文化内容。

（5）造园手法高超。在中国古典园林的创作中，首要的工作是相地，即结合风水理论，分析园址内外的有利、不利因素；进而在此基础上立意，确定要表现的主题及内容，因境而成景。再通过运用借景、障景、对景、框景等手法对山、水、建筑、植物进行合理的布局、组织空间序列，最后对细节进行细致推敲。造园师要巧妙地处理山体的形态、走向、坡度、凹凸虚实的变化，主、次山峰的位置，水体的形状及组合，植物的配置与种植方式，道路的走向等等问题。如瘦西湖，从唐代起就认为它的植物配置和景观布局非常好，营造了“两堤花柳全依水，一路楼台直到山”的湖区胜境。

中国传统园林给人的美学感受是多方面、多层次的。如景区的设置，既相对独立，又通过竹林、假山、门洞、漏窗等手段保持一种若断若续的关系，互相成为借景，也为游览中景区的转换做出铺垫。园林中的文化氛围，更是使园林具有无穷魅力的重要因素，如好的景点命名、园的命名。儒家学者向来讲究“微言大意”，一个好的名字可以意味深长，品尝不尽。如苏州网师园，所谓“网师”是渔父的别称，而渔父在中国古代文化中既有隐居山林的含义，又有高明政治家的含义。点景抒情使眼前的景与心中的情融为一体，园林的艺术魅力无穷。

在社会进步和发展的今天，园林的服务对象已经不再是达官显贵或少数的赋闲阶层，已经成为一种城市公益性的设施类型，为城市的全体居民服务；同时园林也已经从单纯的景观功能、居住功能，而上升为城市绿地系统的一部分，成为城市绿化建设的一个特殊的建设手段，要求更多地考虑发挥其生态功能。但园林作为一种与中国传统文化结合得极其紧密的一种艺术形式，对当今城市绿化规划、设计、施工，以及优美居住环境的创建等方面仍然具有巨大的借鉴和指导作用，对传统园林精髓的深刻理解和学习，仍然是现代绿化工作者提高自身业务基础和能力的一个重要途径。尤其是在当今城市建设中忽视“文态环境”问题日益突出的严峻形势下，传统园林建设沉淀下来的丰富而深刻的民族文化，更是我国传统园林留给我们的丰厚遗产，充分的整理、吸收、利用具有紧迫而现实的意义。

第二节 中国城市绿化建设中存在的问题

中国现代城市建设正处于一个非常重要的转折点，国家把城市化列入了国民经济与社会发展的战略目标，并越来越重视环境保护和生态建设。2001 年 5 月，国务院发布了《关于加强城市绿化建设的通知》，着重强调“城市绿化工作的指导思想，是以加强城市生态环境建设，创造良好的人居环境，促进城市可持续发展为中心”。国务院这一决策，对于推进我国城市环境建设，优化城市品质，促进社会、经济可持续发展，具有非常重要的意义。然而，从现实情况看，我们有关理论研究和技术准备均很不足，这里面既有社会经济和体制问题，也有人们的观念问题。因此，我们首先要对城市绿化建设存在的主要问题有一个全面清晰的认识，才能更科学地建设城市森林，改善城市生态环境。

一、缺少生态学指导，城市绿地发展规划滞后

我国目前城市规划的指导思想，仍停留在工业时代的模式上，特别表现在长期贯彻执行“建筑优先，绿地填空”的思维与工作方式上。城市绿化用地指标十分紧张，绿地经常被规划师用作填充“不宜建筑用地”和建筑物之间距，并美其名曰“见缝插绿”，很难形成科学合理、符合生态要求和市民生活需求的城市绿地系统。

从 19 世纪中叶的美国开始，西方学者从理论上探索了若干城市绿地系统的规划模式。其中许多模式需要有较大的用地规模，或依赖于一定的气候和社会环境，并不适宜四处套用。但是，在我国却常常见到套用固定模式解释城市绿地系统的现象。例如，在城市周边建设窄窄的二圈绿地，就称之为“绿环式系统”；有一、二块山地插入城市，甚至在城市的下风向，也被称之为“楔型系统”等。

另外，我国在改革开放前由于长期执行了限制城市发展的政策，导致城市化进程滞后。其后果之一是许多城市的绿地面积严重不足，城市生态环境很差。然而，近几年来规划工作又出现了一些不切实际的“绿地效益分析”，较为常见的现象是片面夸大单位面积绿地的固碳制氧生态效能，或者通过将城市远郊乡村绿地纳入计算，来掩盖城市建成区林木覆盖率的严重不足，给政府决策产生严重的误导。因此，许多城市的绿化建设都缺乏以生态学原理为指导的长远发展规划。

从我国城市生态环境现状和城市周边自然环境特点来看，选择建设完善的城市森林体系来改善城市环境、保证城市的可持续发展，是适合中国城市特点的生态环境建设道路。目前，城市森林发展在我国还刚刚起步，许多城市虽然对城市森林生态环境建设的发展做了规划，但在主导思想上仍然是对建筑区周围修修补补式的园林设计为主，没有从整个城市生态环境建设的要求来考虑不同类型森林绿地的配置与布局，城市绿化建设仍然在重复过去老城区建设的路子。因此，城市森林建设规划应该是一个基于现实问题和长远发展的超前规划，这样可以尽早协调建筑用地和绿化用地的矛盾，避免一些老城市森林绿地建设先建后拆而造成的经济损失。

二、城市绿地结构单一，生物多样性降低

为了人类的长远健康、幸福和欢乐，人类必须依靠赖以生存的环境并与它和谐相处，明智地去利用自然资源。

森林是以乔木树种为主体的一种天然或人工的植物群落，受环境因子的制约并能在一定程度上改变环境，在人类合理经营下能够快速地提供大量优质的林、副产品，并能改变自然面貌和气候条件。

城市森林则作为森林在城市这一特殊人工环境条件下的有生命的城市基础设施，它体现了生态优先的原则，使林木在城市这种特殊人工环境下，形成以乔木树种为主体的植物

群落，成为“生态健全”的城市环境的重要组成部分和衡量现代化城市的重要标志。它有利于改善日益恶化的城市生态环境和降低城市的热岛效应，使城市人工环境与自然融合的重要生态措施。

城市森林的重要性不言而喻，然而人们对城市森林还认识不足，往往片面热衷于视觉的景观效果、游憩功能。甚至认为森林与城市不能渗和，片面的咬文嚼字，过分强调部门与学科之见，不能够多学科参与，甚至在城市绿化中排斥“城市森林”，不能正确理解与认识在城市环境中,保护生物多样性根本离不开城市森林的客观现实。生物多样性涉及到动物、植物和微生物拥有的遗传基因、物种和生态系统，所谓生态系统就是生物和它们生存环境的总和。人类虽然战胜万物，成为地球的主宰，可以认为在一定程度上征服了自然，创造了人类的进步与文明，但很大程度上还只限制在必然王国阶段，未达到自由王国。因为人类的生存面临着现实的威胁，这不是无稽之谈、杞人忧天，人类只有一个地球。

城市绿化在植物材料应用上，对突出重点和提高多样性方面未做到辩证统一。往往一片林，一条路，一个园选择绿化植物材料比较单一，突出一、二种主要树种后，不注意丰富多彩的植物群落配置，乔、灌、花、草的广泛应用和常绿与落叶植物的搭配，以及在植物保护上也往往忽视生物多样性。尤其对珍稀植物的重视不够，对植物群落的规化设计单一化，殊不知人类生存所必须的物质主要来源于生物的多样性。生物多样性是工业、农业、林业、畜牧业、渔业、医药业、旅游业乃至文化艺术等各行各业的重要组成部分，生物多样性是生物进化的结果，一个物种一旦消失，就不可能恢复。人类正在不自觉地破坏自己赖以生存的条件，认识生物多样性的重要性需要做广泛的普及工作。

（1）一个物种可以左右一个国家的经济命脉。如被称作骑在羊背上的国家——澳大利亚，由于通过羊的长期杂交、育种、改良，形成了质优、绒长、纺织性能好的优良毛种羊，使澳毛闻名于世，促进了澳大利亚国民经济的发展。

（2）一个遗传基因可以影响一个国家的盛衰。如墨西哥原有的玉米、小麦品种在成熟期，多遇大风，往往大面积倒伏，严重减产甚至绝收。为此，通过引进日本的小麦品种，分离出矮杆基因，创造出本国矮杆新品种，经推广应用产量大幅度提高，使墨西哥从粮食进口国变成出口国。

（3）一个优良生态群落的建立，不仅可改善一个地区的生态环境，而且还能使经济、生产走向良性循环发展之路。如我国西双版纳热带植物园与地方合作，模拟热带环境推广“人工胶、茶群落”即橡胶树与茶树混交种植，让茶树覆盖橡胶树林下裸露的地面，起到对橡胶树的防护作用。一方面减轻了橡胶树的冻害，另一方面也减少了虫害。因为这一植物群落中有害虫天敌，无需使用农药，茶叶无污染，故取名生态茶，获得了橡胶、茶叶双丰收。这种人工群落现已在海南岛得到大面积推广。

可见基因、物种和生态平衡与人类关系极大。但人类在漫长的历史长河中，目前应用生物的种类却极为有限，现在人类食用粮食的85%来自于20多种植物。实际上在25万种有花植物中经过驯化、改良，肯定能提供更多的食品。在5000种药用植物中，被广泛应用的才119种，由于发展中国家80%的药物来自野生动植物，可见开发利用前景广阔。

20 世纪 70 年代以来，科学家们发现，自然界的生物由于工业化的发展，环境的污染，人们对自然资源的盲目开发和滥用，使自然界的生物正以空前未有的速度在减少，全球大约有 15%~20% 的物种在消失。因为一个物种就是一个独立的基因库，种、亚种、品种都有丰富的多样性和遗传变异。

我国是一个生物种丰富的国家，又是一些重要物种的原产地。然而，在城市绿化中被利用的种类很少。绿化植物材料单调，植物群落结构单一，在保护繁育濒危的动植物方面也缺少有力措施，在植被复层混交、垂直绿化等方面均未引起足够重视。

三、绿地生态效益重视不够，绿化体系亟待完善

城镇绿化中引进一些适宜的树种是非常必要的，但相比之下使用乡土树种更为可靠、廉价和安全，因此这两者都应该受到重视。北方城镇受自然环境的影响，常绿树种资源有限，在冬季缺少绿色。因此很多城镇都非常注意常绿树种的引进。当然，从丰富城镇景观的角度来说，这是理所当然的做法。但如果我们转变一下观念，为什么北方城镇一定要像南方城镇那样四季常绿呢？使用一些具有北方特色的树种不是更能够体现北方的地域特点吗？退一步来说，即是有些常绿植物引种进来了，许多都处在濒死的边缘，不要说发挥生态效益，仅仅是维持生命而已！相反，一些具有鲜明地方特色的落叶阔叶树种，不仅能够在夏季旺盛生长而发挥降温增湿、净化空气等生态效益，而且在冬季落叶阔叶增加光照，起到增温作用。而目前在许多城市在绿化建设中，热衷于引进外国植物及新品种，忽视乡土植物，尤其是“建群种”的应用。

在植物景观设计和生态环境建设中，不重视植物的生物学和生态学特征，片面追求视觉效果和美化效果，导致城市森林景观单调，缺乏自然特性，生态效益低下，不能充分发挥单位面积上应有的森林生态效益。从全国城镇绿化的现状来看，除了城镇森林公园、城郊片林等原生绿地体现了多树种、多层次的乔灌草结合的复层结构以外，在街道、广场、居民区、厂区等人工设计、构建的绿化模式中，品种单一，抗逆性差（病虫害、污染等），甚至是仅为造景而造景的现象非常普遍，这类设计忽视了植物本身的生物学、生态学特性，与城市森林绿地建设自然化、生态化的趋势是背道而驰的。

另外，我国现阶段的城市绿化体系还不完善，基本上是局限于城市的建成区或近郊区的范围，难以满足城市生态环境建设的要求，更不能适应城市化的发展趋势。以北京为例，沙尘暴是近年来引起人们广泛关注的一个环境问题。据中国环境监测站 2002 年 3 月 26 日数据，连续两次袭击北京的沙尘天气，给北京留下的沙尘高达 5.6 万吨。因此，北京的沙尘暴治理仅仅依靠北京市内的绿化建设是不行的，必须突破城区范围，加强郊区甚至北京外围地区的森林植被建设。沙尘进入北京地区的气流主要有 3 条路径：内蒙古善达克沙地→河北坝上→北京及周边地区；内蒙古朱日和→洋河河谷→永定河河谷；桑干河河谷→永定河河谷。

这些地区历史上曾是茫茫塞外草原，自然植物茂密，有“风吹草低见牛羊”的美景。由于近代人口弱迁，农耕北上，人口迅速增加，人为的索取，导致自然植被难以休养生息和恢复，土地沙化；还有为追求粮食产量和经济效益，无序地开垦草地、荒地、盲目追求牲

畜头数，致使草地严重超载，土地生产力日趋下降。此外，修路、开矿、旅游等开发建设项目在建设中不注意生态保护，也是造成水土流失和土地沙化的重要原因。可见在国土大范围以内建立森林生态网络体系，是支撑城市有一个良好生态环境的重要举措。现提出以北京为中心，建立“小三圈”和“大三圈”6个绿色同心圆，设立6道绿色防线。沿着河道、公路、铁路、水系沿岸形成多条绿化带，与城区的绿化建设相结合，逐步建立起完善的森林生态网络体系，才能有效地遏制沙尘暴。

四、未能充分体现以人为本的中心原则

城市是人类改造自然，利用自然的结晶，是自然景观和人工景观的有机融合，是人类文明和社会进步的标志。千百年来，人类通过自己的聪明才智和开发利用自然的能力，建起了风格各异的城市建筑和日益方便的基础设施，记录了人类改造利用自然的伟业，促进了城市经济、社会的发展。现代城市，则体现了时代文明和科学技术的进步。但是，城市又是现代工业和人口聚集的地区，人口的过度集中和经济的快速发展，造成了城市生态环境恶化，反过来，又严重制约着城市经济社会的可持续发展。随着人民群众物质文化生活水平的日益提高，人们对环境质量要求也越来越高，城市生态环境问题日益成为社会关注的热点和焦点。

我们必须清醒地看到，从总体上城市绿量不足，城市绿化整体水平还不高；园林设计和养护管理水平还比较低；深受市民欢迎的小游园、小公园、小绿地还比较少；侵占绿地和人为破坏绿化成果的现象屡禁不止；绿化指标还比较低；城市绿地系统规划由于人为因素难以落实；在一些城市绿化意识不强，对搞好城市绿化的重视程度不够；绿化资金严重不足，绿化建设计划难以实现，现有的绿化成果也难以得到有效的维护和管理；园林绿化工作的机械化程度低，劳动强度大，职工的工作生活条件还比较差、待遇低，不利于职工队伍的稳定和城市绿化事业的发展。这些问题的存在，必须引起高度重视，这说明我们缺乏以人为本的指导思想。

城市是人类集中生活与工作的地方，城市绿化就是要为市民创造一个优良的生态健全的环境空间，同时也要为市民提供一个休闲、娱乐、活动的空间。城市公园的公益性、服务性较强，不宜过分地强调其经济效益，更不能以任何理由转让、拍卖。公园行业应始终贯彻“为人民服务”的思想，不断提高服务质量与服务水平，加强游园秩序管理、安全管理、落实安全责任制，面向群众，搞好服务，坚决杜绝游乐机安全事故的发生。

现在发达地区和一些沿海地区都拆房还绿、拆墙建绿、搬工厂建绿地，而一些城市，尤其是一些欠发达地区却在想办法占绿地建房子，占公园搞开发，继续走发达地区走过的弯路。

以人为本的中心原则，就是要在城市绿化中：①不盲目效仿，坚持科学规划，因地制宜，走特色之路。一些地方盲目照办照抄，一度出现“广场热”“草坪热”“大树古树热”等，这些做法是不尊重科学的。各地应注重发挥本地区、本城市的自然文化等自身优势，不拘一格创选特色绿化，走新路子，上新水平。②不盲目攀比，坚持实事求是，逐步推进，走全民绿化之路。要按照“一切为了人民”“一切依靠人民”和“三个代表”的思路，发动社

会力量搞绿化，发动单位、居民从自己的家庭、单位庭院、居住小区开始搞好绿化，这是在城市当中点多、面广、量大的绿化难点。同时，抓好城市全民义务植树工作，注重搞好城市大环境绿化，要不求快、不求大、不求洋，尽量少搞一些混凝土建筑小品、雕塑，多建一些受人民群众欢迎的绿地、游园、公园。要求在普遍绿化上下工夫，在提高整体绿化水平上做文章，在大中型绿化骨干工程上求突破。③不急于求成，走科技兴绿之路。现代城市体现了时代文明和科学技术的进步，搞好城市绿化工作应与营造和谐的城市生态环境结合起来，逐步形成经济建设、环境建设与精神文明建设的良性循环，促进绿化事业发展。因此，要把市民的需要作为城市建设和城市绿化工作的第一信号。

当前,随着城市化进程的不断加快。面临的问题很多,城市人口快速增长,造成交通拥挤；城市用地紧张，市民拥用的公园绿地等空间相对减少；规划绿地被占用问题严重，居住区、城市繁华区、商业区的绿量日益减少；城市特色不明显，绿化整体水平不高等问题均比较普遍，迫切需要实践探索有效办法。

五、考虑国情市情不足，绿化缺乏地方特色

搞好城市绿化，是建设充满活力、富有竞争力的城市的重要基础。为了有利于提升城市品位，凝聚人气，吸收人才，促进科技、教育、文化等事业的发展；有利于树立城市对外开发的良好形象，改善投资环境，发展新兴产业，加快城市的经济发展，必须努力搞好城市绿化工作，创造优美、清新、健康、舒适的人居环境，才能更好地满足人民生活水平不断提高的需求。

从目前看，城市绿化要增绿扩量，提高绿地质量，逐步改善城市绿量不足，布局不合理，公共绿地减少的局面，因此必须因地制宜，量力而行，切不可盲目照抄经济发达国家在人少地多、经济实力雄厚基础上形成的人均高指标、高绿化率的目标。我国毕竟有13亿人口，现城市多由农田环抱，必须按照中国的国情，提出适当的绿化用地比例，并采用适合中国绿化布局之手法，以较少的绿地换取城市较大的生态效益。例如，我们一些城市往往忽视林水建设，甚至破坏城市水系，对绿带、绿网的建设不重视，一讲绿化就贪大求洋，盲目学外国，攀比经济发达国家的模式，搞大草坪、大广场。更有甚者，丢掉我国几千年的优良传统，抄袭国外的做法。当然，在一个城市适当搞一、二处欧式、美式园林也未尝不可，但遍地开花，到处建洋花园，所有城市几乎一个样，那必然要走到了事物发展的反面了。

每个城市自然生态的山山水水都包涵着许多必不可少的区域性文化要素，即“文化生态”。正是因为有了“文化生态”，我们的许多名城和风景区才会成为它们的现时形态。“文化生态”既表现了一个明确的“空间关系”，又表现出一种顺时序积淀而成的时间进程。它在物质上体现为自然山水与建筑人居景观的结晶，在精神上，是几千年历史文化的人文结晶。我们学外国的一些表现手法，绝不可丢掉我们宝贵的文化遗产，盲目抄袭欧式建筑、地毯式花坛、几何规则式的绿化带等，否则就导致各地多年形成的中国城市文化特色与地域特征丧失殆尽，我们就要愧对后人了。

第三节　21 世纪城市生态环境建设的发展趋势

人类已经充分认识到后工业社会必须寻求更佳的人居环境，以拯救我们这颗脆弱的星球。以牺牲环境带来的经济发展只能是“悬崖经济”或“自杀经济”。人们痛心疾首地呼唤，并强制性实行禁伐、禁捕、禁牧、休渔、休耕等措施，加强执法力度，同时一股保护环境、倡导绿色的潮流悄然兴起，绿色文化和绿色运动已经成为当今全球最具有影响力的新文化运动。有人指出，21 世纪从某种意义上讲是一个“绿色的世纪”，21 世纪的理想城市必将是绿色城市。

一、注重城市发展理念，倡导“绿色城市及绿色社区”空间规划

我国 2001 年的城市化水平是 37.7%，城市人口为 4.8064 亿。据估计，我国在 2020 年城市化水平将分别达到 65%，届时全国人口可能达到 15 亿，城市总人口达到 9.75 亿。

都市圈是一种经济组织的创新模式，对区域社会的经济关系的整合具有重要的战略意义。作为以高密度的城市、一定规模的人口以及巨大的城市体系为特点的空间组织，都市圈内的城市分工与合作非常密切，开放的、综合的、多元的产业结构，较强的创新能力和结构转换能力，使之具有很强的市场竞争力。

南京市规划局在 1990 年编制的《南京市城市总体规划（1991~2010）》中首次把“都市圈”的概念引入南京城市的圈层结构中；1994~1995 年广东省建委编制了《珠江三角洲经济区城市群规划》；江苏省规划院在江苏省城市体系规划中，提出“宁镇扬”“苏锡常”“徐州”三大都市圈的概念。2001 年 3 月杭州市兼并萧山、余杭，余杭、萧山撤市设区，新杭州市成为长江三角洲第二大区域性都市，仅次于上海。

生态及居民健康、舒适成为当今城市建设和发展中重点考虑的问题。“绿色城市及绿色社区”的主旨是“人与自然和谐共生”。首先，在尊重人的基本权利的同时，十分关注人与自然的关系；其次，在关注本城市、本社区人群利益与自然关系的同时，也十分关注更大区域（大到全球）的人群与自然的关系，做到更大区域内人与自然的和谐共生。以营建现代“简朴生活方式”作为绿色城市及绿色社区的生活模式；以“绿色消费观”即适度消费观来确定“绿色城市及绿色社区”的功能定位；以“绿色空间”构筑“绿色城市及绿色社区”的空间网络。“绿色空间”不是传统城市中的绿地系统，而是将人与自然环境、社会环境有机融合，即将亲地空间、亲绿空间、亲水空间、亲子空间、亲合空间、亲动物空间融为一体，构成人与自然亲密无间、和谐共生的绿色空间。

我国大部分城市规划国际招标的方案都明确地体现出对“绿色城市和绿色社区”的追求。在武汉南岸嘴地区规划设计国际咨询创意竞赛中，来自国内外 9 个设计机构的 11 个创意方案都对生态和居民生活空间进行了从概念到设计的考虑，有几个方案构思殊途同归。如荷兰高柏伙伴园林规划建筑事务所规划的“冰湖（Frozen Lake）开敞空间”，规划了五个分别以人的“视觉、嗅觉、味觉、触觉、听觉”为主题的公园；香港陈世民建筑师事务所的创意

主题为“将南岸嘴地区建成为武汉市的一个共生性标志，城市中心的一块生态性绿洲，市民共享的一组公共性活动空间，旅游观光的一片典型性乐土”；日本都市计划研究所的创意是以服务现代生态型国际大都市为目标，力图在都市中形成“第二生态空间”，提供一个丰富多彩、舒适宜人的现代都市空间。丘陵状人工提升地坪，创造地形变化，形成开敞空间，把江—岸—山联成一体。

郑州市城市规划局2001年公开向国际征集郑东新区总体发展的概念规划。在日本黑川纪章建筑、都市设计事务所的方案中，应用共生城市、新陈代谢城市以及环形城市理念，将“龙脉”水系（金水河、熊耳河、龙湖）的构想与郑州城市现状、中原文化相结合，提出了西南—东北向城市历史文化生态发展轴；新加坡PWD工程集团的规划方案，将水域系统与绿色通道有机结合，按照“国家级森林公园—博览园—体育运动公园—地区性主题公园—城市级公园—社区公园—绿色走廊”的等级结构，建立起统一有序的城市开放空间系统；法国夏氏建筑设计与城市规划事务所的方案，对水系进行整治和发展，灵活布置丰富的绿化空间，体现绿色与蓝色交织的景观特色。

二、重视水体景观要素，提高城市生态环境品位

对于一个城市来说，森林是“城市之肺”，而河流、湖泊等各种湿地则是“城市之肾”，它维持着一个环境的健康但也需要一个环境来维持其本身的健康。前者是因为水系如与土地及其生物环境结合将具有极强的自净能力，同时对沿岸的小气候产生影响，它可使周围地面的平均气温降低4~7℃，加快空气的流动，对人体健康有良好的作用，也可为城市中多种生物提供栖息地，并净化水质，更为重要的是生态功能健全的水系构成绿色通道网络，最具有蓄洪、缓解旱涝灾害的能力；后者，是指水系与其他生态系统之间有着密切的联系，如果把它们隔离起来（如水泥硬化河道岸坡等），在失去生态系统之间交流的情况下，水体的自净能力就大大下降，结果有可能成为死亡的水面。城市因为有了森林和流动的水体而风景优美，空气清新，环境宜人。

同时，水系也是最重要的景观廊道，水体本身以及河岸带的植被是动植物的重要通道，也是城市与外部生态系统的主要交流通道。因此，城市林业建设规划中应充分重视沿河道的森林景观设计与建设。

随着社会经济的发展、改革开放进程的不断加深和全面建设小康社会，我国城市居民对环境建设的要求会越来越高，城市森林建设也将在提高城市形象、改善投资环境等方面发挥越来越重要的作用。林水结合的城市森林建设，将构建“林荫气爽，鸟语花香；清水长流，鱼跃草茂”的良好生态环境，从而保障城市生态环境和人民安居乐业，促进社会文明进步。

上海市、深圳市和浙江省苍南市开展的城市水体景观的规划工作，为全国城市水体景观建设提供了良好的借鉴。

“上海现代城市森林规划研究”项目由中国林业科学研究院、华东师范大学牵头，上海市农林局组织进行的，并于2003年1月通过专家评审。项目组在整个上海市6340平方公里面积上规划城市森林，提出了“林网化—水网化”规划理念，规划设计“三网、一区、多核”

图 2-9　S 香港华艺设计顾问（深圳）有限公司“山、水、城共生共融”
苍南市城市中心区城市设计方案

图 2-10　苍南市“山、水、城共生共融”城市中心区城市设计方案鸟瞰图及局部效果图

的城市森林生态网络体系的布局。其中，三网为水系林网、道路林网和农田林网；一区为环淀山湖、沿黄浦江上游两岸以及黄浦江上游支流水系两岸的重点生态建设区；多核为在林网、水网中构建结构稳定、达到一定规模的各种功能林，使其成为城市森林系统中的核心林地。

深圳市将“绿色走廊”和“蓝色走廊”作为沙头角海滨区规划的重要空间景观（方煜等，2001）。“绿色走廊”是通过林荫大道—海山路将山、城、海联成一体，全长 800 米，是城市结构性空间走廊。“蓝色走廊”沿海岸线，全长 1700 米，是城市景观性空间走廊，使海滨区沿蓝色走廊形成亲水空间，建设“山海相融的绿色生态城市园区”。

浙江省苍南市在 2001 年的城市中心区设计方案国际征集中，所有的投标方案均充分重视利用苍南市的优越自然地域条件，组织亲水步行和绿化系统，并与毗邻的公共设施、旅游景点形成网络。其中，香港华艺设计顾问（深圳）有限公司提出“未来城市中心是市民的家园、步行者的天堂；是阳光明媚、空气清新、水碧草青的生态城市中心；是联系东西、承接南北、气象万千的城市中心；是刚柔相济、优美大方、引人入胜的城市中心；是催人奋进、迈向未来、充满时代气息的城市中心”。提出了“山、水、城共生共融”的城市设计理念。以塑造绿色城市中心、生态化空间环境为切入点，最大限度发挥环境优势，保持主要交通干线及萧江塘河、横阳支江两大水系景观由西向东伸展的大趋势，在两河之间，描绘出具有水体、绿地、广场的生态化核心空间（图 2-9，图 2-10）。

三、加强文化生态内涵，重塑城市文脉特征

早在 20 世纪 20 年代，芝加哥学派首先在城市研究中引入文化生态学，强调人际关系以及由此形成的城市社会文化对于城市空间的影响。1977 年，《马丘比丘宪章》进一步指出，人的相互作用和交往是城市存在的基本根据，城市规划应按照可能的经济条件和文化意义提供与人们需求相适应的城市服务设施和城市形态。

城市文脉是城市在长期发展过程中，自然要素和历史文化要素相互融合的结果。城市绿色廊道应该成为构筑城市历史文化氛围的桥梁和展示城市文脉的风景线，起到保护城市历史景观地带、构造城市景观特色、营建纪念性场所和体现现代城市文化氛围和文明程度的作用。不同时间、不同地点的城市，不同园林艺术手法的应用，以及市民在活动中所形成的城市人文环境，反映了一个城市的生产力发展水平、市民的审美意识、生活习俗、精神面貌、文化修养和道德水准。

我们祖先积极倡导“天人合一”的自然观，它指的是“天道”“人道”的结合。天道是指自然界的变化法则、规律；人道是道德准则和治国原则。“天人合一”观把天道、人道的协调视为人生的最高境界，强调人与自然的和谐相处。现代社会的高速发展越来越重视植物保护、生态平衡和回归自然，这与我们祖先“人人亲和、人物亲和、人天亲和”的处事法则是一致的。从这个角度切入有助于构建绿色文化的体系。

在城市生态环境建设中，将越来越重视城乡结合部绿带、郊区森林公园、风景名胜区、动植物园的旅游功能，充分考虑城市居民的游憩需求，满足人们的休闲、娱乐等精神文化需求。立足于绿色文化的建设，引导和发挥国民的生态意识、环境意识和保护意识，必将

促进城市生态环境建设的速度和质量的提高，对于国家实施科教兴国战略和可持续发展战略也有所贡献。

四、遵循人居环境科学，创造人类理想家园

20 世纪 50~60 年代，希腊学者道萨迪亚斯（C. A. Doxiadias）提出建立“人类聚居学”（Ekistics），以求全面、综合、系统地解决人类在聚居状态下的各种问题。在研究大量的中国城市建设实践和借鉴道氏理论的基础上，我国城市规划学家吴良镛先生提出“人居环境科学”（The Sciences of Human Settlements），把人居环境内容分为 5 个大系统，包括人、自然、居住、社会和其他支撑系统等（图 2-11）。根据中国的实践把人居环境分为 5 个层次，即建筑、社区、城市、区域、全球 5 个层次。他还明确了处理这些问题的 5 大原则，包括生态、经济、科技、社会和文化艺术。认为人居环境科学主导的专业是广义建筑学，包括传统的建筑学、

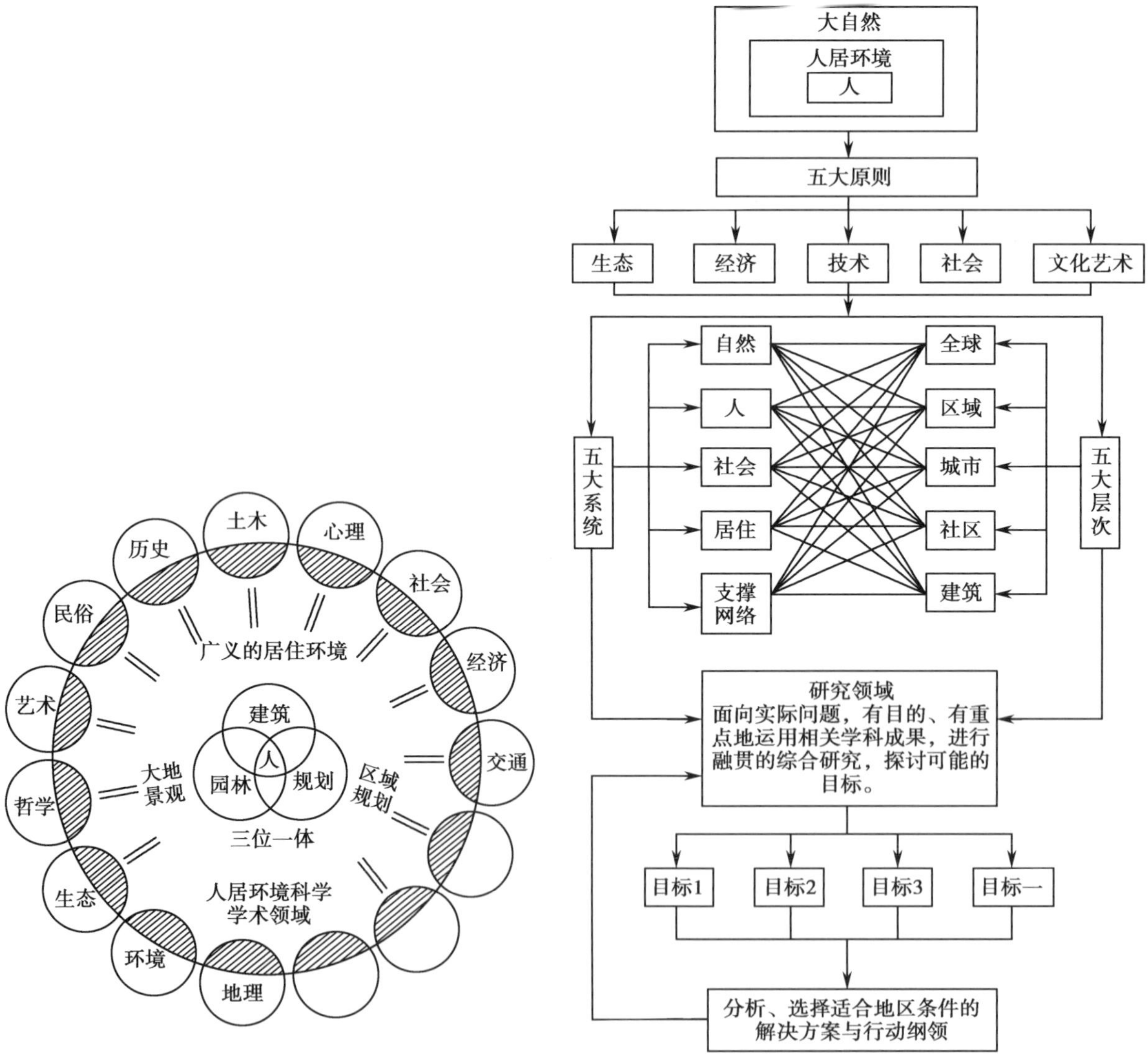

图 2-11　人居环境科学框架图

引自吴良镛《人居环境科学导论》，建筑工业出版社，2001

城市学和风景园林。根据中国传统城市的特点,有3个重点研究层次,即家庭层次、城市层次、区域层次。家庭层次，城市层次包括建筑、园林、街道广场及其他城市设施等元素；区域层次包括城市本身及周边的自然、乡村等元素。

创造好的居住环境是人类发展中最基本的课题，也可以说是“永恒的主题”。古希腊哲学家亚里士多德说过，“人们来到城市是为了生活，人们居住在城市是为了生活得更好。”人类的一切活动：经济的、政治的、文化的、科学的……最终目的都是为了提高最广大人民的生活质量。“居住”不仅意味着住房本身，而几乎包含着人类生活的各个方面。“可居性”(Liveable)是人类最基本的要求,不仅现在,直至永远。环境是人类生存最本原的基础和条件。人必须生活在一定的环境之中。环境质量(从微观到宏观)是保证“可居性”最重要的条件。环境各因素之间相互联系，相互影响是一条客观规律。近几年来，来自千里之外的沙尘暴对我国北部城市的“袭击”，使我们得到很大的启示。

吴良镛先生在《人居环境科学导论》中所归纳的“融贯综合”的方法，是研究和解决像城市这样复杂的巨大系统问题的有效方法。整体观、战略观也都是研究城市和区域问题的重要方法。著名科学家李政道先生说过，“20世纪的文明是微观的，21世纪微观与宏观应结合在一起。”。“人居环境科学”是21世纪的科学，是为了解决21世纪的人类聚居问题，因此是一门宏观与微观相结合的科学，一门从整体上来研究人居问题的科学。在其思想和理论指导下的城市规划和城市生态环境建设必将创造出人类理想的家园。

五、开展城市林业建设，完善城市森林生态系统

森林作为生态系统中的第一性生产者，不仅具有生产功能，还具有调节气候、改善水文循环、防止土壤侵蚀、吸收和转化各种污染物质、保护生物多样性等多种生态服务功能，因此，在维持区域乃至全球生态平衡中都具有无可替代的重要作用，在城市生态环境建设与保护中占据关键地位。由于森林生态系统体量庞大、结构完备,其生态环境调节功能最大,是城市生态建设的主体。据美国林业和其他研究团体对数十座城市最近5年的城市树木的合作研究认为，在一个人口约200万的大城市，多种植树木则意味着每年可节省20多亿美元的预防暴风雨的费用。森林建设可以大大减少灾害天气，保证城市正常运转，减少经济损失。森林在涵养水源方面具有其他城市生态建设不可比拟的优越性，巴西圣保罗市周围营造5000公顷水土保持林，10年后，解决该市饮用水的40%(王义文，1992)。由于森林不仅具有多方面的生态服务功能，而且具有景观游憩、经济生产以及教育文化等多种功能，因此森林的作用越来越受到人们的青睐，一个城市不能没有森林。

开展以林木为主体的森林生态系统建设，充分发挥森林的净化大气、土壤和水体污染的功能，兼顾减少噪音、调节区域气候、生态保健、环境教育等多种功能，探索与农业、牧业和居民点生态环境建设相统一的，结构优化、功能最佳的城市森林生态网络体系的配置格局和内部运转机制，从而更好地发挥对促进城市经济发展、改善城市自然环境、提高居民生活质量及保证社会经济的可持续发展等方面的重要作用，越来越被人们所认识，已成为新世纪城市生态建设的主旋律。

现代城市森林建设要借鉴生态系统经营的理论，实行相对粗放式的近自然设计和管护，减少人为干扰，逐步建立城市森林生态系统的自我维持机制。

1. 提倡绿色廊道建设

城市在一定区域范围内集中发展，绿地系统或呈环状围绕中心城市限制城市的扩展蔓延，周边卫星城镇与核心城市保持一定的距离；或为核心方式为城市群体围绕，城镇之间以绿色缓冲带相隔；或以嵌合方式与城镇群体在空间上相互穿插，形成以楔形、带形、环形、片状为主要形式的绿地系统；或带形相接的形式或方式，绿地系统在城市轴线的侧面与城市相接，使城市群体保持侧面的开敞，绿地系统能发挥较大的效能并有良好的可达性（图 2-12）。

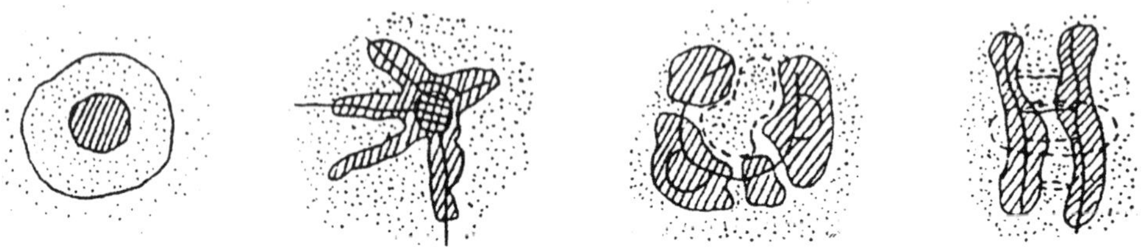

图 2-12　城市绿地系统的形态布局

国外在实践中出现了一些比较典型的例子，如英国 1994 年的“大伦敦规划”，把从市中心 48 公里内，约 6700 平方公里的地区划分为 4 个同心圆，包括：城市内环、郊区环带、一条约 16 公里的绿化带、农村环带。绿带的设置成功地控制了中心城区的扩展，成为发展新城的规划模式。丹麦哥本哈根的指状规划、莫斯科的楔形绿地、按照“有机疏散理论”而定的大赫尔辛基规划方案都是典型的绿地嵌合模式的典型例子。荷兰的兰斯塔德地区（包括鹿特丹、阿姆斯特丹、海牙等城市）的“绿心”（绿地核心式）与建成区之间建设绿色缓冲地带以保护绿心。而 1965 年的巴黎城市规划，沿塞纳河两侧建设了 8 个新城，在塞纳河两岸形成了两条平行轴线，是绿地系统带形相接方式的代表。

我国的具体实践突出的是广州市，广州市重视北部山区、南部珠江口地区的生态维育及城市组团间绿化隔离带的建设。2001 年提出了创造性地重建营造“六脉皆通海，青山半入城”的诗情画意,形成“一山一水三轴线”的空间格局。在大广州地区自北向南形成了山、城、田、海四个层次的地域类型，塑造了“山水城市”的生态格局，构筑“一环两楔”“三纵四横”的主骨架，打通多条“生态廊道”，与区内密布的河网水系形成网状“蓝道”系统、城市基础设施廊道等线状和点块状的生态绿地，共同构成了多层次、多功能、立体化复合型网络式生态结构体系。

2. 强化城市绿化网络建设

城市的生态环境建设着眼于 21 世纪的长远发展趋势，创造清新、优美、舒适的居住空间，紧扣“回归自然”的主题和时代特征，寻求生态、社会、经济三大效益的最佳结合点，城市的绿化建设将致力于维护生态系统平衡、近自然特色鲜明、集园林外貌农林业内容于一体的生态网络，达到以林养林、以林养人的目标，实现生态、生活、生产功能三者效益的最大化。

郭恩章等（2001）在邯郸市主城区总体设计中，将城市设计与城市生态规划结合起来，遵循自然规律，加强生态绿化系统建设，积极推进沁河、滏阳河的污染治理，力求建立起城市整体自然生态环境结构和覆盖全城的多类型、多层次、多功能的绿色空间——绿网系统。以大环境自然生态为背景，建设环城生态林带和穿越城区的生态廊道，沿公路、铁路、高压走廊、街道的绿化，滨河绿化，大型块状公共绿地及广场绿化、生产绿地、工业区防护林带以及遍布全城的“袖珍绿地”等，这些呈点、线、面分布的绿地相互交织成网，使整个市区生存在这一巨大的生态网络中。设计中对袖珍绿地的建设还提出了一些具体的要求，如服务距离按照步行时间计算，距人们居住与工作地点应保持在6~8分钟为宜，即按60米/分钟的步行速度计算，其服务半径为350~400米。

六、强调以人为本原则，满足居民身心健康需求

伴随人类文明的进步，城市的发展带来了诸多优势和方便，使得城市人口高度密集，高楼林立、道路纵横交错、工商企业集中、交通工具多种多样，与此同时也使人类远离了自然，城市成为一个特殊的生态环境，城市居民回归自然环境的要求越来越迫切，望拥有“蓝天、青山、碧水”般和谐的居住环境。生态及居民健康、舒适成为当今城市建设和发展中重点考虑的问题。因此，在城市生态环境建设中要强调以人为本、以人为核心的建设原则，以达到“天人合一”的人与自然和谐的新型生活空间。

在城市景观设计中要求具有亲和性、富有人情味、文化教育性和舒适性，使城市景观能够激起人们亲近的愿望，增加城市景观的吸引力。在城市景观设计时兼顾居民的娱乐、健身、社会交际活动场所等，设计残疾人专用的安全通道和便于使用的的活动设施，均能增强城市景观的亲和性。同时城市景观设计还要求的自然化，即尊重自然，以“自然为宗”，依托城市自然地形地貌，结合城市风貌、结构特征、空间属性等进行科学规划，最大程度地发挥植物的生态、组景和美学作用，使城市景观达到“虽由人作，宛自天开”的水平。在设计的过程中强调公众的参与性，让这些设计对象的使用者参与设计过程，这也是人本主义理念的要求。通过“以人为本”的城市生态环境建设，创造出优美宜人城市环境，高雅的文化环境氛围和祥和温馨的人居空间。

当前，城市内部的园林、绿地已经难以满足人们身心健康需求，城市森林在改善人类聚居环境及提供野外游憩、娱乐等方面的社会功能越来越引起人们的重视。估计在瑞典每年有200万人到森林中去活动，几乎每个人在一年中都要去森林住一夜，其中55%的人主要去城市森林。80%的瑞典人一年至少会去森林拾一次野果，这已成为瑞典的一种文化，因此法律容许人们可自由的进入私人林地。由于城市森林提供了野生动物的居息环境，瑞典城市地区鹿已成为常见的动物，獾就在城市森林中繁殖，其他如野兔、豪猪、松鼠、狐狸等动物也会季节性地光顾，为城市带来无穷的野趣。

改善城市环境是城市森林建设的宗旨，为居民提供舒适健康的生产生活环境是城市森林建设的目标，因此，有利于人体的健康是第一位的。在城市生态环境建设中，越来越重视城乡结合部绿带、郊区森林公园、风景名胜区、动植物园的旅游功能，充分考虑城市居民的游憩需求，满足人们的休闲、娱乐等精神文化需求。

第三章　城市森林的形成与发展

由于城市的发展，产生了一系列生态环境问题，而将森林引进城市，使城市座落在森林之中，使城市居民在享受现代社会的信息便捷、工作高效、生活舒适的同时，享受森林带来的安静、平和、清新、健康的自然环境。城市森林是城市、森林和园林的有机结合，在城市内既有森林的生态环境，又具有园林的艺术效果，满足人们生理、心理以及视听需求。

第一节　城市森林的概念及研究范畴

一、城市森林的概念

自 1965 年加拿大多伦多大学 Erik Jorgenson 首次提出城市林业概念的近 50 年来，城市林业作为一个新兴行业得到了世界范围的广泛承认和接受，作为城市林业的经营对象——城市森林的存在成为世界各国政府、林业和环境科学学者的共识。各国相继开展了城市森林培育与经营理论研究和具有各自特色的城市林业建设实践，但各国对城市森林的定义各有不同。

美国学者 Rowantree（1974）指出：如果某一地域具有 5.5~28 平方米 / 公顷的立木地径面积，并且具有一定的规模，那么它将影响风、温度、降雨和影响动物的生活，这种森林可成为城市森林。Miller（1996）认为城市森林是人类密集居住区内及周围所有植被的总和，它的范围涉及市郊小区直至大都市。美国林业工作者协会对于城市森林的定义为“城市森林是森林的一个专门分支，是一门研究潜在的生理、社会和社会福祉学的城市科学，目标是城市树木的栽培和管理，任务是综合设计城市树木和有关植物及培训市民。在广义上，城市森林包括城市水域、野生动物栖息地、户外娱乐场所、园林设计、城市污水再循环、树木管理和木质纤维的生产。”Cobster（1994）把城市森林定义为“城市内及人口密集的聚居区域周围所有木本植物及与其相伴的植物，是一系列街区林分的总和。”

德国 Flack（1996）提出了广义的城市森林的概念，即“城市森林是包括城市周边与市内的所有森林”，但此定义不包括传统的城市绿地、公园、庭园、行道树等。

针对具体国情，我国的学者也纷纷从不同的角度提出了不同的城市森林概念。如郝敏等（1995）认为城市周围或附近一定范围内以景观、旅游、运动和野生动物保护为目的的森林均称为城市森林。张庆费等（1999）认为城市森林是建立在改善城市生态环境的基础上，借鉴地带性自然森林群落的组成、结构特点和演替规律，以乔木为骨架，以木本植物为主体，艺术地再现地带性群落特征的城市绿地。王木林（1997）等认为“城市森林是指城市范围内与城市关系密切的，以树木为主体，包括花草、野生动物、微生物组成的生物群落及其中的建筑设施包含公园、街头和单位绿地、垂直绿化、行道树、疏林草坪、片林、林带、花圃、苗圃、果园、菜地、农田、草地、水域等绿地。”王木林（1998）认为被城市利用的防护林、水源涵养林、风景林、生产林地及城市所依托的森林很多是在城市管辖范围之外，但在减免城市灾害、提供用水、游憩和旅游、调节气候、维护城市生态环境方面作用巨大，也属于城市森林。朱文泉等（2001）认为城市森林不能单纯考虑其结构，它所发挥的生态效益是问题的关键，因而认为城市森林是在功能上发挥巨大生态效益，位于人类聚居区内及周围的所有植被。刘殿芳（1999）认为，就“城市森林”的本身含义，从有利于直观认识和便于实践与普及出发，可理解为生长在城市（包括市郊）的对环境有明显改善作用的林地及相关植被。它是具有一定规模、以林木为主体，包括各种类型（乔、灌、藤、竹、层外植物、草本植物和水生植物等）的森林植物、栽培植物和生活在其间的动物（禽、兽、昆虫等）、微生物以及它们赖以生存的气候与土壤等自然因素的总称。而且认为城市的园林（人文古迹和园林建筑除外）、水体、草坪以及凡生长植物的其他开放地域均应纳入城市森林总体，成为其中的一个组成部分。它是一个与城市体系紧密联系的、综合体现自然生态、人工生态、社会生态、经济生态和谐统一的庞杂的生物体系。

根据上述分析，考虑中国自然条件和城市环境现状及其特殊性，结合中国城市发展的趋势和特点，我们认为：

城市森林是指在城市地域内以改善城市生态环境为主，促进人与自然协调，满足社会发展需求，由以树木为主体的植被及其所在的环境所构成的森林生态系统，是城市生态系统的重要组成部分。具体是指城市地域内的各种树木及其相关植被。它对城市环境有明显的改善作用，能平衡和补偿城市环境负效应，并相对于城市建设用地在面积上占有优势，是中国森林生态网络体系建设的重要组成部分。因而，城市森林的组成成分包括城区全部的绿地和各种水体，郊区的片林，护路林、河道林、农田防护林、水体等。对于每一种类型来说，城市森林是其从属的环境母体，他们共同构成一个以城市为服务对象、以林地为核心的森林生态系统。

二、城市森林的特点

城市森林作为一种与城市密切相关的森林类型，无论是在组成上还是在功能上，都表现出不同于一般森林类型的特点，具体表现在以下方面（王成等，2003）。

1. 城市森林的服务对象是城市，要满足城市的多功能需求

城市森林地处是为城市高密度人口提供环境服务，是对城市环境的重要补充，是对提高城市综合竞争力的重要促进。城镇的环境状况具有高度的异质性，不管是历史悠久的文化名城，还是新兴的工业城镇，都可以根据主要用途的差异把整个城区划分成不同的功能区，也可以根据污染程度的差异划分成不同类型的污染区，如热岛核心区、粉尘污染区等。这种城镇内部生态环境的异质性要求与之相匹配的城市森林，能够提供特殊的生态功能，比如具有较强的抗污染能力，甚至是抗某种特定的污染物能力。同时，城市居民对城市森林的需求也是多种多样的，要能够提供丰富多彩景观效果，提供旅游休闲的森林环境，提供科普教育的基地等。因此，在城市森林建设中要突出生态功能，同时也要兼顾游憩观光等多种功能。

2. 城市森林所处的地域是人口最为稠密的，与人的关系最为密切

城镇人生活在一个生物种匮乏，自然因素奇缺的高度人工化环境，生活的快节奏和长期远离自然的孤寂，使现代的城镇人更渴望自然的气息。在充斥着人造景观的都市里，城市森林绿地是唯一可以使人体验和谐安详的自然气息的场所，它可以为老年人提供散步休憩的场所，为年轻人提供谈情说爱的地方，为孩子们提供玩耍嬉戏的场地。城市森林与人的关系最为密切，它的建设使森林不再是遥远的自然，不再只是假日郊游或远足的奢求，直接改善人们的居住、工作、休闲环境，从而有益于人的身心健康。

3. 城市森林与其他地域的森林类型相比，受人为因素影响最大

城市森林分布的地域是人口最为集中、人类活动最为频繁的，因此，受人为因素的影响也最大。主要表现在：

（1）林地内人为活动频繁：许多林地因为城市居民从事体育锻炼、野餐、野宿、采挖野菜野果等活动而受到不断的人为干扰，产生林地土壤板结，地被植物减少或死亡，树木受伤害，生活垃圾增多而污染林地环境等问题。

（2）人工雕琢的痕迹多：许多林下的草本、灌丛被割除，植物的枯枝落叶被清除，树木被修剪成各种形状等，特别是市区内的一些林地，植物组成简单，纯林、纯草类型比重大。同时，为了增强视觉美化效果，根据树种的季节变化特点进行人工搭配或调整林分的植物组成结构的做法也非常普遍。

（3）人工植被比重大：由于城市建设用地的需要，城市地区的许多自然森林植被遭到破坏，重新进行人工造林的比重很大。在我国，城市周围的土地基本上是农业生产用地，保留的林业用地十分有限，人工造林是城市森林建设最主要的方式。

（4）引进的外来物种比较多：由于城市生态环境的异质性和对城市森林功能需求的多样性，一般仅仅依靠乡土树种是难以满足这些要求的。城市森林的许多树种是根据景观效果、净化污染等特殊环境需求引进的。

（5）生物多样性相对较低：城市森林生态系统包括动物、植物、微生物等多种成份，植物物种多样性是前提和基础，但更重要的是群落的多样性、生态系统多样性。城市森林由于所处的环境人为活动频繁，林分结构相对简单，呈现相对隔离的间断分布，因此严重降低了保持和增加生物多样性的能力（王成等，2003）。

4. 城市森林受外界不利环境条件压力大

城市森林除了受人为活动的强烈影响以外，还要承受城市的大气、土壤、水等污染及热场等特殊环境所造成的压力。生长在城市地域内的树木和森林，除了要承受干旱、病虫害、火灾、风灾等常规自然灾害的威胁以外，还要面对相对恶劣的城市环境。城市大气污染物（SO_2、NO_X、HF、Cl_2、粉尘等）、土壤污染（Hg、Pb、Cd、Cr、Ni 等土壤重金属污染和土壤板结等）、水体污染、酸雨以及城市燥热等等，都会对树木的生长、群落的稳定造成很大的影响。

5. 城市森林的维护费用相对较高

城市森林中人工林的比例很大，土壤、水分、大气、温度等环境条件不同于一般的天然立地条件，特别是一些景观视觉效果的保持需要特殊的管护，因此，整个林分需要较长时间的人工维护，水资源消耗也较多。同时，城市里的林木需要经常进行病虫害防治，因影响交通、电力、建筑、居民人身安全等还需要额外的修剪管护等工作，其人工费用较高。

6. 城市森林包含的内容很广

从国内外对城市森林概念的界定来看，它已不仅仅指一般意义上的森林。狭义上讲，城市地域内以林木为主的各种片林、林带、散生树木等绿地构成了城市森林主体，而广义上看，城市森林作为一种森林生态系统，是以各种林地为主体，同时也包括城市水域、果园、草地、苗圃等多种成分，与城市景观建设、公园管理、城市规划息息相关。

三、城市森林的基本定位

21 世纪是人类寻求社会、自然和谐、有序发展的世纪。为适应城市生态环境保护和建设的需要，保护现有城市绿地、水面（水系），尽可能合理利用土地资源，全面提高城市发展品位，满足社会发展和城市人口增长对森林环境和回归大自然的迫切需求（李吉跃，2001），在新世纪要建设小康社会。城市森林建设应该有一个基本的定位，具体包括：

1. 城市森林是现代林业理论的重要内容和发展方向之一

城市森林建设作为现代林业的组成部分，必须以可持续发展理论为指导，以生态环境建设为重点，以产业化发展为动力，以全社会共同参与和支持为前提，实现资源、环境和产业的协调发展，环境效益、经济效益、社会效益的高度统一。城市森林在实现城市社会经济和生态环境可持续发展中发挥着不可替代的作用。城市森林所面临的机会和挑战是前所未有的，城市森林的发展目标已经成为环境、经济和社会诸多目标的综合体现。一切不符合可持续发展前提的林业建设、森林培育技术和生产工艺都将被淘汰。

2. 城市森林建设要与现有的城市特点和需求相结合

城市森林建设是一项涉及多部门、多行业、多学科的系统工程，充分调动好各方面的积极性非常重要。城市森林建设大体上可以划分成两个部分，即建成区和郊区（包括近郊区和远郊区），建成区城市森林建设，要注重与园林部门相结合，达到景观效果与多种生态功能的有机融合；在郊区则要强调生态功能，兼顾经济功能和景观效果，使这些地区的城市森林建设有利于引导城市旅游、休闲、生态农业、房地产业等相关生态产业的发展。

3. 城市森林是城市有生命的基础设施建设

随着城市化进程的加快和城市范围的不断扩大、功能的不断完备，现代城市对环境建设的要求越来越高，城市森林建设要通过多种模式增加城市的林木覆盖率，在整个城市范围内形成合理的布局。城市森林是城市环境的本底建设，是生态、经济与社会效益相互促进的城市生态系统主体，成为城市的基础设施建设之一。

4. 城市森林的主体应该是以生态效益为主的生态公益林

随着城市经济的飞速发展和城市化进程的不断加快，城市生态问题日益突出，大气污染、风沙危害、水资源短缺、水土流失等越来越成为威胁城市和城市居民生存的主要问题。城市森林作为城市生态系统的重要组成部分，不能单纯从资源或类型的角度去理解，而是一种包含众多人为建筑景观在内、受多种因素干扰的新型森林生态系统。它的环境服务功能是第一位的。它是城市与自然和谐、有序共存、发展的重要链条之一，在城市生态系统发展的动态自我调节中，特别是在改善城市小气候、防止大气污染、杀菌防病、净化空气、降低噪音等方面发挥着重要的作用。可以说，城市森林在城市生态环境保护方面有着特殊的地位，因此，要强调保护原有的地带性天然植被，人工林也应该是近自然的模式，这种近自然模式就是提倡建设以群落建群种为主，借鉴地带性自然森林群落的种类组成、结构特点，尊重群落的自然演替规律。

5. 城市森林建设要与城市范围内的其他生态系统建设相结合

城市森林是现代城市环境建设需求与森林具有多种功能特性的交叉发展的一门新学科。现代城市森林不是城市与森林的简单拼凑，而是二者达到合理布局、密切结合形成的一个全新的森林生态系统。现代城市森林建设要与湿地、河流、湖泊、农田等生态系统的建设结合起来，充分发挥各种城市森林类型的多种功能，使城市环境得以显著改善，形成一个可持续发展的城市与森林的统一体，促进城市生态系统的良性循环。

6. 城市森林建设的理论体系将进一步得到加强和完善

任何一个学科或行业的有序健康发展，都必须以坚实的科学理论为基础，城市森林建设也同样，其基础理论的研究在 21 世纪将得到进一步的加强。城市森林的建设必须充分融入社会—经济—自然复合生态系统中，深刻把握城市发展框架下的林业、工农业、交通运输业、电子、金融等各行各业的行业特点与需要，从系统和整体上把握城市森林生态系统与城市生态系统的关系，对城市森林建设和发展理论、城市森林生态系统结构与功能、城市景观生态等进行深入的基础性研究，如合理的城市森林布局、规模和林种、绿地及各种植物群落适宜比例的研究；各种城市生物群落的演替变化规律、稳定性及其与自然环境、城市人工环境、城市物质流动、能量流动及人口流动等关系的研究；城市森林的多功能综合目标及生态、社会与经济效益协调发展的战略研究等。

7. 城市森林建设要注意高新技术应用和多学科融合

城市森林的发展一方面依赖于对出现问题的研究向纵深发展，另一方面借助于相关科技的进步与应用，特别是一些高新技术的应用，从而拓宽城市森林研究的范围。同时，各学科之间的相互渗透和技术之间的融合，也为城市森林的发展开辟了广阔的前景。树木、花草等植物是组成城市森林的材料，因此，生物工程技术、基因工程在城市森林中有着非常诱人的应用空间，树木和花卉新品种的选育、良种繁殖、育苗技术等，以及基因重组、转基因、多倍体育种、航空航天诱变育种技术和通过这些技术获得的具有优良抗性的优良林木花卉品种，无不渗透到城市森林建设的实际工作中，为丰富城市森林植物类型和种类、完善功能结构奠定了丰富的物质基础。现代信息技术导致了城市林业科学技术的倍增效应，日益重视信息占有和利用现代信息技术，已经成为当今世界城市森林建设和发展的又一重要趋势。城市的各种监测及管理系统（如城市森林资源、名木古树、城市大气污染、热场、水污染、绿地管理等），在进一步提高精度和准确度的同时，将应用“3S”技术、多媒体技术、模拟技术、动态管理技术等建立完整的城市森林资源管理系统，并借助计算机来提高城市森林各种资料的处理和分析能力，为综合地、多层次地进行城市森林空间结构和城市景观分析奠定了基础，使宏观的城市森林资源管理与监测系统跃上一个新高度。

8. 城市森林的设计和管理是以近自然模式为主

现代城市森林建设要借鉴生态系统经营的理论，实行相对粗放式的近自然设计和管护，减少人为干扰，逐步建立城市森林生态系统的自我维持机制。

9. 城市森林建设要同步于城市化进程

城市森林建设既要针对城市现有的状况，同时更要考虑城市的发展趋势和可能产生的新问题进行长远的规划。因此，无论在建设规模、树种配置等技术环节，还是在整体布局的规划上，都要考虑城市未来的发展需求，对于规划的林地和林带要有一些预留空间，这样既有利于其他行业或产业的参与，也可以带动相关产业的发展。

10. 城市森林建设必须生态、社会、经济效益相统一

城市森林在改善城市生态环境的同时，充分考虑其对城市和城市居民的服务功能的发挥。首先，城市居民久居高度人工干扰过的城市环境，生活和工作带来的高压使其产生强烈的回归自然的欲望，森林旅游是居民首选的一种放松、调整身心的最简单易行的方式，因而随着森林游憩场所的建立和游憩设施的配套、完善，森林旅游必将成为21世纪最具有活力的产业之一。其次，营建城市森林，带动苗木基地、花卉基地建设以及苗木花卉产业的共同发展，形成苗木与森林的良性发展。并且带动建设城市动植物基因库、野生生物栖息地等具有科学教育、研究、应用的产业化发展。第三，城市森林建设通过与城市房地产业、森林旅游业、城郊农林业的产业结构调整等相结合，实现三种效益的最佳结合。

四、研究对象及内容

1. 研究对象

台湾高清教授（1984）认为城市森林研究的范围包括：“庭园木的建造，行道树的建造，都市绿化的造林与都市范围内风景林与水源涵养林的营造。”而美国规定行道树是城市森林的重要组成部分。美国纽约州的城市森林包括城市范围内的树木和其他植物，市内及其城市周围的林带、片林，以及从纽约到近郊区宽阔的绿带，到卡次基尔、阿迪朗克和阿勒格尼结合部的森林。英国密而顿、凯恩斯的城市森林由3个自然公园、带状公园和22个小灌木林及其他类型的小片林组成。日本横滨的城市森林由209个公园、450公顷郊区森林和行道树组成。墨西哥城市森林包括郊外和市内古老的公园及市区和新区的树木。

因此，城市森林的研究对象，广义上应该包括整个城市区域内的构成城市森林的所有植物以及由这些植物组成的各种类型的群落、群体，直至整个城市森林系统。具体而言，包括城市孤立木（孤植树）；城市行道绿化带、建筑和栏杆等的垂直绿墙、城市绿化隔离带、公路、铁路两侧绿化带和城市水域（江、河、湖、池、塘、渠、沟）的绿化带；包括城市公园、广场绿地、街头绿地、花坛、屋顶绿化和阳台绿化美化、社区绿地（包括机关团体、厂矿、学校、医院、宾馆、居住区绿地）和郊区的村镇绿化；包括城市农田防护林网；包括城市近郊区和远郊区的森林公园、自然保护区、水土保持林、水源涵养林、各种经济林、苗圃（花圃）、其他林分等。

2. 研究内容

城市森林是建立在城市——特定的、经过人为高度干扰过的立地条件下的生物系统，因而城市森林的研究，首先要建立在能够保证城市有序、稳定、持续发展的前提下，按照生态学理论的要求，把城市（镇）看作是陆地上的一个独特的生态系统，根据城市不同类型，从宏观上建设、管理和协调系统内各物质组成、成分及相互关系，使其与周围的特殊生境（特殊的城镇环境）融为一个有机整体，充分发挥其应有的各种功能效益，并从微观上研究植物（乔木为主）的营造、配置、管护等技术措施，选择适宜当地栽培的优良树种，确定植物的种类、规格、结构、配套措施等，探索树木、花草、野生动物、微生物与城市环境的关系及其适应性、生存、生长发育规律。由于城市最显著的特征就是人口高度密集，人类活动对系统中所有的生物及其生境均会产生极大地影响，因此，城市森林的研究内容当然也包括城市的社会环境，涉及各种管理措施，开发利用和各种效益的补偿，对人们健康及经营活动的影响，有关法律法规的制定等。

从目前国内外对城市森林的研究总体情况上看，其研究的主要内容包括：城市森林的产生和历史渊源、城市森林建设体系的研究、城市森林功能与效应研究、城市森林生态因子的研究、城市森林树种选择研究、城市森林的调查与评估、城市森林规划设计、城市森林生态结构研究、城市森林的经营管理、城市林业的价值体系研究、城市森林的法律法规编制与管理体制研究、对维持森林与自然演替状态的社会反应与公众舆论、城市森林的边际效应，以及适合城市地区的特殊经营技术等。

（1）城市森林的产生和历史渊源。城市森林的产生和发展是适应客观环境和社会发展需求的，对于城市森林发展历史的回顾，可以对城市森林的作用、在城市发展中的地位以及与其他学科的相互关系方面作出正确的评价，并为城市森林的健康发展提供借鉴。这对我国当前阶段尤为重要，汲取别国的经验，避免他们走过的弯路，从而加速我国的城市森林建设进程。

（2）城市森林建设体系。从发展城市森林的角度，将我国现有的 662 座城市，按照自然环境、规模、主要产业结构、社会政治、历史状况及发展方向等进行分类，对城市森林也进行分类结构研究与经营，分别衡量与指导。

（3）城市森林功能与效应。城市森林的产生与发展是与其显著的、特殊的功能和效应密切相关的。城市森林的功能与效应是多种多样的，包括保障城市生态安全、调节城市小气候、水土保持、防止和降低城市污染、节约能源、缓解温室效应和城市热岛效应、净化城市污水等，创造和改善城市野生动植物栖息、繁育，以及在建筑、美学、游憩、科普教育、陶冶情操等方面的作用。

（4）城市森林生态因子。主要包括对植物影响较大的城市人工环境和人为因素。重点在于城市森林环境的特殊因素，如林木的生长空间、城市土壤的特殊性状对树木生长的影响、树木对污染物的反应和抗性等。大量密集人群对林木生长产生的影响和可能的防护措施等。

（5）城市森林建设植物选择。森林是由植物组成的，建设城市森林就必须明确在城市环境条件下，树木、花草对城市环境的适应性及其如何发挥其最大效益，研究包括选择优良植物种类、引进、驯化、培育野生的、外地的植物种类等方面。

（6）城市森林的调查与评估。任何一种资源的管理都是以调查这一资源为起点的，城市森林的经营也不例外。城市森林的调查应包括城市森林类型调查与分类、各种类型的抽样调查、调查结果的室内分析与计算机资料存储、调查结果与报告总结等内容。从美国的城市森林调查内容看，主要包括 9 个方面：①找出划分和定义“城市林地”的方法。②为了在人口密集的城市进行林木调查，应研讨和改进目前的地类划分和估测的技术细则。③评估目前森林城市化范围，跟踪都市化林地的变化，评估城市化对森林经营水平和生态系统保存的影响。④为研究生态系统沿城市到农村的梯度变化，为了核实残留的小块状森林、种类结构和垂直的与水平的植被结构，需要设计一个适合的抽样调查方案。⑤探索用新的指标体系来描述城市森林的方法，比如用叶面积指数和叶体积指数。⑥开发城市树木的全树干生物量模型。这种模型应适合于城市社会环境中的树木，并能通过这些树木的树冠结构和与树干直径相关的树冠生物量作为模型变量进行估计。分树种和径级统计分析树木生物量现实的分布和范围。⑦确定涉及城市林地（如庭院林、水土保持林、小于 4046.8 平方米（1 英亩）的灌木林、沿河沟分布带状或单株的林木）相关的游憩和野生动物生境管理的范围和使用水平。⑧提交分树种和土地使用登记的城市用地中的林木消耗和枯损情况数据及发展趋势数据。⑨评估城市扩展和其他发展对森林资源的影响。提交邻近于已经用于修建永久性或暂时性房屋、野营宿地、游憩场所和工业区等区域的森林面积和蓄积的信息。

关于城市森林的总体情况的调查，如覆盖率、分布格局，一般运用航测遥感技术，准确方便，可以判断针阔叶树种的比例，应用彩色航片还可以调查某个树种的生长情况。

（7）城市森林规划设计。从具体城市具体情况出发，充分考虑城市发展及其对城市森林的功能要求、城市居民的需要，运用城市学、城市经营学、城市生态学、森林生态学、林学、园林学、建筑学等相关学科的理论，扬长避短，长远规划，合理布局，创建功能健全、结构完整的城市森林生态网络系统。美国林业（American Forests）在对数十座城市最近 5 年的树冠覆盖分析基础上建议，城市森林规划中树冠覆盖指标为：城市的树冠覆盖目标应达到 40%，相当于每公顷有 50 棵大树。商业中心区树冠覆盖应力求达到 15%，居民区及商业区外围应达到 25%，郊区达到 50%，这将有利于改善城市空气、水源及土壤的质量。

国内一些城市根据其城市的类型、结构、形成、发展规模以及自然条件，做出了各具特色的城市森林规划，归纳起来，主要遵循以下原则：①自然生态系统与人工绿地生态系统相结合，保护和利用当地原有的自然景观和历史文化古迹，在此基础上创造绿色空间。②乔、灌、花、草相结合，提倡绿色植物多样性。③市区与郊区相结合，城乡融为一体，同步协调发展。④空间垂直绿化与地面水平绿化相结合。⑤室内绿化与外部庭院绿化相结合。⑥遵循生态经济学中共生互利和相生相克的原则、平衡与循环法则以及综合最优效益法则。⑦长远性、综合性与科学性、可操作性综合考虑。

广州市将其城市森林划分为3个不等径的同心圆，即城区森林、近郊森林和远郊森林，每个部分由一些特定单元组成。长春市制订了“森林城”的建设规划,在建设内容上包括市区、郊区、县3个层次；在3个层次中，又有公共绿地、绿色长廊、边界防护林、风景区、森林卫星城镇等十大绿化工程。

（8）城市森林生态结构。包括植物群落中合理的植物种类、规格、结构和配套设施的研究及各种生物群落的变化规律、稳定性及其与自然环境、物流、能流、人流、污染流的关系和生态、社会、经济效益。

（9）城市森林的经营管理。城市森林的经营与管理是一个重要的研究内容。美国目前成功地建立了城市行道树的编目与分级系统。该系统管理的中心就是利用每年对林木的调查资料和数据库信息，编制预定的管理计划，而不是根据当时的情况临时决定管理维护的内容。行道树编目分级系统是建立在每树种调查的基础上的，需要对每株行道树的具体情况进行详查，包括其位置、生长状况、维护记录等。所有的资料输入计算机中可随时查询并决定当年的工作量。目前全美有23%的城市具备计算机管理系统。城市森林的经营管理还包括城市森林的施工、具体管护措施，如修剪、施肥、移植、灌溉等，经营与利用各部分的技术措施，力求以最小的投入实现城市生态系统稳定与可持续发展。

1997年中国林业科学研究院热带林业研究所首先将“GIS”技术引进城市林业的研究，建立了广州城市林业管理信息系统（GZUFMIS）。该系统具有采集、管理、分析和更新多种区域空间信息的能力，共分为6个子系统，即公园管理子系统、行道树管理子系统、绿地管理子系统、市郊森林管理子系统、管理机构管理子系统、法规文件管理子系统。可以文字、数据、图形、报表、录象和声音等方式输入、存储、显示、输出绿化系统各类信息，并能及时查阅、检索、修改、删除各类信息。中国林业科学研究院资源信息研究所开发研制了“城市林业资源地理信息系统”（Urban Forestry Source Geographic Information System，缩写UFSGIS)，实现了城市林业空间数据与属性数据的有机结合，使城市林业的研究由定性向定量化发展有所突破，并以UFSGIS在郑州金水区和卫星城荥阳市北邙乡林业规划中的应用，为示范为城市林业管理信息系统提供理论与技术依据。

（10）城市林业的价值体系。城市森林所具有美化环境、改善城市居民居住条件等方面的功能以及其本身作为产业的性质均使城市森林具有经济价值。它被看作是市政府的不动产业而且是随时间的推移而增值。一般估计美国城市财产中约有1/6是树木，其价值高于市政府在学校、下水道、街道和供水方面的投资。城市森林的价值，在美国是用两种形式体现的，即法律价值和经济价值。计算其价值的方法常用其能产生的产品价值或投资维护的代价来计算。目前在美国被广泛接受的方法是CTUAC（树木和风景评价委员会）指定的评估公式来计算。对评估的植物首先确定其基本价，这是最高价，以此乘以树种、生长情况、所处位置的系数最终获得应有的价值，这样使树木的价值有一种标准可循，来体现她的价值时比较容易裁定。如按照 Kielbaso 的估计全美行道树价值约 30 亿美元，加上庭园和公园的树木约值 3000 亿美元。

（11）城市森林的法律法规编制与管理体制。城市森林的营建与管护等活动都要以维护和保证居民的安全、保证健康卫生的居住环境为目的。因此，所有的经营活动都要有相应的规范。如美国 68% 的城市制订了各种关于树木的法规，一般包括以下条款：立法的目的、法律上的技术术语、执行委员会的组成及职责权限、所制定的内容、维护的标准、定罪和处罚的标准等。

（12）公众对维持森林与自然演替状态的反应。瑞典的许多城市森林被列为保护区，目的是保护生物的多样性，但这样的措施是否会失去或降低森林的游憩价值，颇受公众的关注，因此，居民对城市森林经营的反应成为主要的研究课题。

（13）城市森林的边缘效应及适合城市地区的特殊经营技术。主要包括城市森林的林中空地大小、形状，空地的生态效应、景观价值，林缘的设计与经营技术等。

第二节 典型国家和地区城市森林的形成与发展

一、国外城市森林的形成与发展概述

当前由于低价的国际航空运输业、数字化技术以及自由化的贸易促使世界经济以超常的速度发展（warp speeds），而世界经济的焦点一直是在城市中进行。据统计，世界城市人口已达到 30 亿，超过 1000 万人口的城市有 10 座，100 万人口以上的城市有 392 个，而城市化的进程仍然在继续。专家们预计，2030 年世界上城市人口将超过 60%，其中亚太地区城市化的速度为 2.7%，而城市人口的绝对值已是发达国家的 3 倍。我国城市化水平则以 2.47% 的速度在增加，这样迅速城市化的同时带来了严重的环境问题。因为城市对自然资源的消耗和对环境的影响大大超过其行政管辖的范围，例如伦敦的生态范围是其本身的 120 倍，而拥有 65 万人口的北美典型城市则需要大约 3 万平方公里的土地才能满足需要，尚不包括工业对环境资源的要求；同样规模的城市如在印度，也需要 2800 平方公里的土地面积。因此，各国对城市生态环境建设一直十分重视，而其中重要的措施之一就是在城市环境中增加植被来改善环境，营造良好的居住条件。因此，城市森林应运而生，它主要经历以下几个阶段。

1. 萌芽阶段（1962 年以前）

城市森林的无意识实践阶段有相当长的历史。这一时期，人们把管理城市树木作为一种职业。如在北美洲主要由树艺工作者、树木管理员来经营城市树木，他们一般介于公园和风景管理部门。在这漫长的无意识实践过程中，人们对城市树木和景观的重要意义有了进一步的认识和提高，为城市林业概念的形成创造了条件。

2. 兴起阶段（1962~1973 年）

随着城市化和工业化的发展，城市不仅是区域政治、经济、文化和商业活动的中心，也成为人们娱乐和生活的主要场所。人类不仅需要物质文明，而且还需要良好的生存环境和空间。在环境日益恶化的情况下景观生态受到重视。这一阶段诞生了“城市林业”学科和“城市森林”名词。1962 年，美国肯尼迪政府在户外娱乐资源调查中，首次使用“城市森林”（Urban forest）这一名词。1965 年，加拿大多伦多大学 Erik Jorgenson 首先提出了城市林业（Urban forestry）的概念，并率先开设了城市林业课程。同年，美国林务局代表在美国国家森林公园白宫会议上，提出了城市森林发展计划。1967 年，美国农业和自然资源教育委员会出版了《草地和树木在我们身边》一书，从科学的角度阐明现代生活方式与城市生态环境之间的关系和相互影响，既然城市存在着森林，这种森林就是在城市地理景观上存在的一种特殊类型的森林。这个森林是以人为主体的森林生态系统。以上对森林确切含义的理解，就为城市林业的形成提供科学和应用的依据。美国纽约州立大学的 Rowantree 指出 5.5~28 平方米 / 公顷立木地径断面积所表现的生物量密度、足以影响温度、降雨和野生动物的生活，他认为大多数的城市都能达到这一标准，从而把城市木本植物群落都纳入到森林这一定义范围之内。1968 年，美国娱乐和自然学居民咨询委员会主席向美国总统提出《关于城市和城镇树木计划报告》，鼓励研究城市树木问题，为建设和管理城市树木提供资金和技术，当时总统接受了这个报告。自此，美国官方承认了城市林业和城市森林的概念。1970 年，美国成立 PinZhot 环境林业研究所，研究城市森林对人口密集区居住环境的影响及改善的途径，并召开 3 次城市林业会议。1972 年，美国国会通过一项提案，修正了 1952 年的“合作的林业资助法”后才确立了城市林业的地位，并明确指出：“在城市环境中保护、改良和营造树木。”这样就把传统林业的经营活动所涉及的对自然资源管理，木材生产、林地上的指导延伸到城市中来。同年国会通过《城市森林法》，美国林学会成立了城市林业专业组，城市林业在美国获得法律地位。第十届世界林业大会把城市林业纳入人会议题，国际树木栽培协会召开了城市林业会议。

3. 繁荣发展阶段（1973 年以后）

1973 年，国际树木栽培协会召开了城市林业会议。1978 年，美国国会制定的《合作森林资助法》，其中第六部分是发展城市森林，对城市森林管理、病虫害防治、森林防火等予以资助。联邦政府授权树木栽培协会，为州林业工作者提供经验和技术援助。同年，国际树木栽培协会成立了城市林业委员会。从 1978 年以来，美国举行了 35 次全美城市林业会议，研究城市林业的发展。1979 年，加拿大建立了第一个城市林业咨询处，研究、回答城市林业的有关问题，并于 1981 年创办了《城市林业》杂志。北美城市林业和城市森林的兴起与发展影响并带动了其他国家和地区。法国、德国和瑞士等国家也纷纷将城市森林在城市生活中的作用列为环境科学研究的重点。目前，加拿大、美国等许多国家有关院校开设了城市林业课程。其中，美国已有 33 所大学开设城市林业课，设有硕士、博士的教学科目，出版两本《城市林业》，并在市政府设立了林务官员专门管理城市森林。华尔街日报也将城市林业包括在“绿色产业”之中，列为最有发展的十大产业之一。新加坡也出版了专著。1975 年，德国通过了《联邦自然保护法案》，该法案的实施有效地防止了城市周围绿带和森林被开发破坏。现在许多大城市如法兰克福、斯图加特、慕尼黑、纽约堡等，城市周围都保留有大面积的绿地和森林。危地马拉市于1986年开展“绿色城市”运动，试图改善城市形象与生态环境。1987年9月，伦敦实施伦敦森林计划，目的不单是植树，而是通过对城市森林功能的研究和宣传，提高市民对林木和环境污染之间的关系的认识。这项计划对英国城市林业的发展影响极大。1988年后英国普遍承认并接受了“城市林业”这个名词。厄瓜多尔的基多是一个拥有130万人口的大城市，1988年在NGO及美国和平组织的资助下，实施城市林业的强制性计划。1990年墨西哥城“每户一棵树”的绿色行动，取得明显成效，市区共种植150万株树木。其他国家，如北欧的挪威、丹麦、俄罗斯、日本、奥地利、瑞典等很多国家也都陆续开展了城市森林的研究，城市林业在国外迅速发展。

二、城市森林发展现状

1. 美国城市森林现状

美国经常这样评价其城市面貌，“从天空俯视，1/3是树冠、1/3是草地、1/3是建筑”基本上反映了城市森林的格局。Gary Moll将美国的城市森林划分为4个部分，从城市中心向外依次为:市中心商业区的树木,城市边缘高密度的住宅区,近郊住宅区,郊区的残留片林。他认为，健康的城市森林生态系统包括不同的树种、不同尺度的树木，拥有足够的生长大树的土壤空间,为城市居民提供许多有益的服务功能。例如,树木减少地表径流并减小洪峰,减少大气污染，改善水的质量，降低能源消耗，以及为野生动物提供栖息的环境等。

行道树:行道树是美国城市森林中维护、管理最为全面的类型，但是在整个城市森林组成中所占的比例实际上大约只占15%~25%。

据Kielbaso估计，全美大约拥有6165万株行道树，平均每人0.4株，每1.6093公里（1英里）道路植有102株树木，平均株距31.39米，但目前52%的道路无行道树，对这部分行道树的补植将是增加城市森林面积的主要途径。根据美国320个城市统计表明，栎类、松类、挪威槭、白蜡树、银槭、榆类、糖槭、红槭、四照花9类树种占了全部行道树的55%。在行道树的配置上，以街道或街区为单位选择和栽植不同树种的方法，同时注意引种，例如从东亚引种银杏、榔榆、白榆、臭椿，从欧洲引种英国栎、挪威槭等来增加行道树的多样性。

从美国行道树的径级结构的情况分析，直径在60厘米以上的大树只占全部行道树的8.12%，其中8类树种占了全部大树的77%，它们是栎、榆、银槭、悬铃木、糖槭、挪威槭、白蜡树和松类。行道树中，小树（胸高直径8~30厘米）的比例最高，为44.48%；幼树（胸高直径小于8厘米，新植的树）占了21.49%。在这些幼树中，除了传统选择的栎、松类以外增加了四照花、紫薇、海棠等小树冠的观花树种，显示选择的范围拓宽了，而且更注重美化的效果。

行道树的生长情况比较好,可评为良好以上的占71.4%,明显定为生长不良的只有8.3%。1987年全美林学会组织调查20个城市的行道树，发现行道树的状况呈下降的趋势，50%的被调查城市表明每年只能补植 25% 的树木，1/3 的城市每失去 8 棵行道树只能补植一株。纽约市 10 年中行道树减少了 175000 株，占全市行道树的 25%。1993 年国会议员 Vento 的报告中指出，“最近的调查表明城市林业仍然没有明显的改善。因此，虽然美国和全世界一样都在强调森林的重要作用，但是城市森林的减少在继续，我们在自己居住的社区毁坏树木与森林”。

树木覆盖率：树木的覆盖率是城市森林量和质的主要指标之一，当然城市生态系统远比树木要复杂，但树木覆盖率是城市生态系统健康与否的指示这一点则是有共识的。在城市环境中由于土壤条件、生长空间的限制，树冠幅度 6 米以上的大树生长十分困难，美国城市树木的平均年龄为 32 年，而在市中心只有 7~10 年，而相同的树木在乡村也许可以生长 200 年。美国城市按其主要的功能划分为 3 个大区，其树木覆盖率的建设目标为：商业区（Business Districts）15%；居住区（Urban Residential）25%；郊区（Suburban）50%。

总的说来美国城市的树木覆盖率偏低，例如对 Atlanta，Austin，Baltimore 和 Milwaukee，4 个大都市包括城市边际以外 5 公里范围地区的调查表明，平均树木覆盖率分别为 27%、34%、31%、18%，远低于美国城市森林覆盖率 40% 的建设目标。而在干旱地区，城市森林覆盖率一般比湿润地区平均低 10%。研究认为，如果城市地区植树使树木覆盖率达到 40%，能明显的改善城市环境。

按城市平均树木覆盖率 27% 计算，美国现有的树木覆盖大约为城市地区提供了 4000 亿美元水利效应，如果城市树木覆盖增加到 40%，则可另外增加 1000 亿美元。

2. 欧洲国家的城市森林

欧洲国家不同于北美，历史上是封建贵族统治的政治体系，遗留下来许多私人领地如庄园、狩猎场等，大多位于城市附近，19 世纪后半期地方政府与国家才开始拥有城市森林，但传统上一直采用绿地经营（green space management）这一术语，城市林业的概念与理论并非经常地被引用。今天，欧洲绝大多数的人口居住在城市，城市化对欧洲的森林带来很大的压力，乡村与森林不断的成为城市区域，这使得城市林业开始受到注意。特别是由于人们对于森林游憩的要求愈来愈多，为经营者带来了新的问题。因此，欧洲的城市森林经营更大程度是针对城市附近的森林。

至今，欧洲并没有系统的城市林业的研究，但是在造林实践主要发生在城市附近，这样自然就提出了一些问题，例如：如何营造市郊森林，怎样吸引公众的注意以增加投资等。为此，荷兰瓦根宁根大学专题研究欧洲城市林业政策的制订，以及在 10 万人口以上城市的执行过程。

（1）瑞典的城市森林。瑞典是世界上森林资源最丰富的国家之一，约有 2300 万公顷、占国有土地的 5%。其 1/3 的森林位于针叶林带，主要树种是欧洲赤松、欧洲云杉、桦木等。

20 世纪的 70 年代，瑞典开始改变对森林的理解，从单一的木材生产转向森林的多种用途的利用，而邻近城市的森林则主要成为城市居民的游憩地。以后森林多用途的概念得到发展，特别重视于生物多样性的考虑，90 年代森林的社会作用得到重视，出现城市林业的概念。

瑞典把城市森林定义为仅位于城市边缘的森林类型。按此定义，瑞典的城市森林约占全国森林面积的 1%；60% 的城市森林属市政府所有，主要用于城市居民的户外活动或作为保护地。

① 瑞典的城市森林结构受英国、德国的景观设计思想的影响，20 世纪 30 年代在建设城市环境中出现功能主义（functionalism）思想，使得原来的农村景观与新建的住宅区混合，同时努力地保留城市中的自然公园。另外，由于建筑技术的发展，在建造新的建筑时仅占很少的土地，因此那些靠近建筑地的树木得以保留。因而瑞典的城市周围拥有大量的森林。

但是在 20 世纪 60~70 年代，郊区迅速发展使得这一城市规划思想发生改变，当时认为人工建设的绿地要比原始的自然景观好，采用新技术可彻底改变现有的地形与植被。因此在原来的农业用地上发展起来的新住宅区，出现了大面积的人工绿地，植物种类不多、结构缺少变化。70 年代末，英国及荷兰出现的生态型公园及类似自然的人工林经营思想影响了瑞典的城市区域设计，在 80 年代开始注意到应在新建住宅区保护邻近的树木。整个 80 年代，瑞典对于住宅的需求激增，政府允许在城市的一些空地营造住宅，使得城市的树木覆盖从 1977 年的 45% 下降到 38%（1990）。今天 83% 的人口居住在城市，城市树木的功能得到进一步的重视。

瑞典的城市森林产生于工业林，在建于 20 世纪 60 年代前的一些住宅区附近，常常保留了处于演替后期阶段的生产性森林；而建于 70 年代的建筑区，大多在原来的农地或采伐迹地上发展起来的，通常用云杉与其他阔叶树种混交构成人工植被，它们已与建筑群或新的郊区融为一体，一些废弃的农地、城乡间的空地、工业废弃地逐渐的种上了树木，结果在城市中心的森林大多是老林、成熟林，而郊区或城市边缘却是新造的人工林。

② 瑞典城市森林的功能。瑞典的城市森林主要用于户外活动及游憩。

游憩功能：估计每年有 200 万人到森林中去活动，几乎每个人在一年中都要去森林住一夜，其中 55% 的人主要去城市森林。游憩（recreation）有十分广泛的含义，包括社交、锻炼、观赏、休息、轻松的学习等，瑞典人最喜欢的活动是在森林中散步，80% 的瑞典人一年至少会去森林拾一次野果，这已成为瑞典的一种文化，因此，法律容许人们可自由的进入私人林地。

城市森林是儿童的活动场所：居住在离自然景观较近的儿童更容易了解自然与人类的关系，儿童游玩并不一定需要很大的地方，但他们一般似乎不愿意总在大人指定的地方游玩，因此结构多变的自然场所总要比人工环境好。瑞典的森林公司在 1983 年设计了一个称为“校园森林”（forest in school）的资助项目，目的是帮助教师教育儿童了解森林的经济价值及巨大的环境效益。至今已建立了数百个学校森林，该项目于 1998 年获联合国金奖（Golden World Award of the United Nations）。

城市森林的生态功能：由于城市森林提供了野生动物的居息环境，瑞典城市地区鹿（Capreolus capreolus）已成为常见的动物，獾就在城市森林中繁殖，其他如野兔、豪猪、松鼠、狐狸等也会季节性的光顾，这显然为城市带来无穷的野趣。而城市森林中的水面及湿地更增加了野生动物的居息环境，也更丰富了森林的游憩作用。

③ 瑞典城市森林及城市林业的现状。城市森林的经营开始于20世纪70~80年代，目的是为公众提供“美的、有吸引力的森林”。主要通过延长采伐周期、增加老龄树木的比重，改变原来的皆伐作业为择伐，保留30%的各类阔叶树种等的方法，同时应用与城市区域内的森林作业。在新建的住宅地区采用乔、灌、草植物结合，构成类似自然森林的种植方法。今天，森林的生态功能更加受到重视，特别强调生物多样性的作用，在首都斯德哥尔摩建造了中心公园，许多城市也将所属的森林划为自然保护区，维持其自然的演替而不加人为的经营活动，成为主要的城市森林类型。

瑞典的城市森林主要有以下5种类型：

住宅、建筑附近的树林：多数居民乐意在接近自然的环境居住，但如果过分靠近树林可能会感到不舒服、或产生不安全的感觉。因此采用一种称为“异龄灌木矮林作业”的方法，在住宅与森林间造成过渡性的绿地，一般在30米左右。

住宅区森林：是最临近住宅的森林，老人与儿童经常光顾的城市森林类型，森林经营作业主要考虑如何使这类森林更能适合他们的需要。城市绿地是一种分散的、更靠近住宅的城市森林，由于其拥有十分广泛的边缘地带，因此对居民所起的观赏作用、游憩的意义更大。因此特别注重边缘的设计，一般城市森林边缘保持较复杂的结构、有乔灌木树种的混合，可提供更多的动植物居住的环境。

区域性的城市森林：由于60~70年代的建设高潮，住宅区远离老的城镇，当时的规划称此为分散建筑区（Decentralisation），在建筑区之间保留了中等大小的森林，城市居民经常来此锻炼，一般情况这一类的森林其边缘设计较差。居民比较喜欢的是有着开阔地带的森林而不是密林，因此传统森林经营方法面临着挑战，森林经营者必须考虑附近居民的要求以免造成冲突。目前主要的措施是在小面积的森林中采用小规模的经营技术，尽可能提供更多的森林类型以供居民使用。

休憩性质的森林：一般面积超过60公顷，不同类型间的变化是逐渐的，一般0.5公顷设计一种变化，提高森林的观赏性，主要为老年人提供散步、锻炼的场所。

生产性的森林：对此类森林主要采用以获得较高的木材生产的同时满足森林多种用途繁荣经营方式。

④ 瑞典城市森林研究的主要领域。对维持森林与自然演替状态的社会反应与公众舆论：瑞典的许多城市森林被列为保护区，目的是保护生物的多样性，但这样的措施是否会失去或降低森林的游憩价值，颇受公众的关注，因此居民对城市森林经营的反应成为主要的研究课题。

城市森林的更新：主要研究更新技术、树种选择，以及社会对这些经营活动的反应。

城市森林的边际效应，以及适合城市地区的特殊经营技术。例如，城市森林的林中空地大小、形状，空地的生态效应、景观价值，林缘的设计与经营技术等。

城市森林的设计原则：包括城市森林的结构、变化、最适合的面积等，由于人们对于自然景观的要求有很大的变化，因此需要居住人群反应的研究。

（2）德国的城市森林。德国位于中欧，是近代工业化林业的发源地，拥有大面积的人工针叶林，同时在城市森林的经营方面也有很长的历史。例如法兰克福一直被看作是世界城市林业最为活跃的城市之一，很早就将城市森林作为城市废水的净化所；另外，如柏林，周围有 4 片大面积森林、市区有 7 个较小的片林，总面积达到 7963 公顷，占城市面积的 16.2%，成为真正意义上的城市绿肺。

德国的森林在近一个世纪内经历了很大的变化，高度集约、工业化经营的思想完全改变了德国的自然森林结构，原来以栎树、山毛榉为主的森林，在 19 世纪后几乎全部被松林所代替，成为以木材生产、放牧为主的工业林。“第二次世界大战”以后林学家们开始反思，逐渐营造阔叶林及针阔混交林并存，提出接近自然的森林经营。

德国城市森林的主要功能与瑞典相仿。

① 城市森林在城市水供给中起着重要的作用。西柏林城市用水主要取自地下水，以及附近的河流。由于河水污染必须经过净化处理，德国采用城市森林来净化水，首先采用机械方法除去水中的杂质，随后将污染的水引进森林中的灌溉渠，或直接送入森林土壤，经过森林土壤的净化作用进入地下水系或河道。

② 游憩功能。主要提供游憩作用的城市森林定位在城市周边 180 公里的范围内。为了避免过多的人群进入森林，设计了称为“环状活动”的森林，按不同人群的游憩习惯、环型的设计不同类型的森林，维持森林的美学效果，平衡木材生产与其他功能是德国森林经营的主要内容。第一圈，是森林的边缘，靠近住宅区，主要供儿童活动。第二圈，为青年人活动的主要场所，为了便于交往密度很高的道路系统，密度达 100~150 米 / 公顷，远大于德国的其他地方（20~30 米 / 公顷），同时设计停车场、饭店等社交活动场所。第三圈，稍远离居民住宅区，主要用于散步等活动。

目前德国森林经营的主要方法为：改变传统的小面积皆伐（3~5 公顷）为小块状皆伐（1 公顷）；采用较长的采伐周期（140~160 年）；主要生产 45 厘米直径的木材，树木达到 12 米高时修剪 6 米以下的侧枝，林冠下种植栎类、山毛榉等阔叶树；游憩为主的森林沿路 30~40 米的林带，采用阔叶树，密度从低到高逐渐变化，近路边种植花灌木或小乔木等。

（3）英国的城市森林。英国在城市美化、绿化方面有着悠久的历史。早在 1685 年就有景观运动（landscape movement），把所有的自然景观看作是公园，人们对自然的态度发生改变，从人是自然的主宰转变为人与自然相融合，而森林则是提供自然的最有价值的成分。同时把自然与艺术的关系看作公园设计中的主要原则。在英国风景公园的设计中，主要的自然成分是地形、水面、花草、树木，如在树林中采用常绿的树木来划定空间、采用花草增加树林边缘的变化及色彩。

18 世纪英国迅速的城市化，使得城市的社会与物理环境成为人们关注的焦点。这时出现了所谓的空地运动（Open space movement）来保护与改善环境，以后出现新的、自然主义的景观设计思想等一系列保护城市自然景观的作法；近代则明确提出在城市规划与景观设计中应用生态方法的原则，生态方法就是在公园设计及经营中，人与自然统一考虑的设计原则。

20 世纪 70 年代后期城市森林概念进入英国，1983 年英国举行第一次城市林业研讨会，80年代中期以后随着大量的城市林业文献被介绍到英国，以及英美两国有关人员的频繁交往，在英国的一些城镇开始实行城市林业的发展项目。其中“伦敦森林”（The forest of London）是主要的城市森林项目之一，开始于1987年并延续了15个月，产生极大的影响。“伦敦森林”是受洛杉矶“百万株树运动”（Million trees）的影响提出的，目的是发动伦敦居民参与植树，提高伦敦人对首都树木的责任感与感情，鼓励社会参与投资来种植及养护首都的树木。

（4）莫斯科的城市森林。莫斯科建于茂密的森林之中，是历史悠久的城市，至今在其近郊仍然保留着相当面积的林地。市区有100条林荫大道、98个市（区）级公园、800多个街心花园；郊外的18万公顷防护林带以及森林公园从8个方向楔入城市，将城市公园与周围的森林公园相连，构成城市森林的基本格局，2010年市郊的防护林带增至27.5万公顷。

莫斯科城市森林的一个主要特点是，城郊拥有大面积的森林公园。200年前彼得大帝在莫斯科郊外建立依兹马依洛夫森林保护区，在周围保留了大面积的森林，1934年莫斯科把其周围50公里范围的森林纳入具有特殊意义的森林类型，成为构成城市森林的最主要部分。

郊区的森林划分为三类：第一类，为近郊10公里带状的施业区与森林公园，面积为4.6万公顷；第二类，为10公里以外方圆50公里范围的森林公园经营区，面积7.4万公顷，由于靠近莫斯科市、交通方便、具有十分重要的保健与景观作用，是重要的游憩场所；第三类，面积为39万公顷的外围森林。近郊森林带的主要组成树种有山杨、桦、云杉、松、落叶松、椴、栎等。

莫斯科对市郊森林制定的经营方向是：首先，保证作为大规模保健休息场所的森林游憩作用；其次，发挥水源涵养的作用；第三，提高森林生产力满足对木材的需求；第四，发展狩猎、养蜂业等。

3. 亚洲城市的城市森林

（1）香港的城市森林。香港面积近1000平方公里，人口600万，是世界人口密度最高的城市。尽管如此，香港却有近一半的土地是森林、灌丛；以森林覆盖的山坡成为香港城市的背景。

香港的城市森林包括4个主要组成部分：公园及市区的绿地、各类道路的行道树、住宅（包括公有及私人住宅）周围的树木、城市边缘的山坡树林。

① 香港边缘的城市森林（fringe forest）。香港的北部地区以山坡地形为主，干旱季节常遭受火灾，造成岩石土壤裸露，植被的自然演替过程十分缓慢，水土流失严重。1880年英国殖民政府设立植物与林业局（Botanical and Forestry Department），自1881~1891年在水土流失严重的山坡每年平均植树约647000株，其中95%是马尾松，到1993年由政府经营的人工林已达香港岛的70%，主要的经营活动在于保护及管理这些森林，但在“第二次世界大战”期间大部分被采伐用作燃料。1953年恢复植树造林、鼓励私有林业、帮助新界的农民营造薪炭林，到1963年约有4166公顷的政府林地，833公顷的薪炭林。

目前，香港的森林是在近 50 年内更新起来的，由于居民对具有乡村环境的户外活动，如散步、野餐等的兴趣不断增加，要求有良好设施及安全的环境，在 1977 年建立了香港第一座乡村公园，到 1979 年共设计了 21 个乡村公园，占土地面积的 40%，公园属农业渔业署管理，按照公园法规在公园内严格控制各类建筑。乡村公园以及香港的其他绿地可以看作是城市周边的树林。

在乡村公园与城市区域的中间地带为发展区。从维多利亚港的角度看北部的山坡成为香港的绿色背景，同时是香港城市的巨大“空调”，是重要的生态屏障（Richard Webb，1996）。这一地区是建立城市边缘森林的主要目标。

香港于 1990 年开始实施达到城市边缘森林项目（Metroplan Urban-Fringe Forestry program），至 1996 年共计植树 42.7 万株，覆盖 65 公顷，耗资 900 万港元，采用大穴种植，每个植树坑施 3 年长效肥。

② 香港的行道树。香港老城区建筑密集、地下管线交错、经常破土维修，这些又分属于不同的管理部门，因此行道树的种植计划必须通过协调，否则难于同一执行。

1996 年，香港对行道树作了全面的调查，内容包括：行道树的现状、种植行道树的潜在可能性、建立计算机管理系统、调查居民对行道树的态度、设计行道树种植与管理计划。

行道树的组成：市区约有 19154 株行道树，计 149 个树种，是香港地区树木种类的一半，涵盖 45 个科。像这样面积较小、行道树株数较少的城市，其种类多样性也算较高的。另外，行道树种类变化快，如 1985 年的调查发现近 10 年中增加了 90 个新的种类。行道树种类最多的科是棕榈科，依次为桑科、桃金娘科、云实科、含羞草科、蝶形花科，有 17 个科各只有一种。

从整个组成分析，棕榈植物占 29.2%，一般阔叶树种约占 69.4%，针叶树仅占 1.4%。72.5% 的行道树种类以及 82% 的行道树个体是外来种。只有 10 种乡土树种个体数超过 100 株。最主要的行道树种类有 10 种，占全部行道树的 55.7%，其中只有一种乡土种。

行道树大小及生长空间：按照香港行道树大小的分类标准（表 3-1），属于小树的行道树占 68.2%，大树只有 9.4%，特大树木仅 1.4%，由此可知大多数行道树是近几年新种植的。不同等级的行道树种类组成，反映了香港行道树树种选择在 150 年中的变化，小树的种类最多，大树约有 30 种，262 株特大树木中有 161 株是乡土种类。

表 3-1 香港行道树等级划分

	小树	中等	大树	特大树木
DBH（厘米）	<15	15~45	45~60	>60
树高（米）	<5	5~10	10~20	>20
冠幅（米）	<5	5~10	10~20	>20

资料来源：Jim，1997 年。

Jim 把行道树生长的立地划分为 8 种类型：方块状有栅状盖板、方块状无栅状盖板、有灌溉的空地、铺装地面直到树干、条状植树带、可移动的盆栽、固定的盆栽以及其他。大多数行道树种植于条状的植树带。

③ 香港的城市森林计划。《香港城市规划标准与指南》（HKPSG）的景观与保护一章规定：通过保护现有的树木，为街道、建设区提供种植树木的空间，在城市内部最大程度地绿化与创造景观框架。此景观框架就为城市森林提供了潜在的空间。

市政府于1991提出的城市林业计划包括：绿化香港运动（Green Hong Kong Campaign），通过电视、报纸宣传并组织系列活动；组织社会参与，例如居民参加植树、举行研讨会、参观公园苗圃等；指定具体计划，例如行道树现状调查、种植、养护计划的指定、城市边缘森林项目的实施等。5年期间将投资5800万港元，植树46万株。

（2）日本城市森林概况。

① 基本概况。日本城市人口出现大幅度增长的时间在1955~1973年，期间农村人口急剧减少，迅速形成以东京、大阪、名古屋为中心的三大都市圈，在1970年三大都市圈的人口已达到40%，每平方公里人口超过1万人。城市人口的急剧增加造成城市向郊区蔓延，城市周围地区的林地随之减少，鉴于当时社会对休憩的要求以及城市环境恶化，日本政府把以往的国土政策从"生产基础建设型"调整为"生活环境建设"，开始推行保护、创造与利用绿色资源的政策。在50~60年代大规模荒山造林后，70年代出现全国规模的城市绿化高潮，在城市周围建立了以环境保护与森林游憩为主要目的的森林，例如生活环境保护林、自然休养林、都民林、县民林、市民林、儿童林、纪念林等各种名目的森林。

日本政府先后修订了《森林法》《自然公园法》，同时制定一系列涉及城市与森林的新法律。例如：1961年修订《森林法》，强调充分发挥森林的公益效应，发展林业的主要目的在于改善与保护自然环境。1962年制定《关于维持城市优美景观的树木保存法》，确定为维持城市景观应该保存的树木或森林，其拥有者必须加以严格保护。1966年制定《首都圈近郊绿地保护法》,对所有可能影响郊区绿地的行为必须向当地政府提出申请。1973年制定《城市绿地保护法》，其中规定由城市居民参与绿化协议的缔结，使城市居民能按照自己的意愿参加城市树木的种植及保护。1974年制定《工厂绿地法》，规定新建工厂的绿化面积必须达到20%。

日本的城市森林主要由3个部分组成：城市街道、居民区的树木；城市公园；近郊森林。

城市街道、居民区的树木：日本街道的行道树种植量不大，1967年调查全国160个城市仅有52万株行道树，1987年增至140万株，以后几年以7%的速度增加。行道树的种类结构有很大的变化，对道路绿化的质量要求主要从提高景观效果、遮阴、改善生活环境质量等方面来考虑，落叶阔叶树种比重逐渐减少，从1967年的95%降低到1986年的74%。原来占据主要位置的树种，如二球悬铃木、垂柳、杨树、刺槐等比重明显下降，三角枫、光叶榉等树种逐渐增加，成为最主要的行道树种。目前占前十位的行道树树种是银杏、悬铃木、三角枫、光叶榉、樟、垂柳、刺槐、槭叶枫香、日本樱花、乌桕，约占行道树总量的55%；其他树种有日本七叶树、杨树、北美鹅掌楸、槐树、臭椿、梧桐、日本白蜡树、榔榆、紫薇等。

城市公园及绿地：城市公园及绿地是日本城市森林组成的重要部分，按照功能可划分为利用型与保护型两大类。前者向公众开放，后者主要以提高城市景观质量、保护环境为目的，包括一些隔离带、护坡林等。大型的城市公园是由国家设置，面积一般为300公顷以上，全国有4处跨越都道府县地区的大型公园。

城市近郊林及自然公园：城市近郊的森林是城市居民主要的游览休憩场所，同时对改善城市环境、改善居民的生活起着重要作用。按其功能划分，近郊林的主要类型有：保健防护林与风景防护林，20世纪70年代以前该类防护林面积较小、仅占防护林面积的0.4%，以后针对城市环境问题以及市民对游憩的要求开展防护林建设计划，至1989年面积扩大到57.2万公顷，占防护林面积的7%。从地理位置来说，保健防护林更接近城市，发挥环境防护作用的同时也为市民提供保健休养场所。游憩林，与保健防护林相比位于离城市较远的地区，至1989年已达到62.5万公顷。自然公园，实质是自然保护区也作野外的游憩场所，1990年统计表明已达到532.5万公顷，为国土面积的14.1%。

② 东京的城市森林。东京人口达到1450万，尽管人口密度大，东京市的绿化覆盖率相对比较高，全城的平均覆盖率可达到64.5%（包括草地），中心地区也有12.1%~17.3%。按照上述城市森林的主要组成划分，构成东京市的城市森林主要是行道树、公园树木以及近郊的林地。

东京的行道树：东京市区的23个区拥有各类道路面积94.64平方公里，占城市面积的15.2%。各类道路树木总计40.8万株、绿地绿带总计340万平方米。东京市的行道树管理十分细致，每年都有详细的调查记录，据记载30年间人口增加21.3%，行道树总量增加270%。行道树的种类主要是榔榆、二球悬铃木、红枫、石榴、榉树、中槐、香樟、石栎、杨梅、一球悬铃木、垂柳、日本辛夷、梧桐、七叶树、紫薇、山茶、多脉青冈等。排列前十位的行道树数量占71.5%。从近十年来行道树种选择的趋势来看，观花小乔木如樱桃、四照花、槭树类，以及一些长寿树种如银杏、榉树等的数量增加明显；原来占优势的树种如二球悬铃木数量下降。

为了把东京建成世界性的绿色都市，道路绿化不仅仅是种植行道树，而是营造小块绿地、创建街角园地、把附近的公园与道路融为一体，选择四季变化明显的观花树种，使得道路成为绿色通道。

市政府设计树木养护基金（TMG），该项基金为33%的道路树木以及46%的沿路绿地提供系统的管理与养护，特别是逐年的调查记录十分详细，因此道路树木的管理比较精细、有序。

城市公园：近30年的发展趋势表明人均拥有的公园面积增加较快，从1969年的人均1.2平方米增加到1996年的5.07平方米（陈小奇）（图3-1，图3-2），这在东京是相当不容易的，市政府花重金购买土地用作公园建设，但与欧美国家相比仍然相差较大。

公园中的林地与林带的常绿树种与落叶树种的比例通常为7：3，常绿树种主要选用柳杉、雪松、日本冷杉、龙柏、水杉、青冈栎、日本石栎、米槠、香樟等，落叶树种多为银杏、杨树、悬铃木、北美鹅掌楸、三角枫、榔榆、光叶榉、乌桕等。

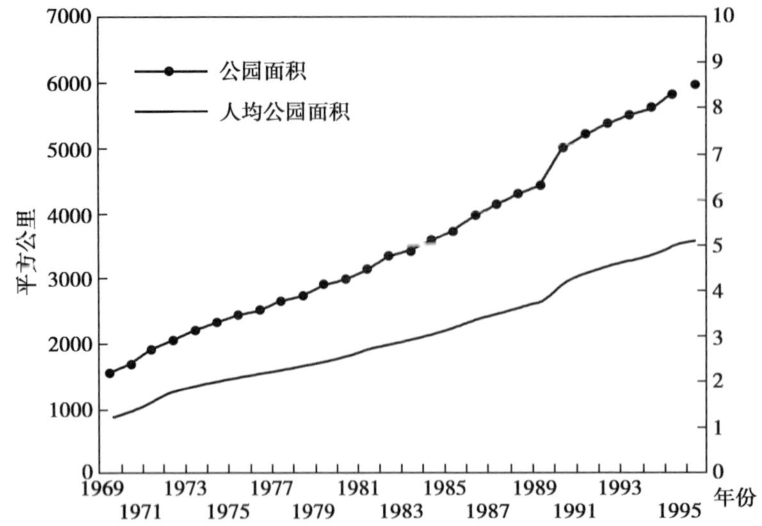

图 3-1　东京公园面积动态变化

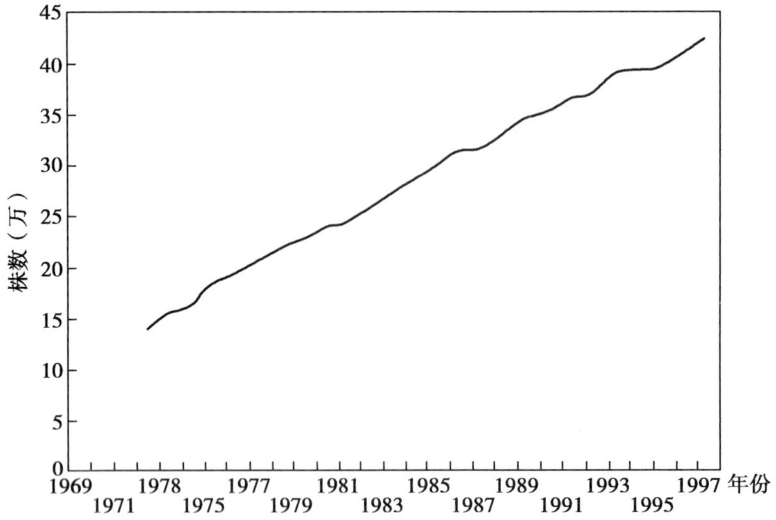

图 3-2　东京行道树数量动态变化

东京的城郊森林：东京周边拥有较大面积的林地，主要集中在西北地区，分国有林地与私有林地。目前有各类林地 78678 公顷，对东京城市环境的改善起到十分重要的作用，30 年来东京大气污染物 SO_2 与 CO，漂浮物（SPM）明显下降，显然与城市树木的增加有关。东京的城郊森林成为东京居民的主要游憩地。

第三节　中国城市森林的形成与发展

一、中国城市森林引入

我国是世界上城市最多的国家之一，现有城市 662 座，建制镇 5 万多个。随着社会经济的飞速发展，我国城市化进程也在不断加快。虽然城市化发展极大地推动了我国社会进步和经济发展，但同时也带来了极大的环境问题，使城市生态环境不断恶化。在世界卫生组织 1999 年评出的全球十大污染城市中，我国的太原、兰州、北京等 8 个城市榜上有名。因此，具有改善城市生态环境的"城市森林"概念被林业工作者引进国内，并正逐步被社会各界所接受，建设城市森林解决城市生态环境问题的观点、理论和手段也在城市建设中被逐步加以应用。

1978 年，在我国台湾大学森林系首先开设了城市森林课，1984 年该校高清教授著《都市森林学》并正式出版。

中国林业科学研究院于 1989 年开始研究国外城市林业发展状况，首先将"城市森林"概念引入内地。1992 年 8 月中国林学会在天津召开了首届城市林业学术研讨会，出席会议的有北京、上海、天津、长春、大连、青岛、武汉、南京、宁波、成都、广州、深圳等 12 个城市和中国林业科学研究院、北京林业大学的林业、园林及绿化部门的专家和科技人员，会议初步明确了我国城市林业的名称、概念、范围和规划布局、主要对策等。明确"城市森林指的是城市的（包括市区和郊区）树木及其他相关植被（草地、灌丛、花坛、垂直绿化面等），它是城市林业经营对象而不是事业本身。"

1994 年成立中国林学会城市林业研究分会，中国林业研究院森林生态与环境研究所成立城市林业研究室，研究城市森林的规划、营建、管理等；1995 年全国林业厅局长会议确定城市林业为"九五"期间林业工作的两个重点之一，原林业部部长徐有芳指出大力发展城市林业势在必行。

广东省林业厅在其后的省林业工作会议上，明确地将发展城市林业作为广东省林业的重点任务之一，广州市科委下达了"广州市城市林业的现状调查与发展研究"课题，由中国林业科学研究院热带林业研究所承担，该课题应用城市林业的基本理论和"GIS"技术，研究了广州市城市森林的空间特征与发展趋势（孙冰等，1997），分析了广州城市森林实现具备岭南文化特征的途径，根据文化内涵、表现形式和手法，认为具体体现在以下 5 个方面：①以营建岭南乡土树种片林为主体。②发展岭南园林。③引进抽象式园林。④引进生态设计原理。⑤走向大地景观、郊野景观（粟娟等，1998）。

1996 年林业部下达"城市林业结构与经营研究"项目，由中国林业科学研究院森林生态与环境研究所承担，研究不同类型城市环境下、不同功能的城市森林类型、结构规划、营建模式及经营技术；同年，原林业部和北京市林业局共同下达"北京市城市林业发展战略研究"项目，由北京林业大学承担，研究北京市城市林业可持续发展战略及北京市城市林业的结构与功能、北京市城市林业发展的方向、21 世纪北京市城市林业发展规划等。这些研究为我国城市林业的发展和城市森林的类型划分、营建、经营管理等在理论上起到了奠基性和开拓性的推动作用，在实践上起到了一定的规范性和指导性的决策作用。

从 1995 年开始，北京林业大学陆续招收了一批城市林业研究方向的硕士和博士研究生，并从 1996 年率先开始为研究生开设"城市林业"专题讲座。内蒙古农业大学林学院从 1996

年开始为林学、生态环境工程等本科生开设“城市林业”专业课程。北京林业大学从2000年开始在全校开设“城市林业”选修课。

二、我国城市林业实践

中国林业科学研究院1989年将“城市森林”概念引入国内后，在各级政府和有关部门的积极推动下，城市森林理论研究与实践都取得了积极的进展和显著的成效。如北京市开始进行大环境绿化规划并分年度实施；天津市营建环城林带；沈阳市开展南运河绿化带建设；兰州市开展南北山绿化工程；合肥、西安、济南等城市开展环城公园建设等。

我国城市林业的建设实践紧密地结合着城市的发展规划、自然地理与经济状况，以及城市发展趋势、文化底蕴，在改善城市生态环境的总体目标框架下，在全国范围内建设各具特色的城市森林。

1. 把城市森林建设纳入了中国森林生态网络体系建设

国家科学技术部1998年下达了“中国森林生态网络体系建设研究”项目，由中国林业科学研究院林业研究所承担，项目分“中国森林生态网络体系‘点’的建设研究”“中国森林生态网络体系‘线’的建设研究”“中国森林生态网络体系‘面’的建设研究”三个课题，其中“点”为城市；“线”为大江（河）、公路（铁路）等交通、运输干线；“面”为我国主要的林区。“点”的森林生态网络体系的研究，包括哈尔滨、东营、延安、上海、珠海、合肥、岳阳、宜昌、厦门9个城市的城市森林结构、建设布局等。2001年国家科学技术部继续下达“中国森林生态网络体系研究与示范”项目，项目仍然分解为“中国森林生态网络体系‘点’的研究与示范”、“中国森林生态网络体系‘线’的研究与示范”“中国森林生态网络体系‘面’的研究与示范”三个课题。其中，“点”——城市森林的研究范围，扩大到哈尔滨、长春、大连、鄢陵、绍兴、岳阳、怀宁、合肥、珠海、厦门、惠安、扬州、昆明、上海、东营、深圳16个城市，重点研究以下六方面的内容：①城镇森林生态网络体系景观格局分析与总体布局的研究；②城镇森林生态网络体系建设植物材料评价指标体系研究；③城乡结合部不同类型农产品生产基地防护林的配置格局与构建模式；④城镇森林生态网络体系建设中不同类型人工植物群落配置模式研究；⑤不同绿地类型景观和生态功能对比及维持机制研究；⑥城镇森林建设指标体系研究。

2. 推动了典型区域的城市森林建设规划与实践

我国城市森林建设的规划与实践，既借鉴了国外城市森林发展的成功模式，也继承了中国古典园林“师法自然”“天人合一”的精髓。从长春第一个森林城的构建，到上海现代城市森林发展规划与实施，体现了中国城市森林建设蓬勃兴起的发展势头。

长春市：长春市1989年正式实施“森林城”建设规划，是我国首个将“森林城”确立为建设目标的城市。从其建设的范围上，包括了全市的5个县（市），又包括市内市郊的5个区。在建设内容上，包括公共绿地、专用生产防护绿地、完善农田防护林、荒山荒地造林、江河库区绿化、村屯绿化、绿色长廊、边界防护林、风景林、森林卫生城镇等十大绿化工程。

上海市：上海作为现代化国际大都市，其生态指标与其社会经济发展很不协调，明显制约了城市的可持续发展。为此，上海市政府高度重视城市森林建设，2002 年由中国林业科学研究院、华东师范大学牵头，上海市农林局组织 8 个单位 100 余位研究人员，开展了“上海现代城市森林规划研究”并取得重大成果。

上海市在制定城市森林发展规划中，按照“林网化与水网化”的城市森林建设理念，提出了“三网、一区、多核”的上海城市森林发展布局，其中三网是指水系林网、道路林网和农田林网；一区是指在淀山湖、黄浦江上游及太浦河等支干流、佘山集中连片的重点生态建设区；多核是指在林网水网中构建达到一定规模、能构成森林环境的各种核心林地。上海市现代城市森林的科学规划，为新世纪上海生态环境建设创造了良好的发展条件。

怀宁市：2002 年，中国林科院与安徽农业大学以安徽省怀宁新县城建设为契机，共同开展县级城市森林建设规划研究，对城区 235 平方公里的范围进行了全面规划，提出了一城、一湖、两片、三网的总体布局。在城区以乔木可拥有量及城市森林覆盖率来规划绿地面积，强调溶解城市边界、建设开放性的立体绿色空间，为我国县级城市开展城市森林建设提供了范例。

第四章　城市森林的功能效应分析

第一节　城市森林功能效应影响因素

城市森林是城市生态环境的主体，是评价一个城市环境质量的重要指标。通常认为，不论是一个城市还是一个城区，30%~50% 的绿化覆盖率才对城市生态系统具有临界幅度的意义，也就是说，达到或超过这个幅度，城市生态环境有望向良性循环发展，如果达不到或下降，城市生态环境就得不到改善甚至不断恶化。因此，长期以来，我们非常重视提高城市绿地的面积，把城市森林覆盖率、绿地率作为评价一个城市绿化水平的主要指标。但从生态学的原理来分析，仅仅强调面积比重是不够的，城市绿地植物群落的功能决定于群落的结构和稳定性，以及绿地在整个城市范围内的空间分布格局（彭镇华，1999，2002）。所以，城市绿化建设要体现"以人为本"的主旨，必须运用可持续发展理论指导城市规划，从总体布局到树种选择与配置，不仅要有"量"的概念，更应突出"质"的要求。

一、生态系统稳定性的影响

处于相对平衡状态的自然生态系统，一般可以在无病虫害、无农药污染和无管理投入的条件下自我维持、自我更新，形成较为理想的结构和发挥巨大的生态效益。因此，城市森林绿地发挥最大生态效益的关键在于构建稳定的植物群落，这样的群落要能够在尽量少的人为干预下建立自我维持的生态机制。要建立起比较完整的物质循环和能量流动途径，特别是通过食物链、食物网形成了对病虫害的防御机制。

城市绿地植物群落的物种组成和配置比例，并不是仅仅根据植物外表的景观特征来进行任意组合的。每种植物都有自己的生态位，都要与群落内的其他植物发生各种关系，他们之间存在着竞争、他感作用等复杂的种内和种间关系，而这将直接影响其生态效益的大小。一般认为，生态系统的复杂性导致稳定性。虽然园林绿化的设计者多是从观赏、美化的角度进行植物配置，但是这些不同的植物种植在一起以后就构成了一个生态系统，可以理解为相当于植被演替的初级阶段。因此，自然生态系统稳定性的生态学过程和机制同样在城市绿地植物群落中发生，进行能流、物流循环的食物链和食物网结构对于维持系统的稳定具有重要作用。如果绿地植物群落结构配置不当，不仅会影响绿地所要发挥的各种功能，甚至可能成为各种病菌和有害生物的孳生地，还会带来植源性污染问题。树种单一、结构简单的绿地，不仅会使生长在绿地内的昆虫、鸟类等种类减少，还有可能引发病虫害的大面积爆发。目前，人们已经注意到这方面的问题，在城市绿地建设中，设计者的生态意识显著提高，在植物材料选择上提高群落的生物多样性，在配置模式上考虑植物之间的关系和生态功能的互补性。比如鸟类的取食偏好、栖息习性，昆虫的取食及寄生习性以及它们与植物之间的关系，土壤微生物的种类变化及其与植物种类的关系，综合考虑这些因素来有意识地在绿地植物群落中配置一些为鸟类和其他动物提供食物的物种，种植一些有菌根和固氮能力的树种，有助于群落逐步建立自我维持机制，提高群落的稳定性。

二、景观分布格局的影响

对于整个城市来说，既要有面积的概念，更要有分布格局的考虑。绿地的建设标准是迄今仍然还在探讨中的有关现代城市的重要问题之一，但就使用最普通的城市 O_2 和 CO_2 平衡所需的城市绿地面积而言，全世界各国主要的大城市绿地面积和覆盖率均远低于所需要的标准（王伯荪，1998）。人们通常用人均绿地面积或植被覆盖率等指标，包括近来人们热衷于采用的“绿量”来评价城市质量时，通常采用的是总量和平均值，都忽视了偏隅于城市一角与均衡分布所起到的景观作用和生态效益是截然不同的道理。这个问题在城市规模较小、城市工业化水平还不很发达、城市周围的自然环境（包括森林、湿地等）受破坏的程度还不十分严重的时期，对城市生态环境的影响还相对较小。但在全球生态环境问题日益严重的当今社会，城市化水平的提高，城市范围的不断外延，使这些原有的状况发生了根本性的改变。搞好城市绿地系统的宏观布局对改善城市生态环境至关重要。因此，不能用某个公园、居民小区绿化水平的优良与否代表整个城市的水平，不能以远郊绿地来代替城市中心区尤其是城市居住区的绿地指标，也就是说要有一个合理的城市绿地布局，否则就会误导城市绿地标准信息。

过去，人们对于城市园林绿化与建筑比例的确定常常局限于某个小区的尺度内（黎永惠，1985），主要是修修补补、见缝插针的绿化模式，缺乏长远的、宏观的城市绿地系统建设规划。美国生态学家 R. Forman（1995）提出的“斑块—廊道—本底模式”，为描述景观结构、功能和动态提供了一种空间语言，使城市土地利用规划有了生态学的理论支撑。因此，在城市发展不断向外围扩展的过程中，绿地建设除了传统的公园、居民小区、一般街道的构建模式有所改进以外，还要建造一定面积的林岛，一定宽度的林带，提高绿地分布的均匀性；选择适宜的绿化物种，形成林、灌、草相结合的植被结构，特别是加强城区河流、主干公路沿线的绿廊建设，强化绿地斑块间的空间联接，从而使市内与郊区连为一体，增加城市环境的空间异质性，减少植被中断产生的阻隔，可以有效缓解生境破碎化（habitats fragmentation）对野生动物迁徙带来的不利影响，有利于鸟类向市区输入，捕食害虫，改善城市生态环境。

三、城市森林类型的影响

城市绿化建设要体现“以人为本”的主旨，必须运用可持续发展理论指导城市规划，从总体布局到树种选择与配置，不仅要有“量”的概念，更突出“质”的要求。不同的绿地类型，其景观效果不同，生态效益也不一样。虽然作为一种人工或半人工的植物群落类型，与自然群落之间存在很大的差别，但它们作为陆地生态系统的组成成分，在宏观上还是属于森林生态系统和草地生态系统这两种主要的类型。这两种生态系统之间存在的功能结构差异，以及它们本身在细尺度下划分的不同类型之间在功能结构上存在的差异，在城市绿地植物群落中依然存在，而且这种差异也导致人们对城市绿地植物群落构建模式存在分歧。特别是近些年来随着草坪热的兴起，人们对城市绿地系统建设模式的探讨更为激烈。

1. 增加生物多样性能力的差异

植被结构多样性是衡量环境空间异质性的指标，而且植物多样性决定动物多样性，也是鸟类等动物生态分布的重要限制因素（Lancaster，1979），这一点在许多城市绿地系统功能的研究中都被忽视了。在近几年的城市绿地系统建设中，我们现在都讲要提高城市内的生物多样性，而且从多个方面进行了广泛的探讨，但提高生物多样性不是仅仅靠多引进几个树种或多增加几种人工组合就能够实现的，关键是要引入自然生态系统的营养结构和物质循环机制，而植物群落中昆虫、鸟类及其他动物的加盟是不可或缺的。我国鸟类专家对济南、敦化、兰州、北京等城市的研究表明，鸟类生态分布与环境类型密切相关，自然景观变迁后可引起鸟类群落结构及分布发生显著变化（赛道建，1994；孙帆，1988；陈鉴潮，1984；郑光美，1984；魏湘岳，1989）。以济南市为例，在1958~1991的30多年时间里，市区的鸟类共消失了4个目8个科33种，而仅增加了2科18种，不仅稀有种消失率高，而且随着自然景观变迁程度的增加，许多鸟类的生境减少和破碎化，使一些优势种成为稀有种甚至消失，其中食虫鸟类虽然较多，但在水平分布上集中于郊外林区、风景区，市内的种类数量较少；由于城区绿地结构简单，一些栖居乔木树种的鸟类减少，特别是在下木层生活的鸟类消失（赛道建，1994）（表4-1）。

表4-1 济南市鸟类群落食性种类的变化比较

食性	鱼虾	小动物	昆虫	谷物	杂食
1954~1958年物种数	21	11	62	31	16
1988~1992年物种数	6	4	39	22	15

增加城市绿地结构的多样性是提高城市生物多样性的有效途径。森林作为生产力水平最高、物种组成最为丰富的陆地生态系统，比单纯的草地提供的生境类型要多得多，有更大的容纳量，成为鸟类、兽类和各种昆虫的栖息地。因此，在城市绿化中发展森林绿地，更符合保护和提高城市生物多样性的要求。

2. 改善城市环境能力的差异

草坪的种类单一，提供的生境类型和空间范围都十分有限，其内部所能容纳的其他生物种类和数量也十分有限。而森林则不同，人们把森林看作是城市的"肺"。大量研究成果表明，森林在蓄养水分、阻拦风沙、保持水土、防旱防洪、保护生物多样性、调节城市环境和小气候等方面也是其他生态系统无法比拟的，体现了森林的多重价值。据统计，北京现有森林资源的总价值超过 2300 亿元，其中环境价值（又分为涵养水源价值、保育土壤价值、净化环境价值、防护林环境价值、景观游憩价值和生物多样性价值）为 2120 亿元，是林木自身价值的 13.3 倍（李忠魁等，2001）。不同林种的效益是不一样的，据日本计算，1 公顷落叶阔叶林每年可以吸收 CO_2 14 吨，释放 O_2 10 吨，常绿阔叶林分别为 29 吨、22 吨，针叶林分别为 22 吨、1 吨（Kukelmeisister，1993）。森林与其他植被类型之间的差异就更大了，据测定，1 平方米森林所吸收的 CO_2、释放出的 O_2 是等面积草坪的 30 多倍。

森林可产生较好的绿岛效应，具有明显的降温增湿作用。据测定，1 株直径 20 厘米的槐树相当于 3 台 1200W 的空调的降温效果（陈君，2001）。由于树木蒸腾作用，可以使树木周围的空气湿度明显高于远离树林的地方，温度明显降低，其效果因其影响范围和树木种类而异。杨士弘（1994）测定了细叶榕、大叶榕、木棉、石栗、白兰、阴香、红花羊蹄甲、夹竹桃等树种的蒸腾强度和绿地叶面积指数，计算了绿地的蒸腾强度和降温、增湿效能。在气温 30℃时，郁闭度较好的白兰树林和细叶榕树，每平方米绿化覆盖面积可以使周围 10 平方米、100 米厚的大气层降温约分别为 1.9℃和 1.3℃，相对湿度约增加 3.3% 和 2.4%，而水平 10 平方米的面积，对于孤立木相当于半径为 1.8 米的圆，对于行道树则相当于两侧各 5 米宽的降温增湿带（杨士弘，1994）。根据我们对两种森林绿地类型和草坪的调查表明，林地和草坪在减少光照强度、降低气温、提高空气相对湿度、减小风速等各项指标都起到明显作用，但林地比草坪的效果更好（表 4-2）。

表 4-2　合肥市不同绿地类型生态效益调查

观测地点	类型	全日光照强度（Lux）	平均气温（℃）	平均空气相对湿度（%）	平均风速（米/秒）
西山公园	对　照	46300	33.0	67.7	1.90
	女贞林	29700	28.9	74.0	0.95
	草　坪	46820	31.3	72.0	1.90
逍遥津公园	对　照	43410	31.3	74.2	1.80
	榆树林	33570	27.5	82.5	0.98
	草　坪	43700	29.8	81.2	1.80

同样，在杀菌除尘方面这种差异表现得更为明显。吉林市 5 种立地类型空气中的细菌含量调查表明，绿化较好的公园、学校比植物稀少的道路、闹市区空气中细菌含量显著降低，而在同一地点，细菌含量顺序为树林＜灌丛＜草坪＜裸地（戚继忠等，2000）。

此外，不同植物群落降低噪声的能力也存在很大差异。现已证明，具有浓密叶，而且具有叶柄的多汁植物最能吸收声波。一般而言，高大树木所组成宽大的林带对于减少音响最为有效。树种对减轻声音而言，在生长季并没有显著的差别，但落叶树当落叶后，减少音响的效果较差，常绿树木基本上终年不变。据报道，一条 40 米宽的林带可降低噪音 10~15

分贝（王伯荪，1998）。而单纯的草坪虽然也有一定的降低噪声作用，但由于在垂直高度上的限制，其效果要比林带，特别是乔灌草混合结构的林带差很多。

3. 滞尘能力的差异

关于森林的滞尘能力，许多研究都把森林与灌丛、草坪、旷地等立地类型进行了对比分析。张新献等（1997）在北京方庄小区研究了3种不同结构绿地的滞尘效益，结果表明，乔灌草型减尘率最高，灌草型次之，草坪较差。在长春、西安、杨陵等市、区城市生态景观中草坪的调查研究结果表明，不同类型的草坪在炎热天都具有一定的降温增湿作用、滞尘作用和杀菌作用，能够改善生态景观环境，但以与树木组合的疏林草坪效果最好（褚泓阳等，1995；孙伟等，2001）。这方面的研究还有很多，得出的结论基本也是一致的，都以乔灌草结合的类型效益最好，以乔木为主的复层结构绿地能最有效地增加单位面积的绿量，从而提高绿地的滞尘效益。但这些研究大多是以植物体本身的分析为基本数据，强调园林植物的滞尘能力的差异，主要是由叶表面特性、树体结构、枝叶密度等造成的，完全忽视了植物群落作为一个整体而存在的差异，从而使森林的作用被极大地弱化。以绿地类型的滞尘能力研究为例，分析某种绿地类型的滞尘效应时，通常只是把不同植物体叶片上的滞尘量简单的叠加起来，而没有考虑植物群落作为一种生物环境。如果按照这种计算方法来统计，每座楼房、每条道路的表面都有很多的灰尘，那末所有的物体都具有滞尘能力，甚至这些建筑物上的灰尘不比草地上的灰尘少多少。所以，仅仅通过分析植物体表面的滞尘量来说明不同植物、不同植物群落滞尘能力的差异是片面的，关键是对灰尘产生过程、降尘方式、再产尘数量等方面的影响，不同植物群落之间存在巨大的差异。森林特别是由乔、灌、草构成的多层次林分与单纯的草坪相比，主要区别有以下几点：

（1）森林可以降低风速，这是滞尘的首要环节，使风的承载力下降，空气中的粉尘才能迅速降落；而草坪对风速影响很小，对降尘过程影响不大。

（2）乔灌草的复层结构可以使粉尘在乔木层、灌木层和草本层的不同层次被吸附在植物体表面，也可以被林下的枯枝落叶所吸附，而草地吸附层只有一层。

（3）防止二次扬尘的能力不同。降落在绿地内以及被植物体吸附的灰尘，如果遇到一定强度的风还要再次飞起来，落在森林的灰尘所需要的起尘风要远远大于草地和道路、楼房等建筑物，森林可以最大限度地避免反复扬尘。

住在北京的人都有这样的体会，无论是阳台、窗台还是家具，只要一天不擦就会落上一层灰。2000年和2001年，沙尘天气明显增多。除了由于气候等原因以外，北京周边地区特别是内蒙古、宁夏、甘肃等西北地区的林木覆盖率不高是一个很重要的原因，这个问题也引起了社会各界的广泛关注，国家相继启动了环北京地区防沙治沙工程和西北地区防沙治沙工程，这无疑将使北京的生态环境得到极大的改善。但北京市本身的扬尘问题不容忽视。据统计，北京沙尘来源于本地的占85%，来源于西北沙漠和黄土高原的仅占15%（陆鼎煌，1982）。空气中的灰尘除了落在水体里不会再飞起来以外，落入绿地特别是森林里也基本上不会再扬尘。过去那种搞卫生活动，甚至把拔草、扫除树叶作为一项重要内容，显然不妥。其实草、落叶对覆盖地表和改善土壤状况非常有利。到过美国、欧洲国家的人都说，在人家那里可以一周都不用擦皮鞋、不换洗衬衫，而我们一天不擦也不行，甚至只要你在街里走一趟就会一身灰。原因在哪里？不是外国没有灰，没有风，而是城市内的绿地多，特别是树木多，降低了风速，增加了空气湿度，吸滞了灰尘。

解决城市的粉尘污染，仅靠环卫部门的清扫和水车洒水不能从根本上解决问题，特别是北方地区的城市更是如此。因此，城市森林生态网络体系建设不仅仅局限于城市的内部，还包括城乡结合部以及对城市环境产生严重影响的地区，比如北京的沙尘暴治理就延伸到河北、内蒙古等外围地区。而对于城市内部的绿地建设来说，关键是要减少城市本身产尘的问题，增加绿地面积特别是以乔木为主的森林绿地及水面，对于降低粉尘污染尤为重要。

4. 影响城市交通能力的差异

随着社会的发展，各种车辆不断增加，尽管由不同等级道路构成的交通网日臻完善，交通管理部门也采取了各种有效措施，但交通事故仍时有发生。如果设计合理，树种选择得当，行道树可以疏导交通，疏缓司机紧张烦躁的心情，减少交通事故发生。因此，在疏导交通方面，利用乔灌草组成的快慢车和人行道绿色隔离带是比较有效的。森林作为道路的立体分隔带，能减少交通视觉干扰，特别是在炎热的夏季，行道树树冠能够提供阴凉的遮阴环境，有助于缓解人的烦躁情绪，使司机集中精力。道路树种配置要有韵律的变化，有利于减少视觉疲劳，疏导交通和减少交通事故。在转弯半径处的绿篱要矮，树丛要透视，不影响司机视线，确保交通安全。而在夜间能够阻挡前方对行车辆强烈刺眼的灯光，有利于交通舒畅和人车安全而草坪在这方面的作用是很有限的。

第二节　城市森林功能效应分析

建设城市森林的根本目的就是要发挥树木和森林在改善城市生态环境方面的重要作用。树木和森林具有美化环境、净化空气、减噪除尘等环境功能是为人们所熟知的，同时还具有景观游憩、人体保健、科普教育等多种功能，最能够体现“生态建设、生态安全、生态文明”的林业可持续发展“三生态”战略思想。因此，我们必须与时俱进，从更广泛、更全面的角度来认识城市森林的生态功能效益。

一、生态环境功能

1. 改善城市小气候

城市绿地是气温和地温的“调节器”，太阳幅射的“吸收器”。其对小气候影响主要表现在 3 个方面：一是夏天降低气温，增加微风。城市森林吸收的太阳辐射能，除一小部分用于光合作用转化为化学能外，绝大部分用于树木的蒸腾作用而降低气温。树木的蒸腾作用（每蒸腾 1 克水消耗 2461 焦耳能量）加上树冠下太阳辐射的减少，林下气温相应降低，城市中的行道树、散生树及成片林等夏日都可起到降温作用，大面积的绿地有效地起到了冷却空气和推动空气运动的作用，改善城市地区的小气候状况。研究表明，在成片林和林荫道下，夏季能降低气温 3℃左右，路面温度 7℃，建筑物表面温度 4~10℃，减少高温持续时间 3~8 小时左右（李树人，1995）。二是植物对太阳幅射有较好的反射与吸收能力。城市森林吸收和反射太阳辐射，使达到林下的光照强度大大减弱，根据 N.J. 罗林堡研究，单片叶子对可见光吸收约 75%，反射约 15%，透射约 10%。一般而言，植物的对太阳光的反射率为 30%~60%，对红外线范围的反射率可高达 90% 以上，而城市下垫物的建筑材料的沥青仅为 4%，鹅卵石铺装为 3%。三是植物可通过叶面大量水分的蒸发，带走热量，提高周围空气的湿度。森林的蒸腾作用非常明显，1 株成年大树，1 天可以蒸发 4000 公斤水，林下空气湿度明显上升，夏季行道树能提高街道上的相对湿度 10%~20%，1 公顷树木增加的空气湿度相当于相同面积水面的 10 倍（王木林，1995）（图 4-1，图 4-2）。

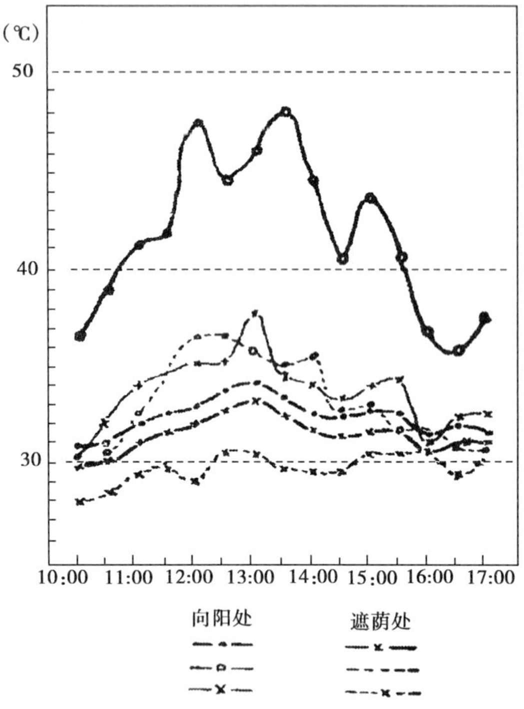

图 4-1　阳光下和遮阴处地表温度变化

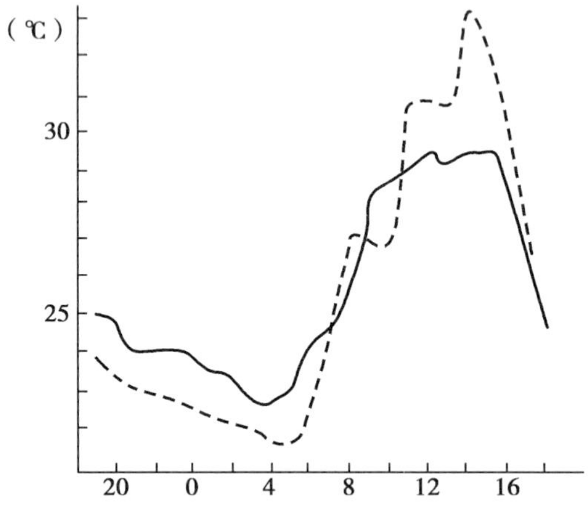

图 4-2　林内外气温的变化（晴天）

2. 维持 CO_2 与 O_2 的平衡

城市由于人口稠密，工业生产密集，呼吸和燃烧必然消耗大量 O_2，并积累 CO_2，如果在无风或微风情况下，大气交换不充分，势必造成城市局部地区 O_2 供应不充足，对人体健康带来危害。迄今为止，任何发达的生产技术都不能代替植物的光合作用，只有城市绿地才能保持大气中 CO_2 与 O_2 的平衡（图 4-3）。地球大气中大约有 1.2×10^{25} 吨 O_2，这是绿色植物经历大约 32 亿年漫长岁月，通过光合作用逐渐积累起来的，现在地球上的植被每年可新增 70×10^{9} 吨 O_2。据测定，一株 100 年生的山毛榉树（具有叶片表面面积 1600 平方米）每小时可吸收 CO_2 2.35 公斤，释放 O_2 1.71 公斤。1 公顷森林通过光合作用，每天能生产 735 公斤 O_2，吸收 1005 公斤 CO_2。据有关专家测算，1 公顷城市绿地在 1 小时内可吸收 CO_2 约 8 公斤，相当于 200 人同时间的呼吸量。因此从生态环境要求，每个居民应保持 50 平方米的绿地。

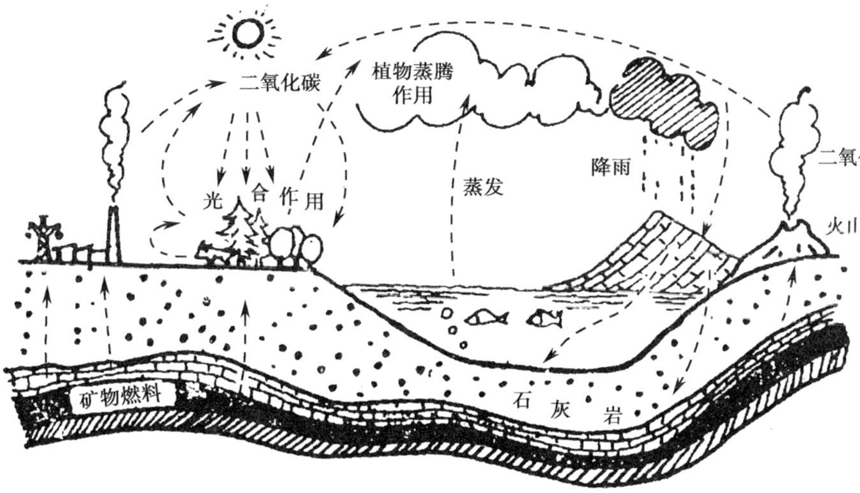

图 4-3　生态系统物质循环示意

3. 缓解热岛和温室效应

当前，随着城市化速度的加速，城市的热污染越来越严重，忽视燃料的燃烧、人的呼吸及城市特殊下垫面（城市的下垫面除少量公共绿地外，绝大部分地面为砖石、水泥、柏油、混凝土铺砌）的改变，使城市热量增加，导致温度升高，形成“城市热岛”，对人体健康产生危害。

工厂中燃料燃烧热、交通机动车排出的废热、居民炉灶、空调及人体新陈代谢产出的热量，这些“人为热”像火炉一样直接加热空气。工业生产、交通运输、居民生活在向大气排放烟尘及额外热的同时，也产生大量的温室气体，如 CO_2、N_2O、CH_4 等，这些气体具有增强大气逆辐射、抑制地面有效辐射损失的效应，对地面及近地面空气有极强的保温作用。城市森林的建成有效地缓解了热岛效应和温室效应。在城市环境中，由于 O_2 消耗量大，CO_2 浓度高，这种平衡更需要绿色植物来维持。

研究表明，林分的降温作用是十分明显的，无论是日平均气温、日最高气温，林下均显著低于对照点。在夏季气温 36℃时，0.5 公顷的女贞林下日平均气温低 4.1℃，日最高气温低 6.5℃；0.5 公顷的榆树林下日平均气温低 3.8℃，日最高气温低 6.5℃。可见，树木覆盖区的降温效果明显，特别是气温在 30℃以上时降温效果更明显，这一点 Bernatzky（1960）在对绿化带生态效益研究时所作的结论中早有论证：“温度越高，降温效果越明显。”归根结底，林木的这种降温效应，是通过树冠的遮蔽即减少太阳直接辐射和植物蒸散冷却作用来实现的。在炎热的夏季，城市绿化地区树木枝叶形成浓荫覆地，不仅遮挡了来自太阳的直接辐射热，而且也阻挡了来自地面、墙面和其相邻物体的反射热。同时，每一棵树木都具有强大的蒸腾能力，它不停地吸收土壤中的液态水分，再通过叶面蒸腾成气态水分散发到空气中去，在水的相变过程中，伴随着能量的消耗和转换，叶面发生冷却，并从周围大气中吸热补充，从而使周围环境降温。表 4-3 列出了合肥市几种主要绿化树种的吸收热能值。林木的降温效应相比较，草坪则逊色得多了。如前文所述，草坪的遮阴效应较差，不能大幅度的减少太阳的直接辐射热，并且草坪的叶面积指数较林木又小得多，从而使蒸腾作用很小，二者导致了草坪的降温效应不及林木。

表 4-3 合肥市五树种日吸收热能情况

树种	广玉兰	香樟	法国梧桐	女贞	三角枫
单株吸收热能（千焦）	37.0	21.1	22.5	29.1	15.3
总株数吸收热能（10^5 千焦）	5.2	3.7	1.6	27.7	0.8

经研究绿化覆盖率与气温的关系后发现，两者城郊气温密切的负相关，覆盖率每增加 10%，气温降低的理论最高值为 2.6%，当绿化覆盖率达到 50% 时，降低气温的理论最高值只可达 13%，若夏季最高日气温为 38℃，可降低气温 5℃，基本上可以消除城市“热岛效应”（于志熙，1992）。根据天津市环保局测定，城市森林每年蓄水保墒量达 300 平方米 / 公顷，增温调湿量达 62.8 万亿焦 / 公顷，降低风速 40%~60%。北京市园林局报道：绿化覆盖率每增加一个百分点，夏季最高温李节可降温 0.1℃，绿化覆盖率达到 50% 的目标，就可以使热岛效应基本得到治理。

4. 防止和降低污染

（1）大气污染与酸雨。据国内外专家对大气污染与植物关系的研究，在大气污染不超过植物受害的临界浓度和临界时间范围内，植物能吸收大气中的某些有毒物质，减轻空气中的污染。植物能吸收 HF、SO_2、NO_2、NH_4 等。CO 及 NO 虽不能被吸收，但 CO 能被土壤微生物所吸收，NO 在大气中转变为 NO_2，可被植物吸收。经测定，在 1000 克（干重）植物叶中贮存的有毒物质为：硫化物 100 克，氯化物 25 克，氟化物 5.6 克。植物减轻大气污染主要通过有毒物质的吸附过滤作用和生理生化的代谢作用。植物也能富集有毒物质，当然不同植物的种类和配置方式在减轻大气污染方面也存在差异。

城市内工业生产相对集中，大气中含有大约 1000 种以上污染物，如工业向空气中排放的 SO_2、NO_2、HF 以及某些重金属气体（如 Hg 蒸气、Pb 蒸气等）不仅造成严重的大气污染，影响日照等气象因素，形成酸雨和影响农作物生长，而且直接危害人体健康。因此，居住在城市内，就像是住进了一个充满有害气体和灰尘的大温室。树木等绿色植物能稀释、分解、吸收和固定大气中的有毒有害物质，再通过光合作用形成有机物质，化害为利或者把有害物质固定在植物体内，净化了空气。例如，每 1 公顷柳杉林每年可以吸收 700 公斤的 SO_2，松林每天可以从 1 立方米的空气中吸收 20 毫克的 SO_2。臭椿、夹竹桃吸收的量可达其正常含量的 29.8 倍和 8 倍。据国家环保局南京科研所编写的《中国生物多样性经济价值评估》中的数据，森林对 SO_2 的吸收能力为：针叶林、柏类、杉类为 215.6 公斤 / 公顷，阔叶树为 88.65 公斤 / 公顷。另外，月季、杜鹃、木槿、紫薇、山茶花、米兰等都是吸收 SO_2 很好的绿化植物。女贞、泡桐、刺槐、大叶黄杨等都有极强的吸氟能力，构树、合欢、紫荆等具有较强的抗氯吸氯能力。

氟在大气中一般以 HF 的形式存在，毒性比 SO_2 大 20 倍左右。氟在空气中的浓度超过百万分之一时，就能在植物内富集，通过食物链危害人体健康。毛白杨、加杨、刺槐、白蜡等阔叶树有很高的吸氟能力，达 4.65 公斤 / 公顷，果树（葡萄、桃、苹果）的吸氟能力为 1.68 公斤 / 公顷，侧柏、油松等常绿树的吸氟能力为 0.5 公斤 / 公顷。

草坪植物吸收空气中的有害气体有 SO_2、NO_2、HF 以及某些重金属气体如 Hg 蒸气、Pb 蒸气等,也能吸收一些重金属粉尘。草坪植物还具有吸收醛、醚、醇以及某些致癌物质的功能。每公顷绿色草坪,每年能从空气中吸收同化约 200 多吨的污染物。某些草坪植物尚能起到“绿色警报”的特殊作用。例如，羊茅、大麦草等，能指示空气中被锌（Zn）、铅（Pb）、铬（Cr）、镍（Ni）等污染的程度;早熟禾等可测定空气中的 SO_2 的污染状况。狗牙根、多年生黑麦草等，都有惊人的抗 SO_2 污染的能力。

据国家环保总局介绍，北京市 3 年来共治理裸露地面 2000 多公顷，2001 年全市林木覆盖率达到 44%，市区绿化覆盖率达到 38.56%。北京市空气质量达到三级或优于三级的天数的比例由 1998 年的 61%增加到 2001 年的 94%，2001 年达到二级或优于二级的天数已占 50.7%，比 1998 年升高了 23 个百分点。

（2）滞尘、杀菌。大气除有毒气体污染外，灰尘、粉尘等也是主要的污染物质。大气中的尘埃（或称悬浮颗粒物）是造成城市能见度低和对人体健康产生严重危害的主要污染物之一（任丽新等，1999；邵龙义等，2000）。据统计，全国城市中有一半以上大气中的总悬浮颗粒物（TSP）年平均质量浓度超过 310 微克 / 立方米，百万人口以上的大城市的 TSP 浓度更大，一半以上超过 410 微克 / 立方米，超标的大城市占 93%（徐华英，1999）。人们在积极采取措施减少污染源的同时，更加重视增加城市植被覆盖，发挥森林在滞尘方面的重要作用。据测定：每公顷云杉林每年可固定尘土 32 吨，每公顷欧洲山毛榉每年可固定尘土 68 吨。据天津园林局绿管处统计，天津市区 2002 年有以树木为主的绿地 3500 公顷，它们一年可以吸附或阻挡沙尘 4.2 万多吨。

许多植物还能分泌挥发性植物杀菌素，消灭或抑制空气中的病菌，如松科、柏科、槭树科、木兰科、忍冬科、桑科、桃金娘科的许多植物对结核杆菌有抑制作用，主要是通过绿色植物分泌出如酒精、有机酸和萜类等挥发性物质,可杀死细菌、真菌和原生动物（花晓梅，1980），从而杀死空气中大量的白喉、肺结核、霍乱等病原菌。据测定，1 公顷圆柏在一昼夜可以分泌挥发植物杀菌素 30 公斤，因此，城市绿地比非绿化地含菌量要低得多。

（3）减轻土壤重金属污染。植物除了具有抵抗和净化大气污染的能力以外,对土壤污染、水体污染的净化能力也是不可忽视的（王庆仁等，2001）。据研究证明，1 公斤水葫芦 24 小时内可以从污水中吸附 34 公斤钠（Na）、22 公斤钙（Ca）、17 公斤磷（P）、4 公斤锰（Mn）、2.1 公斤酚、89 克汞（Hg）、104 克铝（Al），还有较强的吸收和积累锌、银、金等重金属的能力。它还能将酚、铬、镉、等有毒物质分解成无毒物质。美国佛罗里达大学的科学家发现，利用羊齿植物（fern），可以很有效地将土壤内的 As（砷）吸走。某些旱柳品系可以蓄积 47.19 毫克 / 公斤的 Cd（镉），当年生加拿大杨对 Hg（汞）的蓄积量高达 6.8 毫克 / 株，是对照的 130 倍。除此之外，水葱、浮萍、菹草、金鱼藻、芦苇、空心苋等植物，也有较好的净化污水的能力。土壤受到工业“三废”、生活垃圾、农药、化肥、放射性物质和病原体污染后，通过污染水体、大气和土壤上的植物直接或间接的危害人类的健康。植物的根系能分泌使土壤中的大肠杆菌死亡的物质，还能吸收空气中的CO，故能使土壤中的有机物迅速无机化，不仅净化了土壤，也提高了土壤肥力。

（4）降低噪声、电磁波污染。城市现代化工业生产、交通运输、城市建设造成环境噪声的污染也日趋严重，已成城市环境的一大公害。当噪音超过70分贝时，对人体就会产生不良影响。如果长期处于噪声为90分贝以上的环境中，就有可能发生噪音性耳聋、甚至造成神经衰弱、高血压和心血管疾病。对神经脆弱或神经极度过敏的人，还易因高分贝噪音的长期干扰发生厌恶心理状态，甚至精神分裂。我国城市区域环境噪声污染严重，据1992年40个城市统计，平均等效声级均在55分贝（A）以上。其中34个城市高于60分贝（A），严重影响了城市居民的工作、学习、生活，损害其身心健康。

森林对声波有散射、吸收功能。据生态学专家测试，12米宽的乔灌木树冠覆盖的道路可降低噪音3~5分贝，30米宽的乔灌木树冠覆盖的道路可降低噪音5~8分贝，乔、灌、草结合的多层次的40米宽的绿地，就能减低噪音10~15分贝。日本近年调查表明，草坪植物的直立茎和叶，能在一定程度上吸收和减弱125~8000赫兹的噪音。因此，在街道、庭院和机关、工厂、学校等处铺设草坪，覆盖地面；在公园外侧、道路和工厂区建立缓冲绿带，都有明显减弱或消除噪音的作用，即使柔软、疏松的草地地面，也可使噪音衰减5~10分贝。

森林对缓解城市中通信、电台、电视台、雷达卫星以及其他方面产生的电磁波造成的环境污染也越来越引起人们的重视。

5. 减灾功能

城市森林中的防护林在预防城市灾害中占据重要地位。日本从二次世界大战以来几十年，在城市周围营造人工植物群落式防护林，提倡与自然共存。俄罗斯莫斯科市在城市周围保存了10公里宽的防护林带。2000年春以来，西北东部、东北西南部、华北北部等地连续多次出现大范围扬沙及沙尘暴天气，使北方城市风沙遮天蔽日，而在城市及附近地区营造防风固沙林，形成绿色屏障，可以减少扬沙及沙尘暴天气。同时，城市森林建设有利于涵养水源，保持水土，提高城市的抗洪防灾能力。

（1）减少沙尘暴的发生。沙尘暴是我国西北地区的一大生态灾害，特别是进入20世纪50年代以来发生的频率呈上升趋势，据统计，50年代共发生5次，60年代共发生8次，70年代共发生13次，80年代共发生23次。2000年3月8日至4月28日，短短一个月之内，就发生沙尘、扬尘和沙尘暴天气12次。据“2002年3月北京沙尘天气监测结果”，在近期较明显的3次沙尘暴事件中，以市区面积按1040平方公里计算，3月15日、3月20日、4月6日，北京市日总降尘量分别高达2.5万吨、3万吨、0.4万吨；大气颗粒物浓度分别是国家二级标准的12倍、37倍、6倍。仅以3月20日为例，自哈萨克斯坦、蒙古国向中国输送沙尘量高达1亿吨以上（图4-4）。

沙尘天气往往给人类社会的生产、生活和自然环境带来危害。沙尘暴夹杂着远方的沙土和尾矿粉尘遮天蔽日，对空气、水源造成严重的污染，对动物及植物造成危害，引发疾病。牲畜采食有降尘的牧草后会肚胀、腹泻。降尘会引发人们眼睛疾病和呼吸道疾病。降尘还会遮盖植物叶面，影响光合作用等。对比观测显示：当林区与农田的风力为31米/秒时，

图 4-4 沙尘袭来，京城变色（2001 年 3 月）

林内为 22 米 / 秒，林内地表层的风速较林外低 70% 以上。城市防护林具有减缓风速的作用，其有效范围在树高 40 倍以内，其中 10~20 倍范围内效果最好，可以降低风速 50%。在城市房屋的迎风面种植 10 行北美乔松，风速可降低 60%（高清，1984）。地表林草植被的好坏直接影响风沙的危害程度，因此，要减少风沙危害，必须加大城市地域范围甚至远郊区县的林草植被的保护和建设力度，在更大的尺度上构建城市生态防护体系。

（2）保护土地资源。随着城市化进程的加快，市区的下垫面除少量公共绿地外，绝大部分地面为砖石、水泥、柏油、混凝土铺砌，其透水性差、含水量小，降水后，地表径流增加，径流系数增大，雨水很快从排水管道流失，地面极难储水。据研究，北京市郊区大雨的径流系数小于 0.2，而城区大雨径流系数一般在 0.4~0.5 之间。另外，由于河道漫滩被挤占，河槽过水断面减小，行洪能力削弱，易产生洪灾。如从 60 年代以来，成都市的城市建设使城区原有的护城河、金河及 100 多个池塘水域全部消失，加上人为护堤占地使锦江、府河河面大大缩小，多数河段水面宽仅 30~50 米，最宽处不到 100 米，削减了河道的行洪能力，城区内不透水面积不断增大，使地表下渗率减小，滞洪、蓄洪能力下降，常造成洪涝灾害。

在城市，通过加强各种类型的城市森林建设，可以显著地增加城市透水地表面积，提高城市蓄水能力，增加地下水补给。比如，草坪植被不仅可防止地面被冲刷，保持地面径流清澈，而且流入地下管道时无泥沙沉积，就可有效避免地下水道的堵塞。此外，林草绿地又可免遭风蚀，起到护沙固土作用，防止尘土飞扬。草坪地被植物厚厚的草层，严密覆盖地面，其根系又密集交织于土壤中，可避免雨水冲刷，减少地表径流，防止土壤被冲刷和侵蚀。据试验，在坡度为30°、降雨强度为200毫米/小时的暴雨条件下，当草坪植物的盖度分别为100%、91%、60%和31%时，则土壤的侵蚀而相应分别为0%、11%、49%和100%。表明土壤的雨水侵蚀度，随草坪盖度的增加而锐减。

6. 生物多样性保持

植被结构多样性是衡量环境空间异质性的指标，而且植物多样性决定动物多样性，也是鸟类等动物生态分布的重要限制因素（Lancaster等，1979），这一点在许多城市绿地系统功能的研究中都被忽视了。我国鸟类专家对济南、敦化、兰州、北京等城市鸟类的研究表明，鸟类生态分布与环境类型密切相关，自然景观变迁后可引起鸟类群落结构及分布发生显著变化（赛道建，1994；孙帆，1988；陈鉴潮，1984；郑光美，1984；魏湘岳，1989）。

森林作为生产力水平最高、物种组成最为丰富的陆地生态系统，能够提供多种生境类型，成为鸟类、兽类和各种昆虫的栖息地。欧美等发达国家一直十分重视城市绿化的自然化和生态化，伦敦市中心区的公园以自然群落为启动阶段，逐步建立了多个类型的混合生境，公园内有40~50种鸟类自然地栖息繁衍，而伦敦市边缘地区只有12~15种。因此，在城市绿化中发展森林绿地，更符合保护和提高城市生物多样性的要求。

二、人体保健功能

1. 绿色植物与人体保健

人们对绿色植物具有保健功能的认识很早，其中主要是森林。人们选择森林环境居住或在自己的居所周围营造树木，从普通百姓的住房到皇家的行宫别院，都体现了对树木、森林的青睐。

人在一个环境中是否舒适，决定于生理和心理两个方面。生理方面的因素包括空气温度、湿度、风速和辐射温度等。为了评价不同土地类型的小气候条件对人体的各种物理刺激的综合影响，利用生物气象指标公式定量地描述森林环境状况及人体的生理反应，根据环境卫生学方面的有关资料，计算环境气候对综合影响舒适度指标公式为：

$$S=0.6\times(|T_a-24|)+0.07\times(|R-20|)+(V-2.1)$$

式中：S为舒适度综合指标，T_a为日均温（℃）；R为相对湿度（%）；V为2米高处风速（米/秒）。并定义：$S\leqslant 4.55$时为舒适；$4.55\leqslant S\leqslant 6.95$为较舒适；$6.95<S\leqslant 9.00$为不舒适；$S>9.00$为极不舒适。

根据上述公式对合肥市2001年5月下旬和7月下旬的裸地、林地、草坪三种土地类型上的人体舒适度指标进行计算，得出7月的指标分别为林下6.22，草坪上为7.91，广场上为9.013。5月的指标分别为林下5.02，草坪6.36，广场11.38。这一数据让人明显看出，即使在春末，对人的活动来说广场已经极不舒服了，而此时在林下人们却非常惬意。

不同土地类型下的小气候状况截然不同，树木覆盖区的光照强度仅为裸地、草坪的1/10，草坪和广场的光照强度基本一致，不同尺度的林分其遮光效果都很显著，林分树种组成和郁闭度是影响林下光强的最主要因子。

在树木覆盖区，由于遮光和林木蒸腾作用，林木吸收了大量热能并散失了大量水分，使得树木覆盖区具有明显的增湿和降温作用。

从环境卫生学的角度看，在四季分明的地区，无论在春季还是夏季，林分下的人体舒适度指标处于较舒适状态，说明林下有利于人体的健康。

随着科技的发展，人们对不同树木分泌物的认识已经深入到分子、离子的水平，并已经开始进行定量的研究。人们生活在城市内，空气中的尘埃、有毒气体对人体的健康产生有害影响。森林和草地植物可以制造 O_2，1 公顷森林每天可吸收 CO_2 1000 公斤，放出 O_2 730 公斤。一个成年人每天需耗氧 0.75 公斤，排除 CO_2 约 1 公斤。如果每人拥有 10 平方米的林地，就能把呼出的 CO_2，全部转化为 O_2。如果没有绿色植物的保护，空气中的 CO_2 不断增加，O_2 比例降低，就会给人的身心健康带来巨大损害。同时，这些植物所放出的氧并不完全是分子态的，有相当部分是以离子态存在的，人们常把离子态的氧称之为负离子。负离子氧对人体呼吸和血液循环是十分有益的。因此，某一环境的负离子含量高低，往往成为该地环境质量优劣的重要标志。

城市中空气污染严重损害身心健康，使人因此患上了皮炎、哮喘、花粉症等特应性疾病和慢性疲劳、情绪不稳、抑郁症、健忘等；强光照在夏季时会对人体有灼伤作用，而且辐射强烈，使周围环境温度增高，影响人们的户外活动。裸地与草坪的光照强度很大，这种城市的阳光汇集量增加，在引起人们心理上兴奋的同时，导致人们生理活力的减弱。相反，林区、绿地的光线则可激发人们的生理活力，而使人们在心理上感觉平静。目前，城市居民正生活在日益加剧的充满人工的、过度耀眼光线的环境中，而林木繁茂的枝叶、庞大的树冠则使光照强度大大减弱，减少了强烈的太阳光对人们的不良影响，所以城市森林是遮蔽强烈阳光，造就舒适环境的重要措施。森林还可以通过有效的截留太阳辐射，改变光质。据医学研究证明：夏日的强关照对人的皮肤将产生严重伤害，绿荫对人的神经系统有镇静作用，能产生舒适和愉快的情绪，防止直射光产生的色素沉着，还可防止荨麻疹、丘疹、水庖等过敏反应。此外，由于大气层中臭氧层的破坏和臭氧空洞的出现，紫外线辐射对人体和生物的伤害越来越严重，林木绿色叶片和树冠可以有效地防止紫外线的伤害，同时紫外线对预防佝偻病有重要作用，且能促使游离的氢硫基增多，而氢硫基是很多酶和激素的活化物，因此人类又需要有一定的紫外线。所以，当人们离开房间到户外活动，那里的紫外线要比街道、建筑物或房屋的后壁和后窗那些阻光的地方要大得多，对人体的保健具有一定的作用（图 4-5）。

森林的绿色视觉环境，也会对人的心理产生多种效应，带来许多积极的影响，使人产生满足感、安逸感、活力感和舒适感（但新球，1994；龚艳，1999）。长期生活在城市的人们，经常面对的是鳞次栉比的高楼大厦和车水马龙的街巷，生活和工作都很紧张。据统计，由于工作过于紧张和生活压力大，有许多人因此患上精神病，这种现象在日本表现得尤为严重，因此，精神上更需要在自然的环境中放松。日本和美国的研究人员发现，植物的芳香味对一个人的心情、精神和干劲有很大的影响，如桂花的香气沁人心脾，有助于消除疲劳；茉莉和丁香的香味可以觉得轻松文静。电脑操作人员、长途汽车司机、雷达系统监视人员等，

图 4-5　人们在绿树丛中休憩

在有柠檬、茉莉香味的空间里工作，有助于提神，减少差错（马荣全，1997）。“绿色视率”理论认为，在人的视野中，绿色达到 25% 时，就能消除研究和心理的疲劳，使人的精神和心理最舒适。目前，在国际上还流行一种园艺疗法，通过让那些工作压力大、精神紧张、易急躁的人从事修剪、除草等园林管护劳动而得到放松，提高人们的工作效率和生活学习质量。

除了在上述几个方面的有益作用以外，由于不同的植物分泌的挥发物质、花香的成分不同，分泌的数量、时间、季节等也不同，不同类型的绿地内气味不同，在不同的时间、不同的季节到同一片绿地内的空气成分也不一样，因此它们的保健效果也不一样。植物体的花、叶、芽、木材、根等器官的油腺组织在其新陈代谢过程中不断分泌释放出具有芳香气味的物质芬多精（Phytoncidere），这些物质也被称为植物精气（吴章文等，1999），这些物质的有益功效在医疗保健方面也得到广泛应用，比如古人所用的各种香包、药枕以及现代比较流行的“505”神功元气袋等。自 1930 年由苏联 Toknh 博士首次发现芬多精以后，这方面的植物研究范围不断扩大，精气成分分析也不断深入（朱亮锋，1993；花晓梅，1980）。而对活体植物，人们最普遍的认识是一天中城市森林内的 O_2 和 CO_2 含量不同，到林子内散步和锻炼的时间要合适，但对于植物的其他挥发物质包括花香对人体的影响还没有充分的认识，基本上是停留在吸收 CO_2 和释放 O_2 的这个层次上。

2. 森林保健功能的利用

森林多目标利用是当前林业界努力发展的目标，其中以铸造大众健康为主的生态环境效益利用价值最受重视。随着人们生活水平的提高，人们更加认识到身体健康的重要性。在城市里，健美操、集体舞、秧歌舞等各种形式的健身活动非常盛行，“花钱买健康”成为人们日常消费的一种新观念。与此同时，走进自然的生态环境保健运动也悄然兴起，像日光浴、沙滩浴、温泉浴等，特别是森林浴的保健效果更是受到关注（图 4-6）。俄罗斯、日本、德国、法国等国家都相继建起了用植物气味治病的森林医院、森林疗养院或森林浴场等（许盛林等，1988；马荣全，1997）。第 4 次全国人口普查表明，我国百岁以上的老寿星高达 6434 人，年龄最大者达 136 岁，与 1982 年第 3 次人口普查相比，全国百岁以上老人增加 2669 人。从各

图 4-6　台湾阿里山的森林浴步道

种因素分析不难看出，这些长寿老人大都生活在森林多的山村和少数民族区域，那里绿树成荫，环境优美，气候怡人。而生活在城市内的人们，没有更多的时间享受这种自然的疗养，自然的把街心广场绿地、公园绿地及住宅区的绿地视为理想的晨练或晚练场所。早在 100 多年以前，德国的塞帕斯坦·库乃普为了解除城市人的许多疾病，进行了最早的森林浴场设计，通常在森林场地内把运动和水浴结合起来，以增进人体健康。前苏联在拉脱维亚建起的世界上第一家长有奇花异木的花木医院，就是利用花木的香气为患者治病，现在已经成功的治愈了不少高血压、动脉硬化、气喘、肝硬化和神经衰弱的病人。植物的“香味疗法”在欧洲日益盛行（马荣全，1997）。中国古典园林建设中通常在山石、林木之中配以小桥流水、水潭瀑布来增加景色，改善环境的做法，也蕴含了这种森林浴的思想。

关于森林浴的作用有但新球等人（1999）进行了归纳，主要表现在 4 个方面：森林中清新的空气和林木的分泌物能够防治疾病；森林中空气负离子能够促进健康，延年益寿；绿色环境有益于身心调适和恢复视力；森林环境与气候对人类有庇护功能。目前，一些城市出现了“氧吧”，而城市森林的许多生态保健功能还没有充分开发出来。其中一个主要原因是对森林保健作用的生理生态方面的内在机制还不完全清楚。许多研究都集中在单项指标如负氧离子和单个物种如树木的杀菌作用方面（花晓梅，1980；朱亮锋，1993），而对有许多植物组合在一起、植物之间发生相互作用的森林群落的保健功能定量研究很少，对不同群落保健功能的季节性变化和每天的日变化还没有全面系统的了解，对一些可能的有害影响更是极少报道，更多的只是一种常识性认识或者是些想当然的看法。比如通常认为，日出前后树木的精华充溢林间，细菌含量低，空气纯度好，上午阳光充沛，光合作用显著，森林内含氧量高，尘埃少，是进行林内活动的理想时间。而从事城市大气物理环境研究的人员指出，对人体健康有严重危害的悬浮在大气中的固体和液体颗粒物——大气气溶胶浓度的峰值也在早晨 7：00~9：00 点左右和傍晚 19：00~21：00 点左右，提醒人们在户外活动时要注意此时段（任丽新等，1999）。因此，对于城市森林在不同时段的保健功能要有更全面的分析，能够给出定量的数据指标。

同时，对城市内主要根据视觉效果搭配在一起的各种植物组合的保健功能如何？与天然的森林群落有什么差别？是对人体更加有益了，还是减弱了或者有害了？等等，这些问题都不十分清楚，而这是与城市发展和城市居民对绿地建设的要求不相适应的。因此，在城市园林绿地规划设计时，要考虑不同植物、不同植物配置结构、不同时间和不同季节林地内的保健功能，并提高到定性和定量的水平上来，为什么栽植这种植物，搞这种组合，都要有生物学和生态学的科学依据。对于一些重要的生态功能指标要有定量化的数据，在一些城市、旅游风景名胜区、国家级的森林公园等已经开始有这方面的尝试，提供一些出行指数、穿衣指数等，虽然评价绿地环境质量的相关指标还很不健全，没有形成完整的体系，但向这个方面发展是一个必然的趋势。随着全国森林生态网络体系的建立和完善，城市里要进行像天气预报一样适时的观测和预报，提供不同绿地类型的健康指数，这个指数可以包括负氧离子含量、含尘量、O_2 含量、空气湿度、细菌含量、花香成分、噪音指标等，并根据一定的原则划分相应的级别，提供给广大的市民，使人们了解树木花草的保健特性，并根据自身的需要选择特定的林分类型和最佳的时机沐浴，在从事身体锻炼的同时享受森林浴提供的保健服务。

据北京市园林局统计，居民区内的绿地使用频率一般为中心公园的 5~10 倍。因此，城市里的绿地与人的关系更为密切，对人生活环境的改善更为直接，在城市绿地建设中引入森林和森林浴场的建设思想是建设生态园林城市的主要发展方向。森林浴场除了要与水浴结合以外，更多的是应该深入挖掘森林所能够提供的多种保健功能，如能够产生较多林分内空气负氧离子浴，药用植物为主的保健药浴，以芳香花卉为主的花香美容浴等等，通过呼吸和置身于森林中，使人们享受森林环境对人体健康“从内到外”的呵护。

当初人类走出森林是为了生存，而人类内心还对森林存在一种近乎本能的认同感，今天重建以林木为主的城市绿地系统模式和回归森林的旅游热潮，是为了获得健康、安逸的环境，为了更好的生活和更长久的生存。因此，在人们生活、工作、学习的城市里及近郊区，充分利用有限的空间，为人们提供近自然的森林环境，是今后城市绿地植物群落建设的一个重要趋势。

三、教育文化功能

近年来西方发达国家的城市绿地建设除了注重回归自然的模式以外，还十分重视城市绿地的教育功能。目前我国的城市绿地还很少有这方面的考虑。城市绿地植物群落的教育功能主要体现在植物对人本身的直接影响和满足人们对自然界生命活动知识的需求两个方面。

生活在城市里的孩子，对各种野生动植物的了解更多的是通过书本、图画和电视屏幕，而城市内的森林公园、植物园、动物园等各类公园为他们提供了这种实践的机会和场所。许多植物园根据植物的亲缘关系、生态习性和经济用途等建立了多种多样的植物专类园区，如杜鹃花园、牡丹花园、月季花园、水生植物园、药用植物园等等，使参观者能够获得丰富的植物学知识。一些公园建立的珍稀濒危植物的移地保护区则向人们宣传了保护生物多样性的紧迫性和现实意义。在西双版纳热带植物园，就建有一个展示当地民族与植物相互关系、相互影响的民族植物园，向人们展示人与自然协调发展的有关科学知识（许再富，1996）。因此，建设以林木为主的自然化的城市绿地植物群落模式，增加植物群落的物种多样性，可以为昆虫、鸟类等野生动物的栖息繁殖创造多种生境条件，也有助于青少年了解森林生态系统内部各个物种之间和谐共处的生活方式，崇尚自然的美，更贴近自然，使人们获得动植物资源与人类生存、发展的密切关系的科学知识，树立人类必须与自然协调发展的科学思想，激发人们保护环境和保护生物多样性的热情（图 4-7）。

A

B

A. 公园门口邀请游客在草地上散步的牌子
B. 树上挂着许多蝙蝠的悬铃木大树

图 4-7　悉尼市中心的皇家植物园

营建城市森林的植物种类十分丰富，每种植物都具有自己的生物学、生态学特点，具有特定的生态价值、经济价值、观赏价值和利用价值；每种植物都是自然选择与进化的结果，与自然界有着相互依存的关系；各种植物种之间具有一定的相生相克关系；城市森林形成的生态系统，具有稳定的物质循环、能量交换；这些都对城市居民具有科普教育的作用，城市森林将是城市居民增长知识，进行科普教育的最直接的场所，但是，目前缺乏对公众的吸引力，这除了与国民的科学文化素质有关以外，也与城市园林设计者思想观念的更新不够和国家对城市绿地建设布局和配置模式的重要性的认识不够、管理不力有关。人们具有欣赏奇花异草的猎奇心理和人造景观的创造欲望，也具有热爱自然的生物本性，而后者往往被极大的忽视了。城市内的各种园林绿地过多的人工设计和修剪、造型等，许多植物被人为组合在一起，使城市绿地普遍缺乏一种自然美。许多仅供观赏的封闭式绿地，到处插满了“禁止入内”“不要践踏”的牌子，完全拒人于绿地环境之外，使人只能“遥望”，缺乏对自然界实物的真实了解和切身感受，越来越远离自然的环境。虽然通过每年春季的郊外踏青、春游和节假日的外出旅游，可以享受短暂的自然美景，但是这种走马观花式的观察很难起到真正的作用。随着生态环境问题的日益突出和人民生活水平以及文化素质的提高，也必然带动人们审美观念的转变，爱护环境、崇尚自然的社会氛围越来越浓，特别是随着国家对科学普及工作的重视,要求在全国开展“科学知识、科学方法和科学思想的教育普及”，这对于作为森林生态环境、生物多样性科普教育的最直接基地的城市森林建设来说，既是发展的机遇，也是新的挑战。

虽然我国多数城市的发展水平和居民生活还没有达到这种程度，但作为一个发展中的城市，必须对这些发展趋势有深刻的了解，并在城市绿地建设中认真落实，改变这种绿地“贵族化、精品化”的偏向，在新一轮环境工程中鲜明地体现“以人为本，为市民营造绿色家园”主题思想，在更高的水平上加快我国的城市绿地建设是非常必要。

四、景观游憩功能

1. 陶冶情操，放松身心

森林在带给人们清新舒适的环境的同时，也会对人的性格修养、身心健康产生积极的影响。无论是北京的颐和园，还是南京的雨花台，深圳的凤凰山，茂密的森林，整洁的环境，清新的空气，欢畅的小鸟，跳跃的松鼠，这些给人带来的不仅仅是远离都市喧嚣的宁静与安逸，还有对自然的热爱，对生活的憧憬，对保护环境、爱护环境意识的增强。

我国古代文化作品对自然景物的描写很多都是因景生情，因情写景，情景交融，反映了环境对人的影响，人们从各种自然景观中领悟到了人生的真谛。中国古典园林建设非常讲究园林设计的意境，讲究与诗情画意的结合（吴小巧，1999），讲究对人格、人生观的深刻寓意，就是这种文化思想的具体体现（图 4-8）。从傲雪的松柏寓意做人要有不亢不卑的铮铮铁骨，从默默无闻的小草获得不屈不挠抗争的力量，还有荷花出污泥而不染的高风亮节，梅花饱经风雪洗礼后绽放吐香的求索历程，植物之间的相克相生折射了人与人之间互助互爱的友情关系。自然的精髓就是和谐，高大的乔木挺拔向上，林下的灌草、林间的动物也生息繁衍，它们各占其位，而又浑然一体。这里有抗争的力量，也有互为环境、互相衬托的默契，都给人以深刻的启迪和智慧，有助于陶冶人们的高尚情操。西方国家虽然也注重植物体本身教育特性的挖掘，但同时更强调近自然的园林设计，回归自然的泥土气息。因此，综合国内外对园林树木和群落整体教育功能的认识和利用经验，在城市绿地系统建设中加以应用，可以起到更好的作用。

图 4-8　北京香山公园内与文化结合的景区设计

2. 体验自然，享受美景

在城市的美化上，城市森林起着不可替代的作用。首先植物具有明显的季节变化。城市森林植物种类繁多，每种植物都有自己独特的形态、色彩、风韵、芳香，它们又随季节和年龄的变化而得到丰富和发展。如春季梢头嫩绿、花团锦簇，夏季绿叶成荫、浓影覆地，秋季果实累累、色香俱备，冬则白雪挂枝、银装素裹，创造出赏心悦目、千姿百态的艺术境界，无不在展示着植物的色彩、形态的变化，在体现着自然节律的同时，为城市带来生命的气息，生动而活泼，城市森林为城市谱写着自然美的乐章。其次，流畅的线条是艺术形式美的表现形式，城市森林形成的类型丰富的曲线，是任何一个艺术家都无法全部想象并用画笔所能表达的，如树木花卉个体本身的线条、树木组成森林的林际线、林冠外型、片林轮廓等，它们是构成城市形式美的重要组成部分。第三，多姿多彩的绿色植被掩饰了水泥建筑物的僵硬外角，起到了烘托建筑物的作用，与建筑物共同构成了城市形象美，展示城市的优美形象。植物的“软”质调和了“硬”质的城市建筑的僵硬，烘托出建筑物的美。植物还有丰富的文化内涵，可以向人们传播一种“森林文化”，如在我国将四季常青的松柏用于象征坚贞不屈的精神，而将富丽堂皇、花大色艳的牡丹视作繁荣兴旺的象征，在欧洲一些国家以月桂代表光荣，油橄榄象征和平等。城市森林创造的绿色世界，优美的风景、宜人的气候、清新的空气，幽静的环境，使生活在其中情绪镇定、心情畅快、精神爽朗、心旷神怡，身体健康、延年益寿，同时还能够陶冶情操、增进智力、激发灵感（图 4-9）。

俄罗斯首都莫斯科

澳大利亚黄金海岸市

图 4-9　掩映在森林中的城市

由于森林给人提供舒适和美的享受，所以森林旅游成为近年来旅游业的热点。据北京市旅游局 1996 年对郊区旅游的专项调查表明：99.09% 的人希望到郊区旅游，77.45% 的人认为自然风景是郊区最具吸引力的风景类型，66.53% 的人认为郊区旅游最大的目的是回归大自然。并且，随着社会物质生活水平的提高，人们投入森林旅游的时间和费用也必然会增加。以美国为例，1977 年其户外游憩活动的消费突破了 1600 亿美元，超过了石油工业而成为美国最大的产业，到 20 世纪 80 年代，其户外游憩年消费达到了 3000 亿美元，差不多是美国人 1/8 的收入，每年参加森林游憩的多达 20 亿人次，几乎是美国人口总数的 10 倍（陈鑫峰等，1999）。日本有 8 亿人次涌向森林公园，法国巴黎枫丹白露森林，面积 1.7 万公顷，离市中心 60 公里，主要树种为橡树、欧洲赤松、山毛榉，每年进入森林游憩的人数达到 1000 万人次；法里叶森林公园，面积 1872 公顷，离市区 25 公里，主要树种为椴树、白蜡、槭树、板栗、野樱桃，森林里一年到头游人不断；勃里凡森林公园，位于市东南 30 公顷，以橡树为主，混有许多其他阔叶树种，游人每年达 20 万人次。（王木林，1995）。据专家估计 2000 年全世界旅游的 10 亿人中有约 50% 到森林中去（丛日春、李吉跃，1997）。

五、产业经济功能

1. 城市森林增加市政收入

作为物质资源的城市森林具备一定的生产能力，其木材及其他林产品能够产生直接的经济效益。虽然我们营造城市森林，并不是以木材和其他林产品为目的，但城市森林具有的经济效益是不能够忽略的。以行道树为例，40 年生毛白杨每株可产木材约 1.5 立方米，单行种植，以株距 10 米计算，1 公里行道树可产木材 150 立方米，价值数千元。据天津市估计，其每年乔木增值 159 万元，灌木增值 286 万元。一座具有完整城市森林的城市，可以为居民提供 50% 的薪材，80% 的干鲜果品。一个完整的城市防护林体系可以使粮食增产 10%~15%，可以降低能源消耗 10%~50%，降低取暖费 10%~20%。天津市园林绿地降温效果每年可节约 752.4 万元。花卉苗木的市场也很看好，1998 年天津市的苗木花卉年业务收入达到 434.9 万元。

2. 城市森林促进房地产业的发展

城市森林会使房地产增值，促进房地产业的发展。一所座落在城市森林中的住宅，估计价格比一般住宅高两倍，有树木的房屋价值增加 5%~15%，在公园或公共绿地附近的住宅价值高 15%~20%（王义文，1992；高清，1984）。地租随距公园的距离而异，当距离公园 12 米时地租率为 33%，762 米时为 4.2%。Kelbaso 与一位银行房地产评估员认为，有树木的房产价值会较高，但这种买卖行为受两个因子的影响，即高收入和冒险精神。他举例说有一栋房屋附近有一棵 300 年生的榆树，当时房屋售价为 24000 美元，后来台风吹损了这棵树而房屋未损，失去树后的房屋售价为 15000 美元。美国林务局 Payne 把两所相类似的房屋照片出示给房地产掮客，这两所建筑物有一所附近有树木，另一所没有树木。经掮客评估后，发现有树木的房屋价值增加 5%~10%。在另一项研究中，Payne 利用照片重叠技术，把若干建筑物的照片加上树木背景，然后请房地产商人估价，结果发现树木会增加房屋售价（高清，1984），所以，英国商人们普遍认为“绿化就是高价格房地产”。

3. 城市森林促进旅游业发展

城市森林游憩已成为城市居民重要的休闲娱乐活动之一，城市森林旅游业的蓬勃发展带来了巨大的经济效益，且具有广阔的前景。以北京市为例，北京市目前主要的森林旅游单位有 13 个，除八达岭森林旅游区和森林旅游公司外的 11 个森林旅游单位，在 1992 至 1997 年间，共接待游客 423 万人次，创旅游收入 1.54 亿元，并且其年游客量和年收入呈明显增长态势。八达岭森林旅游区借助长城的名牌效应，在 1992~1997 年间，累计旅游收入达到了 4495 万元。北京市森林旅游公司自 1992 年成立以来，累计旅游收入达 5987 万元，其中 1997 年营业收入达 2110 万元，实现利润 231 万元（陈鑫峰等，1999）。

4. 其他经济效应

城市森林还可以通过降低城市夏季温度而节省空调耗能；城市森林改善了投资环境，有利于招商引资，从而带来更大的经济效益等。

第五章　中国城市森林建设的内涵

第一节　城市森林建设的目标与原则

中国城市林业建设要实现生态、经济和社会三者效益的统一。但核心目的是要改善城市的生态环境，而生态环境中的大气污染、热岛效应、水体污染等问题的解决最为迫切，同时城市的潜在发展趋势和格局对环境也提出了更高的要求。我国多数城市的城市水面不断萎缩，水体污染日益严重，全国有600多个城市出现不同程度的水资源危机，而且随着城市化进程的加快，城市水环境容量已经基本饱和。同时，我国城市绿化水平整体上还相对较低，城市森林资源总量明显不足，且结构布局不尽合理。因此，我国的城市林业发展不能被国外的模式束缚，要结合中国的实际情况，结合城市的具体需求和环境背景，把林水结合，尽快发挥城市森林在改善光、热、气、水、土等城市生态环境因子方面的作用放在首位。

一、城市林业发展的战略目标

（一）城市林业发展战略目标确定的背景与思路

中国城市林业的发展，将以现代城市森林建设理论为指导，把城市地域内的建成区、近郊区、远郊区等地区的森林生态环境建设作为一个整体，进行系统布局设计，建立相对稳定而多样化的城市森林生态体系，从而使城市的水土流失、粉尘污染、大气污染、热岛效应等环境问题得到控制和改善，并着重解决植源性污染、生态保健等实际问题，使城市环境质量得到全面的提高。实现在城市有限的土地和空间中以森林为核心，建立一种对城市用地及空间布局具有先导作用的森林生态系统，从而保证在当前城市化进程不断加速的背景条件下，城市可持续发展战略的顺利实施。通过城市森林建设，构建“林荫气爽，鸟语花香，清水长流，鱼跃草茂”的良好城市生态环境，使人民安居乐业，促进社会文明进步。

城市林业发展的一个重要任务是要建立起与城市发展方向、规模相适应的能够改善和调节城市生态环境的城市森林。城市森林是有生命的城市基础设施，是衡量一个城市文明程度和可持续发展能力的重要指标。把森林引入城市，使城市座落在森林中，是当今世界城市建设的共同发展趋势。因此要根据城市的区位特点和存在的生态环境问题调整森林的林种结构、布局，提高森林的生态质量和功能，使森林在城市生态体系中发挥主导作用；同时注意协调其他绿化系统及水体的建设规模，合理布局，提高生态功能和绿化、美化效果，使之形成结构合理、景观优美，与自然环境条件相适应，生长稳定的城市森林生态系统，从而达到整体优化城市生态大环境、最终实现保障国家生态安全的目的。

（二）城市林业发展战略目标制定的依据

当今，世界平均森林覆盖率为31.7%，《中华人民共和国森林法实施细则》（林业部，1984）将全国森林覆盖率的标准定为30%，其中山区森林覆盖率为70%以上，丘陵区40%以上，平原区10%以上。1993年国家建设部根据国务院《城市绿化条例》制定了《城市绿化建设指标的确定》，正式颁布了城市绿地建设指标（部颁标准），规定在人均建筑用地小于75平方米的地区，城市绿化覆盖率与城市绿地率在2010年不得低于35%。随着城市化进程的加快，城市森林覆盖率总量的确定，从长远角度考虑，可参照此项标准。《国家园林城市标准》也提出居住区绿地率应达到30%以上，道路绿化长度普及率分别在95%以上。国内评选出的几个森林城市，平均森林覆盖率达40%以上。联合国环境卫生组织提出，一个城市人均森林面积需达到60平方米以上，其城市污染方可得到净化，卫生情况才有保证。

许多发达国家的大城市，早在20世纪中叶就面临人口过度密集、环境严重污染、交通拥挤和住房困难等我们今天所面临的问题。经过长期的努力和实践,生态环境都有很大改善，在城市生态环境建设、管理和调控对策方面积累了许多成功的经验，特别是在建设城市森林改善生态环境方面，取得了令世人瞩目的成绩。虽然这些国家与我国的国情不同，文化背景、社会经济发展状况以及自然条件都有很大的差异，但这些城市的发展经验也是人类认识自然、建设社会和发展经济的宝贵财富，他们在城市森林建设方面的经验对于我国的城市林业发展有重要的参考价值。

我国的城市森林建设要借鉴国外的成功经验，也要结合我国的实际，继承中国城市生态环境建设特别是山水园林建设的一些精髓。国外许多城市由于人口少，城市周围保存有很多大片的天然林，城市森林建设的水平比较高。根据联合国生物圈生态与环境组织要求，城市绿化地人均达到50平方米以上方为最佳居住环境。城市森林的成分比较复杂，它的衡量指标也不是唯一的。根据国际上通用的衡量城市森林的指标，结合我国的实际情况，对我国城市森林的衡量指标主要采用林木覆盖率这一指标。美国1988年提出把城市林木覆盖率由30%提高到60%。现在城市林木覆盖率达到或超过30%的城市在世界上已较普遍。按林木覆盖率，目前世界上林木覆盖较好的大都市有：华盛顿（33%）、渥太华（35%）、莫斯科（35%）、维也纳（44%）、东京（37.8%）、罗马（74%）、斯德哥尔摩（66%）、柏林（42%）、巴塞罗那（40%）。2000年，北京市的林木覆盖率达到了43%，城市绿化覆盖率达到了36%，人均绿地达到了33平方米，人均公共绿地达到9平方米，而我国大多数城市人均绿地面积不足4平方米，世界平均为30~40平方米。在“十五”期间，北京市的林木覆盖率将达到50%，其中山区林木覆盖率达到70%，平原达到25%。近年来，上海在城市生态环境建设方面投入了大量的人力和财力，环境质量特别是绿化水平有了明显的提高，目前上海正在制定林业发展规划，在“十五”期间，上海市造林100万亩，林木覆盖率由2001的10.4%提高到20%左右，郊区林木覆盖率达到15%。到2020年，全市绿化覆盖率和林木覆盖率分别达到35%和30%，城市化地区人均公共绿地达到10平方米以上。我国的城市人口压力大，环境建设难度大，许多城市周围农田占的比例最大，农民对土地的依赖性很强。因此，我们没有很好的森林环境本底，现阶段也不可能把大面积的农田变成森林，可以用于城市森林建设的土地有限，这就要求我们搞城市森林建设不能完全照搬外国的经验，不能仅仅依靠建设几块有限的大面积林地和环城林带，更不能把有限的土地都做成只注重视觉效果而忽视生态效益的传统绿化模式，必须强调以林木为主，以高大的乔木为主，乔、灌、草、藤结合的复层结构，必须全面加强各类生产性用地（包括农田、水体等）的防护林体系建设，增强各类土地斑块的改善环境功能，把城市森林建设作为这个城市的环境本底建设，需要林业、城建、园林、水利等多行业、多部门的共同协作，采取多种途径建设城市森林。

（三）城市林业发展战略目标

1. 总体战略目标

城市林业建设的战略目标是：按照保障城市生态安全、建设生态文明城市为战略要求和“城在林中、路在绿中、房在园中、人在景中”的布局要求，建设以林木为主体，总量适宜、分布合理、植物多样、景观优美的城市森林生态网络体系，实现城区、近郊、远郊协调配置的绿色生态圈，形成城区公园及园林绿地、河流、道路宽带林网、森林公园及自然保护区等相结合的城市森林，使全国70%的城市林木覆盖率在2050年达到45%以上，其中城市林木覆盖率为40%，商业中心区森林覆盖率为15%，居民区及商业区外围为25%，城市郊区为50%，使城市的人居环境有显著的改进，使城乡绿地实现一体化。

2. 阶段性战略目标

城市林业建设的近期目标：到2010年，制定和完善城市森林发展规划，建立城市森林生态效益补偿机制，城市范围内的森林得到有效的保护，通过营造各种类型的森林和以林木为主体的绿地，使全国70%的城市林木覆盖率达到30%，城市规划建成区绿地率达到35%以上，绿化覆盖率达到40%以上，人均公共绿地面积达到10平方米，城市中心区人均公共绿地达到6平方米，基本建成以林木为主体的城市森林生态网络的框架。

城市林业建设的中期目标：到2030年，建立以大型片林和主干森林廊道为骨架、各种类型防护林体系为补充的比较完备的城市森林体系，使全国70%的城市林木覆盖率达到40%，以乔木为主的森林成为城市绿地的主体，城市生态环境得到极大改善，基本实现“天蓝、水清、地绿”的阶段性目标。

城市林业建设的远期目标：到2050年，建立功能完备的城市森林生态体系，全国70%的城市林木覆盖率达到45%以上。城市的建筑群处在绿树掩映之中，城市居民生活在林木葱葱、绿荫如盖的森林景观中，城市生态环境趋于良性循环，“空气清新、环境优美、生态良好、人居和谐”。

（四）城市林业发展的战略重点

城市森林建设已经成为现代城市的重要标志。随着我国加入WTO和改革开放的进一步加快，城市发展对环境的要求越来越高。城市森林的战略重点，应该加强城市森林建设规划研究，合理调整城市森林建设布局，并着重增加乔木树种比重，提高林地的生态效益，促进生物多样性保护和城市生态系统的良性循环，从整体上改善城市生态环境。主要包括以下几个方面：

1. 制定合理的城市森林建设规划

要针对城市目前存在的热岛效应、大气污染等现实的环境问题和城市景观的分布格局，还要考虑城镇发展的趋势，作好长远规划，比如未来的经济开发区、居民小区、商贸金融区等潜在发展地带，进行城市森林的合理布局。

2. 提高城市建成区内林地的生态效益

在以生态效益为主的前提下城市森林建设要与城市园林建设规划相结合。在进行树种选择时，要增加乔木树种的比例，优化植物配置模式，在提高城市森林生态效益的同时达到净化、绿化、美化城市的目的。使建成区内的各种绿地紧密相连，共同构成城市生态环境的保障体系。

3. 加强生态环境敏感区的防护林建设

对城乡结合部等生态敏感区，在保护现有的城市森林资源的同时，可以采取生态移民措施，建设具有净化、美化、防护等多种功能的环境保护林。同时，在城市边缘区建设以城市森林为主的绿色隔离带，避免城区范围的无限扩大，减少城市内人口过多和城市蔓延给生态环境带来的压力。

4. 完善水系林网、道路林网和农田林网建设

道路林网、农田林网与水系林网是城市森林建设的骨架，这“三网”构成了城市森林体系的基本脉络。大力加强城市范围内以河流、公路铁路等主干廊道沿线的防护林体系建设，主干森林廊道要采取近自然的树种配置和管护模式，减少人工的维护；全力构筑以防护林带为主的城市周围村镇、水体、农田、公路铁路沿线的防护林网。道路林网、铁路林网既保护了交通干线，又美化了这些城市窗口的景观。农田林网对于保护农田、生物隔离、防治灾害、抵御台风侵蚀具有重要作用。通过农田林网的建设既可以为农田提供生态保障，又可结合农业产业结构调整，在农田林网中发展其他产业。同时农田林网也起到了有效的绿色隔离作用。

5. 加快核心林地建设

在城市森林中构建结构稳定、达到一定规模的各种功能林，使其成为城市森林系统中的核心林地。核心林地可以作为城市的“肺”。这些核心林地要用足够的面积，根据城市的实际土地资源情况，可以建设几十、几百甚至上千公顷的核心林地，这些核心林地的郁闭度高、乔灌草结合、有近自然结构。

6. 与国家六大重点林业生态工程相结合

城市森林在经营上是最集约的，享用它的人口数量占全国总人口的比重是非常大的，但城市森林占全国森林总量的比重不会很大。为了克服这一不足，城市林业建设必须借势，即城市林业建设要与国家正在实施的重点林业生态工程有机地结合起来，在共同构成国家生态安全体系的同时，充分发挥重点林业工程的功能对城市生态环境的辐射作用（图 5-1）。

图 5-1　延安市的城市森林

城市森林建设的部分内容实际上已纳入国家部分林业重点生态工程之中，因此，城市森林建设要与天然林资源保护、退耕还林、野生动物保护和自然保护区建设等工程紧密结合起来，让它们为改善城市环境发挥作用。

二、城市森林建设的原则

从森林生态学特别是景观生态学的角度来看，建设以林木为主体的城市森林生态系统，不仅仅是增加城市的绿地面积和增加几个乔木树种，它强调建立以林木为主体的绿化模式，但也不排斥草坪的合理运用，关键是要在宏观布局上合理配置，体现点、线、面结合的思想，强调整体的均匀性，并以种群生态学、群落生态学和生态系统的理论指导绿地人工植物群落的配置模式，做到美化效果与绿地植物群落的稳定及发挥最佳的生态功能相结合。具体有以下几个方面：

（1）空间布局的合理性。就是要在景观尺度上分析城市生态环境的空间异质性，在绿地系统整体布局上与其相适应，以大型森林斑块为城市的“肺”，在不同等级的道路、河流两侧建立一定宽度的林带，通过这些绿色廊道把处于不同位置的城市的绿“肺”连接起来，构建城市生态环境保安的森林生态网络体系。

（2）群落的近自然性。具有较高的环境容纳量和生物防治能力，在群落内不仅有丰富的植物种类，还能够为多种动物（昆虫、鸟类等）提供生存环境，并通过内部的调节机制形成和谐共生的关系。

（3）物种之间的亲和性。每种生物都需要一定的生活空间，占据相应的生态位，才能获得足够的养分空间和生长空间，也就是说群落内的植物与植物之间、植物与环境之间存在着竞争、捕食等关系，这些关系影响群落的稳定，也是稳定的基础。

（4）生态功能高效性。对于所在地的环境条件能够适应，具有很强的抵抗力，在净化空气、减噪降温等方面表现优良。

（5）群落的高产性。不论是净化空气、减噪降温的生态功能，还是色彩斑斓、曲径通幽的美化效果，都是以植物的旺盛生长和较高的生物产量为前提和保障的。

第二节　城市森林建设的核心理念——林网化与水网化

我国的城市人口压力大，郊区庞大的农业人口对土地的依赖性强。许多城市周围几乎没有保存完好的成片天然林，基本上都是大面积的农田和分布相对集中的村镇，可以用于城市森林建设的土地有限。这就要求我们搞城市森林建设，既要借鉴国外城市林业发展的成功经验和模式，吸取中国古代山水园林建设的精髓，更要结合国情和市情，争取利用较少的土地获得较高的生态效益，走有中国特色的林网化与水网化结合的城市森林建设之路。

一、林网化与水网化的概念

林网化与水网化是林水结合的一种城市森林生态环境建设理念。具体而言，就是基于城市的森林、水系特点，整合核心林地、林网、散生木等多种模式，有效增加城市林木数量，通过森林连接各种级别的河流、沟渠、塘坝、水库等，恢复城市水体，改善水质，建立以核心林地为森林生态基地，以贯通性主干森林廊道为生态连接，以各种林带、林网为生态脉络，实现在整体上改善城市环境、提高城市活力的林水一体化城市森林生态体系。

林网化和水网化的城市森林建设理念，就是要在城市范围内建立起一个能够最大限度地改善城市环境的森林生态网络体系。林网化和水网化是密不可分的统一体，具有林水相依、林水相连、依水建林、以林涵水的特点。同时要明确：

- 林网化不是过去一般意义上的林带化，而是指在城市范围内，由核心林地、林网、散生木等多种组成成分连接起来形成的一个森林网络，以达到林荫气爽，鸟语花香。这是针对我国城市范围内建筑物密集、人类活动频繁、林木分布相对分散的特点提出来的。
- 水网化也不仅仅是指河流水系沿线的防护林建设，而且还包括连接、疏浚城市范围内的各种水体，形成多条纵横交错的主干水网，使之成为与林地紧密相连的、相互贯通的水系网络，以利于水体之间的连接、进水排水的通畅和水质改善，以达到清水长流，鱼跃草茂。无论是在水网发达的南方城市，在河流较少的北方城市，城区基本上都有河流流过，水网化的建设强调的是城市要有一定的水面，是流动的活水，与城市的各种林木一道构成城市森林生态系统，在改善城市生态环境中发挥主导作用。

林网化与水网化的城市森林建设理念强调的是各个组成成分之间的相互连接性和整体性。林网化与水网化建设将在3个层次上进行具体实施：以各种核心林地为主的生态核心区建设；林水结合的贯通性主干森林廊道建设；各种立地类型的林带、林网建设。也就是说，我国的城市森林建设首先要通过林网化与水网化建设，搭起一个能够满足改善城市环境、建立起不同成分之间的生态连接、有利于提高和保护生物多样性的城市森林主体骨架，这个主体骨架要具有超前意识。随着城市森林建设的拓展，依附于这个主体骨架之上的各种城市森林成分的不断填充和完善，将最终构筑起适应城市发展需求的城市森林系统。

这里有两个主要的概念：核心林地和贯通性主干森林廊道。

（1）核心林地：是指城市地域范围内以林木为主体，达到一定面积并具有森林环境的林地。核心林地必须是以林木为主体、具有复层结构和较高物种多样性的林地，一般是由地带性植被构成的近自然林。核心林地面积的标准在城市建成区和郊区是不同的，要根据城市的大小、城市环境的影响程度等因素决定。核心林地还可以根据面积和功能差异进一步划分成不同的类型和级别。

（2）贯通性主干森林廊道：是指以林木为主体，达到一定宽度并具有主体廊道功能的连接各个核心林地的森林廊道。主干森林廊道在城市森林中发挥重要的连接和通道作用，它的设置要考虑廊道的主要生态功能，能够连接城市范围内的主要核心林地，发挥重要的连接和通道作用，达到传输生态效应、切割城市重负荷区效果，并尽量与河流结合。可以根据主干森林廊道主要功能的差异将其划分为生物廊道、通风廊道、隔离廊道等。

二、林网化与水网化提出的背景

国外城市森林的建设思想引入我国以后，为我国城市生态环境建设提供了一个可以借鉴的模式。从我国城市生态环境现状和城市周边自然环境特点来看，选择建设完善的城市森林体系来改善城市环境，保证城市的可持续发展是适合中国城市特点的道路。我国的城市森林是城市生态环境的本底建设，是我国最为薄弱的环节。我们针对中国城市生态环境和上海市的实际情况，提出林网化与水网化的建设理念，主要有以下背景：

1. 森林与水体对改善城市生态环境发挥主导作用

在自然生态系统中，森林与水是不可分的整体，森林因为有水而郁郁葱葱，水因为有森林而清水长流，他们共同构成了森林环境，为各种生物提供了理想的栖息环境。城市里的森林与水体能够有效降低粉尘污染，改善空气质量。由于大自然的变迁和人为的活动，许多城市的森林和水体不断减少，其中水体的破坏最为严重，以西安为例，城市的湿地随着城市的发展而逐步消失，曾为西安人为之骄傲的“八水绕长安”“悠然见南山”的自然美景已不复存在。自然环境的严重破坏，使西安的气温逐年上升，尤其2002年夏天出现了50年未遇到的高温天气。环境问题制约了社会经济的发展，已成为西部大开发，西安大发展面临的现实问题。据统计，上海市的水面在过去20年的城市发展过程中减少了30%，水网的连通度也大大降低，淤堵现象严重，水域的调蓄能力降低一半以上。改变这种状况的根本途径就是要恢复和重建城市的森林和水体。对于一个城市来说，森林是“城市之肺”，而河流、湖泊等各种湿地则是“城市之肾”，城市因为有了森林和流动的水体而风景优美，空气清新，环境宜人。因此,林水结合有利于城市生态系统的良性循环。无论是古代城市还是现代都市，许多城市水系（体）在改善城市生态环境方面也发挥着最主要的作用。

2. 中国古代风水理论和山水园林建设思想

长期以来，我国人民在选择居住场所、城市规划、园林设计等方面积累了丰富的经验，包括“天人合一”的思想、一些风水观和强调山水结合的设计理念等，其中很重要的一点是注重森林和水的合理利用，强调的是“师法自然”，这些精华思想和做法都应该很好地继承。随着城市化进程的加快，城市数量不断增多，城市的规模不断扩大，城市周围的森林遭到了严重破坏，城市范围内的各种水面不断减少，流动的水体也大多变成死水，成为城市环境的负担。古都西安曾是湿地资源十分丰富的地区之一。汉唐时期的上林苑、太液池、昆明池、曲江池、高池、美陡湖，都是依托渭河水系兴建的湿地生态系统，面积达 3.13 余万公顷，是古都西安社会经济繁荣和发展的重要基础。

3. 中国城市森林、水系本底与国外城市的不同

在我国，许多城市处在长久开发的平原区和丘陵区，城市建筑密度大，周围的森林资源受到长期的破坏，变得支离破碎，而且人工林的比重很大，这种状况与欧美等国家相比有很大的不同。国外的许多城市周围往往都是大面积的森林，而且是天然林或近自然状态的人工林，具有非常好的城市森林作为城市的环境本底。因此，我国城市森林现阶段建设的重点是包括城市核心区在内的森林本底建设，是把彼此孤立的水体再活化起来。而目前城市绿化中过分注重视觉效果，忽视了我国城市森林本底的不同。就象我们在没有解决温饱问题的时候不会考虑粮食的质量和服装的款式问题一样，城市生态环境的重点是要解决大气污染、热岛效应、噪声等环境问题，而后才是美化、香化、彩化等高层次的视觉效应问题。同时，城市森林建设工程中的生态美和视觉美之间并不矛盾，是一个统一体。

4. 中国城市周围的土地资源特点与人口状况

在我国，许多城市几乎都是被大面积的农田所包围，村镇密集。农民对土地的依赖性强，把这些土地转变成以林为主的生态建设用地的难度大。同时，这些土地本身也存在农药、化肥对土壤的污染及水污染问题，也需要改善。因此，中国的城市森林建设在城乡结合地带，必须与农田防护林体系建设相结合，与道路、水系的绿色通道建设相结合，与村镇的四旁绿化相结合，与农村产业结构调整相结合，采取片林、林带、林网等多种模式，走林网化与水网化结合、具有中国特色的现代城市森林建设之路。

5. 我国城市的生态环境发展的需求

我国城市森林建设的核心目的是要改善城市的生态环境，其中大气污染、热岛效应、水体污染等问题最为迫切，城市的潜在发展趋势和格局对环境要求更高。我国多数城市的城市水面不断萎缩，水体污染日益严重，全国有 600 多个城市出现不同程度的水资源危机，而且随着城市化进程的加快，城市水环境容量已经基本饱和。同时，我国城市绿化水平整体上还比较落后，城市森林资源总量明显不足，且结构布局不尽合理。因此，我国的城市森林规划不能被国外的发展模式、景观生态学、保护生物多样性的理论等束缚，要结合中国的实际情况，结合城市的具体需求和环境背景，把尽快发挥城市森林的作用改善城市生态环境放在首位，就是要林水结合，实现城市范围内的林网化与水网化。

三、林网化与水网化建设理念提出的依据

城市区域内的森林和水体对城市生态环境有着重要影响，是城市生态环境建设中两个非常主要的环节，而城市森林作为一个生态系统，森林和水体是一个整体。我们提出城市森林的林网化与水网化建设理念，是有充足的实践依据和理论基础的，具体包括以下几点：

1. 符合中国国情，切合城市市情

目前，城市森林的发展受到世界各国的普遍重视，发挥森林在改善城市生态环境方面的作用已经成为人们的共识。对于城市森林的建设模式，城市周围有大面积森林是一个重要的方面。很多国家的城市都是处在树林之中或城市周围保留有很多大面积的森林斑块，所以提出城市要有“绿肺”——也就是大面积的森林斑块。我国城市周围的环境本底状况完全不同于国外城市，中国是人多地少，城市周围基本上是以农田为主，小城镇和居民点之间距离也很小，保留的天然植被特别是森林的面积十分有限。因此，依靠城市周围零星保存下来的有限的森林是无法满足城市生态环境建设需要的，而且这些林分多数是次生林，生态效益也相对有限。除了利用现有的地形条件保护和建设一定面积的核心林地以外，更主要的是通过加强水系的防护林体系建设增加城市森林面积。采取加强包括农田林网在内的城市森林建设模式，是快速改善城市生态环境包括郊区农业生态环境的有效途径。

2. 国家政策支持，农民易于接受

根据 1999 年 1 月 1 日起施行的《中华人民共和国土地管理法》规定，“国家保护耕地，严格控制耕地转为非耕地”“禁止占用基本农田发展林果业和挖塘养鱼”，因此把城市周围大面积的农田转变成林业建设用地不符合国家政策法规的要求。农田林网化只是部分改变土地的使用方式，有利于改善农业生产环境，特别是对于净化土壤、水体中的农药、化肥和重金属等污染具有重要意义，属于农业生态环境的一个组成部分，从国家的政策法规来看，《中华人民共和国土地管理法》规定：国家鼓励土地整理，县、乡（镇）人民政府应当组织农村集体经济组织，按照土地利用总体规划，对田、水、路、林、村综合整治，提高耕地质量，增加有效耕地面积，改善农业生产条件和生态环境。因此，这种做法符合国家政策。通过加强农田林网建设，在小尺度上可以改善农业生产的环境，在大尺度上可以发挥整体的作用对整个城市的生态环境起到良好的促进作用，在近期内成为改善城市生态环境的主体。

在城市周围搞城市森林建设，生态效益是首位的，但也必须考虑农民的经济收入问题。把城市周围大面积农田转为林业用地，建设大面积人工林，投资太大，这种做法在短期内也难以实现。林网化投资少，见效快，占用农田的面积相对较少，而且合理的布局和植物配置对农业生产还有好处，农民易于接受，可以尽快在城市范围内形成森林环境，尽快起到改善环境的目的。

3. 具有发展弹性，利于产业结构调整

林网化与水网化建设理念具有发展弹性，回旋余地大，且有多种效益。林网化发挥了

森林改善环境的生态效益，同时也允许林网内土地经营方式的多种多样，可以发展各类高效农业（包括绿色食品、无公害食品和有机食品生产基地都可以发展），也可以发展经济林，提高土地的经济效益，增加农民的经济收入。

林网化与水网化建设为进一步发展大面积森林斑快及其他模式的城市森林打下了良好的环境基础，同时也为其他产业的发展预留了充足的空间，创造了良好的环境。随着社会经济的发展和改革开放进程的不断加深，城市居民对环境建设的要求会越来越高，城市森林建设也将在提高城市形象、改善投资环境等方面发挥越来越重要的作用。无论是房地产、工业园区、农业园区、科技园区，还是近郊远郊区的森林别墅和休闲度假村，都需要有良好的森林环境作为背景，通过林网化与水网化建立起来的城市森林主体框架，将使这些产业、这些要求得到很好地满足。

4. 组成类型多样，功能效益完备

林网化与水网化的城市森林建设理念包括了核心林地、林带、散生木等多种城市森林成分，并与城市水网相结合，从而提高了城市森林的整体性、均匀性和空间连接性，能够快速有效的改善整个城市的生态环境，而不是仅仅局限于某个局部地带的改善。比如上海市的城市森林建设就是在整个市域范围内进行。大型森林斑块的主要作用在于提高和保护生物多样性，在于森林旅游和休闲，单就环境影响范围来看是有限的。而且就我国许多城市目前的情况来看，城市范围内的原生森林植被类型已经很少。因此，需要通过片林、林带等多种形式恢复和重建城市周围的森林，并与城市水体紧密结合，构成功能效益完备的城市森林生态系统。

5. 有效改善环境，促进生物多样性保护

城市森林规划中林网化与水网化建设能够满足尽快改善城市生态环境的近期目标，也有利于解决目前动植物生境破碎化问题，有利于增加生物多样性，并将为城市的生物多样性保护打下良好的基础。增加和保护生物多样性也是城市森林建设一个重要目的，保护生物多样性与改善生态环境的过程是一致的。保护生物多样性是一个长期的过程，一个地区增加和保护生物多样性的前提是这个地区要具有良好的环境本底。林网化与水网化建设有利于增强各个相对分散的自然生境（包括林地、草地、湿地、水体等）之间的空间连接，有利于生物的迁移。

以森林为主的绿地和各种水体是改善城市生态环境的两个主体。通过林网化与水网化建设，可以促进城市水系的水质改善，加快城市范围内河流生态系统的生态恢复，也有利于节约林地灌溉用水，促进林木生长，而且林水相依可以形成贯通性的生物廊道，有利于保护和增加生物多样性，使城市生态系统的结构得到优化，功能得到增强。中国的城市森林建设要走林水结合之路，使城市既有花草树木之绿，又有飞泻泼洒之水，才利于城市获山林之胜，为人类创造更好的生活与经济环境。以上海为例，上海市处在长江入海口，河流水系非常发达，虽然经过长期的开发一些河道变窄、断流或消失，但整体上仍然体现着江南水乡的地貌特征。因此，上海市的城市森林建设不能离开这个大背景，把恢复河流连续体功能和加强岸带林建设结合起来。

四、林网化与水网化建设的具体措施

我国城市周围的土地极其宝贵，林网化与水网化建设是实现用较少的土地换较高的生态效益的最佳途径。这是一项系统工程，需要多行业、多部门的共同协作。

（一）重点解决的三方面问题

1. 城市森林面积最低应该达到多少

在我国的城市森林建设水平还不高的现实情况下，城市森林的建设标准要基本上能够平衡补偿城市环境的负效应。城市绿化覆盖率是各个城市普遍采用的一个指标，近年来又提出了城市林木覆盖率指标。从目前多数城市提出的目标来看，基本上都是力争林木覆盖率达到或超过 30%。国外一些城市的统计资料也显示，生态环境良好的城市，城市森林的林木覆盖率也都在 30%以上。

2. 城市森林布局应该怎样更合理

同样的城市森林面积，分布在城市的不同位置，其生态功能是不一样的，不同的统计范围也会得出不同的结果。我国的许多城市通常是按照整个城市行政区的范围来统计城市森林的，这不能够反映城市森林分布的均匀性和合理性，统计数字也会偏大。据统计，北京市的城市森林覆盖率为 48%，俄罗斯首都莫斯科市的城市森林覆盖率为 33%，按照这个指标，北京市的生态环境要好于莫斯科，但实际上并非如此。在莫斯科市，建成区内有大面积的近自然林地，河流两侧有很宽的河岸林带，而北京市的大面积城市森林几乎都分布在城市周围甚至是远郊区。

3. 城市森林模式采取那些更有效

不同的绿地类型的生态功能是不一样的。在莫斯科市，城市绿化的树种并不多，最常见的就是椴树、桦木、欧洲赤松、云杉和壳斗科的一些乔木树种，但城市环境很好。我国的绿化植物有近千种，但几乎都是人工配制的草坪、稀树草坪或林下干干净净的人工林，同样的面积，但生态效益却大打折扣。因此，如何提高绿地的生态效益是我国城市森林建设中一个十分紧迫的问题。

（二）制定城市林业发展规划的要点

城市森林建设规划应该是一个基于现实问题和长远发展的超前规划，这样可以尽早协调建筑用地和绿化用地的矛盾，减少经济损失。

Ahern（1991）在对美国马萨诸赛州的 Hadley 附近地区的研究中，把景观要素（landscape elements）分成两大类：一类是指源于长期地貌过程的要素，如河流、地貌等；另一类是源于近期土地利用实践的要素，如绿篱、森林斑块等。他还指出，如果考虑到景观的可持续问题，这些地貌因素必须被综合进来并形成一个被较近期景观要素所依附的主体框架，要对这种潜力充分理解，以便在那些目前不存在森林斑块和廊道的地区创造出新的森林斑块和廊道。这种思想对于搞好城市森林规划是非常有帮助的，无论是总体布局，还是模式配置和植物材料选择，首先都必须对城市所处的环境背景值（包括气候、土壤、植被、水资源等）有充分全面的认识，才能作好适合于本地区特点的城市森林规划。另外，城市自然植被受到极大破坏，生境破碎化、外来种干扰、人类活动等因素导致城市乡土物种丰富度降低和主要生境丧失。虽然生物多样性保护的核心地区不在城市范围内，但城市各种绿地所包含的众多物种和提供的生境也可以为生物多样性保护工作提供有益的补充（Miller，1997）。因此，在城市森林建设的整体规划和具体配置模式等各个环节都要有所考虑，这也是提高绿地生态功能的有效途径之一。

在规划过程中，要从以下几个方面来考虑：

（1）在时间上，要针对城市目前存在的热岛效应、大气污染等现实的环境问题和城市景观的分布格局进行规划，还要考虑城市发展的趋势，对于未来的经济开发区、居民小区、商贸金融区等潜在发展地带，作好长远规划。

（2）在范围上，影响城市环境的不仅仅是建成区本身的绿化问题，还包括与之相关的近郊及远郊地区的森林生态环境建设，因此在范围上把建成区和近郊及远郊作为一个整体来考虑。

（3）在布局上，要按照城市区位特点，针对城市森林现有的状况，城市的发展趋势，城市生态环境现有的问题，从有利于改善城市生态环境的角度，合理进行城市森林的空间布局和模式配置。

（4）在模式上，通过建设多个核心林地作为城市的“肺”，这些核心林地要有足够的面积，可以根据实际土地资源情况拿出几十、几百甚至上千公顷的土地建设高郁闭度、乔灌草结合、近自然结构的森林。同时，还建设几条穿越整个城市、有足够宽度（20~100 米）的林带，从而构成城市森林生态环境保障体系的主体框架，再与林网化和水网化相结合，构建起城市森林生态体系。

（5）在手段上，要运用最新的景观生态学原理、地理信息系统和卫星遥感等技术手段，对城市景观格局、城市森林分布格局、污染源分布格局、热岛分布格局等本底特征进行全面的分析，针对现实城市存在的污染问题和潜在的发展方向进行规划设计，基于上述技术建立城市景观动态监测系统，从而保证城市森林生态环境建设的健康发展。

（三）树种选择与植物群落配置技术

树种选择是城市林业规划的重要组成部分，树种的好坏关系到城市森林建设的速度与质量。树种选择要以当地的气候、土壤、水文等条件为依据，在充分了解植物的形态特征、生态习性的基础上进行。

为满足城市森林建设的特殊需要和丰富城市森林景观，在城市的森林景观中应包括绿化树种的引种育种规划。我国许多城市缺乏合理的引种育种规划，在城市森林建设中发现需要某种树种则直接从外地调拨，而因两地气候条件或土壤条件的不同，常常会出现树种不能很快适应而死亡或长势长期不得恢复的现象，浪费了宝贵的建设资金又影响了绿化建设的顺利进行。

1. 树种选择技术

树木是构成森林最基本的组成要素，科学地选择城市森林树种是保证城市森林发挥多种功能的基础，也直接影响城市森林的经营和管理成本。

（1）发展各种高大的乔木树种。在我国城市森林建设用地十分有限的情况下，要达到以较少的城市森林建设用地获得较高生态效益的目的，必须发挥乔木树种占有空间大、寿命长、生态效益高的优势。比如德国城市森林树木达到 12 米高时修剪 6 米以下的侧枝，林冠下种植栎类、山毛榉等阔叶树。我国的高大树木物种资源丰富，30~40 米的高大乔木树种很多，应该广泛加以利用。在高大乔木树种选择的过程中除了重视一些长寿命的基调树种以外，还要重视一些速生树种的使用，特别是在我国城市森林还比较落后的现实情况下，通过发展速生树种可以尽快形成森林环境。

（2）要按照我国城市的气候特点和具体城市绿地的环境需求选择常绿与落叶树种。乔木树种的主要作用之一是为城市居民提供遮阴环境。在我国，大部分地区都有酷热、漫长的夏季，冬季虽然比较寒冷，但阳光比较充足。因此，我国的城市森林建设在夏季要能够遮阴降温，在冬季要透光增温。而现在许多城市的城市森林建设并没有这种考虑，偏爱使用常绿树种。有些常绿植物引种进来了，许多都处在濒死的边缘，几乎没有生态效益。一些具有鲜明地方特色的落叶阔叶树种，不仅能够在夏季旺盛生长而发挥降温增湿、净化空气等生态效益，而且在冬季落叶增加光照，起到增温作用。因此，要根据城市所处地区的气候特点和具体城市绿地的环境需求选择常绿与落叶树种。

（3）选择推广本地带及附近野生或久经栽培的“建群种”。追求城市绿化的个性与特色是城市森林建设的重要目标。地区之间因气候条件、土壤条件的差异造成植物种类上的不同，乡土树种是表现城市森林特色的主要载体之一。使用乡土树种更为可靠、廉价和安全，它能够适应本地区的自然环境条件，抵抗病虫害、环境污染等干扰的能力强，尽快形成相对稳定的森林结构和发挥多种生态功能，有利于减少养护成本。因此，乡土树种和地带性植被应该成为城市森林的主体。建群种是森林植物群落中在群落外貌、土地利用、空间占用、数量等方面占主导地位的树木种类。建群种可以是乡土树种，也可以是在引入地经过长期栽培，已适应引入地自然条件的外来种。建群种无论是在对当地气候条件的适应性，增加群落的稳定性，还是在展现当地森林植物群落外貌特征等方面的都有不可替代的作用。

（4）在城郊城市森林建设中，要应用一定数量的经济植物，以满足农民的需要。在建设中，因林地整体布局的需要往往要占用农民的土地，或者是林地的建设对农民作物的正常生长产生不良影响，此类问题解决不好，常会引起农民对城市森林建设的抵触情绪，甚至会引发农民破坏造林成果。

农民经营的经济植物中，有许多本来就是很好绿化材料，应当积极加以应用。城郊森林建设结合农民的经济植物种植，应尊重农民的意见，必要时还应根据城市森林建设规划的需要对农民经济植物的种植区域作适当的布局。同时，根据城市森林发展规划，提倡并指导农民进行绿化苗木的培育，不但可以减轻供苗压力，而且可以引导农民发展特色经营，提高农民的经济水平。

2. 模式配置技术

城市森林中除了保留原有的森林绿地以外，更主要的是要营建一些新的林地。我国许多城市在森林绿地设计中，设计者最关注的就是视觉效果，选择植物的标准主要是色彩、花色、形状以及组合的图案如何，设计上趋于模式化，很多东西都是盲目生搬硬套外国的做法，而很少从城市所在地区气候环境条件和对人体身心健康影响的角度考虑，比如热衷于搞草坪或稀树草坪。这种模式对于处在高纬度的国家如芬兰、挪威、俄罗斯、瑞典、加拿大等国家是适宜的，因为这些国家冬季漫长而严寒，其余季节气温不高，即使在盛夏季节也很少有酷热。人们特别珍惜阳光，有太阳照耀是一种难得的享受。所以许多城市公园、街区的公共绿地，在设计上都会考虑人们享受阳光的需求，植物组合中会有意识地增加一些草坪和疏林草地模式。而我国的情况则不同，我们没有很好的城市森林本底，因此，应该更多的发展以乔木为主的城市森林绿地模式（图 5-2）。

A. 森林公园　　B. 行道树

图 5-2　以乔木为主的城市森林

（1）以乔木为主体，建设复层结构的森林绿地。森林是陆地上生产力水平最高、物种组成最为丰富的生态系统，根本原因就在于森林具有最大的包容性。森林是由乔木、灌木、草本、藤本植物以及以这些植物和森林环境为生境的各种生物构成的一个复合体。因此，林木（包括乔木和灌木）、藤本植物、草本植物并不是互不相容的，在城市里只是为了满足人们的某种需要而被强行割裂开来。因此，我们学习国外的某些经验要结合我国土地少、人口多的实际情况，在城市森林建设时要以林木为主体，主要采取乔灌草结合的复层模式，在有限的土地上发挥森林各个成分的优势，产生最佳的生态效益。

（2）重视绿化植物对人体健康的影响。城市森林建设的宗旨是要改善城市环境，为居民提供舒适健康的生产生活环境。因此，有利于人体的健康是第一位的。不同的树种、不同的森林绿地类型具有不同的人体保健功能，在城市绿化材料选择的时候，应该根据不同的环境需求进行树种选择和合理配置。另外，还要考虑植物可能带来的负效应。过去我们只知道杨柳飞絮等植源性污染会给人带来危害，而对植物体其他分泌物方面研究的很少。城市森林建设过程中，对于不同树种和不同植物组合与人体健康的关系要进行更全面深入的研究。

（3）加强建筑物的垂直绿化。城市里用石料、钢筋水泥搞的建筑是产生“热岛效应”的主要原因之一。我国城市建成区建筑密度大，绿化建设用地稀缺，垂直绿化是拓展城市绿化空间的有效途径。垂直绿化就是在建筑物或附属建筑物上，利用攀缘植物有组织、有计划地进行的空间绿化。攀缘植物生长速度快，绿化占地少、覆盖面积大，能够增加城市绿量，有效减缓城市热岛效应，在我国的城市绿化建设中应该大力发展（图5-3）。

图 5-3　墙体的垂直绿化

（4）提倡自然和近自然的森林绿地配置模式。城市森林的主体应该是自然和近自然的森林绿地，因此除了保护原有的林地资源以外，对于新增的森林绿地要在树种选择和模式配置上提倡近自然的配置模式，讲究“师法自然”。近自然的森林绿地建设模式并不是完全照搬自然，要考虑城市的特点和人体的需求。自然界的森林类型千姿百态，并不是所有的自然植被组合都是适合于城市环境和有益于人体身心健康的。因此，近自然的城市森林配置模式，一方面是强调模拟自然植被结构，提高森林绿地结构的多样性和系统的稳定性，获得自然美；另一方面突出乡土植被在城市森林建设中的地位和作用，体现地方特色。通常来说，生态系统的复杂性导致稳定性。对于一个完整的自然生态系统，一般是由生产者、消费者、分解者和无机环境四个部分构成，各个成分之间是通过食物链、食物网结构发生联系，实现系统内的物质循环、能量流动和信息传递过程，这是系统能够抵抗各种干扰，维持稳定的根本所在，也是系统发挥改善环境功能的基础。因此，我们所提倡的森林模式，完全不同于现在一些城市里采用的所谓“疏林草地”模式，是要形成自然或近自然式的森林的结构和环境（地上和地下都是多层次、多物种、多生境等）。

（5）采取多种措施加强城市水体建设。林水结合的城市森林建设模式有助于充分发挥水体在改善城市环境方面的独特作用（图 5-4）。城市水体不仅可以改善绿色植物生长的供水条件，而且增加了空气湿度，调节周围空气温度的时空分布，还影响植物和水生生物的数量和种类，彭斌等（1986）测定了北京地区水体散热情况，结果表明北京地区水面蒸发热损占太阳辐射总量的 39.2%，比较大的 4~6 三个月为 50% 左右，7~9 三个月雨季则偏小。城市的水网化建设除了疏通一些原有的河道沟渠以外，还可以根据实际需要挖掘新的河道，以利于水体之间的连接和进水排水的通畅。南方许多城市的水网化建设已经初具规模，对于相对干旱的北方地区城市来说，加快城市的水网化建设对于改善城市环境更为重要。以山西省太原市为例，通过在流经城区的汾河上建立数道橡胶拦水坝，使城区水体面积显著增加，城市空气质量明显改善。这种建设经验在北方地区的一些城市像延安、赤峰等许多城市都可以借鉴。

A. 上海河岸林带

B. 合肥环城公园

图 5-4　林水结合的城市森林建设

今后我们在城市里要提倡形成一个森林环境，要有乔木、灌木、草本，有各种生物组合成一个稳定的以乔木为主体的森林环境，要把森林引入到城市里来，通过林网化和水网化建设，形成林水结合的城市森林网络体系。

第三节　中国城市森林发展的总体战略

中国城市森林建设的战略布局要站在国土绿化的高度，从全国生态环境建设的角度，本着要在中国的土地上建立起完整的城市森林生态网络体系来构思和设计。森林是陆地生态系统的主体，而城市是国家、地方的政治、经济、文化中心和交通枢纽，人类活动频繁，人口集中，城市森林建设有助于实现城市生态系统的综合平衡。通过在全国众多的城市“点”的城市森林建设，与大江大河以及公路、铁路等“线”的防护林体系建设，以及八大林区的“面”的林业建设，共同组成一个综合的面向整个国土的点、线、面结合的森林生态网络体系。同时，森林生态网络体系所建设的森林既涵盖天然林、人工林，也包括了在应用天然林、人工林基础之上，所创造的更有利于人类居住的生产、生活的环境，提倡的是把有利于人的健康放在首位的自然美、生态美。

城市森林建设的布局不仅要满足国土生态安全的需求，而且要能够起到改善区域生态环境质量、提高居民生活水准和实现城市可持续发展的要求，使全国范围内的城市生态环境建设由绿化层面向生态层面提升，建设山川秀美、人与自然和谐相处的良好生态环境。

一、中国城市森林建设战略布局的原则

1. 优化区域环境，保障国土生态安全

中国地域广大，景观气候带相对完整，生态类型多种多样，生态环境问题的区域性极强，因此城市林业建设应根据不同城市所在区域的地域特点和具体生态环境特点，本着优化区域生态条件，改善人居环境的目标，确定中国城市森林的整体空间布局和不同城市的城市森林发展的目标和模式，合理配置城市森林体系。

首先，应该加强生态敏感区的城市森林建设。生态敏感区是指对整个区域或国家具有生态环境意义的区域，一旦受到人为干扰或破坏将很难有效恢复，但由于土地利用方式或环境因素的改变已经或即将对生态环境和经济的持续稳定发展造成影响，需要加以控制或保护的区域。由于自然条件恶劣，生态环境脆弱，生态敏感区城市的城市化对环境造成的破坏更加严重，因此更迫切地需要建设城市森林。其次，城市林业建设要因地制宜，具体城市具体分析，针对城市现有的生态环境问题，如山地灾害、台风、洪水、风沙、土壤污染、水体污染等，进行城市森林的合理空间布局和模式配置。

2. 纳入生态网络，促进生物多样性保护

城市森林的建设完善了中国森林生态网络体系，在增加了人类居住区的森林总量的同时，调整了全国的森林布局。城市森林是根据不同地段的自然条件、生态环境质量，利用

当地的造林树种资源和生态位原理，通过建立结构稳定、类型多样的森林群落，建立起来的特殊的森林生态系统。城市森林建设的主要目标之一是保护生物多样性，生物多样性是生物进化的结果，人类赖以生存的基础，而造成生物多样性丧失的最主要原因是生境破碎化。城市森林在满足了人们不同的文化和生活需求的同时，为野生动植物提供了栖息和繁衍生息的良好环境，维持了生物多样性。城市森林中农田、河流、公路、铁路防护林体系、森林公园、大型生态核心林地的建设构筑了贯通性森林廊道，建立了传输生态信息、连通重要生态区的生物通道，促进地方生物多样保护，使得建成的森林不仅是植物的保护地，也是动物的良好栖息地。

3. 遵循因地制宜，突出地方植被特色

不同的气候带，由于光、热、水、土、气的条件不同，都发育了不同的植被群落，经过长期的生物进化，每个地区都选择性地保留了既适应当地特殊气候地带性，又带有区域特点的植被类型，这就是地方植被。按照这种地方植被群落特点建立起来的森林群落类型结构稳定，适应当地生态环境特点，应该是城市森林建设的理想模式。

但是，城市景观的异质性高，生态环境问题复杂，居民对环境的需求也多种多样，城市森林建设必须满足这些要求，仅仅依靠本地区的植物是难以实现的。引进外来植物，构建多种配置模式的森林绿地类型是必然的，各地的城市也十分重视这方面的工作。但作为国家和地方生态环境建设的重要组成部分，城市林业要根据城市区域的环境特点因地制宜，确定城市森林基调树种和主导森林群落模式。城市森林的整体布局要与本地区林业生态环境建设相统一，重视使用乡土树种和地带性植被，使之成为体现城市森林的个性与特色的主要载体。

4. 结合区域特点，满足城市发展需求

城市林业在全国的发展布局要综合考虑城市在区域社会发展中的具体分工，根据城市所在区的生态环境状况，围绕城市发展规模、目标、功能定位和未来发展趋势，结合当地产业结构调整，以城市森林生态功能优化为原则建设城市森林。

随着劳动生产力的提高、经济的发展、社会的进步，人们拥有越来越多的休闲娱乐时间，对生活质量的要求也越来越高，久居城市的人们渴望亲近自然，走入绿色，增加在森林中的娱乐活动。城市森林的建设要结合不同城市的文化特点，提供满足人们不同需求的休闲娱乐功能，综合提高人们的生活品位。生态功能稳定、树种选择合理、结构完善、林型优美的现代近自然型城市森林生态系统，不仅能改善城市的生态条件、为城市积累环境资本，营造良好的生产、投资环境，提高城市综合竞争力，而且是新时代城市发展形象设计的重要内容之一，将成为城市的象征和标志。

二、中国城市森林建设战略分区

1. 地带分区布局

建设城市森林，发展城市林业是一个大型的生态系统工程。城市森林群落的设计和树种选择要遵循植被地带性原则，按照地带性植被来建立植物群落，注重绿化树种多样性，并考虑地貌、土壤对树种的影响；森林功能定位、森林的养护等要遵循群落生态学原理；森林的空间布局要符合景观生态学原理。按照气候带的自然地理分区规划城市森林的布局可以对全国的城市森林发展起到很好的指导作用，使城市森林更加自然化并具有区域特色。

（1）寒温带、温带地区：主要分布在东北。这是我国最寒冷的地区，冬季寒冷而漫长，在这种气候条件下，植被的组成种类较贫乏，植被类型也相对单调，植物群落结构简单。这里城市中地势平坦，水系欠发达。森林类型应以本区的地带性植被——针叶林和针阔叶混交林为主，城市森林建设应更多的考虑其游憩功能，并可仿效欧洲的城市森林模式。东北地区的城市发展空间相对较大，可在近郊、远郊多建设一些大型片林，在改善城市生态环境的同时为市民提供旅游休闲的好去处。由于东北的城市重工业发达，城市污染比较严重，在进行城市森林布局时应充分考虑城市的上风、上水，把城市森林布局在上风方向，为城市输入更多的新鲜空气。

（2）暖温带地区：包括冀北高原、山西高原、秦岭；辽东半岛、山东半岛的丘陵；华北平原、辽河平原、里下河平原、淮北平原。这一区域夏季酷热多雨，冬季严寒而晴燥。城市森林的植被类型应以本区的地带性植被类型——落叶阔叶林为主。本区平原城市风沙危害严重，针对这一环境问题，建设城市森林时应注意发挥城市森林的防风固沙功能，同时充分利用当地的各种农田防护林网模式，适应当地的社会经济特点和发展方向。山丘区城市周边森林植被大多受到长期破坏而退化，土壤侵蚀严重，城市森林的建设应重点加强城市范围内退化植被的恢复与重建，加强低质林改造。这一区域地处中原，是中华民族的文化发祥地，在城市森林的文化建设方面应着重体现其民族发祥地的历史内涵。

（3）亚热带地区：该区包括秦岭、淮阳山地、四川盆地、长江中下游平原、江南丘陵等单元。本区域属于东亚的亚热带季风气候，地带性植被类型为常绿阔叶林。该区是中国水网密集地带，同时有的城市又濒临海洋，应遵循“林网化、水网化”建设原则，建设“林水相依、水木相抚”的城市森林。

（4）热带地区：这是我国最南部一个植被区域，全区幅员辽阔，东起台湾省，西至西藏南部；北界在北回归线以南。地带性植被为热带季雨林、雨林。地貌类型多种多样，植物资源丰富多彩，植物群落结构复杂，广泛分布着乡土树种，这里可以称为我国的植物物种基因库。复杂的地质构造同时也造就了该区美丽的山水城市。由于相对闭塞，加之又是我国少数民族聚居区，因而保留了丰富的民风、民俗特点。这一地区的突出的生态环境问题是土壤侵蚀和台风频仍。针对以上的区域特点，内陆地区的城市林业一方面要着眼于生态环境中的土壤侵蚀问题，同时要着重突出其植物资源优势，广泛应用带有地域特点的植物资源，同时在建设城市森林时体现地方风土人情，注重文化内涵。沿海城市的城市林业要结合沿海防护林的建设，使之在防风固岸，改善生态环境方面发挥作用。

（5）温带草原区：该区的主要包括内蒙古高平原及其邻近地区，辽阔坦荡；北与蒙古高原相连，东端包括松辽平原的大部分，西南包括陇中、陇东黄土高原及陕北、晋西北黄土高原的一部分。该区气候具有明显的大陆性，有干旱、半干旱、半湿润等气候类型。这一区域水土流失严重，植被差，经济发展也相对滞后，城市林业的特点是大型片林相对较少，各种类型的防护林则相对发达。因此，城市森林的建设要选择耐旱乔木树种，以及当地丰富的耐旱灌木，以建设防风固土固沙林为主，改善区域的气候条件，同时兼顾经济效益，在发挥城市森林的生态功能时，给当地带来一定的经济利益。

（6）温带荒漠区：包括新疆维吾尔自治区的准葛尔盆地与塔里木盆地、青海省的柴达木盆地、甘肃省与宁夏回族自治区北部的阿拉善高平原，以及内蒙古自治区鄂尔多斯台地的西端。本区属大陆性的温带、暖温带荒漠气候。该区荒漠化灾害严重，城市森林建设应选择耐旱树种，要充分利用当地丰富的灌木，并且乔木、灌木比例适当搭配。由于该区干旱少雨，地下水贫乏，不适合建设大面积的城市森林。城市森林应走林网化的建设道路。

（7）青藏高原高寒区：这里气候寒冷、人口稀少，仅有少数的几个城市，而且城市规模小，城市化进程缓慢。这里生态环境极其脆弱，城市林业应重点保护当地原有植被不被破坏，城市森林树种应重点选择耐寒的乡土树种。

2. 经济分区布局

城市林业建设是国家生态环境建设的重要组成部分。中国地域广大，生态环境问题多种多样。城市林业的出现，顺应时代发展和全球资源环境变化，其主体是建设城市森林。城市森林一方面调整了整个国土上的森林资源布局，使森林资源分配更趋于合理；另一方面城市林业也是传统意义上的大林业的重要补充，它更加重视发挥森林的生态效益，强调人与自然和谐共处，使人们走近森林，对森林的利用更加多样化。

一个地区城市林业的发展布局要全面考虑该区的历史沿革、自然资源、经济发展水平、政策等多种因素综合作用的影响。对于具有历史价值、纪念价值和艺术价值的景物，要有意识地挖掘、利用，以使历代所经营的城市空间及景物得以连贯，赋予城市森林以丰富的文化内涵，使其也成为连接过去与未来的桥梁。在植物模式配置方面因地制宜地增加乡土植物，突出本土植被、森林群落模式的特点，优化森林结构，提高森林生态系统的稳定性。根据自然条件和经济发展水平，将中国大陆的 31 个省、自治区和直辖市划分为东、中、西部 3 个地区：

（1）东部沿海与东北（含内蒙古东部）城市：东部地区包括沿海 12 个省（自治区、直辖市），包括北京、天津、河北、辽宁、上海、江苏、浙江、福建、山东、广东、广西和海南等省份，占大陆土地面积的 13.91%。东部沿海城市在地理位置、经济发展水平、城市发展基础设施等方面优于中西部。城市森林的建设起点要高，着重考虑增强城市综合竞争力，塑造城市良好生态形象的作用。这一地区由于人口密集、环境压力大，城市化进程快，城市的发达对环境的破坏严重，城市森林资源匮乏，对城市森林的需求也更加迫切。城市森林的发展方向应注重近郊区和远郊区的城市森林建设，走城乡一体化道路，使城市森林向乡村布局，在城市周边地区建设城市“绿肺”。

沿海地区，城市经济相对发达，建设城市森林的条件相对较好。城市森林的建设应结合沿海防护林的规划和建设来布局和设计，主要建立耐盐碱、耐水淹以及防风固岸的森林群落。在内陆平原城市，不宜发展大型片林，而应在搞好森林公园的同时，重点建设城市范围交通道路、河流湖泊防护林、郊区农田林网、村镇周围防护林体系建设，该区城市周边的森林公园将是城市居民休闲娱乐的重要去处，其建设应着重突出旅游文化功能。对于河湖密集的江南水乡城市，应本着“林网化、水网化”的建设理念，在城市范围内建立起一个能够最大限度地改善城市环境的林水结合的森林生态网络体系，在城市中实现“林水相依、林水相连、依水建林、以林涵水”的水乡城市森林。水是生命之源和绿色之本，人是亲水的，城市向滨水发展可以调节气候和获得清新的空气。该区有许多的政治经济文化中心城市，如北京、上海，这些城市的突出问题是人口众多，城市向周边不断扩张。城市森林应突出其休闲娱乐功能、美化净化环境的功能，同时环城市林带的建设可以限制城市建成区无序扩张。

（2）中部地区城市：包括 9 个省（自治区），即山西、内蒙古、吉林、黑龙江、安徽、江西、湖北、湖南、河南。该区土地面积占国土面积的 29.79%。由于政治历史的原因，目前重工业相对发达，综合性工业城市较多，城市的环境问题比较突出，但是国家正在加大对这一地区的投入，其未来经济发展潜力很大。这里城市森林的发展一方面要考虑目前的经济实力，同时也要着眼未来，针对环境需求，作出符合城市发展方向和趋势的城市森林建设规划。

该区自然条件好，生态环境投入相对较大，我国主要的大林区也都集中在这一区域内，区内的森林面积大，森林资源丰富，城市森林发展要走保护和建设结合的道路。城市森林建设在加强城市周围各种林地保护的同时，通过道路、河流沿线的防护林建设，形成绿色通道，把大小不等的片林联系起来。在山区，具备山水自然地形的条件下，城市森林应当与当地的山水结合起来，因为山是生态的基础，水是生态的源泉。将森林、生态、文化交融在一起，城市森林要结合自然地形灵活布局。

（3）西部城市：西部地区包括重庆、四川、贵州、云南、西藏、陕西、甘肃、宁夏、青海、新疆 10 个省（自治区、直辖市），土地面积占大陆国土面积的 56.30%。这一区域的生态环境问题比较突出，气候干旱、寒冷，水土流失严重，多数地区都是高原或山地，自然地理条件相对恶劣，经济发展相对滞后，城市森林的建设要以改善生态环境，实现区域生态安全为主要目的。

目前，国家正在加大对西部地区生态环境建设的投入力度，城市森林要结合国家的生态环境建设总体布局来建设。这里的许多地区都是生态环境敏感地区，城市人口的增加、城市区域的扩大都将对区域生态环境造成破坏，在发展地方经济，推进城市化进程的过程中，小心呵护原有的森林植被，积极建设城市森林，稳定区域生态环境。在大江大河源区，如长江、黄河上中游地区，城市林业建设应立足本区的环境状况，结合当地的湿地保护，突出城市森林的水源涵养功能，城市森林建设着重建设着林，着眼于突出的生态问题。在西北干旱区城市，气候干旱、寒冷，水土流失严重，多数地区都是高原或山地，自然地理条件相对恶劣，经济发展相对滞后，城市森林的建设要以改善生态环境，实现区域生态安全为主要目的。在树种选择上应考虑到地下水贫乏的现状，适量配以耐寒、耐旱的灌木，同时兼顾城市森林的生产功能和经济效益。

第六章　城市森林建设的基本理论

近年来，城市热岛效应、粉尘污染、大气污染等环境问题的日益突出，人们更加关注绿地的生态效益，城市绿化建设也朝着生态型的方向转型，建设城市森林已经成为改善城市生态环境的主要手段。城市森林建设已经不仅仅是根据景观要求和环境特点而简单地进行类似于插花工作的人工“植物配餐”，还必须有生态学的科技含量。因此，在城市森林建设中如何正确运用森林生态学、景观生态学、城市生态学、污染生态学等生态学原理，构建结构稳定、生态功能强、视觉效果好的群落，是解决问题的关键。当前，有关运用生态学原理指导城市绿化建设的研究也受到了园林、林业以及城镇规划部门的重视。因此，综合分析城市森林建设和管理特点，针对城市森林建设过程中的一些主要生态学原理及应用问题进行简要论述，以期为我国的城市森林建设发展提供理论帮助。

第一节　森林生态学基本原理

城市森林是城市实现可持续发展和林业发展战略向生态效益为主转变的重要体现。城市生态系统是以人为中心的自然、经济和社会的复合系统，而城市森林是城市生态系统的重要组成部分，担负着改善城市人居环境的生态重任，同时，城市森林也是森林生态系统研究的一个重要内容，它的建设和发展遵循森林生态系统的组成和功能、干扰和恢复、生态适应性和生态位等基本理论。

一、森林生态系统结构理论

森林生态系统的结构是指构成生态系统的组成及其随时间和空间变化的状况。

（一）森林生态系统组成

生态系统（ecosystem）最早由 Tansley（1935）提出，他认为生态系统包括生物有机体和无机环境，此后生态系统的概念逐渐被人们所接受并出现了多种定义方法。较有代表性的为 Odum（1959）提出的概念，认为“凡包括生物和非生物之间相互作用，二者之间产生生物质交换的任一自然界地段”。而森林学就是研究森林生活和森林培育方法的科学。它由两部分组成：既森林生物学和营林学。B・H・苏卡乔夫院士在综合森林的概念时确定：森林是分布在某一地区并和该地区的动物界、土壤和气候相互作用的木本植物群落。B・Γ・斯切洛夫教授给森林下了一个定义，说森林是和环境结成统一体的森林植物和动物界的总和。因此，森林生态系统是指以森林为主体的，并与非生物之间相互作用，进行物质和能量交换的任一自然地域。其完整的组成包括以下四部分：

（1）以林木为主体的初级生产者群体。包括林木、其他绿色植物和能进行光合作用或化能合成的细菌。它们能进行光合作用，在光合作用中把太阳能转化为化学能，进而利用 CO_2 和 H_2O 组成有机化合物。这一群体是生态系统最基本的和最关键的组分，太阳能只能通过生产者才能输入生态系统，成为消费者和还原者的能量来源。

（2）消费者。指生活于森林中的各种动物。它们是利用植物作为食物和能量来源，并使其中一部分转化为动物物质的草食动物，及以草食动物为食物的捕食动物。

（3）分解者有机体。指森林中细菌、真菌等微生物，也称还原者。它们是利用动植物残体及其他有机物为食的小型异养生物，大部分生存在土壤表层或地表，把动植物残体分解并矿化还原于环境中，从而完成养分循环。

（4）非生物环境。指光、热、水、土、大气及死有机物质残体。它们既是生物赖以生存的物质和能量的源泉，又是生物活动的场所，通过其物理状况和化学状况对生物的生命活动产生综合影响。

（二）森林生态系统空间结构

森林生态系统的空间结构包括垂直结构和水平结构。

1. 垂直结构

生态系统中的生命组分各有生长型，其生态幅度和适应性又各不同，它们各自占据着一定的空间，它们的同化器官和吸收器官处于地上的不同高度和地下或水面下的不同深度。它们的这种空间上的垂直配置，形成了植物群落的层次结构，即垂直结构。它主要表现在植物的营养器官在地上和地下的成层现象。

2. 水平结构

指生态系统的植物群落在空间的水平分化或镶嵌现象。森林生态系统的水平分化基本结构单位是小群落，它反映了群落的镶嵌性，形成的原因主要是环境因素的不均匀性，如小地形和微地形的变化，土壤温度和盐渍化程度的差异，以及群落内部环境的不一致性等。另外，动物的活动和人类的影响，以及植物本身的生态学和生物学特性，尤其是植物的繁殖与散布特性，以及竞争能力等，也都具有重要作用。

（三）森林生态系统时间结构

时间结构或时间成层现象是指植物群落结构在时间上的分化或在时间上的配置。它反映了群落结构随着时间的周期性变化而相应地发生更替，这种更替在很大程度上表现在群落结构的季节性变化和年变化上。

植物群落结构的时间分化，主要表现在层片结构的季节性更替，群落的层片结构随着季节性变化，一个层片为另一个层片所取代，或随着季节性的变化而出现依次更替的季节层片。群落中种群的年龄结构也是群落时间结构的一个要素。随着时间的变迁，种群年龄结构也不断地变化，它们在不同层片中的个体数目的优势也在不断变化，从而反映出群落结构在时间上的分析，并形成群落一定的时间结构。

二、生态平衡理论

一定时期内，在生产者、消费者和分解者之间保持着一种相对的平衡状态，即系统的能量流动和物质循环在较长时间内保持相对稳定状态，称为生态平衡。生态系统平衡是相对的平衡，因为系统本身是一个非平衡系统，它始终处于不断变化之中，只是在系统发展的一定阶段内，系统中能量和物质的输入与输出大体相当。系统中生产者、消费者、分解者的组成、种类、分布以及个体的数量基本不变，从而使系统处于相对的稳定状态。另外，生态系统的平衡是动态平衡，不是静止的平衡，系统内外因素（包括自然的和人为的）经常使系统中的一些重要因子发生变化，在一定限度内，系统能够自我调节和维持自己的稳定性，抑制这种变化，使系统维持或恢复原来的稳定状态。但森林生态系统的自我调节能力是有一定限度的。当外界干扰压力超过“生态阈值”时，自我调节能力随之下降，甚至消失，生态系统结构将被破坏，以至整个系统受到伤害甚至崩溃，即生态危机。

生态平衡对人类的反馈作用，指生态系统的运行，如果因某种原因而发生变化，则这种变化必然会反过来起作用，引起系统变化。生态系统是一种控制系统，生态系统的反馈作用是实现系统自动调节和维持系统正常运行的重要机能。一般条件下，生态系统的反馈作用与生态系统内部组成成分的复杂程度有关。系统内部的结构愈复杂，则系统中物质循环和能量流动的渠道愈多，各渠道之间的代偿作用愈明显，系统的反馈机能便愈强。但是，生态系统通过反馈机能来实现自动调节的能力是有一定限度的，如果外来干扰超过这个限度，如生态环境严重污染、系统结构遭严重破坏，生态系统的自动调节就会失去作用而导致生态失调。生态平衡对人类的反馈作用不仅产生影响，而且通过自动调节，也可产生应有的生态效应。生态效应通常指由于人类活动对生态环境产生的破坏性作用所引起的生态系统结构和功能的相应变化。按人类活动的作用方式可分为两种类型：即污染性和非污染性破坏引起的生态效应。污染性破坏引起的生态效应指人类生产、生活过程中排放各种有毒有害物质造成环境污染而产生的生态效应。如大气受到 SO_2 污染后形成酸雨危害植物生长，酸雨使水体和土壤酸化，从而危害水生生物的生长和繁殖，加速土壤中营养物质的流失；氮、磷等营养物质大量进入水体导致水体富营养化，致使水中溶解氧减少，水质恶化，引起鱼类和其他水生动物大量死亡。另一种为非污染性破坏引起的生态效应，由于过度开垦林地和耕地、盲目围海围湖、不合理地拦河筑坝以及对林、鸟、鱼、兽的滥伐、滥捕等活动引起的生态失调和生存环境恶化。

三、植物群落演替理论

演替是一个植物群落为另一个植物群落代替的过程，它是植物群落动态的一个最重要的特征。一个先锋植物群落在裸地上形成不久后，演替便发生。演替取决于环境条件的变化、植物传播和繁殖体的散布或生命的繁衍、植物间的相互作用，以及新的植物分类单位的产生或小演化。

一个植物群落接着一个植物群落相继地、不断地为另一个植物群落所代替，直至顶极群落。演替类型从不同的角度划分，具有不同的分类结果：按基质和变化趋势可分为原生演替和次生演替系列；按水分关系分类可分为水生演替、旱生演替和中生演替等系列；按时间上的发展分类可分为快速演替、长期演替和世纪演替；按演替主导因素分为内因生态演替、外因生态演替、群落发生演替和地因发生演替等。

植物群落的演替，无论是旱生演替或水生演替系列，都是从先锋群落经过一系列的阶段，达到中生性的顶极群落（指演替最终的成熟群落），这样沿着顺序阶段向着顶极群落的演替过程，称为进展演替，反之，如果是由顶极群落向着先锋群落演变，则称为逆行演替。

四、生态适应性及生态位理论

（一）生态适应性原理

生物由于长期与环境的协同进化，对生态环境产生了生态上的依赖，因此，生物的生长发育不仅具有其固有的生物学特性，而且还具有生态学特性，环境的各生态因子（如气候、土壤、地形、生物、地史变迁等）决定了生物只能占有一定的分布区域，同时也形成不同特性的植物，如有些植物为喜光植物，而另一些则是喜阴植物；有些为喜酸性植物，有些为喜碱性植物；有些为水生植物，有些为旱生植物等。

在森林的营造过程中，可利用选择途径（选树适地和选地适树）和改造途径（改树适地和改地适树）以达到树种特性与立地条件相适应，即适地适树。

（二）生态位理论

生态位（niche）是生态学中一个重要概念，主要指在自然生态学中一个种群在时间、空间上的位置及其与相关种群之间的功能关系。

1917 年 Grinnell 首先提出生态位为“恰好被一个种或亚种所占据的最后单位”的概念，随着研究的不断深入，Elton（1927）、Odum（1952）、Hutchinson（1958）、MacArthur（1968）、May 等学者从不同角度和出发点提出生态位定义，王刚等仔细分析各生态位定义的内在涵义，认为生态位包括有机体与所处生境条件之间的关系及生物群落中的种间关系等两种情况。以上概念最具代表性的为 Grinnell 的“空间生态位”、Elton 的“功能生态位”和 Hutchinson 的“超体积生态位”。

张光明（1997）在总结前人研究成果的基础上较全面地概括出生态位的概念：一是生态环境里的某种生物在其入侵、定居、繁衍、发展以至衰退、消亡历程的每一个时段上的全部生态学过程中所具有的功能地位，称该物种在生态环境中的生态位。一种生物的生态位既反映该物种在某一时期某一环境范围内所占据的空间位置，也反映该种生物在该环境中的气候因子、土壤因子等生态因子所形成的梯度上的位置，还反映该种生物在生态系统（或群落）的物质循环、能量流动和信息传递过程中所扮演的角色。物种的生态位具有特有性、层次性、区域性、时效性、可调性、相对稳定性和定量可测性。这个定义反映了生态位本质是指物种在特定尺度下在特定生态环境中的职能地位，包括物种对环境的要求和影响两个方面及其规律；生态位是物种的属性特征表现，它定量地反映物种与生境的相互作用关系。

五、森林生态学基本原理在城市森林建设中的应用

城市的发展出现城市生态失衡，引起社会的广泛关注。城市森林作为改善城市生态环境的重要措施，已成为社会的共识。而城市森林是一个较为复杂的生态系统，它与一般的山地森林生态系统不尽相同，从其组成来看，城市森林生态系统是人工生态系统，完全受人为控制，消费者占优势，系统本身调节和维持能力很薄弱，并且其分解功能不充分，维护费用较大；从其功能来看，城市森林主要是为了发挥森林生态效益和社会效益，改善城市居住和生产环境。因此，根据城市特点，如何运用森林生态系统基本原理，建立布局科学、结构合理、效益明显的健康城市森林生态系统成为当今的研究热点。

1. 城市森林生态规划

城市森林生态规划是城市森林建设的基础，它必须建立在充分调查城市森林生态系统生物和非生物生态系统的基础上（非生物环境调查和分析城市地貌、气候、城市水文及资源状况；生物环境主要指城市及城市周边动、植物环境，城市人口及人为干扰等），要求合理规划城市生态用地。依据森林生态系统结构和生态平衡理论，按城市森林建设的原则和目标，在一定绿量控制下，规划和设计城市森林的空间结构、群落结构，使城市森林最大限度满足居民生活和生产需求。在绿量规划时可根据以下方法计算：一个成年人在安静的状态下每天约吸入（消耗）0.73 公斤 O_2，呼出 1 公斤 CO_2，而 1 公顷森林通过光合作用，1 天能吸收 1 吨 CO_2，放出 730 公斤 O_2，因此，城市居民每人至少需有树林 10 平方米或者 25 平方米的草地，才能保持碳氧循环平衡。

2. 绿化植物材料选择

绿化植物材料的选择是城市森林生态系统的健康及生态功能发挥的根本保证。

城市绿化树种选择往往偏重于树种的形态、叶形、花色、干形等观赏性指标，或有一种“盲从心理”，盲目引种绿化树种，忽视或较少重视生态适应性强的乡土树种，致使树种死亡或生长不良，无法充分发挥森林的生态效益；另外，城市行道树管理过程中，存在一个常见问题，即树木根系受水泥地面的限制，致使行道树生长不良或由于根系腐烂而死亡，这些是违背树种生态适应性原理的典型现象。由于不同城市森林类型生态环境差异较大，所以，根据生态适宜性原理，应根据具体地段的生态环境因子确定绿化植物种类，并要求群落演替过程中，使植物与环境生态条件相适宜，让最适应的植物生长在最适宜的环境中，以维护城市森林生态系统的健康和稳定。

在引进和选择绿化植物时，注意物种的生态位协调。这是城市森林生态系统健康、安全的保证，同时也是物种布局演替料时，依据生态位原理，利用植物在不同年龄生态位要求差异进行合理搭配，使景观错落有致，同时充分利用空间，发挥植物的生态效益。

3. 城市森林布局与树种配置

功能强大、生态系统总体功能的强弱取决于生态系统结构的合理性以及生态学过程的状态。所以，根据森林生态系统基本原理，建立合理的城市森林结构。城市森林配置模式单一，

结构不合理，生态景观单调，生物多样性低，且生态功能不高是当今城市森林结构较普遍存在的问题。合理的结构体现在物种组成和时空结构合理，生物群体与环境资源组合之间的相互适应，城市森林生态系统健康和安全，改善城市生态环境明显。

4. 城市森林生态平衡调控

城市森林主要是残留的地带性森林和栽植的树木共同组成的斑块。当地残留的地带性森林具有一定的自我更新和维持的能力，包括部分绿带和较完整的林分，但目前城市森林主要是栽植的树木，自我更新的能力差或基本上不具备，所以，如何通过人为措施进行生态平衡调控，增强城市森林稳定性，维持生态系统平衡是城市森林建设和管理的重要内容。

城市森林生态系统结构是城市森林建设和管理工作的基础和重点，所以应研究生态平衡对人类的反馈作用及生态效应，认识生态环境现状、预测生态系统变化趋势，并通过生物、物理、化学技术等手段，控制城市森林生态系统的结构，调节生态系统平衡，使城市植物群落的演替方向朝着人类的需求方向发展，同时维持生态系统的安全、健康和平衡，充分发挥森林生态效益，实现人与自然和谐共处。

从以上分析说明，城市森林的规划、绿化植物材料的选择、布局及管理应根据森林生态系统基本原理，分析生态系统环境，协调植物与环境、种内和种间关系，控制演替方向，以维持城市森林稳定、健康，充分发挥城市森林生态系统功能。

第二节　生物多样性原理

城市化过程是一个自然生态系统不断受到破坏、人为干扰不断加强的过程，这种趋势是不可扭转的，如何适应这种发展趋势维持城市化地区环境的可持续发展，发展城市森林是一条有效的途径。城市森林建设的目的就是要通过建设以林木为主体的城市森林来解决城市化建设进程中的环境问题，其中很重要的一个方面就是如何保护生物多样性。生物多样性（biodiversity）是近年来生物学与生态学研究的热点问题。一般的定义是“生命有机体及其赖以生存的生态综合体的多样化（variety）和变异性（variability）”。按此定义，生物多样性是指生命形式的多样化（从类病毒、病毒、细菌、支原体、真菌到动物界与植物界），各种生命形式之间及其与环境之间的多种相互作用，以及各种生物群落、生态系统及其生境与生态过程的复杂性。一般地讲，生物多样性包括遗传多样性、物种多样性、生态系统多样性与景观多样性。

城市化过程造成了以森林为主的自然生态系统不断被支解和蚕食，使城市化地区的生物多样性受到破坏，保护生物多样性已经成为城市生态环境建设的重要内容（王献溥等，2000；路纪琪，2001；钱吉等，1997）。城市森林建设的宗旨就是要发挥林木在改善城市生态环境方面的作用，也有利于保护和增加城市地域范围内的生物多样性，许多城市在城市绿化材料引进和选择、植物群落配置、城市森林整体布局等环节，都强调要保护和增加生物多样性（彭镇华，2002；王和祥，1999；张庆费，1997；袁兴中等，1994）。但在实践过程中，有些地方把保护和增加生物多样性的重点集中在引进外来植物方面，过于强调物种丰富度，缺乏从生态系统的角度来考虑生物多样性问题，忽视了物种的适应性，这不仅是对生物多样性概念的误解，而且也不利于城市生物多样性的保护，甚至带来绿地生态功能不高、维护费用大等问题。在这里，首先分析了城市森林建设中增加生物多样性的必要性，并就存在的问题进行了探讨。

一、城市森林建设中保护生物多样性的必要性

在城市森林建设中注意提高和保护生物多样性，能够丰富城市景观，满足城市地域内不同环境的绿化需求，增加城市森林生态系统功能过程的稳定性，具体包括以下几个方面：

1. 城市化过程对生物多样性造成严重威胁

城市地域生物多样性受到威胁的原因是多方面的，但最主要是来自于人类活动。德国卡尔斯鲁厄市有 30 种植物的生活受到不同程度的威胁，主要原因是人类活动的影响，其中很大一部分种类是因为正在失去其生存环境而受到威胁（江源等，1999）。植物群落多样性的变化决定了动物多样性，也是鸟类生态分布的重要限制因素（Lancaster，1979）。济南市在 1958~1991 年的 30 多年时间里，市区的鸟类共消失了 4 个目 8 个科 33 种，而仅增加了 2 科 18 种，不仅稀有种消失率高，而且随着自然景观变迁程度的增加，一些优势种成为稀有种甚至消失，这种变化的根源就在于城市化导致了鸟类生存环境的变化（赛道建，1994）。森林作为生产力水平最高、物种组成最为丰富的陆地生态系统，比草地提供的生境类型要多得多，有更大的容纳量，成为鸟类、兽类和各种昆虫的栖息地。因此，建设城市森林更符合保护和提高城镇生物多样性的要求。

2. 增加生物多样性是搞好城市森林建设的基础

近年来在城市提倡城市绿化生态化（王祥荣，1999；吴人韦等，1999）。城市森林建设特别强调提高绿地的生态功能，而生态功能的发挥是靠植物来完成的，植物是城市森林的主体和基础，不同的植物具有不同的生态功能，单调的植物种类建立起来的绿地生态功能单一，失去人类的维护是不稳定的，城市森林本身就意味着要增加生物多样性。同时，绿量是体现绿地生态功能的重要指标，增加单位面积上的绿量，提高群落的生产力和生态效益，需要搞多层次、多树种混交的复层绿化，这一点没有植物的多样性是难以实现的。在一些城市，引种往往成为城市绿化的重要环节之一。以天津市为例，由于天津市地下水位比较高，土壤盐渍化比较严重，本地区的乡土树种很少，自 20 世纪 80 年代中期以来，引种成功的乔木、灌木、藤本和草本植物多达 233 种以上，为天津市的绿化提供了丰富的植物材料，其中引种最为成功的绒毛白蜡已经在 1984 年被定为天津市的市树（王和祥，1999）。

3. 增加生物多样性可以创造更加丰富多彩的城市森林景观

城市生态环境建设对城市森林的功能需求是多种多样的。为了提高绿地的生态效益，要加强城市森林的自然化和突出地方特色，需要增加乡土植物特别是建群种和优势种的使用；创造清洁优美的环境，需要多种植物来满足；城市森林建设中一些突出景观效果的园林

景点，这些丰富多彩的园林景观有赖于多种多样的植物配置模式，有赖于能够提供不同景观需求的各种各样的植物材料。而某些植物被大量的重复使用，不仅会使城市景观单调乏味，甚至产生严重的病虫害等不良后果。

4. 增加生物多样性有利于维持城市森林生态系统的稳定和提高其生态功能

以人工植被为主的城市森林生态系统，不仅需要植物的多样性，还需要动物和微生物的多样性，它们彼此之间通过食物关系形成食物链和食物网，达到相互制约、相互依存的关系，从而使绿地生态系统维持在比较稳定的状态，发挥改善环境的功能。

（1）高的多样性增加了具有高生产力的种类出现的机会。

（2）多样性高的生态系统内，营养的相互关系更加多样化，为能量流动提供可选择的多种途径，各营养水平间的能量流动趋于稳定。

（3）生物多样性高的系统具有较强的恢复能力。在任何生态系统中，必定有某些物种处于不够适合的条件下，它们生活在那些最适合现存条件的物种之中，处于从属的地位。一旦条件发生变化，其中一些物种作为新的生态系统的创始种将具有重要的潜在意义。一个物种非常稀少的系统则非常缺乏恢复力。在北极生态系统中，如果地衣的生长受到损害，则整个系统就会崩溃，因为那里的所有生物都直接或间接地依赖地衣而生活。

（4）高生物多样性增加了系统内某一个种所有个体间的距离，降低了植物病体的扩散。

（5）多样性高的生态系统内，各个种类充分占据已分化的生态位，从而提高系统对资源利用的效率。

另外，增加城市森林生物多样性不仅为濒危动植物资源提供了异地保护的场所，还可以充当动植物迁移过程中的“驿站”，甚至成为它们的生境，从而促进生物多样性的保护工作（Forman，1995；Miller，1997）。

5. 增加植物多样性有利于满足城市环境异质性的需要

城市的环境状况具有高度的异质性。影响城市环境的自然和人为因子的多变性，导致了城市环境在时间上存在日变化、月变化和年变化，在空间上存在不同地区的城市、一个城市的不同街区之间的差异。夏季，城市建筑物多，气温和地表温度高，热场效应显著，街道、广场需要耐热、耐烘烤的植物；厂矿区空气中的污染气体和粉尘比较多，需要对污染气体有抗性和吸附灰尘能力强的植物和绿地类型；城市水资源缺乏，需用耐旱和水资源消耗少的植物；商业区、医院需要杀菌、除尘的保健植物；墙体和立交桥绿化，需要爬藤植物。可以说城市的各个部位绿化对植物的要求都不尽相同，需要有丰富的植物多样性和多种配置模式作保证。

二、不能混淆的几个问题

保护和增加生物多样性是一项比较复杂的工作，特别要重视生态系统和景观尺度上的多样性。目前，在增加城市森林生物多样性的实际工作中还存在一些误区，许多研究集中在统计物种的变化，并把它与濒危物种的保护等同起来，而在城市又常常把它与物种丰富度等同起来，这对于城市森林建设和城市生物多样性保护都是不利的。

1. 物种多样性高不一定表示生态系统最稳定

我们在城市森林建设当中，人工植物配置设计是经常要面对的一项工作。许多设计都很重视增加植物的多样性，进行尽可能多的搭配、组合，形成丰富多彩的视觉效果，也期望获得稳定高效的生态功能。而从生态系统的角度来看，生态系统的稳定性和高效性是靠构成生态系统的各个成分之间以及它们与生存环境之间形成的复杂关系来维持的，物种多样性只是一个方面，更主要的是要有相互协调的关系。物种的多样性不一定导致生态系统的稳定性（赵惠勋，1990；何芳良，1988）。对森林、草地等自然生态系统长期的定位研究表明，一种植被类型的物种多样性不是一成不变的，而是处在一个动态的变化之中，顶级群落与演替初期对比可能生物多样性要低，但它是比较稳定的。人工搭配的城市绿地生物多样性与自然生态系统的生物多样性是完全不同的两个概念。人工植被最大的弱点就是它的不稳定性，因此这种人工植被类型生物多样性的高低并不能表示其稳定性大小和生态功能的强弱。

2. 生物多样性高不是人为拼凑的

在城市条件下，人工植被的比重很大。目前，许多城市通过引种丰富了城市森林建设的植物资源，也创造了许多组合模式，使物种的丰富度显著提高了，但许多植物和配置模式的保持都必须借助不断的人工措施来实现的，因此，这当中存在的潜在风险我们必须有充分的认识。许多自然分布区相隔的植物被人们硬性地栽植在一起，它们之间以及与外界环境之间是否能够形成和谐统一的关系将最终决定能否普遍推广。生物多样性应该主要通过生态系统的内部生态过程来维持，而人为拼凑出来的较高城市生物多样性与保护和增加城市生物多样性并不是一回事。

3. 生物多样性不等同于物种丰富度

在城市生物多样性的统计中存在一种倾向，就是特别重视物种的多样性。许多城市都把城市有多少种植物作为一个重要的生态环境建设指标，热衷于统计城市绿化植物材料增加了多少，比别的城市多多少。当然，不能否定这些植物材料的增加为城市森林建设提供了丰富的资源，但如果把城市森林建设的核心都放在这个方面就有问题了。物种丰富度仅仅是生物多样性的一个方面，它还包括物种的优势度和均匀度，这两点是十分主要的，如果我们统计的物种大多数是生长在植物园或少数庭院里的，这种丰富度对整个城市森林建设没有多大的意义。

4. 景观多样性高也可能意味着生境破碎化

景观生态学是近些年来发展起来的一门新兴学科，其核心就是保护生物多样性（Forman，1995；古新仁等，2001）。景观多样性也是生物多样性的一个方面，是景观单元在结构和功能方面的多样性，反映了景观的复杂程度，包括斑块多样性、格局多样性。两者都是自然、人类活动干扰和植物演替的结果。景观类型多样性既可以增加物种多样性，又可以减少物种多样性，两者关系不是简单的正比关系。特别是在城市化过程中，景观多样性并不是越高越好，因为景观多样性高往往意味着破碎化，这种破碎化可以分成显性破碎化和隐性破碎化两个方面：

（1）显性破碎化：主要是在城市化过程中森林、草地、湿地等自然生态系统被人工建筑不断挤占和分割所造成的，这种破碎化在景观尺度上比较好理解。

（2）隐性破碎化：这是在显性破碎化基础上产生的一种深层次的生境破碎化。在城市环境下，由于森林、湿地等自然生境的条块分割和单一植物构成的植物群落相对增多，许多动物需要的生境遭到隔离而呈现一种隐性的破碎化，即虽然整个城市范围内的绿地面积很大，但对于某种特定的生物来说，它能够生活的绿地相对面积很少或处于被其他地类和植被类型隔离的状态，使它的栖息环境和迁移通道受到破坏。这种破碎化还没有引起人们的重视。

从景观多样性的统计来看，计算的通常是景观要素的多样性。因此，上述两种景观破碎化过程增加了景观要素的多样性，但实质上不利于城市生物多样性的保护，是对生物多样性的破坏。

保护和增加生物多样性是城市森林建设的目的之一，也是提高其生态功能的主要手段。但仅仅强调增加植物种类而忽视绿地生物群落结构和类型的多样性，并不能够达到真正增加生物多样性的目的。

三、生物多样性原理在城市森林建设中的应用

城市生态系统的生物多样性包括动物、植物、微生物等多种成分，植物多样性是前提和基础，但更重要的是群落的多样性、生态系统多样性。动物和微生物不是靠引种就能增加的，必须有满足其生存的环境条件。因此，要转变目前在保护和增加城市生物多样性过程中的一些错误观念和不合理做法，从整个城市地域的角度着手，把城市的建成区、近郊区和远郊区作为一个有机的整体，进行全面规划，合理布局，大力保护和发展自然和近自然林模式，提高城市森林生态系统的多样性和稳定性，将全面改善城市的整体生态环境，促进城市生物多样性保护。具体包括以下几个方面：

1. 进行科学的城市森林发展规划

城市森林发展规划是针对整个城市地域范围的，具有宏观性和长远性。城市生物多样性保护首先要在这个尺度上加以重视，要按照有利于城市森林生态系统稳定和增强各组成成分之间空间连接性的目标，进行合理的城市森林规划。具体就是要重视城市范围内一些核心林地的建设，进行合理布局；其次要有连接各个核心林地的主干生态廊道，有利于生物在不同森林绿地之间的迁移。

2. 注重增加群落的多样性

增加群落的多样性是提高林地生态效益和具有较高物种生物多样性的基础。在城市森林建设过程中，要构建乔、灌、草、藤复合结构的多种类型城市森林绿地，增加群落结构的多样性。

3. 注意乡土树种和乡土植被的利用

城市森林建设中进行科学的树种选择和配置是保护和提高生物多样性的重要环节。乡土树种和乡土植被对当地的环境条件有长期的适应性，造林后容易成活，容易形成以乡土树种为主的地带性植物群落，从而有利于保护生物多样性。

第三节 景观生态学原理

景观生态学一词是德国区域地理学家 C. Troll 在 1939 年首次采用的，是生态学与地理学相互融合发展起来的一个新兴学科。目前，景观生态学尚没有一个被普遍接受的定义，但它的研究思想却得到了广泛的认同。与其他生态学学科相比，景观生态学明确强调空间异质性、等级结构和尺度在研究生态学格局与过程中的重要性。美国生态学家 R. Forman（1995）提出了“斑块—廊道—本底模式”，为描述景观结构、功能和动态提供了一种空间语言，使大尺度的土地利用规划有了生态学的理论支撑。

景观生态学的主要目的之一是理解空间结构如何影响生态学过程，在研究方法上，景观生态学主要采用遥感和地理信息系统技术与生态学过程分析相结合，而现代城镇景观规划与设计强调以人为本、人与自然的相互协调，自然保护思想在这些领域日益重要。因此，景观生态学可以在比较宏观的尺度上，为城镇土地利用规划和设计提供一个有生态学思想的理论基础，帮助评估和预测不同的规划和设计可能带来的生态后果，在城镇土地利用规划以及绿地系统规划等长远发展蓝图的制定方面具有广阔的应用前景，将极大的提高景观和城镇规划与设计的科学性与可行性。

一、城市景观要素和生态类型

城市森林是城市生态环境建设中的重点，因为树木和森林所能发挥的生态功能是任何其他植物群落类型所不能替代的，但只有合理构筑城市森林结构的基础上，才能更有效的发挥其应有的各项功能。本书提出的城市森林生态网络体系建设，实际上已回答了上面的问题，也就是说必须构筑一个网络。

网络（Network），是指某种线状要素相互交错连接构成的复杂系统，景观生态学把网络定义为，由廊道的连接（linkages）和节（node）组成，通常被基质所包围的系统。而节是整个网络系统附着在廊道上的庞大部位，或在两个廊道的交错连接处（intersection node），或在两个节间的廊道上，节可以理解为是景观要素中的斑块（Punch）。

景观是你一眼可以看到的部分土地或风景，是一个地区的各种土地类型的集合，是代表自然风景的景色，如树林、草原、湖泊等。景观生态学角度来分析，所有的景观都构成了三种要素类型，即斑块、廊道和基质，而网络实质上包括了景观的全部要素。

城市是一个地理单元，是一种建筑密集的人工型景观，相对于城市所处的整个区域言可以理解为是一种符合斑块性质的要素，但在城市高度密集地，如城市走廊，由于城市间已基本连接，城市面积往往可能超过整个地区的一半，实质上以基质的形式出现；而沿着长江或黄河，我们可以看到许多城市傍江而建。因此，城市成为附着在大江这个廊道上的节。

然而就城市本身，并非是一个完全同质的土地单元，内部分别有各种表面性质极为不同的表面，这些不同表面的集合成为城市的下垫面结构。对城市而言，不管有多少种土地表面，基本上可分为四大类型：硬质表面、水面、土壤表面和植物表面，可建立一个简单的城市土地表面的分类系统（图 6-1）。

- 城市下垫面
  - 人工或自然的硬质表面
    - 自然硬质表面，如岩石裸露的山体（一般比较少见）
    - 各类建筑（屋顶）
    - 人工铺装的道路
    - 铺装表面的广场
  - 水面
    - 各类人工或自然的湖泊、水库、水塘
    - 自然或人工的河道
    - 灌溉水渠
  - 植物性表面
    - 农田
    - 草坪，人为铺设、管护的
    - 草地，自然的未经人工养护管理的
    - 各类以木本植物为主的植物群落表面
  - 裸露的土壤表面
    - 季节性的裸露表面
    - 人工或自然形成的裸露表面
  - 堆积物表面
    - 生活垃圾堆积
    - 工业废料堆积
    - 其他

图 6-1　城市下垫面的构成

而该五大类土地表面类型都有可能成为景观要素的一种类型，或是斑块，或是廊道，或是基质。一般情况，人工或自然的硬质表面是城市的基质，因为绝大多数的城市硬质表面超过城市面积的 50%，也有一些城市森林覆盖率高的城市，其硬质表面已不能成为背景，各类城市景观要素构成了不同的生态类型，表现了不同的生态特征。加拿大的 R.Brady 等（1979 年）结合城市土地利用的情况，按照生态环境特点把城市的各类土地划分成 12 种生态类型（ecological typology）：

（1）城市峡谷：这里建筑物高耸，形成城市的悬崖，林木覆盖率低于 3%，可能有极少量的城市稀树林（Urban savanna）与草皮。建筑物及铺装过的地面产生热岛效应，该区的生物量和生物产量最低。

（2）弃地 / 杂草草地：发生杂草的演替，很少用割草机割，树冠覆盖率低于 3%，外来植物和当地土生植物的种类均多。

（3）弃地 / 稀树林：树冠覆盖率 3%~5%。

（4）草地：指人工铺草地，经常用割草机割，生物量低，但生产量高。位于建筑物间的空旷地，树木分散，树冠覆盖率低于 30%。

（5）城区 / 稀树林：林木覆盖率大于 3%，树木分布稀疏，树冠开展形成稀树群落景观。

又分为 3 种情况：

① 新建成区 / 稀树林：树冠覆盖率 3%~5%，乔木和灌木之间是割过的草地，房屋建筑一般不超过 15 年，仍在继续植树和栽草；建筑物对于小气候的影响要高于植被的影响。

② 15~50 年历史的建成区 / 稀树林：林木覆盖率 20%~40%，建筑物年代 15~50 年，植被开始影响小气候因素。

③ 老城区 / 稀树林：林木覆盖率超过 40%，树木间的草地因光照不足而生长降低，建筑物通常在 50 年以上，很少再栽植树木，景观组成比较稳定，树木对小气候的影响大。

（6）草本群落：包括在建成区中的住宅区、商业区、工业区等土壤裸露受地表径流冲刷，新入侵的草本植物多。

（7）城区 / 人工林：成行栽植的针叶林，覆盖率超过 75%，种类多样性少，最终会（50~200 年）转化为自然生态系统。

（8）交通道路 / 草地：水泥、沥青铺装的道路边缘种植小树、灌木，一般对小气候的影响很小或不产生影响。

（9）残留的自然生态系统 / 自然片林；如沼泽、山坡林地等残存的自然植被，覆盖率一般超过 50%，影响周围的小气候因素。城市居民从中获取的利益较大，成为居民户外游憩的主要场所。

（10）保留的农田；建筑物附近保留的农田，果园等。

（11）河流，湖泊 / 水生生态系统：一般受城市的污染比较严重。

（12）垃圾场 / 有机物的废弃地：这一类中入侵的草本植物多。

如果单独分析城市森林的景观，同样具有三种景观成分，即城市森林斑块、城市森林廊道和城市森林基质。

（1）城市森林斑块：城市环境的各类片林、公园、街头的绿地等的树木构成的片状景观，是城市森林景观的最主要成分。

（2）城市森林廊道：沿着各类道路、河流、渠道的林带，长条状的公园、绿地，如合肥等许多城市建设的环城公园、环城林带等。

（3）城市森林基质：一般说，就整个城市而言，目前城市森林以背景的形式出现的机会不多，特别是我国的城市，但有些城市，当林木覆盖率超过 50% 时，城市森林成为整个景观的背景，例如华沙、维也纳等环境优美的城市，实际上就是一座森林城。

综上所述，城市森林网络体系的布局，从景观生态学的角度，就是对城市森林斑块、城市森林廊道的合理组合，使其发挥最大的功能。从理论上讲，当城市森林成为城市景观的主体即城市景观背景时，城市环境就有可能或至少具有较为良好的森林环境，而且其作为背景的成分愈大，就愈接近森林环境。

二、城市森林景观要素属性与功能

要了解城市森林的合理布局，首先要了解城市森林景观要素的结构与属性，因为任何一种生态系统其发挥功能的大小，均取决于其结构的合理程度。以下简单介绍各景观要素的有关属性。

1. 斑块的属性

斑块的属性包括尺度、形状、边界等，而这些属性对于该斑块的生产力、生物多样性以及土壤水分等都具有一定的生态作用。

（1）斑块的形成原因：景观斑块的形成主要有以下几类：

① 干扰形成的斑块：是在景观背景上发生小范围的干扰产生的。

② 残留性的斑块：由于高强度、大范围的干扰包围了一个很小的范围而形成的；如大面积农田所保卫的残余自然片林，森林大火以后保留的小块森林，城市建筑群体所包围的小块农田、森林等，均是残余性的斑块。

③ 更新斑块：它与残余斑块相似但起源不同，例如在一个受重复干扰的大范围中的一个局部区域，由于干扰停止而发生植被的演替（更新），而出现新的树林构成的森林景观斑块。

④ 环境资源斑块：景观中出现的嵌体，是由于环境资源本身如土壤、岩石、水分等条件不同于周围的基质而造成的一种斑块。因此该种嵌体的形成是由于环境条件的异质性所造成。

⑤ 引入性嵌体：是由于人类活动造成某种物体的引入而形成，如人工林、城镇。主要包括：

- 种植性的斑块，这种斑块中种的变化动态取决于人工的经营方式与措施。
- 人类的居息地，是地球上最重要的引入嵌体，该嵌体的生态结构决定于代替自然生态系统的物种类型，人类居息斑块的种类组成主要是 4 种：人类自身，引入的物种（动、植物），非人类希望而进入的种类（病、虫等），迁移的原生乡土种。

从大尺度范围来说，城市本身是引入性斑块，但在城市范围内，事实上可能包括了上述所有不同形成因素造成的景观斑块，当然对于城市森林景观来说，最主要的还是人工经营的种植型斑块。

（2）斑块的尺度及其生态影响。尺度是一个重要的景观概念，从生态学的角度常常会问两个问题：其一，是大的斑块好还是小的斑块好，称为 LOS（a large or small patch）问题；其二，是单个大面积斑块有利还是多个小面积斑块有利，称为 SLOSS（Single large or several small patches）问题，这涉及的是生态功能。

城市森林景观斑块尺度的生态意义在于影响其种类组成与结构、能量流动与物质循环的特点以及生产的功能；而对于人类的经营活动来说，则包括经营操作的方便性，大型机械的可用性，为发挥游憩功能而可进入的方便性等。

① 斑块尺度对能量及营养物质的作用。理论上讲，无论斑块的尺度大小如何，在一个斑块中的特定区，其能量及营养的储存或流动量应该是相同的，因此一个斑块中营养及能量的总量与斑块的面积成比例。但景观斑块不是非常均匀的，因此在斑块边缘区和斑块内部其生态功能存在着显著的差异。例如一个自然的树林斑块，一般情况下边缘部分的植物密度较大，其单位面积的生物量要高于斑块的内部，这是因为边际效应使其具有较高的能量接受，又减少竞争的缘故。同样在斑块的边际，动物的活动较多。

② 斑块尺度对种类及种类数量的影响。景观斑块即为景观镶嵌（Landscape mosaic）对于一些主要的物种来说，镶嵌造成的隔离是主要的问题，但大多数种类至少可能以很低的速度跨越镶嵌体。对于一个景观斑块来说，其种源不是单向的，而是多方向、分散性的。因为大多数景观斑块具有内部居息环境的多样性，因此每单位面积的效应很难表达，斑块内的干扰是主要的决定因素，或增加或减少种的数量，斑块的形状变化与斑块的面积相比更为重要。

对于自然的景观斑块来说，一般情况下面积大的斑块具有较多的种类，但斑块的边界形状往往有很大的影响，例如食虫鸟类的斑块面积至少 40 公顷，以植物种子为食的鸟类至少 2 公顷，和斑块面积相关的敏感程度按以下次序递减：食虫鸟类、蘑菇、苔藓、以种子为食料的鸟类、树木。

斑块内的种类可划分斑块的边缘种（edge species）与斑块内种（interior species），前者一般居住在斑块的边际带，而后者则生长在内部生境中。

陆地斑块的种类多样性依次与下列的斑块特点有关：

$S=f$（+ 居息环境的多样性，–（+）干扰，+ 斑块面积 .tif，+ 斑块形成年代，+ 周围基质的异质性，– 隔离性，– 斑块边界的离散性（不连续性））

（3）斑块的形状（Patch shape）。

① 斑块形状的生态意义（Significance in Ecology）。斑块形状的重要性与斑块的尺度一样，但对于斑块形状的生态意义至今了解的还不多。但研究表明，斑块的形状对动物的迁移无疑是重要的，例如鸟类、脊椎动物、昆虫在林中飞迁时喜欢长条状狭窄的采伐迹地而不去圆形的迹地，但如果迹地与它们迁移的方向平行则也会被舍弃，因此斑块的形状与方向对于动植物的分散是主要的影响因素。

城市森林斑块的形状一般比较复杂，因为人为构筑时常常考虑景观的效果，在短中见长、小中见大、曲中见幽等我国传统园林设计理论的指导下，边界的设计一般均是曲折的，同样在景观林业（landscape forestry）的经营思想也指导郊区或城市边缘的森林经营以景观游憩的要求来设计不规则的边缘，但是对其发生的生态作用至今了解不多，只能从自然景观中得到一些启示。

② 斑块的边际效应（Edge effect）。斑块形状在决定景观斑块的性质方面，重要的是其边际效应。边际表现有不同的种类组成，动植物的动态变化，以及生产与积累的差异，影响斑块边际宽度的因素有：

- 太阳射入角度，例如朝向赤道的边际效应宽度大于朝向北极的边际效应宽度。
- 风，如主风方向的边际效应一般宽于其他方向。
- 斑块和基质的垂直结构，如果差异明显则边际效应的宽度增大。

城市植被斑块的效应同样表现了不可忽视的作用，例如边际地带的植物生长旺盛，由于光照等原因树冠形状变化较大，入侵的非景观植物破坏了原来的结构等，这些现象增加了日常维护的工作量，因此在景观设计中同样应考虑这些因素。

③ 斑块的数量与结构（Patch number and configuration）。

一般认为一个较大面积的斑块比几个小的斑块具有更多的种类组成，如果这些小斑块是比较相邻近的话，但如果斑块十分分散，那么在几个斑块中可以发现有较多的种类。因为，所有的斑块都有相似的边缘种，但大的斑块通常也具有比较敏感的内部种，另外比较分散的斑块一般处于具有不同动植物区系组成的地带。

Forman认为，有3个以上比较大的斑块的存在对于维持最大程度的物种多样性是必须的。斑块的密度（数目）对于野生生物管理、森林经营是十分关键的。至少应考虑几个方面：每个群落类型有多少个斑块存在；每个斑块的起源或形成的机理；每个斑块的尺度；每个斑块的形状。

2. 廊道的属性（Corridors）

几乎所有的景观都利用廊道作为交通通道、保护隔离带、景观的深入等。

（1）植被性廊道的作用。廊道提供了生物多样性的保护，包括沿河流的生境、稀有及濒危物种、广布种、成为地方性灭绝种的重新散布的通道；廊道提高了水资源的管理，如控制洪水、水土流失，净化水源、提高水库容量，增加鱼的种群等；作为防风林带提高作物的产量；廊道提供了户外游憩的活动机会；提高社区或文化内聚力，创造了邻里之间的区别；提供了动物的迁移通道、造成地形地貌的变化丰富了景观文化内容等。

（2）廊道功能（Corridor functions）。概括起来廊道在景观中具有5种基本功能：

① 居息地功能（Habitat function）。廊道是物种重要的居息环境，一般情况，廊道中基本没有稀有或濒危的物种，除非廊道环境是当地原生植被环境的残余。廊道中的边际种的密度较高，因为廊道具有两边的边界、而且穿越不同的基质，可能与不同的基质相邻，因此具有环境变化的梯度，一些廊道可能包含了曲折的道路或河道、这对动物在廊道中的迁移来说成为障碍，因此，可能导致廊道内种群的遗传变化。只有适应性广泛的种类能够在沿廊道极端变化的环境中生长，也只有抗干扰的种类、如路边杂草等能忍受不断出现的人为干扰。

② 管道性功能（Conduit function）。廊道是物种、能量与物质迁移转运的通道，能量、物质、动物、人类都利用廊道系统来转移或运输。廊道的长度和结构影响廊道的功能，例如，在具有较少间隙、较少曲折、无环境梯度、很少入口或出口、没有与道路溪流交叉的廊道，动物的迁移最有效，因为这样的廊道具有较短的线路。如溪流性的廊道，假如是曲折的那么动物或人类也许会直接的在两个弯曲间穿越而不是沿着溪流流动。

③ 过滤功能（Filter function）。过滤功能使得一些种类不可能越过廊道，因此具有筛选的作用。廊道的结构影响过滤功能，廊道的连接性程度表明间隙出现的频率，但间隙的大小以及内部与环绕间隙的周围的性质是影响廊道内运动的关键因素，廊道的宽度以及缢缩的存在被认为是影响过滤功能的关键，溪流、道路、河流、小路、池塘、墙体以及其他的隔离障碍一般都降低了渗透性。

④ 源的功能（Source function）。沿着廊道移动的一些动物、水系或交通工具可能会扩散而进入基质，而噪音、灰尘、各种化学物质以及廊道中的种类也可能作类似的移动，因此廊道是一种源。

廊道的结构控制作为源的功能，廊道的宽度决定了有多少内部种的存在，沿着廊道的环境变化梯度意味着主要是边际种的数量增加，廊道曲折增加了作为源的作用。

⑤ 库的功能（Sink function）。风携带的雪、种子、土壤在树木构成的廊道中沉降；而地表径流经过基质，水土流失携带的土壤颗粒、化肥、农药则沉积在溪流中，廊道在一定意义上作为暂时性的库。

（3）廊道结构。一般情况，廊道具有明显的曲折，在整个廊道上时宽时窄，而且时有空缺，当然空缺的距离间隔不一，它对穿越廊道或沿着廊道的迁移作用都是十分显著的，如果廊道中具有缢缩处，则此处必然具有相对低的功能，具有与廊道相同的植被与廊道相接的斑块称为节（node），这样的节对于物体的流动具有意义，因为其与廊道的管道作用相接。

廊道的连续性（connectivity），一般用单位长度具有的间隙数来表示。因为间隙的存在与否被认为是最重要的决定廊道管道功能或阻隔功能的因素。

沿着廊道移动的观察，种类的组成从廊道的中心到边际一般有明显的变化，无论是哪种廊道，例如河流、公路、铁路、林间的小道、灌溉渠道等，都有运送物体的功能，但廊道本身是其两侧的障碍。廊道有 3 种基本结构：

① 线形廊道。如树篱（林带），林带一般是人工营造、自然残留或更新形成的。人工林带通常只有一种植物，结构单一，同龄，种类组成少；更新形成的林带，一般沿着墙体、篱笆、堤坝、道路逐渐形成，空间结构分布以及种类多样性比较高，特别是由鸟类传播的种类比例相对高；森林残留的林带，由森林采伐形成的，具有大树及多个种类组成，较高的空间异质性，较高的森林树木种类。

在一些地方树篱林带具有重要的生态作用，如英国大约有 500~600 种植物是生长在树篱环境中，一般情况，树篱林带的种类与森林林缘的种类结构相似；另外，树篱常常是动物的主要通道，这在城市或郊区的环境更为重要，而动物多样性与植物的多样性则与树篱的结构如垂直层次等有关，在欧洲 20 种鸟类在有灌木、乔木层次的树篱中繁殖，而在只有一个层次的树篱中则只有 6~8 种鸟。树篱中灌木对于动物的运动十分重要。

② 带型廊道（Strip corridors）。两侧具显著的边际效应，且已宽到有足够的中间环境的长条性廊道，在景观中带型的廊道出现的频率低于线形廊道。

③ 河流廊道（Stream Corridors）。河流廊道又称为河岸植被（riparian vegetation），起着控制水流及矿质营养的作用，沿河流如有良好的延伸到河堤两侧高地的植被带，能有效地减低洪灾的危害，保护河堤免受冲刷及水土流失，水质好。河流廊道的宽度应该能宽到足够有效的控制水土的流失，促使河岸两侧高地森林内部物种沿着河流的运动，因此河流的廊道应该包含河流汛期淹没的地域、河堤及两侧（至少一侧）的高地宽于边际效应的范围。

这里必须说明，上述种种概念是针对自然景观的，城市森林景观斑块显然不同，因为处于人为的干扰下，而且其组成与结构也完全是人为因素的结果，因此不能全部应用景观生态的方法来研究，但城市森林斑块的尺度同样是重要的生态基础，也在一定程度上遵从着上述的规律。

首先，绿地面积同样在一定程度上决定了种类的组成，例如据杨学军等对上海一些街区绿地的种类组成研究表明，生物多样性与绿地面积的大小成正相关，而且提出比较适合的绿地面积为250~350平方米。

其次，城市森林斑块的动态变化与其结构有很大关系，例如城市与郊区的大型公园、植物园、郊区的林带等，事实上经常处于较少受到人为干扰的情况，因此种类入侵、结构变化等现象时有发生，这些动态的过程均在一定程度上遵从上述的规律而且为野生动物提供了栖息的生境。

另外，城市绿地边际带的效应同样存在并发生影响，例如植物生长旺盛，由于光照等原因树冠形状变化、发生偏冠现象，而内部的自然疏枝也影响了树形；边际地带容易侵入一些非景观植物，从而破坏了原来的结构，这些现象增加了日常维护的工作量，因此在景观设计中同样应考虑这些因素。这里有一个颇为典型的例子，合肥的环城公园在20世纪的80年代曾引种北美的火炬树（Rhus typhina），这是典型的森林边缘种，生长在北美森林边缘的灌木。结果是，在几年的时间内火炬树不断的在林带的边缘更新蔓延，完全破坏了原来的景观格局，最后只能铲除。

城市森林斑块的形状一般比较复杂，因为构筑时常常考虑景观的效果，在短中见长、小中见大、曲中见幽等我国传统园林设计理论的指导下，边界的设计一般均是曲折的；同样在景观林业（landscape forestry）的经营思想趋势下，郊区或城市边缘的森林经营过程中也以景观游憩的要求设计不规则的边缘，但是对其发生的生态作用尚没有系统的专题研究，至今我们了解不多，只能从自然景观中得到一些启示。

三、影响整个网络功能的结构因素

如上所述，网络的基本要素是各类廊道的连接，在这个网络体系中影响其功能的包括以下因素：

1. 廊道密度（Corridor density）

指一个地区的廊道丰富性，通常采用单位面积中廊道的长度来计算，或采用廊道个体数来表示，例如从单条直线的廊道为1，到整个表面为廊道所覆盖的一个假设状态。

2. 网络连接性（Network connectivity）

即网络中所有节的连接度，采用网络中廊道的实际数与最大可能出现的廊道数比值，及指数，作为衡量连接性的指标，从0~1.0。

3. 网络环路性（Network circuitry）

网络中存在环路的程度，采用指标来反映，即环型的实际数量与最高可能的环路数的比。环路为物质提供了良好的通路以避免受到各类的干扰和阻碍。

4. 网络复杂性（Network complexity）

指上述网络环路与网络连接性两项指标的结合，或是每一个节连接的廊道复合。网络结构的连接性能在交通、经济领域一直是十分重要的，如确定一条最短的通路，通路的最佳位置等，这方面的问题在景观生态中也是重要的，但目前多数是理论性的。然而，对于动物及植物沿着单个廊道的运动已得到证明，如夜间可见到野鼠、狗在几乎废弃的小路上运动，但很少有证据说明动物通过直线的网络在做生态意义上的运动。网络的生态意义也取决于在何处与基质相连，输入或输出一般在节处发生，还是在沿着短距离通路或长距离通路发生。

四、景观生态学原理在城市森林建设中的应用

景观生态学在我国起步较晚，但发展很快，在城镇景观格局分析中很受重视。北京、上海、广州等城市利用景观生态学原理开展了城市本地特征分析，并在绿地系统规划方面做了许多工作（唐东芹等，1999；严玲璋等，1999；宗跃光，1999）。从现有的研究来看，主要集中在两个方面：一是通过景观现状分析，采用多样性、均匀度、丰富度等景观指数分析方法，进行城市森林建设的格局分析；二是根据景观生态学廊道设计的原则，对基于热岛效应、污染源分布等局部环境问题进行的城市森林配置和廊道疏通设计，以及基于污染物扩散进行的以道路和河流为主干线的廊道设计，确定城市森林的骨架。但是，目前的研究基本上是停留在理论水平上和局限于城区范围内的研究，景观指数分析的实际生态意义难以与现实的生态过程相结合进行，而宏观的规划又没有把城镇置于大环境背景之下，规划的尺度与城镇环境建设所要设计的尺度不能够完全吻合。而从保护生物多样性的角度来看，斑块的大小、结构以及连接斑块的廊道特点是非常重要的制约因素（Naiman，1993）。Stout（1995）研究了红尾鹰 *Buteo jamaicensis* 在美国威斯康星州东南部城区、郊区、乡村的生境要求，他建议城区土地要有 16% 处于自然生境，这些生境 40% 是林木，60% 为草本植物覆盖，以便为这种红尾鹰提供适宜的栖息地，理想的筑巢地面积大约在 9 公顷林地。因此，城镇绿地系统建设要考虑满足主要生态过程正常运行的最低需要，实行大斑块绿地（主要是森林）为主体，通过近自然的宽绿带为联系的生态廊道相连接的绿地空间布局体系，对于发挥保护生物多样性等生态功能更有实际的意义。

1. 城市森林景观格局分析

城市森林建设是针对整个城市范围的，除了强调面积和森林的结构以外，很重要的一点就是要有合理的空间布局。利用景观生态学的原理和方法开展城市森林景观格局分析，是一种非常有效的手段。通过对城市森林景观格局的分析，可以了解城市森林在整个城市地域范围内的分布情况，与城市气候、污染、建筑区布局等结合起来进行复合分析，评价城市森林分布的合理性，为进行合理的城市森林发展规划提供理论依据。目前，国内外对城市森林景观格局的分析技术和方法已经形成一套比较成熟的体系，将在城市森林建设中发挥重要作用。

2. 以景观生态学为指导进行城市森林发展规划

城市森林发展规划是搞好城市森林建设的基础，要具有一定的超前性。同时，城市森林的规划要为整个城市生态系统服务，要有利于城市生态系统的良性循环，有利于保护和增加城市的生物多样性。景观生态学为此提供了有力的工具和理论支撑。Ahern（1991）在对美国马萨诸塞州的 Hadley 附近地区的研究中，把景观要素（landscape elements）分成两大类：一类是指源于长期地貌过程的要素，如河流、地貌等；另一类是源于近期土地利用实践的要素，如绿篱、森林斑块等。他还指出，如果考虑到景观的可持续问题，这些地貌因素

必须被综合进来并形成一个被较近期景观要素所依附的主体框架，要对这种潜力充分理解，以便在那些目前不存在森林斑块和廊道的地区创造出新的森林斑块和廊道。这种思想对于搞好城镇绿地系统规划是非常有帮助的，无论是总体布局，还是模式配置和植物材料选择，首先都必须对城镇所处的环境背景值（包括气候、土壤、植被、水资源等）有充分全面的认识，才能作好适合于本地区特点的城镇绿地系统规划。另外，城镇自然植被受到极大破坏，生境破碎化、外来种干扰、人类活动等因素导致城镇乡土物种丰富度降低和主要生境丧失。虽然生物多样性保护的核心地区不在城镇范围内，但城镇各种绿地所包含的众多物种和提供的生境也可以为生物多样性保护工作提供有益的补充（Miller，1997）。因此，在城镇森林生态网络体系建设的整体规划和具体配置模式等各个环节，都要创造有利于保护和增加生物多样性的环境氛围，这也是提高绿地生态功能的有效途径之一。

因此，城市森林生态系统建设要考虑满足主要生态过程正常运行的最低需要，实行大斑块绿地（尽量扩大森林斑块的面积）为主体，通过近自然的宽绿带为联系的生态廊道相连接的城市森林空间布局体系，充分发挥城市森林的生态功能。因此，运用景观生态学的原理与方法，对城市森林现状及城市生态环境问题的需求，对城市森林的布局进行结构性调整，在减少景观破碎化的同时，充分发挥廊道的连接作用、森林斑块的生物多样性以及从景观丰富度的角度，使得城市森林类型结构及布局合理化、科学化。

第四节　生态系统管理理论

一、森林生态系统管理理论

全球人口的快速增长、资源过度开发、环境急剧恶化已对人类生存和发展构成了严重威胁。维护生态系统安全和合理管理自然资源已日益受到国际社会的关注。人们从过去传统追求单一经济效益观念转向于寻求生态系统可持续利用的观点，资源管理也从传统的单一资源管理转向系统资源管理，于是提出生态系统管理的理念，以实现资源的可持续利用。

关于生态系统管理的定义，不同学者从不同的学科和不同角度提出了多种。1988 年美国学者 Agee 和 Johnson 率先把生态系统管理定义为“调节生态系统内部的结构和功能，特别是输入和输出，以实现社会所期望的状态”；1992 年 Obveray 认为生态系统管理即为利用生态学、经济学、社会学和管理学等原理仔细地和专业地管理生态系统的生产、恢复，或长期维持生态系统的整体性和理想的条件、利用、产品、价值和服务；同一年，美国林学会解释，生态系统管理强调生态系统诸方面的状态，主要目标是维持土壤生产力、遗传特性、生物多样性、景观格局和生态过程。美国林业署认为（1992~1994）：生态系统管理是一种基于生态系统知识的管理和评价方法，这种方法将生态系统结构、功能和过程，社会和经济目标的可持续性融合在一起。美国内务部和土地管理局（1993）也相应提出，生态系统管理要求考虑总体环境过程，利用生态学、社会学和管理学原理来管理生态系统的生产、恢复或维持生态系统整体性和长期的功能、价值。1993年，美国的森林生态系统管理评估小组从森林角度提出：所谓森林生态系统管理，就是把森林作为生物有机体和非生物环境组成的等级组织和复杂的系统来看待，是一种用开放的、复杂的大系统来管理森林资源，是以人为主体的、由人类参与管理活动的、由“人类社会—森林生物群落—自然环境”组成的复合生态系统。1994年Wood提出，综合利用生态学、经济学和社会学原理管理生物学和物理学系统，以保证生态系统的可持续性，自然界多样性和景观的生产力。Grumbine认为生态系统管理是保护当地（顶极）生态系统长期的整体性，且这种管理以顶极生态系统为主，要维持生态系统结构、功能的长期稳定性。美国环保局在1995年提出，生态系统管理是指恢复和维持生态系统的健康、可持续性和生物多样性，同时支撑可持续的经济和社会。美国生态学会在1996年提出，生态系统管理有明确管理目标，并执行一定的政策和规划，基于实践和研究并根据实际情况作调整，基于对生态系统作用和过程的最佳理解，管理过程必须维持生态系统组成、结构和功能的可持续性。Christensen在1996年提出生态系统管理即为集中在根本功能复杂性和多重相互作用的管理，强调诸如集水区等大尺度的管理单位，熟悉生态系统过程动态的重要性或认识到生态过程的尺度和土地管理价值取向间的不相称性；Boyce和Haney在1997年提出，对生态系统合理经营管理以确保其持续性，生态持续性是指维持生态系统的长期发展趋势或过程，并避免损害或衰退。1999年Dale等人认为，生态系统管理是考虑了组成生态系统的所有生物及生态过程，并基于对生态系统的最佳理解的土地利用决策和土地管理实践过程，生态系统管理包括维持生态系统结构、功能的可持续性，认识生态系统的时空动态，生态系统功能依赖于生态系统的结构和多样性，土地利用决策必须考虑整个生态系统。

从以上诸多的定义或解释可看出，大部分的定义都从生态系统的功能和可持续发展的角度提出的，所有这些概念的提出和对森林生态系统管理的认识主要基于J. F. Franklin提出的“新林业”理论，人们大多认为这一理论是以森林生态学和景观生态学原理为基础，吸收森林永续利用理论中的合理部分，将资源管理与社会改革相结合，追求并特别注重人在其中的作用，使其既能永续收获木材和其他林产品，又能持续的发挥保护生物多样性及改善生态环境等效益，最终获得森林的生态、经济、社会效益的协调统一，达到林业可持续发展的目的。

生态系统管理到目前为止，虽尚没有一个统一的定义为学术界和管理者都同时能接受，但相关的概念和解释具有一定的特点：

（1）生态系统管理都是以人为中心，人是所有生态系统中不可分割的一部分，把人类、社会价值整合到生态系统，而所有管理措施的制定都为了满足人类的生存和发展的需求。

（2）生态系统管理要求人类利用和对生态系统影响方面的系统的、科学研究结果作为指导，选择最小损害生态系统整体性的管理方式。人们对森林的生态、经济及社会需求的森林资源管理方式，是在景观水平上维持森林全部价值和功能的战略，森林生态系统管理的总目标是维持生态完整性，具体目标包括维持生物多样性、生态过程、物种和生态系统进化潜力等。

（3）综合了大量的人与环境相互作用的生态学概念与原理。它有利于更好的管理土地和资源及其相互冲突的资源利用和管理目标。生态系统方法也试图致力于大量穿越不同空间的、时间的、生物的和组织的尺度环境关系。

（4）要求积极地参与生态系统管理，管理的内容包括自然生态系统本身和与这个系统所发生作用的人为因素或外部影响。因为各种利益集团和个人的协作及共同参与决策的管理是不可少的，因此在实践中首先重视公众参与和协作。

（5）生态系统经营不仅涉及资源管理技术的改革，还涉及思想和哲学等人文社会科学领域的改革，因此，要以社会需要为基础，根据政策、法规等制定管理目标。

从以上分析可知，在生态系统管理过程中，计划的制定和实施、实施结果的监测和分析、计划的修订等不断重复这样一个过程是必不可少的。这个过程被称为适应性经营（Adaptive Management），是生态系统经营的一个关键概念。

二、生态系统管理在城市森林建设和管理中的应用

生态系统管理必须认识到人是整个自然界的一部分，人及其社会的持续生存和发展有赖于环境和生态系统的健康；另一方面，人类必须寻求有效途径，使其适应并管理环境，这是资源和环境管理研究和实践中发展出的生态系统管理概念的核心。由于城市森林生态系统有别于自然森林生态系统，虽然两者有着共同属性，遵循森林生态系统基本规律，但两者在经营目的，经营管理方式，功能效益大小等方面又有区别。因此，依据生态系统管理理论，以城市森林生态系统为管理对象，必须把城市居民及其价值取向作为生态系统的一个成分，确定城市森林建设和管理内容和方法，具体如下：

1. 城市森林生态系统管理内容

城市森林是高度人工化的生态系统，一方面它服务于城市居民，另一方面也要求人积极参与建设和管理。根据森林生态系统管理理论，城市森林的建设和管理主要是在城市生态系统组成、结构和功能分析基础上，对一定时空尺度范围内将人类价值和社会经济条件整合到城市森林生态系统经营中，建设、恢复或维持城市森林生态系统整体性和可持续性。这就决定了城市森林生态系统管理的主要内容是：在城市区域范围内，协调以树木为主体的生态系统与环境相互关系的一切措施。它是由城市生态建设的进程及森林生态系统基本规律要求而决定的，它主要包括以下几方面内容。

（1）城市生态规划。当前城市生态环境恶化的重要原因是由于过去城市建设规划缺乏生态规划或生态规划滞后，城市绿地系统比例不足，城市森林生态功能没有充分发挥出来，所以城市森林建设采用生态系统管理的理念，应进行优先统筹规划绿地生态区，保障城市生态环境安全。生态规划的主要内容包括城市生态功能分区规划、土地利用规划、人口容量规划、环境污染综合防治规划、园林绿地系统规划、资源利用与保护规划、城市综合生态规划。

（2）城市绿化植物选择、配置、布局。城市绿化植物选择、配置、布局关系着城市森林建设与管理的成功与难易，关系着观赏价值高低和生态效益大小，同时也是城市文化内

涵的重要体现。在城市绿化植物选择、配置和布局过程中，应以生态系统健康为核心，进行评价和分析立地条件、生态功能、景观功能、生长适应性等内容。另外，还应考虑居民生活习惯、文化特点、城市经济发展水平等因素。

（3）城市森林的管护。由于城市森林自我维持和调节能力较差,管护措施显得尤其重要，它是维持城市森林生态系统健康和活力的必要措施。它的主要内容为控制城市森林生态系统平衡和演替方向，城市森林日常管理、维护，病虫害防治等。

2. 城市森林生态系统管理方法的确立

城市森林生态系统的管理方法是社会城市化的新课题，目前尚没有成熟的经验，同时它又是一项较为复杂的工作，应采用多种措施，协同管理，使城市森林规范、有序、健康、快速发展。根据目前生态系统管理原理，主要应加强以下几个方面的管理措施。

（1）行政组织。主要是指根据生态系统管理原理和经济系统理论，在国家级和地方级政府机关组织下，依法行使组织指挥权力，对城市森林的建设和管护实施行政决策和管理。这里应特别指出的是，由于城市森林近几年才逐渐发展起来，同时它的管理是一项较为复杂的系统工程，在管理上还比较薄弱，同时一些政府管理部门之间矛盾也相应突显出来，在管理过程中强调部门之间合作，如协调林业、园林、土地、建筑等部门之间的关系，以克服自然和人为不利因素影响，积极组织管理和决策，并组织社区参与和落实管理责任制。

（2）技术支持。城市森林建设和管理的好坏，在很大程度上取决于科学技术水平和采用的方法。运用城市森林建设与管理的科学技术，实现规划布局和管理的科学化，组织开展城市森林生态系统建设和管理研究，借鉴和吸取相关学科的新理论、新技术，总结和推广城市森林建设和管理科学、先进经验，建立城市森林生态系统管理信息系统，减少城市森林建设和管理的盲目和短期行为。

（3）法律措施。城市森林生态系统管理的法律措施是指为维护广大城市居民的根本利益，依据法律、法规，以调整城市中各集团、单位和个人在社会活动中所发生的作用，保证城市居民生活和生产活动。城市森林法律措施包括立法和执法两个方面的内容，应加强城市森林建设和管理方面法律法规及标准化的制定，同时加强严格执法，以确保城市森林的健康、快速发展。

（4）社会参与。城市森林生态系统的建设和管理要求生态学家、社会学家和政府官员通力合作的同时，还必须依赖于广大群众通力合作，通过广泛开展宣传和普及科学知识，加强公众监督，制止各种破坏环境的现象和行为，使城市森林的管护变为公民的自觉行为。同时，充分发扬民主，对重大建设项目应提交当地人大和政协讨论，使城市森林生态系统科学管理成为广大群众的共同要求。

总之，城市森林生态系统建设和管理是一项综合、复杂的工程。一方面它是自然的工程，要求系统健康、稳定，科学选择植物材料，合理布局，采用多种手段，对各种影响城市森林生态系统过程的各因子进行分析，维护生态平衡；另一方面，它还是一个社会化工程，要求科学组织、多种管理方法并用，使城市森林建设和管理步入法制、规范的管理轨道，促使人与自然和谐发展，为城市居民生活和生产提供良好环境。

第五节　城市生态学原理

一、城市生态学的基本理论

1. 城市生态学的概念

城市生态学是用生态学的概念、理论和方法研究城市的结构、功能和动态调控的一门学科，是生态科学与城市科学的交叉学科。它以整体的观点，把城市看成一个生态系统，除了研究它的形态结构以外，更多地把注意力放在全面阐明它的组分之间的关系及其组分之间的能量流动、物质代谢、信息流通和人的活动所形成的格局和过程。城市生态学采用系统思维方式，并试图用整体、综合有机体等观点去研究和解决城市生态环境问题。由于城市人口与城市环境（其他生物因素和非生物因素）相互作用形成复杂的网络系统，因而使城市体系的中心问题仍然是生物（人）与环境的问题。因此，从生态学角度又可把城市系统称为城市生态系统。一般地，城市生态学可定义为：城市生态学是研究城市人类活动与城市环境之间关系的一门学科，城市生态学将城市视为一个以人为中心的人工生态系统，在理论上着重研究其发生和发展动因，组合和分布的规律，结构和功能的关系，调节和控制的机理；在应用上旨在运用生态学原理规划、建设和管理城市，提高资源利用率，改善城市系统关系，增加城市活力。城市生态学的研究对象是城市生态系统。它利用生态学和城市科学的原理方法、观点去研究城市的结构、功能、演变动力和空间组合规律，研究城市生态系统的自我调节与人工控制对策。其研究目的是通过对系统结构、功能、动力的研究，最终对城市生态系统的发展、调控、管理及人类的其他活动提供决策依据，使城市生态系统沿着有利于人类利益的方向发展。

2. 城市生态系统的结构及特点

城市生态系统是城市居民与其周围环境相互作用形成的网络结构，是人类在改造和适应自然环境的基础上建立起来的特殊的人工生态系统，它包括城市居民赖以生存的自然物质环境，如太阳、空气、淡水、森林、气候、岩石、土壤、动物、植物、微生物、矿藏以及自然景观等；包括人类和社会经济要素，如工业、农业、交通、运输、贸易、金融、建筑、通讯、科技、居住、饮食、服务、供应、医疗、旅游等，还包括文化、艺术、宗教、法律等意识形态和上层建筑。城市生态系统的结构很大程度上不同于自然生态系统，它除自然系统本身的结构外，还有以人类为主体的社会结构和经济结构，它具有如下特点：①城市生态系统是以人为主体的生态系统，其主导作用不仅仅在于参与生态系统的能流、物流和信息流的各个过程，更重要的是人类为了自身的利益对城市生态系统进行着控制和管理，人类的活动对城市生态系统的发展起着重要的支配作用。②城市生态系统的主要消费者是人，其消费的事物量大大超过了系统内绿色植物所能提供的数量，系统所需求的大部分事物能量和物质，要依靠其他生态系统人为地输入，而人类生产和生活所产生的产品和大量废弃物，大多不是在城市内部消化、消耗和分解，而必须输送到其他生态系统中去消化，因此城市生态系统本身就是容量大、流量大、运转快和高度开放的生态系统，由于该系统的非独立性和对其他生态系统的依赖性，使城市生态系统本身显得比较脆弱，自我调节能力很小。③城市生态系统是人类自我驯化的系统，在城市生态系统中，人类一方面为自身创造了舒适的生活条件，满足自己在生存、享受和发展上的许多需要；另一方面又抑制了绿色植物和其他生物的生存与活动，污染了自然环境，反过来又影响人类的生存和发展。人类驯化了其他生物，把野生生物限制在一定范围内，同时把自己圈在人工化的城市里，使自己不断适应城市环境和生活方式。

3. 城市生态系统的功能

城市生态系统最基本的功能是组织社会生产，方便居民生活，具体体现在能量流动、物质交换、信息传递几方面的运动过程中。城市能源的消耗主要来自工业生产、居民生活和交通运输。能源的传递大体经农业部门、采掘部门、能源部门和运输部门的途径，通过社会再生产的生产、交换、分配和消费各个环节，为生产与生活服务，最后以废弃物和余热的形式耗散掉，发展城市经济必须相应增加能量投入，愈多愈好，然而能量消耗的同时必然增加城市的生态负荷。城市生态系统的物质流包括资源流、货物流和人口流（包括劳力流和智力流）三方面，城市的资源流是指由自然力推动的物质流和人工推动的物质流，主要包括空气和水体的运动,后者指交通运输。城市物质流输入和输出的收支平衡非常重要。凡输入近等于或略大于输出的城市，其规模、内部积蓄量变动小，维持着相对的动态稳定。

4. 城市生态系统的平衡

城市生态系统的平衡是指城市这一复合生态系统在动态发展过程中，保持自身相对稳定有序的一种状态。其具体表现为城市中人类与自然环境间相互协调，城市的各个组成部分结构合理，系统的输入与输出均衡，城市的功能得到正常发挥，城市经济的各个部门有计划按比例发展，城市社会安定，人民安居乐业。大量事实证明，在自然条件下，只要给以足够的时间，在外部环境又保持相对稳定，生态系统总是按照一定规律朝着种类多样化、结构复杂化和功能完善化的方向发展演进，直到使生态系统达到成熟的最稳定状态为止。但是，生态系统的自我调节能力是有一定限度的。当外界条件使系统的变化超过了自我调节能力的限度时，其自我调节能力随之下降，以至消失。此时，系统结构破坏，功能受阻，以至整个系统受到伤害甚至崩溃，导致生态平衡失调或生态危机。城市生态系统平衡决定于城市规模与资源和环境之间的关系，其具体标志包括城市三大效益达到最佳，城市各子系统协同有序、有计划按比例发展，城市生活质量不断提高。

二、城市生态学原理在城市森林建设中的应用

1. 指导绿化树种的选择

根据城市生态学的思想，不同城市以及城市的不同地区其生态因素是不同的，因此作为城市森林建设选择的植物材料也应该是有差别的。而乡土树种是自然规律长期选择的结果，对当地土壤和气候类型具有很强的适应性，因此，提倡城市森林建设应以乡土树种为主，

并根据不同立地类型选择能够与城市功能区相适应的绿化树种。如与城市街道相适应的树种除了应达到景观要求和色彩效果外，特别要注重考虑具有适应不同土壤，易移栽，树干高大，冠幅较大，寿命长，出芽早，落叶晚，抗虫害，不妨碍街道环境卫生等生态特性，或者根据城市生态环境需求选择抗污染如抗 SO_2、抗 HF、抗粉尘强的树种。

2. 进行合理的模式设计

城市绿化建设建立的人工植被群落的好坏，直接影响其对城市生态效果，植被之间的搭配也决定了群落的稳定性和发展的持续性，因此，在选择不同植物配置时应根据不同植物材料的生态适应性以及他感作用，根据能量平衡等原理进行合理搭配。最好借助自然群落的特点及生态适应规律，进行合理搭配。此外，还要根据城市不同区域特点和选择模式的主导功能进行配置，如在城市快速干道两旁建立生态功能为主的景观林，应选用高大乔木作为远景，中小乔木作为中景，以观花观叶的灌木作为近景。植物材料选择落叶与长绿、针阔混交的方式，配置宽度可根据不同生态防护功能给予确定，如隔离噪音一般需要 20 米左右，生物廊道或形成森林小气候环境则一般需要 50 米以上。

3. 在城市森林建设布局中的应用

城市的建设是一项系统工程，各项规划应该注重整体效益和长远效果，不能只顾眼前效益。城市生态学告诫人们在进行城市的各项建设时，一定要利用城市生态学原理，在建立科学合理的城市生态评价因子的前提下进行生态功能分区，根据不同功能区的特点进行生态规划。在充分利用现有的植被条件的基础上，根据城市生态平衡（即能流、物流）思想，合理的布局城市森林，并根据城市人口密度情况、城市形态等要求，建设道路林网、河流林网、大型片林相结合的城市森林生态系统，以满足城市生态建设的需求，并根据当地气候、土壤、水文、地形等方面的自然生态条件综合考虑，作出合理的布局。如北方城市应考虑在城市的主导方向建设一定面积的防风林，在城市核心区建立能降温增湿的一定面积的大型片林。中小城市可以考虑能够与周边的自然环境具有良好的贯通条件的放射林带，以取得良好的生态效果。

第六节　人文生态学原理

一、人文生态学的内涵

人文生态学是一门新兴的边缘学科，是对自然生态系统研究延伸至人类社会文化系统的进一步深化，人文生态学研究是建设生态文明社会的重要基础。人文生态学强调人类活动应遵循生态学原理，在实现人与自然和谐相处协调发展的同时，必须同社会历史文化等其他方面的发展相结合相协调；其核心就是研究人类如何遵循生态学原理来构建社会发展的人文基础和文化环境，从而确保发展的全面性和可持续性。我国对人文生态学的研究正处于起步阶段，许多学者认为可持续发展理论和我国古代“天人合一”的思想是中国人文生态学的基础，也是中国人文生态学的创新所在；也有学者认为以可持续发展为基础的生态伦理学应是人文生态学的核心。随着人们对生态环境保护意识的增强，对社会的可持续发展的向往，人们的思想意识发生了根本转变，人们的发展观念也发生了明显变化，在保护和优化自然生态的同时优化人文生态，在生态资源合理利用的基础上加强人文资源的开发利用与呵护。也就是说，在保护生态资源和自然环境的前提下，通过社会文化的进步，提高劳动者的素质，发挥人们的聪明才智，发扬积极进取、开拓创新精神，依靠科技进步，促进人文生态与自然生态良性互动，再造山川秀美的自然生态与文华荟萃的人文生态的有机平衡，已成为当前人类社会文明的重要标志。总之，人文生态学研究的重要性越来越被我国学者所认识，但由于研究区域的人文特点的差异，导致所研究的范畴各有侧重和偏颇，总体看来一般认为应包括可持续发展与生态文化、"天人合一"的文化生态观、以人为本的人居环境学、生态伦理等 4 个方面。

1. 可持续发展与生态文化

可持续发展就是满足当代的发展需求的同时，应以不损害、不掠夺后代的发展需求为前提，它是人类社会进步的一种新的发展观和发展战略。正确认识和处理文化与可持续发展的关系，确立新的、符合可持续发展理念的文化形态，不论是对生态文化自身的发展，还是对可持续发展都具有重要意义。20 世纪 50 年代以来，传统发展模式的弊端逐渐显现出来，全球性生态环境问题日渐突出，人们开始重新审视自己的行为，对原有的社会生产方式、消费模式进行了日益深入的讨论与反思，对人地关系、人际关系处理有了更深层次的认识，传统的思想观念逐步发生改变。这些无一不是人们的文化行为，反映了文化的变革，正是这些变革促使了可持续发展思想的形成，使可持续发展战略成为世纪之交的全球发展战略。生态文化进步推动可持续发展，是一个在人的理性宏观调控下，整合人口、资源、环境、经济和社会诸要素逐步走向人地关系和谐、人际关系融洽的过程。这一进程受多种因素的影响，而文化观念的更新无疑是推动可持续发展进程的一个重要力量。另一方面，可持续发展观念还可以从传统文化中找到某些相通之处，推动可持续发展理论研究，为人类走上可持续发展道路提供理论支持和实践验证。传统文化中的许多思想往往片面强调人类中心主义，导致掠夺式地开发利用自然资源，忽视对自然的保护，加剧了环境的退化，引起人地关系的不和谐，生态环境日益恶化。传统的发展模式（文化模式）忽视资源环境对经济社会的限制，以高消耗追求经济数量增长，先污染后治理，甚至只污染不治理，在大量消耗资源、严重破坏环境的同时，也严重损害了社会、经济发展的基础，使人类社会走上了不可持续的道路。可持续发展本身是一种新的文化理念，可持续发展在对传统文化观念扬弃的基础上，重新审视人地关系、代际关系、区际关系的处理，强调发展的可持续性，认为经济的发展、社会的进步不能超过资源与环境的承载能力，进而得出结论：人们必须改变目前的不可持续发展模式、发展观念，树立全新的可支持人类永续进步的发展观念，走可持续发展道路。正如有些学者提出，生态危机本质上是人类文化的危机，人类必须从文化上进行自救，树立可持续发展观念，实现人地和谐。可持续发展本身是一种全新的文化理念，它要求人们改变传统的生产观、消费观，树立新的效益观、财富观和发展观，推动人口、资源、环境、经济和社会的协调发展。为了实现这一要求，必须对传统文化进行扬弃，进行文化创新,促进可持续发展战略的顺利实施。可持续发展高度重视人在可持续发展中的作用,把人置于可持续发展问题的中心。可持续发展的文化应是在保持文化多样性前提下的整体依存的和谐的绿色文化。从中可以看出可持续发展文化的基本特征:超越以往各种文化形态,在追求人际关系和谐的同时，也重视人与自然的和谐；在强调文化多样性的基础上，更看重文化的整体依存,即文化的系统特征。显然,这一文化是符合人类的整体利益和长远利益的,是生态文化的重要创新。

2. “天人合一”的文化生态观

“天人合一”是中国传统文化思想体系中的精华，它对中国文化、哲学以及政治、经济各方面都产生了非常广泛而深远的影响。“天人合一”的观念在中国具有悠久的历史，先秦诸子几乎都有关于“天人合一”的论述，从不同的角度论述到“天人合一”问题，对“天”与“人”、自然与人类的关系的某个方面进行了揭示。西汉董仲舒对“天人合一”观念进行了拓展，并使这一生态文化观念成为系统的理论体系。在这个体系中，把天人关系看成是同构、感应和相通的，“天”与“人”是相通而感应的有机整体。“天”即是自然规律现象的总体，虽不是被人征服改造的对象，但也不会与人相分、对峙。“天人合一”既包含着人对自然规律的能动适应，也意味着人对主宰、命定的被动顺从。“天”不仅指人以外的自然存在物,而且也指人自身的自然存在。从“天人合一”的观点看城市,城市应是包含有内在联系,与自然、环境协调并存的统一体。人们可以从不同的角度把它作为某种系统（如工业系统、交通系统、商业系统、文化系统、教育系统、乃至于社会系统等）来看待和研究。这与当代西方的城市文化生态学派可以说有异曲同工之妙。美国城市社会学家沃尔特·法尔和杰里·乔纳森学派在修正古典生态学理论的过程中，认为只有把文化和价值观看作人文生态学的理论核心，城市的结构和功能才能得到正确的解释。这一理论已在城市规划与建设中引起关注并得到应用。中国传统文化的“天人合一”观念与西方城市文化生态学派对城市研究的这种内在默契，体现了中西文化两种不同的思维方式正在走向融汇与统一。这种新的文化体系为城市规划和城市森林建设以及研究城市的未来发展提供了一种新的视角和方法论。

3. 以人为本的人居环境学

人居环境是人类的聚居生活的地方，是与人类生存活动密切相关的地表空间，它是人类在大自然中赖以生存的基地，是人类利用自然、改造自然的主要场所，也是一个复杂的生态系统。人居环境科学就是以人居环境（包括乡村、集镇、城市等）为研究对象，着重探讨人与环境之间的相互关系的科学。它强调把人类聚居作为一个整体,而不像城市规划学、地理学、社会学那样，只涉及人类聚居的某一部分或是某个侧面，全面了解、掌握人类聚居发生、发展的客观规律，以更好地建设符合人类理想的聚居环境。同时围绕地区的开发、城乡发展及其诸多问题进行研究，连贯一切与人类居住环境的形成与发展有关的，包括自然科学、技术科学与人文科学，其涉及领域广泛，是一个多学科结合的新学科体系。人居环境科学研究的基本前提是：人居环境的核心是“人”，人居环境研究以满足“人类居住”需要为目的；大自然是人居环境的基础，人的生产生活以及具体的人居环境建设活动都离不开更为广阔的自然背景；人居环境是人类与自然之间发生联系和作用的中介，人居环境建设本身就是人与自然相联系和作用的一种形式，理想的人居环境是人与自然的和谐统一。人在人居环境中进行各种各样的社会活动，努力创造宜人的居住地（建筑），并进一步形成更大规模、更为复杂的支撑网络；人创造人居环境，人居环境又对人的行为产生影响，人既是人居环境复杂系统中的生产者，又是消费者。人居环境的好坏，人们生活质量的高低，既包括物质方面的因素，也包括人们在精神、心理、情感等方面的因素。人类出于自身需要可以创造一种高度人工化的环境，但这种环境又反作用于它的创造者，影响、改变着人的生活、行为和观念。在人居环境中存在着人与自然的关系，人与人的关系，还交织着两者之间或复合的相互关系，因而人居环境学研究的基本着眼点，应该以人为本。人的需求是多层次、多方面的。作为生理学意义上的人，有物质方面的需求；作为社会学意义上的人，有心理、精神、情感、信仰、自我实现等文化方面的需求，因而人与环境相互关系的实质是一种社会关系。现代人的消费方式已突破了传统的个人和家庭消费的范围，走向社会共同消费，这是一种趋势。如果人居环境的格局和节奏导致人与人之间造成一种壁垒感，客观上将破坏人际关系和人们共同的归属感，常让人们产生一种茫茫然不知所措的惆怅感和无家可归的孤独感。因此人居环境一定要以人为本，让人安居乐业，使之成为能唤起亲切感的社会文化环境和自然环境、心理环境和行为环境。

4. 生态伦理

生态伦理研究的兴起，有其深刻的现实背景和理论渊源。就其背景而言，乃是全球性生态环境危机对人类生存造成日益严重的威胁，而从理论渊源来说，可以从康德伦理学中找到其源头，甚至可以追溯到远古时代的“万物有灵论”观念，也可以在生物进化论、分子遗传学等自然科学中发现其科学依据。生态伦理倡导人类的活动应遵守“只有一个地球”“人与自然平衡”“平等发展权力”“互惠互济”“共建共享”等原则，承认世界各地“发展的多样性”，以体现高效和谐、循环再生、协调有序、运行平稳的良性状态。其中有代表性的观念有人类中心论、动物解放 / 权利论、生物中心论、生态中心论等价值理论体系，美国的霍尔美斯・罗尔斯顿又把生态中心论分为大地伦理学、深层生态学和自然价值论等三个方面，认为生态伦理简单的说就是人类应对自然环境负有直接的道德义务，所有的生命都具备成为道德顾客的资格。概括地说，生态伦理就是指以生态伦理问题为载体，以人与自然和谐关系为手段，以人类在现实与未来双向性过程中可持续生存与发展为目标的伦理规范及行为准则的总和，它反映的是人类共同体对待自然物利用及改造问题上所呈现的人及人与社会的利益关系。

二、人文生态学原理在城市森林建设中的应用

1. 植物材料选择中的应用

城市是人类文化的结晶，一个城市的森林植被不仅仅是自然选择的结果，往往还和城市的历史文化和社会习俗有重要关系。城市的历史和文化孕育了城市的特色和风貌，因此在城市森林建设的植物材料运用中也应该从人文生态学的角度进行综合考虑。到过福州的

人，绝不会忘记榕城的来历，去过上海就不会忘记它的市花——白玉兰，提起日本就不能不让人想起樱花，在中国以树木名称谓的城市就不少，如攀枝花、榆林以及用松、柏、柳、桑、梅、李等树木作为地名的，比比皆是。某些城市古树及其著名的建筑成了城市的永恒标志，同时在城市的骨架和肌理中同样也可以寻找到城市人文景观建设和城市文化发展的轨迹。树木的种类对城市的风格也起着重要的作用。“白门杨柳可藏鸦”“绿杨城郭是扬州”说的是南京、扬州以杨柳为其城市森林的主要材料，其他如黄山松、栖霞山红叶、槐树、黄果树等也都有其绿化特征。但现在的城市森林树种选择大有去异求同之趋势，一些热门紧俏的树种似乎成为包治城市生态百病的名医，走俏全国各地，根本不能体现其城市的历史文化特色和城市特点。因此，城市森林建设应该以乡土树种为主，外来树种为辅，这样才能体现地方特色。要选择寿命长，有利于持续经营管理，对人体身心健康有益的绿化树种，充分体现以人为本的特点。要根据城市的特点，根据人居环境的需求，从城市的历史特色、地域特色和主要特色综合考虑，结合城市的历史文化、田园文化、社会文化、广场文化等人文因素，选择不同的植物材料，充分体现天人合一的思想。

2. 植物配置中的应用

生态文化理念来源于人类的各种活动，并对它产生重要影响。从秦汉的法天象地到隋唐的周易礼制，最后达到元明清天、地、人一体的境界，对当时城市的建设和布局具有明显的影响，基于不同文化理念下的林木搭配方式是不同的，对于违背其理念下的林木是不容许存在的。中国古代的环境观强调人与自然的和谐，力求达到“天人合一”的境界，这对今天的城市森林建设仍有现实意义。自然环境是人类赖以生存和发展的基础，城市由于大量的建筑和人口密集，破坏了自然环境，导致城市植被减少，生态环境质量下降，因此，要改善城市的生态环境问题，就应遵循自然规律，选择合理的植物配置方式。不同的植物配置方式，让人产生不同的联想，“停车坐爱枫林晚，霜叶红于二月花。”讲的是一种枫林自然生景，而“疏影横斜水清浅，暗香浮动月黄昏。”对梅则是由景而情了。松、竹、梅的搭配方式及在庭院中的应用就是我国古典园林文化理念的具体应用。

3. 城市森林布局中的应用

20 世纪 40 年代以后，文化生态学理论已在城市规划与建设中引起关注并得到应用。城市的文化生态学派将城市作为生态环境与社会文化的复合系统来看待和研究，即研究城市这种特殊的复合生态系统的形成、结构、特征、功能以及它的兴衰，为展示城市这一人类文明的风貌。法国地理学家潘什美尔认为“城市现象是一个很难下定义的现实。城市既是一种景观、一片经济空间、一种人口密度；也是一种生活中心和劳动中心；更具体一点说，也可能是一种气氛、一种特征、或者一个灵魂。”城市的规划、建设和发展是一项系统工程，现代城市病的出现是城市生态系统整体功能紊乱或不健全的反映。采取以往那种机械自然观思维方法去医治城市病是解决不了根本问题的，必须对构成城市生态系统的各个要素或子系统之间相互关系作整体性的调节，才能不断提高系统的整体功能。正是这种客观的需要和生态学家、人类文化学家、社会学家对城市科学的介入，导致了城市文化生态学的兴起和发展，尤其在城市森林布局与城市结构规划中具有指导作用。

随着城市化向纵深发展，城市人口急剧增加，建筑密度惊人，交通拥挤不堪，绿地日益被蚕食，环境污染日趋严重，居民因远离大自然而承受着巨大的心理压迫感和精神桎梏感，人类为城市化付出了巨大的代价。早在 1898 年，英国的霍华德就提出了“明日的花园城市”。他主张在大城市外围建立宽阔的绿化带，将城市与大自然融为一体，这一思想对后来的城市规划产生了深远的影响。1935 年美国马里兰州规划建设的小城市格林贝尔特（Greenbelt，即绿带的意思）就具有“花园城市”的特点。1968 年美国芝加哥规划建设了一个卫星城市——南帕克弗雷斯特，规划人口 11 万，人均绿地面积 75 平方米。1980 年，国际建筑师协会在马尼拉举行了以“人类城市：建筑师面临的挑战与前景”为主题的学术研讨会。会议明确指出，当代最突出的问题是人类环境的恶化，要求城市规划必须注重环境的综合设计，强调以人为中心的发展。这就为城市规划提出了一个新的方向：城市规划应走与城市文化生态系统相结合的道路，突破旧模式，将建筑规划与生态规划融为一体，在城市发展这一领域，为从总体上改善人类生态状况，摆脱城市危机作出努力。当前日本正在开展“田园城市”的研究，这对城市森林建设具有深远的影响。按照人文生态学的观念，在城市森林建设布局中应从生态系统和环境保护的角度，主张把森林伸入城市，再现森林群落的结构和景观，以发挥其保护城市环境的作用。它既不同于以纯观赏为主要目的的庭院方式，也不同于以文化娱乐、休息游览为目的的公园方式，更不同于以获取木材为目的的造林方式。现代城市要走出所面临的困境并不仅仅是一个城市绿化、美化的问题，未来城市的格局与面貌应当充分体现城市与大自然的融合，城市居民应当能触摸到大自然的节奏并感受到大自然韵律的美。他们在诗意盎然、充满人情味的“天人合一”的环境里创造物质与文化财富，享受着现代科技提供的各种优质服务。在保证充足的物质供应的情况下，文化艺术和科学研究将更加繁荣和发展。人们将努力在自然与技术交融的环境里找到自己的归宿。城市空间范围的大小，将取决于它的各项设施的完备程度，所能提供的信息量的多少，以及提供技术咨询能力的大小等各种因素。人们居住的空间距离可能会拉远一点，但高效率的交通系统和先进的通讯系统将完善并强化城市居民的社区感，使人与人之间的关系更加密切，各种文化的、精神的、情感的交流将更加频繁深入。城市将作为文化中心、科研中心、教育中心和信息中心而显示其重要性。未来的城市将充分体现天然自然与人工自然的协调，以及人与环境和谐相处、同步发展，创造一种崭新的人类聚居的城市文化生态。

在以树木为主的城市森林建设中，生态学理论的应用体现在个体、群落、景观等不同尺度上，但并不是彼此分割、相互独立的。比如单纯的增加物种多样性而忽视群落结构的多样性，往往达不到增加和保护生物多样性的目的；仅仅考虑植物材料的高矮层次和耐阴性而忽视营养生态位的需求，难以形成完整的物质循环和能量流动通道。因此，生态学原理在城镇绿地系统建设中的应用是一项非常复杂、非常综合的工作，从植物材料选择、配置模式的具体环节，到基于城市所处环境背景的宏观景观生态规划，要真正把生态学的有关理论运用到城市森林建设的各个环节，才能使城市生态环境状况获得整体上的改善。要做好这方面的工作，一方面要加强对各种植物材料本身生态学和生物学特性的基础研究，提高绿地建设者和管护者的生态学理论水平，另一方面还要加强生态意识教育，转变过分追求景观效果而还是生态效益的传统观念，这对保证城市森林建设意识教育，转变过分追求景观效果而忽视生态效益的传统观念，这对保证城市森林健身的健康发展是非常重要的。

第七节　环境经济学原理

环境经济学是可持续发展时代的经济学。传统的经济理念在导致了以工业化的和以不计较环境成本的方式制造出过剩的私人物品的同时，也把这个经济系统所赖以存在的自然资源和环境这类公共物品导向了枯竭之路。如果说可持续发展理念是对深埋着的危险的传统的发展理念的"扬弃"，那么环境经济学就是对深埋着危险的传统经济理念的"扬弃"（侯元兆等，2002；罗杰·帕曼，2002）。

一、自然资源价值理论

资源就是"资财之源，一般指天然的财源"。资源作为社会财富的本源（包括物质财富和精神财富），国内外都有许多对资源的相似却又不同的解释。1972 年联合国环境规划署的定义是：所谓资源，特别是自然资源，是指在一定时间条件下，能够产生经济价值以提高人类当前和未来福利的自然环境因素的总和。日本《林业百科事典》（1970 年版）的解释为：所谓资源是构成自然界的物质，是供人类生活的本源。美国学者认为，生产产品所需要的土地、劳力、原料、能源、资金都是资源。有学者认为土地、劳力、原料，而且产品也是资源。近些年来，我国学者又提出了不少对资源的解释。黄亦妙、樊永廉的《资源经济学》将资源更广泛定义为："资源就是人们用以创造社会财富的自然因素和社会因素"。还有人认为资源是指"在现有生产力发展水平和研究条件下，为了满足人类的生产和生活需要而被利用的自然物质和能量"（崔丽娟，2001）。

按照属性，可将资源划分为自然资源和社会资源两大类。凡属天然存在的自然物称为自然资源。如土地、阳光、森林、湿地、水、矿产等资源。自然资源是自然界的产物，是人类赖以生存和创造社会财富的物质基础。凡属社会要素的资源则称为社会资源，如劳动力、科学技术、资金、信息、智力等，它是人类劳动所创造的社会产物，是人类社会赖以生存发展的物质技术基础（马中，1999）。

根据自然资源的再生性，可以把自然资源划分为可耗竭资源和可更新资源两大类。在任何对人类有意义的时间范围内，资源质量保持不变，资源蕴藏量不再增加的资源称为可耗竭资源。耗竭既可看作是一个过程，也可以看作是一种状态。当资源蕴藏量为零，或市场价格过高，但资源蕴藏量不为零，有效需求为零时，都可以说资源达到了耗竭状态。可更新资源是指能够通过自然力以某一增长率保持或不断增加流量的自然资源。例如，太阳能、大气、湿地、森林等。有些可更新资源的持续性和流量受人类利用方式的影响。在合理开发利用资源的情况下，资源可以恢复、更新、再生产以至使资源蕴藏量不断增长；在不合理的开发利用条件下，其可更新性就会受阻，使资源存量不断减少，以至耗竭。比如，不正确的利用导致森林破坏，发生土壤侵蚀，使整个区域生态环境发生了变化，这种不可逆转的改变就使本来是可更新资源的湿地变成了不可更新资源。另一些可更新资源的存量和持续性则不受人类影响，例如太阳能，当代人消费的数量不会使后代人消费的数量减少（马中，1999）。

根据财产数量是否明确，可更新资源可以分为可更新商品性资源和可更新公共物品资源。可更新商品性资源是指资源的产权可以确定，一个人的享受和利用会直接影响其他人的享受和利用，并能在市场上进行交易的可更新资源，例如，私人土地上的农作物。可更新商品性资源具有如下特点：①明确的财产权。②专有性。由拥有这些资源带来的所有效益和费用都直接给予资源的所有者，而且只有通过所有者，才可以转卖资产使用权。③可转让性。所有资源产权可以在双方自愿的条件下，从一个所有者转移到另一个所有者。④可实施性。资源产权可保证免于他人的侵犯和非自愿的获取，使得破坏权利者得到的惩罚大于破坏权利可能得到的最大好处或期望的非法收入。可更新公共资源包括公海鱼类资源、空气等。这类可更新资源至少具有下列特征中的一个：①非竞争性。是指某人对某种物品的消费不会减少或影响他人对这一物品的消费。例如，一个人可以自由呼吸空气，同时并不减少其他人可以得到的数量。②消费无排他性。是指不能阻止任何人免费消费该物品。例如，在公海中的任何一个渔民都无权阻止别人前来这里捕鱼。属于公共物品的可更新资源是非专有的。非专有性是财产权的一种减弱，它将导致低效率。在这种情况下，价格既不能在使用者之间对资源分配起调节作用，也不能为生产或保护资源提供刺激作用（马中，1999）。

整个人类社会发展的历史是一部人类不断开发、利用各种自然资源，创造社会财富，以满足人类社会发展各种需要的历史；同时也是一部人类自发地，盲目地开发、利用自然资源逐步向自觉、有效、经济、合理地开发利用、保护和改造自然发展的历史。

二、环境资源价值的含义

经济学上认为：稀缺性赋予商品或劳务以价值，如果某种物品能够任意满足任何消费者，那么这种物品无论在道德、美学或经济上多么重要，它都不具有价值。例如清洁的空气和灿烂的阳光没有价值，因为所有的人都能够随意享用。但是一旦阳光受到大气灰尘的阻碍、空气受到污染时，人们对灿烂的阳光和清洁空气不能随意享用时，阳光和空气便具有了潜在的经济价值。由于人们显示出对环境质量的偏好和大自然的想往，而环境质量不断恶化，自然生境不断减少，这时，环境质量和自然生境将逐渐成为稀缺的商品。在这种情况下，可以根据人们为改善环境和保护自然，或为了防止环境质量进一步下降和阻止自然生境不断减少而支付一定金钱的意愿来推断环境质量和自然生境的价值（OECD，1996；薛达元，1999）。

三、环境资源价值的决定因素

未经人类劳动的自然资源也是有价值的，这种价值是由其有用性和稀缺性决定的。这应该用马克思主义的使用价值的概念，或经过修正了的效用价值概念。因为，这种效用价值是人们考虑到稀缺因素时对物的有用性的一种评价。效用价值概念是从人对物的评价过程中抽象出来的，它本质上体现着人与物的关系，即当人类面对不同稀缺程度的物质资源时，如何评价和比较其用处或效用的大小。这是环境资源有价性的一个理论根据，建立在环境资源有价基础上的产品价格与建立在环境资源无价基础上的产品价格是有很大不同的。前者，可能在综合考虑各种有关因素的情况下，确定出合理的价格。而后者，由于先天价格构成不完全，不可能制定出合理的价格。比如，我们的木材价格中，只包含了采伐和运输的成本，没有包括营林等成本，森林资源本身的价格就更无考虑，所以价格严重偏低（李金昌，1994）。

四、环境资源的外部不经济性

环境经济学认为，引起资源不合理的开发利用以及环境污染破坏的一个重要原因是环境资源的外部不经济性。

外部性是指某个微观经济单位的经济活动对其他微观经济单位所产生的非市场性影响。当影响对影响者有利时为外部经济，当影响对影响者不利时为外部不经济。非市场性，是指这种影响没有通过市场价格机制反映出来。当影响者因为外部经济受益时，他们不需要向行为者支付报酬；当影响者因为外部不经济受害时，他们也不需要从行为者处获得补偿。

由于外部不经济的存在。使完全竞争厂商按利润最大化原则确定的产量与按帕累托条件确定的产量严重偏离，这种偏离就是资源过度利用、污染物过度排放。公共物品是具有外部经济性的典型例子，它具有无排他性和无排斥性。

可以说。人们滥用和浪费资源，破坏环境的原因是资源与环境的外部性。外部性是市场失灵的表现，它导致私人成本与社会成本发生偏离，市场无法解决这个缺陷，必须由政府干预，对资源与环境功能进行评价，进行补偿，对破坏者加以征税或罚款，对受害者加以补偿，对受益者加以收费，对保护者加以补贴。生态评价与补偿是一种使外部成本内部化的环境手段。

五、环境经济学原理在城市森林建设中的应用

环境经济学的研究范围日趋广泛。根据环境经济学，森林营建活动具有外部经济性，即它为不相干的人带来好处；森林采伐具有外部不经济性，即它为不相干的人带来害处。这些好处和害处，虽然现在还没有价格和价值表达，政府也未出面调整，但它确确实实地会为他人带来经济收益或经济损失而本人也不会受益或承担赔偿责任。

森林环境问题，是当代可持续发展所面临的首要问题。因为，不保护和发展森林，陆地生态系统就失去了主体，而保护和发展森林，首要的是解决森林的环境价值和确立森林环境经济，城市森林尤其如此。

1992 年联合国里约环发大会《21 世纪议程》明确指出，提倡对树木、森林和林地所具有的社会、经济和生态价值纳入国民经济核算体系的各种方法，建议研制、采用和加强核算森林的经济和非经济价值的国家方案。中国《21 世纪议程》及林业部提出的《中国 21 世

纪议程——林业行动计划》都明列了相关条款。

在中国的林业发展中，过去只看到了森林生产木材的价值，而忽视了大于木材收益几倍乃至十几倍的环境价值，也就是忽视了森林的“外部性”——既忽视了外部经济性。也忽视了外部不经济性。城市森林具有很强的外部经济性，除少量旅游风景区，有很多地方森林的外部经济性也一样受到忽视，森林的外部经济性就近在咫尺的地方被无偿利用。营造城市森林会给地方带来很大的环境效益，但这种外部效益基本上都没有转化为“内部收益”。城市森林有许多的生态功能，降温增湿、缓解热岛效应、净化空气等，这些生态功能具有明显的外部经济性，因此在建设城市森林时，不能一味地以直接的经济效益来决定是否建设城市森林，如何建设，而要充分考虑到城市森林的生态功能给人们带来的生态环境效益，以及由于城市森林存在而带来的周围地区的土地级差收益。

另外，在个别地区建设城市森林时，明显出现了不顾生态效益的短期行为。有的地方花巨资移栽购置名贵树种，像南方的某些城市花费每棵几万甚至十几万元来购买加纳利海藻，美化城市广场、街道，而且一买就不是一棵两棵。如果把这么多的钱，用来购置当地的普通树种，不但成活率有保证，管护更容易，而且会建设更多更好的林地，带来几棵加纳利海藻不可比拟的生态效益。

城市森林给城市带来巨大的环境经济效益，已经日益成为人们的共识，建设城市森林时已经给予了充分的重视。但是注重环境效益，却不能过分强调城市森林的生态效益，还要综合考虑经济效益、社会效益。近年频繁在各地出现了大树移栽现象，强调大树的生态效果。几棵大树一方面不能带来想象中的生态效益，另一方面，也破坏了原种植地的社会文化与生态环境，而且在移栽过程中要有的巨大花费，包括挖取和运输，可以说是得不偿失的。

第七章　城市森林建设中的植物选择

在城市森林的建设中，在科学、合理的城市森林规划、布局的基础上，如何充分发挥各种森林植物在改善环境方面的功能是城市森林建设成功与否的关键。这其中包括城市森林植物的选择、植物的空间配置模式的建立、城市森林的经营管护等，而城市森林植物选择与应用是建立科学的、稳定的森林植物群落和森林生态系统的根本，因而，对于城市森林建设中植物选择问题的研究也成为城市森林研究中的重点内容之一。

第一节　植物材料应用情况

在城市生态系统中，唯一能够以更新方式改善环境的因素是城市绿化，而在城市绿化中起主导作用、能发挥最大效益的是乔木树种。首先，乔木树种在城市绿化中的生态作用显著。叶面积指数的大小，决定了植物生态功能的高低，而在同等占地面积下，乔木树种的叶面积指数是灌木树种的2~4倍，是草坪植物的10倍以上。因此，在城市绿化中，应建立以乔木树种为主体的植物群落。其次，乔木树种是城市绿化的骨架，为城市绿化的基调，是形成城市绿化风格的基础。第三，乔木树种在城市绿化中具有不可替代的美学作用，与建筑、道路、桥梁有机地结合，相得益彰。随着晨昏旦夕、阴晴雨雪、春夏秋冬的变化，而产生丰富的时相、季相变化，从而提高城市美学质量，为人们生活工作创造优美舒适的环境。

然而乔木树种在城市绿化中的应用情况却不容乐观。我国乔木树种资源丰富，但是现在的使用率低，应用树种单一。我国有高等植物3万余种，其中木本植物有8000多种。但是在长江以南各城市绿化中，绿化树种比较单一，如行道树最常见的常绿树种多为香樟，落叶树种为悬铃木。尽管二者都是优良的行道树，但并不能呈现各地植物的景观特色，不利于生物多样性，容易发生病虫害危害。如江西吴江市全县道路92公里，90%种植香樟，1985年适逢樟巢螟等虫害大发生，树叶几乎被吃光，生态功能的发挥大幅度降低，景观效果更是不佳。

一、植物材料应用丰富度分析

在全国的城市森林建设热潮中，城市森林总体规划是关系到城市森林建设成功与否的关键，而苗木的选择与培育是各城市的城市森林建设的重要技术与保证措施。在目前全国建设城市森林的大好形势下，多数城市均重视了城市森林的长远规划，但在树种选择和城市森林建设实践中暴露出了许多问题。例如，如何处理地域乡土树种与外来树种的关系、常绿植物与落叶植物的关系、草本植物尤其是草坪植物与木本植物的关系等。很多城市盲目从外地大量采购、引种不适合本地生长的苗木，大量引种大树，造成很大损失。不少城市热衷于热门树种的运用，如以悬铃木为例，从南到北，从东到西，全国有二十多个城市用来做主要行道树树种，致使街道景观单调，缺乏各自的特色。在同一个城市中，其绿化效果也显得单调，缺少变化。再如，近年来我国长江以北地区普遍炒作欧美杨、三倍体毛白杨，造成如果苗圃中没有杨树就跟不上形势的怪现象。另一方面，很多城市对城市森林树种的苗木生产、种质资源的开发利用、多种用途的苗木培育等方面的工作不够重视，缺少综合性、战略性来考虑发展计划和长远措施。当前的苗木生产带有一定的盲目性和简单化倾向，不能与蓬勃发展的城市森林建设要求相匹配。

在自然植物群落里，表示树种在群落中的重要性，一般用相对密度或相对多度、相对频度和相对显著度 3 项指标之和来表示,并称这一指标为树种重要值。结合城市绿化的特点，用相对密度、相对存在度和相对覆盖度之和来表示城市绿化树种重要性，称这一指标为树种重要值。

城市绿化树种的密度是指在单位面积内某种植物的个体总数。

D（密度）= D（单位面积内某种植物的个体总数）/ S（单位面积）

相对密度: RD = 某一树种的密度之和 / 所有统计树种的密度之和

城市绿化树种的存在度表示一个城市或一个区域内某一树种的个体水平分布的均匀程度和人们对该树种接受程度以及在习惯上的偏爱。分析方法是一个行政单位为取样单位。

P（存在度）= n（某一树种出现的单位数量）/ N（被调查的单位数）

相对存在度 RP = 某一树种的存在度之和 / 所有统计树种的存在度之和

1. 乡土植物与外来植物

我国素来具有“世界花园之母”的美誉，是世界物种的重要发源地和分布中心之一，丰富的气候、地形和土壤类型，形成了极其丰富的植物资源（表 7-1）。以云南省为例，其土地占全国面积的 4%，却有种子植物 299 个科，2136 个属，约 14000 种，占全国的科、种总数的 50% 左右，但是现在昆明市应用的绿化树种，绝大多数为江苏、浙江及四川所培育，极少为云南的乡土种类。中国科学院昆明植物所植物园尹擎等（2001）经过近 20 年对云南植物的野外考察，以及对其引种驯化的工作，对昆明市将来城市森林建设中可供选择的云南乡土植物进行了初步的小结，筛选出 57 种乔木树种、43 种灌木树种和 49 种攀缘及地被植物，为昆明市及滇中城市选用乡土植物种类进行城市绿化提供了一定的依据。

1985 年上海市绿化植物材料普查中发现，绿化树种总数为 395 种，其中常见树种约 80 种左右。根据 1992 年上海植物园、上海师范大学抽样调查 155 个园林植物群落的结果表明，上海城市园林绿化常用树种只有 68 种。20 世纪末上海市有关部门估计，城市园林绿化树种总数达到 500 种左右。近些年在引种驯化方面的努力使城市绿化利用树种资源有所增长，但是常用树种数量在这些年来并没有太大的变化。

表 7-1　中国一些植物园收集植物种类情况

植物园名	面积（公顷）	植物种数（个）	濒危保护种数
北京植物园	157	1200	225
杭州植物园	231.3	40	
厦门植物园	227	4460	
上海植物园	80.9	91	
沈阳植物园	154	380（木本植物）	
成都植物园	53.2	1500	60
昆明园林植物园	120	1000	14
济南植物园	43	1000	
青岛植物园	69	700	
深圳仙湖植物园	580	1570	100

注：引自杨小波等，2001。

上海市绿化树种中常用绿化树种中高大乔木约占 25%，其余为中小乔木和灌木；常绿树种的比例约为 40%。在城市植物群落中出现的频率超过 30% 的绿化树种只有 3 种，即主要作为群落上层树种的香樟、广玉兰，以及主要为群落中下层树种的瓜子黄杨。出现树种数量较多的频率段在 1%~20%，共有 57 种；其中出现树种最多的频率段为 1%~5%，有 24 种。出现频率大于 10% 的树种数量有 24 种，达到常用树种总数的近 1/3 左右。因此，总的看来，由于常用树种数量少及部分树种的出现频率高，反映出上海市园林植物群落中树种组成类同比例大，缺少组合的丰富和变化。在今后的绿化建设中，除增加常用树种数量这一主要途径外，在常用树种中应在适地适树的前提下适当增加低频率树种的应用。

调查统计表明，海南城市的绿化树种有 224 种（不含野生种和引种未成功的种以及兰科、禾本科和莎草科植物），隶属于 96 科，192 属，其中比较常见的有 188 种，隶属于 61 科，134 属。在对常见植物的植物区系的系统分析中，明显地以热带分布的科占绝大多数；热带属所占的比例也相当大，表明海南绿化人工植被具有明显的热带特性，从而说明了人们在城市绿化的实践中，有意或无意地选择了适宜地方气候特色、土壤特点的树种作为绿化树种，使城市绿化能达到反映地方特色的自然美。调查统计的结果也表明，海口市重要值最大的 15 个树种，在不同程度上也是其他各县市重要值较大的树种，其模式也基本一致。城市的绿化建设应该紧密地结合当地的生态条件，做到因地制宜，合理布局。这样才能更好地使城市绿化恰如其分地反映出地方特色。

2. 常绿植物与落叶植物

常绿植物，由于其叶片的寿命较长，多在一年以上或多年，每年仅脱落部分老叶，又能增生新叶，因此，全树终年连续有绿叶存在。常绿树种在城市绿化中的应用，为冬季的城市创造出生机与活力。北方城市在城市森林的建设中，尤其重视常绿树种的使用，一方面增加北方城市的冬季植物景观效果，另一方面希望通过常绿树种的种植提高城市冬季的植物生态功能，减少冬季城市污染。

落叶植物，具有明显的季节变化规律，冬季落叶，表现出季节性的生态功能低下。因此，在冬季景观单调而又由于取暖等原因造成污染严重的北方城市，在进行城市森林规划和种植设计、施工中，往往钟情于常绿树种的使用。这样做的结果，实际上经常是事与愿违，首先，所种植的常绿树种非本地区的地带性植被种类，对其种植环境的适应能力较差，无法正常越冬，造成经济上的巨大损失；其次，即使在精心的呵护下勉强生长，而生理上处于基础代谢的休眠或半休眠状态，生态功能几乎为零或有效积累为负增长，事实上只发挥出景观效果满足人们冬季对绿色的心理需求；第三，大量使用引进的常绿树种，投入高，代价大，也必然淡化本土的地带性植物景观特点，最终导致城市植物景观特色的丧失。

落叶植物冬季落叶的本能，在城市森林建设中也具有明显的好处，如在冬季多雨的南方城市，城市森林建设的上层高大乔木层选择落叶树种，可以起到增加城市冬季透光、降低湿度、提高温度的作用，有效调节城市的可居住度。

加拿大科学家近期发现，落叶树木能够吸收更多的 CO_2，能有效减缓全球变暖（欧静，2001），所以，在城市森林建设的树种规划和使用中，要科学合理地应用常绿植物与落叶植物，创造合适的比例，有机搭配，充分发挥出常绿植物和落叶植物的各自特点和功能，更好地为城市生态环境建设服务，为城市居民创造使其身心健康、精神愉悦的居住空间。

3. 草本植物与木本植物

以乔木为主，乔、灌、草等结合组成的森林生态系统，是地球上陆地生态系统中生物多样性最丰富、层次结构最复杂、生物量与生物生长量最高的系统。森林单位面积的生物量平均约高于草的 20 倍。

叶片是植物进行光合作用、积累干物质的重要器官，因此在单位面积上叶片量大的植物个体一定具有高的生物合成能力是不争的事实。木本植物芽点多、芽位在空间上具有高度、朝向等的不同，因而木本植物相对于草本植物空间占有能力强，表现在枝条数量、冠层大小、叶片着生方向及叶片数量等方面，对光线的利用能力远远高于草本植物。大量的研究数据表明，木本植物在吸收 CO_2、放出 O_2、光合积累、蒸腾增加湿度、夏季降温、吸收有害气体、杀菌、防风等方面的作用为草本植物十几倍或几十倍。

值得一提的，草坪在许多城市迅速发展，在城市环境建设中被大面积地应用。草坪作为城市绿化美化的重要组成部分，具有良好的景观效果，上海市 1995 年约有 500 万平方米草坪，北京市 2000 年共有草坪面积近 4000 万平方米，大连可以说是种草使城市景观发生了根本的变化而在中国乃至世界确定了自己的地位。但草本是最朴实的，在城市绿化中应该处于陪衬地位，与乔木、灌木等绿化材料相辅相成，草取代不了木本植物，只有合理地配置才能符合各自的生长要求，发挥各自的功能。

二、典型城市绿化树种使用情况分析

从南到北我们选择了哈尔滨、合肥市和厦门市 3 个典型城市的绿化树种资源使用情况进行了分析，并以合肥市为主，进行了重点研究（王成，2001）。

1. 哈尔滨市绿化树种使用现状

对哈尔滨市绿地系统树种（组）结构的比例估计是根据 1998 年哈尔滨市绿化普查数据

材料进行的。1998 年哈尔滨市绿化普查只对道路绿地、公园及游园绿地、居住区绿地是分树种调查的，其他绿地均没分树种调查。所以本次估计仅仅可以看作是根据道路、公园、游园、居住区绿地树木调查数据对哈尔滨市区绿化树种比例的一次（团状）抽样估计。哈尔滨市绿化树种 150 种以上，为了更清楚的了解绿地系统中树种组成结构的总体情况，把哈尔滨市绿化树种归并为两组 13 类（表 7-2）。

表 7-2　哈尔滨市绿化树种（类别）组成比例估计

树种类别		株数	株数比例（%）
针叶树组	松、杉类	416723	9.1
	桧、柏类	25164	0.5
阔叶树组	杨树类	1159727	25.5
	柳树类	686077	15.1
	柳通类	91630	2.0
	榆树类	604611	13.3
	丁香类	418643	9.2
	果树类	153217	3.4
	槭树类	102267	2.2
	桦树、椴树类	23880	0.5
	一般硬杂木类	81935	1.8
	一般灌木类	787108	17.3
	其他阔叶类	6027	0.1
总　　计		4557009	100

由表 7-2 可以看出，哈尔滨市的绿化树种以阔叶树为，占 90% 左右，而针叶树不足 10%。在阔叶树种仅杨、柳、榆类就占 55.79%，而槭树、桦树、椴树类这些能够体现北方特色的乡土树种合起来也不到 3%，反映了北方城市在绿化树种使用上的普遍缺陷。以槭树类为例，本地区总计有 11 种之多，在秋季或金黄或火红的树叶一直受到人们的喜爱，目前只有外来种——糖槭在城市绿化中使用的较多，其他的象假色槭、拧筋槭、色木槭等这些本地区的树种则使用的很少，这些槭树类在当地的绿化潜力还远远没有发挥出来。

因此，增加城市绿化树种的多样性除了要适当引进一些外来树种以外，更重要的是要充分利用本地的树种资源。盲目地引进外来树种不仅资金投入大，而且也会抹煞北方城市的地域特点，是得不偿失的。

2. 厦门市现有绿化树种现状

厦门位于 24° 25′ ~24° 54′ N，117° 53′ ~118° 25′ E，系我国闽浙低山丘陵的延伸部分。厦门属南亚热带海洋性气候区，按植被分区厦门属南亚热带常绿阔叶林地带闽粤沿海丘陵台地植被区。现建成区绿化覆盖率达 36%，人均公共绿地 9.5 平方米，其群体效应基本符合城市生态系统原理的要求（柯合作等，1999）。

厦门植物资源较为丰富多样，外来植物也相当繁多。经调查统计，全市绿化树种种类有 930 种（含变种），隶属 91 科 254 属。厦门市绿化树种大体可以划分成 5 组 9 类（表 9）。

表 7-3　厦门市绿化树种分类统计

组别	树种类别	调查树种		常用树种		常用树种占调查树种的%
		种数	百分数 %	种数	百分数 %	
乔木	针叶常绿乔木	53	5.7	7	3.9	13.2
	阔叶常绿乔木	286	30.7	51	28.3	17.5
	针叶落叶乔木	7	0.8	0	0	0
	阔叶落叶乔木	105	11.3	13	7.2	12.4
灌木	常绿灌木	202	21.7	53	29.5	26.2
	落叶灌木	39	4.2	14	7.8	35.9
藤本	藤本植物	30	3.2	6	3.3	20.0
竹类	竹类植物	22	2.4	4	2.2	18.2
地被	地被植物	186	20.0	32	17.8	17.2
合计		930	100	180	100	

由表 7-3 可以看出，厦门市绿化树种的种类虽然有 930 种之多，但较常用的仅有 180 种，主要以常绿乔灌木为主，占调查树种总数的 19.7%，利用率并不高。在常用的绿化树种中，不同种类的树种利用概率也不均衡。全市乔木树种 451 种，种类非常丰富，但常用的仅有 71 种，占总数的 15.8%，即使是种类最多的常绿阔叶乔木，在 286 种当中常用的也只有 51 种，仅占 17.5%。60 种针叶乔木树种中仅有 7 种比较常用，占 11.7%，而 7 种针叶落叶乔木几乎没有被使用。同样，作为垂直绿化的藤本植物多达 30 种，但实际常用的也不过 6 种，占 20%，186 种地被植物中常用的也只有 32 种。

当然，无论是绿化树种种类的总数，还是常用树种的使用，由于地缘优势，厦门市较之于北方的一些城市要丰富得多，但与本地区植被多样性状况相比，还有进一步丰富的很大余地。因此，厦门市的绿化树种资源的使用潜力还可以进一步挖掘，充分体现物种丰富，模式多样的地域特点，使厦门市的城市生态环境得到更好地改善。

3. 合肥市现有绿化树种现状

（1）总体情况。合肥市属于北亚热带气候，地带性植被为落叶与常绿阔叶混交林。据调查，合肥城市范围计有 450 余种木本植物，分属于 73 科 170 属，其中 22 个裸子植物属，148 个被子植物属。在本次调查的一环路以内的城区，组成城市森林的主要树种有 85 种，其中裸子植物 24 种、被子植物 61 种。这里我们把 15 种主要裸子植物和 30 种主要被子植物树种的分布情况进行了统计（表 7-4）。

表 7-4　合肥市主要树种情况

排序	树种	株数	占种类百分比（%）	分布情况（%）				
				街道	公园	环城公园	高校及机关	住宅区
	裸子植物							
1	水杉	43229	33.0	0.0	15.6	4.7	22.8	56.9
2	雪松	27459	21.0	0.9	2.9	14.4	21.0	60.8
3	龙柏	17231	13.2	0.0	0.0	0.0	22.9	77.1
4	刺柏	8110	6.2	0.0	11.7	0.0	1.7	86.6
5	塔柏	7104	5.4	0.0	1.4	0.0	1.1	97.5
6	马尾松	7009	5.4	0.0	15.7	0.4	0.4	83.5
7	圆柏	4902	3.7	9.4	27.2	3.8	14.7	44.9
8	侧柏	3553	2.7	0.6	39.8	34.5	25.1	0.0
9	北美圆柏	2300	1.8	0.0	0.0	0.0	100.0	0.0
10	池杉	2239	1.7	0.0	31.6	0.0	16.1	52.3
11	银杏	1812	1.4	43.7	5.8	19.5	14.9	16.0
12	黑松	1780	1.4	0.0	0.0	0.0	100.0	0.0
13	火炬松	1150	0.9	0.0	0.0	0.0	100.0	0.0
14	铅笔柏	1070	0.8	0.0	0.0	0.0	100.0	0.0
15	柳杉	535	0.4	0.0	0.0	0.0	100.0	0.0
16	其他针叶树	1396	1.1	0.0	5.2	1.4	80.7	12.6
	小计	130879		1.2	10.4	6.0	22.9	59.6
	被子植物							
1	女贞	92652	42.6	1.4	3.4	4.3	6.2	84.7
2	香樟	17797	8.2	8.1	17.5	0.2	14.4	59.8
3	红叶李	13198	6.1	20.9	1.9	0.0	11.7	65.5
4	广玉兰	12453	5.7	13.0	5.4	0.0	23.0	58.6
5	刺槐	8735	4.0	0.0	1.1	92.2	6.7	0.0
6	泡桐	8569	3.9	0.0	0.1	0.0	4.2	95.7
7	乌桕	6634	3.0	0.0	2.3	2.5	6.9	88.3
8	悬铃木	6627	3.0	55.5	1.9	2.8	39.8	0.0
9	香椿	6204	2.9	0.0	0.0	0.0	0.0	100.0
10	国槐	5979	2.7	58.4	1.9	2.0	18.1	19.6
11	构树	4196	1.9	0.0	0.0	65.3	6.8	27.9
12	三角枫	3788	1.7	0.0	90.7	3.0	6.3	0.0
13	枫杨	3486	1.6	0.0	24.2	21.7	28.7	25.5
14	桂花	3056	1.4	74.7	10.6	0.0	14.7	0.0
15	石榴	2690	1.2	0.0	5.5	0.0	7.4	87.1
16	重阳木	2613	1.2	0.0	0.0	4.3	50.9	44.8
17	白玉兰	2331	1.1	11.4	12.5	4.8	21.1	50.2
18	桃	2305	1.1	0.0	0.0	0.0	49.2	50.8

（续）

排序	树种	株数	占种类百分比（%）	分布情况（%）				
				街道	公园	环城公园	高校及机关	住宅区
19	槐树	1490	0.7	19.9	14.4	0.0	0.7	65.0
20	枇杷	1341	0.6	0.0	0.0	0.0	12.7	87.3
21	加拿大杨	1206	0.6	9.7	71.7	14.4	4.1	0.0
22	柿树	1171	0.5	0.0	0.0	0.0	0.0	100.0
23	梧桐	834	0.4	0.0	9.1	53.7	37.2	0.0
24	垂柳	833	0.4	0.0	95.2	0.0	4.8	0.0
25	无患子	831	0.4	0.0	17.2	73.9	8.9	0.0
26	枫香树	689	0.3	0.0	18.4	16.3	65.3	0.0
27	木槿	666	0.3	100.0	0.0	0.0	0.0	0.0
28	楝树	561	0.3	0.0	57.8	20.1	22.1	0.0
29	榆树	473	0.2	0.0	12.9	53.3	33.8	0.0
30	麻栎	450	0.2	0.0	0.0	0.0	100.0	0.0
31	其他阔叶树种	3676	1.7	4.8	32.6	19.8	42.7	0.0
	小计	217534		8.5	7.7	9.0	12.3	63.0
	总计	348413		5.6	8.6	7.6	16.2	61.9

由表 10 可以看出，不同树种使用的频率不同。这些种类中个体数目最多而占显著地位的只是少数几个种。例如水杉、雪松、龙柏、刺柏、塔柏 5 个针叶树木占全部针叶树的 78.8%；而女贞、香樟、红叶李、广玉兰、刺槐、泡桐、二球悬铃木、乌桕、槐树、香椿 10 种阔叶树则占了整个阔叶树木的 82.1%。另外，种类组成中常绿乔木的比例相对较高，占总数的 63%，这当中针叶树种占 37%，常绿阔叶树种占 26%。

不同树种在城市里的分布地类也存在很大差异。从数量上看，60% 的树木都分布在住宅区，道路为 5.6%，公园为 8.6%，环城公园 7.6%，高校及机关 16.2%。裸子植物树种分布多少的顺序为住宅区 > 高校及机关 > 公园 > 环城公园 > 街道，被子植物树种分布多少的顺序为住宅区 > 高校及机关 > 环城公园 > 街道 > 公园；在所有地类中都有使用的树种只有雪松、银杏、圆柏、女贞、香樟、槐树和白玉兰这 7 种，占树种总数的 8.2%，在四种地类中出现的树种有 10 种，占 11.7%，在三种地类中出现的树种有 19 种，占 22.4%，在二种地类中出现的树种有 14 种，占 16.5%，仅在一种地类中出现的树种有 35 种，占 41.2%；而具体每个树种的分布又不一样，比如有 56.9% 的水杉分布在住宅区，有 55.5% 的悬铃木分布在街道，100% 的黑松、火炬松、铅笔柏、柳杉和北美圆柏都分布在高校及机关区。这种分布特征与树种本身的生物学特性和不同地类对树种的要求差异有关，也反映了人们的一种栽植习惯。其中行道树的种类组成变化较大，具有时代的特色。50~60 年代的道路以二球悬铃木、加杨、侧柏等为主；70~80 年代以槐树、女贞、广玉兰、桂花、乌桕、香樟、银杏为主；90 年代种类增加较多，如白玉兰、龙爪槐、石榴、木槿等。

由于种类组成的这一特点，植物景观的丰富性仍显不足，特别容易引发一些种类的病虫害发生。构成合肥树种丰富性较低原因主要有：一些种类容易获得种苗，因此集中栽植，例如水杉、红叶李；常绿树种的可选范围小，只集中在香樟、女贞、柏类等；城市居民偏爱某些树种，如广玉兰、香椿等；历史的原因，如早期大量栽植刺槐；经营者受传统理念的影响。

（2）合肥市不同城市森林类型的树种组成。前面我们已经分析过，影响城市绿地发挥生态效益的因素有多种，对于以林木为主体的城市森林而言，不同类型城市森林的林分分布、径级结构、林木健康状况等因素是城市森林建设水平的直接反映。Rowntree 的研究指出，当树木的疏密度达到 5.5~25 平方米 / 公顷时能发挥类似森林的功能（Rowantree，1984a，1984b）。下面我们借鉴美国加利福尼亚州首府萨克拉曼多市对城市森林的研究方法（McPherson，1998），以合肥市为例进行调查分析。

从不同地类的树种丰富度和优势树种所占比例来看，不同的类之间存在很大的差异（图 7-1）。对合肥市城区及 5 种地类的绿化树种使用情况进行了统计。总的来看，调查区内按种群大小排在前 10 位的树种是：女贞、水杉、雪松、香樟、龙柏、红叶李、广玉兰、刺槐、泡桐和刺柏，占全部树木数的 71.6%，而其他的 75 余种只占 28.4%（图 7-1 的 A 图）。

（1）行道树共有 19 个树种，其中 2 个是独有的（图 7-1 的 B 图）。株数最多的 10 个树种依次是：悬铃木 > 槐树 > 红叶李 > 桂花 > 广玉兰 > 香樟 > 女贞 > 银杏 > 木槿 > 圆柏，这 10 种树种的数量占总数的 94.2%，其他 9 种树种仅占 5.8%，而悬铃木、槐树和红叶李 3 种最多，占 50.4%。

（2）公园是城市绿化树种分布最为集中的地方，合肥市公园有 52 个树种，其中 10 个是独有的（图 7-1 的 C 图）。株数最多的 10 个树种依次是：水杉 > 三角枫 > 女贞 > 香樟 > 侧柏 > 圆柏 > 马尾松 > 刺柏 > 加拿大杨 > 枫杨，这 10 种树种的数量占总数的 76.7%，其他 42 种树种仅占 23.3%。树种中水杉、三角枫、女贞和香樟 4 种占 55%，水杉就占 22.5%。

（3）环城公园经过多年的建设，已经成为合肥市的一道风景，这里有 34 个树种，其中 2 个是独有的（图 7-1 的 D 图）。株数最多的 10 个树种依次是：刺槐 > 雪松 > 女贞 > 构树 > 水杉 > 侧柏 > 枫杨 > 无患子 > 梧桐 > 银杏，这 10 种树种的数量占总数的 90.6%，其他 24 种树种仅占 9.4%。树种中刺槐、雪松和女贞 3 种占 60%，刺槐就占 30.3%。

（4）高校及机关区有 66 个树种，其中 18 个是独有的（图 7-1 的 E 图）。株数最多的 10 个树种依次是：水杉 > 雪松 > 女贞 > 龙柏 > 广玉兰 > 侧柏 > 香樟 > 北美侧柏 > 黑松 > 红叶李，这 10 种树种的数量占总数的 69.1%，其他 56 种树种占 30.9%。树种中水杉、雪松和女贞 3 种比较多，占 37.9%，相比于其他地类来说，树种种类多，使用上也呈现多样化的特点。

（5）各类住宅区有 28 个树种，其中 3 个是独有的（图 7-1 的 F 图）。株数最多的 10 个树种依次是：女贞 > 水杉 > 雪松 > 龙柏 > 香樟 > 红叶李 > 泡桐 > 广玉兰 > 刺柏 > 塔柏，这 10 种树种的数量占总数的 84.2%，其他 18 种树种占 15.8%。树种中以女贞最多，占 36.3%。

由此可以看出，合肥市公园和高校及机关区的树种丰富度是比较高的，这与高校和机关的自然和人文环境有很大关系。一方面这类地方的绿化队伍素质高，人们保护树木的意识强，另一方面也与许多高校为教学和科研而建立的小型植物园，注意引进新品种有关，我国其他城市的高校及机关区也有这种特点，而公园包括植物园本身就非常注意树种的引进和栽培，多数公园还专门的建有各类专业园，进行树木种类的收集，说明高校及机关区、

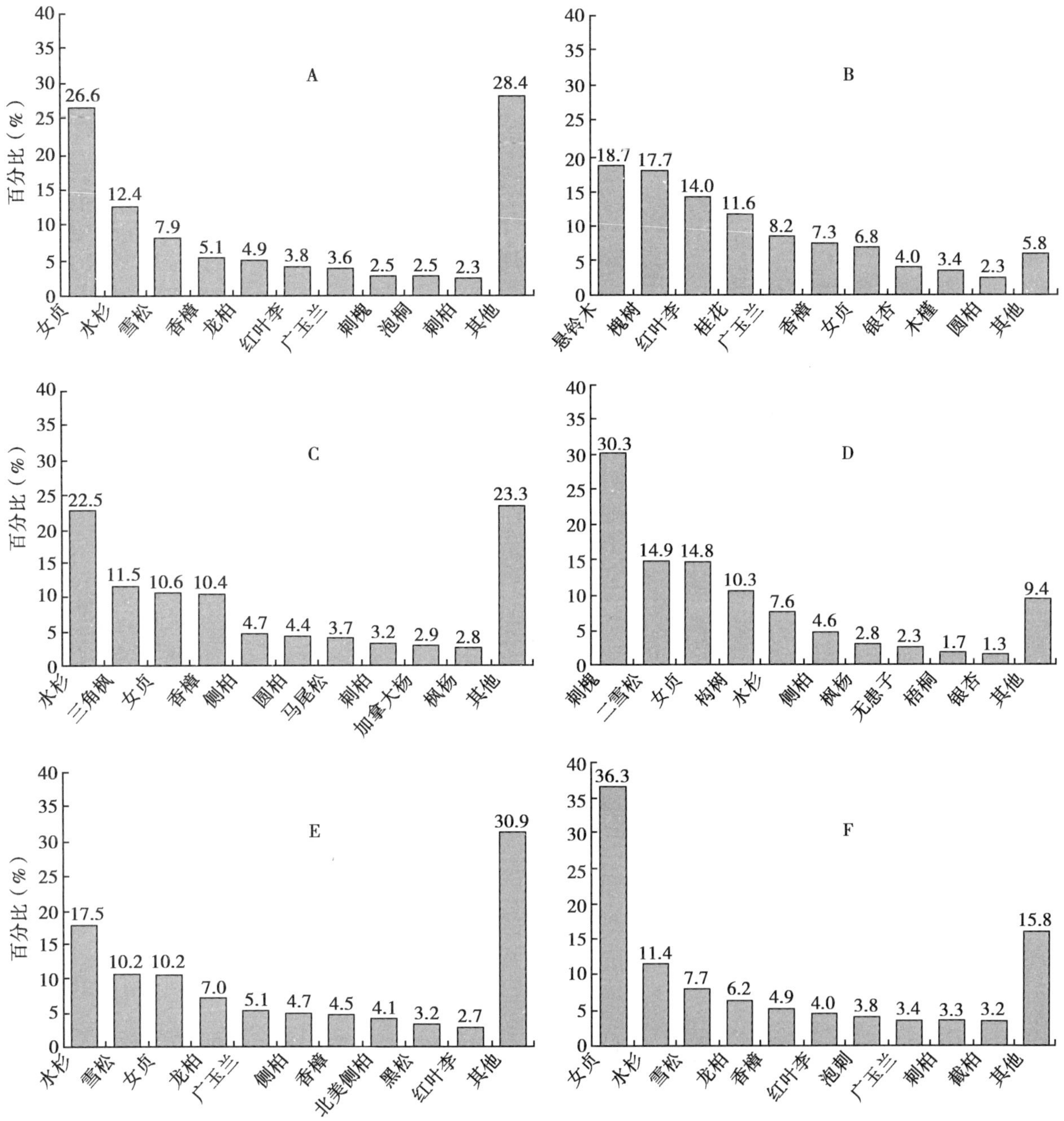

图 7-1　不同地类中株数最多的 10 种优势树种所占比例

A. 整个调查区；B. 道路；C. 公园；D. 环城公园；E. 高校及机关；F. 住宅区

公园这两种地类在增加城市树种多样性方面有重要作用（陈进勇，1998；雷泽湘等，2000）。环城公园作为道路与近水区的交错地带，是行道树模式与河岸带模式相融合的一种类似于公园的沿河绿化带，反映出城市水体（包括河流及湖泊等）周围绿化特点。

三、植物材料应用的发展趋势

1. 树种选择的科学性将越来越受到重视

在城市绿化的人工植被中，从区系的角度对判断、分析城市绿化树种的组成、植被特征和探讨绿化树种的选择原则提供了重要的依据，并具有重要的意义。例如龙脑香科是东南亚热带雨林的特征科，而通过我国云南、广西、海南等热带北缘地区的森林群落组成的分析，了解到含有龙脑香科的青皮属等，并占有一定的数量和优势，这对认识热带雨林在我国的分布、特征、类型及其与东南亚热带雨林的关系，都具有重要的意义（王伯荪，1987;胡玉佳，李玉杏，1992）；又如，我国亚热带区域广阔，代表性植被类型是亚热带常绿阔叶林，通过区系成分分析，了解到它们的主要组成都是樟科、壳斗科、山茶科、木兰科和金缕梅科等，它们就成为我国亚热带常绿阔叶林的标志。又如，对西双版纳热带雨林植物区系组成分析，发现热带区系占 81.3%，热带亚热带区系占 10.4%，温带区系占 2.5% 等，这种区系比例表明西双版纳热带森林在区系组成上以热带区系为主，说明现在的西双版纳热带森林具有较强的热带特征。而对于现在存于西双版纳傣寨传统的 315 种栽培植物进行区系分析，发现它们绝大多数是原产于热带雨林地区、热带季雨林地区和热带高海拔地区的植物。

绿色植物不仅丰富了城镇的色彩，更通过优美的体态、丰富的绿叶、迷人的花香和多种有益的生态功能来陶冶人们的情操和美化生活环境，赋予了城镇生命的色彩给居民适宜的生活环境。因此城市绿地建设越来越受到重视，建立完善的城镇森林生态网络体系已经成为现代城镇建设必不可少的重要内容。但绿色植物如果使用不当，也会对环境造成污染，给人们的日常生活带来不便，甚至对人体健康产生不利的影响。

因此，在城市绿化建设过程中，除了要了解植物的生长、观赏价值等特性以外，还要研究它与人体健康的关系，才能创造优美温馨、整洁干净的绿色环境，真正体现“以人为本”的城镇绿化建设主旨。对植物在城市中的生长适应性的研究将受到人们极大的关注。植物在城市环境中的生长状况、健康程度已成为城市森林建设中植物选择的主要依据和指标。

2. 树种的生态功能性日益突出，选择的目的性将越来越明确

树种在改善城市生态环境方面的功能将更加引起人们的重视，对植物的生态功能的研究也将更加深入，对城市绿化建设中的树种选择和应用的目的性将越来越明确，树种的功利性更加突出。

树木在滞尘、杀菌、降温增湿方面的能力将是树种选择要考虑的因素之一。榆树叶片单位面积的滞尘量为 12.27 克 / 平方米，朴树为 9.37 克 / 平方米，夹竹桃为 5.28 克 / 平方米，而悬铃木为 3.73 克 / 平方米，存在很大差异。陈自新等（1998）测定了北京市主要园林树种和花灌木的滞尘能力，结果显示乔木树种中较强的有圆柏、毛白杨、元宝枫、银杏和槐树，花灌木有丁香、紫薇、锦带花和天目琼花。在杀菌方面的差异也有很大的不同，据戚继忠等（2000）对吉林市 28 种园林植物的清除细菌能力测定表明，一串红、接骨木、火炬树、京桃等植物的除菌率不足 40%，圆柏、落叶松、垂榆、鸡冠花、黑心菊等介于 40%~80%，而油松、大圆锥绣球花的除菌率在 80% 以上。

在城镇绿化树种选择上除了要考虑上述对大气污染、土壤污染的抗性和净化作用以外，植物的危害作用也必须引起足够的重视，一些植物在具有多种有益功能的同时，也有一定的负效应，特别是对人体健康可能带来的影响更应该注意，如悬铃木的球果飞毛会给人带来过敏反应，夜来香夜间开花，芳香醉人，但香气中含有一种毒素，久闻后会使人头昏脑胀。

而很多观赏植物也像夜来香一样，像杜鹃花、马蹄莲、水仙、夹竹桃等，它们的花香使人陶醉，但它们的花、茎、叶或根是有毒的，因此都只能看而不能食用。

因此，不同的植物在降温、除尘、杀菌等本身的环境效益方面都有各自的长处，对干旱、污染等外界环境条件胁迫的适应能力和抵抗能力也存在很大的差异，对植物生态功能的“求全责备”是不恰当的。我们对植物这些内在特点的深入研究和了解，把城镇环境背景、城镇环境发展趋势与植物的适应性和抗性结合起来，进行合理的选择利用，是搞好城镇绿地系统建设的基础。

3. 植物对人体身心健康的影响越来越受到关注

不少植物的花果枝叶有很高的观赏价值，也有一定的医疗保健作用。据有关资料介绍，颜色对精神病人有一定的作用。应用植物形态和颜色治疗人体器官疾病（表 7-5），达到保健的作用将受到人们的普遍关注。按照植物不同色彩配置的群落，预期在赏景的同时对人类某些疾病会有不同的疗效。

表 7-5 应用植物形态颜色治疗人体器官疾病

植物形态部位	枝叶	花	茎	果	根
植物颜色	青	赤	黄	白	黑
植物最佳性	湿	热	平	凉	寒
相应人体内脏	肝	心	脾	肺	肾
可治疗的人体器官	目	舌	口	鼻	耳

另外，由于绿色植物本身产生的物质达到某种程度，而对人体和环境产生不利影响的现象，也将引起人们的高度重视。这种影响称作植源性污染（王成，2003）。主要的致敏源包括花粉、飞毛飞絮、气味等。据中国预防医科院病毒所曾毅院士领导的研究小组对 1693 种植物检测研究发现，有 52 种与人类关系密切的植物被认为是诱发癌症的“危险植物”（表 7-6）。在城市森林建设植物选择中，对于植源性污染植物的使用要慎重。

表 7-6 52 种被认为是诱发癌症的“危险植物”

科	属	名称	用途
沉香科	沉香属	土沉香	药用、肥皂、打字蜡纸原料
大戟科	大戟属	狼毒	药用、纤维植物
大戟科	石栗属	石栗	药用、绿化、工业用油
大戟科	变叶木属	变叶木	观赏
大戟科	变叶木属	细叶变叶木	观赏
大戟科	巴豆属	石山巴豆	绿化
大戟科	巴豆属	毛果巴豆	绿化
大戟科	巴豆属	巴豆	药用、杀虫剂
大戟科	大戟属	火秧	药用、绿篱、观赏
大戟科	大戟属	猫眼草	药用
大戟科	大戟属	泽漆	药用、土农药、工业用油
大戟科	大戟属	续随子	药用、土农药、工业用油
大戟科	大戟属	甘遂	药用

（续）

科	属	名称	用途
大戟科	大戟属	高山积雪	观赏
大戟科	大戟属	铁海棠	药用、观赏、绿篱
大戟科	大戟属	千根草	药草
大戟科	海漆属	鸡尾木	药用
大戟科	海漆属	红背桂	药用、观赏
大戟科	麻疯树属	多裂麻疯树	药用
大戟科	红雀珊瑚属	红雀珊瑚	药用、绿化
大戟科	乌桕属	山乌桕	药用、工业用油
大戟科	乌桕属	乌桕	药用、杀虫剂、重要蜜源、工业用油
大戟科	乌桕属	圆叶乌桕	药用、杀虫剂、绿化、工业用油
大戟科	油桐属	油桐	药用、工业原料、工业用油
大戟科	油桐属	木油桐（皱桐）	药用、绿化、工业用油、活性炭原料
大戟科	大戟属	三棱	药用
蝶形花科	山蚂蝗属	金钱草	药用
防己科	青牛胆属	青牛胆	药用
凤仙花科	凤仙花属	凤仙花	药用、玩赏、榨油
椒科	胡椒属	海南蒌	药用
菊科	苦荬菜属	剪刀股	药用
马鞭草科	假连翘属	假连翘	药用、观赏
马鞭草科	豆腐柴属	黄毛豆腐柴	药用
毛茛科	铁线莲属	黄花铁线莲	药用
猕猴桃科	猕猴桃属	阔叶猕猴桃	食用、药用
茜草科	红芽大戟属	红芽大戟	药用
茜草科	拉拉藤属	猪殃殃	药用
蔷薇科	杏属	苦杏仁	食用、药用
茄科	曼陀罗属	曼陀罗	药用、兽药、土农药、工业用油
忍冬科	荚属	坚荚树	药用、兽药、绿化
瑞香科	芫花属	芫花	药用
瑞香科	结香属	结香	药用
瑞香科	芫花属	黄芫花	药用、土农药、纤维植物
瑞香科	芫花属	了哥王	药用、杀虫剂、纤维植物、油脂植物
瑞香科	芫花属	细轴芫花	纤维植物
伞形科	独活属	独活	药用
桑科	榕属	蜂腰榕	观赏
天南星科	麒麟尾属	麒麟冠	观赏
苋科	牛膝属	怀牛膝	药用
鸢尾科	射干属	射干	药用、兽药、观赏
云实科	云实属	苏木	药用、染料、绿化
中国蕨科	粉背蕨属	银粉背蕨	药用、钙质土指示植物

第二节　不同植物材料生态功能分析

张昌庆、李勤（1994）对重庆市中区大气中 SO_2、NO_X、TSP 3 项大气污染指标与肺癌死亡率的相关性研究，表明 TSP 对肺癌死亡率具有明显的相关性。大气 TSP 中含有的苯并芘是一种强致癌化合物。

空气悬浮物的粒径、来源、成分及浓度对健康有重要的影响。

研究表明，森林植物特别是木本植物在消除环境污染方面具有十分重要的作用，它能吸收多种有害气体，并能滞尘、杀菌，起到净化空气的功能。但不同植物对污染物的抗性及吸收能力的差异很大，只能根据不同污染物的情况进行合理筛选，才能达到防污抗污、改善环境、保证城市居民身体健康的目的（表 7-7）。

表 7-7　各类林分（植物）净化（吸附）空气粉尘、烟尘、悬浮物量　　吨 / 公顷・年

林分	阔叶树	云杉	松树	针阔混交林	水青冈	臭椿	榆树	加拿大杨	桑树	榕树	悬铃木	五爪金龙	木槿	大叶黄杨	草坪
吸附量	39.0~54.0	32.0	36.4	34.0	58.8	12.27	20.6	53.9	56.0	56.0	37.0	66.0	9.37	6.63	5.0~11.8

注：引自姜东涛，2001。

森林植物分泌一些萜烯、酒精、有机酸、醚、醛、酮等杀菌素，如圆柏林一昼夜可分泌 30~60 公斤杀菌素，可杀灭以森林为半径 2 公里范围内空气中的白喉、结核、伤寒、痢疾等细菌和病毒，白皮松、柳杉、悬铃木、地榆、稠李、冷杉、松树、景天等都有很强的杀菌能力。我国城市的空气含菌量平均达 100 万个 / 立方米。据测定，一般森林公园和绿地的空气含菌量比居民区少 86% 以上（龚艳，1999；张万钧，1998）。

负离子能使人镇静、净化血液、增进新陈代谢、强化细胞功能、延年益寿。人正常生活中需要的负氧离子含量达 700 个 / 立方米以上。据测定，一般城市空气的负氧离子含量在 300~700 个 / 立方米，工业区 220 个 / 立方米，城市森林区 1000 个 / 立方米以上，林区腹部 2000~3000 个 / 立方米。

一、净化有毒气体

植物对空气污染的反应，可以分为污染敏感植物和抗性植物。敏感植物是指对空气中某种污染气体的反应敏感，表现出危害症状，如叶片伤害等，伤害程度随污染气体的浓度大小而表现或重或轻，因此，敏感植物可以作为气体污染环境的指示植物，来监测大气中的污染物的种类、存在浓度和变化规律。抗性植物，可以作为污染地区的环境修复材料，以改善空气环境质量。

1. 植物对 SO_2 的反应

目前，所知道的对 SO_2 敏感的植物主要有：紫花苜蓿、芝麻、苔藓、菠菜、胡萝卜、黄瓜、

燕麦、棉花、大豆、辣椒、月季、合欢、梅花、悬铃木、油松、马尾松、落叶松等。

对 SO_2 抗性较强的植物种类见表 7-8。

表 7-8 不同地区抗 SO_2 的树种名录

地区	树种名称
华北、东北、西北	构树、皂荚、华北卫矛、榆树、白蜡、沙枣、柽柳、臭椿、旱柳、侧柏、瓜子黄杨、紫穗槐、加拿大白杨、刺槐、枣树、槐树、泡桐、紫薇、火炬树、珍珠梅、紫穗槐
华东、华中、西南部分地区和河南、陕西、甘肃等省的南部地区	大叶黄杨、龙柏、蚊母、夹竹桃、构树、凤尾兰、女贞、珊瑚树、梧桐、臭椿、朴树、紫薇、木槿、枸橘、无花果、青冈栎、苦楝、枸骨、山茶、香樟、结香、厚皮香、丝兰、月桂、银杏、刺槐、海桐、榔榆、十大功劳、丝棉木、喜树、广玉兰
华南和西南的部分地区	夹竹桃、棕榈、构树、印度榕、高山榕、樟叶槭、栎树、广玉兰、木麻黄、黄槿、鹰爪、石栗、红果仔、红背桂、黄金条

2. 植物对 HF 的反应

对 HF 敏感的植物研究最多的是唐菖蒲，该植物在 HF 浓度为 1×10^{-9} 微克 / 立方米下延续 2~3 天或在浓度为 10×10^{-9} 微克 / 立方米下延续 20 小时就要受到伤害。此外，杏、郁金香、葡萄、大蒜、雪松、苔藓、玉米、烟草等对 HF 较为敏感。

对 HF 有较强抗性的树种见表 7-9。

表 7-9 不同地区抗 HF 的树种名录

地区	树种名称
华北、东北、西北	构树、皂荚、华北卫矛、榆树、白蜡、沙枣、柽柳、臭椿、云杉、侧柏、桧柏、杜松、胡杨、复叶槭、枣树、山杏、白桦、丁香、泡桐、葡萄、月季、海棠
华东、华中、西南部分地区和河南、陕西、甘肃等省的南部地区	大叶黄杨、纹母、海桐、棕榈、朴树、凤尾兰、构树、桑树、珊瑚树、女贞、龙柏、梧桐、山茶、月季
华南和西南的部分地区	夹竹桃、棕榈、构树、广玉兰、桑树、银桦、蓝桉、湿地松

3. 植物对 Cl_2 的反应

目前发现的对大气中氯和氯化物敏感的植物有复叶槭、落叶松、油松、木棉、假连翘、苹果、桃、苜蓿、荞麦、玉米、大麦、白菜、萝卜、韭菜、冬瓜、洋葱、向日葵等。

对 Cl_2 具有较好抗性的树种见表 7-10。

表 7-10 不同地区抗 Cl_2 的树种名录

地区	树种名称
华北、东北、西北	构树、皂荚、榆树、白蜡、沙枣、柽柳、臭椿、侧柏、杜松、紫藤、华北卫矛、木槿、合欢、五叶地锦、构树、紫荆、紫藤、黄檗、胡颓子、杨树、榆树、接骨木、槐树、紫穗槐、杠柳、黄檗
华东、华中、西南部分地区和河南、陕西、甘肃等省的南部地区	大叶黄杨、龙柏、纹母、夹竹桃、木槿、海桐、凤尾兰、构树、无花果、梧桐、棕榈、小叶女贞、柳杉、罗汉松、马尾松、南洋杉、黄杨、女贞、银杏、桂花、水杉、樟树、玉兰、棠梨、十大功劳、合欢、五叶地锦、紫荆、紫藤、油茶
华南和西南的部分地区	夹竹桃、构树、棕榈、樟叶槭、细叶榕、木麻黄、广玉兰、黄槿、海桐、石栗、米兰、蝴蝶果、黄馨、夹竹桃、南洋杉、油茶

另外，目前发现的对 O_3 敏感的植物有：烟草、美洲五针松、牡丹、菠菜、燕麦、番茄、萝卜、马铃薯、甜瓜等。

对过氧酰基硝酸盐（PAN）敏感的植物有：菜豆、莴苣、烟草、牵牛花、番茄、芥菜等。

对 NO_2 敏感的植物有烟草、燕麦、胡萝卜、小麦、玉米、番茄、马铃薯、洋葱、蚕豆、柑橘、瓜类等。

4. 植物对粉尘悬浮物的滞留作用

树冠、叶面积大并有绒毛或麻面叶的树种，截留粉尘悬浮物量就大，否则就小。常绿树种年截留量大、落叶树种年截留小。平均年截留量达 21 吨 / 公顷（逄丽艳，1999）。

二、减少粉尘

植物种滞尘量大小差异很大，原因是各树木本身生物学特性的不同，决定了树木的叶片大小、叶片形状、叶面质地、枝干分枝角度和树冠形态特征等各不相同。根据合肥市 15 个树种滞尘量测定结果，阔叶乔木树种单位面积滞尘量：广玉兰 > 女贞 > 棕榈 > 悬铃木 > 香樟，阔叶灌木树种：石楠 > 木槿 > 红叶李 > 小叶女贞 > 大叶黄杨 > 桂花；针叶树种单位重量滞尘量：雪松 > 龙柏 > 蜀桧。具体数据见表 7-11。

表 7-11　滞尘能力测定

树种	胸径（厘米）或树高（米）	单株树总叶面积（平方米）或叶重（公斤）	7 天滞尘量克 / 平方米或公斤	每株树 7 天滞尘量（公斤）	每公顷 500 株计算滞尘量（吨）	每年每公顷滞尘量（吨）
广玉兰	20.0	204.31	4.211	0.860	0.430	14.134
樟树	20.0	500.77	2.085	1.044	0.522	17.153
银杏 *	20.0	148.56	1.090	0.162	0.081	2.660
悬铃木 *	20.0	411.12	1.186	0.488	0.244	8.010
女贞	9.7	114.74	3.920	0.450	0.225	7.389
棕榈⊙	13.1	13.29	3.226	0.043	0.021	0.704
桂花	3.2	109.03	2.566	0.280	0.140	4.596
石楠	3.9	51.70	5.582	0.289	0.144	4.741
大叶黄杨	1.3	34.88	3.408	0.119	0.059	1.953
红叶李	6.4	28.95	3.912	0.113	0.057	1.861
木槿	3.0	14.50	3.994	0.058	0.029	0.951
雪松	20.0	13.73	10.191	0.140	0.070	2.310
蜀桧	10.0	8.43	8.129	0.069	0.034	1.126
龙柏	10.7	23.14	8.825	0.204	0.102	3.355

注：乔木——胸径（厘米），灌木——株高（米）针叶树为叶重（公斤）。* 中等滞尘量 ⊙冠高。表中每公顷绿化树按 500 株计算，是根据行道树株距 5 米计算，即每株占地面积为 19.625 平方米，近似 20 平方米，故每公顷按 500 株计算。每公顷每年滞尘量，是将每公顷 7 天滞尘量乘以 33 周（即生长期 230 天）。

从表 7-9 可见，每公顷滞尘量较大乔木树种有：樟树、广玉兰、女贞等，滞尘量较小乔木树种有：棕榈、蜀桧、雪松、银杏；一般阔叶树大于针叶树，乔木大于灌木。说明各树种滞尘能力大小与树冠总叶面积有密切关系。

根据对各个树种滞尘量的测定，阔叶乔木树种单位面积滞尘量：广玉兰 > 女贞 > 棕榈 > 悬铃木 > 香樟，阔叶灌木树种：石楠 > 木槿 > 红叶李 > 小叶女贞 > 大叶黄杨 > 桂花；针叶树种单位重量滞尘量：雪松 > 龙柏 > 蜀桧。而每公顷滞尘量较大乔木树种是：樟树、广玉兰、女贞等；滞尘量较小乔木树种有：棕榈、蜀桧、雪松、银杏；一般阔叶乔木树大于针叶树，乔木大于灌木。可见各树种滞尘能力大小与叶子表面特性（皱纹、粗糙、绒毛、油脂等）和本身的湿润性及树冠总叶面积有密切关系。

对北京市 21 种有代表性的园林植物（其中花灌木 11 种，乔木 10 种）单叶在雨后 1 周、2 周、3 周和 4 周时的滞尘量的测定后，然后根据单叶面积换算成各树种单位叶面积的滞尘量（表 7-12）。

表 7-12 北京市主要园林植物滞尘能力测定

植物名		单叶片滞尘量（克 / 叶片）				滞尘能力（克 / 平方米叶面积）			
		1 周后	2 周后	3 周后	4 周后	1 周后	2 周后	3 周后	4 周后
花灌木	丁香	0.0011	0.0042	0.0051	0.0081	1.068	4.078	4.951	5.757
	紫薇	0.0009	0.0023	0.0030	0.0034	1.125	2.875	3.750	4.250
	锦带花	0.0029	0.0039	0.0052	0.0058	2.101	2.826	3.768	4.232
	天目琼花	0.0032	0.0064	0.0072	0.0094	1.391	2.783	3.130	4.087
	榆叶梅	0.0050	0.0080	0.0102	0.0116	1.612	2.580	3.354	3.742
	棣棠	0.0026	0.0034	0.0040	0.0042	1.858	2.428	2.858	3.000
	月季	0.0008	0.0012	0.0031	0.0034	0.571	0.857	2.214	2.400
	金银木	0.0011	0.0035	0.0046	0.0051	0.455	1.446	1.901	2.107
	紫荆	0.0010	0.0056	0.0072	0.0080	0.213	1.191	1.532	1.702
	小叶黄杨	0.0001	0.0002	0.0003	0.0003	0.389	0.735	1.100	1.200
	紫叶小檗	0.0001	0.0002	0.0003	0.0003	0.312	0.625	0.938	0.938
平均		0.0017	0.0035	0.0046	0.0054	1.009	2.039	2.681	3.038
乔木	桧柏	0.0028	0.0043	0.0158	0.0185	0.294	0.708	2.579	4.113
	毛白杨	0.0030	0.0086	0.0110	0.0171	0.671	1.924	2.472	3.822
	元宝枫	0.0036	0.0040	0.0070	0.0083	1.500	1.667	2.917	3.458
	银杏	0.0016	0.0030	0.0032	0.0033	1.619	3.093	3.299	3.433
	国槐	0.0006	0.0010	0.0015	0.0018	1.132	1.887	2.830	3.396
	臭椿	0.0004	0.0013	0.0037	0.0071	0.138	0.448	1.276	2.448
	栾树	0.0031	0.0079	0.0102	0.0152	0.492	1.254	1.619	2.413
	白蜡	0.0010	0.0018	0.0032	0.0046	0.325	0.584	1.039	1.494
	油松	0.0004	0.0015	0.0043	0.0086	0.055	0.204	0.586	1.172
	垂柳	0.0002	0.0004	0.0010	0.0011	0.191	0.381	0.905	1.048
平均		0.0017	0.0025	0.0061	0.0086	0.642	1.215	1.952	2.680

从植物滞尘能力测定（表 7-12）和植物单位叶面积滞尘能力排序（表 7-13）可以得到：

（1）各种植物单位叶面积的滞尘能力排序值随时段不同而有一定变化。

（2）通过 4 周的测定，基本上可以看出以下结论：

花灌木单位叶面积滞尘能力（单位：克 / 立方米）：

最强——丁香 5.757。

较强——紫薇 4.250、锦带花 4.232、天目琼花 4.087、榆叶梅 3.742。

一般——棣棠 3.000、月季 2.400、金银木 2.107、紫荆 1.702。

较弱——小叶黄杨 1.200、紫叶小檗 0.938。

其中最大值（丁香 5.757）是最小值（紫叶小檗）的 6 倍多，可见，丁香是北京城市绿化中可选的最理想的滞尘树种之一。

表 7-13 北京市主要园林植物单位叶面积滞尘能力排序

植物名		滞尘能力（克 / 立方米叶面积）							
		1 周后		2 周后		3 周后		4 周后	
		滞尘量	排序	滞尘量	排序	滞尘量	排序	滞尘量	排序
花灌木	丁香	1.068	6	4.078	1	4.951	1	5.757	1
	紫薇	1.125	5	2.875	2	3.750	3	4.250	2
	锦带花	2.101	1	2.826	3	3.768	2	4.232	3
	天目琼花	1.391	4	2.783	4	3.130	5	4.087	4
	榆叶梅	1.612	3	2.580	5	3.354	4	3.742	5
	棣棠	1.858	2	2.428	6	2.858	6	3.000	6
	月季	0.571	7	0.857	9	2.214	7	2.400	7
	金银木	0.455	8	1.446	7	1.901	8	2.107	8
	紫荆	0.213	11	1.191	8	1.532	9	1.702	9
	小叶黄杨	0.389	9	0.735	10	1.100	10	1.200	10
	紫叶小檗	0.312	10	0.625	11	0.938	11	0.938	11
平均		1.009		2.039		2.681		3.038	
乔木	桧柏	0.294	7	0.708	6	2.579	4	4.113	1
	毛白杨	0.671	4	1.924	2	2.472	5	3.822	2
	元宝枫	1.500	2	1.667	4	2.917	2	3.458	3
	银杏	1.619	1	3.093	1	3.299	1	3.433	4
	槐树	1.132	3	1.887	3	2.830	3	3.396	5
	臭椿	0.138	9	0.448	8	1.276	7	2.448	6
	栾树	0.492	5	1.254	5	1.619	6	2.413	7
	白蜡	0.325	6	0.584	7	1.039	8	1.494	8
	油松	0.055	10	0.204	10	0.586	10	1.172	9
	垂柳	0.191	8	0.381	9	0.905	9	1.172	10
平均		0.642		1.215		1.952		2.680	

注：按花灌木和乔木分别排序。

乔木树种单位叶面积滞尘能力（单位：克 / 立方米）：

较强——圆柏 4.113、毛白杨 3.822、元宝枫 3.458、银杏 3.433、槐树 3.396。

一般——臭椿 2.448、栾树 2.413。

较弱——白蜡 1.494、油松 1.172、柳树 1.172。

其中最大值（圆柏 4.113 克 / 立方米）是最小值（垂柳 1.048 克 / 立方米）的近 4 倍。

三、杀灭有害病菌

城市森林通过植物本身的叶、芽和花所分泌的挥发性物质杀死空气中的细菌、真菌和原生动物等，同时由于植物吸滞粉尘减少细菌载体，使得大气中的细菌数量大为减少。

北京市常用绿化植物的杀菌能力见表 7-14。

表 7-14　北京市常用园林植物的杀菌力分类

杀菌力强	杀菌力较强	杀菌力中等	杀菌力弱	
常绿乔木	油松	白皮松、侧柏、桧柏、洒金柏	华山松	
落叶乔木	桑树 核桃	栾树、槐树、杜仲、泡桐、悬铃木、臭椿	构树、绒毛白蜡、银杏、绦柳、馒头柳、榆树、元宝枫	加杨、洋白蜡、毛白杨、玉兰
常绿灌木		早园竹	大叶黄杨、小叶黄杨	
落叶灌木		碧桃、紫叶李、金银木、黄栌、紫丁香、紫穗槐、珍珠梅	北京丁香、丰花月季、海州常山、蜡梅、石榴、紫薇、西府海棠、平枝荀子、紫荆、金叶女贞、黄刺玫	玫瑰、报春刺玫、太平花、樱花、榆叶梅、鸡麻、美蔷薇、野蔷薇、山楂、迎春
藤本		中国地锦 美国地锦	山荞麦	
草本		美人蕉	鸢尾、地肤	萱草

可见，不同植物的杀菌作用差异很大，具体表现为：

第一类（杀菌力强）：植物对杆菌和球菌的杀菌力均很强，既能杀死某些球菌，又能杀死某些杆菌。这类植物可以作为医院、居民区等绿化的首选植物材料。

第二类（杀菌力较强）：植物对两种菌的杀菌力都较强或对其中一个菌种的杀菌力强而对另一个菌种的杀菌力中等。它们全部都是北京市园林绿化中最常用的植物。

第三类（杀菌力中等）：植物对球菌和杆菌的杀菌力中等，或对其中一个菌的杀菌力较强而对另一种菌的杀菌力中等。

第四类（杀菌力弱）：植物对球菌和杆菌的杀菌力均弱。

特别值得注意的是，在研究中我们发现，在某些情况下，绿地的减菌作用并不明显。分析其原因为，在温暖的季节里，绿地相对阴湿的小气候环境有利于菌类的滋生繁殖；另外，如果绿地的卫生条件不良，也会增加空气中的菌含量。所以，在城市绿化工作中，必须合理安排植物的种植结构，保持良好的通风条件，避免形成有利于菌类滋生繁殖的阴湿小环境。同时，还要加强绿地的卫生管理，这样也能减少菌类的滋长。

彭旦明（2001）研究，香樟、蜡梅等叶和花能减少大气中的细菌数量，具体参见表 7-15 和表 7-16。

表 7-15　樟叶提取物体外抗菌作用

菌种	水煎（0.5 克 / 毫升）	水煎（0.25 克 / 毫升）	油水（33 微升 / 毫升）	油水（16 微升 / 毫升）	全油（16 微升 / 毫升）
金黄色葡萄球菌	-	+	-	+	-
乙型链球菌	-	+	+	+	-
绿脓杆菌	-	+	+	+	+
肺炎双球菌	-	+	+	+	-
痢疾杆菌	-	+	-	-	-
甲链球菌	-	+	+	+	-
大肠杆菌	+	+	-	+	-
白色念珠菌	+	+	+	+	+
甲奈球菌	-	+	+	+	-

表 7-16　蜡梅提取液体外抗菌作用

菌种	水煎（20 毫克 / 毫升）	水煎（10 毫克 / 毫升）	油饱和水溶液	菌种	水煎（20 毫克 / 毫升）	水煎（10 毫克 / 毫升）	油饱和水溶液
金黄色葡萄球菌	-	+	+	甲链球菌	+	+	+
乙型链球菌	+	+	+	大肠杆菌	+	+	+
绿脓杆菌	+	+	+	白色念珠菌	+	+	+
肺炎双球菌	+	+	+	甲奈球菌	-	+	+
痢疾杆菌	-	-	+				

四、修复污染土壤

1. 植物修复污染土壤

土壤是人类获取食物和其他再生资源的物质基础。因为种种原因，某些土壤受到了严重的污染，其中，土壤重金属污染是一个全球性的棘手问题，因为这种污染是一个不可逆的过程，重金属在土壤中的滞留时间长，植物或微生物不能将其降解，因而影响土壤理化活性，影响作物的生长和品质。重金属在作物可食部为积累后易于通过食物链传递给人或动物，对人类健康带来严重危害。如世界闻名的水俣病、Hg 中毒、骨痛病、Cd 中毒等就是典型的例证。

到目前为止，较为成熟的可用于土壤重金属污染修复的技术有：固化、玻璃化、热处理、土壤冲洗、泵处理、电动修复等，但这些方法往往投资比较昂贵，需要复杂设备或打乱土层结构，对大面积的污染更是无可奈何。大量的研究表明，植物除了具有抵抗和净化大气污染的能力以外，对土壤污染、水体污染的净化能力也是不可忽视的。有些特殊的植物在生理代谢过程中能富集、螯合和积累重金属，可以利用这些植物来修复重金属污染的土壤，此修复技术对环境扰动少，在去除土壤重金属的同时还可以在一定程度上降低污染土壤周围大气和水体中的污染物水平，而且费用低。

芝加哥是美国儿童铅中毒数目最多的地区，每年有 2 万多名 6 岁以下儿童被确定为血液中铅含量超标，其程度足以对儿童造成永久的智力损伤。当地采用种植向日葵等植物来吸收土壤中的铅。研究结果表明，一枝黄花、羊茅和玉米、向日葵等植物能从被污染的土壤中吸取有毒物质。种植这些植物是清除人们住宅周围土壤中所含的铅的经济而又便捷的方法。美国佛罗里达大学的科学家发现，利用蕨类植物，可以很有效地将土壤内的 As（砷）吸走。用植物清理被污染的土壤的“植物疗法”在美国等国家已使用了数年时间，人们用这种方法清理受污染的工业区。1986 年乌克兰切尔诺贝利核电站事故后种植向日葵，用以清除地下水中的核辐射，Dushenkov 等 1999 在研究中发现某些苋属栽培种对 137Cs（铯）的累积性最强。这种方法比移走受污染土壤要廉价得多，可以通过几个途径来实现，最简单的做法是用诸如草类植物织成一张“绿毯”覆盖被污染的土壤。更令人感兴趣的是一种被称为植物萃取（phytoextraction）的过程。某些植物能通过根部吸收铅元素，人们把这些植物收割以后，可以在原地种上第二批植物，直到土壤中的铅含量降低到允许的水平。蕨类植物可以直接将吸收了的砒贮藏在它的叶和茎，某些植物吸收的砷、铅也许最终能从根部输送到地上的枝叶中，这样只需修剪枝叶就可以清除 As、Pb（铅），不必拔除整棵植物。因此多年生植物特别是木本植物是清除土壤中的 Pb、As 等污染物最理想的手段。Jaffre 等（1976）在《Science》上撰文称，他们在新喀里多尼亚所发现的 Ni 超富集树种（Sebertia acuminata）当树皮切开后，外皮层汁液中的 Ni 浓度竟高达其干重的 25%。我国在植物修复（phytoremediation）的研究中也取得了很大进展，但整体上尚处于起步阶段，有些木本植物如某些旱柳品系可以蓄积 47.19 毫克 / 公斤的 Cd（镉），当年生加拿大杨对 Hg（汞）的蓄积量高达 6.8 毫克 / 株，是对照的 130 倍。据统计，目前有大约 400 种植物可以吸收毒素，而利用植物修复的市场正在迅速增长。

植物修复是指将某种特定的植物种植在重金属污染的土壤上，而该种植物对土壤中的污染元素具有特殊的吸收富集能力，将植物收获并进行妥善处理（如灰化回收）后可将该种重金属移出土体，达到污染治理与生态修复的目的。这种植物称为“超富集体”（Hyperaccumulator），其一般定义为：在地上部分能较普通作物积累 10~500 倍以上某种重金属的植物（Chaney 等，1997）。城市森林中的植物具有吸收、转化、清除或降解环境污染物，实现环境净化、生态功能修复的功能，因而，随着人们对生存环境空间质量的关注，植物在改善生态环境、保障人体健康等方面的自然功能越来越引起人们的高度重视。

2. 植物修复土壤重金属污染

（1）重金属超富集植物。植物对重金属污染位点的修复有 3 种方式：植物固定、植物挥发和植物吸收，通过这 3 种方式去除土壤环境中的重金属离子。

植物固定是利用植物使土壤环境中的重金属流动性降低，生物可利用性下降，使重金属对生物的毒性降低。植物挥发是利用植物去除环境中的一些挥发性污染物（如 Hg），即植物将污染物吸收到体内后又将其转化为气态物质，逸出土体后再回收处理。而植物吸收是目前研究最多并且最具有发展前景的植物修复方式，它利用耐受并能积累重金属的植物吸收土壤环境中的金属离子，将它们输送并贮存在植物体的地上部分。这类植物有两种，一是具有超耐性的植物，二是营养型超富集植物。超耐性植物能够较普通植物积累 10~500 倍以上的某种重金属，在非生理毒害情况下，*Thlaspi caerulescens* 和 *Arabidopsis halleri* 能在茎内富集 30000 毫克 / 公斤 Zn，而大多数作物的临界值是 500 毫克 / 公斤。香蒲植物，绿肥植物天叶紫花苕子对 Pb 具有超耐性，羊齿类铁角蕨属植物对 Cd 有超耐性。营养型富集植物指天生就超量地喜欢某种或某些重金属，并以这些元素作为自身生长的营养需求的植物，它们往往在元素正常浓度下难以适存。

某些超富集植物的名称与富集重金属的功能列于表 7-17。

表 7-17　某些植物对重金属的超富集状况

重金属元素	植物种类	叶片中重金属含量（毫克 / 公斤）	发现地点	一般植物体内平均含量（毫克 / 公斤）
Cd	*Thlaspi caerulesccens*	1800	宾西法尼亚	0.21
Cu	*Ippmea allpina*	12300	扎伊尔	3.49
Co	*Haumaniastru robertii*	10200	扎伊尔	0.036
Pb	*Thlaspi rotundifolium*	8200	不详	2.52
Mn	*Macadamia neurophylla*	51800	新喀里多尼亚	25.65
Ni	*Psychotria douarrei*	47500	新喀里多尼亚	0.49
Zn	*Thlaspi calaminare*	39600	德国	20.99
Se	*Astragalus racemosus*	14900	怀俄明	5

注：引自刘秀梅，聂俊华等，2001。

利用超富集体改良土壤的一个典型例证是 1991 年由纽约的一位艺术家 MelChin 开始的，他在环境科学家 Chaney,Homer 和 Brown 的协助下,成功地塑造了一件巨大的“环境艺术品”。该艺术品由 5 种植物组成：遏蓝菜属的 *Thlaspi caerulesccens*，麦瓶草属的 *Silene vulgaris*，长叶莴苣，Cd 累积型玉米和 Zn、Cd 抗性紫洋芋。利用这件艺术品为工具“剔除”了土壤中的 Cd 的毒性，将一片光秃的死地变成生机盎然的活土（刘秀梅等，2001）。

我国也曾在植物修复方面作过研究，黄会一等（1998）发现杨树对 Cd 和 Hg 污染有很好的削减和净化功能；熊建平等（1996）研究，水稻田改种苎麻后，极大地缩短了受汞污染的土壤恢复到背景值水平的时间。

至今，已有 400 种植物被证明对重金属具有吸收超富集作用。

（2）非超富集植物吸收重金属能力的比较研究。植物对重金属的吸收在种枝、叶、根等样品中的含量不同，结合各树种的综合生长状况，在重金属污染厂区的绿化树种表现出不同吸收能力和忍耐能力，如法国冬青、紫薇、木芙蓉、女贞和龙柏等树种富集重金属能力较强，且生长状况较为良好，最适于作为重金属污染厂区的生态防护绿化的主要树种；而蚊母树、夹竹桃和石楠等植物种类虽然富集重金属能力较低，但有较强的耐性，能良好生长，也适于作为污染区绿化美化树种。海桐、棕榈、小叶黄杨生长较差，可选择适量应用。对于富集能力明显较差而又生长差的植物种类，如丝兰，则不适于作为污染区主要绿化材料。黄银晓等曾经对北京地区主要绿化植物，测定植物体内的重金属含量，以及江西、广东等地少量树种的研究数据，平均值见表 7-18，可作为重金属污染防护树种选择时参照。

表 7-18 其他地区测定的部分树种重金属元素富集能力参照（毫克 / 公斤）

种类	Zn	Cu	Cd	Pb	Ni
泡桐	39.075	40.225	0.214	4.327	3.51
臭椿	39.170	18.087	2.485	8.879	5.419
毛白杨	75.064	19.60	4.401	8.498	4.811
加杨	71.800	14.503	4.020	2.796	9.088
刺槐	32.367	15.833	2.719	3.537	3.898
银杏	18.200	12.300	0.159	2.493	6.152
白蜡	30.000	14.880	0.070	5.366	2.656
旱柳	60.030	11.933	0.287	3.268	6.120
榆树	19.730	10.067	0.021	2.492	0.463
五角枫	30.367	16.167	0.087	4.601	3.435
桑树	40.200	16.600	0.181	5.553	4.946
核桃	25.533	12.267	0.042	4.313	3.200
朴树	46.900	18.200	0.411	3.157	6.536
卫矛	34.56	10.880	0.078	2.911	4.717
悬铃木	20.930	17.267	0.086	1.789	9.085
槐树	24.436	12.727	0.175	5.130	3.400
油松	22.237	19.655	0.065	4.384	0.677
侧柏	34.477	25.431	0.258	5.803	1.835
圆柏	24.498	21.300	1.138	5.198	2.159
白皮松	26.743	9.371	0.022	5.274	0.596
雪松	18.333	29.667	0.033	3.124	2.083
云杉	28.400	19.650	0.028	3.144	1.575
紫薇	26.460	17.720	0.358	5.329	3.847
榆叶梅	39.000	12.200	0.342	2.923	3.083
黄刺玫	20.933	11.833	0.097	2.719	1.412
紫穗槐	40.160	18.200	0.065	5.308	3.709
丁香	32.600	9.511	0.047	3.983	3.554
连翘	36.200	14.222	0.056	4.428	4.736
木槿	30.800	18.900	0.062	2.361	3.973

（续）

种类	Zn	Cu	Cd	Pb	Ni
小叶黄杨	21.600	17.800	0.020	2.824	4.212
大叶黄柏	24.800	16.000	0.026	0.888	8.795
多花蔷薇	24.300	10.250	0.131	2.540	4.795
贴梗海棠	30.600	17.000	0.606	4.891	5.108
海棠	24.400	12.400	0.042	2.121	6.110
珍珠梅	21.467	14.200	0.178	4.557	4.348
甜槠	12.79	1.38	0.044	0.419	—
苦槠	14.295	1.717	0.045	0.343	—
青岗	11.25	2.04	0.087	0.349	—
长叶石栗	12.05	2.158	0.088	0.958	—
石栗	11.31	0.555	0.051	0.084	—
樟	14.96	0.935	0.151	0.512	—
木荷	9.65	1.142	0.059	0.647	—
枫香	27.96	2.002	0.098	0.632	—

3. 植物修复在降解土壤残留 TNT 中的作用

植物也可以降解土壤中的 TNT。如据 Best 等报道，对受美国阿依华陆军弹药厂爆炸物所污染的地表水进行水生植物和湿地植物修复的筛选与应用研究中发现，*Myriophyllum aquaticum* Vell. Verdc 的效果甚佳（Best 等，1997）。Roxanne 等研究了受 TNT 污染地表水的植物修复技术，在所有浓度为 1，5，10 毫克 / 公斤的土壤条件下，与对照相比，利用植物的降解、移除量可达到 100%（Roxanne，1998）。另据 Peterson 等报道，在全美的原军事基地中，大约有 82 万立方米的土壤受到爆炸物污染，主要污染物是 TNT 及其降解的中间产物，利用植物柳条稷进行降解和修复是一有效途径（Peterson 等，1998）。Burken 等报道用 ^{14}C 技术研究杂交杨对残留在土壤中莠去净的净化效果，认为通过杨树截干可以清除大部分所应用的莠去净且对树木生长没有任何副作用（Burken 等，1996）。

4. 植物修复 Hg 污染土壤的作用

无机汞在污染土壤和沉积物中是相对较难移动的，且通过生物或化学过程可以转变为毒性很强、生物有效性很高的甲基汞。传统治理汞污染土壤造价昂贵、且需要挖出土体。Heaton 等采用一种转基因水生植物盐蒿和陆生植物拟南芥、烟草去移除土壤中的无机汞和甲基汞，这些植物携有经修饰的细菌 Hg 还原酶基因 merA，可将根系吸收的 Hg^{2+} 转化为低毒的 Hg^0 从植物体中挥发出来。而转入能表达细菌有机 Hg 裂解酶基因 merB 的植物可以将根系吸收的甲基 Hg 转化为巯基结合态 Hg^{2+}，拥有这两种基因的植物可以有效地将离子态 Hg 和甲基 Hg 皆转化为 Hg^0，并通过植物气孔挥发释放入大气（Heaton 等，1994）。

5. 植物修复 PAH 等污染土壤的作用

植物可以降解与修复多环芳烃（PAH）污染的土壤。苜蓿和柳条稷种植于 PAH 污染土壤上 6 个月后，土壤中的总 PAH 浓度下降了 57%，再继续种植苜蓿可进一步减少 PAH 总量的 15%（Peterson 等，1998）。

第三节　植物材料选择的原则与方法

我国的城市森林建设与城市园林绿化正日趋融合，但在包括功能目标侧重、规划尺度、经营管理、景观的自然属性等方面也有一定的区别。正因为如此，城市森林树种的选择规划，应充分借鉴传统林业和城市园林绿化树种选择规划的方法和经验，并形成自己的特点，才能满足城市森林建设发展的需要。

一、植物材料选择的原则

1. 适地适树

优先选择生态习性适宜城市生态环境并且抗逆性强的树种。城市环境是完全不同于自然生态系统的高度人工化的特殊生态环境，在城市中光、热、水、土、气等环境因子均与自然条件有极其显著的差异，因此，对于城市人工立地条件的适应性考虑是城市森林建设植物选择的首要原则。

2. 生态功能优先

在确保适地适树的前提下，以优化各项生态功能为首要目标，尤其是主导功能。城市森林建设是以改善城市环境为主要目的，以满足城市居民身心健康需要为最终考核指标的，因此，城市森林建设的植物选择与应用的根本技术依据是最大效应地发挥植物的生态功能。

3. 乡土树种与外来树种结合

以乡土树种为主，适当引进外来树种，满足不同空间、不同立地条件的城市森林建设要求，实现地带性景观特色与现代都市特色的和谐统一。乡土植物经过长期的自然选择，对本地区的自然环境条件适应能力较强，易于成活，就地取材建设城市森林，节省经费易于见效，并且能够反映地方特色。外来植物的选择，种类要多，以形成既具有城市特色，又有季相变化、丰富多彩的城市绿化景观。在进行植物选择时，应以乡土植物为主，外来植物为辅，在数量上乡土植物要形成一定的优势，统帅全局，突出地方特色。

4. 景观价值方法

实现树种观赏特性多样化，充分考虑城市总体规划目标，扩大适宜观花、观形、遮阴树种的应用范围，为完善城市森林的观赏游憩价值、最终建成生态园林城市奠定坚实基础。

5. 生态经济原则

与建设环保型城市的目标相适应，生态功能与景观效果并重，适当兼顾经济效益。城市森林建设用地主要集中在城乡结合部和城市近郊区、城市远郊区县，这些区域的土地大部分为农业用地，土地基本为农民承包经营。因此，在城市森林建设中，树种选择必须按照生态经济的原则，选择生态效益高，同时又有较好的经济产出的经济树种，保证农民的经济收入问题，保证城市森林建设地带的生态功能的长久性。在城市森林建设树种选择的同时，调整城乡结合部、城市近郊区、城市远郊区县的产业结构。

6. 生物多样性原理

丰富物种、品种资源，提高物种多样性和基因多样性。丰富植物生态型、植物生活型，乔、灌、藤、草本植物综合利用，比例合理。城市森林建设是又乔、灌、草、藤和地被植物交织构成的，在植物配置上应十分重视形态与空间的组合，使不同的植物形态、色调组织搭配得疏密有致、高低错落，使层次和空间富有变化，从而强调季相变化效果。通过和谐、变化、统一等原则，有机结合，体现植物群落的整体美，并能发挥较好的生态效益。

速生树种与慢生树种相结合。速生树种生长迅速、见效快，对城市快速绿化具有重要意义，但速生树种的寿命通常比较短，容易衰老，对城市绿化的长效性会带来不利的影响。慢生树种虽然生长缓慢，但寿命一般较长，叶面积较大、覆盖率较高、景观效果较好，能很好地体现城市绿化的长效性。在进行植物选择时，要有机地结合二者，取长补短，并逐渐增加长寿树种、珍贵树种的比例。

二、植物材料选择的方法

有关林业树种的选择规划，我国已有大量的研究与实践，如通过立地分类和立地质量评价的方法，造林对比试验的方法，以及根据对干旱、盐碱的逆境条件的耐性或抗性来进行树种的选择规划等，主要目标是通过选择对生境条件具有最佳生长适应性的造林树种来提高森林的生物生产力和经济效益，两者间有较好的一致性。而城市绿化树种规划，历来较偏重树种的观赏特性及其景观功能，目前正朝着景观功能与生态功能并重的方向发展；在选择规划过程中，生长适应性作为功能基础而加考虑，注重树木生长状况与形态对实现其功能目标的影响。城市森林建设的功能目标多样化，强调城市生态环境服务功能，有良好的景观功能，以及要求一定的物质生产和经济效益能力。因此，城市森林树种的选择规划，与园林绿化树种的选择规划相比较，要更加地重视生长适应性基础，而与林业树种选择规划相比较，则应更多地考虑如何适应多功能目标的综合要求。综上所述，城市森林树种的选择规划应是重视以树种生长适应性为基础，同时考虑多功能适应性的综合规划，理想规划途径如图 7-2 示。

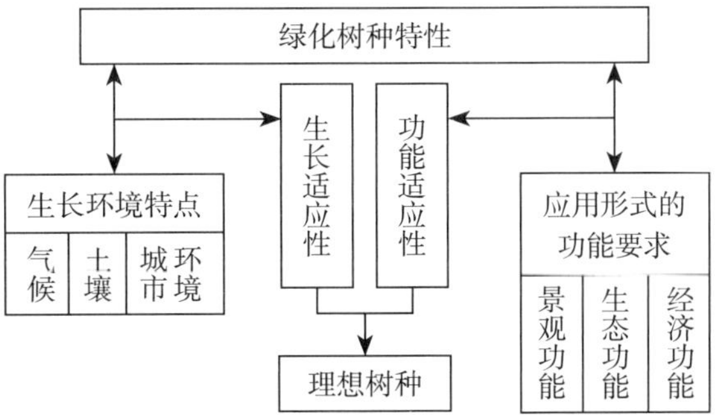

图 7-2　树种选择规划途径示意

综合规划体现为主要生长限制因子的影响作用以及主要功能目标的要求，在单因子规划的基础上完成。在以生长适应性为指标进行树种选择规划时，根据具体的自然生态条件特点，可以就主要的影响因子进行单因子选择规划，如根据气候、土壤因子可分别规划选择气候适宜种、土壤适宜种。单因子适宜种类较多，规划中主要应满足对起关键作用的限制因子的生长适应性要求，关键单因子或少数多因子选择规划可以合理充分利用绿化树种资源，丰富树种应用形式。而根据绿化树种对综合生境的整体生长适应性表现可选择规划普适种，普适种类的规划选择可以为确定城市森林中的主栽树种奠定基础和提供依据。在功能适应性规划中，主要包括景观、生态、经济三大方面，每一方面仍然要根据实际情况选择具体指标进行单因子选择规划,如不同的观赏特性和生态功能指标。在城市森林实践中，树种的选择应用实际就是在生长适应性和功能适应性规划基础上权衡利弊综合选优的结果。

1. 森林植物本底调查

包括自然植被类型和乡土植物种类调查、城市建设中保留的原生植被生长状况调查、城市中人工种植植物种类及生长健康状况调查、城市居民对城市绿化植物种类的喜好程度调查等，调查可以采用问卷法、实地调查法、资料分析法等。

2. 植物生态功能测定分析

在植物调查的基础上，对各种植物的生态功能进行定量化的测定，找出各种植物的突出或主导生态功能指标。测定的内容包括：植物固定 CO_2 能力、蒸腾散水能力、遮阴降温效果、吸收（抗）污染（如 SO_2、Pb、Cd、氟化物等）能力、滞尘作用、是否分泌杀菌素及杀菌能力、水源涵养能力等。

3. 功能及适应性评价

综合评价植物的生长适应性和生态功能，提出各种植物的适宜生长立地条件，以及在城市森林建设中可以发挥的生态功能的排序，为城市森林建设不同生态功能分区的植物选择提供科学的选择依据。

4. 城市森林建设植物规划

在森林立地类型区划基础上，调查树种生长状况，以综合生长适应性为依据，选取各立地类型上现有代表性植物。综合树种功能特性和各类立地条件下的生长适应性，根据城市森林类型的功能目标特点完成各类森林树种的选择规划。

第八章　城市森林建设中的植物配置

森林生态系统以其强大的生态服务功能为人们解决城市环境问题提供了一条有效的途径（Robert Costanza，1997）。良好的生态环境必须由一定的绿地和绿量来保证，德国著名生态学家认为各种树丛和树木覆盖区，是减少城市过热的唯一可行的办法，树木对恢复生态平衡有着极其重要的作用（Bernatzky，1987）。城市森林不仅仅是观赏、旅游、休憩的场所，更重要的功能是维持城市生态平衡和保证良好生态环境。城市森林类型不同，系统里面存在的绿量就不同，绿色植物发挥的生态效益就有很大差别，因而生态环境差别甚大。在城市森林建设过程中，既要注重城市森林的景观效果，也要强调生态效益，特别是注重考虑植物在个体、种群及群落不同尺度上对人的影响，把以人为本的建设宗旨体现在具体的植物材料选择、配置及整体布局的各个环节（彭镇华，2002）。在现有状况下，如何通过调整各土地类型或配置不同类型的城市森林，为城市人居提供更加舒适的环境，是城市森林建设过程中的重要课题。

具有不同功能、不同外貌特征的植物个体组合在一起，景观效果和生态功能都不一样。进行园林植物栽植模式设计，外观上的一些特征比较容易把握，比如高矮层次、季相变化、花期叶色等搭配，但内部的生态关系如何？是否存在他感作用？这些才是决定配置模式能否形成自我维持机制而保持稳定的关键所在。人们经过长期的观察和科学实验发现许多植物间存在他感作用，比如皂荚、白蜡与七里香在一起可以促进种间结合；旱金莲单独种植时，花期只有一天，但如果让它与柏树为伴，花期可延长三四天。相反，有一些植物则不宜栽植在一起。如丁香和水仙不能在一起，因为丁香花的香气对水仙花危害极大。对于混交林研究一直是林业的一个热门，比如东北林区有关水曲柳和落叶松混交效果的研究，华北地区杨树与刺槐混交模式，南方林区针对杉木林的多种混交模式，这些模式都获得了促进目的树种加速生长的效果，并在一定程度上避免产生地力衰退和病虫害大面积危害等问题。但从这些研究的核心目的和范围来看，主要是以提高林木的生长量收获更多的木材为主要目的，而且主要集中在林区，仍然属于传统的森林永续利用经营体系，对其他指标涉猎甚少，研究范围也没有把城市森林纳入其中。而现代林业的生态系统经营思想则认为森林的价值既包括生产木材和其他林产品，也包括在维持生物多样性和保护生态环境方面的作用，甚至认为，后者的价值要大于前者。因此，研究植物之间的相生相克关系就不能仅仅停留在乔木与乔木、灌木与灌木、草本与草本这样同类植物之间，还必须把它们看成是构成森林生态系统的必要组成成分，是一个不可分割的整体来对待，而这正是我们从事城市林业和园林规划工作的人所缺乏的。通过研究不同生物之间的相互关系，可以指导人们更好地规划城镇绿化、美化环境，合理布局绿地植物群落种植模式。

第一节　植物配置现状分析

在自然森林生态系统中，森林植物群落在物种组成上是丰富多样的，在群落的垂直结构上，乔、灌、草层次丰富，种类数量比例适当，因此能够最大效率地利用光能、土地资源等，在单位面积上获得最大限度的能量同化积累和生态效益的发挥。城市森林的植物配置中应充分考虑群落的稳定性、植物的多样性、群落生长势、群落外观、群落层次丰富程度、与周围环境功能的协调性以及乡土特色等指标，建立近自然的城市森林植物群落，发挥城市森林在改善城市生态环境、提高人们生活环境空间质量、满足人们身心健康需求的作用。

一、物种丰富度分析

我国城市人口密集，可以说城市生物多样性水平主要体现在占地比例很小的城市森林系统所容纳的生物资源的丰富程度。城市生物多样性的保护与建设主要需通过城市森林的建设来实现，其中丰富城市森林中人工植物群落的物种数量是一个重要的基础。

杨学军等（2000）通过对上海市植物群落的物种丰富度调查发现，在城市建成区，总的物种数量频率分布情况是低物种数量的群落出现频率高，其中物种数量为 3 的群落出现频率最高，达 16%；而在城郊地带，以物种数量为 10、11、14 的群落出现的频率最高，各为 15%；郊县城镇的植物群落中，低物种数量的群落出现频率高，与建成区一样，物种数量为 3 的群落出现的频率达到 24%；乡镇的群落中物种比较丰富，物种数量为 12、13 的群落出现频率最高，达到 27%。以上数据说明城市、镇建成区的植物群落结构设计和建设中，植物配置存在着更多追求景观效果的倾向，对土地、阳光等资源的利用率相对城郊结合部和城市远郊乡镇的植物群落对资源的利用率要低很多，因此，造成在城市人口最为集中的地域（分区），最需要植物来调节和改善生态环境的城市部位，植物群落所发挥的生态效益却是相对低下的。

陈芳清等（2001）调查了上海宝钢厂区的道路绿化带的主要 12 种群落类型的群落学特征（表 8-1）。上海宝钢厂区的道路绿化带栽培植物隶属于 38 个科 61 属，共计 65 种种子植物，其中自然分布中为 29 种。乔灌木有 28 种，常绿植物 20 种，落叶植物 8 种，藤本植物 6 种，多年生草本植物 17 种，一年生草本植物 14 种。观赏植物在整个绿化带的各种植物群落构建中占绝对优势，反映出绿化带仍保持在典型的人工林状态。在整个道路绿化带中使用频率较高的植物依次为香樟（83.3%）、黄杨（75.0%）、女贞（66.7%）、夹竹桃（58.3%）、珊瑚树（58.3%）和马尼拉草（50.0%）。

从目前来看，其道路绿化带的植物群落是稳定的，表明其群落结构的物种配置基本是合理的。道路绿化植物群落建设为了尽快产生环保效应，所配置的植物种类大多是一些生长快、覆盖面大的常绿物种。这些物种的生态位相近，在群落中极易产生竞争使群落结构不稳定，但是宝钢厂区道路绿化带将乔木层、灌木层各物种在水平位置上的错位配置，较好地避免了这种现象的发生，形成了一种较复杂的群落三维结构。其种群水平配置的基本格局为：行道树– 观赏灌丛—地被植物—环保灌丛—环保绿篱。

表 8-1　上海宝钢厂区道路绿化带主要植物群落类型的组成概况

群落类型	分布地点	植物种数	栽培植物		自然分布种类	乔灌木		草本植物		藤本
			景观	环保		常绿	落叶	多年生	一年生	
（1）	纬二西路	14		6	8	5		4	5	
（2）	纬一路	16	1	8	7	7		4	4	1
（3）	纬一路	12		7	5	5		3	3	1
（4）	纬三路	14	3	4	7	3	3	3	3	2
（5）	纬三路	16	2	9	5	8	1	4	3	
（6）	纬三路	20	3	8	7	8	1	3	5	3
（7）	纬四路	22	6	9	7	6	4	5	3	3
（8）	纬四路	9	1	5	3	4	1	3	1	
（9）	经五支路	18	1	12	5	10	2	2	3	1
（10）	经五支路	15	3	6	6	7	2	1	3	2
（11）	初二十八路	8	1	5	2	5			2	1
（12）	纬五路	19	2	5	12	5		6	8	
合计		65	17	19	29	21	8	16	15	6

（引自陈芳清，2001）

注：群落类型（1）香樟＋夹竹桃＋马尼拉草；（2）香樟＋圆柏—夹竹桃—麦冬；（3）香樟＋珊瑚—海桐—马尼拉草；（4）雪松—木芙蓉—马尼拉草；（5）圆柏＋夹竹桃—木芙蓉—鸢尾；（6）香樟—山茶—马尼拉草；（7）香樟＋夹竹桃—山茶—马尼拉草；（8）香樟＋夹竹桃—麦冬；（9）香樟＋夹竹桃—女贞—麦冬；（10）水杉＋香樟—夹竹桃—乌蔹莓；（11）香樟＋蚊母—女贞—常春藤；（12）香樟＋广玉兰—月季—麦冬。

海口市结合城市的环境条件特点及人工构筑物的特色，城市绿化以热带代表科之一的棕榈科植物椰子树、大王棕作为街道绿化的主要绿化树种，充分地体现了海口市这座海滨城市的特色，使人首先感受到热带海滨景观的自然美。由于这些树种无分枝、树干挺直、树冠密度小，以此再结合特定的环境条件配置上小叶榕、羊蹄甲等热带树种，人行道外侧设花坛绿篱，配置变叶木、三角梅、大红花等树种，使这些街道的绿化基本上实现了在立体上的形式美、艺术美和景观美，并且这些树种有很强的吸收 SO_2 和抗 SO_2 的能力，因此同时具有良好的净化空气的作用。然而，纵观整个海南岛的街道绿化，却又感到绿化的树种配置方法偏于单一，各个城市的特色趋于类同和单调。调查研究（符气浩，杨小波，吴庆书，1996）表明，海南地区各个单位的庭园绿化，在植物布局上呈现出多种形式，而最常采用的有下面几种立体配置的形式：①棕榈科植物（构成上、中层植物）—地被植物—地毯草；②棕榈科植物—小乔木、灌木—地被植物—地毯草；③热带阔叶植物—低矮的棕榈科植物—地被植物。其中形式①、②构成开敞的立体配置空间，形成疏—密—疏及疏—密—密—疏的立体垂直空间；形式③构成较为隐蔽的立体配置空间，形成密—疏—密的垂直空间。

二、物种关联性分析

关联系数（association coefficients）是根据两个实体出现或不出现某种属性特征的关联关系而设计的相似性系数。通过列出两个实体的 2×2 列联表，就可以定量地表示两个实体的关联关系。关联分析方法在针对自然植物群落的生态学研究中应用比较广泛。以下拟通过关联分析，反映树种间在生境适应上的相似性以及由于生态习性等引起的可能的种间影响。具体方法是，在调查城市人工植物群落中的植物生长状况的基础上，将植物生长状况归并为生长中等以上和生长差两大类型，树种两两间列 2×2 列联表，计算多种关联系数。当两树种间共同出现频次太少时，不作统计计算。分析时主要参照 Yates 修正 X^2 系数，以适应样本量较小的要求。统计量及计算公式如下：

$$X^2=\frac{(ab-bc)^2(a+b+c+d)}{(a+b)(c+d)(a+c)(b+d)}$$

$$X^2c=\frac{[|ad-bc|-0.5(a+b+c+d)]^2(a+b+c+d)}{(a+b)(c+d)(a+c)(b+d)}$$

由于 X^2 分布是连续的，对于离散的 X^2 系数常常进行 Yates 的连续性修正。关联有两种类型，即正关联和负关联。对于 X^2c 系数，若 $a>(a+b)(a+c)/(a+b+c+d)$，为正关联；反之，为负关联。种间联结性的强弱由 X^2c 系数确定，若 $X^2c \geqslant 3.841$，则表示种对间联结性显著；若 $X^2c \geqslant 6.635$，则表示种对间联结性极为显著。

关联系数 AC（association coefficients）：若 $ad \geqslant bc$，则 $AC=(ad-bc)/(a+b)(b+d)$；若 $bc>ad$ 且 $d \geqslant a$，则 $AC=(ad-bc)/(a+b)(a+c)$；若 $bc>ad$ 且 $d<a$，则 $AC=(ad-bc)/(b+d)(d+c)$。AC 的值域为 $[-1,1]$，AC 值越趋近于 1，表明物种间的正联结性越强；相反，AC 值越趋近于 −1，表明物种间的负联结性越强；AC 值为 0，物种间完全独立。

共同出现百分率 PC（percentage cooccurrence）：

$$PC=a/(a+b+c)$$

PC 的值域为 $[0, 1]$，其值域越趋近于 1，则表明物种间的正联结性越强。

点相关系数 PCC（point correlation coefficient）：

$$\psi=\frac{ad-bc}{\sqrt{(a+b)(a+c)(b+d)(c+d)}}$$

Ochiai 指数：$OI=a/\sqrt{(a+b)(a+c)}$

Dice 指数：$DI=2a/(2a+b+c)$

对上海市常见树种配置模式生长状况的关联分析，表明种对香樟—银杏、棕榈、瓜子黄杨、洒金桃叶珊瑚；雪松—蜡梅（表 8-2）；棕榈—杜鹃、银杏、龙柏（表 8-4）；罗汉松—构树（表 8-3）；圆柏—洒金桃叶珊瑚；广玉兰—罗汉松；红叶李—旱柳；构树—桂花、罗汉松；八角金盘—桂花、枸骨、女贞、金丝桃；桂花—蜡梅等，呈现出极显著的正联结；种对棕榈—香樟、桂花、红叶李、珊瑚树；雪松—棕榈、火棘；罗汉松—桂花；鸡爪槭—黄杨；桂花—黄杨、

表 8-2 雪松与若干树种的生长状况关联分析

物种对	雪松 - 云南黄馨	雪松 - 旱柳	雪松 - 红叶李	雪松 - 鸡爪槭	雪松 - 桂花	雪松 - 狭叶十大功劳	雪松 - 棕榈	雪松 - 火棘	雪松 - 蜡梅
联结性	–	–	–	–	–	+	+	+	+
$-X^2$	–1.322	–0.75	–0.667	–0.6	–0.545	–0.75	–1.333	–1.333	–2.333
Yates $-X^2$	0	–0.188	–0.333	–0.15	–0.136	–0.188	0	0	–0.036
AC	–1	–1	–1	–1	–1	1	0.333	1	1
PC	0	0	0	0.5	0.583	0.5	0.5	0.667	0.667
PCC	0.577	0.5	0.408	0.316	0.213	0.5	0.577	0.577	0.577
Ochiai 指数	0	0	0	0.671	0746	0.707	0.707	0.816	0.816
Dice 指数	0	0	0	0.667	0.737	0.667	0.667	0.8	0.8

表 8-3 罗汉松与若干树种的生长状况关联分析

物种对	罗汉松 - 杜鹃	罗汉松 - 白玉兰	罗汉松 - 黄杨	罗汉松 - 桂花	罗汉松 - 构树
联结性	–	–	–	+	+
$-X^2$	–0.75	–0.75	–0.444	–1.332	–3
Yates $-X^2$	–0.188	–0.188	–0.444	0	–0.188
AC	–0.25	–1	–1	0.333	1
PC	0.333	0	0	0.5	1
PCC	0.5	0.5	0.333	0.571	1
Ochiai 指数	0.5	0	0	0.707	1
Dice 指数	0.5	0	0	0.667	1

表 8-4 棕榈与若干树种的生长状况关联分析

物种对	棕榈 - 洒金桃叶珊瑚	棕榈 - 水杉	棕榈 - 八角金盘	棕榈 - 香樟	棕榈 - 珊瑚树	棕榈 - 桂花
联结性	–	–	–	+	+	+
$-X^2$	–0.832	–0.598	–0.321	–2.012	–1.527	–1.925
Yates $-X^2$	–0.052	–0.096	–0.502	–0.449	–0.031	–0.088
AC	–1	–1	–1	0.106	0.127	1
PC	0.4	0.571	0.667	0.529	0.636	0.7
PCC	0.408	0.207	0.189	0.325	0.357	0.418
Ochiai 指数	0.577	0.740	0.802	0.728	0.798	0.837
Dice 指数	0.571	0.727	0.8	0.692	0.728	0.824
物种对	棕榈 - 雪松	棕榈 - 红叶李	棕榈 - 腊梅	棕榈 - 杜鹃	棕榈 - 银杏	棕榈 - 龙柏
联结性	+	+	+	+	+	+
$-X^2$	–1.333	–1.875	–2.222	–2	–3	–4
Yates $-X^2$	0	–0.052	–0.312	–0.188	–0.188	–0.444
AC	0.333	0.375	1	1	1	1
PC	0.5	0.75	0.67	1	1	1
PCC	0.577	0.612	0.667	1	1	1
Ochiai 指数	0.707	0.866	0.816	1	1	1
Dice 指数	0.667	0.857	0.8	1	1	1

石榴，呈显著的正联结；说明该种群对环境条件的适应和反应具有较高的相似性，几个种群间的相互作用对彼此有利。

树木生长状况受到多因子影响，利用树种间生长状况的关联分析是综合多因子的结果，虽然只是一种模糊的分析手段，但若有足够的调查数量，并在调查中对群落结构因素如密度因子进行良好的控制，在分析时结合主导立地因子和树种习性，可能成为人工群落树种配置量化分析的一种有效手段，对于发展人工植物群落树种配置方法有一定的积极意义。

三、优势种（建群种）分析

城市森林建设不能脱离城市所处的地域环境，因此城市森林的植物配置只有充分考虑地带性植被的特点，遵循自然植被生存、发展的规律，使适地绿化的生态学原理在城市森林建设中得以体现，才能丰富城市绿化的生物多样性，改善城市生态环境。

由优势种决定的不同类型的群落结构组成是不同的，这种结构组成的特点，既反映了地区植被的特点，又受到群落内种间作用与生态因素的影响。

以上海市为例，虽然华东地区是我国植物种类较为丰富的地区之一，但上海市城市绿化植物群落中的建群种与优势种种类不甚丰富，约 12 种左右（表 8-5）。其中香樟出现的频率为最高，达到 48.70%；广玉兰为 25.97%；水杉和雪松分别为 20.78% 和 18.83%。其余种类出现频率都很低，都在 10% 左右或以下。根据建群种的性状，可以将上海市城市绿化植物群落划分为落叶阔叶林、落叶针叶林、落叶针阔混交林、常绿阔叶林、常绿针叶林、常绿针阔混交林、阔叶混交林、针阔混交林 8 个自然类。在这 8 类中，以常绿阔叶林出现的比值最高，占 23.03%；落叶阔叶林和常绿阔叶落叶混交林也占有较高的出现比例，分别为 17.53% 和 14.29%。地带性特点不强的类型出现的比例较低，如常绿针叶林、落叶针叶林和落叶针阔混交林，出现的比例分别为 6.49%、5.84% 和 2.60%。

表 8-5 上海城市植物群落主要建群种树种及分布

绿化功能区	公园绿地		街头绿地		庭园绿地		工厂绿地		合计	
主要建群树种（乔木）出现次数	频度（%）	出现次数	频度（%）	出现次数	频度（%）	出现次数	频度（%）	出现次数	频度（%）	
香樟	10	27.78	9	42.86	27	58.69	29	56.86	75	48.70
广玉兰	5	13.89	6	28.57	17	36.96	12	23.53	40	25.97
雪松	4	11.11	4	19.04	8	17.39	9	17.65	29	18.83
龙柏	2	5.56	0	0.00	4	8.70	10	19.61	16	10.39
榧树（含日本榧）	4	11.11	1	4.76	2	4.355	2	3.92	9	5.84
悬铃木	1	2.78	2	9.52	5	10.87	7	13.72	15	9.74
榔榆（含白榆）	3	8.33	4	19.04	3	6.52	4	7.84	14	0.09
银杏	3	8.33	3	14.28	4	8.70	3	5.88	13	8.44
枫杨	2	5.56	1	4.76	4	8.70	1	1.96	8	5.19
柳树（含旱柳）	1	2.78	0	0.00	5	10.87	0	0.00	6	3.90
泡桐	1	2.78	0	0.00	1	2.17	3	5.88	5	3.27
水杉	1	2.78	3	14.28	11	23.91	17	33.33	32	20.78

在不同的优势种组成的乔木林下，由于生境的差异，小乔木、灌木层植物种类的分布有着不同之处。在落叶阔叶树种为建群种的植物群落中，物种较之常绿阔叶林为丰富，这主要是由于落叶林下阳光投射较多，有利于灌木层和草本植物的生长；而常绿林下郁闭度较大，故而地被层往往缺失或发育微弱。

四、他感作用分析

具有不同功能、不同外貌特征的植物个体组合在一起，景观效果和生态功能都不一样。进行园林植物栽植模式设计，外观上的一些特征比较容易把握，比如高矮层次、季相变化、花期叶色等搭配，但内部的生态关系如何？是否存在他感作用？这些才是决定配置模式能否形成自我维持机制而保持稳定的关键所在。植物他感作用对自然的、人工的生态系统的结构、功能和发展均有重大的影响。当设计人工植物群落种间组合时，要区别哪些植物之间可以“和平共处”，哪些植物之间“水火不容”，这关系到设计群落的稳定性问题（程绪珂，1993）。因此，植物他感作用在植物配置中不容忽视。

1. 相克

研究表明，黑胡桃与松树、苹果树、马铃薯、西红柿、紫花苜蓿及多种草本植物不能栽植在一起。因为黑胡桃的叶子和根能分泌一种物质，这种物质在土壤中通过水解与氧化后，具有极其大的毒性，致使其他植物受害。黑胡桃可以与悬钩子共生；而桦木幼苗栽植在黑胡桃旁边，距离越近，生长越差，甚至死亡。蓝桉与赤桉等林内，草本与木本植物不能生长。因为蓝桉或赤桉产生的萜烯类化合物，能抑制其他植物发根。刺槐、丁香、薄荷、月桂等能分泌大量的芳香物质，对某些邻近植物有抑制作用。刺槐强烈地抑制杂草的生长发育。丁香与铃兰、水仙与铃兰、丁香与紫罗兰不能混种。加拿大在荒地营造糖槭人工林，由于种一枝黄花及伞紫菀，使得糖槭种子难以发芽，幼根不能吸收养分，抑制幼苗的生长。松树不能与接骨木生长在一起。因为接骨木对松树的生长有强烈的抑制作用，甚至落入接骨木林冠下的松籽全部死亡。

2. 相生

科学家经过实践证明：洋葱和胡萝卜混种，它们发出的气味可驱赶相互的害虫；大豆喜欢与蓖麻相处，蓖麻散发出的气味使为害大豆的金龟子望而生畏；皂荚、白蜡槭与七里香在一起可以促进种间结合；葡萄园里种上紫罗兰，能使结出的葡萄香甜味浓；玫瑰和百合是好朋友，把它们种在一起，能促进花繁叶茂；旱金莲单独种植时，花期只有一天，但如果让它与柏树为伴，花期可延长三四天；在月季花的盆土中种几棵大蒜或韭菜，能防止月季得白粉病。英国科学家用根、茎、叶都散发化学物质的莲线草与萝卜混作，半个月内就长出了大萝卜。黄栌与鞑靼槭有相互促进的作用；牡丹与芍药间种，能明显地促进牡丹生长，枝繁叶茂，花大色艳。对混交林的研究一直是林业的一个热门，比如东北林区有关水曲柳和落叶松混交效果的研究，华北地区杨树与刺槐混交模式，南方林区针对杉木林的多种混交模式（沈国舫等，1997；盛炜彤，1992），这些模式都获得了促进目的树种加速生长的效果，并在一定程度上避免产生地力衰退和病虫害大面积危害等问题。

目前，城市绿化建设过程中对于植物间他感作用的研究还很薄弱。以林业为例，从上述这些研究的核心目的和范围来看，主要是以提高林木的生长量收获更多的木材为主要目的，而且主要集中在林区，仍然属于传统的森林永续利用经营体系，对其他指标涉猎甚少，研究范围也没有把城市森林纳入其中。而现代林业的生态系统经营思想则认为森林的价值既包括生产木材和其他林产品，也包括在维持生物多样性和保护生态环境方面的作用，甚至认为，后者的价值要大于前者（江泽慧，2000）。因此，研究植物之间的相生相克关系就不能仅仅停留在乔木与乔木、灌木与灌木、草本与草本这样同类植物之间，还必须把它们看成是构成森林生态系统的必要组成成分，是一个不可分割的整体来对待，而这正是我们搞城市林业和园林规划的人所缺乏的。通过研究不同生物之间的相互关系，可以指导人们更好地规划城镇绿化、美化环境，合理布局绿地植物群落种植模式。

第二节　不同植物组合功能分析

任何城镇的生态环境问题都不是单一的，通常是大气污染、粉尘污染、水体污染、噪声污染等多种因素组合在一起，还要适应盐渍化、干旱等复杂的气候土壤环境，这就要求植物要具有多种生态功能，但任何植物都不是全能冠军，如果把这些污染物都集中作用在同一种植物上，不仅难以达到全面治理的理想效果，而且也会对这种植物的健康生长产生极大的破坏作用，降低这种植物的生长量，改善环境的作用会显著减小。因此，必须通过与其他植物相配合来取长补短，在净化分解吸收污染物的过程中既有按能力大小的分工，又有整体的合作，通过优势互补发挥整体的优势，才能在城镇这种相对恶劣的环境条件下保持群落整体生态功能的持续稳定。

一、生态功能差异

1. 固定 CO_2，释放 O_2，吸收热量和蒸腾散水

李辉等比较分析了北京市居住区 3 种不同种植结构类型的绿地（乔灌草型、灌草型和草坪型）对环境的降温增湿和 CO_2 调节作用，定量评估了 3 种绿地夏季放氧固碳及降温增湿效应。研究表明（表 8-6，表 8-7），乔灌草型绿地的绿量及各项生态效益最高，绿量、释氧固碳和吸热放水值分别为灌草型和草坪型绿地的 147% 和 150%、152% 和 138%、152% 和 151%。灌草型和草坪型绿地之间的绿量和吸热放水方面差异不大，但在释氧固碳方面草坪型绿地高于灌草型绿地。4 年后，随着树龄的增长，绿地内植物绿量增加的速度也存在着差异。其中以乔灌草型绿地的绿量增加最快，为 22%，其次是灌草型绿地，为 15%，由于草坪绿地以草坪为主，绿量增加最少，仅为 3%。因此，以乔木为主的乔灌草多结构复层绿地，不但能够充分有效地利用空间有限的绿地，更大限度地增加单位面积绿地的绿量，进而提高居民居住环境的绿化生态效益，而且以寿命长、绿量增加显著的乔木构成居住区绿地的绿化主体也符合可持续发展的需求。

表 8-6　北京市不同类型绿地绿量及生态效益的比较（1994 年）

绿地类型	树种	株数	绿地面积（平方米）	释氧量（公斤 / 天）	固碳量（公斤 / 天）	蒸腾放水（公斤 / 天）	蒸腾吸热（×10^3/ 公斤·天）
乔灌草型	乔木	45	4324	70.5	51.3	7947.6	19416.3
	灌木	52	559	7.2	5.2	871.0	2127.9
	绿篱（米）	59	303	5.4	3.9	665.1	1624.9
	草坪（平方米）	324	2087	34.5	25.1	3330.3	8136.1
	合计		7273	117.7	85.6	12814.0	31305.2
灌草型	乔木	23	916	15.8	11.5	1922.4	4680.5
	灌木	73	1335	17.0	12.4	2061.9	5020.1
	绿篱（米）	59	303	5.4	3.9	665.1	1619.3
	草坪（平方米）	370	2386	39.5	28.7	3806.4	9267.5
	合计		4939	77.6	56.4	8455.8	20587.4
草坪型绿地	乔木	16	1793	35.8	26.0	3662.3	8913.1
	灌木	50	368	4.9	3.6	560.6	1364.4
	草坪（平方米）	416	2684	44.4	32.3	4282.3	10422.1
	合计		4845	85.1	61.9	8505.2	20699.5

表 8-7　北京市不同类型绿地绿量及生态效益比较（1998 年）

绿地类型	树种	株数	绿地面积（平方米）	释氧量（公斤 / 天）	固碳量（公斤 / 天）	蒸腾放水（公斤 / 天）	蒸腾吸热（×10^3/ 公斤·天）
乔灌草型	乔木	45	5849	95.4	69.4	10749.9	26262.5
	灌木	45	675	8.6	6.3	1048.4	2561.3
	绿篱（米）	47	241	4.3	3.1	529.0	1292.4
	草坪（平方米）	324	2087	34.5	25.1	3330.3	8136.1
	合计		8852	142.8	103.9	15657.6	38252.2
灌草型	乔木	23	1705	29.4	21.4	3578.4	8712.
	灌木	61	1308	17.1	12.4	2035.2	4955.1
	绿篱（米）	52	267	4.8	3.4	586.2	1427.5
	草坪（平方米）	370	2386	39.5	28.7	3806.4	9267.5
	合计		5666	90.8	65.9	10006.2	24362.4
草坪型绿地	乔木	16	1977	39.5	28.7	4038.0	9827.5
	灌木	40	368	4.6	3.3	530.4	1290.9
	草坪（平方米）	416	2684	44.4	32.3	4282.3	10422.1
	合计		5009	88.5	64.3	8850.7	21540.4

引自李辉等，1999。

周道瑛、王雁等人（1998）针对北京市城市隔离片林建设中，植物配置简单，群落结构单一，导致单位面积上生态效益低下等问题，设计提出“林景型”的“春华秋实”“林生型”的“防护”“林经型”的“药用”3 类 3 种复层混交种植结构模式，并局部改造了金盏片林，面积为 1.5 公顷，进行了改造前后的林地生态效益比较（表 8-8）。改造前后，同面积的示范区植物产生的生态效益大幅度增加，其中吸收 CO_2、释放 O_2 及蒸腾 H_2O 分别是改造前的 1.69 倍、1.69 倍和 1.26 倍，并且通过增加植物种类、改善林地的植物群落种植模式，形成复层混交结构，大大提高了林地的景观效果，创造了四季有景可赏的环境，为周围居民提供了良好的休闲娱乐环境空间;由于增加了二月蓝等经济植物，林地具有了一定的经济产生能力，为当地农民提供了调整种植结构的植物选择。

表 8-8　金盏片林改造前后生态效益比较

	植物种类	数量（株）	绿量（平方米）	生态效益（公斤 / 天）		
				吸收 CO_2	释放 O_2	蒸腾 H_2O
改造前（1994 年 3 月）	旱柳	559	46287.99	923.17	670.40	85472.96
	臭椿	364				
	毛白杨	60				
	元宝枫	31				
	木槿	30	172.70	3.31	2.43	317.01
	其他灌木	13				
	总计		46460.69	926.48	672.83	85789.97
改造前（1996 年 6 月）	旱柳	362	39604.37	751.44	544.90	67522.38
	臭椿	267				
	毛白杨	27				
	元宝枫	31				
	栾树	17				
	金银木	186	3565.51	40.61	29.54	5385.64
	天目琼花	90				
	珍珠梅	80				
	云杉和油松	96				
	碧桃等 7 种灌木	109				
	崂峪苔草 二月蓝	10000 平方米	43600.00	772.60	562.00	35573.67
	总计		86769.88	1564.65	1136.44	108481.69
比值			1.69		1.69	1.26

其中，“林景型”是为了增加城市隔离片林观赏效果而形成的具有特殊景观的一种模式。运用植物的色、香、姿、韵等各种观赏特性进行合理配置，组成不同季相（春景、夏景、秋景、冬景、四季景）、不同环境（水景、山林）等各具特色的森林景观。春华秋实模式：上层植物有油松、元宝枫、毛叶山桐子，中层植物有天目琼花、金银木、紫珠、连翘、榆叶梅，下层植物有二月蓝、荚果蕨。模式中选择的植物多数为春季观花、秋季观果的种类。

“林生型”是根据城市隔离片林所在的立地条件的生态特殊性（如低洼湿地、大气污染地、贫瘠山地）而设计的一种模式类型。按照不同立地条件，适地适树选择相应的植物种类，组成既生机勃勃又情趣盎然的林地景观。防护模式：上层植物有白皮松、绦柳、刺槐、臭椿，中层植物有小花溲疏、珍珠梅、红瑞木、黄栌、棣棠，下层植物有沙地柏、崂峪苔草。所选择的植物均为耐干旱贫瘠、抗大气污染、适应性强、管理粗放的种类，它们在贫瘠山地，在工矿区作防护隔离林带都适宜。群落在保证植物正常生长的前提下，还创造四季景观变化。

“林经型”是利用植物具有创造经济价值的功能而设计的一种模式类型。植物创造经济价值是多方面的，常见的有果品类、芳香油类、药用类、油脂类、用材类等，只要选择得当，配置得法，就能有一定经济效益。药用模式：上层植物有侧柏、银杏、杜仲、山楂，中层植物有连翘、枸橘、枸杞、鸡麻，下层植物有金银花、芍药、麦冬。此模式植物均具有药用价值，多数种类果实入药，成熟采收不过分影响群落的稳定和景观效果。

2. 提高人体舒适度

城市森林植物具有多种生态功能，在改善城市小气候方面发挥着重要的作用，对城市居民的身心健康具有极大的影响。环境卫生学指出，气温在 24℃、相对湿度为 70%、光照强度为 3 万勒克斯、风速为 2 米 / 秒的条件是夏季人体最舒适的小气候条件。据此对四要素建立隶属函数方程。

温度隶属函数方程，

$$r_t=\begin{cases}1 & t=24℃\\ \dfrac{1}{1+a\left(t-24\right)^2} & t\neq24℃\quad a=0.128\end{cases}$$

湿度隶属函数方程，

$$r_w=\begin{cases}1 & w=70\%\\ \dfrac{1}{1+b\left(w-70\right)^2} & w\neq70\%\quad b=0.152\end{cases}$$

照度隶属函数方程，

$$r_L=\begin{cases}1 & L=3\text{ 万勒克斯}\\ \dfrac{1}{1+c\left(L-3\right)} & L\neq3\text{ 万勒克斯}\quad c=0.232\end{cases}$$

风速隶属函数方程，

$$r_v=\begin{cases}1 & v=2\text{ 米 / 秒}\\ \dfrac{1}{1+d\left(v-2\right)} & v\neq2\text{ 米 / 秒}\quad d=0.147\end{cases}$$

用以上 4 个方程，隶属函数值越大，其舒适度越高。因此，将隶属函数值按大小分为 4 级，①舒适，$r\geqslant0.85$；②较舒适 $0.85>r\geqslant0.7$；③一般 $0.7>r\geqslant0.6$；④不舒适 $r<0.6$。

李树人等（1995）通过选择温度、湿度、光照和风速 4 个因子作为指标，对郑州市不同城市绿地的小气候舒适度进行了综合评判（表 8-9）。舒适度优劣排序为：公园片林 > 悬铃木林荫道 > 毛白杨林荫道 > 泡桐林荫道 > 大同路（绿化少）> 火车站（无绿化），说明合理的植物配置较单一树种在夏季改善城市小气候方面的作用更大，对人体舒适度的影响最大。

表 8-9　郑州市不同地点的舒适度评判结果

测定地点	综合评判				评语
	舒适	较舒适	一般	不舒适	
公园片林	0.2916	0.2416	0.1862	0.2806	舒适
毛白杨林荫道	0.2416	0.2916	0.2720	0.2441	较舒适

（续）

测定地点	综合评判				评语
	舒适	较舒适	一般	不舒适	
悬铃木林荫道	0.2749	0.2500	0.2389	0.2361	舒适
泡桐林荫道	0.2583	0.2807	0.2442	0.2415	较舒适
大同路（绿化少）	0.1918	0.2499	0.3026	0.2639	一般
火车站（无绿化）	0.1693	0.2165	0.2695	0.3942	不舒适

二、社会功能差异

1. 保健功能

根据人体器官对植物群落空间环境所产生的不同心理、生理感应，不同的植物配置在人视觉、嗅觉、体疗等方面的功能都是不一样的。有关人士认为如果绿色在人的视野中占25% 则能消除眼睛和心理疲劳，对人的精神和心理最适宜，这是城市森林建设追求的目标之一。据美国研究表明，绿色植物与病人的健康恢复快慢有直接的关系。医院或疗养院应该有各类以保健功能为主导功能的植物群落作为辅助的措施。

许恩珠等（1993）在上海市民星新村进行了以提供对居民的保健功能为主导功能的植物群落的配置与改造。设计主题景点植物配置：喜树—月桂—金丝桃—麦冬＋石蒜的植物群落；松柏林、银杏丛林、香樟丛林、枇杷丛林、银杏—胡颓子—石蒜、香樟—小叶黄杨—草、白玉兰—茶花—金丝桃、雪松—十大功劳—麦冬、龙柏—红叶李＋罗汉松—地柏、湿地松—十大功劳—龙柏球＋石蒜等体疗类型的植物配置模式；嗅觉类香花林，如银杏—丁香＋木槿—瓜子黄杨球、广玉兰—栀子＋蜡梅—月季、白玉兰＋银杏—结香＋栀子—十姐妹＋红花酢浆草、银杏—桂花＋含笑—红花酢浆草等嗅觉类植物配置模式。改造初步显示了人类与自然相互作用后的和谐，并突出了不同植物配置的祛病强身保健功能。

2. 文化功能

不同植物种类的配置能够形成不同类型的文化环境，从而使人们加深对文化环境的了解。人们产生的这种主观感情和客观环境之间的景观意识现象，是人们感官接受植物群落传递的文化信息，使人产生感情，引起共鸣。

谢家芬（1993）在上海黄道婆纪念馆的植物配置上，为突出历史人物黄道婆，抓住特定的文化环境，在植物配置上选择与纺织有关的桑、竹、麻、棉等的江南农家特色植物，完美地反映了环境特色，也突出了其环境氛围。在宋庆龄陵园墓地的环境设计上，用植物将墓地分为两个空间，南空间是以宋庆龄的座像为中心的纪念广场，洁白无暇的汉白玉座像，在高达 6 米的深绿色铅笔柏和龙柏背景的映衬下，显得更加端庄慈祥和鲜明；北空间是宋庆龄骨灰安葬处小小的墓地，简朴的墓碑在松柏衬托下，如向人们诉说着墓主人从不炫耀个人品格和她的高风亮节。在陵园的主轴线左右的两个空间，植物选择和配置的方式与轴线上的配置截然不同，树种选择上以宋庆龄生前喜爱的植物为主，如香樟、茶花、杜鹃、桂花等，形成比较活泼的空间序列，体现了宋庆龄热爱祖国、热爱生活、热爱孩子的感情。

为配置有鲜明文化特色、稳定的文化环境的植物群落，除了掌握植物种群的竞争、共生、相克、他感等关系外，还应了解植物所引起人的精神属性——园林意境美的创造，充分应用我国丰富的花卉文化、民族传统文化内涵，形成稳定优美而又具有丰富意境的植物配置。

三、经济功能差异

尽管城市森林建设是以最大限度地获得生态功能为主要目的，城市森林植物配置的首要决定因子是主导生态功能的大小，但在城市中城市森林本身的经济生产功能仍然是不可忽视的，不同植物的组合在经济产出方面的贡献也是不同的。

在城市中，苗圃、花卉基地、草药园、香料园、果园、茶园等就是以生产为主要功能的，同时在城市生态环境建设中又发挥着巨大的作用，从中也同样可以享受到植物本身的雄伟和壮观。事实证明，大多数植物同时具有经济价值和观赏价值。过去，一度大力提倡城市绿化结合生产，在城市公园绿地中引进了不少柑橘、枇杷、石榴、杨梅、柿子等果木，也发展了大量中草药，如垂盆草、千日红等。南宁市部分引种杨桃作为行道树；北京市中山公园种植苹果、桃、葡萄；上海市屋顶花园上种植葡萄、草莓、瓜果，结合藤架和篱笆种植扁豆、丝瓜、枸杞和猕猴桃，丰富秋色的消夏蔬菜——菊花脑以及竹子、柑橘、枇杷、柿子、石榴等，都是城市森林建设中在植物配置中经济价值体现的具体例证。

刘本育（1993）在上海市真北林带（面积 12 公顷）进行了不同生产功能的植物配置，蜡梅是林带的建群种，在如欧美杨和青枫等落叶疏林下间植桃叶珊瑚、八角金盘、金丝桃；香樟林下疏植胡颓子、蚊母、女贞；并在地面大面积种植石蒜、常春藤、南天竹；合欢树下群植栀子花；棕榈林下丛植丝兰。在欧美杨和蜡梅等落叶乔灌木林边缘，有桂花、栀子花、金丝桃。竹林边缘有罗汉松、胡颓子，底层植被为马蹄金和各类草坪植物。

林地进行蜡梅的切花、盆栽和苗木的开发生产。定植 3 年的蜡梅可以开始生产 2~3 枝切花，以 2 年轮换剪枝计算，万株蜡梅能生产 1 万枝切花，定植 5 年后可获得 2~3 万枝，定植 8 年的蜡梅进入盛花期，每年可供应切花 5 万枝以上，经济效益十分显著。每年可以根据植株生长状况，培育 3000~5000 盆盆栽蜡梅，以发展蜡梅桩景或苗木。此外，在林下种植的南天竹、火棘等观叶、观果植物，也与蜡梅同时生长，成为优良的木本插花材料。栀子花是夏季闻香型木本切花，林下的 3000 多株栀子花每年可以生产 3~4 万枝切花。因此，蜡梅切枝以 1.5 元 / 枝、栀子花切枝以 0.05 元 / 枝、盆栽蜡梅以 2 元 / 盆计算，仅此 3 项的年收入在 5.3 万元以上。

第三节　植物配置原则及方法

一、配置原则

1. 整体优先原则

城市森林建设中植物的配置要遵循自然规律，利用城市所处的环境、地形地貌特征，自然景观，城市性质特点等进行科学建设。要高度重视保护自然景观、历史文化景观，以及物种的多样性，把握好它们与城市森林的关系，使城市建设与自然和谐，在城市建设中可以回味历史，保障历史文脉的延续。充分研究和学习、借鉴城市所处地带的自然植被类型、景观格局和特征特色，在科学合理的基础上，适当增强植物配置的艺术性、趣味性，使之具有人性化和亲近感。

2. 生态优先原则

就是城市森林的规划和植物配置设计中，在植物材料的选择、树种的搭配、草本花卉的点缀，草坪的衬托以及新品种的培育等必须最大限度地以改善生态环境、提高生态质量为出发点。城市森林奉行的是生态美学，推崇的是绿色城市和人居环境，它超越了一般概念上的城市绿化和园林化。在植物种类选择上，也应该尽量多地选择和使用乡土植物，创造出稳定的植物群落；充分应用生态位原理和植物他感作用，合理配置植物，因为只有最适合的才是最好的，才能发挥出最大的生态效益。

3. 可持续发展原则

要以自然环境为出发点，按照生态学的原理，在充分了解各植物种类的生物学、生态学特性的基础上，合理布局、科学搭配，使各植物种和谐共存，群落稳定发展，达到调节自然环境与城市环境关系，在城市中实现社会、经济和环境效益的协调发展。

4. 文化原则（结合园林、传统文化）

在城市森林建设的植物配置中坚持文化原则，可以使城市森林向充满人文内涵的高品位方向发展，使不断演变起伏的城市历史文化脉络在城市森林中得到体现。在城市森林建设过程中，把反映某种人文内涵、象征着某种精神品格、代表着某个历史时期的植物科学合理地进行配置，形成具有特色的城市森林景观。

二、配置方法

1. 近自然式配置

所谓近自然式配置，一方面是指植物材料本身为近自然的状态，尽量避免人工重度修剪（如平茬等）和造型，另一方面是指在配置中要避免植物种类的单一、株行距的整齐划一以及苗木规格的一致。在配置中，尽可能自然，通过不同物种、不同密度、不同规格的适应、竞争实现群落的共生与稳定。目前，城市森林在我国还处于起步阶段，森林绿地的近自然或配置应该大力提倡。首先要以地带性植被为样板进行模拟，选择合适的建群种；同时要减少对树木个体、群落的过度人工干扰。上海在城市森林建设中采用宫协造林法来模拟地带性森林植被，也是一种有益的尝试。

2. 融合传统园林中的植物配置方法

充分吸收传统园林植物配置中模拟自然的方法，师法自然，经过艺术加工来提升植物景观的观赏价值，在充分发挥群落生态功能的同时尽可能创造社会效益。

第九章　城市森林建设布局

第一节　城市森林景观格局分析

任何一种地理景观均由多种异质单元组成，在景观背景上构成镶嵌，其生态功能的发挥很大程度上取决于这类异质镶嵌体的形状、尺度、边界、分布以及与周围景观单元的关系和连接的程度。城市是具有人工化环境的特殊地理景观。从景观生态学角度分析，人工建筑和各类铺装下垫面构成城市硬质背景，它成为影响城市环境的主导因素之一。城市森林的分布与城市所处的地理环境、人文历史与社会背景有显著关系，一般情况下，城市林木覆盖率和组成植物种类都从城市中心向外逐渐减少，而乡土植物种类则逐渐增加。通过分析城市森林的分布格局，可以全面了解其分布的合理性以及对环境的可能影响。

一、分析方法

1. 运用航片的研究方法

城市森林景观分布研究十分困难，因为城市里人工景观的规律较差，传统的调查方法难以完成，特别是在大城市和特大城市。“3S”技术的发展加上计算机的普及使用，为该类研究带来了极大方便。以下简单介绍合肥进行城市森林景观格局研究时采用的几种方法。

（1）航片的判读。

利用飞机、气球等遥感平台，用摄影方式所获得的地面影像称为航空像片。在航片上，不同地物有其不同的影像特征，可以直接从像片上判读出地物的属性及其空间分布等特征。

① 航片判读的主要标志。

形状：航片上反映的是地物顶部的形状，不同的地物反映出一定的几何形状。依据影像的形状特征，可以辨认地物。

大小：地物影像（尺寸）大小，不仅能反映地物的一些数量特征，而且还能据此判断地物的性质。地物影像大小取决于地物本身尺寸和像片比例尺。而航片上能分辨出最小地物的能力称为像片分辨率，分辨率越高越易判读。

色调：色调是指在黑白航空像片上影像的黑白深浅程度，它是地物对入射光线反射率高低的客观记录，不同的地物对入射光线的反射率不同，在航片上形成不同的色调，因此色调是航空像片判读中的重要标志，而且地物的形状特征也是通过与周围地物色调的差异表现出来的。

颗粒粗细：不同的实物，在图像上成影，其颗粒粗细不一致，如树木等植被影像颗粒较粗、草地颗粒则细小、均匀，而水面则是光滑的平面。

阴影：地物的阴影可分为本影（地物本身未被阳光直接照射到的阴影部分的影像）和投落阴影（是在地物背光方向上地物投射到地面的阴影在像片上的构像）。本影有助于获得地物的立体感，这对于地质、地貌判读很有用。地物落影的形状和长度则可以帮助判读地物的高度。由上述 5 种判读标志，我们基本上能判读出城市不同绿地类型及分布。

② 城市不同景观在航片上表现的判读特征。

道路：灰白色或白色，线状、光滑。

建筑物：深浅不同的灰色，形状规整，为长方形、正方形或其他规则形状。

水面：色调为均一的深灰色至黑色，纹理细腻光滑。

绿地：城市中的各类绿地由乔、灌、草组成，乔灌木为深灰色，影像粗糙为颗粒状，边缘多不规则，散生木可明显看到阴影。草地为灰色，纹理较细腻，轮廓一般呈自然曲线。苗圃地在图像上呈矩形或方形图斑，由于苗圃内有许多树种，因此图斑内为一排排规则分割的小方块。果园一般呈正方形、长方形等规则的几何图像。果树排列整齐，有规则的株行距，图像呈深灰色圆点状图案。

农地：农地有水田、鱼塘和旱地。水田、鱼塘的色调为深灰至黑色。田块分割小，图形规整，呈网格状，四周光滑，交角明显，渠系比较清楚；旱地色浅，为浅灰至灰，一般比水田田块面积大，地块不规整，地埂线比较毛糙，不少田块无明显地埂 。

（2）转绘。航空像片为中心投影，存在倾斜误差和投影差，导致航片上比例尺不一致，而地形图是垂直投影。因此要把航空像片上的地物转绘到地形图上。在地形比较平坦的城市，一般采用目测转绘法，以航片上和底图上相对应的明显地形、地物点为控制，按照转绘内容与明显地形、地物点的相对位置，目估或借助简单仪器把结果转绘到底图上。

卫星遥感图片的判读和成像有许多成熟的专业性极强的方法，但一般的研究单位因为缺少必要的设备或软件而难以运用。作者等在研究合肥城市森林景观分布时，采用了一种相对简便的方法，运用现有的微机设备，在遥感图像判读的基础上结合运用 GPS 进行现场实地调查和校正，这个方法对地势比较平坦的中小城市具有较好的实用性。基本方法为：将卫星遥感图片扫描，在计算机上拼接，把地形图数字化后应用相关地理信息软件进行匹配，辨别不同的色斑，统计每种颜色的象元数，将每种色斑和地类相匹配，最后用每种象元数和其代表的实地面积相乘得每种地类的实际面积；同时，应用手持式 GPS 对不同地类作实地验证。作者等对合肥市研究的原始正判率为 58.3%（直接从计算机辨别结果）；处理调整后的正判率为 88.3%（经 GPS 定位判别调整）。具体见工作框图（图 9-1）。

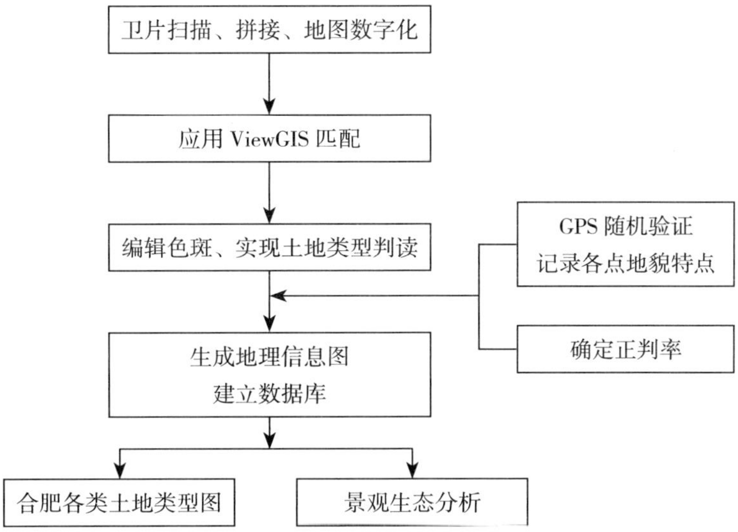

图 9-1 航片判读工作框图

卫星遥感图片判读应用软件较多，主要的有美国开发 ERDAS 遥感图像处理软件系统。

2. 信息管理系统的建立

地理信息系统是在计算机软硬件技术支持下采集、存储、管理、检索和综合分析各种地理空间信息，以多种形式输出数据或图形产品的计算机系统。它的外观表现是计算机软硬件系统，但是其内涵却是由一些计算机程序和种种地学信息数据组织而成的现实空间信息模型。

简单地说，地理信息系统是数字地图和数据库的结合，数字地图是以图层的形式表现，若干个图层叠加则反映地面的总特征，而每个图层中的任何地理单元都可以和数据库相连，并实现查询、统计分析等。

近年来，GIS 软件发展很快，各行各业都在开发或已经开发了面向其专业的专题 GIS 软件，更有专门的公司开发 GIS 平台。通用的有美国的 ARC/INFO、MAPINFO、ARCVIEW、MGE 及澳大利亚的 GENAMAP，我国自行开发的有北大三秦的“GITYSTAR”，武汉测绘科技大学的“GEOSTAR”，中国地质大学的“MAPGIS”，我们采用的是中国林科院资信所开发的 ViewGIS3.0，运行程序框图见图 9-2。

3. 景观生态分析

（1）确定景观组成。

首先确定景观组成成分。例如在研究合肥城市森林景观格局时，根据合肥城市下垫面的结构特点，将土地类型划分为建筑或硬铺装地面、水面、城市森林、其他绿地类型、道路 5 大类。目前在卫片上直接判别不同覆盖率的森林类型还有困难，将树冠郁闭度 0.3 以上的地块作为城市森林，不足的归为其他类型绿地；另外最小的判别单位为 110 平方米，小于此面积的地类不作区分。对现有的卫片判读发现，以草地为主的地类和农田难以区别，必须进行实地的调查来加以调整。

（2）景观要素的特征分析计算。

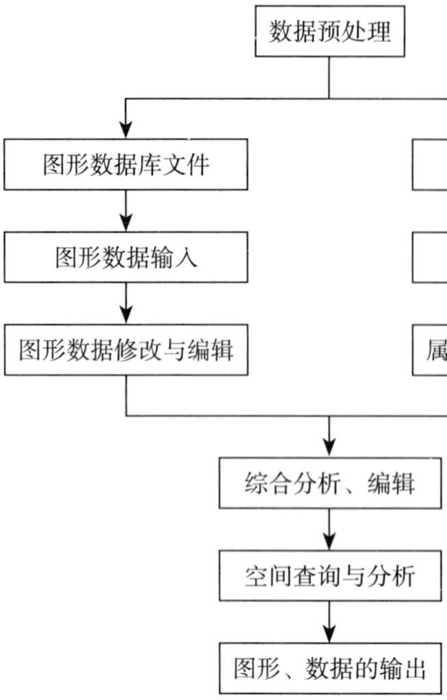

图 9-2　地理信息系统工作框图

应用 Forman 和我国学者的常用方法，计算各景观单元的的特征值。

① 景观本底的确定：采用面积比较法，若某类景观要素的面积和景观总面积的比值大于 50%，或在景观中具有控制地位，则确定为该景观的本底。

② 斑块特征值计算：包括各类景观斑块的尺度和形状。

斑块形状指数（SIj）：现实斑块的周长和相同面积圆形斑块周长的比的面积加权平均值。

$$SI_i = \frac{1}{2\pi A_i} \sum_{i=1}^{N_i} P_{ij} A_{ij} \tag{1}$$

P_{ij} 为第 i 类景观要素斑块中的第 i 斑块的边界周长；A_i 是第 i 类斑块总面积。

斑块的近圆指数（SIC_i）：根据 Miller 的近圆指数式，即某类景观要素各斑块面积与具有相同周长圆形面积之比的面积加权平均值。

$$SIC_i = \frac{4\pi}{A_i} \sum_{j=1}^{N_i} \left(\frac{A_{ij}}{P_{ij}}\right)^2 \tag{2}$$

分维数（Df_i）：反映空间实体几何形状的不规则性。

$$Df_i = 2\,\frac{\sum_{j=1}^{N_i} \ln A_{ij} \ln P_{ij} - \frac{1}{N_i}\sum_{j=1}^{N_i} \ln P_{ij}}{\sum_{j=1}^{N_i} (\ln A_{ij})^2 - \frac{1}{N_i}\left(\sum_{j=1}^{N_i} \ln A_{ij}\right)^2} \tag{3}$$

③ 异质斑块密度：

景观斑块密度（PD）：为景观中包括全部异质要素斑块的单位面积斑块数；

$$PD = \frac{1}{A}\sum_{j=1}^{m} N_i \quad (4)$$

D 为景观总体斑块密度；m 为研究范围某空间分辨率上景观要素类型总数；

A 为研究范围内景观总面积 $A = \sum_{i=1}^{m} A_i$

景观要素斑块密度（PD_i）：景观中某类斑块要素的单位面积斑块数。

$$PD_i = \frac{N_i}{A_i} \quad (5)$$

PD_i 为第 I 类景观要素的斑块密度；

④ 景观多样性指数与均匀度：

多样性指数（H）：采用 Shannon-Weaner 指数

$$H = -\sum_{i=1}^{m} AP_i \log_2 AP_i \quad (6)$$

AP_i 为第 i 类景观要素面积占景观总面积的比。

均匀度（E）：景观实际多样性与最大多样性指数（H_{max}）的相对比值。

$$E = \frac{H}{H_{max}} \quad (7)$$

$$H_{max} = -\log_2\left(\frac{1}{m}\right)$$

⑤ 景观要素优势度（D_i）：

$$D_i = \frac{1}{4}DP_i + \frac{1}{4}DF_i + \frac{1}{2}DC_i \quad (8)$$

DP_i 为第 I 类景观要素的相对密度，第 I 类景观要素斑块数占总斑块数的比。

DF_i 为第 I 类景观要素斑块的相对频度，景观网格样点中第 I 类景观要素斑块出现的样点数占总样点数的比。

DC_i 为第 I 类景观要素的相对盖度，该类景观要素总面积占景观总面积的比。

在上述的各项计算中，必须首先获得各类景观斑块的面积、周长等特征数据，这些数据均可直接通过地理信息软件的相关功能来提取，十分方便。

二、实例分析——合肥城市森林景观格局分析

1. 合肥城市森林结构

（1）概况。合肥是安徽省会，位于江淮丘陵，东经 117°11′~117°22′，北纬 31°48′~31°58′；现有人口 102 万，规划面积 100 平方公里。合肥始建于公元前 200 年，是三国古城，历史上的军事重镇。1169 年建城墙并在墙外开挖环城河，围绕城区面积约 5 平方公里即为现在的城市中心区，1949 年设市建制，1953 年成为省会城市。因为城市的发展，

1951~1954 年间逐渐拆除城墙改建为环城马路，同时沿路植树造林构成环城林带，当时主要栽种的树木有刺槐、栾树、女贞、无患子、枫香、侧柏等。

合肥城市规模发展较慢，历史上长期停留在中等城市水平，20 世纪 70 年代以前合肥市区人口不足 50 万，城市的迅速发展是在开革开放以后。合肥的城市区域基本划分为 2 个组团，东北部为工业区、中心商业区以及西部的省市政府部门所在地科教文化区。自 70 年代以来合肥实施数次城市改造，规模较大的分别发生在 1979 年、1988 年和 1997 年，主要为拓宽道路重新布局交通干道，建设立体交通通道，兴建住宅小区，改造老的商业中心。至今，合肥已经形成风扇状的规划格局，6 条主干道通向郊外并与国家高速公路网相接，道路总长达到 333 公里、构成环状体系，内城在环城绿带的基础上建成环城公园，总长 8.6 公里，向外依次为一、二环分别包围 20 平方公里和 100 平方公里的城市范围。

1992 年合肥被国家建设部命名为园林城市，从城市绿化的发展来看 20 世纪 50 年代合肥只有 13000 株树木，1965 年城市绿地面积增加到 1248 公顷，人均拥有公共绿地 2.09 平方米，“文革”期间城市绿地遭到严重的破坏，公共绿地面积一度降到 61.3 公顷、人均仅 1.2 平方米。1976 年城市绿化建设重新得到重视，绿地面积迅速发展，目前已达到 1790 公顷，人均拥有 7.3 平方米。

合肥属于北亚热带气候，地带性植被为落叶与常绿阔叶混交林，主要树种有麻栎、栓皮栎、化香、枫杨、栾树、青冈栎、枫香等。经调查，合肥城市范围计有 450 余种木本植物、分属于 73 科 170 属，其中 22 个裸子植物属、148 个被子植物属。

现在合肥城市环境得到很大的改善，这主要归功于近年来大力开展植树造林及工业与生活污染源的治理。尽管如此，城市大气污染仍然不容忽视，影响合肥城市大气质量的主要是 SO_2、CO_2、NOx、TSP。据 1998 年的调查市区空气质量明显低于郊区（图 9-3）。因此，合肥的城市建设应该把降低城市大气污染物浓度作为首要的工作来抓。

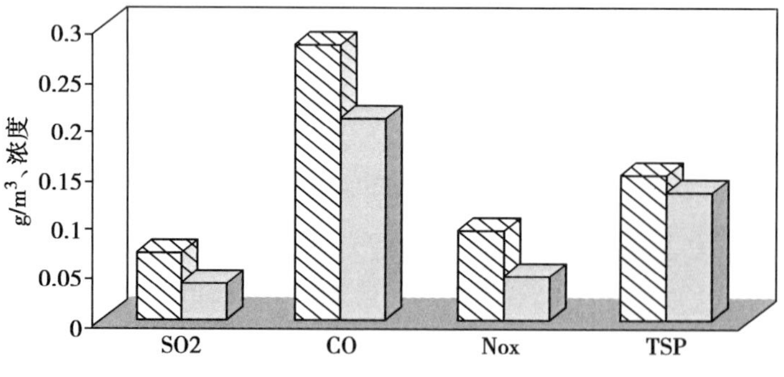

图 9-3　合肥市区与郊区大气污染物浓度比较（1998 年资料）

（注：对 CO 浓度值要 ×100）

在 23 平方公里的主要研究范围内，总计约有 351500 株树木，其中阔叶树约 218500 株、针叶树 133000 株；经鉴定主要树种 85 种。按树木株数统计，各类住宅区（包括商业、中小学校、小单位）拥有 61.5% 的树木，高校校园以及政府机关约有树木的 16%，公园与环城公园占到 16.7%，行道树只占 5.8%。

（2）合肥城市土地利用及城市森林总体分布状况。土地利用格局分析表明，在调查区内高等学校及省市机关占 19%，农业用地、公园与道路各占 5%，其他各类住宅占地 62%，另外的 4% 为水面。调查区内城市林木覆盖率低于 30% 的地块高达 61%；低于 5% 的土地约 1/3，集中在商业中心、住宅区；另外 39% 的土地城市林木覆盖高于 35%。高于 50% 覆盖率的占 20%，主要在环城公园。

合肥城市规划区范围（二环路以内 100 平方公里）的城市森林面积为 872.35 公顷；各类公园 245 公顷，占 28%，集中在中心地带；城市森林主要分布在西区，而从土地利用的情况分析则整个西区发展潜力大，今后也是城市森林的主要建设区。

2. 合肥城市森林景观格局分析

（1）景观背景的确定。

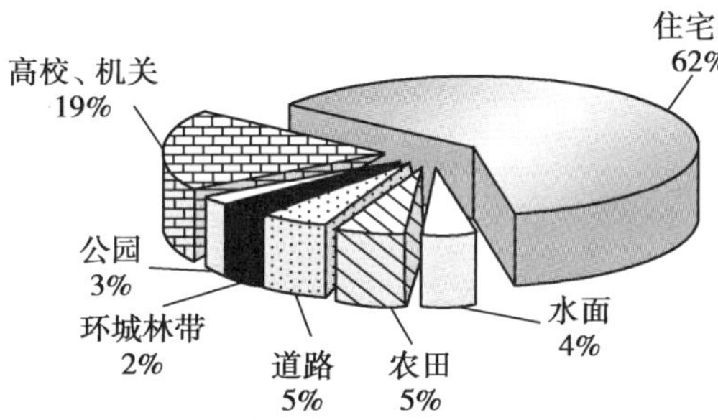

图 9-4 研究区土地利用格局

图 9-5 一环路城市森林覆盖情况

对卫星遥感图片的判读结果如表 9-1，建筑及硬铺装表面占整个景观的 73.13%，即为合肥市景观的背景。

表 9-1 各景观要素的面积

地类	建筑等硬铺装地面	城市森林	其他绿地	道路	水面
面积（公顷）	1284.3	161.16	39.74	121.1	149.93
占总面积的（%）	73.13	9.18	2.26	6.89	8.54

（2）景观要素的分布。合肥市中心区（一环路以内）5 种主要景观要素的分布格局分别如图 9-6、图 9-7、图 9-8、图 9-9、图 9-10。

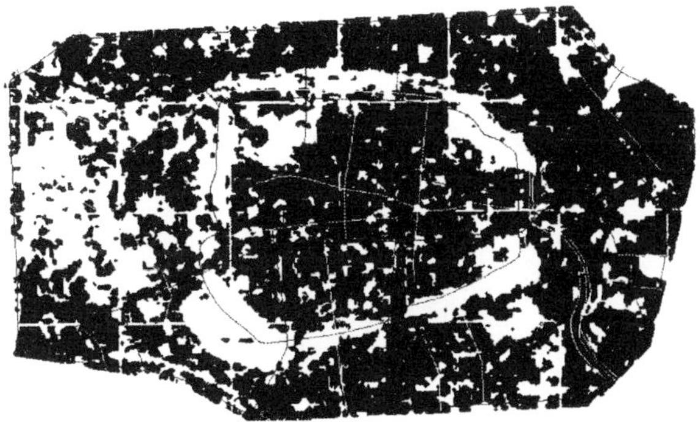

图 9-6 一环路以内的景观背景（建筑与硬铺装表面）

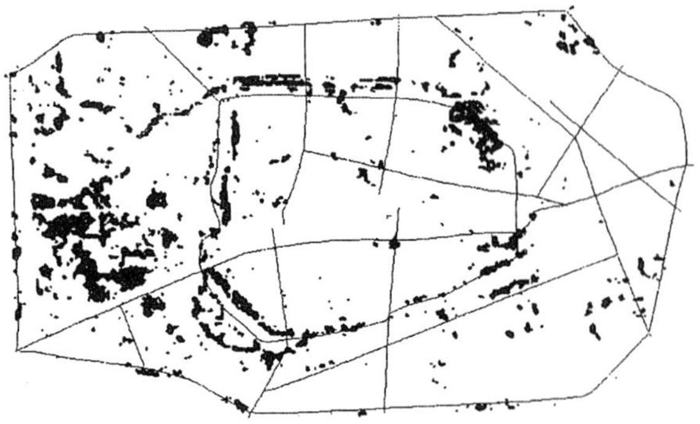

图 9-7　合肥市一环路以内城市森林斑块分布格局

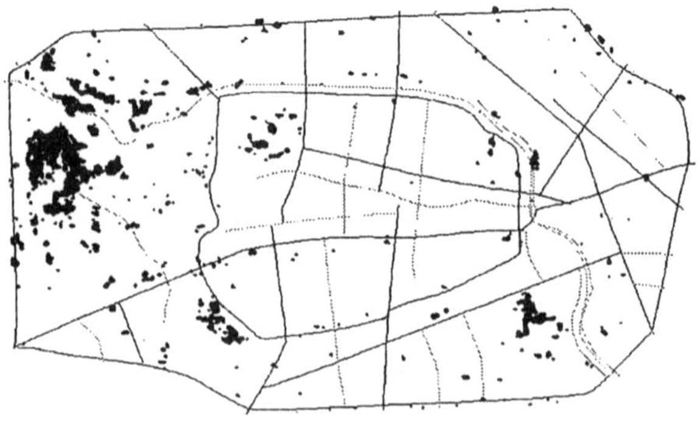

图 9-8　合肥市一环路以内其他绿地景观斑块分布格

图 9-9　合肥市一环路以内水面景观斑块分布格局

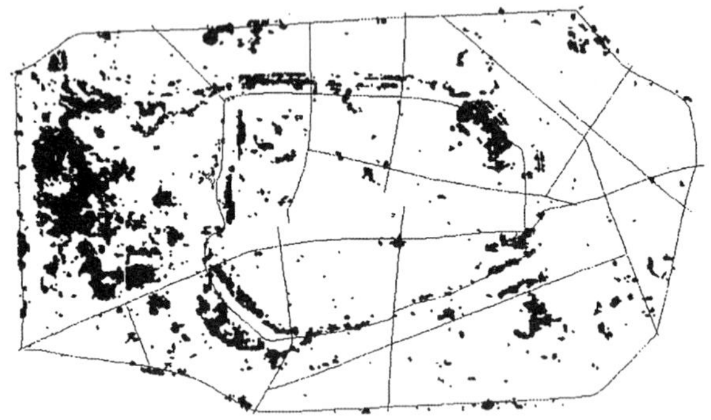

图 9-10　合肥市一环路以内城市森林和其他绿地的分布

城市森林和其他绿地类型约占全部景观的 11.44%，分布不均匀，主要集中在中部构成环状分布，即为环城公园，西部大多为专用性绿地；水面的分布除了中部环城带的水域外，东西城区比较均匀。

（3）景观要素特征。各类景观要素特征计算表明（表 9-2），斑块数目最多的是城市森林，共有 408 块，依次为其他类型绿地、水面，建筑和铺装表面的斑块数最少，仅 130 块；平均

表 9-2　合肥一环路以内各类景观要素的特征值

类项	城市森林	其他绿地	水面	建筑及硬铺装表面
斑块数（分隔的块数）	408	255	147	130
总面积（公顷）	161.2	39.74	149.93	1284
斑块平均面积（公顷）	0.396	0.1558	1.02	9.879
斑块最大面积（公顷）	12.044	3.8625	16.02	903.7
斑块最小面积（公顷）	0.011	0.011	0.011	0.0147
斑块尺度标准差 Si	1.23	0.41	1.25	79.8564
斑块尺度变动系数 Ci Va	0.8	1.03	0.83	8.0833
斑块形状指数	263.67	102.8	308.96	22.482
斑块近圆指数	0.32	0.49	0.32	
斑块分维数	24.73	1.12	17.17	23.7598

面积最大的是建筑和铺装表面，为 9.879 公顷，依次为水面、城市森林，其他类型的绿地最小，仅 0.1558 公顷；而最大的斑块面积依次为建筑和铺装表面、水面、城市森林、其他绿地；另外最小的斑块面积均为可识别的最小单位。

几种景观要素的形状指数表明，斑块形状比较复杂，近圆度极小。其中，城市森林景观斑块边界形状最为复杂，依次为水面、其他绿地类型，建筑和铺装表面的斑块形状最为简单。这是因为城市森林斑块一般出现在各类公园、机关和学校，在根据色斑辨别时，完全依据其结构特征，而其他类型绿地特别是建筑区的人为边界比较明确，因此呈现明显的几何形状特点。

（4）景观要素的尺度等级。景观斑块的大小与功能有着密切的联系，尺度决定了斑块的边际效应范围和内部生境的大小，它们具有重要的生态作用，且是不可替代的，这对城市森林景观斑块格外重要，如果城市森林斑块的尺度过小，其内部的生境面积就小甚或不存在，同样边际效应的范围也小，其生态功能的辐射范围自然也小，这显然不利于对物种的支持。当然城市森林不同于一般的森林，不能完全以自然的景观生态理论来评价，但其内部生境的出现对城市小气候的影响，以及对鸟类区系的影响则不可忽视。

研究区主要景观要素的斑块尺度分布（图 9-11），表明合肥城市森林和其他绿地类型的斑块尺度变化范围大，比较破碎，数量上以小尺度的斑块为主，所占比例高；而建筑和水面斑块尺度的变化范围相对较小。我们根据合肥的实际情况，将斑块划分为小、中、大、特大和巨尺度 5 个等级（表 9-3）。按此标准，城市森林斑块的 50% 属于面积小于 500 平方米的小尺度斑块，其他绿地类型有 57% 的斑块属小尺度，面积超过 1 公顷的特大尺度斑块分别仅为 8.6% 和 3.1%；但硬铺装下垫面和水面景观斑块中，则主要集中在中等和大尺度等级，超过 1 公顷的连片建筑表面达到 20.7%，其中超过 5 公顷的斑块则占 9.2%。

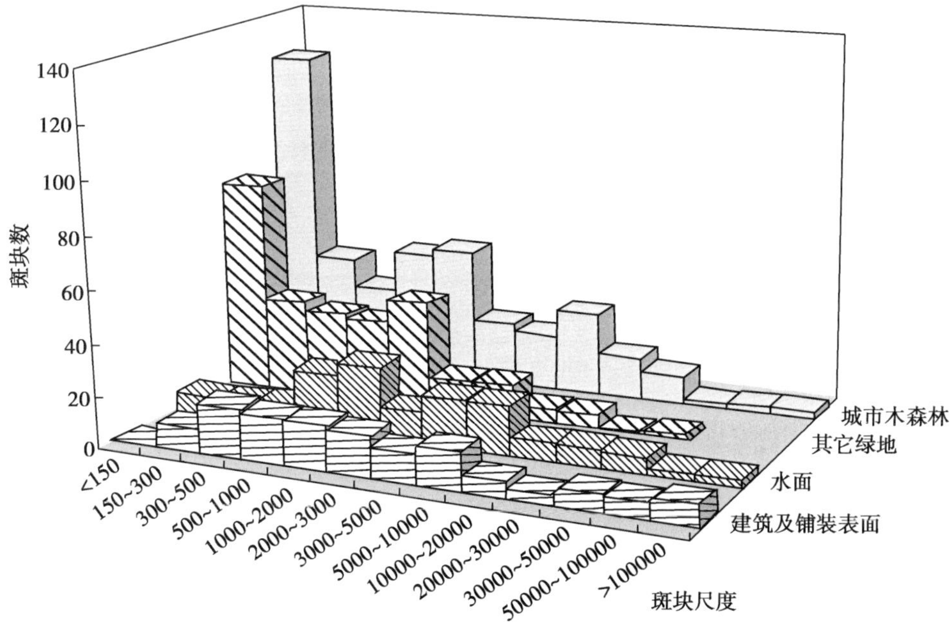

图 9-11　合肥一环路以内各类景观要素尺度等级分布

表 9-3　合肥一环路以内不同等级尺度斑块的分布

斑块尺度等级（平方米）	各景观要素不同尺度斑块数							
	城市森林		其他绿地		水面		建筑及铺装表面	
	数目	%	数目	%	数目	%	数目	%
小尺度（<500 平方米）	198	48.5	147	57.6	22	15.0	29	22.3
中尺度（501~2000）	99	24.3	71	27.8	49	33.3	34	26.2
大尺度（2001~10000）	76	18.6	29	11.4	50	34.0	40	30.8
特大尺度（10001~50000）	29	7.1	8	3.1	20	13.6	15	11.5
巨尺度（>50001）	6	1.5			6	4.1	12	9.2

上述的斑块尺度等级划分是以面积为指标的地理学概念，在任何自然景观中不同异质表面间存在着生境的过渡，生态学上称为边际带。边际带常常是物种组成变化、各种流动频繁的地带，具有特殊的生态意义。一般认为森林的边际范围约为组成该森林树木高度的 5 倍。对合肥市树木的生物量和立木地径面积等因子的分析表明，合肥环城公园具有较好的城市森林环境，故取其树木的加权平均高度 11 米来计算，得合肥城市森林的平均边际带宽为 55 米，由此可能出现城市森林内部环境的临界面积应为 9800 平方米。因此在合肥，现有 38 块城市森林斑块可有内部生境，占总数的 9.3%；出现内部生境的斑块面积占城市森林景观总面积的 70.8%；全部城市森林斑块的内部生境总面积为 31.69 公顷，为城市森林面积的 19.7%；内部生境面积超过 1000 平方米的斑块 23 块，其中 8 块超过 1 公顷（表 9-4）。

表 9-4　城市森林斑块内部生境面积的比较和分布

斑块内部生境面积（平方米）	无内部生境	<1000 平方米	1001~5000 平方米	5001~10000 平方米	10001~50000 平方米	>50000 平方米
出现内部生境的斑块数（个）	370	15	15	0	5	3
占全部斑块数的（%）	90.7	3.7	3.7		1.2	0.7
出现内部生境的斑块占城市森林斑块总面积的（%）	29.2	11.7	18.7		19.2	21.2
占全部内部生境面积的（%）		1.5	12.5		31.6	54.4

这一结果表明，一方面合肥城区拥有成片的、面积较大的城市森林，它们对城市环境产生较大的影响；另一方面，由于这类城市森林虽然占有较大比例的面积，但只集中在少数几个斑块中，如各类公园、机关、学校，而其他多数斑块面积过小，因此总体上对城市环境的作用受到局限。今后在城市建设或改造中，应尽可能使这类分散的小斑块连成较大的片，同时多建设 1.5~3.0 公顷的城市森林，在获得一定面积的内部生境条件情况下发挥更好的生态效应。

按照上述的划分，建立如下以森林内部生境尺度为依据的城市森林景观斑块等级系统：

城市森林微斑块：斑块面积小于出现内部生境的临界面；

城市森林小斑块：斑块内部生境面积小于 0.1 公顷；

城市森林大斑块：斑块内部生境面积为 0.1~0.5 公顷；

城市森林特大斑块：斑块内部生境面积 0.5~1.0 公顷；

城市森林巨斑块：斑块内部生境面积 >1.0 公顷。

以合肥情况，各类斑块的面积比如下：

巨斑块：特大斑块：大斑块：小斑块：微斑块 = 30：20：20：20：0

第二节　城市森林建设布局的原则和依据

一、布局的原则

为了使城市森林布局全面付诸实施，城市森林建设必须纳入城市发展规划。根据我国城市可用于林业建设的土地有限的国情，城市森林建设要以乔木为主体，乔、灌、草、藤共生的复层结构为主，尽量建设片状、块状的城市森林；应与城市园林、城市水体、城市其他基础设施建设相协调、融为一体，构成“林园相映、林水相依、林路相联”，既有自然美、又具有强大生态功能的系统。在植物配置上以长效型为主，以乡土树种为主，注重城市森林的景观多样性、生态系统多样性和生物物种多样性。在管护上应针对不同类型采用不同的方式，如对城区人群经常进入的地域，应采取集约的管理；而对郊区、自然水体附近的城市森林，应采取近自然的经营方式，即尽可能减少人工的维护，以降低城市森林养护成本的同时，使其保持和恢复自然或半自然的植被结构，为野生动物提供栖息的环境。另外，应充分利用农田、河流、公路、铁路防护林体系对城市环境改善的辐射功能，使城市贴近自然、融入自然，实现城乡一体化，构建各种衔接合理、生态功能稳定、结构完善的现代近自然型城市森林生态系统，达到“城在林中，人在绿中”的效果。其布局的基本原则应包括如下几方面：

1. 生态优先，体现以人为本

随着城市化进程的加快，城市的生态环境问题也日益突出，城市森林建设的主要目的是改善人居环境，因此，应把净化大气、保护水源、缓解城市热岛效应、维持碳氧平衡、防风防灾、调节城市小气候等生态功能放在首位，以生态效益为核心。城市森林应从满足人体呼吸耗氧，为人类提供新鲜空气，增加负氧离子含量以及人们的休闲观赏等需求，从偏重于视觉效果转向为注重人体身心健康；从过多的追求人文效果转向综合考虑，强调为居民提供舒适的居住环境，体现以人为本、人与自然的和谐；在充分发挥城市森林生态功能的同时，也要注意发挥城市森林的经济效益和社会效益。

2. 师法自然，注重生物多样性

通过建立稳定和多样化的森林群落，达到传承文明，师法自然，景观多样的效果。充

分利用造林树种资源和生态位原理，形成不同类型的森林生态系统，以满足人们不同的文化和生活需求，同时为不同生物提供生存繁衍的生态环境，促进生物多样性保护。

3. 系统最优，强调整体效果

以林网化、水网化建设为重点，较少占地，科学配置城市森林类型，在建城区加强立体绿化，向空间要生态，采取乔、灌、草、藤的合理搭配模式，合理布局森林，最大限度提高森林总量，发挥城市森林系统的最优生态效益，增强城市森林对整个城市总体生态环境改善的功能。合理布局森林，最大限度提高森林总量，发挥城市森林系统的最优生态效益，增强城市森林对整个城市总体生态环境改善的功能。做到城区和郊区同步发展，注意生物多样性保护，使得建成的森林不仅是植物的保护地，也是动物的良好栖息地，形成城郊、林水一体化的森林生态系统。

4. 因地制宜，突出本土特色

根据不同地段的自然条件、生态环境质量，确定适宜的森林结构，选择应用具有主导功能的树种，进行城市森林的合理布局。增加乡土植物的使用，突出本土植被、森林群落模式的特点，优化森林结构，提高森林生态系统的稳定性。

二、布局的依据

森林在改善城市环境特别是在减轻热岛效应、灰尘污染等方面具有重要作用。近年来，在城市绿化建设过程中提倡搞城市森林、生态园林成为一种新的趋势。要保持城市生态系统的结构与功能的整体性，必须在各个不同大小的斑块之间通过绿色森林廊道连接起来，即要达到林网化，通过水系、道路两侧的行道树形成相互连接的绿廊，与城区、近郊区及远郊区的各个核心林地相连相通，才能形成有效的城市生态环境森林保障体系。与世界平均水平相比，我国城市的绿地覆盖率偏低，绿地树种相对单一，绿地之间缺乏连接通道，城市生态环境的保障体系尚未形成。

城市森林建设的战略目标就是以保障城市生态安全、建设生态文明城市为目标和城在林中、路在绿中、房在园中、人在景中的布局要求，建设以森林为主体的城区、近郊、远郊协调配置的绿色生态圈，形成城区公园及园林绿地、河流、道路宽带林网、近郊、远郊森林公园及自然保护区等相结合的城市森林生态网络体系，使全国 70% 的城市的林木覆盖率在 2050 年达到 45% 以上，其中城市林木覆盖率为 40%，商业中心区林木覆盖率为 15%，居民区及商业区外围为 25%，城市郊区为 50%，使城市的人居环境有显著的改进，使城乡绿地实现一体化。

城市森林建设的布局不仅要满足提高城市环境质量、居民生活质量和可持发展能力的要求，而且要满足城市生态环境建设由绿化层面向生态层面提升的要求，以及人与自然和谐相处的要求，其具体依据如下：

1. 将城市林业与城市布局结合起来

城市森林不是城市与森林的简单拼凑，而是二者达到合理布局、密切融合形成的一个全新的森林生态系统。要以城市规划和城市森林规划为依据大力发展城市林业，使城市借助于森林和以林木为主体的绿色隔离带的合理配置，发挥城市森林对建筑用地的切割作用，将经济开发区、居民小区、商贸金融区等隔离开，使城市功能分区的特征更为显著，使城市景观格局更为完善，并有效地消除或减轻城市不断扩大所产生的城市热岛效应、大气污染、噪声污染等负面影响。

2. 建设城乡绿地相连的森林体系

城市森林建设总体框架要与农村林业建设的总体框架相结合，以提高城乡林业建设的配套性和互补性。城市保护和建设的自然或近自然的大面积片林，以及城市范围内河流、公路、铁路等沿线的主干生物廊道和防护林体系，要与农村边缘的森林连成一体，农村的大面积片林和村镇、水体、农田、公路、铁路沿线的防护林网建设，要一直延伸至城市边缘，与城市内部的森林体系连成一体，从而加强城市森林内部各种组成成分之间的生态连接，提高城市森林生态系统的稳定性，并有效地溶解城市边缘，实现城乡森林一体化。

3. 将城市森林建设与水体保护结合起来

对于一个城市来说，森林是“城市之肺”，而河流、湖泊等各种湿地则是“城市之肾”。城市因为有了森林和流动的水体而风景优美，空气清新，景色宜人。城市森林建设要与城市水体保护有机地结合起来，一方面较好地发挥森林净化地表径流、吸收重金属等污染物的功能，使城市的水体得到较好的保护；另一方面，充分利用城市水体的功能改善森林生长繁育的环境，以促进森林绿地形成更为完善的植被结构和更为强大的生态功能，从而实现更为优美的生态景观和更为显著的生态环境价值相统一的目标。

4. 充分利用原有植被和原生地形地貌的生态价值

随着城市范围不断扩大，城市森林建设涉及的土地越来越多，新建城市和城乡结合部向城市化过渡的地带，在进行城市林业布局，特别是进行树种选择、森林配置模式选择和以林木为主体的植被配置模式选择时，要充分利用原有的森林植被、林草植被、古老的林木和原生的地形地貌的自然生态价值，通过合理的设计使之成为城市森林的组成部分，这样既可以反映城市的历史，也能体现自然的韵律，使它们的生态价值、文化价值、历史价值更充分、完美地表达出来，使城市森林在整体上具有更深厚的历史和文化底蕴。

5. 将森林与其他植被整合成有机的城市绿地体系

中国作为一个人均土地资源相对稀缺的国家，在城市森林建设上要以空间上的多层次配置来实现森林绿地植被的多功能发挥，使之能够较好地满足城市居民对森林绿地的多种需求。为了扩大或增加城市林业用地的功能容量，城市森林建设要与园林建设、草地建设有机地结合起来，建成各种植被和园林建筑在空间上的有机叠加，各种功能相互补充、各种绿地紧密相连的城市生态环境保障体系，从而以相对较小的人均森林绿地面积，达到净化、绿化、美化城市的目的。

6. 将以生态效益为主的生态公益林作为城市森林的主体

城市森林不能单纯从资源或类型的角度去理解，而是一种包含众多人为建筑景观在内、受多种因素干扰的新型森林生态系统。它的环境服务功能是第一位的。因此，要强调保护原有的地带性天然植被，人工林也应该是近自然的模式，这种近自然就是提倡建设以群落建群种为主，借鉴地带性自然森林群落的种类组成、结构特点，尊重群落的自然演替规律。

7. 保护和建立城市地域范围的自然或近自然的大型森林斑块

城市森林的核心林地中比较重要的是大型森林斑块，它在改善城市生态环境和保护生物多样性方面具有重要的作用，无论是在以保护生物多样性为主要目的的景观生态规划中，还是在近年来城市生态环境建设中提出的城市“肺”的建设思想，都强调保护和建立大型森林斑块的作用。

大型自然斑块由于能够提供多种生境和较高的生物多样性，对于一个地区和国家的生物多样性保护中占有非常重要的地位。在景观生态学中，景观设计都是以大型自然斑块为核心。从生态学的角度来说，自然斑块当然是越大越好，但在城市内部及周围地区，自然斑块受到来自人为活动的影响而不断缩小，甚至被分割成大小不一的斑块。对于城市的自然板块来说，斑块的大小也要考虑其环境服务范围和满足一些重要生态过程的要求。Stout（1995）研究了红尾鹰（*Buteo jamaicensis*）在美国威斯康星州东南部城区、郊区、乡村的生境要求，他建议城区土地要有16%处于自然生境，这些生境40%是林木，60%为草本植物覆盖，以便为这种红尾鹰提供适宜的栖息地，理想的筑巢地面积大约在9公顷林地。

8. 建立具有一定宽度的贯通性主干森林廊道

建立连接斑块的生态廊道，对于保持景观生态功能的整体性和保护生物多样性具有重要意义（Naiman等，1993）。在城市里一般都有河流或水道以及发达的道路网连接着公园等大型绿地，把这些河流、道路及其沿线的绿化带作为城市贯通性主干森林廊道，在宽度、配置模式等方面强化生态功能，既可以发挥改善环境的生态功能，也可以起到连接各类森林斑块构成网络体系的作用。

廊道宽度是影响其功能的最重要因素，是生态学家、环境保护学家和城市土地利用规划者最为关心的。河流和道路两侧以林木为主的植被带宽度的确定，不同的行业有不同的原则，城市园林工作者从美化环境和节省土地的角度考虑，设计的林带通常都是1~2行树，这种模式最为常见。但许多生态学家、生物学家从保护生物多样性、保持景观要素的空间连接的角度，提出了不同的建设模式（Schaefer等，1992）。Budd等1987年在美国西北太平洋地区的研究中提出了确定河流廊道最小宽度的方法，他们以能满足鲑鱼（salmen）适宜生境条件为前提，在分析河道配置、河岸坡度、土壤和河道林隙密度（forest gap density）等因子的基础上，认为在多数情况下河流两侧河岸上河岸植被带的宽度应为11~38米。河岸植被的缓冲和过滤作用是非常重要的（Peter John等，1984；Forman，1995），特别是在农田景观区，通常是确定河流廊道宽度的一个主要依据（Lowrance等，1984，1997）。在瑞典，研究者通过对比污染处理厂与河岸带的清污效率，发现河岸带植被营养物质吸收能力的价值相当于建立一个污水处理厂的成本，因此瑞典政府采取了相应的经济刺激政策，鼓励营造薪炭林，计划沿河岸边建立一条2~4米宽永久植被带（Robert等，1990）。

虽然这些研究都是基于林区及农田景观区的背景，重点在于保护野生动物和控制水土流失等生态目标，与城市的环境条件有所不同，但有一点是明确的，就是作为连接各个森林斑块的生态廊道，是不受河流和道路的级别限制的，主要是看能否发挥有利于生物迁移、有利于保护生物多样性等功能，而且一般应该以河流廊道为主。城市河流和道路两侧的林带必须足够宽才能更好地发挥改善环境、连接斑块等功能。因此，一些廊道的林带宽度要改变过去 1~2 行树的做法，增加林带的宽度，特别是生物廊道的林带可以达到 50~100 米，甚至更宽。而且林带的植物配置结构要以近自然的森林模式为主。在管理上应尽量避免完全按照园林的管理模式，林下可以任由各种灌木草本植物生长，使其形成复层的森林景观。这样不仅可以提高林带的生态功能，也可以减少人工投入，减少水资源的消耗。

9. 现代城市森林建设要与城市化进程同步

城市森林建设既要针对城市现有的状况，同时更要考虑城市的发展趋势和可能产生的新问题进行长远的规划。因此无论在建设规模、树种配置等技术环节，还是在整体布局的规划上，都要考虑城市未来的发展需求，对于规划的林地和林带要有一些预留空间，这样既有利于其他行业或产业的参与，带动相关产业的发展，也有利于吸收各方面的力量参与城市森林建设。

第三节　城市森林建设布局要点

一、实现生态规划

城市森林的建设以充分发挥生态效益、改善城市环境、促使城市生态系统稳定、平衡为目的，这必须建立在科学的生态规划的基础上。生态规划是结合自然的设计；包括营造接近自然植被的人工林，和周围的景观协调，在提高城市生态系统的功能方面发挥积极的作用的规划。

如何规划涉及到许多方面，可以从城市发展、人群居住条件的角度，从商业与经济活动，从交通便利、居民游憩及户外活动，从美学与观赏角度，从改善生态环境角度等等，当然所有这些都应该得到充分的考虑，因为规划本身就是一个综合的系统工程。

目前，绝大多数的情况是在原来的城市建设基础上来实施城市森林的建设，而不是与一个全新城市建设同步，因此在更多的场合是对现有城市植被的提高与改造。就实现生态目标而言，城市森林网络体系建设基础是实现生态与环境方面的平衡，主要包括平衡城市的热量以减少热岛效应，增加城市植被的制 O_2 能力以平衡大气 CO_2 浓度的增加，增加树冠的遮阴以减少夏季降温的能源消耗，改善城市的小气候以增加居民的居住舒适度，增加可提供的生态位以增加野生动物的迁入及生存机会等。由此种种，在改善居住环境，提高生活质量，创造良好的投资环境的同时繁荣了城市经济。

生态规划的基本要点应该考虑以下几个方面：

1. 树冠覆盖率

应达到改善城市小气候的目标，据 Rowantree 的研究，当立木地径面积达到 5.5~28 平方米 / 公顷时才能改变城市的小气候，这相当于每公顷拥有 175~840 株地径为 20 厘米的树木，约相当于拥有覆盖率为 12%~60%。

这个原则在国家关于城市园林建设规定中已得到体现，一些城市也作了相关的研究。如上海市在提出启动都市林业时从 3 个方面来测算需要的森林覆盖指数。其一，通过卫星遥感对上海热场现状分析来测算森林需求量，运用城市热场特征，为平衡上海城市化较高的热负荷，需要 2300 平方公里以上的林地，覆盖率应为 36%；其二，依据人口、能源的耗热量计算年耗氧量为 7400 多万吨，需 1900 平方公里的林地；覆盖率应为 30%；其三，依据生态环境质量和生活需求测算，预防台风、休憩等达到 2200 平方公里，覆盖率应为 34%。根据该项测算以及上海城市人口、土地、绿化现状的实际情况，提出都市森林覆盖率的建设目标为 2005 年达到 20%、2010 年达到 25%、2020 年达到 30%，为此今后郊区将有 1/3 的土地通过农业产业结构调整成为林地。这样一个计划，虽然不能完全实现生态目标，但确实是以实现生态平衡为出发点的。

根据大量的文献资料及综合各地的情况，建议：

① 市中心的商业区，树冠覆盖率应保持在 10%~15%。主要以行道树、小块街头绿地、小面积的开放式公园、单株的景观树木等来实现。

② 住宅区，新建的住宅小区树木覆盖率达到 25%~30%。主要以小区主要通道两侧的行道树、块状绿地、为节约能源消耗而设计种植的树木来实现。

③ 郊区，林木覆盖率应以达到 50% 的目标，主要通过农田林网、村镇绿化、公路水渠两侧的林带、森林公园、植物园及大型游乐园等来实现。

如此规划，城市的平均覆盖率的目标应为 40%。

2. 片状城市森林群落

这是城市森林的主要组成，应分布均匀，斑块的大小比例适合。一般性的片状植物组群，应以乔木为主、构成自然培植的群落，其面积的大小应以直径至少大于乔木高度的 2 倍为宜，一般为 1 公顷左右；重点的、以改善周围环境为主要目的的群落配置，面积至少在 5 公顷 以上。在市区每个区（功能区或行政管理区）应有面积较大的片林，一般可以大型的公园形式出现，以集聚配置的乔木群落构成公园的主体；郊区有森林公园，以地区性的顶极群落为模式、建立自然配植的多树种混交的森林群落类型；理想的状态是，郊区森林公园与市区的公园能通过水系或公路两旁的林带相连接。

3. 林带

城市外环线路及向外辐射的主要通道，两侧宜设林带，林带宽度一般宜在 50 米以上，初期栽植可选用速生树种、适当密植，待树冠郁闭后应及时稀疏、人为造成林窗，利用林窗的生态效应引入地带性顶极群落树种的小树、幼树，逐步构成异龄林结构、有地带性植被特色的林带。

4. 行道树

总数应为全部树木的 15%~20%。

5. 树种选择

主要原则为常绿树种与落叶树种比例适当；以乡土树种为主；外来树种的选用应慎重、

需有试栽的过程，特别对从不同地理纬度带引种的树种更要慎重，比较可靠的是应从当地植物园中筛选适合的树种；注意生物的多样性，一种树种的比例不宜过大，据美国的研究为不超过10%，这个比例可供参考。

6. 规划设计和营造城市森林的注意点

① 住宅区植树需注意高大乔木的位置和生长空间，特别注意不宜离建筑物过近，以免构成对建筑物的潜在危险和增加住户降温或采暖的能源消耗（图9-12）。

图9-12　住宅区的隔离林带（荷兰）

② 公园及大型的片状绿地，宜采用多树种立体混交、自然式组团、模拟地带性植被类型的配植方式。

③ 注意城市土壤的多变性，特别是建筑垃圾等外来物质对土壤的性质的改变。

④ 注意采用适当的栽植密度，目前一些城市采用高初植密度的方法值得商榷。在绿地中采用如此方法目的是为了景观效果，但栽植后不久树木间的竞争就会发生，经常必须采用移栽部分树木或增加修剪来解决，不仅增加维护的支出，也是群落不稳定的因素。

⑤ 注意保护现有的树木，制订最小建筑区域法来最大限度的控制对现有树木的破坏。

⑥ 目前国内景观大道流行，一般设计较宽的中间隔离带，通常采用地被或低矮的垫状灌木，构成大色块或几何图形，这确实表现了较好的景观效果。但缺点是，道路占地面积过大，栽植带的维护管理不方便，居民不能进入，生态功能较低。一些景观大道的中间隔离区设计了广场式地坪，供居民游憩活动，但忽略了在此活动的人群将处于汽车尾气的污染环境之中，实在不利于人体的健康。因此，应有节制的运用这种表现手法，减小中间隔离带的宽度，隔离带以1~2行小乔木、花灌木为宜，可适当增加两侧人行道的种植宽度，或把节

图 9-13 街道人行道建设较宽的种植带，且以乔木为主（荷兰）

约的道路土地面积用于开发建设新的片状绿地（图 9-13）。

⑦ 制订适合各地历史和现实情况的树木尺度等级分类体系，按照我国大多数城市的情况，建议把胸高直径 >30 厘米的定为大树。在没有特殊需要的情况下，不采用大树栽植的方法来企图在短时间内改变环境。一般宜栽植胸径 5~15 厘米，具有自然形状树冠的小树。

⑧ 为了方便管理和养护，行道树树种的选用可采用各街区不同的方法。

⑨ 在重要建筑屋附近种植树木，特别注意不要选用浅根系、生长过快、枝干强度低的树种，以避免产生不安全的因素。

⑩ 注意停车场的树木种植，随着汽车工业的发展，城市机动车辆激增，除了建造室内或地下停车场外，露天的停车场势必也会逐渐增加。据研究停车场栽植树木对减少大气污染有很大的作用，因此在修筑城市停车场时应同步考虑树木的栽植空间，宜选用具有小树冠、枝干强度大、适宜树冠造型修剪的乔木树种（图 9-14）。

图 9-14 城市停车场的种植设计（荷兰）

二、构筑生态廊道

近代发展的许多城市大多与水系紧密相关，因为当时受制于陆上交通、水系为城市带来了极大的方便，工业革命以后许多工厂几乎都是傍着水道而建。但随陆上交通的发展，水道作为运输通道的功能逐渐减弱，而附近工厂却继续肆意向其排放各种污染物，至今可以毫不夸张地说，几乎所有城市的河道都受到污染，上海的苏州河则是典型的例子。

据俞孔坚等的研究，我国城市对于水系的治理基本采用以下 4 中方式：即填、盖、断、筑堤衬之（水利称渠道硬化）等。从美化、环境治理、防洪角度等来分析上述的做法均可谓有道理的，特别是城市河道修筑防洪墙减少了许多损失，也是无容置疑的。但自然的河道的存在是当地自然地理地貌和气候的必然，是景观生态系统的重要组成部分，因此对其改造应格外显得慎重。目前西方国家正在掀起一个重新挖掘以往填埋的水系，再塑城中自然景观的热潮，更值得我们思考。

上海对苏州河的治理为我们提供了成功的例子，在水质得到改善的同时提出建设沿河道的景观带。如果规划合理，上海市区将出现一个植被廊道。而在此基础上提出重新安排全市的水系，是鉴于历史上上海市曾一度拥有大小 4000 多个水道，而目前仅保留了约 1/4 的现实，由于地表径流失去平衡，其负面的影响已得到有识之士的重视。

水系是最重要的景观廊道，城市森林建设规划中应充分重视沿河道的森林景观设计与建设（图 9-15、图 9-16、图 9-17、图 9-18）。应把重点放在以下几个方面：

图 9-15　欧洲莱茵河两侧的河岸植被

图 9-16　美国密西根州一城市的河道植被带

图 9-17　城市水系植被的处理（荷兰）

图 9-18 近自然的水系植被廊道（荷兰）

（1）尽可能构筑河流植被廊道，河流廊道又称为河岸植被（riparian vegetation），对于控制水流及矿质营养的作用十分明显，沿河流如有良好的延伸到河堤两侧高地的植被带，能有效地减低洪灾的危害，保护河堤受到冲刷及水土流失和净化水质。河流植被的宽度原则上应能有效地控制水土向河流的流失，促使河岸两侧高地森林内部物种沿着河流的运动，因此，理论上河流廊道应包含河流汛期淹没的地域、河堤及两侧（至少一侧）的高地宽于边际效应的范围。

有些城市在河道两侧建设商业区，以高大的建筑来衬托水面构筑城市的美景，这显然是受到世界一些著名城市的影响。但作者认为应利用河道建设城市的主要景观公园，建设和保护河岸植被，尽量保持河道的原来面貌、减少水泥等石质材料的人工护坡，而把标志性建筑退到植被带之后。

（2）全面规划、疏通城市的现有水系，尽可能使水系相通、河岸植被相连。为此，应建立地理信息系统来管理和分析各水系在汛期可能出现的险情和解决方法，尽量避免简单的采用修筑垂直的堤岸来约束河道的做法。例如在次级河道可采用大块的卵石护坡，保持水系与河岸之间物质交流的通路，并根据河道的泄洪功能设计不同作用的闸门，来调节与控制洪水，保证建设河道植被而不会影响城市的安全。

（3）城市水系的上游应建立水源涵养林，沿整个水系建立控制污染排放的管理机制。

（4）尽量保持和维护河岸以及与其相连接的湿地，在必须营造人工景观时要注意尽可能减少对自然风貌的破坏，创造与自然融合的景观，而不是刻意的人工雕琢。

三、实现城乡一体化

我国城市用地十分紧张，建设部规定的人均用地指标大大低于发达国家的水平，而且必须指出的是，由于我国人口的压力在一个相当长的时间内不会减缓，因此期待大幅度增加城市人均用地指标显然是不现实的。但是必须看到，改革开放激发的经济高速发展大大地推动了城市建设，而且这个势头还将继续和扩大，由此促使人们对城市环境建设的高度重视，其结果必然是对城市绿地建设的要求愈来愈高，不仅表现在质上面、更在量的方面。为了符合城市建设对环境高质量的要求、又不因有限的用地指标而无法实现，除了上述科学规划以外，一个解决的办法是实现城乡一体化的建设目标。其基本点是，以郊区及城市边缘的森林作为城市森林的依托。

第十章　城市森林建设评价

第一节　城市森林建设评价的意义

城市是人类聚居的主要载体，是人类经济、政治和文化活动的中心，是人类社会文明进步的标志。城市既是人类生存的重要场所，又是人类发展的重要基地。从生态学的角度而言，城市是一个生态系统，是城市居民与其周围环境组成的一种特殊的人工生态系统，是人为改变了结构、改变了物质循环和部分改变了能量转化的、受人类生产或影响的生态系统，它既具有一般生态系统的特征，即生物群落和周围环境的相互关系，以及能量流动、物质循环和信息传递的能力，同时又受社会生产力和生产关系以及与之相联系的上层建筑所制约，而与一般自然生态系统有所不同。城市是以人为主体的生态系统，城市中人的活动既要服从生态学的基本规律，同时又是和城市经济、城市社会紧密联系的，城市可以说是社会、经济和自然3个子系统构成的复合生态系统。一个符合生态规律的生态城市应该是结构合理、功能高效和关系协调的城市生态系统。在我国多数的城市生态学教科书中一般将城市定义为：城市是经过人类创造性劳动加工而拥有更高价值的人类物质、精神环境和财富，是更符合人类自身需要的社会活动的载体场所和人类进步的合理的生活方式之一，是人类占绝对优势的新型生态系统（杨小波等，2001）。

城市是一个时代的经济、政治、社会、科学、文化、生态环境发展和变化的焦点和结晶体，在城市中存在着各种各样的人类社会发展与自然界的矛盾，城市及其区域生态环境变化的对立和统一是促进城市发展的基本矛盾之一。城市化迅速发展的实践证明，随着城市人口的迅速增长、城市工业化水平的不断提高、城市数量的不断增加等，城市经济发展和城市生态环境之间的矛盾日益复杂尖锐，从而使解决城市经济发展和城市生态环境保护的问题提到了世界各国的议事日程。人类在发展过程中，往往只注重城市规模的扩大和经济效益的提高。在这个人类创造的自然、经济、社会的高级复合系统中，有大量的废弃物排入环境，随着城市化过程的加快，由于人口和工业的过度集中和密度过大，在城市化地区，进行着大量的资源利用、物质交换、能量流动、产品消费等活动。从而使自然资源大量耗用和各种生产、生活废料大量产出，引起了一系列城市问题，如人口密集、住房困难、土地资源紧张、工业资源短缺、水源短缺、交通拥挤、环境污染、疾病流行、犯罪增多、就业困难等。总之，城乡环境区域生态系统遭受地破坏。在第二届联合国人类住区大会上通过的《伊斯坦布尔人居宣言》呼吁"为了维护我们的全球环境，改善我们人类住区的生活质量，我们决心要采用可持续的生产、消费、交通和住区发展模式"，保证"我们的城市成为人类能过上有尊严、身体健康、安全幸福和充满希望美满生活的地方"。城市走可持续发展之路是历史的必然选择。城市森林建设是城市生态环境建设和可持续发展的重要组成部分，城市生态环境建设的好坏，直接影响到城市居民生活环境与工作环境的质量，直接影响城市的可持续发展。

城市森林建设评价是城市建设发展和合理利用的基础，森林生态效益是多方面的，如果仅仅以经济利益驱动去建设、发展城市，则在城市建设中将走很多建设、污染、治理甚至是废弃的弯路。

一、有助于提高全社会对城市森林建设重要意义的认识

评价城市森林建设，为进一步的发展建设城市和合理利用提供依据，不仅是实施可持续发展的重要组成部分，也是我国履行国际公约义不容辞的责任和义务（崔丽娟，2001）。我国的城市化发展过程在经历了几乎 30 年的"反城市化（anti-urbanization）"政策后，在 20 世纪 80 年代后，随着我国实行改革开放政策，大大推动了城市化进程，造成城市人口的急速膨胀，城市公共设施建设远远跟不上城市人口的发展，导致城市环境恶化。而许多城市的建设者和领导者还自以为是地沾沾自喜于城市的这种表面繁华，热衷于向西方国家学习表面的东西即建设大型广场、城市景观大道和富有现代化气息的高大建筑，有的城市在建设这些的同时甚至于不惜牺牲原有的绿地。即使是在进行城市绿化建设的时候，由于对城市绿化理解的偏差，将城市绿化建设等同于城市园林建设，把本来就很小的绿地又给亭、台、楼、阁等建筑或硬质材料所代替。造成这种局面的原因很多，如城市领导者的好大喜功、急功近利等，但根本原因只有一个，就是城市森林对城市生态环境建设的功能和价值并未得到社会公众、政府领导人的足够重视。许多城镇虽然对城镇森林生态环境建设的发展作了规划，但在主导思想上仍然是对建筑区周围修修补补式的园林设计为主，没有从整个城市生态环境建设的要求来考虑不同类型绿地的配置与布局，城市绿化建设仍然在重复过去老城区建设的路子（彭镇华，2002）。因此，城市森林建设评价有利于提高全社会对城市森林建设重要意义的认识。

二、有助于运用经济手段保护城市生态系统

城市森林生态服务功能的研究表明，其生态服务功能是强大和多方面的。城市森林建设评价的社会目的就是联合生态学家和经济学家为了保护资源与环境而拟定切实可行的办法，来推动社会和政府承担起各自的责任，并采取法律与经济手段来达到保护资源与环境的目的。一些国家已开始运用经济手段为自然资源和环境的服务功能提供保护，如美国收取污水排放税和实行污染许可证自由交易制度，我国也于 2000 年开始实行了森林生态效益补偿机制。在优美的自然环境因稀少而更加珍贵的今天，这些经济手段收到了良好的效果。

保护城市居民饮用水河流上游的森林等自然环境不被破坏，是保证河流下游居民获得清洁、充足水源的一个经济而有效的办法。纽约市只花费10亿~15亿美元对凯特斯盖尔山脉的河流源头进行水土保持，而不是花费60亿美元建造一座滤水厂（外加每年3亿美元的运营费）。通过买下河流源头区的土地并限制土地的使用，纽约市就保持住了河流的蓄水能力，而不是以一种更花钱、更费事的解决办法来取代城市森林这一“自然”服务功能。由此可见，经济手段可以通过明确的市场价值支持生态系统及其服务功能。但很显然，如果这些服务功能的土地所有者不能得到任何服务费，他们就不愿对城市森林生态系统进行保护。经济学家认为，这些服务功能如专利权和著作权一样，是一种产权。为了获得最大经济效率，应该对这些产权实行明码标价，允许它们上市交易，从而达到促进资源与环境保护的目的。由此可见，要想保护好城市森林生态系统，就要把生态系统中的资源及其所带来的环境服务功能推向市场，用市场手段来解决问题，这就提出一个要求：对城市森林的资源及其各项服务功能明码标价。城市森林建设评价就是明码标价的前提和必备的工作。

三、有助于建立综合的经济与资源环境核算体系

国民经济核算是指对一定范围和一定时间的人力、物力、财力资源与利用所进行的计量；对生产、分配、交换、消费所进行的计量；对经济运行中所形成的总量、速度、比例效益所进行的计量（李金昌，1991；钱伯海，1993）。传统的国民生产总值评估法是将一个国家每年生产的物品和服务的最后总需求相加，这一评估方法虽然有近50年历史，但却受到了环境组织的批评。世界资源研究所的环境与资源经济学家罗伯特·瑞帕托讽刺这种方法说，一个国家可以砍光森林，耗光矿产资源，听任空气被污染、土地侵蚀、野生动物和鱼类灭绝，但它的国民生产总值仍不会受到影响。因为传统的国民经济核算体系对自然资源既不标价，也不核算，更无折旧；在国民帐户中没有多少自然资源的地位；对不可更新资源没有制定合适的折耗率，致使自然资源耗竭加速。据估计，1970~1989年20年，哥斯达黎加的森林资源、土壤资源和渔业资源三个方面的损失累计超过14亿美元，比该国一年的国民生产总值还高（Ehsan，1998）；印度尼西亚在1977~1984年，土壤肥力的年损耗率为4%，与该国的农业产值的年增长率大致相当，也就是说，如果将环境资产考虑进去，印度尼西亚的农业生产的增长率实际为零。因此，对城市森林等自然资源进行核算并将其纳入国民经济核算体系是十分重要的。目前，我国正在进行自然资源核算的研究和试验，1994年发布的《中国21世纪议程——中国21世纪人口、环境与发展白皮书》提出，在可持续发展经济政策中应建立资源核算的理论，新的核算体系将成为协调经济发展与自然资源持续利用和保护的一种有效手段。

四、有助于建立具有良好结构和功能的城市森林

可持续发展是全球全人类的共同任务，任何一个城市乃至国家都不能单独实现全球可持续发展的目标，需要各个城市和各个国家各自实现自身的可持续发展。城市的可持续发展是兼顾不同时间、空间，合理配置资源，公平地满足现代与后代在发展和环境方面的需要，它的一个重要方面就体现在城市生态环境的建设上，没有良好的生态环境，城市的恶性膨

胀最终会使人们的正常工作、生活受到威胁。城市森林建设的重要工作基础就是城市森林生态系统建设评价，因为城市森林建设要投入人力、物力和财力，只有在确认了城市森林生态系统带给人类的价值高于城市森林建设的投入后，人们才会认识到城市森林建设的工作是有意义的。客观地认识和了解城市森林质量的变化，对调控、建设城市森林具有无比重要的意义。现在我国的城市森林建设水平往往是由城市领导者的生态意识所决定，在进行城市森林建设时缺乏对现有状况的认识，对自身家底不清，对城市森林的结构和功能不清，往往是靠热情盲目发展，导致一些城市在进行城市森林建设时出现了很多偏差，造成了不应有的浪费。如近年出现的热衷于城市大草坪、大广场建设，热衷于引种古树和种植“大树”，而不管大树极度修剪后是否能恢复。如果在全国范围刮起这股风，后果是极度危险的，它会造成新一轮对自然森林和乡村环境的破坏，会造成城市植物景观的严重不协调，也会造成对城市森林建设的误解，更会导致城市森林建设费用的无度增加。城市森林建设必须建立在科学的基础上，显然，正确地评价城市森林建设是建立具有良好结构和功能的城市森林的需要。

第二节　城市森林建设评价的现状

城市森林建设评价不同于森林生态环境建设的评价，也不同于城市环境质量评价，因此，不能以上述几种评价方法和体系来代替城市森林建设的评价，也不是上述几种评价方法和指标的简单加和。城市森林建设评价应该是森林生态环境建设评价和城市环境质量评价的交叉和综合。同城市可持续发展的评价一样，城市森林建设目前仍是一个崭新的研究方向，无论国内还是国外，关于城市森林建设的评价工作都处于探索阶段，无论评价方法、评价路线还是评价内容的选取都没有固定的模式和标准，因此，还没有形成一整套成熟的评价体系，但可以借鉴上述几种评价方法。

有关城市环境质量评价和森林生态环境建设的评价在上一世纪都已起步。其中环境质量评价已相对成熟，在评价内容、步骤与方法等方面都可以为城市森林建设评价所借鉴。

环境质量评价包括回顾评价、现状评价和影响评价 3 类，主要是收集过去积累的环境资料，同时进行环境模拟，或者采集样品分析，推算出过去的环境状况。现状评价是依据一定的标准和方法，着眼当前情况对区域内人类活动所造成的环境质量变化进行评价，主要包括环境污染评价、自然环境评价、美学评价和社会环境质量评价。环境影响评价是指对建设项目、区域开发计划及国家政策实施后可能对环境造成的影响进行预测和估计。美国从 1969 年首先提出环境影响评价概念，并在《国家环境政策法》中定为制度，随后西方各国陆续推广。到了 20 世纪 70 年代末，世界各国都注意到此项工作。中国已于 1979 年确定环境影响评价制度，根据开发建设活动的不同，分为单个开发建设项目的环境影响评价、区域开发建设的环境影响评价、发展规划和政策的环境影响评价等 3 种类型。它们构成完整的环境影响评价体系；按评价要素不同，分为大气环境影响评价、水环境影响评价、土壤环境影响评价、生态环境影响评价等。目前，环境影响评价在我国广为应用。城市环境质量评价的步骤包括:环境调查、环境污染监测、模拟实验、系统分析、综合评价、环境预测、治理规划等。而环境质量评价方法则采用的很多，一般是根据评价的类型、评价时所建立的评价的指数体系以及评价的目的不同而采用相应的评价方法。

近年来，各种评价指标体系的研究是一个热点，出现了一大批生态系统指标体系，即使是森林生态环境建设评价在借鉴其他学科的技术和方法的基础上，在有些方法上发展得较为迅速，但系统的评价体系并未形成，某些评价指标的定义也不清楚，特别是某些评价指标的定量化方法等很不完善，各评价指标加权值的确定方法缺乏研究（程鹏等，2001；宋永昌等，1999）。但评价指标、综合方法和评价程序是森林生态环境建设评价工作中很重要的组成部分，借鉴了一些其他评价思想和理论，国内外的科学工作者对此做了一定的研究，并形成了一些原理和思想。总的说来,各种评价方法主要做法就是把一个生态系统分成社会、经济、生态三个子系统，在子系统内列出子指标，进而形成指标体系。

一、评价指标的研究现状

各种评价体系中涉及的指标很多，目前针对评价对象和目的的不同，一般将评价体系分为 3~4 层。环境质量评价的主要指标为大气质量、环境噪声污染控制综合得分、固体废物排放强度、废水等标污染负荷强度等。森林生态环境评价的指标主要为有林地面积、林木覆盖率、林木生长量、林分蓄积量、土壤侵蚀模数、生物多样性、碳循环、生态系统恢复力等（曹文志等，2000）。现就森林生态环境评价的一些指标分别简单讨论如下：林木覆盖率是反映区内林木多少以及对涵养水源、保持水土、防风固沙、净化空气等所起的作用。土壤侵蚀模数是反映自然环境的土壤本身受雨水侵蚀以及人类开发活动对生态环境破坏程度。美学上的舒适感是一个与人们思维意境上的活动有关的指标。

国内在进行生态城市评价时，常常由反映城市生态系统结构、功能、协调度的若干指标构成，具体指标如下：人口密度、人均期望寿命、万人具有高学历人数、人均道路面积、人均住房面积、万人病床数、污染控制综合得分、空气质量、环境噪声、人均公共绿地、绿地覆盖率、自然保护保留地面积、固废无害化处理率、废水处理率、工业废气处理率、人均生活用水、人均生活用电、人均 GDP、万元产值能耗、土地产出率、失业率、劳动福利占工资比重、万人拥有藏书量、卫生达标率、刑事案件发生率、城乡收入比等。生态城市和城市可持续发展的评价指标则大多集中在城市结构、功能和协调度上，在评价一个城市的可持续发展时，往往由反映城市发展水平、城市发展力度和发展协调度的若干指标构成，从经济、社会、环境质量三方面反映发展水平，主要指标选择了经济效益指数、国民经济总值、产业多样性指数、恩格尔系数、失业率、城市生活设施水平、大气环境质量、城市饮用水质量、城市地面水质量、噪声污染达标率；从社会经济增长、城市生态建设、环境污染控制三方面反映发展力度，选择的指标有人口自然增长率、科教文卫投入比重、固定资产投资、人均收入、城市污水处理率、绿地覆盖率、工业废水排放达标率、固废综合利用率；从社会经济协调度、环境经济协调度、城乡关系协调度三方面反映发展协调度，选择的指标主要为经济结构协调指数、城市化水平、人口密度、人与水环境协调关系、人与大气环境协调关系、人与固废环境协调系数、城乡经济协调指数、城镇体系有序度等。

以上对城市的评价着眼于发展的协调和环境质量控制等方面。而对于农村环境质量的评价体系则着重于自然生态环境、人类开发强度和现有的环境状况。选择的指标有反映自然生态环境的地貌、气候、水文、土壤、地质、生物；反映人类开发强度的社会经济发展和资源开发利用的人口密度、城市化水平、人均国民收入、人均耕地面积、垦殖指数、自然保护区面积率、物种多样性；反映环境状况的环境质量和环境污染程度的饮用水源达标率、地面水 COD 指数值、地面水悬浮物指数值、大气 SO_2 指数值、大气 TSP 指数值、土壤 pH 值、土壤重金属及有毒元素含量值、废水、废气等标污染负荷强度、固体废物排放强度、农药施用强度、花费施用强度、土壤侵蚀模数、主要自然灾害发生率。

分析以上评价指标，不难看出森林生态环境评价和环境质量评价研究工作中涉及到的一些指标为各类评价所常用。城市森林建设评价的具体指标就可以借用上述一些指标，能在相当程度上反映城镇绿地建设状况。

二、评价指标量化方法和综合方法的研究现状

目前，综合各评价指标为单一指数的方法较多，但最基本的方法只有两种：加法和乘法，即将各指标值相加取其和，或将各指标值相乘取其积。环境质量的综合评价，首先是建立在环境单要素评价的基础上，诸如水质评价的质量指数（Horton，1965），大气质量指数（姚志麒，1978），各种环境质量指数模型都是建立在单因子环境质量指数的基础上，其基本计算公式为：

$$I_i=C_i/S_i$$

式中，I_i 是第 i 种污染物的单因子环境质量指数；C_i 是第 i 种污染物的环境浓度；S_i 是第 i 种污染物的环境质量标准。

随着环境质量评价工作的开展，由于综合指数法受人为因素影响大且通用性较差，大量的数学方法如模糊数学、灰色系统分析、概率统计和系统工程等引入评价工作中，其中以模糊综合评判法等现代数学方法应用最为普遍，它们克服了传统的评价方法中以某一简单的数字指标作为环境质量分级的界线，造成环境质量相差很小的两个评价单元的环境质量可能被分为截然不同的两个等级的弊端，而用隶属度或白化函数来刻划环境质量的等级界线，并应用于多因素和多层次的综合评价中，发现结果更为符合实际。同时为了改变上述方法对信息损失太多的缺点，引入了灰色关联优势分析方法。在进行城市可持续发展评价时也采用了此种方法（李刚，2002）。

城市森林具有许多属性、用途和功能，其中一些，比如部分产品和服务，其价值可以在买卖过程中由市场决定，可以简单地表示为货币数额。而它的另一些产品和服务的价格就不那么容易决定了，如美学价值、生态效益等。在这里市场出现了“故障”，出现这种现象的原因是城市森林的某些效应是非竞争性的，即一个人的消费、使用和享受并不影响他人得到这种效益。但非竞争性产品也有一定的界线，超过一定容量，就会出现“拥挤”，从而影响到他人的享用。非竞争性引起的问题就是市场无法为其定出有效的价格。大多数非

竞争性实物的启动或形成成本都很高，但使用成本却很低，甚至等于零。如果对非竞争性产品不收费就反映不出其真实的价值信息。收费就产生了估价方法问题。根据城市森林各种价值的不同获得途径，借鉴湿地价值评价法和森林生态系统评价法，把城市森林价值评估方法划分为 3 种类型：直接市场评价法（剂量响应法、损害函数法、人力资本法、影子项目法、机会成本法等），揭示偏好与替代品市场法（旅行费用法、规避行为与防护费用法、享乐价格法等），陈述偏好法（权变估值法、德尔菲法）（崔丽娟，2001）。

直接市场评价法是观测环境的实际变化并估计其对商品和劳务价值的影响。剂量响应法用于环境的变化对受影响者的实际影响，如空气污染对材料的腐蚀，水质对游泳者健康的影响等。损害函数法是采用剂量响应法的数据估计环境变化的经济成本，也用来估算城市森林变化对产出所引起的积极作用。如增加城镇中的树木，会促进城市森林向良性发展，同时促进林业的发展。人力资本法是通过测算环境变化引起的人们健康恶化带来的费用来获得环境价值。人力资本法统计的损失分为直接经济损失和间接经济损失，先判断环境中的致病因素，确定致病动因与病变发生率之间的关系，评价处于风险中的人口规模，估算由于疾病导致缺勤所引起的收入损失和医疗费用。影子项目法是某一开发工程或政策的改变会使城市森林的生态服务功能降低，就可以通过分析能提供替代好处或服务的增补工程的费用来估计这一开发工程或政策改变的成本。替代费用法可用来分析需花费多少钱才能替代某一开发项目对城市森林所造成的损失，然后必须把这些费用与防止环境损失发生的费用相比较。如上游城市森林的破坏可能造成雨季山涧河流流量的增加，从而带来下游城镇的损失，比方冲毁道路、桥梁等，这时候就必须将替换这些建筑的费用与预防环境破坏的费用相比较（王金南，1994）。

揭示偏好与替代品市场法是人们对环境的偏好通过考察他们与环境有关的市场行为而间接推算出来。有一些商品和服务是对人们生存环境质量的补偿，有一些则是获得良好生存环境的代用品。通过考察人们在密切联系的市场中所支付的价格，或获得的明显利益，从中可以推测人们的环境偏好。其中一种重要的方法就是旅行费用法（TCM），它是估价未明码标价的自然景观或环境资源的一种方法，它依据的是虽然某些自然景观可能并不需要旅游者支付门票，但旅游者为消费某些环境商品，却需要承担交通费用，要花费他们自己的时间，旅游者为此而付出的代价可以看作是对这些环境商品或服务的实际支付。规避行为和防护费用法是面对环境的某种消极变化，人们试图用各种方法来补偿，试图保护自然免受其害，该法适用范围有空气污染、土壤侵蚀等，当人们直接受到环境威胁，并且能够采取有效的保护措施时，防护费用法对评估环境资产的使用价值来说是很直接的方法，可以有效地用于揭示人们对空气和水质量、噪声以及土地退化、肥力流失和土壤侵蚀、洪水和滑坡的风险、海岸侵蚀和污染等方面的支付意愿。享乐价格法就是城市森林的某种生态环境价值可以通过人们为包含生态环境属性的商品所支付的价格来判断。一般常使用于房地产市场，如果人们为某一地方与其他地方相同的房屋和土地支付更高的价格，而且其他各种可能造成价格区别的非环境因素都加以考虑后，剩余的价格差别可以归为生态环境因素。

当对生态环境价值评估时，如缺乏真实的市场数据，甚至也无法通过间接地观察人们的市场行为来赋予环境资源价值时，只好依赖建立一个假想的市场来解决。陈述偏好法就是这样一种假想的方法。它试图直接通过向有关人群提问来发现人们是如何给一定环境变化定价的。其中权变估值法（CV）法要求被调查人对诸如某种环境的变化等标出价值。采用此法需要事先设计问卷或提问的问题，它完全依赖于被调查人的观点。德尔菲法与权变估值法基本一致，只是被调查人是专家，而不是普通的消费者，要求每个专家分别给某一好处估价，然后讨论反复修改取得一个大家比较认可的均值。

三、评价程序或评价路线的研究现状

在进行具体评价时，无论采用何种评价方法，都必须遵循科学的评价方式，按一定的评价框架和路线进行。在进行城市森林价值评价时，根据城市森林评价特点，应用了如下的评价路线。

（1）明确评价目的。

（2）制定评价原则。

（3）选择评价方法。

（4）确定所评价城镇的类型、范围和界限。

（5）列出城市森林的全部效益或性质。

（6）效益归类或重要性分级。

（7）收集具体评价对象的资料，积累信息。

（8）选择评价方法、技术。

（9）具体评估。

国内外对自然保护区评价研究程序表明，目前的自然保护区评价程序主要有两种：一种是自然保护区评价的工作程序，是实际工作中的行动步骤；另一种是自然保护区评价的指标运用程序，涉及到各评价指标的具体运用步骤。评价研究工作程序因时间、地点、条件和人员的不同而有比较大的差别，没有一个比较严格的步骤。总体来说，都是先明确目的，制定评价原则，而后选择评价方法，确定评价区域的范围和界限，调查收集具体资料而后进行评价，只是在区域调查、评价指标定量化、指标值的综合等具体操作上有较大的差异（张建华，1993）。而对于应用模糊综合评价法进行城市环境质量和可持续发展评价时，在评价指标定量化和指标值的综合时，与上不同，主要步骤为：建立因子集、权重集和评价集，确定评价因子权重，分 5 级（很差、差、中等、好、很好）确定隶属度，建立模糊关系矩阵，模糊线性加权进行综合评价（李刚，2002）。而对于环境影响评价的核心——生态影响评价来说，由美国建立和发展的生境评价方法 HES（主要对象是两种水生生境——河流和湖泊，5 种陆地生境——森林沼泽、高地森林、低地硬木林、开阔地、陆地野生动物的水生生境），主要包括 6 个评价步骤：调查项目地区各种水生和陆地生境类型，确定他们的面积；计算生境质量指数，对某一类型选择若干关键变量，然后给关键变量赋予权重值；计算生境单位价值，将生境类型的面积与该生境类型的总生境质量指数相乘；预测某一生境类型的生境单位价值；采用生境单位价值数据来评价影响（徐鹤等，1999）。

第三节　评价的原则和指导思想

一、评价的指导思想

从可持续发展的内涵出发，城市森林建设的评价，按照系统全面性原则、动态性原则、科学性原则和可操作性原则，设计能够反映城市森林建设现状和趋势的指标体系。城市森林建设是社会发展的必然，有别于传统的、习惯上的城市绿化建设。如何在城市可持续发展的前提下，依据生态学原理来建设城市森林，直接关系到城市建设发展的未来和人居环境建设。因此，建立一个科学衡量城市森林建设水平的评价体系，对城市生态建设无疑是十分重要和迫切的。它应该能客观、准确地反映我国城市生态环境建设的真实情况，应具有相当的科学性、合理性、广泛的适用性、较强的可操作性和国际的可比性。城市森林生态系统是一个大系统，包含的因子极多，对它进行生态学评价不可能包罗无遗，必须在其中选择若干因子作为评价指标。建立评价指标体系是为了衡量城市森林建设的可持续发展水平和变化趋势，指标的设计和选择一定要按此目的进行。因为城市森林建设是一个动态过程，对其评价既是一个目标，又是一个过程，这就决定了指标体系应具动态性，综合反映城市森林建设的发展趋势和现状特点。

二、评价的原则

建立城市森林建设评价指标体系，应遵守下列原则：

1. 科学性原则

指标体系一定要建立在科学的基础上，指标概念的物理意义必须明确并且具有一定的独立内涵，测定方法标准，统计计算方法规范，具体指标能反映城市森林建设的涵义和目标的实现程度，这样才能保证评价结果的真实性和客观性。

2. 代表性原则

表征城市森林建设可持续发展的指标很多，不可能全部选为评价指标，只能选择有代表性的作为评价指标，指标间不应相互重叠，使评价指标体系既简明又能表达系统的本质特征，同时又具有相对独立性。

3. 可操作性原则

评价指标体系并不是越多越好，要考虑指标的量化及数据取得的难易程度和可靠性，尽量利用现有统计指标及有关城市环境建设的规范标准，应力求简单、实用、指标可量化。

4. 可比性原则

可比性原则有两层含义，一是时间上的可比性，评价指标体系应能对不同时段上的可持续发展状态进行比较，表现其变化趋势，二是空间上的可比性，评价指标体系应能对不同地域间或不同功能区间的可持续发展状态进行比较，表现其地域或城市不同功能区间的差别。因此，指标要在计量范围、统计口径和计算方法上保持统一。

5. 层次性和区域性原则

城市森林建设指标体系主要是为各级政府的决策提供信息，为不同的功能区服务。因此，城市森林建设指标体系在不同层次上应有不同的指标体系，在不同的功能区应有不同的指标或对指标赋予不同的权重值。

第四节 评价指标体系的构成

城市森林建设的评价指标体系是一个由目标层、准则层、指标层及分指标层构成的层次体系。其中目标层由准则层加以反映；准则层由具体评价指标加以反映。实际上目标层是准则层及具体指标的概括。

一、目标层

满意度作为目标层的综合指标，用来衡量城市森林建设的水平。评价发展满意度，需要选择描述性指标和评估性指标，使其在时间尺度上反映城市森林建设的发展速度和变化趋势，在空间尺度上反映整体布局和结构特征，在数量上反映其总体发展规模和环境建设水平。实际上它是以反映城市生态环境建设的战略目标为根本的。

我国的城镇生态环境建设的战略目标为，以城镇生态建设为主要手段、结合其他环境治理和保护措施，改善现有的城镇环境质量，2010 年全国城镇的绿地覆盖率达到 40%，城市林木覆盖率达 30%，人均公共绿地达 10~12 平方米，建成区无裸露的地表，城镇绿地景观自然、美观，80% 以上的城镇大气质量达到二级以上，城镇热岛效应明显减弱，城镇居住环境质量显著提高。因此，目标层的满意度指标的最大值就是达到这个战略目标。

二、准则层

准则层包括城市森林的数量和质量状况、城市生态环境状况、城市森林的社会经济效益状况及城市森林状况与社会发展的协调度。

1. 城市森林的数量和质量状况

城市森林状况在很大程度上依赖于城市森林的数量和质量状况。城市森林建设水平也在很大程度上反映在数量和质量两个方面，数量指标反映了城市森林建设的量化指标，符合我国历来对城镇绿化建设的法规。1992 年《城市绿化条例》明确规定城市绿化的三项综合指标：人均公共绿地面积、城市绿化覆盖率和城市绿地率。即使在 1990 年前，我国城市绿化的考核标准也有城市绿化覆盖率和人均公共绿地面积两项。因此，对于城市森林生态建设评价时采用一些现有的量化指标既能在一定程度上反映绿化的水平，又比较好采集数据，易于评价的进行。城市森林的质量指标这在以往的任何有关城市建设部门的规定和条例中都没有出现过，因为以往的城市绿化建设都是以园林建设为指导思想，缺乏对城市森林建设中达到什么样的质量标准的考核。不同的植物类型、不同的群落类型其生态效益差别很大，在城市生态环境建设中所发挥的作用差别很大，我国有些城市尽管其城市绿化建设水平不低，但由于过分追求单纯的绿地率的提高，相当多的地方忽视了对乔木树种的应用，造成了城市森林建设中数量很大而质量难尽人意的局面。因此，本文提出城市森林建设中的一些质量指标，以此抛砖引玉。城市森林建设的这些质量标准很难制定，要根据具体情况有所改变，同时要求对城市森林的家底非常清楚和有相当的森林生态学等专业技术知识，因而在本文中也只能根据现有的一些资料进行初步的探讨。

2. 城市生态环境状况

城市气候是在区域气候背景上，经过城市化，在城市特殊下垫面和城市人类活动影响下而形成的一种局地气候。由于城市的发展，城市下垫面发生根本变化，以水泥、沥青、砖石、陶瓦和金属板等为原料的建筑物代替了原来由植物覆盖的土壤和空旷的荒地，形成立体下垫面。下垫面是气候形成的重要因素，城市人为的立体下垫面，粗糙度比郊区大，对太阳辐射的反射率和地面长波辐射均比郊区小；其导热率、热容量和导热纳 U 均比郊区大，蓄热能力比郊区高；但因植被面积小，不透水面积大，储藏水分能力却比郊区低，蒸发量比郊区大。在能量平衡和水分平衡上，城市与郊区均有明显的差异。因而对空气的温度、湿度、风向等产生很大的影响，这是导致城市气候与郊区不同的主要原因之一。其次，在城市高强度经济活动中，能源消耗量大，当其排放量超过空气的自净能力时，就会造成城市大气污染，不仅导致气候与郊区不同，并影响居民生活。再者，城市工业生产、机动车辆排出的废气和居民的新陈代谢形成的“人为热”，使城市比郊区增加了许多额外的热量收入；另外，在燃料燃烧的过程中排放“人为水气”，又使城市能量平衡和水量平衡与郊区不同。在上述种种原因作用下，使城市除了受当地纬度、太阳辐射、大气环流、海陆位置和地形地势等区域气候因素综合作用外，还在人类活动的影响下，通过下垫面和近地层大气的辐射、热力、水分、空气质量和空气动力学性质的改变，形成有别于郊区的局地气候。城市居民大部分时间生活在这种人工气候中，需要通过改变城市生态环境，尤其是改变城市居民的人居环境小气候，维持机体机能的平衡，保证健康。生物对环境的调节作用可以在很大程度和很大地域内补偿人为干扰所造成的破坏（李堃宝等，2002）。毫无疑问，城市的森林生态系统建设可以改变城市的生态环境。

城市森林建设的数量和质量能否达到要求，重要的一点就是它能否有效地改变城市的生态环境状况。

3. 城市森林建设的社会经济效益状况

城市森林建设不仅带来了巨大的生态环境的变化，而且也带来了巨大的经济和社会效益。

4. 城市森林建设的可持续性和与社会环境的协调度

不同发展水平的城市对城市森林绿地的要求不同，不同地域的城市对城市森林建设的类型要求不同，不同时代对绿地的要求不同。因此，城市森林建设应与社会环境相协调。城市森林建设不是一时之事，也不是短期行为，十年树木，确实需要长远打算，同时在建设初期就应考虑百年后的更新问题。

三、指标层及分指标层

城市森林建设的评价标准作为一种重要的政策和实际工作的指导工具，应当随着社会价值变化和人们对城市森林建设的认识加深而不断细化和补充。除了满足整个指标体系设置原则外，单个指标应尽可能满足以下条件：指标是易于观测或计算的，尽量不包括不可捉摸的变量；指标要有明确意义，与所研究系统密切相关；指标要尽可能取得定量数据；指标不是孤立存在的，与其他指标有联系；指标应是系统内部运动过程中的指示变量或其组合。

1. 城市森林的数量指标

（1）城市森林面积。城镇绿地是指以各种乔木、灌木、草本植物覆盖为主要特征的、成片的城镇土地表面，是人工建设的植被或天然植被的残留，它是城市森林建设的基础。城镇生态建设是通过对城镇绿地的经营、管理、利用来实现的，其基本点是通过绿地的经营活动达到重建、恢复自然生态环境结构的目的。城镇范围内以生产为目的的、残留的农业用地，不应作为城镇绿地。

（2）城镇绿地率。城镇环境有别于自然环境的最主要原因是人为改变了土地表面结构，城镇绿地率，即城镇绿地面积与城镇建设用地面积之比，就是反映城镇土地表面与自然表面的接近程度，城镇绿地率越高城镇土地越接近自然表面。人们习惯用城市绿地来反映城市的植物环境，但绿地含义比较广，不同绿地所表现的生态功能的差别则可能很大。因此，单纯用绿地率或绿化率来衡量城市的环境质量会出现偏差。

（3）城市林木覆盖率。城市森林是城镇范围内所有木本植物的总和，是一系列街区林分的集合（Brik Jorgensen，1965）。城市林木覆盖率是城镇林木的树冠投影面积与城镇用地面积之比。从理论上讲，它可能大于或小于城镇绿地率。城市森林覆盖率虽说是一个量化指标，但它反映了城镇树木的数量，在一定程度上具有城市森林质的特征。

（4）人均公共绿地面积。公共绿地包括公园、街道绿地、街心花园等绿地，人均公共绿地面积单位为平方米。

（5）人均乔木占有量。每个市民拥有的各类乔木个体数量，乔木包括小乔木，是指具有明显主干和一定高度的木本植物。

（6）城镇道路绿化指标。用城镇道路每 100 米拥有的行道树数量以及缺损率来表示，缺损率 =1–（实际拥有的行道树数目 / 可栽植的行道树数目）。

2. 城市森林质量指标

（1）城镇绿地的生物量指标。城镇绿地单位面积的生物量，单位为公斤 / 公顷。生物量一方面反映林分的生物生产，另一方面则指示对环境所起的作用。作者等曾对合肥市城区的乔木植物进行分析，用生物量积累和相同地区的森林平均生物量比较折算成森林面积，较好的反映合肥树木的实际功能（吴泽民等，2001）。

（2）城镇绿地的生物多样性指标。以生物多样性指数来表示（Simpson 或 Shannon-wiener）。

Simpson 指数：$D=1-\sum_{i=1}^{s}(P_i)^2$；$D$ 是 Simpson 指数值，S 是生态系统总数，P_i 是每一生态系统所占的面积百分比，以小数表示。

Shannon-wiener 指数：$H=-\sum_{i=1}^{s}(P_i)(\mathrm{Log}_2 P_i)$；$H$ 是指标值，S 是生态系统总数，P_i 是个别生态系统占的面积百分比，以小数位表示。

（3）绿地面积大小指标。包括绿地斑块的最小面积、最大面积、平均面积等。斑块尺度等级划分仅是地理学的概念，因为在任何景观中，不同异质表面间存在着生境的过渡，生态学上称为边际带，一般认为森林的边际范围约为树木高度的 5 倍。可见，如果斑块的面积过小，实际可能不存在内部环境。

（4）绿地密度指标。指单位面积拥有绿地斑块的数目。根据景观生态学理论，景观斑块密度包括两个含义，即景观密度和景观要素密度，前者为研究范围内空间分辨率上景观要素类型的总数和景观总面积的比值；后者是景观中某类景观斑块要素的单位面积斑块数。全部景观密度反映景观总体水平上背景的连续程度，密度愈小景观背景的连续性愈高；某类景观要素的景观斑块密度则反映了整个景观中，单位面积拥有的该类景观要素的斑块数。而后者一定程度上反映相同景观要素的连续性和尺度，某类景观要素的斑块密度愈大，斑块的平均尺度愈小、破碎度就愈高。

（5）城镇绿地的均匀度指标。指城镇绿地斑块的分布均匀程度。一个景观有 S 种生态系统，计算它的均匀性，就是要将它的多样性与也有 S 种但完全均匀的景观的多样性相比。对于 Shannon-wiener 多样性指数，进一步计算均匀性 E，$E=H/H_{max}$，H 是现实生物多样性或景观多样性，H_{max} 是完全均匀情况下的生物多样性或景观多样性。对于 Simpson 指数，亦可进行类似计算。

（6）城市森林结构指标。指城市森林的树种结构、径阶结构、健康结构等。城市森林的结构决定其稳定性，但不能完全用自然生态系统的概念来理解，而取决于自然及人为两个方面。其一，自然因素，即自然生态系统稳定性的生态学过程也在城市森林中发生。景观设计师一般从观赏角度配置植物，但这些不同种类植物种植在一起后就构成了一个生态系统，可以理解为相当于植被演替过程中的初建阶段。Odum 讨论了城市森林和生态学的原则，他认为决定其稳定的最重要条件是组成城市森林的种的多样性。如果这个群落的组成与结构接近于自然的成熟群落，那么其稳定性必然好，否则就差，这就是在一些城市的种植设计中模仿地带性植被类型而构成多层结构的原因。当然这种模仿不能是简单的重复，事实上我们所认为的稳定的城市森林群落，和自然的成熟类型相距甚远，它仍然必须通过各种管理措施来加以维持，但是可以相对减少这种管理的强度。其二，人为经济因素，最主要的是城市发展造成的城市森林植被的急剧变化，以及完全是由于人们主观的喜好而对城市森林结构产生影响，例如人为的更替某个树种。城市森林的稳定性是城市森林经营管理中应重点研究的内容，须从从生态学及经营管理两个方面考虑，具有良好结构的城市森林不仅能够更好的发挥其应有的功能，同时必然会减少许多不必要的维护支出。

（7）城市森林的疏密度指标。指单位面积土地拥有的所有的立木地径面积的总和，单位为平方米 / 公顷，疏密度指标反映了城市森林的成熟度，同时也指示了城市森林对城镇环境的影响程度。

（8）城镇绿地的生产力指标。指城市森林的净生物生产，即单位面积每年积累的生物量，单位是公斤 / 公顷・年。生产力的高低在一定程度上反映了树种对立地的适应性和管理的好坏。

3. 城市森林建设的生态环境指标

（1）城镇碳氧平衡指标。指城镇供氧和耗氧的总量是否平衡及亏缺值。城镇绿地总体规划时根据生态要素阈值法（李敏，1999），首先计算出各城镇每年的耗氧量，考虑大气环流对区域碳氧平衡关系的影响，一般由陆生植物绿地提供的大气氧平衡贡献率取 60%，根据研究，每公顷的阔叶林可制造 O_2 74.5 吨（叶镜中，1993），由此可以计算出城镇绿地系统的总量。当然城市森林的面积不同，森林组成和结构不同，其吸碳放氧的功能差异较大。可根据具体情况和当地的教学科研及主管绿化的行政部门的具体调查统计值来确定。若对已建成的城镇绿地系统，可根据现有面积估算出每年的产氧量，再根据城镇每年的耗氧量，计算二者是否处于平衡状态或绿地是否处于亏缺状态，以及亏缺的具体数值，由此决定绿地建设量。

（2）城镇热岛强度指标。城镇热岛效应是指城市建成区气温比郊区气温高的现象，其差值就是城镇热岛强度。城镇热岛是一种中小尺度的气象现象，形成城镇热岛的原因主要是：城市下垫面的特殊性，因反射率小吸收较多的太阳辐射；下垫面的热容量、导热率高，贮热量多，而且大气中的 CO_2 和污染物覆盖城市上空，吸收了更多的长波辐射，使晚间的气温比郊区高；城镇的不透水面积大，雨水通过地下管网流失，地面蒸发小等。而城市森林建设能有效地降低城市热岛强度和使构成热岛强度等值线的重新分布，城市热岛强度指标是指城市绿化减弱城市热岛强度的程度。大量的研究表明，叶片的光合作用和蒸腾作用等生理活动能大量地吸收热能。同时，蒸腾作用能向大气释放大量的水蒸气，增加空气湿度。当太阳辐射达到叶面时，约有 20% 的能量被叶面反射到大气中，70% 左右的能量为绿叶所吸收，用来进行生理活动。透过叶片的热量一般为 10% 左右。这样，在局部绿化区进入的能量多已被叶片吸收，而释放出去的热能少，就可以有效地起到降低局部地区气温的作用。根据热岛强度值决定城市森林绿地建设是否能满足要求。

（3）大气质量指标。由于城市森林通过改变大气环境直接或间接影响本地或区域性的大气质量。城市树木在 4 个方面直接或间接影响大气质量：直接从大气中吸收大气污染物；释放各类挥发物和形成 O_3 及 CO 有关的有机物质；改变城市小气候；降低住宅的能源消耗而减少对大气的污染物释放。由于植物减少粉尘污染、降低有毒气体浓度和杀菌作用，因而对大气实现了客观的净化作用。由此而得出城市森林改善大气质量的指标。城镇绿地每年使大气中减少的污染物，主要为每年吸收 SO_2、NO、O_3、CO、TSP 等的量。城市森林释放的挥发性有机物质（VOC）可能形成臭氧和一氧化碳，但是在具有低浓度氮氧化物的大气条件下，VOC也许能减少大气中的臭氧，因为VOC的释放和温度有关，城市森林覆盖能降低气温，因此，增加城市森林覆盖可降低VOC的释放。不同树种可释放的VOC的类型和量不同，选择合适的树种十分重要。VOC的释放一般从3个方面来检测，异戊二烯、萜烯及其他类挥发性有机物。据报道以下的9属释放异戊二烯的量最高：*Casuarina*、*Eucalyptus*、*Liquidambar*、*Nyssa*、*Platanus*、*Populus*、*Quercus*、*Robinia*、*Salix*。中国城市污染问题受到关注，城市植被具有潜在的改善污染的作用。

（4）环境噪声指标。由于城市森林或绿地的存在减弱城市噪声的程度。噪声可以使人的听觉器官发生急性外伤，鼓膜破裂出血，螺旋体从基底膜剥离，双耳完全失聪。噪声的心理效应反应为噪声引起烦恼和工作效率降低。噪声超过60分贝时，工作就会感到疲倦。强噪声可使交感神经兴奋、失眠、疲劳、心跳加速、心律紊乱、血管收缩，还会出现头昏、头痛、神经衰弱、消化不良和心血管疾病等。城市噪声主要来源于交通噪声噪声、工业噪声、建筑施工噪声和其他社会生活噪声等。城市森林可以吸收、阻挡、分散声音能量，从而起到减噪目的。人耳对高频声音比较敏感，而植被对高频声音的吸收性远强于对低频声音的吸收性，因此，植被可选择性滤掉高频声音。野外观察表明，由乔木、灌木、草坪和地被构成的多层稀疏林带比单层宽林带的吸音隔音作用明显；与空旷地相比，绿篱和灌木丛能降低噪声5~8分贝（Cook，1978）。综合国内外有关这方面的研究结果表明，一般城市绿化实体的噪声衰减效果具有一定的共性：郁闭度0.6~0.7，高9~10米，宽30米的林带可减少噪音7分贝；高大稠密的宽林带可降低噪音5~8分贝；乔木、灌木、草地相结合的绿地，平均可以降低噪音5分贝，高者可降低噪音8~12分贝（符气浩等，1996）。

（5）城市森林建设的水土保持效应指标。市区暴雨后的径流量远高于植被覆盖率高的市郊。暴雨把城市地面上的垃圾等污染物冲到附近汇水区，造成严重的水污染，使得治污费用增加，且有损市民健康。城市森林植被通过其与近地面大气、土壤等的相互作用，具有控制侵蚀和保护斜坡的作用。土壤侵蚀是指表土层土壤由于水和风的影响而发生的自然流失过程，它是水土流失的起因和过程，影响土壤侵蚀过程的重要因素有：气候、土壤、水文和地形，其中前3个因素可在一定程度上以一定的方式受植被的影响。植物对控制主要由降雨造成的土壤侵蚀具有明显的作用，如降雨截留，城市树冠能减小暴雨径流量的4%~6%，而且随着树冠覆盖面积的增加，其效果越明显（Sudha，2000），径流延滞、土壤增渗、水分蒸腾、土壤固结。通过有效削弱降雨量和调节土壤水文状况，植物能够在一定程度上控制由水造成的斜坡表层物质的迁移。植物根系能够影响地表渗透并吸收蒸腾土壤水分，通过影响土层的水文状况和土壤强度间接地稳定坡面。据云南省昆明市的研究（周跃，1999），城市森林具有缓冲高强度降雨对土壤的滴溅侵蚀和减少有效降雨的能力，使林下土壤溅蚀量减少约20%，土壤流失量降低了43.2%。同时，树木通过其根系的牵引效应把根际土层的抗滑动能力提高了38.9%，使根际土层抗张强度至少增加了5.8千帕。

（6）野生动物栖息地指标。指野生动物区系和种群，主要为鸟类的栖息空间的大小。栖息和生存在城市化地区的动物大都是原地区残存下的野生动物，或是从外部迁徙进入城市的野生动物，或是通过人工驯养和引进的动物。野生动物给城市居民的生活情趣起着巨大的调节作用，如清晨听到鸣禽歌唱，在夏夜听到阵阵蛙鸣，在春天看到燕子飞翔，在公园看到松鼠跳跃，会使城市居民暂时忘却城市紧张生活的压力而感到心旷神怡。而且具有科研、教育、增强城市景观特色吸引游人参观等作用。

城市是人类聚居的场所，凡是对人类有益或不产生明显危害的野生动物都可以生存，而且还应当得到保护。但野生动物也会对人类形成各种危害，对人类有明显危害的野生动物一般只能在圈定的环境中驯养。机场上空鸟类与飞机相撞，导致机毁人亡；野生动物是疾病的携带者，美国在 1955 年前的狂犬病主要由家犬引起，1970 年的狂犬病有 78% 是因野生动物引起，还有对公共卫生形成危害的气管炎和慢性脑膜炎；野生动物对建筑物、观赏植物及景观造成破坏，野生动物的啃咬、剥皮、挖洞等等均对城市造成破坏。因此，对城市野生动物应进行保护管理，对人类有害的动物应该清除，或通过其他途径将其运送到大自然环境中去。但对人类无害的动物可以保留。被保留的野生动物需要一定的生存空间，防止人类干扰和伤害野生动物。

城市化进程改变了城市环境，也改变了城市动物的生境。城市动物的区系组成、种群结构及其分布与区域自然、生物地理条件和城市自然社会环境条件有一定关系外，城市人、社会集团有意识的定向活动或者无意识的盲目活动都对城市动物产生影响。在一定程度上可看作城市居民购买力对城市动物的选择结果。由于城市环境的空间异质性、时间异质性，改变了城市野生动物区系成分优势种，在种的数量上有较大的改变，一般而言，城市野生动物种的数量与城市中人造物程度呈负相关。环境的改变从而改变了城市野生动物的种群特征，包括种群大小、数量分布、年龄组成和性比等。种群大小的改变有两方面含义，一指一个野生动物种在城市区域内总的数量改变，一方面是种群的区域分划或合并，使得每一活动种群的数量的改变。一般地说，在城市里野生动物的生活环境和它们的栖息地越来越单纯化，所以种群数量逐级变小。但国内外很多研究（包括“国际生物学计划”）表明野生动物种群活动与城市森林植被建设相关密切，城市森林面积与鸟种群数量呈正相关（表 10-1）。

表 10-1 东京都中心附近荏雀繁殖状况与森林分布的关系

森林植被分区	连鸟声也听不到	仅能听到鸟声	听到鸟鸣并能看到幼鸟
几乎没有森林的地区（%）	90	9	1
有少量的森林呈分布的地区（%）	24	42	34
森林呈带状或点状分布的地区（%）	2	49	49

注：引自董雅文，1993。

（7）乡土植物种类比例指标。尽管城镇植被的区系成分与原生植被具有较大的相似性，尤其是残存或受保护的原生植被片段化，但其种类组成远较原生植被为少，尤其是灌木、草本和藤本植物。另一方面人类引进的或伴人植物的比例明显增多，外来种对原植物区系成分的比率，即归化率的比重越来越大，并在一定程度上已成为城市化程度的标志之一。因此，在城市森林建设中，应注意对树种的选择，最大程度地保留和选择反映地方特色的树种，使之成为城市森林建设良好的标志之一。实际上，我国于 1963 年在第一部关于城市绿化建设的条例《关于城市园林绿化工作的若干规定》中，就明确规定了选择树种要充分考虑本地气候、土壤，密切结合城市特点；树种选择应以适应性强，冠大荫浓，树干挺直的乔木为主等。

（8）人体舒适度指标。指城镇居住区人体舒适度和乡村或自然环境的比较，以及城市森林建设对人体舒适度的影响程度。生态要素作用于人体首先要通过感受器，人体不同部位有着各种神经感受器，不同的感受器可接受不同气象要素的刺激，导致体内一系列反应。人在环境中是否舒适，决定于生理和心理两个方面。生理方面的因素包括空气温度、湿度、风速和辐射等。为了评价不同土地类型的小气候条件对人体的各种物理刺激的综合影响，利用生物气象指标公式定量地描述森林环境状况及人体的生理反应，根据环境卫生学方面的有关资料，计算环境气候对综合影响舒适度指标公式为：

$$S=0.6\times(|T_a-24|)+0.07\times(|R-20|)+(V-2.1)$$

式中：S 为舒适度综合指标

T_a 为日均温（℃）；R 为相对湿度（%）；V 为 2 米高处风速（米 / 秒）

并定义：$S\leqslant4.55$ 时为舒适；$4.55\leqslant S\leqslant6.95$ 为较舒适；$6.95<S\leqslant9.00$ 为不舒适；$S>9.00$ 为极不舒适。

当然舒适度指标有很多，上海市气象局给出的夏半年舒适度指数（SSDI）计算公式（周蕾芝，2002）为：

$$\mathrm{SSDI}=1.8t-0.145u(1.8t-26)+a_1(t-33)\times\sqrt{V}+0.134s+27$$

式中 t、u、v、s 分别表示气温（℃）、相对湿度（以小数表示）、风速（米 / 秒）及日照时数（小时），a_1 表示夏半年风向订正系数，其值为

$$a_1=\begin{cases}-0.14 & \text{SSE-E-NE}\\ -0.07 & \text{WNW-N-NNE}\\ +0.07 & \text{W-SW-S}\end{cases}$$

由此公式可知，舒适度大小主要决定于气温和湿度，而风和日照所占权重极小。

另外，还有些旅游气象中的常用主要指标（夏廉博，1986）：不适指数（D.I.），根据温度和湿度之间的关系，求人体在不同小气候条件下的舒适感的指数，称为不适指数。不适指数越高，则不适程度越严重。不同地区、不同年龄，对同一指数反映的不适程度不尽相同，一般认为，不适指数在 60~65 时，大部分人感到舒适，75 时半数人感觉不适，大于 80 大部分人感觉不适。

$$\mathrm{D.I.}=0.72(T_d-T_W)+40.6 \text{ 或 } \mathrm{D.I.}=T_d-(0.55+0.55RH)(T_d-58)$$

式中：Td 是气温（℃），TW 是湿球温度（℃），RH 是相对湿度（%）。风冷力指数 $H=\Delta T(9.0+10.9\sqrt{V}-V)$，$H$ 为风冷力指数，即人体皮肤温度为 33.0℃，体表单位面积的散热

量，ΔT 为体温与周围气温之差值（℃），V 为风速（米 / 秒）。当风冷力指数为 2510 时，人感到很凉，3350 时人感到冷，4190 时人感到很冷，5000 时极度寒冷，5860 时裸露皮肤冻伤，8380 时裸露皮肤在 1 分钟内冻伤，9640 时裸露皮肤在 30 秒内冻伤。

这些指标都可以计算和反映人体舒适度，在进行评价时应根据具体地域特点和评价对象、目的选取，不论何种方法，在一地应用时都应注意统一方法。

4. 城市森林建设的经济指标

城市森林的经济效益实际上就是生态效益和社会效益在经济上的量化。经济效益一般可概括为直接经济效益和间接经济效益两大类。天津市评估其园林绿化创造的年效益为 14.6 亿元，相当于投资总额的 3.42 倍（李丹燕，1999）。美国的加利福尼亚对其城市森林进行综合评价，结果表明城市森林可为其带来 380 亿美元纯经济收入。

（1）城镇树木的价值。反映每株树木的实际价值，是指各种树木在考虑其种类、栽植地、景观价值等因素后计算的货币价值，所占城镇政府拥有的固定资产比例。Kielbaso 认为每一棵城市树木，其价值为 75~100 美元（Kielbaso，1974）。在瑞士的 Zurich，城市森林每年产 4.245 万立方米的木板，可获得 8 万美元的收入。Foster 对波士顿街道的树木进行评估，认为每年可增值 10 万美元，而且这种增值将稳定的持续下去（Foster，1965）。此外，城市森林的枯枝落叶也可发挥其价值功能，作为一种清洁燃料，产灰少，含硫量低，可以通过燃烧取能，具有一定的经济价值（Murphy 等，1980）。

（2）降低城镇能源消耗指标。因绿地存在减少各类建筑采暖、降温消耗的能源所折算的经济价值。如美国的许多城市森林研究者得出城市森林能降低能源消耗 10%~15%，降低取暖费 10%~20%，通过模拟分析一棵高约 7.5 米的树，每年能减少 8%~12% 的空调及取暖费用。

（3）减低大气污染浓度的价值指标。城镇树木减低大气各类污染物浓度折算成的货币价值。

（4）房地产增值指标。因绿地存在导致房地产增值幅度。在纽约州房屋周围有较好的植被覆盖，房价可提高 15%，在公园、公共绿地附近的住宅价值高 15%~20%。

5. 城市森林建设的社会效益指标

城市森林的众多功能中，明显被人们实际使用的功能是市民日常生活的游憩娱乐、文化教育、科学普及等精神生活的需要。

（1）增加就业人数。城市森林建设需要大量的劳动力的投入，需要有专业技术人员的规划、设计和施工，以及平时的管理和养护。

（2）提高城镇景观美学程度。绿化植物能以其花叶的不同形态、色彩和风格丰富城市建筑群体轮廓线，美化市容，衬托建筑，增加艺术效果，达到城市环境的统一性和多样性。给人们一种愉快、舒服的感官享受，有助于平衡都市人的紧张生活，有益于人们的身心健康。

（3）提供游憩机会和接纳游憩人数。仅北京市 1993 年，接待游客 116 万人次，总收入 1214 万元，创纯利润 718 万元。

（4）城市森林绿地能满足居民精神文化需要的程度。城市森林是反映地方特色、城市特色的一种绿色文化。城市化水平越高，对绿地的需求就越强烈。

（5）城市森林绿地建设的科技含量和使用的高新技术成果比重。系统科学地进行城市森林建设是一件全新的事物，因为城市森林是一门正在形成和发展的新兴学科，它从森林学的角度，对城市这一人类活动的中心进行研究探讨，我国已经开始关注和探讨城市森林的建设，但多局限于理论研究上，具体实践还刚起步，对城市森林的概念、范畴、原则标准和实施措施还有不同的理解。同时林业建设也以日新月异的面貌发展，许多新科学新技术和新手段的应用，使得城市森林建设在刚一起步就不断运用高新技术，注重建设中的科技含量。如何在绿地系统建设中实现"以人为本"，人体功效效果最佳，提高我国城市建设、生态环境建设的技术水准，是亟待解决的问题。

四、评价指标的量化和标准的制定

指标的量化基本上有两种常用的方法，即有量纲的方法和无量纲的方法。有量纲的方法主要是货币性方法。货币性方法将所有的资源看作是可以替代并以货币计量的，各种资源指标折合货币价值后，形成单一维度的货币指标，便于比较。无量纲方法是将不同的物理量，以一定的标准和方式以百分数或比例等表示，将物理量量纲不同的不可比指标变成无量纲的可比指标。因为没有了物理单位的干扰，不同领域的信息可集成考虑，对系统整体状况的研究比较合适。根据集成的程度通过一定的数学计算可以直接了解各子系统和整个系统的发展状况。无量纲化的方法之一是用发展现状值与标准值或目标值之间的差距与发展最低标准值与最高标准值之间的差距的比值进行无量纲化，并与可持续发展结合起来，表达可持续发展的程度。

在进行城市森林建评价时需要对各项评价指标确定其标准值，有些指标，如大气环境、水环境、土壤环境等已经有些国家的、国际的或研究确定的标准，对于这些指标可以直接使用规定的标准进行评价，但有些指标并没有一定的标准，而且有的指标也并非越多越好，或越少越好，呈简单的线性关系。对于此类指标的标准的确定就比较困难，为适应评价的要求，拟定以下几项原则供参考：凡具有国家标准的或国际标准的指标，尽量采用规定的标准值；参考国外具有良好特色的城市的现状值作为标准值；参考国内城市的现状值，作趋势外推，确定标准值；依据现有的环境与社会、经济协调发展的理论，力求定量化作为标准值；对那些目前统计数据不十分完善，但在指标体系中又十分重要的指标，在缺乏有关指标统计数据前，暂时用类似指标代替。根据以上原则拟定的当前城市森林建设评价标准值（表 10-2）。指标折算方法和具体参考标准值如下（以合肥为例）：

1. 城市森林面积

一般采用两种折算方法。第一种方法。按树木断面积估算：据 Rowantree 研究的指标，在合肥只有环城公园及公园达到森林的指标范围。因此取一般公园指标计算，相当于每公顷有 345 株胸径达 20 厘米的树木。合肥研究区域内树木的总断面积为 5812 平方米，相当

表 10-2　城市森林建设指标的参考标准

	指标	单位	标准值	依据
城市森林建设的数量指标	城市森林面积	平方米		
	城市绿地率	%	12.00	国家生态环境建设中期目标
	城市森林覆盖率	%	45.00	国内城市最大值
	人均公共绿地面积	平方米 / 人	16.00	国内城市最大值
	人均乔木占有量	株 / 人		
	城市道路绿化缺损率	%	5.00	
城市森林建设的数量指标	城市绿地生物量指标	公斤 / 公顷		
	城市绿地的生物多样性指标	Simpson		
	城市绿地斑块面积指标			
	城市绿地密度指标			
	城市绿地均匀度指标			
	城市森林结构指标			
	城市森林疏密度指标	平方米 / 公顷		
	城市森林生产力	公斤 / 公顷 · 年		
城市森林建设的生态指标	城市碳氧平衡指标		国家一级标准	
	城市热岛强度指标			
	城市大气污染指标	微克 / 升		
	城市噪声指标	分贝（A）		
	城市水土保持率指标			
	城市野生动物栖息地指标			
	城市人体舒适度指标			
	城市乡土植物物种比例指标			
城市森林建设的经济效益指标	树木价值			
	低能源消耗价值			
	降低大气污染价值			
	房地产增值			
城市森林建设的社会效益指标	增加就业人数			
	提供游憩和接纳游人数量			
	满足城市居民精神文化需要程度			
	城市森林建设的科技含量和使用高新科技成果的比重			

于有目前合肥公园这样的城市森林面积 484 公顷。第 2 种方法，按生物量估算，据方精云等（1996）研究，安徽森林的平均生物量为 62.1 吨 / 公顷，合肥研究区的树木总生物量为 31741 吨，由此相当于有森林 511.1 公顷。

按方法一计算，城市森林面积占整个研究区域的 21.0%。

按方法二计算，城市森林面积占整个研究区的 22.2%。

两种估算的结果比较接近，由此合肥研究区范围内的森林面积 484~511 公顷，达到 21%~22%，故取平均值 497 公顷作为研究区范围内城市森林面积。

2. 物种相对丰度

城市森林物种数占其所在生物地理区或行政省区物种总数的比例，分五级（>30%，20%~30%，10%~20%，5%~10%，<5%）。

3. 生物量指标

树木的生物量确定是采用公式方法计算各树种的生物量，对于无相关公式可引用的树种则采用相同属的其他树种的生物量模型，或采用同一科、系统位置相近的科，或采用被子植物或裸子植物的统一公式加以计算推测。

4. 城市森林疏密度指标

Rowantree 的研究指出，当一个群落的树干基部断面积之和达到 5.5~25 平方米 / 公顷时能发挥类似森林的功能（Rowantree，1984），合肥城市森林的平均密度为 170 株 / 公顷，平均树干断面积 2.8 平方米 / 公顷，因此，现有的树木分布在总体上达不到城市森林的水平。

5. 生产力指标

按森林理论年平均气候生产力计算（Kimmins，1987），合肥地区的森林生产力的理论值可以达到

$P = \exp(1.90265180+0.0874081T) = 26.4$ 吨 / 公顷 · 年（T 为年平均温度，15.7℃）

$P = 39.761850\exp(-932.727pr^{-1}) = 15.475$ 吨 / 公顷 · 年（pr 为年降水量，988.4 毫米）

这里采用 15.475 吨 / 公顷 · 年作为研究区森林生产力，由此每年积累生物量为：

15.475 吨 / 公顷 · 年 ×497 公顷 =7691 吨 / 年

6. 城市森林绿地斑块面积大小指标

我国城市森林总体来说成片的林地总量偏低、分布不够均匀，而这种城市森林类型具有最好的生态效应。

7. 乡土植物种类比例指标

8. 道路绿化缺损指标

行道树应该是城市森林的主要组成部分，国外城市中行道树一般占树木总数的 10%~15%（Kielbaso，1988 年），合肥低于这一水平只占城市树木的 5.8%，行道树密度及单位面积拥有树干断面积的和也较低。住宅区虽然有较多的树木株数，但密度很低，只有 153 株 / 公顷，单位面积的树干断面积和仅为 1.59 平方米 / 公顷，因此，远不够城市森林的标准。

9. 城市森林结构指标

（1）树种结构——乔木、灌木、草本比例，常绿落叶树种比例，针叶阔叶树种比例，

少数种占了极大份额，一方面在景观效果上显得单调，另一方面成为城市森林不稳定的一个主要因素。树种的选择中，乡土树种的运用不够。

（2）年龄结构——老龄林、中龄林、幼龄林比例。

（3）健康结构——健康树木所占总树木数量的比例，将树木的健康状况划分为 6 个等级。1 级：健康，表现为树冠饱满，叶色正常，无病虫害危害，无死枝，树冠如有缺损不多于 5%。2 级：较健康，表现为树冠缺损 5%~25%，叶色正常。3 级：一般，表现为树冠的缺损 26%~50%，叶色基本正常。4 级：生长差，树冠缺损比例高达到 51%~75%，树势衰退严重，叶色不正常。5 级：树冠缺损达 79% 以上，濒于死亡。6 级，死亡树木但未被移去。

（4）径阶结构——树木的平均径阶较低，成年树木、大树的占有率低，合肥市 48% 的树木胸径小于 10 厘米，且大多是近年来栽植的。城市的大树是十分难得的景观、环境、人文历史资源，应立法严加保护。在城市改造中特别应保护好各类大径阶树木。

10. 野生动物栖息地或野生动物数量指标

个体数量少，密度低，最小生存种群很难维持，个体数量多，密度高，最小生存种群可以维持，个体数量较多，密度低，最小生存种群不易维持。

11. 碳氧平衡指标

基本平衡，氧亏缺 20%，氧亏缺 50%。

12. 热岛强度指标

热岛效应明显，表现在温度比郊区高 1℃以上，0.5~1℃之间，0.5℃以下等。

13. 人体舒适度指标

14. 水土保持指标

15. 城市森林降低大气污染价值

1994 年纽约的树木大约从大气中吸收了 1821 吨污染物，估计的价值为 950 万美元，高于亚特兰大（1196 吨，650 万美元）和巴尔底莫（499 吨，270 万元），但每平方米平均城市森林面积可降低大气污染的水平，这些城市基本相同（纽约 13.7 克 / 平方米 · 年；亚特兰大 10.6 克 / 平方米 · 年；巴尔的摩 10.6 克 / 平方米 · 年），这个水平因不同城市的大气污染水平、城市森林结构、其他气候因子而不同。

第五节　评价指标标准值的计算和评价分析

一、三级指标数值的计算

三级指标数值是城市森林建设评价指标体系的基础，计算公式为：

当指标数值越大越好时，$Q_i = 1-(S_i - C_i)/(S_i - \mathrm{Min})$

当指标数值越小越好时，$Q_i = 1-(S_i - C_i)/(S_i - \mathrm{Max})$

其中：S_i 为某三级指标的标准值；C_i 为根据评价城镇选取的某三级指标现状值；Max 为

所选城镇相关指标中最大值乘以 1.05；Min 为为所选城镇相关指标中最小值除以 1.05。

二、二级指标数值的计算

二级指标数值是根据其所属三级指标数值的算术平均数计算而得，其计算公式为：

$$V_i=(\sum Q_i)/m$$

其中：Q_i 为某三级指标指数值；m 为该二级指标所属三级指标的项数。

三、一级指标数值的计算

一级指标指数是根据其所属各二级指标数值乘以各自的权重后进行加和，计算方法为：

$$U=\sum VW$$

其中：W 为某一二级指标的权重，V 为某一二级指标的 VW 数值，为该一级指标所属二级指标的项数。

四、城市森林建设评价综合指数的计算

城市森林建设评价综合指数是将各一级指标数值乘以各自的权重，再进行一次加和，计算方法同上。

在计算一级指标数值和城市森林建设评价综合指数时，权重的确定非常重要。确定评价因素权重的方法有多种，常用的有等差法、回归分析法、灰色关联度法、层次分析法及主成分分析法，每一种方法都有自身特点和适用范围。对城市森林生态系统环境建设的评价时，考虑到系统高阶段性、非线性的特点，一般可采用层次分析法，把客观判断与主观推理，定性描述与定量分析法结合起来。对于那些没有标准的指标可按照德尔菲法确定定量值。

在建立评估体系与分级的基础上，对评估因子进行权值分析，使各因子间有可比性，根据权值的高低确定在上一级指标系统的地位，从而将各评估因子综合得出评价指数。运用层次分析法的具体步骤是，分两步：判断矩阵的构造和层次单排序的计算；层次排序的计算。其中，层次单排序是用标度的方法构造出第二层对第一层、第三层对第二层、第四层对第三层的几个矩阵，邀请有关专家和有实践经验的技术人员对分因子层各因子的重要性作出判断，得到判断矩阵，并对矩阵进行一致性检验。层次总排序也就是计算各层相对于第一层的相对重要性排序权值，实际上是层次单排序的加权组合，最后进行一致性检验。

第十一章　城市森林建设管理

城市森林建设的主要目标就是要获得最佳的生态效益，同时也要兼顾文化教育、景观游憩、经济生产等其他功能。城市森林的经营与管理不仅直接影响城市森林本身各种效益的发挥，而且还涉及维护成本的问题。因此，城市森林的经营与管理不完全等同于传统的森林经营，必须考虑城市环境的特点，人们对城市森林的多种功能的需求以及地区的经济发展水平，协调相关部门的关系，制定相应的政策法规，加快人才培养和科研队伍建设，积极开展国际合作，全面提高城市森林的经营管理水平。

第一节　城市森林建设管理中的问题

一、城市森林的经营目标

城市森林的培育与发展，是一项巨大的自然与社会相结合、技术与经济相结合、艺术与工程相结合的综合性生物系统工程（或称绿色工程）。城市森林的经营目标，不同于传统观念森林的经营，它不是以生产木材及林产品为目的，而主要侧重于保持、调节与改善城市生态环境，维护城市生态系统的良性循环，以其生理、物理和美学功能，发挥生态的、社会的双重效益。为满足这一目标要求，需在以下几方面做出努力。

1. 要有足够的绿量

绿量是衡量城市生态环境的基本因素。按联合国生物圈生态与环境组织要求，城市绿地人均达 50 平方米以上，方为最佳居住环境。根据改善城市小气候、促进气体交换的理论，美国于 1988 年提出了“地球解放”计划，要求把城市绿地覆盖率由 30% 提高到 60%，该计划已得到部分国家响应。我国城市平均绿地覆盖率只有 17%，大多数城市人均绿地不足 4 平方米，绿化较好的首都北京人均绿地也只有 5.14 平方米。近年来我国城建部门也提出到 21 世纪末城市绿地面积力争达到 50%、人均绿地 30 平方米的目标。虽然各国国情、城市现状和经济水平差别较大，但发展城市森林对绿量的要求是一致的。

2. 实现种群、景观、功能、效益的多样性

城市森林的种群选择在自然地理条件允许范围内，应根据栽培地域的特殊环境结构和生态及环境美学的要求，尽可能选用多种生态型和基因型的植物种，种群多样性有助于城市森林生态的稳定和效益多样性的有效发挥。景观的多样来自种群多样和配置的灵活，而城市森林的景观不但要依从地域环境的特定要求，还要满足社会经济发展及居民心理的需要。城市森林是多功能、多效益的统一体，具有自然和社会的、物质和精神的、经济和文化的多种功能，并可产生放氧、吸碳、防风、防噪等生态效益和观赏休憩、保健防病、陶冶情操、提高素养等社会效益以及与之相关的经济效益。城市森林的经营必须注意其整体、局部和个体的关系，正视其共性与个性，区别不同性质、不同功能和效益，寻求各自的发展变化规律，并正确协调好各方面的关系，以达到相互联系、相互配合、相互促进。经营的目的在于用科学的方法与现代的手段，使森林的群体与个体、整体与局部的多样功能和效益得到充分发挥。

3. 要突出个性特征

城市森林的发展方向受所在城市固有环境结构（自然的和社会的）制约。城市之间不仅存在着自然地理条件的差别，而且其社会条件与背景也有很大的差异。因此，培育城市森林不能千篇一律、一个模式，一定要突出各自的个性特征。城市特色不是完整的人为创造，它是因自然和社会的诸多因素构成的，所以城市森林的培育不可凭借主观愿望人为臆造，而是要遵循气候、土壤、地形、地势、地貌特征等自然条件和经济、文化、社会风情、历史沿革、城市性质、功能等条件因地制宜、实事求是、扬长避短地进行规划实施，使之独具特色。

4. 要适合环境与经济协调发展的需要

就全球而言，森林是环境与经济协调发展的关键已不容置疑，因为森林是陆地生态系统的主体，在陆地三大体系中占主导地位。在城市中，森林存在价值也正在逐步为人们所认识。城市森林如何适应环境与经济协调发展的需要，目前还是一个亟待探讨的课题，但国际社会已普遍认为，任何形式的经济发展都不能以干扰城市森林的存在和破坏城市生态环境为代价，而城市森林的培育、经营，则必须成为促进经济发展和维护城市生态系统良性循环的必要手段，这要成为衡量与检验城市森林经营目标的重要指标。随着城市数量的增长和规模的扩大，城市人口的增加和居民生活水平的不断提高，城市森林必将不断向深度与广度发展，并成为现代城市的重要标志之一，这是历史发展的必然趋势。

二、城市森林经营中的问题

1. 当前城市森林设计中存在的问题

（1）城市森林层次结构简单化问题。城市森林设计过程中最常见的做法，是采取在结构上单层化，在形状上几何化，在植物配置上纯种化的传统西方园林的模式，强调平面和立体的视觉效果。其实很多城市森林图纸上的设计效果落实到现地上并没有达到展现各种图案、各种意境的目的，或者说很难被人们所感受到。人置身在城市森林当中，无论是水平还是垂直占据的空间，都是相对渺小、视野相对狭隘的，根本看不到各种美丽的大色块平面图案，最直接的还是眼前的视觉效果和环境状况。特别是在城市内部，能够把土地作为绿化使用，其最主要的目的就是要给人们提供一个相对宁静、清新、富有生命的自然或近自然环境。因此，城市森林设计的环境效益应该是第一位的。

在城市里，典型森林所具有的乔木层、灌木层、草本层、层间植物等多种层次结构，被简化为单一的纯林、灌丛、草坪等几种模式，使他们彼此之间几乎各不相容。林地内没有灌木和草本，就是单纯的乔木；灌丛内没有乔木和草本植物；草坪内没有乔木和灌丛，甚至就连杂草也没有，只是一个种的纯草坪。这种单结构、单层次的城市森林类型的产生，主要是人们的一些观念造成的。地球上任何一种自然植被类型都不是绝对的单纯由一种植物组成，都是由多种植物通过占据各自的合理生态位所构成的一种群体。森林之所以具有其他生态系统所无法比拟的生态功能，其中很重要的一个原因就是因为森林具有复层结构和很高的生物多样性，是一种相互依赖、相互促进的整体的效应。因此，人为地剔除其中的某些成分而获得一个成分的纯化类型，这是一种偏离自然的不稳定状态，必须不断的付出人力、物力投入来维持，也达不到森林的生态效果。

（2）城市森林植物种类单一化问题。目前，城市里的许多城市森林类型都是单种栽培或者单纯组合的模式，比如草坪就不允许其他草类生长，更不要说是灌木，即使是乔灌草结合模式，也都是各层纯化后的组合。通常来看，城市森林植物种类的单一化有两种表现：一种是单层结构的城市森林，植物种类都是由一种组成，不容许其他种类植物生长，这是纯粹的单一化现象，需要的人为维持投入最多。第二种是复层结构的城市森林，但每个层次都是由一种植物组成，虽然这种城市森林貌似多物种、多层次的复合结构，而实质上还是单一化的设计模式。第二种模式是在第一种模式上发展起来的，虽然有一定的改进，但还没有脱离传统观念的束缚。比如在纯种的大草坪内零星栽植几株侧柏和红瑞木，好像是多物种、多层次结合的复层结构，但这几株树木仅仅是个摆设而已，根本发挥不了森林的效益，即使有些林地在林下种植了草本植物，但林下生长的是种类单一、整齐划一的纯草坪。因此，这种栽培模式根本谈不上是真正的混交复层模式，其实质还是纯种化的配置模式，与我们所提倡的森林模式完全是风马牛不相及，是对森林模式的误解和曲解。

（3）缺乏对城市所处地区环境条件的分析，生搬硬套外国、外地的模式。城市森林建设作为城市生态环境建设的主体，也要根据不同国家、不同地区的环境特点因地制宜。我国在许多城市森林设计当中，设计者最关注的就是视觉效果，选择植物的标准主要是色彩、花色、形状以及组合的图案如何，设计上趋于模式化，很多东西都是盲目生搬硬套外国的做法，而很少从城市所在地区气候环境条件和对人体身心健康的影响的角度考虑。比如热衷于搞草坪或稀树草坪，就是片面学习外国做法的具体体现。这种模式对于处在高纬度的国家像芬兰、挪威、俄罗斯、瑞典、加拿大等国家是适宜的，因为这些国家冬季漫长而严寒，其余季节气温不高，即使在盛夏季节也很少有酷热。人们特别珍惜阳光，有太阳照耀是一种难得的享受。所以许多城市公园、街区的公共绿地，在设计上都会考虑人们享受阳光的需求，植物组合中会有意识地增加一些草坪和疏林草地模式。而且为了达到充分利用阳光（特别考虑到日照时间较短的漫长冬季），树种组成上也是以落叶树为主，主要是椴树类、栎类和桦木类，常绿树种则为辅，主要有云杉、冷杉、欧洲赤松等。落叶树落叶后，能充分利用暂短的光照日获得阳光，使人们享受到阳光。但即使是这样，这些国家城市绿化用地的主体类型仍然是森林。而我国大部分地区都有酷热、漫长的夏季，冬季虽然比较寒冷，但阳光比较充足。因此，我们搞城市森林建设并不是尽量获得阳光，而是如何躲避过于炎热的太阳，在夏季主要是起遮阴降温，在冬季则尽量透光增温。而且我国的城市多数都没有保存相对完好的大面积城郊森林做背景，环境本底差，这就要求城市森林建设要以林木为主，建设城市森林，在居民小区的阳面、街区的公共绿地要多使用落叶树种。而现在许多城市的城市森林建设并没有这种考虑，也赶时髦地追求宽广的大片草坪绿地，树种喜欢用常绿树种。我们在夏季的城市公园、街区公共绿地游玩，用来遮阴的常常不是树木、森林，而是遮阳伞。这种不顾本地环境条件而生搬硬套外国、外地模式的做法，就没有体现“以人为本”的城市森林建设宗旨。

2. 当前城市森林管护中存在的问题

（1）管理方式比较单一，多数城市森林采取了纯化的管理方式。不同地点、不同类型的城市森林发挥的功能是不一样的，管护上也必须根据这些不同的要求采取不同的措施。从我国目前对城市森林的管护模式来看，把农业在园艺上约定俗成的做法，以及对庭院园林的高度人工化管护模式直接运用到城市森林的管护当中，追求整齐性、观赏性，对于获得园林小品的景观效果确实发挥了作用，但到处都采取完全一致的方式，就会极大地降低城市森林的生态功能。

林地作为乔灌草混合的复层模式，具有很大的包容性，也是城市生态环境建设的主打类型，但许多城市的林地都采取了与草坪近乎相同的管理方式。林下通常栽植的是单一品种的草坪，要经常浇水、施肥、拔除杂草、修剪、防病虫害，不允许林木的枯枝落叶留在林子里。我们知道，森林里的灌木和草本对于改良土壤非常重要，但在城市里的许多做法都是与这种认识相矛盾的。我们每到卫生检查，不论是政府机关还是工厂学校，都是要清除林地内的草本植物和灌木，扫除枯枝落叶。无论是草坪还是疏林草地以及林地，草就是毒草、杂草，林地内的枯枝落叶和灌木也是一样，都属于影响视觉效果要被清除的对象。而这种做法在许多城市都被当作一项每年例行的任务，已经习以为常了。其实，林业工作者在对南方的杉木人工林、桉树林和北方的落叶松人工林的地力衰退问题进行研究的过程中就已经认识到，地力衰退的根本原因之一是这些纯林内缺少草本和灌木层，生物多样性降低，导致了土壤变酸或产生毒害作用。另外，单从林地的滞尘效应来说，林带下部没有灌丛和草本植物以及枯枝落叶不仅减少了吸滞灰尘的面积，而且根据防护林学的原理，这种下部仅有树干的通风结构的林带还会加速下部的风速，把林下裸露地表的灰尘吹浮起来造成灰尘污染。有人说，林下的灌木杂草和枯枝落叶看起来不整齐，秋季干枯了以后也不利于防火，容易被风吹得到处都是，影响城市卫生。防火的根本不是把林子砍掉，而是加强火源的管护和防火宣传教育。至于影响环境卫生问题，正是因为林下缺少灌木、草本植物，造成林下的风速加大，枯枝落叶没有遮拦而易被风吹散，而且林下的尘土也常常被风吹起来，林下这种过于“卫生”的做法恰恰是造成环境不卫生的一个原因。因此，今天我们从生态的观点上要很好地重新去认识，草、灌木、枯枝落叶在改良土壤、固定灰尘方面发挥了巨大的作用，再不能小看这些处在下层的植物了。城市森林改善环境的功能除了依靠植物个体的作用以外，更主要的是要发挥整体的效应。

当然，上述城市森林建设思想并不否定草坪、疏林草地等模式在一些宾馆、广场、运动场、高尔夫球场等特殊用途土地中的使用，这些绿地建设的初衷就不是以生态效益为主，而我们硬是要把它不恰当地照搬到城市以生态效益为主的其他类型的城市森林建设中，必然会产生生态效益低下、维护费用高等实际问题。

（2）管理方式落后于城市的发展步伐和人们回归自然的审美需求。过去，城市规模不大，环境问题也不十分突出，特别是城市周围有很多保存完好的大片林地、水体，有一个比较好的环境本底。人们需要城市里多一些鲜花、多一些园林小品。因此，追求视觉效果的设计和管理模式是适合于社会发展需要的。行道树在2米左右高度就截干也是适合于城市道路两侧多电线的实际情况。但随着社会的发展，城市规模的不断扩大，城市的环境本底也发生了很大的改变，人们更关心城市生态环境的改善。而且，经过多年的发展，城市内五花八门的人造园林景观也显得过多了，长期生活在高楼林立、车声嘈杂、空气混浊的都市里，人们开始追求回归自然。因此，城市森林作为城市里唯一能够满足人们这种需求的场所，必须在形式上、功能上更加趋于自然化。同时，城市街道两侧纵横交错的管线也已经大多埋入地下，电力、通讯等安全问题已经不再束缚行道树的伸展空间，行道树截干也可以再高一些，甚至不必截干。因此，现在城市森林建设应该适应这种变化，在设计和管理方面都有一个大的转变，使城市森林更加自然化、生态化。

在国外也会经常看到大树下是整齐的草坪这种景象，但其内在的成分与我们有很大的不同。还是以草坪为例，在莫斯科、奥斯陆等许多城市，它的草坪并不是纯种的、不容其他杂草生长的单一草坪，而是完全的自然组合式，各种野草野花混杂在一起，构成了一幅天然的草毯，没有所谓杂草的概念，远远望去是点缀着各色野花的天然图画。各种昆虫、鸟儿在草地上栖息、觅食，充满了生机与活力。相反，我们在学习外国的草坪建设模式时，没有学到这些精华，往往是形似而神不似，许多城市都一味追求纯粹、整齐、绿期长等景观效果，不惜浪费水资源、人力物力和财力而大搞整齐划一的草坪建设，造成绿化用地面积增加而生态环境没有得到改善的怪现象。公园里到处都是禁止人们踏足的牌子，到处都是只能看而不能碰的纯林、纯草坪和造价昂贵且维护费用高的园林小品，人类“回归自然”就成为一句空话。因此，我们在学习国外城市生态环境建设经验的过程中，要学习人家城市绿化的森林化、近自然化和生态化这些内在的精华，而不是外在的模式，弄得本末倒置了。

在城市森林建设过程中，设计和管护方面存在上述的问题，将导致城市森林的生态效益低、生物多样性低、维护费用高和缺乏亲和性等不良后果，需要我们不断地加以改进和完善。

第二节 城市森林经营管理发展的驱动因素分析

对于城市树木的管理有很长的历史，在我国至少可以追溯到唐宋之前，而近代通常归属于城市的园林部门，如北美地区主要由称为树艺工作者（Arborist）、树木管理员（Tree Warden）等来经营，他们一般从属于公园和风景管理部门，类似于我国的园林部门。出现城市林业（urban forestry），而且形成一个专门的职业则是20世纪的60年代中叶，最早使用这个名词的是多伦多大学的Jorgenson教授，很快形成了一门新的专业。促使其形成和发展的原因主要有3个方面：

首先，北美的城市化已进入成熟阶段，人们更多关注环境和居住的条件，为了满足城市居民不断增加的要求，必须形成全面、综合管理和经营整个城市植被的概念。

其次，一些严重危害城市树木的病害，如榆树荷兰病、栎树枯萎病、韧皮坏死病等传入北美地区，造成城市行道树的大量死亡，由此要求有关的防治技术与知识，许多大学开设树木管理及养护方面的课程同时开展有关的研究，但是原有城市树木管理的知识仅局限于树木的个体，不能满足对整个城市植被体系所作的管理。

再次，当时在加拿大多伦多大学研究生教育需要有一个专业的名称，来适应当时多伦多城市范围树木管理的研究项目，因此，将城市与林业这两个术语结合在一起。

值得注意的是，城市林业这一术语在加拿大出现后并没有立刻得到发展，相反美国却在很短的时间内在有关专业范围内被广泛应用，因为城市林业的概念超过市区的范围，比起原来的术语，如树艺（arboriculture）、社区林业（community forestry）等更为适合。

城市林业在美国得以发展并向世界各国传播，以下几个方面的作用是主要的，我们了解这一过程，可为在我国推动城市林业的发展提供一点参考。

一、大学和学会的作用

大学总是新专业的发源地，在Jorgenson提出城市林业不久，美国就有多所大学开设了城市林业课程，并在1978年编写出版了第一本教科书，目前，美国已有33所大学开设城市林业课程，设有硕士、博士的教学项目，并领导学会进一步推动城市林业的发展。

在美国主要有两个专业学会为城市林业的发展做出了贡献，即国际树艺学会和美国林业工作者协会。

国际树艺学会（International society of Arboriculture），其成员主要来自商业性的专业公司以及一些公共机构，学会创建于1924年，当时采用国际树木协会（International Shade Tree Conference，ISTC），70年代改用现在的名称（ISA）。该学会在推动城市森林的发展方面起了很大的作用，1973年该学会就成立了城市林业委员会来鼓励其成员参与城市林业项目。由ISA出版的杂志*Journal of Arboriculture*在70年代几乎每期都有关于城市林业的文章，在城市林业发展的早期起了十分重要的作用。1992年，ISA出版*Arborist News*主要介绍有关城市林业的信息。

美国林业工作者协会（Society of American Foresters）在1972年建立城市林业工作组，这表示专业的林业工作者开始意识到他们在城市建设中能起及应起的作用。70年代以来美国林学会组织了一系列关于城市林业的研讨会，并汇编了城市林业工作者指南，林学会成员在美国城市林业的发展中起了重要的作用。

同时，其他的一些专业学会也涉足城市林业，例如美国景观建筑学会、苗圃学会等鼓励在城市林业领域的合作以改善城市树木的养护与管理标准。

二、历届城市林业研讨会的作用

第一届城市林业研讨会1978年在华盛顿召开，是由美国东北地区的一些研究人员发起的，当时传播城市林业信息的渠道许多是非正式的，而从事城市林业工作的人具有各不相同的专业背景，使得他们难以具有合适的交流途径，而且在交流中也常常发生困难。为了改变这一局面，林务局同意由纽约州立大学的森林与环境学院组织召开城市林业的研讨会。来自美国及加拿大的450个代表参加了这次研讨，它成为城市林业发展的里程碑，会后的第二年出版了论文集。第一届城市林业研讨会以后，美国林学会（American Forestry Association）很快决定介入城市林业，并在1981年建立了全国城市森林委员会（national urban forest council），成为独立于政府的机构，接着各个州也成立了类似的机构。1981年美国林学会出版了《城市与社区林业通讯》（*Urban and Community forestry forum*），现在称为城市森林（Urban forest）。

第二届城市林业研讨会1982年由美国林学会在辛辛那提召开，这次会议主要是继续推动城市林业的发展。美国林学会在把城市林业从学术性的、专业性的地位推向对政府的政策以及公众态度产生影响方面起了极大的作用。

以后分别间隔2~3年就举行一次城市林业研讨会，并走向国际化。美国城市林业学会执行副主席Gary Moll认为，这些研讨会以及会后出版的论文集充分反映了城市林业的发展轨迹。

三、树木经营公司的贡献

城市林业的出现为经营树木的公司带来了巨大的商机，80年代初树木养护管理的产业经历了迅速的发展，1982~1984年间产值增加了30%达到30亿美元，这些私人公司主要从事城市树木的养护，80年代后一些公司通过为市政府有关部门的咨询服务推动城市林业的发展。美国最大的城市林业咨询公司ACRT为100多个城市提供服务，例如城市森林的调查、管理计划以及提供计算机管理软件，其中树木管理软件已为美国与加拿大的60多个城镇应用。

四、公共媒体的作用

美国城市林业一直注重对公众的教育与宣传，宣传城市树木的重要性，以此吸引城市居民的注意并由此推动政府的重视，可以说城市林业的发展更大程度上是社会性的，是通过公众参与共同建立“绿色城市”的计划来推动的。例如落杉矶的百万树木运动，为 1984 年举行奥运会种植 100 万株树木，据估计这些树木长大后每天能滞留大气粉尘 200 吨。该项目由“树木人”（Tree People）的发起者 Andy Lipkis 发起，是第一个雇佣广告业与市场经营专业人员的城市林业项目。他获得全美新闻媒体的注意、居民参与以及公司企业的资助，由于百万树木运动的成功使得 Tree People 在发展城市林业提高城市环境质量方面发挥了积极的作用，许多城市效仿发动了类似的运动，如乔治亚州的树木亚特兰大项目，旧金山城市森林的朋友等，均十分成功的吸引了公众广泛参与。

受到这些地方性项目的鼓励，美国林学会于 1989 年发动了一个称为“Global Releaf”的全国性的运动，主要强调社区植树及树木的养护管理对改善全球环境的意义，提出的宣传口号是“Plant a tree-cool the globe”。这个项目使得全美林学会第一次成功的把城市林业、地方社区的植树计划与全球的环境相结合，为促进城市林业的发展输入了新的动力。

五、政府的作用

取得政府的支持与资助是城市林业早期发展中一个重要的方面。1968 年游憩与自然美化公民顾问委员会向总统提交的报告中建议，由林务局建立城市与社区林业鼓励对城市树木的研究，为城市植树及城市树木的经营提供经费与技术支持，同时开展有关城市树木养护的训练，这个建议得到总统的接受，1970 年成立了 Pinchot 环境林业研究所，该所设在林务局的东北森林实验站，与几所大学合作目的是通过环境林业的研究来改善人类的居住环境。

1971 年 10 月，议员 Sikes 向国会提交了城市林业条例（Urban Forestry Act）的提案，1972 年获得通过而修正了 1950 年制订的林业法规（Cooperative Forest Assistance Act），修订后的法规明确，“在城市环境中保护、改良和营造树木”，也就是把传统的林业经营活动所涉及的对自然资源管理、木材生产、林地主的指导延伸到城市中来。由此奠定了城市林业的法律地位，在市政府设立城市林务官员（urban forester）管理城市森林，各州的林务局向城市林业提供财政及技术的支持，同时开展城市林业的研究。其他政府部门，如住房与城市发展部、经济发展管理与遗产保护、游憩服务等也向城市林业提供一定的支持与技术服务，据 1978 年估计这些部门每年由于城市树木种植与养护的经费大约为 1500 万 ~3500 万美元，占美国城市树木投入的 25%。《华尔街日报》也将包括城市林业在内的“绿色产业”列在最有发展前途的十大产业中。

里根执政的期间联邦政府用于城市林业的预算从 350 万美元减少到 210 万美元，80 年代对于环境运动来说是困难的时期，特别是如城市林业这样的行业更是如此，因为他的效益只能用对生态环境的改善来衡量而不是通过经济产品来体现。

布什执政以后立即发起一项美化美国的运动，提出今后每 10 年种植 10 亿株树木，城市林业的预算增加到 2100 万美元，是里根执政时的 10 倍，同时预算 2000 万美元建立了美化美国的基金促进城市树木的种植。

1989 年国会议员 Jontz 把城市与社区林业法介绍到国会，目的是通过合作的林业体系来扩大林务局的权限，该提案获通过并于 1990 年预算开始全国城市与社区林业项目。

当90年代城市林业开始增长时，一度面临削减预算的困境，为此城市林业运动更加努力做政府官员的工作，强调用货币来反映城市森林所起的环境作用，例如减少医疗费用、改善水资源质量、减少能源消耗、提高房地产价值等。

地方政府的城市林业实施是通过地方性的法规，有关城市树木的种植及维护的法规自工业革命以后就在城市中执行，1989年国际树木学会为地方性的法规编写出版了指南，作为地方政府在推动城市林业过程中最重要的是获得公众的支持。开展一系列的活动来宣传，推动城市林业运动，如树木节（Arbor day），树木节开始于1972年，是最为重要的鼓励植树的公众项目，每年一次吸引了广大城市居民参与；树木城（Tree City），是由全国树木节基金会在1975年建立的活动，专门为那些有效的维护与管理城市森林的市、镇所设，为此制订了详细的规则，每年评选一次，合格者颁发“树木城”的称号，不合格的则撤消，许多被命名的城市制作宣传标牌悬挂在主要街道，市民为此感到骄傲。全美达到标准的城市不断增加。1994年全美命名了2200个树木城。

尽管城市林业已有近40年的发展历史，但正如美国城市林业协会的副主席Moll所说的那样，城市林业仍然是年青的、羽毛初丰的学科，对于它的理论、实践，都还在探讨的阶段。

第三节　城市森林经营的几个主要方面

一、对城市森林实行生态系统的经营管理方法

对城市森林的经营和管理的目的就是要获得最佳的生态效益，同时也要兼顾文化教育、景观游憩、经济生产等其他功能。城市森林的经营与管理不仅直接影响城市森林本身各种效益的发挥，而且还涉及维护成本的问题。因此，城市森林的经营与管理不完全等同于传统的森林经营，必须考虑城市环境的特点和多种功能需求，考虑与人的关系，包括人类活动干扰对森林绿地造成的压力。从我国城市森林绿地现在的管理情况来看，这方面的许多观念和做法需要改进和提高。

城市森林不是一种简单的森林类型，而是为城市环境提供服务的一种生态系统，是城市生态系统的组成部分。因此，对城市森林的经营管理要以森林生态系统经营的理论为主体，在整体上要保持城市森林各种组成成分之间的有效连接，使生态系统内部的物质流、能量流、信息流和物种流的途径通畅，重点要发挥核心林地和贯通性主干森林廊道的作用；在具体的森林绿地经营管理上，要尽量保持林地的自然属性，采取自然或近自然的管理方式。

城市森林改善环境的功能除了依靠植物个体的作用以外，更主要的是要发挥整体的效应。城市森林绿地要以乔灌草混合的复层模式为主，提高生物多样性，增强城市森林生态系统的稳定性和生态功能。

二、近自然的设计和管护——创建富有活力的高效城市森林

相对于过去片面追求视觉效果和人工痕迹过重、生态效益不高的城市森林建设模式，我们在这里提出模拟自然状态下森林的特点（外貌特征、植物组成等）进行近自然的城市森林设计和管护理念，把生态效益与景观效果结合起来，满足城市改善生态环境和人们追求回归自然的双重需求。

所谓城市森林的近自然设计，讲究“师法自然”，但并不是完全照搬自然，还要考虑城市的特点和人体的需求，并不是所有的自然植被组合都是适合于城市环境和有益于人体身心健康的。因此，近自然的城市森林设计一方面是强调模仿植物的自然组合，突出了乡土植被在城市森林建设中的地位和作用，获得自然美；另一方面也不能忘记植物组合的多样性和稳定性。通常来说，生态系统的复杂性导致稳定性。对于一个完整的自然生态系统，一般是由生产者、消费者、分解者和无机环境四个部分构成，各个成分之间是通过食物链、食物网结构发生联系，实现系统内的物质循环、能量流动和信息传递过程，这是系统能够抵抗各种干扰维持稳定的根本所在，也是系统发挥改善环境功能的基础。因此，我们所提倡的森林模式，完全不同于现在一些城市里采用的所谓“疏林草地”模式，是要形成自然或近自然式的森林的结构和环境（地上和地下都是多层次、多物种、多生境等）。美国生态学家 McHarg 一直主张在城市建设中要设计结合自然（design with nature），对于城市内的空地系统的潜在价值和约束因素要综合考虑，从而确保自然过程的运行，并要把不适合开发的土地保留下来不受那些破坏过程的干扰。对于城区内的空地系统，应该以其自然的“绿化”为主，而对于城市周围的环状绿化带（绿环），也不应该在其内部从事以农业为主的绿色生产。

近自然的设计还表现在对城市森林建设用地原有地形、地貌条件的利用上，讲究依地就势。城市森林建设的目的就是要为人们提供良好的生活环境，无论是大的山体、水面、片林，还是小的地形的起伏、零星的散生树木，都可以通过合理的设计使之成为城市森林的组成部分，这样既可以反映城市的历史，也能体现自然的韵律，产生更好的效果。同时，我们提倡进行近自然的设计，并不是完全的依赖自然的演替过程实现，因为处于不同演替阶段的自然植被类型的生态功能是不一样的。因此，要源于自然而高于自然，模仿效益最大、稳定性最强、景观效果最好的类型。

城市森林的管护，不论从美化的角度，还是基于卫生的考虑，都不能破坏系统内部的流通渠道。以德国为首的欧洲国家在对人工林进行了长期大面积实践的基础上，提出了著名的“近自然林业理论”。城市内的各种类型的城市森林，都属于人工植被，与人工林在稳定性、生态效益等方面存在很大的相似性。以此为参考，从提高城市森林稳定性、生物多样性等多种生态效益的角度出发，要尽量保持城市森林的自然属性，实行近自然的管护。城市森林近自然的管护并不是任其自然，而是要转变管护人员的职能，帮助城市的人工植被建立自稳定维持机制。对于城市森林来说，管护人员主要职责不是拔除杂草、浇水、喷农药等这些类似于农田管护的做法，而是仅对靠近路边的地带进行低强度的修剪和管护，落叶被

扫进林地里，整个林地还是处于自然的生长状态。在这个过程中，森林的生态效益、景观效果都得到了很好地发挥。近自然的管护是要提高城市森林与人的亲和性。实行近自然管护的城市森林，不像纯粹的园林绿地那样娇贵，人们可以置身其中，体验自然的芬芳气息。我们对山东省东营市一处采取近自然管理的狗牙根草坪进行了调查（表 11-1）。

表 11-1 东营市南游园实行近自然管理的草坪种群的数量特征

种名	相对频率（%）	相对优势度（%）	相对密度（%）	重要值
白三叶	0.01	2.90	0.03	2.94
羊草	0.06	7.75	0.30	7.84
狗牙根	0.11	6.00	0.07	6.18
蟋蟀草	0.04	2.50	0.01	2.55
马唐	0.19	29.90	2.70	32.80
萹蓄	0.15	10.70	2.00	20.90
涝草	0.43	37.30	94.80	132.50
红鳞扁莎	0.01	2.90	0.03	2.94

从表 11-1 可以看出，原来的人工狗牙根草坪经过一段时期的自然演替以后，靠人工维持的狗牙根单优群体逐渐失去优势，被一些乡土草本植物取代，可以形成优势种的草坪品种有：萹蓄、涝草、马唐。在另一块退化的高羊茅草坪上还发现，冰草、圆柱披碱草、碱茅也能取代高羊茅形成优势种。这些退化的草坪虽然失去了“纯、齐”的特点，但其在耐旱性、耐盐性、耐践踏性和低维护费用方面表现出的优越性是本地其他人工草坪所无法比拟的，已经成为小区内居民休憩的场所。因此，在努力构建以人工配置为主的园林绿地过程中，也要适当发展这种乡土化、自然化的绿地类型。

在这种管理当中，为了避免对某些类型的城市森林受到过度的人为践踏而造成难以恢复的不良后果，可以借鉴农业上轮作的做法，对城市森林实行轮休，使遭到破坏的城市森林得到恢复，而在林地少。无法进行轮休的地方，可以实行季节性封护。也就是说，近自然的城市森林管护目的，是要让城市森林被城市居民使用，而不仅仅是用来观赏这一种用途。另外，近自然的城市森林管护有利于增加生物多样性，减少水资源消耗和人力物力投入，应该成为城市森林管理的主要方式。

三、实现可持续发展的城市森林建设

1. 对城市森林绿地实行轮休养护

城市森林绿地就是为城市居民提供休闲服务的，城市居民可以在林地、草地上游玩、休憩。国外许多城市的森林绿地都是开放式的，游人可以随意在林间草地上行走，这是与这些国家人口少的特点分不开的。我国城市人口多，城市森林绿地的人均占有量相对很少，有限的森林公园难以承受过多的人类活动干扰，完全照搬国外的模式不适合中国的国情和城市的市情，因此，许多公园的森林绿地都限制游人入内活动。要改变这种状况，一方面必须改变我国城市森林绿地建设模式，更多地发展森林绿地而不是草坪，更多地使用乡土植物，增强森林绿地的抗干扰能力；另一方面为了避免对某些类型的城市森林因受到过度的人为践踏而造成难以恢复的不良后果，可以借鉴农业上轮作的方式，对城市森林实行轮休，使遭到破坏的城市森林得到恢复，而在林地少、无法进行轮休的地方，可以实行季节性封护。

2. 城市森林可持续发展管理评价内容

城市的树木和森林是城市的窗口和灵魂，它反映了城市的历史价值、城市过去的生活和现在居民的精神面貌，可见建设具有良好结构和高功能的城市森林的重要性。

建设和管理城市森林使其达到可持续发展的目标，是经营城市森林的一贯目的，Clark（1997）为可持续发展的城市森林定义为，“在城市环境中的自然或人工营造的森林，他们在系统的经营下不仅为现在的居民，也将为未来的居民持续的提供经济、社会、环境生态效益”。

城市森林可持续发展是一个总体目标，因为城市森林的基本目的不是为了提供直接的产品而是为城市居民提供服务，发挥其生态效益来改善城市的环境质量和居民的居住条件，同时实现可持续发展的基本条件之一是城市人群的参与。

根据这些原则 Clark 等设计一个模型来评价城市森林是否是实现持续发展的，主要包括三个方面：

（1）植被资源。植物资源是城市森林的基础，因为城市森林的组成种类、年龄、径阶、健康等城市森林的结构因素直接影响其作用和效应的发挥，所以实现城市森林可持续发展的最重要因素。城市森林是动态发展的，是在不断变化的，其生长、成熟、死亡的过程会改变城市森林的结构和功能，而实现城市森林的可持续发展，最基本的要点是确保其结构处于理想的状态而持续的发挥其最大的功能。在城市森林建设中必须充分地考虑到这些因素，如种类的选择上应特别注意，因为种类的组成与今后管理养护具有直接的关系，过多的引种外来植物必然会造成过高养护费用的支出，有些树种生长速度快，枝干强度低，容易造成对建筑与人群的伤害，有的种类可能构成对人群健康的潜在危险，而某一树种的比例过高，则是城市森林结构不稳定的主要因素之一。这些都可能对实现可持续的发展产生负面的影响。

（2）社会性因素。城市各个管理部门之间具有良好的合作关系和互相交流的渠道，是实现持续发展的重要基础。最基本点是：所有城市部门应该认识到城市森林的重要作用，并力求促使其发挥最大的效益。

（3）管理体系。科学的管理是保证体系，例如，城市有效的法规建设能为保护现有的树木提供法律依据；制订以乡土植物为主的原则，有利于促使野生动物种群逐渐增加。城市管理部门应该认识到，管理方法、管理措施应随城市森林结构与功能情况而变化，同时，必须与城市所处的整个区域的资源管理协调。

根据 Clark 的建议，结合我国的具体情况提出实现城市森林可持续发展的具体建设目标，至少应达到表 11-2 所述内容。

表 11-2　城市森林可持续发展的建设内容

	主要内容	主要目标
植被资源方面	林木覆盖率	能获得适宜的小气候条件
	树木年龄结构	应该是异龄结构
	树种组成	能充分提供生物多样性的支持。大多数学者建议，任何一个树种的种群，不应超过全部的 10%
	树木群体分布	比较均匀
	树木群体面积	有一定的面积指标，大、中、小面积有机组合；能有效的支持城市野生动物居群
	本土植被	保护和经营本土的生物多样性，维护残留自然森林的生物关系，维护野生动物进出城市的通道，过多的运用外来植物，一方面影响乡土植物的更新，另一方面会增加管理和养护的费用
社会性	公共机构间的合作	确保所有的城市管理部门有良好的合作，并实现共同的生态建设目标
	城市森林建设与维护管理的投入	政府有法定的投资，有多方面的投资渠道
	大型投资	通过特别的资源管理计划来符合城市的生态建设目标
	绿化产业的合作	绿化产业，如苗圃、公园、园林设计规划等必须高标准，并符合城市总体的目标，他们对城市实施可持续发展总体目标有直接的影响
	居民的态度及行为	居民了解城市森林，并积极参与城市森林建设
	居民—政府—经济领域关系	为获得城市森林效应的好处各方合作
	居民的认识	居民了解树木对社区的作用和价值
	宣传与教育	媒体的作用得到充分发挥
	城市各区域间的协调与合作	在城市的各个社区及区域间有良好的合作关系
资源经营与管理	全市范围的管理	所有性质的城市森林均有经营计划，并得到实施
	管理人员	有专业性的管理人员，培训管理人员来从事全市范围的城市森林管理
	评价工具	研究并制订有效的方法来获取有关城市森林的信息
	现有树木的保护	保护现有的资源来获得最大的效益
	树种及种植地的选择	制订树种选择的指南
	树木养护的标准	坚持应用专业的养护标准
	安全性	确保树木对公众有最大的安全性
	管理队伍的资质	所有参与城市森林管理和养护的机构，人员都应获得资质证书，并接受定期的培训
	法律与法规	制订有各项法规，并得到切实的执行
	回收利用	建立树木废物的回收并重新利用体系，并实施

对每个城市森林的可持续性评价，可通过对上述各项指标进行分级评分，达到并执行良好的为最高，没有做的为 0，如 Clark 等研究分为 4 等见表 11-3。

表 11-3 城市森林可持续发展经营的评价指标描述

类项	描述				主要目标
	差	一般	良好	优	
树冠覆盖	无树冠覆盖率的评价体系	用照片等图片资料来评价	应用航片来评价树木覆盖率	应用“3S”技术来评价城市树木覆盖	能获得适宜的小气候条件
城市森林的年龄结构	无评价体系	有行道树的调查	应用样方调查方法，掌握公共绿地或社区的城市树木年龄	拥有包括整个城市范围的树木年龄结构资料	确保将来能够形成异龄结构
种类组成	无评价体系	仅有行道树的调查	拥有城市范围的调查资料	建立 GIS 系统	能充分提供生物多样性的支持
乡土植物的运用	无	自觉的公共绿地中应用	制订相关法规，在绿地建设中运用乡土树种	保护本地区的生物区系和生物多样性	保护和经营本土的生物多样性，维护残留自然森林的生物关系，维护野生动物进出城市的通道
政府管理部门的合作	各部门间的目标有冲突	无合作关系	各部门之间有合作关系，但不是正式的，固定的	各部门间有法定的合作关系	确保所有的城市管理部门有良好的合作，并实现共同的生态建设目标
绿化产业	绿化产业间无合作关系，无产业标准	苗圃、园林施工及养护队伍间有一般性的合作关系	有专业性的特殊合作，如各类认证	各产业间应用统一的专业标准	绿化产业，如苗圃、公园、园林设计规划等必须高标准，并符合城市总体的目标
社区活动	无	互相孤立没有联系，仅保持各自的目的	全市范围	所有社区有组织的合作	居民了解城市森林，并积极参与城市森林建设
市民—政府—经济领域	目标冲突	各方之间没有合作	一般的合作和交流关系	正式交流与联系	为获得城市森林效应的好处各方合作
居民对树木的认识	认为树木是社区的负担	认识一般，如树木对社区是重要的	认识较高，如树木能改善环境	认识很高，如树木对社区环境和经济均十分重要	居民了解树木对社区的作用和价值
区域性的合作	各地区独立性行为	各地区拥有相同的政策	有地区规划	有地区规划法则	在城市的各个社区及区域间有良好的合作关系
全市性经营计划	无	具一定的计划	政府的计划	市民—政府—经济领域间合作的计划	所有性质的城市森林均有经营计划，并得到实施
管理人员	无专职	有专职但未受过相关的培训	管理人员有岗位证书	专业性的管理人员	有专业性的管理人员，培训管理人员来从事全市范围的城市森林管理
评价工具	无正在进行的评价工具	部分调查	全部调查资料	建立全部的地理信息管理系统	

（续）

类项	描述				主要目标
	差	一般	良好	优	
现有树木的保护	无保护现有树木的法规法则	有现有树木的保护法则并得以实施	对于所有的城市森林都有保护法则	有综合全面的保护现有树木的计划	保护现有树木以发挥其最大的功能
树种和栽植立地的选择	树种选择带有随意性	对于不合适的树木并不在意	不容许种植不适合的树木	合理选择适宜的树木，适地适树	制订树种选择的指南
树木养护标准	无	仅有公共绿地的树木标准	所有树木的养护标准	群体意义上的养护标准	
市民的安全	树木对居民安全构成危险时才进行处理	不定期地检查危险因素	综合管理和处理受损伤的树木	建立树木安全管理项目	确保城市森林的安全性
城市森林废物的利用	简单的处理落叶，如掩埋	落叶等的回收和利用	利用各类废物	城市内消化利用所有的城市森林废物	建立树木废物的回收与重新利用体系，并实施

四、建立和完善城市树木价值的估算方法

城市树木的价值是通过其功能得到体现，并受到人们的重视。例如树木具有显著的生态功能、景观功能，影响居民的心理和生理的功能等，这些都能够通过货币的形式来表达，但这些通常被称为间接的价值。如上所述，理论上城市树木的价值以两种形式体现：即实际的经济价值和法律价值。

1. 经济价值的计算

城市树木是城市政府或业主的财产，因此可以用货币形式来表现其价值，可以通过多种方法来评价，如按照其生产的木材价格计算，或按其栽植及维护的代价来计算，当前常用的是采用公式来计算。应该注意的是，城市环境中一株树木的价值是与其生长的立地环境有密切的关系，如果把同样年龄、大小、同一树种的两株树木比较，一株生长在市中心的广场，另一株生长在居民的宅院中，其表现的价值显然会有极大的差别，但如果两株树木都被采伐了，那么他们表现的价值则是相同的，也就是它们的木材使用价值事实上是相同的。由此我们可以了解到，城市树木的木材应用价值用一般林业的计算方法就可，但其综合经济价值的计算就比较复杂，许多国家一直在进行研究、企图找出一个比较能反映客观价值的公认的方法，目前出现了许多计算公式，尽管各有不同但基本是在树木基价的基础上考虑树种、树木生长情况、表现的景观价值、生长的位置等因素来建立公式。下面简单介绍国外一些典型的计算公式。

（1）美国的 CTLA（Councial of Tree and Landscape Appraisers）方法。

基本公式是：

树木的价值 =（胸高 1.4 米处的树干断面积 × 树木基价）× 树种系数（Species）× 生长位置系数（Location）× 生长情况系数（condition）

树木的基价是指每平方厘米树木干径的价值；各项系数值为 0.0~1.0。

这个公式表示树木的价值从一个最高值，根据其生长情况、生长位置等因素而递减，甚至可出现 0 值，即当树木濒于死亡、生长情况系数为零，表示树木已无价值（砍伐以后只有使用价值）。

这个公式最早见于 1942 年，由美国的 E.P. Felt 设计，当时他建议树木的基价定为每平方英寸树干断面积 1 美元，1957 年美国的 ISA（国际树艺协会 International Association of Arborist）首次发表，1975 年该公式中树木基价被调整为 5 美元。

公式中的各项指标是由专家组共同讨论而制订的，至今已修改了多次，目前采用的是 CTLA 2000 年发表的第九版，称为植物计价指南（Guide for Plant Appraisal），为了能在全美应用这个计算方法，各地都建立类似的专家委员会，针对各地的特点修正公式中的各项系数或树木的基价，使树木的价值更能符合当地的情况。

当然这个计算公式一直受到批评，主要在于应用单位面积的树干断面作为基价，大径阶的树木价值会迅速增加以至于高得不可信了，鉴于此情况，1992 年引进了树木基价的调整系数加以适当调整。也有的情况是树木的价值有时会相差几倍，这主要是树木生长的位置以及生长情况系数造成的，一些人认为这些系数的确定缺乏合理性，但通常的情况是因为评估者缺乏经验而造成的，因此有时缺乏可比性。

（2）澳大利亚的 Burnley 方法。

是由 Bunley 大学的农业园艺学院在 1988 年首次发表的，基本原则是参照美国 CTLA 的方法：

树木价值 =（树木体积 × 树木基价）× 年龄系数（life expectancy）× 树型和生长情况系数（Form and vigor）× 生长位置系数（location）

树木基价，为单位树木体积的价值，所有的系数定位 0.5~1.0。

此公式表示树木的价值同样为从树木的最高计算价值根据系数而递减，与美国 CTLA 方法不同处是，该公式的系数不出现 0。

（3）英国的 AVTW 方法（Amenity Valuation of Trees and Woodlands）。

该方法主要依据树木的视觉价值来计算，考虑了 7 个因素，每一个因子给予 1~4 分，低于 1 的因子表明该因子对树木的价值不产生影响，7 个因子的乘积再乘以一个基价，2000 年确定为 14 英镑。该公式如下：

树木价值 =（树木尺度 × 树木年龄 × 景观中的重要性 × 与其他树木的关系（周围是否有其他树木）× 相对与背景的关系 × 树型 × 特殊因素）× 14 英镑

因此，理论上价值最高的树木可以达到 229376 英镑，约相当于 280 万元人民币。

（4）新西兰的 STEM 方法（Standard Tree Evaluation Method）。

这是 1996 年建立的新方法，与上述英国的方法类似，该方法确定 3 个方面的 20 个评价因子，每个因子将给予 3~27 分。指标如下：

生长情况方面，包括：树形、出现频率、生长势及活力、作用（应用性）、树龄。

景观的美学方面，包括：树体的大小（高度及树冠延伸的幅度）、可见度（公里）（指几公里以外可见）、与其他树木的关系（周围是否有其他树木）、作用、气候。

特殊性，仅用于50年树龄以上的树木（Notable），包括：状态、特性（树种的观赏特性）、形状（树冠的完整性或特殊的形状等）、历史性、树龄、人文意义、纪念性、自然生态系统的残留、环境变化过程中的遗留、科学价值、种质资源情况、濒危性、珍稀性。

采用公式如下：

树木价值 =［总分 × 批发价 + 该树木的种植价 + 养护价］× 零售转换因素（建议用2）

上式中：总分，指上述各因子评分的总和；批发价，为5年生树苗的出圃价（平均，不考虑树种）；养护价，指该树木种植以后的养护费用（一般采用复利计算）；零售转换因素，指从批发价转换成零售价，一般为2。

该方法考虑因子多计算比较复杂。

（5）西班牙的 Norman Granda 方法。

该方法出现在1990年，于1999年重新修订。公式为：

树木价值 =（价值指数 × 批发价 × 生长情况指数）×［1+ 树龄 + 美学观赏性指数 + 树种的稀有性指数 + 生长立地的适应性指数 + 特别指数］

公式中；价值指数，是树种、生长情况、寿命等分指数的和；批发价即出圃的价格。

Gary Wetson 组织9名专家，运用上述的几种方法对生长在美国中北部的6株树木进行价值的估算，以比较这些公式的实用性。

表 11-4　选用树木的基本情况

树种	选择原因	树种指数	胸径（厘米）	树冠大小	树冠大小	体积（立方米）	价值指标
Quecus palustris	生长快	0.7	84	3	3	877	738
Ulmus americana	生长慢	0.2	79	3	3	731	444
Tilia ass.	大径阶	0.7	119	3	3	1062	989
Gymnocladus dioica	小树	0.8	15	1.5	1	35	23
Fagus sylvatica	景观中位置突出，树冠幅度大	0.7	94	4	3	966	985
Fraxinus europea	景观中的位置不突出，树冠大	0.6	94	4	3	1253	871

表 11-5　公式计算中采用的出圃价及种植价

公式	*Quecus palustris*	*Ulmus americana*	*Tilia* ass.	*Gymnocladus dioica*	*Fagus sylvatica*	*Fraxinus europea*
基本价 / 平方英寸	36	36	36	36	36	36
6 厘米苗木的批发价	167	167	167	167	167	167
栽种价	283	283	283	283	283	283
1 立方米树木的零售价	204	170	170	200	254	190
6 厘米苗木的批发价	102	85	85	100	127	95

表 11-6 各公式计算的树木价值比较

公式	*Quecus palustris*	*Ulmus americana*	*Tilia* ass.	*Gymnocladus dioica*	*Fagus sylvatica*	*Fraxinus europea*
CTLA	10700	2000	17300	600	13900	5700
AVTW	5313	2361	3985	2361	25190	4723
STEM	46485	37812	48402	37760	60461	42822
Burnley	78898	26096	64994	4460	122950	46661
Norma Granda	59935	40360	109928	3322	167212	86068

上述的公式计算结果表明，不同国家采用的方法其结果出现较大的差别，一般情况美国的 CTLA 和英国的 AVTW 公式计算的结果最小，而澳大利亚及新西兰的方法其结果最高。可见计算公式的建立是与各国的具体情况有关，因此在一定程度上说各国计算的树木价值具有很小的可比性。

我们在这里列举各国的一些典型的方法，其目的是要说明在开展城市树木价值估算时应该考虑的一些因素，并应建立适合国情、比较容易掌握、使用简单的计算公式。应该注意的是目前各国采用的计算公式中均没有考虑生态功能的价值这一方面，可能的原因是：一方面，目前这方面的研究尚属开始、定量研究的资料很少，至少在目前还难以采用；另一方面，树木的生态效应是多方面的，考虑因素过多会造成计算过于复杂；再者，单株树木的生态效应是相对有限的，对城市环境的影响是基于整个城市森林水平。

我国对城市树木的价值研究至今没有系统的进行，随着我国城市森林建设和管理得到进一步的重视，建立适合我国的评价体系是已经十分必要。作者认为，美国 CTLA 的计算公式比较简单易行，可以参照该公式，在确定一个基价的基础上，在综合考虑一些评价指数。建议采用如下公式：

树木价值 =（单位面积树干断面价值 × 树干断面积）× 树种指数 × 位置指数 × 生长情况 × 观赏性指数 + 附加值

上述公式不同于 CTLA 方法的只是增加了一项观赏性指数及附加值的计算，后者是人文历史、纪念性、珍稀性等综合因子的综合考虑的结果，可以根据不同地区的情况建立一个查询系统来加以确定。

2. 法律价值（Legal value）

计算城市树木的经济价值的目的有许多，但多数的情况是用于法律的原因，因为通过上述介绍的方法计算而得的城市树木的价值，实际上是当树木在城市环境中存活时体现的价值，据 Kielbaso 等的调查，一株具有重要景观作用的大径级的核桃树，其价值可达上万美元，但是事实上是无法兑现的，因为它的价值是与这个特定的环境相联系的，也只有在一些特定的情况下发生作用。例如，市政府在估计拥有树木的固定资产时，或业主在出卖房产估算周围树木价值的时候，或用于保险、诉讼时才会发生。而最常见的是当树木受到人为的损伤而需要获得赔偿时才得以体现，这时其价值的计算就十分重要，否则无法律依据难以得到认赔方的认可。

这里有一个例子可以说明这个问题，20 世纪 80 年代末在上海出现过这样的一桩案例，位于市中心的城市标志性建筑——上海展览馆院内的日本五针松，被人盗剪了枝条因而破坏了树型，据报道破坏者被法庭判罚 5000 元。据我国法律，盗窃属于刑事法范围，量刑的依据包括情节的严重程度和盗窃财物的价值。但在当时对被盗的五针松的价值计算是无依据的，可能是比较盆景的价值来折算，也可能仅是凭法官的感觉，可见建立计算树木价值的重要意义。

这就是其法律价值的内容，当然法律价值的计算并不是完全按照经济价值的计算方法，它具有特定的计算内容或规则，在美国城市树木的法律价值主要体现在以下几个方面：

（1）保险。美国的保险业是把植被作为保险内容的，例如住宅周围的植物可以连同房屋一起保险，当发生突然的意外损失（一般不包括病虫害、风害）时可以索赔。一般的规定是，大多情况理赔额度在每株 500 美元以下，而总额不超过整个财产的 5%。但如果诉讼案例涉及对原告植被的损坏，而需要保险公司理赔的时候，受损的价值一般就采用 CTLA 的计算方法来计算的。

（2）税收。例如美国税收法规定，损失景观植物是一种财产损失的表现，可以扣除一定的所得税，而依据就是参照专家计算的树木价值。

（3）诉讼。当发生对树木的人为损坏提出诉讼时，专家通常会被请到法庭作证，对案子涉及树木作出价值及损失的评估。

应该说明的是这些方面的内容对我国来讲还是全新的概念，但随着法制建设的健全，城市树木的法律价值的体现必将愈来愈重要，当然这需要时间。

五、城市林业建设的财政保证

1. 城市林业建设、养护费用缺口较大，应增加投入

城市林业建设从理论上包含了广泛的内容，但最基本的是改变城市下垫面的结构，增加植物生长的表面，减少人工铺装的硬质表面结构。它与所有的建设项目一样，必须包括规划、设计、施工、验收、管理、养护等内容；但它又不同于一般的建设项目，因为植物是可以更新的，对其实施的养护有特殊性。许多城市十分重视城市森林的建设，舍得投资花钱，但建成后却缺少管理和养护，使城市森林建设成果不能得到巩固。

无论建设新造林地或是管护原有的林地，都存在着一个资金的问题。一方面是造林投资的资金渠道；另一方面则是资金分配与使用是否合理、有度。

目前，我国城市森林建设的投资十分昂贵，如上海浦东新区新建绿地的费用为 70 元 / 平方米（不包括土地），而上海市中心的拆房建绿的代价达到 1.2 万元 / 平方米以上，主要是由于地价和苗木价格上涨很快。我国城市建设用地的基本特点是：一方面，建设部制定的城市人口平均用地指标为 100 平方米，这远低于发达国家的水平；另一方面，因为国情绝不容许大幅度地增加城市规划用地指标，用地矛盾很难得以改变。为此，在以前相当一段时间内提出的城市要“见缝插绿”，在今天显然已不能满足城市生态建设的要求；而大多数城市采用“拆房建绿”则是新一轮城市改造中的无奈和必然；再加上房地产开发的热潮仍然在

继续，土地升值的继续等，均将引发城市绿地建设费用的不断上扬。一方面，新的城市森林用地建设需要大量的资金；另一方面，不断增加的绿地管理和养护费用也是一笔巨大的支出，而且缺口很大。例如上海统计，每株古树一年的正常维护费用为2000元，那么记录在册的1400株古树就需280万元，而目前每年用于该项的资金只有20万元。另外，对于一般树木也难以实现系统管理，就是按制定的作业计划来维护树木，而不是等到发现问题再来做。

值得注意的是，城市绿地的管理养护费用增加的趋势会继续和加大。主要原因是：

其一，绿地面积增加速度较快，许多新建的绿地一般采用草坪、密植灌木构成大色块的基调以及引用一些新的树种，日常管理费用支出也会增加。

其二，绿地管理的意识逐渐加强，为了安全实施的修剪、系统防护和病虫害防治等的费用则不断增加。

其三，为了使新建的绿地能很快地展现人们对景观的要求，种植时采用密植、种植大树，因此大幅度的增加了初期的投入；而在追求色彩效果、树形搭配的时候，忽略了树木之间的生态关系，增加今后调整的工作量，也增加了费用。

2. 城市绿地建设资金渠道

（1）规定绿化建设在城市财政支出中的比例。国务院2001年在加强城市绿化建设的通知中明确指出，“城市绿化建设资金是城市公共财政支出的重要组成部分，要坚持以政府投入为主的方针。城市各级财政应安排必要的资金保证城市绿化工作的需要，尤其要加大城市绿化隔离林带和大型公园绿地建设的投入，特别是要增加管理维护资金。”这已为城市绿化建设资金提供了法律保证，但有时并不能完全兑现，一旦出现资金紧张或与其他工程建设发生矛盾时，往往就影响了绿化建设资金的投放。如果以法律的形式，在财政预算、城市建设维护费或税收中确定一定的比例专作绿化资金，就能避免类似的情况发生。

目前，几乎世界上所有国家的城市绿地发展资金基本都是依靠国家、地方政府主渠道的投入，而且城市绿地建设投资在国民生产总值中占有一定比例。如日本占0.02%~0.08%（1971~1982年统计）；美国占0.06%~0.12%；加拿大占0.01%~0.05%。根据我国的具体情况以及各城市间的差别，应分别制定适当的标准。

（2）规定城市基本建设项目投资用于绿化建设的比例。目前一般规定建设费用的3%~10%用作相关的绿化建设，而且基本得到保证。但在城市住宅建设中，房地产开发商在提留和处理这部分资金时随意性较大，因此应制定明确的条例，按照开发建设项目的投资和用地规模来提取一定的比例，由主管部门按价格调整情况，每年公布单位建筑造价中绿化投资基数的调整系数，并监督实施。如果投资较大，可提取的资金较高，应将多余部分用于附近的绿地建设或养护，而不容许提高绿地建设的标准，造成不必要的浪费。

（3）建立绿化基金。通过各种渠道筹集的绿化资金集中建立城市绿化基金，由专门委员会管理，主要作为城市森林绿地建设、管理、养护、技术人才培训、科学研究等方面的资金补充。

（4）多元化、多渠道的筹措资金。应改变目前主要由政府投入建设城市森林的做法，从社会融资、集资，制定鼓励政策给予各种优惠，例如在地价、税收等方面实施优惠。

（5）鼓励私人资本投资建设和养护森林绿地。目前，我国城市已步入房地产开发的良性循环，新一轮的房地产开发热引导人们追求住宅的外部环境，因此大面积的城市绿地对房地产增值作用明显，据上海的一项调查表明，靠近大型绿地的住宅，平均售价可增加 1500 元 / 平方米，几乎是市区普通住宅房价的 20%~25%，高于美国纽约州一般增值 15% 的水平。因此，房地产商在获得如此高额利润的同时，应对绿地建设有所回报，如可在增值的份额中一次性提取一定比例作为绿地养护费用的补充。

（6）鼓励个人、单位建设或认养绿地或树木。设立各类纪念性绿地类型，由个人出资营造和管理；同时鼓励单位或个人出资认养现有绿地，容许认养单位在绿地设立不影响景观效果、不带有明显商业抄作的公益性广告。

（7）实行体制改革，引进竞争机制，减少绿地养护费用。改变目前多数城市基本上由城市绿化主管部门一家管理和养护的做法。应改革现有体制，城市所有公共绿地均采用通过投标选择有资质的各类绿化经营公司来管理和养护，更好发挥有限资金的作用。

（8）确保义务植树费用的征收和使用。国家规定在一定年龄段的公民均有植树的义务。城市居民大多由单位或企业代交植树费用，造成对应尽义务的淡薄，也有相当部分未能兑现。城市义务植树可采取由社区组织或征收的办法，并就近使用。一方面可落实兑现，另一方面有利于培养居民的绿化意识。

（9）收取环境污染补偿造林费。污染工厂外或工业区外的防护林，应由污染厂或工业区承担，环保部门应将污染罚款反馈一定比例用于隔离防护林带建设。

六、完善政策法规

1. 进一步完善与城市林业建设相关的法律、法规

要加快我国城市森林的建设步伐，加强对城市森林的管理，必须进一步完善国家有关城市森林建设和管理的政策法规，使之适应新形势的需要。我国城市林业建设还没有专门的法律、法规，因此在城市绿化建设向发展城市林业生态建设转型的过程中，进一步完善与城市林业相关的国家和地方性城市绿化法律、法规以及行业规程和技术条例十分重要。

目前与城市绿化有关的法律文件主要有：《中华人民共和国森林法》《中华人民共和国环境保护法》《中华人民共和国城市规划法》《城市绿化条例》《城市用地分类与规划建设用地标准》《城市古树名木保护管理办法》《城市绿化规划建设指标的规定》《中华人民共和国大气污染防治法》《国务院关于加强城市绿化建设的通知》《控制扬尘的通知》等。

在国家法律、法规、条例的基础上，各级地方政府相应结合各自的特点制定了地方性的法规。一般各省、直辖市、自治区、省会城市都有自己的城市绿化条例；许多城市另外还制定了一些针对性极强的行业规范。比较典型的如：北京的《城市绿地植物种植的若干意见》《北京市绿化补偿费缴纳办法》《北京市建设工程绿化用地面积比例实施办法》；上海的《上

海市闲置土地临时绿化管理暂行办法》《上海市环城绿带管理办法》以及其他如《天津树木移栽审批规定》《合肥城市绿化工程管理条例》《哈尔滨环城林带管理条例》《常州城市绿化损坏赔偿标准》等。这些法律、法规、条例、文件为发展我国城市林业建设事业奠定了基础，今后仍将继续发挥作用。但是，在今天提出城市绿化建设向发展城市林业生态建设转型时，对这些法律法规有必要作深入的研究、调整、补充，使其更加完善、更加符合城市林业建设发展的需要，真正地成为保障体系。

2. 强化城市森林规划的管理，加快制定《城市森林法》

城市森林建设涉及范围广、牵扯部门多，如果各部门分别采用不同的原则和方式进行管理就很难协调，不利于城市森林的统一规划、统一布局和统一管理。因此，国家要强化城市森林规划的管理，并加快制定《城市森林法》。

建议在《城市规划法》中，增加城市森林建设总体规划的内容，明确城市森林建设的指导思想、建设原则和建设范围等内容。各地城市森林建设总体规划一旦经同级人大批准，就具有法律效力，不能随意变更。如确有必要改变总体规划，应由相关专家组成的独立审核委员会，对变更的理由和新规划的总体框架进行审核，最后提请同级人大通过。

建议全国人民代表大会在时机成熟时，考虑制定《城市森林法》。它应当涵盖和规范有关城市森林建设与管理的一揽子问题。

七、加快人才培养和建立科研队伍

我国的城市林业的发展理念，已经越来越被人们所接受，全国许多城市相继开展城市林业建设的研究、规划和工程实施，要加快这方面的人才培养，建立能够为城市林业建设提供科技支撑的科研队伍。

1. 人才培养

城市林业发展需要有林学、森林生态学、景观生态学、城市生态学、城市学等多学科的知识，单一的林业专业、园林专业方面的人才还不能完全满足城市林业建设的需要。但城市林业专业人才的培养还相对滞后，全国各高等院校还没有专门的城市林业本科专业，研究生培养也处于起步阶段。因此，国家急需在林业高等院校、综合性大学建立城市林业专业，培养这方面的专业人才。

2. 科研队伍建设

城市林业的科研也需要大力加强，要建立从事城市林业研究的专业科研队伍。目前，在我国从事城市林业研究的人员比较分散，大多集中在北京、上海、广州、沈阳等城市，建议国家有关部门成立城市林业专门的研究机构，组建科研队伍。

八、协调各部门之间的关系

城市森林建设是一项涉及多部门、多行业、多学科的系统工程，各部门之间既有分工又有合作，共同为城市生态环境建设服务，充分调动好各方面的积极性非常重要。

城市林业发展要与园林部门的绿地系统规划相互协调，保证城市森林生态系统的整体性和高效性。随着我国城市化进程的加快及环境的迫切需求，迫使森林要进入城市，而园林要走出城外。森林要为城市服务，而园林要向生态园林方向发展，这是相辅相成的两大趋势。因此，林业和园林部门必须打破行业界限，通力合作，在植物材料选择配置和宏观布局上运用景观生态学的观点，发挥森林在改善城市生态环境中的巨大作用，构建以林木为主体的城市森林生态系统，改善城市的生态环境。

城市森林建设还要注意与城市水利部门协调，与城市水体建设规划相结合，发挥林水结合的优势，促进城市水系的水质改善，加快城市范围内河流生态系统的生态恢复，也有利于节约林地灌溉用水，促进林木生长；而且林水相依可以形成贯通性的生物廊道，有利于保护和增加生物多样性，使城市生态系统的结构得到优化，功能得到增强。

总之，城市林业建设在整体上要服从服务于城市发展的总体规划，要协调林业、园林、环保、城建等部门间的关系，集中各部门的力量，保证城市林业建设工程的顺利实施，达到改善城市生态环境的总体目标。

九、开展广泛的国际合作

国外许多国家在城市林业发展方面积累了丰富的经验，开展城市林业方面的国际合作有利于我们借鉴国外的经验和教训，保证我国城市林业建设的健康发展，迅速提高城市林业研究水平。要采取多种措施，拓宽城市林业建设国际合作领域。

（1）积极开展城市林业教育合作，联合培养人才。

（2）积极争取国际基金，进行城市林业建设。

（3）不断引进国外先进技术和智力。

（4）积极参与城市林业的国际合作研究。

目前，发展城市林业已成为亚欧森林科技合作的重要内容。2001 年 8 月，科技部、国家林业局、贵州省人民政府和芬兰贸工部在贵阳联合召开了“亚欧森林保护和可持续利用国际研讨会”，并发表了“贵阳宣言”。在“贵阳宣言”中，强调了发展城市林业的重要性。2002 年 4 月，在泰国清迈又召开了第二次“亚欧会议森林保护和可持续利用国际研讨会”，科技部和中国林业科学研究院派代表参加了会议。在会议通过的亚欧森林科技合作的四个优先领域中，就包括了城市林业领域。大会还授权由中国和丹麦牵头组建亚欧城市林业研究网络，中国林业科学研究院代表亚洲方面派代表出任了城市林业研究网络协调员。该研究网络在欧盟和科技部的大力支持下，已经开始启动前期工作，并将在城市林业研究的相关领域协调研究，共享资源，推动亚欧城市林业的发展水平与规模。

第十二章　中国典型城市森林建设研究

城市是人口最为密集、活动最为频繁的地区。城市生态环境建设是整个国家生态环境建设的重要组成部分，必须纳入到整个国家生态环境建设的整体当中去。1995年以来，在国家科技部、财政部、原林业部等部门的大力支持下，我们开展了中国森林生态网络体系建设的理论与实践研究，该理论从整个国土保安角度出发，以城市为点，以河流、海岸及交通干流为线，以我国林业区划的东北西、西北区等八大林区为面，组成的点、线、面相结合的形式，构筑整个国家的森林生态环境保障体系。目前，中国森林生态网络体系建设项目已经在全国25个省（自治区、直辖市）建立了60个试验示范点，涵盖了全国各种类型的气候区，其中涉及城市森林研究的试验点有16个。

进入新世纪，我国林业发展确定了“生态建设，生态安全，生态文明”的三生态战略，提出要以天然林资源保护、退耕还林还草、野生动物保护和自然保护区建设等作为我国宏观生态环境整治的六大重点林业生态工程为框架，构建“点、线、面”结合的全国森林生态网络体系。其中以城市森林建设为核心的城市“点”的建设，是新世纪林业发展的重要方向。

城市作为中国森林生态网络体系建设的组成部分，重点就是要建设城市森林，把“空气清新、环境优美、生态良好、人居和谐”作为城市生态环境建设的总目标，进行系统布局和植物材料配置设计，实现在城市有限的土地和空间中以森林为核心，建立一种对城镇用地及空间布局具有先导作用的森林生态系统，从而保证在当前我国城市化进程不断加速的背景条件下，我国可持续发展战略的顺利实施，保障城市及全国生态环境和人民安居乐业，促进社会文明进步，实现我国资源、环境与社会经济的可持续发展。

城市森林作为一种特殊类型的森林，其研究的领域很广，涉及部门众多，研究难度大。我们在对16个城市试验点综合研究的基础上，结合中国国情和城市市情，在2000年扬州召开的项目全国研讨会上，提出了“林网化与水网化”的城市森林建设理念，指导项目涉及的16个城市试验点的城市森林建设，并成为新世纪中国可持续发展林业战略中“城市林业发展战略问题”的部分内容。这里，我们选择四个典型城市，介绍在城市森林方面的一些研究成果，其中有大型城市——上海，中型城市——北方的哈尔滨和东南沿海的厦门市，小型城镇——安徽省怀宁县。

第一节　上海城市森林建设

上海地处我国东部，是长江三角洲冲积平原上的一座沿海城市，境内除岛屿、丘陵外，还有平原、湿地等多样的生境类型，是中国森林生态网络体系建设研究中最具代表性的城市，上海城市森林建设所取得的经验不仅可直接应用于我国经济发达的长江三角洲地区，而且对全国其他地区具有导向和示范作用。1999 开始，中国林业科学研究院、上海市农林局、上海交通大学农学院等单位共同开展了城市森林建设的基础研究，特别是 2002 年，在中国林业科学研究院、上海市农林局的组织下，中国林业科学研究院、华东师范大学等 8 个单位 100 余位研究人员开展了上海城市森林发展规划研究，极大地推动了上海城市森林的研究与建设。

一、上海城市森林现状与格局分析

采用 1∶5 万航空影像资料，利用 3S 技术与野外实地调查相结合的方法，并通过对既有资料的总结，对上海城市森林从类型、分布、面积等方面进行本底调查，分析其分布格局的特征，指出上海市森林存在的不足，为上海城市森林布局以及目标群落类型的设定提供参考资料。

1. 森林植被类型概况

上海市位于中国东部亚热带北部地区，从植被分区来看，地带性植被为常绿阔叶林。但由于上海市的经济发展及近几百年来的城市化进程，同国内外其他大城市一样，其地带性自然植被在长期人为活动影响下，遭到很大程度的破坏，面积大幅度地减少，残存的植被也都呈孤立的岛状分布。自然状态下的植被仅存于佘山等丘陵和近岸的大金山岛、佘山岛等海岛上，而这些仅存的自然植被也受到人类活动的强烈影响呈现出极强的次生性，大部分植被都处于逆行演替过程中。据实地调查及有关文献，上海的自然森林植被可分为青冈群落、苦槠群落和红楠群落等几种类型。

在对前期上海市森林调查的基础上，对自然恢复过程中的植被进行了详尽的群落调查，为遥感信息解译提供了实地调查资料。植被类型中，除水生植物群落以及湿生植物群落外，森林群落主要是分别以朴树、枫杨和旱柳等为优势种的落叶阔叶林。由于受地势、地貌和土壤类型的影响和限制，这些自然森林群落将难于发展和演替到气候顶级群落的常绿阔叶林，而停滞于落叶阔叶林阶段，成为土壤或地形顶极群落。

据上海市农林局 2001 年的统计分析，上海市现有林业用地面积 371.93 平方公里（合 37193.3 公顷），其中有林地 309.33 平方公里（合 31066.7 公顷），占林业用地的 83.5%；苗圃地 6126.7 公顷。在有林地中林分面积 11786.7 公顷，经济林面积 15206.7 公顷，竹林面积 3780 公顷。全市四旁树共 7082 万株，其中郊区 6957.2 万株（折合 361.77 平方公里），市区 124.8 万株（折合 6.49 平方公里）。至 2001 年止，上海市森林覆盖率为 10.4%。

（1）调整城市郊区及边缘地区的农业产业结构，积极发展现代设施农业、高效农业，在提高农民收入的基础上，从单一的农业耕作模式中解放出来，利用一部分原有的农业用地来营造人工林。该人工林应该是用材林、经济林、游憩林的结合，以森林公园的表现形式出现，采用模拟自然植被的方法来经营。从经济角度至少有两个好处，对于城市郊区的已有比较稳定收入的农民可实现长期投资，把城市郊区的农业产业转向远离城市的地区，为那里的农民提高收入创造了条件。

（2）有条件的市政府可出资购买城市主要水系接近城市边缘的山坡地，发展林业或建设自然保护区，同时作为城市居民周末理想的游憩场所。

（3）规划和建设郊区的农田林网，使林网和城市向外辐射的公路、河道的植被廊道以及上述的大面积林地连接，使城乡的森林融为一体，真正实现把森林引入城市的目标。

2. 绿地、林地分布

采用 1：5 万航空影像资料（2000 年），通过目视解译，对上海市绿地、林地的分布现状特征进行分析（图 12-1）。

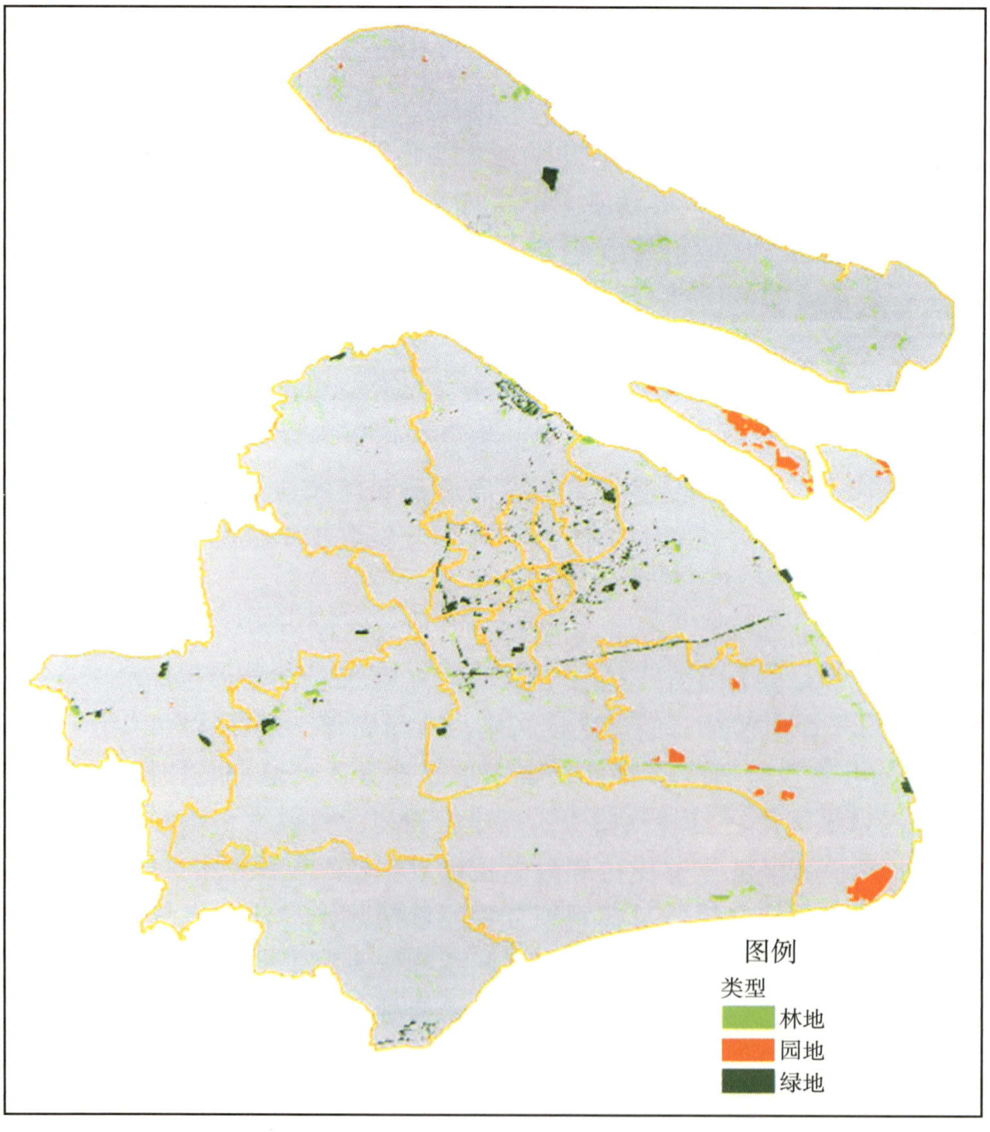

图 12-1　上海市绿地、林地分布现状（2000 年资料）

调查所得到的绿地面积为48.8平方公里。其中，公共绿地主要分布在市区，在郊区也有一些面积较大的绿地，如青浦、嘉定、松江等地的高尔夫球场，浦东的三叉港，南汇的影视城等旅游度假地。专用绿地分布在工厂、机关、学校等单位内，如宝钢、金山石化等厂区内有很多绿地。

从分布格局看，目前上海市成片的林地不多，有一定规模的林地主要分布在松江境内的佘山、天马山等低丘上，大治河等河流两侧的人工林，南汇、嘉定、长兴岛、崇明岛区域内的果园，其他为主要集中在农村居民点周围等的四旁树，总体分布零散，无大型成片森林。

3. 上海城市森林存在的问题

上海城市森林所存在的问题主要表现在：①林木覆盖率低、布局不合理，林地布局基本以点、线为主，缺乏充分考虑生物多样性保护的以大型森林组团和生态廊道为主的城市森林网络；②城郊森林发展不平衡，缺乏城郊一体化的考虑；③建成区绿化树种较少，城市绿地景观单一，树种比例不合理，尤其是香樟偏多，落叶树种太少，存在安全隐患；④城市森林经营管理落后，树木截干过低，不利环境改善，竹林密度过大，不利经营；对珍稀、长寿、速生等目的树种重视程度不高；⑤没有充分体现生态、经济和社会效益的统一，森林建设与农业产业结构调整结合不够紧密。

二、上海城市生态分区与城市森林功能定位及布局

从上海市的自然生境条件、环境质量状况、生态敏感区的分布、城市化程度等方面进行城市生态分区，同时根据水系及道路交通系统的等级，对上海城市森林的功能进行定位，提出布局的建议和依据。

1. 综合自然区划与上海城市森林建设目标林型

上海市属亚热带季风气候。根据三角洲发展过程和自然地理的分异规律，并按照自然、农、林业经济条件的相对一致性与差异性，全市可划分为3个自然区和13个下级单位的自然片。

Ⅰ. 淀泖低地区：属太湖碟形洼地的东延部分，地面高程均在3.5米以下，是全市低洼地最集中地区，以沼泽土起源的潜育—潴育型水稻土为主，区域内河湖水面多。

Ⅱ. 碟缘高地区：滨江靠海，地势比较高爽，地面高程一般在4~4.5米，地下水位深一般在1.0~1.2米。

Ⅲ. 河口沙洲区：属长江新三角洲部分，土地仍在伸涨。地势较低。气候海洋性特征较强。

综合自然区划揭示各区域能够支持和限制植被成立及发展的潜能，是帮助确定地区潜在自然植被以及设定城市森林建设"目标林型"重要依据。

在上海市域，气候条件可满足和支持常绿阔叶林作为地带性植被正常形成和发育，因此从地带性气候顶级群落的角度来看，上海市的城市森林建设应定位于以常绿阔叶树种为主的森林群落，但结合自然综合区划，从地势、地貌以及土壤条件来看，适合地带性常绿阔叶林正常形成和发育的地区仅为分布有黄棕壤的低矮残丘和一些沿岸岛屿，只占总面积

的 0.1%左右，而在广域的范围内由于较低的地势、较高的地下水位，以及以高盐碱、高黏性为主的土壤类型，使得气候顶级的地带性植被难以形成和发育，取而代之的是地形和土壤顶级的含有常绿成分的落叶阔叶林。

因此，上海城市森林建设则需在“淀泖低地区”和“河口沙洲区”区域考虑地下水位和土壤盐碱性及黏性，营建具有耐水湿、抗盐碱特性的落叶阔叶树种为主的森林。常绿阔叶林的建设需要适当建造小地形、修筑排水系统和进行土壤改良，使得树木根系高出地下水位面，有利于正常生长。另外，针对东南季风的影响，应在大陆沿海及岛屿沿岸建设防护林带。

2. 综合环境质量分区与环境保护林的布局

对影响上海市环境质量的空气质量、水系水质以及土壤重金属污染等主要因子的现状和分布特征进行综合，通过 3 因子影响程度的叠加，并结合上海市季风特征以及区域城市化程度差异的分析，上海市可划分 5 个环境污染类型区（图 12-2）。

Ⅰ. 中心城综合污染区：以大气和水质污染类型为主，大气污染程度在全市范围内最高。

Ⅱ. 环中心城综合污染区：与中心城相邻，包括嘉定东半部、宝山、闵行、浦东新区西半部。大气、水质以及土壤 3 大污染类型的影响都很显著。除大气污染程度略低于中心城区外，水质和土壤污染程度都非常高。

Ⅲ. 远郊综合污染区：包括松江区北部、中部以及金山区东半部和南汇西部。大气污染影响不大，污染主要表现为水质污染和以锌、汞和镉为主的土壤污染。

Ⅳ. 轻污染区：包括嘉定西半部、青浦北部及东南部、松江区南部、金山除最西端外的西半部、奉贤中、西部及东南部、南汇中部、浦东新区东半部，崇明岛西南部以及长兴岛西南部。大气污染影响轻微，水质多以Ⅳ、Ⅴ类为主，土壤污染不明显。

Ⅴ. 微污染区：包括青浦西部、金山最西端、奉贤东南部以及南汇东南部，崇明岛及长兴岛的大部和横沙岛。各种污染对环境的影响微小，是上海市环境质量最佳地区。

城市生态环境的改善是现代城市森林建设的主要目的，环境保护林的建设是其主要途径。因此以上海市主要环境污染的分布现状特征为基础进行综合环境质量的评价和区划，可以明确需要重点治理和改善的对象，并结合与主导风向的季节性特征以及不同区域城市化程度及工业区分布格局相互关系的分析，为城市环境保护林的布局，以及“目标林型”的确定提供依据。

中心城综合污染区污染程度最高，但由于人口密集，增绿空间不足，绿地面积的大幅度增长的潜力不大，可以积极推进立体绿化，变“平改坡工程”为“平改绿工程”，并大力发展垂直绿化，增加城区的绿“量”；同时应针对低效绿地进行改造，提高单位面积的生态效益，追求绿“质”和高生态效益的获得。主要可种植具有抗污染和吸收、吸附污染物强的树种，以此减缓以 NO_X 为主的大气污染的影响。

在中心城区西北部的嘉宝地区和东南部的闵行区以及浦东新区等环中心城综合污染区，应建设多个以森林为主的核心林地。在夏季东南风盛行期间向城区输送含氧量高的清新空气，并以此减缓城市的热岛效应。在西北部地区通过森林洁净空气的作用，一方

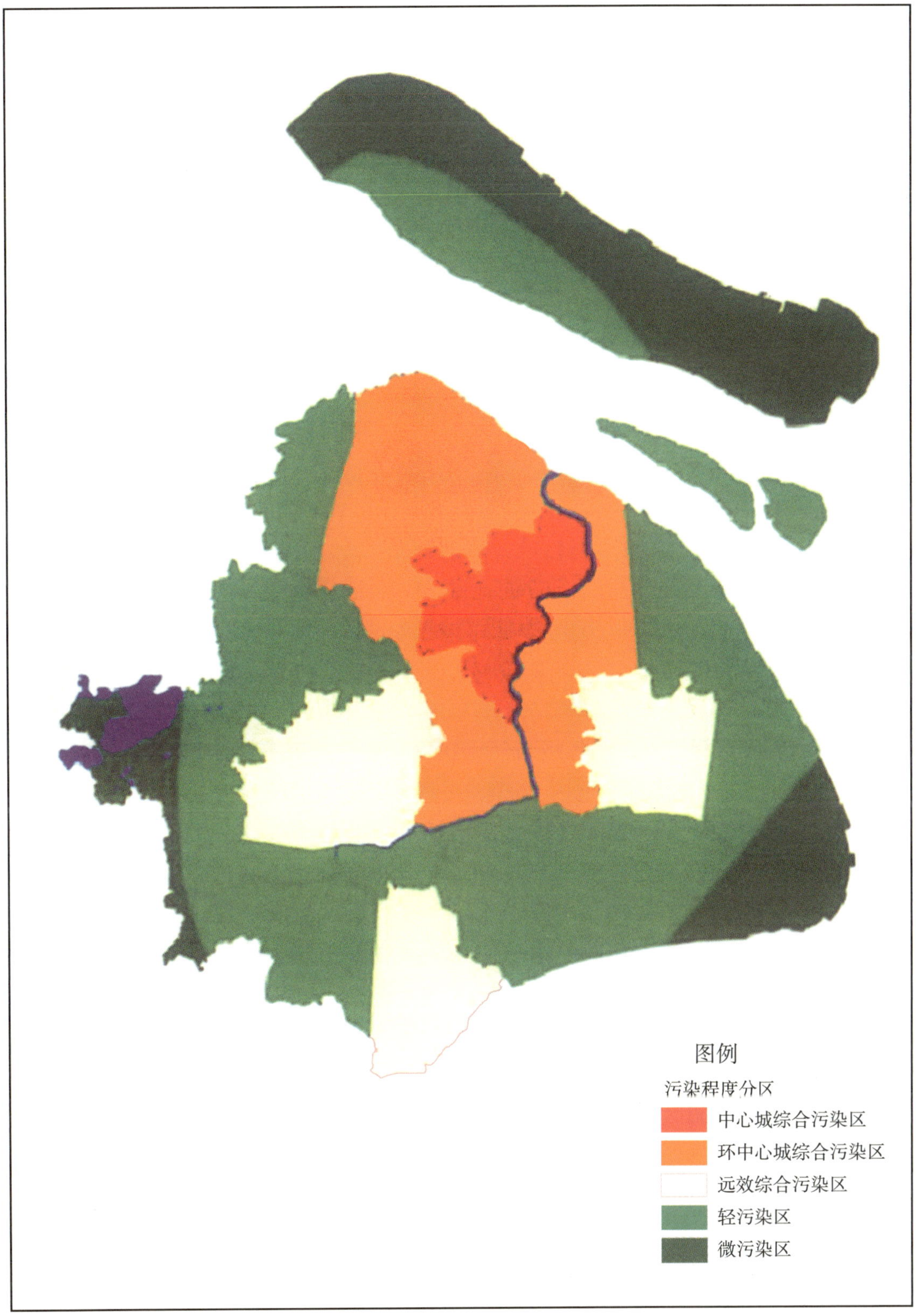

图 12-2 上海市综合环境质量评价

面减缓西北部空气质量的影响，另一方面，在冬季西北风盛行期间，减轻邻近省市大气污染物质对中心城区的影响。而具体的位置可进一步结合土壤污染现状，布局在长期使用城市生活垃圾的嘉定区、浦东新区污灌区等重污染地区。并在主要道路和污染严重的水系两旁以及工业区四周建设防护、隔离林带，减轻大气污染对周边的影响，以及起到改善水质的作用。

远郊综合污染区是以水质污染为主，应在主要水系两旁建设具有涵养防护林带，主要种植耐水湿且具有涵养能力的落叶树种，一方面通过减少地面径流对水系的影响，达到改善水系水质的目的，另一方面起涵养水源作用。在松江仓桥炼锌厂附近土壤污染严重地区以及金山石化工业区等建设大型片林和防护隔离林带，减缓污染对周边区域的影响。

轻污染区和微污染区环境质量较好，城市森林建设应以生物多样性保护、珍稀物种和生态系统保护以及休闲、游憩为主要目标，建设生态保护林。

3. 生态敏感区划分与生态保护的布局

生态敏感区（ecological sensitive area）是指对整个区域或国家具有生态环境意义的生态要素或实体，一旦受到人为干扰或破坏将很难有效恢复，但由于土地利用方式或环境因素的改变已经或即将对生态环境和经济的持续稳定发展造成影响，需要加以控制或保护的区域。近年把用来分割城市组团、防止城市无序蔓延的绿色地带也归为生态敏感区。城市生态敏感区是环境功能分区之一，是重要的城市空间资源，生态敏感区的划定是城市森林规划布局的重要依据之一。

狭义的生态敏感区类型包括：各级自然保护区；重要的生态系统如森林山体、沼泽、海岸湿地等；水源地；河流水系、滨水地区、海岸带、河岸带以及生态风景区、自然景观旅游区等。广义的生态敏感区类型除以上类型之外，还包括重要交通干线两侧的控制用地、城区间的永久性控制用地等永久性非建设用地，其可以有效地阻止城镇的盲目膨胀，对保护区域生态环境具有积极意义。

根据上海市现有的调查资料以及实地调查，并结合上海市总体规划以及上海市自然保护区建设设想，上海市生态敏感区主要有如下部分：

a. 淀山湖湖区湿地保护区

b. 黄浦江上游水源涵养区

c. 佘山国家森林公园区

d. 海岸带风景区

e. 横沙岛生态岛区

f. 岛屿湿地保护区

g. 金山三岛自然保护区

h. 外环线外侧核心林建设区及新城、中心城镇环城林带

生态敏感地区的保护是生态环境保护的主要组成部分，以生态敏感区域为中心营造生态保护林是城市生态环境建设的主要途径。

淀山湖湖区湿地保护区和黄浦江上游水源涵养区应以水源涵养功能为主，建设生态保护林。在佘山国家森林公园区，以佘山、天马山、凤凰山等11座孤丘为中心，在其周边通过近自然林的建设，将其连接成片，提高野生动物和生物多样性保护的功能，在为人们提供休闲、度假场所的同时，也成为动植物的良好栖息地。在海岸带风景区建设海岸防护林，防风增景。横沙岛生态岛区，营造以生态林为主的各类森林，林地面积80%以上。在崇明东滩湿地外围建设生态保护林，起保护湿地作用。九段沙尚无建林条件，而金山三岛自然保护区森林恢复良好，无进一步造林的必要。

在外环线外侧已建有的100米宽景观防护林的基础上，应进一步加大建设规模，建设大型林地；同时在新城、中心城镇周边建设环城林。

三、上海城市森林的规划框架

1. 规划的指导思想和原则

（1）指导思想。上海现代城市森林规划的总体指导思想：“以人为本，人与自然协调发展。以道路和水网为构架，核心林地为重点，通过林网化、水网化建设，构建上海现代城市森林生态系统。服务于上海未来经济和社会发展总目标，从整体上改善城市环境、提高城市活力，达到社会、经济、生态效益的统一，经济与社会的可持续发展。”

（2）规划原则。

① 生态优先，体现以人为本。鉴于城市生态环境问题日益突出的矛盾，城市森林应该把净化大气、保护水源、缓解城市热岛效应、维持碳氧平衡、防风防灾、调节城市小气候环境等生态功能放在首位；应从满足人体呼吸耗氧，为人类提供新鲜空气，增加负氧离子含量以及观赏休闲等需求作为建设重点；从偏重于视觉效果转向注重人体身心健康角度综合考虑，强调人居环境，体现以人为本、人与自然相互协调。今天的城市绿化中缺少的正是注重树木与人体身心健康的关系。

② 师法自然，注重生物多样性。通过建立稳定和多样化的森林群落，达到传承文明，师法自然，景观多样，应接不暇的效果。充分利用树种资源和生态位资源，形成不同类型的森林生态系统，既满足人们不同的文化和生活需求，又为不同生物提供生存繁衍的生态环境，促进生物多样性保护。

③ 系统最优，强调整体效果。科学配置，完善城市森林类型和布局，最大限度提高森林总量，发挥城市森林的最优生态效益，实现生态系统各子系统的相互协调，充分提高城市森林对整个城市的总体功能。

④ 因地制宜，突出本土特色。根据不同地段的自然条件、生态环境质量，确定适宜的森林结构，选择应用具有主导功能特点的树种，进行城市森林的合理布局。增加乡土植物特别是建群种和优势种的使用，突出本土植被群落模式的特点，完备优化森林结构，提高森林生态系统的稳定性。

2. 规划目标

（1）总体目标。到2020年，全市新增森林面积1015.78平方公里，全市森林面积将达到1675平方公里。林木覆盖率可增加25%，加上现有的林木覆盖率10.4%，届时全市林木覆盖率可达到35%。初步建成与上海国际经济、金融、贸易规模相一致的，能够代表上海国际大都市形象，具有综合生态环境效益的城市森林，使城市贴近自然、融入自然，实现城乡一体化，构建各种衔接合理、结构完善的现代近自然的城市森林生态系统，达到城在林中，人在绿中的森林效果，使上海的空气更加新鲜，水源得到良好保护，环境污染得到明显缓解，生物多样性得以合理保护，形成“林荫气爽，鸟语花香；清水长流，鱼跃草茂”的美好的生态环境，从而为“绿色上海、生态城市”的建设奠定基础；实现“天更蓝、水更绿、居更佳”的目标。

（2）分期规划。至2005年，新增森林面积482平方公里，全市森林面积可达1141平方公里以上，林木覆盖率达到18%；2006~2010年，新增森林面积279平方公里，全市森林面积达1420平方公里以上，林木覆盖率达到30%；2011~2020年新增森林面积254平方公里，全市森林面积达到1675平方公里，林木覆盖率达到35%。

3. 布局框架

按照“林网化与水网化”的城市森林建设理念，从区域景观背景出发，结合《上海市城市总体规划（2020）》，制定出了城郊一体化的上海现代城市森林总体规划框架，并运用系统生态学和规划学原理提出了“三网、一区、多核”的上海城市森林总体布局框架；提出了二纵四横的引江水入大海，变死水为活水的水网发展框架（图12-3）。

（1）三网（即水系林网、道路林网和农田林网）。

① 水系林网：是在河流和湖泊沿岸带建设防护林带，主要起到涵养水源、净化水质，防止土壤流失、巩固堤岸、促进疏导、抵御台风、风暴潮等自然灾害等作用（图12-4）。

② 道路林网：是以道路系统为骨架，在道路两侧规划林带，形成道路林网系统，目的是保护路段，增强行车安全，防治污染、净化汽车尾气，防尘和减低噪声，美化景观，兼具廊道作用（图12-5）。

③ 农田林网：是在基本农田周围的路、沟、河、渠、宅边营建防护林网、散生树木等。对于保护农田、生物隔离、防治灾害、抵御台风侵蚀具有重要作用。它在不改变用地性质的条件下，占用较少的土地面积，使林木覆盖率有了较大提高。

（2）一区。在淀山湖、黄浦江上游及太浦河等支干流、佘山集中连片的淀泖水源区，根据不同地域生境特点，构建以涵养水源、净化水质为主，包括生物多样性保护、休闲旅游等多种功能的重点生态建设区。

（3）多核。在林网水网中构建结构稳定、达到一定规模的能构成森林环境的各种功能林，使其成为城市森林生态系统中的核心林地，城市森林网络中的结点。它主要分为大型生态休闲林和岛屿生态林、污染隔离林和中心城镇林，以及建成区的核心林地。

四、城市森林生态功能的相关研究

1. 城市人工片林小气候研究

城市人工片林是城市森林的重要组成部分。随着上海城市建设的发展，包括森林公园、

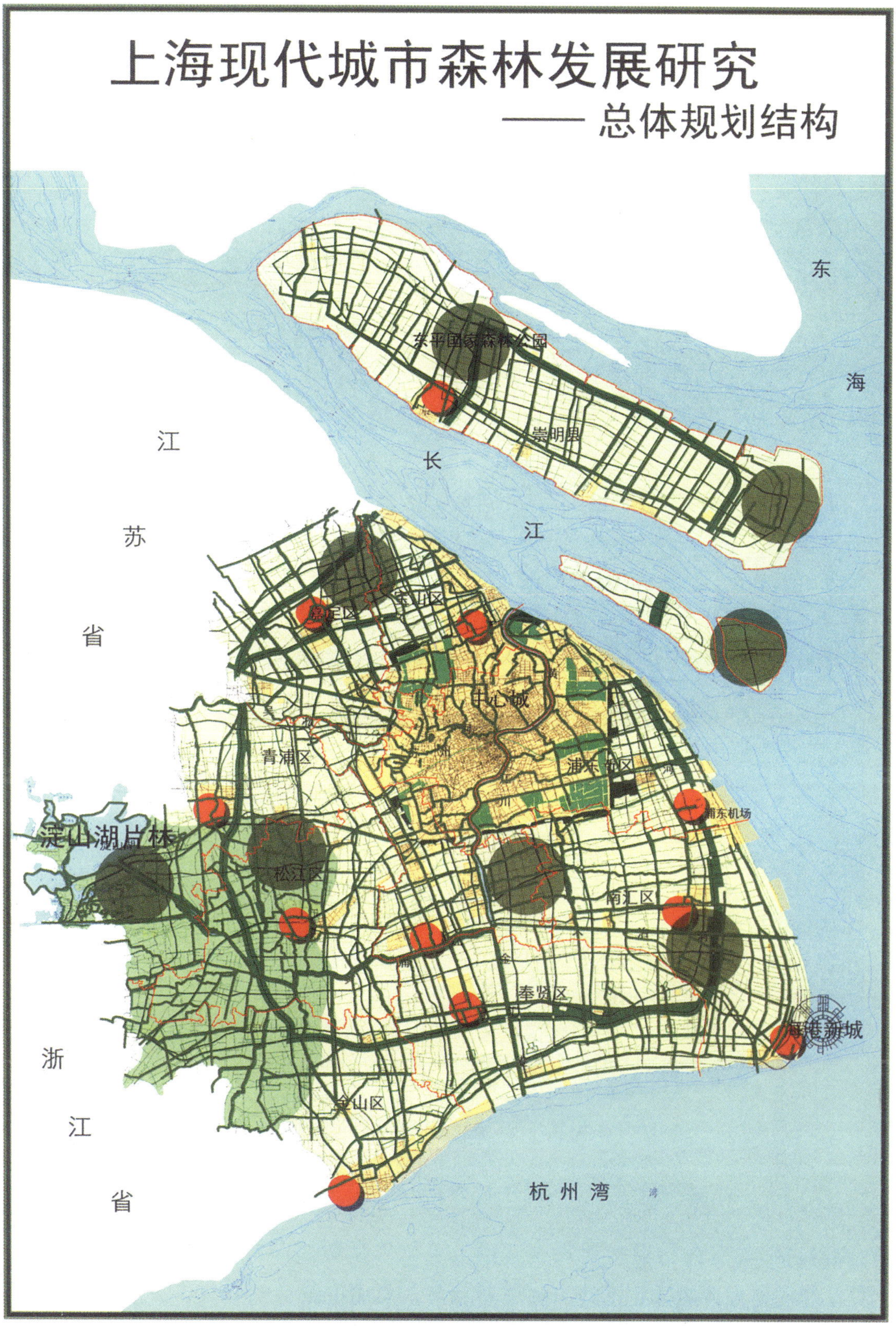

图 12-3　上海现代城市森林发展研究总体规划

图 12-4　河流水系林带

图 12-5　道路林网建设

100~500 米外环林带等在内的人工片林的建设，将会起到改善城市小气候的作用。位于上海市浦东新区唐镇大众村的片林紧靠外环线，属城郊结合部。林地面积 1.5 公顷，林龄 25 年，栽植密度为 1 米（1 米株行距，冬季落叶，林分平均胸径 11.6 厘米，平均高 10 米，夏季郁闭度 0.85。林地地势低洼易积水，林木生长状况中等。无论从片林面积大小、立地条件、生长状况等方面，试验片林在上海地区都具有代表性。

（1）片林温度变化。

① 温度日变化特点。从夏天一天温度的变化可以看出，林中温度变化缓慢，没有明显的极值出现时间，从 22：00~9：00 温度都在 26~27℃，11：00~16：00 都在 28~29℃，全天温度变化仅 3℃左右。而对照有明显的日变化，白天温度偏高，晚上温度偏低的现象非常明显，14：00 高出 0.5℃，2 点低 0.1℃（图 12-6）。

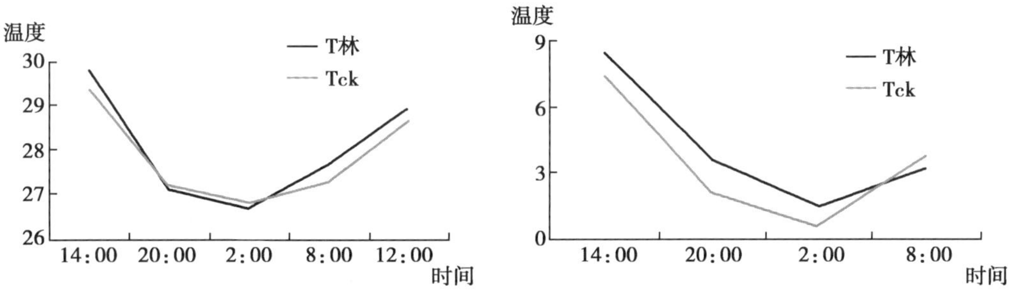

图 12-6　林内外温度比较

左图为夏季，时间为 2000 年 8 月 28~29 日，右图为冬委，时间为 2001 年 2 月 16~17 日，地点，上海

冬季，全天大部分时间林中温度没有对照高，14：00 偏低 1.1℃，晚上温度也偏低，但早晨温度可以接近对照。

② 片林中温度的水平分布。以中午 12：00（冬 11 点）和凌晨 1：00（冬 2：00）分别代表昼夜温度的情况，从表 12-1 可以看出，夏季晚上林中温度最高，为 26.8℃，向周围递减，上风向南侧降为 26.4℃，下风向北、西侧降为 26.6℃；白天林中温度最低，南、西、北侧分别增至 30.0℃，32.1℃，30.2℃。冬季晚上西北侧温度向林地递增，温度比林中低 0.5℃左右，南侧和林中温度差不多；白天各方向及林中温度差不多，均在 9℃左右。说明夏季林地白天有明显的降温作用，而冬季降温效果不明显，仅起到挡风的作用。

表 12-1　冬夏昼夜温度水平分布（上海，2000~2001 年）（单位：℃）

温度时间	林中	北缘			西缘				南缘		
		3h	6h	9h	0h	3h	6h	9h	0h	3h	6h
2000 年 8 月 29 日 1h	26.8	26.5	26.6	26.6	26.4	26.4	26.6	26.6	26.8	26.5	26.4
2001 年 2 月 17 日 2h	−0.1	−0.6	−0.6	−0.8	−0.7	−0.8	−0.7	−0.5	0.3	0.0	0.0
2000 年 8 月 29 日 12h	28.8	29.8	30.0	30.2	29.9	30.7	31.2	32.1	29.5	30.0	30.0
2000 年 8 月 29 日 11h	8.9	9.0	9.4	9.5	9.2	9.1	9.0	8.8	9.0	9.0	8.8

（2）片林周围温度随距离的变化。

① 西侧温度变化：夏季西侧为下风向，从图 12-7 可以看出，各测点上温度以林缘全天温度最低，林外温度昼夜有区别，白天温度有随距离增加而增高的趋势，晚上温度各测点上差不多。这与林木吸收太阳辐射，地面接受辐射减少有关。

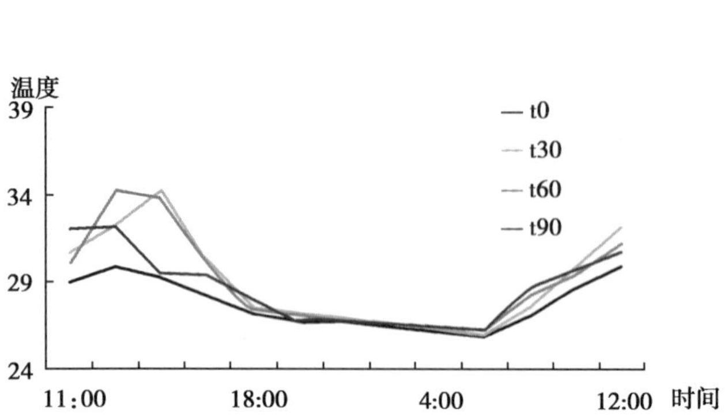

图 12-7 片林西侧温度变化

左图为夏季，时间为 2000 年 8 月 28~29 日 右图为冬季，时间为 2001 年 2 月 16~17 日

冬季西侧为上风向，无论白天晚上，林中温度都偏低，白天主要是林木阻挡太阳辐射所致，而晚上也起不到减少地面能量损失的作用。

② 片林北侧温度变化：夏季全天各距离上温度没有明显的差别。白天由于 T30 距离片林较近，温度略低，林中温度明显低于林外各测点。这与西测点有相用的趋势，但晚上林中温度偏高，这与片林减少地面辐射有关。北侧为典型的下风向特点，特征明显。

冬季北侧也是上风向，白天林中温度略高，林内略低，全天温度及走势基本相同，说明上风向林带的影响甚小（图 12-8）。

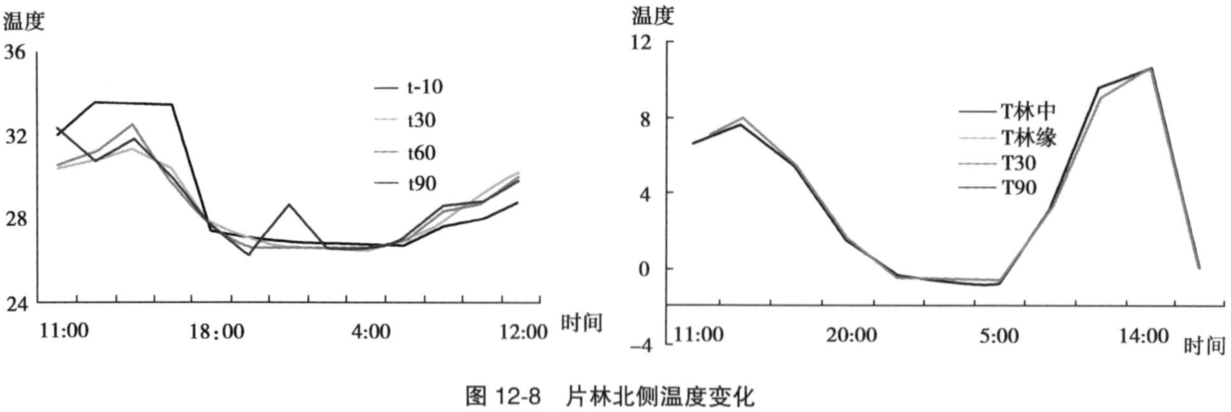

图 12-8 片林北侧温度变化

左图为夏季，时间为 2000 年 8 月 28~29 日 右图为冬季，时间为 2001 年 2 月 16~17 日

③ 片林南侧温度变化：夏季南侧具有典型的上风向特征，林中白天温度偏低，晚上偏高。早晨 6：00 后的温度为林中、林缘偏低，其次为 T30，T60 最高。晚上 18：00~ 早晨 6：00：林中、林缘温度最高，T30 居中，T60 最低（图 12-9）。而冬季，白天（17：00 以前），

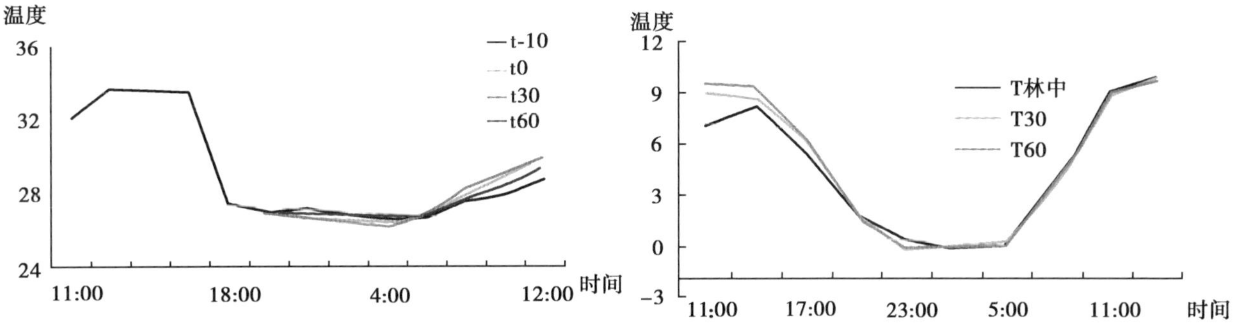

图 12-9　片林南侧温度变化

左图为夏季，时间为 2000 年 8 月 28~29 日　右图为冬季，时间为 2001 年 2 月 16~17 日

林外温度高于林内，其他时间温度相差不大。南侧是下风向，片林挡住了偏北风，起到了一定的增温效果。

（3）地温。2001 年冬季加测了地温。对照为南侧林外 60 米。根据测定，无论白天晚上，林中土壤温度和对照比，垂直分布趋势相同，但均低于对照 2~3℃。这与白天太阳辐射较强，树木阻挡了太阳辐射有关，而晚上树木对地面辐射的影响没有体现出来（表 12-2）。

表 12-2　林内外地温比较（上海，2001 年 2 月 16~17 日）（单位：℃）

时间	林中			对照		
	T_0	T_{10}	T_{20}	T_0	T_{10}	T_{20}
14：00	12.8	5.3	5.6	14.2	7.4	7.7
2：00	−3.0	3.1	5.0	0.0	6.3	7.6

（4）湿度。选择片林 6 倍林缘距离处的湿度进行比较，Rs60，Rw60，Rn60 分别为南、西、北 6 倍林缘距离处的湿度，R=10 为林中的湿度，从图 12-10 中可以看出，夏季林中湿度变化比较平缓，这与片林的郁闭有关，各个方向上林中湿度在白天偏高，晚上偏低，其变化有相同趋势。冬季在南北方向晚上湿度比林中高，白天相差不大，而西侧和林中相差不大。

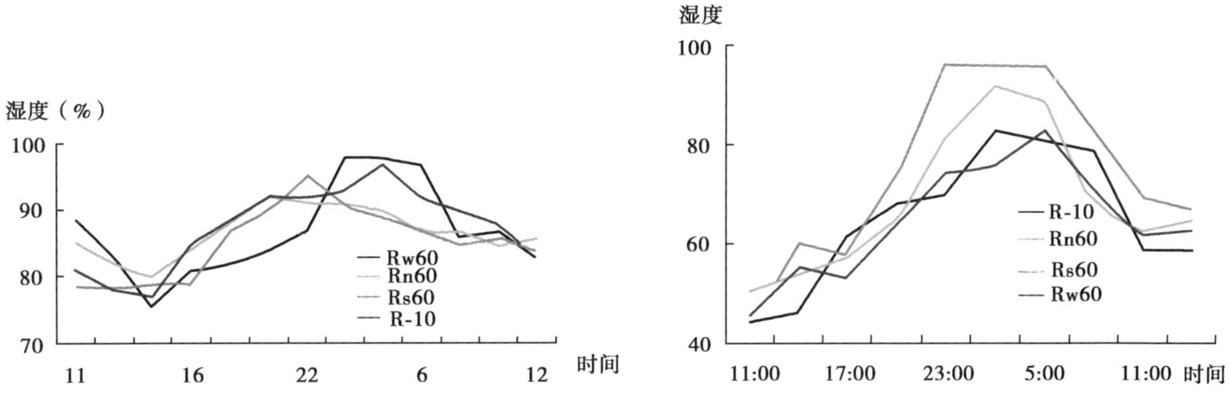

图 12-10　片林北侧温度变化

左图为夏季，时间为 2000 年 8 月 28~29 日　右图为冬季，时间为 2001 年 2 月 16~17 日

通过该片林冬、夏晴天各 24 小时对小气候的测定，结果表明：与对照比，夏天林中温度白天偏低，晚上偏高，变化趋势平缓，没有明显的极值出现时间，冬天这种现象不明显；片林周围各方向上，无论冬夏，下风向（如冬天的北则和夏天的南侧）对温度的影响都比上风向大；林中土壤温度均低于林外；夏天林中湿度日变化比林外小，冬天这种差异不大。

2. 上海地区重金属污染防护绿化树种选择研究

土壤重金属污染问题因有可能通过食物链传递造成环境公害而一直备受关注。土壤—植物系统重金属污染问题存在一定的普遍性，农业中污水灌溉、施用含重金属元素的化肥、污泥和农药，汽车尾气，工业原材料堆置、废物废渣排放，矿区降尘等，都有可能引起重金属污染。尤其是在城市地区，工矿点污染源、道路和污染水系两侧地带成为典型的重金属污染地带。重金属污染土壤的传统修复方法通常为使用土壤改良剂、客土法、酸淋洗、物理分离和电化学法等物理化学方法，但这些常规方法不仅费用高，难以大规模应用，而且可能导致土壤结构破坏、土壤生物活性下降和土壤肥力退化等问题。随着环境问题的日益突出和人类对环境保护的日益重视，利用植物来进行修复的方法应运而生。近十几年刚刚兴起的植物修复（Phytoremediation）技术已经成为目前该领域的研究热点，被认为是一种新兴的环境修复技术,在国外已经有产业化趋势。植物修复技术在我国也有广阔的应用前景，我国城市绿化快速发展，若能结合植物修复技术的应用，可以有效防护重金属污染的危害，提高绿化质量、效益，完善城市生态防护绿化体系。

（1）污染河道两侧植物样品的重金属含量分析。河岸植被对净化水体具有重要作用。不同的树种、不同的器官对不同污染物的富集能力不同，了解这种差异是选择适宜树种的基础。上海市的污染河道两侧比较常见的树种有构树、刺槐和水杉（表 12-3）。

表 12-3 污染河道部分树种重金属元素富集能力比较分析（毫克 / 公斤）

种类	器官	Cd	Cr	Cu	Pb	Zn	Mn
构树	叶	0.138	2.946	9.546	6.048	37.32	27.85
	枝	0.06	2.168	5.639	3.685	12.98	9.3
	根	0.093	5.123	7.606	2.946	17.29	50.79
刺槐	叶	0.193	3.362	5.585	8.206	43.2	26.81
	枝	0.018	2.658	3.908	2.023	17.24	3.56
	根	0.65	3.697	4.256	3.012	21.325	18.9
水杉	叶	0.188	4.512	9.723	9.957	53.28	121.76
	枝	0.113	1.63	7.781	4.803	23.82	43.11
	根	0.077	1.448	13.844	2.815	27.48	27.43

由表 12-3 可知，在 3 种树种中，水杉叶片、枝条对重金属的富集能力较强，构树叶片和刺槐枝条对重金属的富集能力相对较弱；3 种植物的不同部位的富集能力因重金属种类而异，在 3 种植物中重金属的含量一般为叶片 > 根部 > 枝条；植物不仅对重金属有选择性吸收，而且在向上运输方面也有选择性。3 种植物长势都较好，说明这 3 种树种对重金属具有一定的抗性，都适合作为重金属污染河道的防护绿化树种。

（2）工矿点源污染区植物样品的重金属含量分析。在上海重金属污染地带采集树木样品，用 ICP 测定其重金属含量见表 12-4。综合各树种枝、叶植物样品的重金属含量数据及其分析，并结合各树种的综合生长状况，在重金属污染厂区的绿化树种中，法国冬青、紫薇、木芙蓉、女贞和龙柏等树种富集重金属能力较强，且生长状况较为良好，最适于作为重金属污染厂区的生态防护绿化的主要树种；而蚊母树、夹竹桃和石楠等植物种类虽然富集重金属能力较低，但有较强的耐性，能良好生长，也适于作为污染区绿化美化树种。海桐、棕榈、小叶黄杨生长较差，可选择适量应用。对于富集能力明显较差而又生长差的植物种类，如丝兰，则不适于作为污染区主要绿化材料。

表 12-4　上海地区部分树种重金属元素富集能力比较分析（毫克 / 公斤）

种类	器官	Cd	Cr	Cu	Pb	Zn	Mn
女贞	叶	0.463	2.935	11.081	9.051	93.89	61.11
	枝	0.199	17.219	8.452	10.279	49.88	25.01
海桐	叶	0.324	1.594	8.1551	4.039	48.31	39.07
	枝	0.443	8.826	13.75	7.547	49.34	43.9
夹竹桃	叶	0.39	0.854	10.856	8.173	51.72	61.63
	枝	0.558	2.419	8.499	4.003	49.81	14.65
棕榈	叶	0.099	37.106	7.757	7.241	42.43	53.08
	枝	0.401	37.05	11.762	16.457	67.25	44.56
龙柏	叶	0.17	10.403	8.969	14.15	49.95	48.14
	枝	0.418	9.144	12.057	22.087	83.1	41.24
蚊母树	叶	0.042	1.31	4.556	4.971	16.05	36.75
	枝	0.062	2.939	9.662	6.396	22.86	10.86
小叶黄杨	叶	0.12	2.119	4.75	7.839	26.39	38.84
	枝	0.355	20.194	12.621	26.085	69.14	49.98
法国冬青	叶	1.043	0.919	7.934	6.68	73.62	45.74
	枝	1.834	5.968	9.369	9.091	81.87	25.62
紫荆	叶	0.188	3.3	5.848	11.281	30.18	79.98
	枝	0.077	9.9	5.826	6.095	39.96	26.29

（续）

种类	器官	Cd	Cr	Cu	Pb	Zn	Mn
石楠	叶	0.105	0.891	8.401	7.952	25.73	32.56
	枝	0.202	3.009	11.763	11.339	30.26	7.75
木芙蓉	叶	0.483	2.117	10.842	13.769	63.51	91.91
	枝	0.207	2.968	25.134	6.63	40.8	20.73
紫薇	叶	0.3	1.314	14.254	8.177	35.25	191.5
	枝	0.314	7.822	11.205	19.501	49.35	88.34

3. 上海主要绿化树种的抑菌物质和芳香成分分析

张庆费等（2000）分析了上海市 12 种绿化树种的挥发性抑菌物质、芳香成分及其相对含量，结果见表 12-5 和表 12-6。

（1）树木抑菌气体挥发物质成分及其含量。从表 12-5 可以看出，12 种绿化树种挥发的抑菌物质共 9 种，包括间羟基苯甲酸、水杨酸甲酯、邻苯二酚、乙酸、乙醚、丙烯酸、乙硫醚、2- 莰酮。其中银杏的挥发量最大，其次是臭椿、构树和悬铃木，再次是香樟、珊瑚树、雪松、水杉和海桐，凤凰竹和罗汉松最低。12 个树种均挥发乙醛和乙酸，多数树种以挥发酚类和酸为主，银杏主要挥发酚类物质，雪松以挥发酸为主，香樟以 2- 莰酮为主。乙醛以及间羟基苯甲酸、水杨酸甲酯、邻苯二酚等酚类物质是消毒剂和杀菌剂；乙酸和丙烯酸等挥发酸能酸化环境，抑制细菌繁殖；2- 莰酮具有很强的杀菌能力；硫醚具浓烈蒜味，有一定抑菌效果。

表 12-5　上海 12 种绿化树种挥发性抑菌物质及含量（%）

树种	成分	相对含量	合计
银杏	m-hydroxybenzoic acid	18.31	57.84
	methyl salicylate	16.83	
	catecbol	15.05	
	acetic acid	6.32	
	acetaldehyde	1.33	
臭椿	acrylic acid	16.72	43.26
	m-hydroxybenzoic acid	14.22	
	acetic acid	4.15	
	diethyl sulpbide	3.13	
	methyl salicylate		
	acetaldehyde		
珊瑚树	acetic acid	2.91	
	acetaldehyde	1.26	
雪松	acrylic acid	14.23	30.15
	acetic acid	9.01	
	borneol-2	4.92	
	acelaldehyde	1.99	
水杉	acrylic acid	9.21	22.18
	m-hydroxybenzoic acid	6.30	
	methyl salicylate	2.62	
	acetaldehyde	2.05	
	acetic acid	2.00	

（续）

树种	成分	相对含量	合计	树种	成分	相对含量	合计
构树	methyl salicylate	42.34		海桐	methyl salicylate	7.65	21.14
	acetic acid				acrylic acid	5.65	
	m-hydroxybenzoic acid				acetic acid	3.96	
	acetaldehyde				acetaldehyde	3.88	
悬铃木	catechol	40.32		广玉兰	acetic acid	5.63	18.50
	acrylic acid				camphanone-2	3.49	
	methyl salicylate				borneol-2	3.41	
	acetic acid				acetaldehyde	2.98	
	acetaldehyde				methyl salicylate	1.52	
香樟	campbanone-2	33.75			m-hydroxybenzoic acid	1.47	
	methyl salicylate			凤凰竹	methyl salicylate	10.03	13.59
	borneol-2				acetic acid	2.00	
	acetic acid				acetaldehyde	1.56	
	acetaldehyde			罗汉松	acetic acid	1.19	4.68
珊瑚	catechol	27.51			acetaldehyde	3.49	
	methyl salicylate						

（2）树木芳香气体挥发物质成分及其含量。由表 12-6 可看出，12 种供试树种释放的芳香物质共 9 种，包括柠檬醛、乙酰乙酸乙酯、丁酮醇、丙烯醇、异戊醇、苯甲醛、2- 莰醇、松油醇和乙酸乙酯。各树种释放芳香物质的种类和比例不同，多数树种释放乙酰乙酸乙酯，释放丁酮醇和柠檬醛的种类也比较普遍。从含量上比较，罗汉松和海桐相对含量最高，其次是广玉兰、雪松、水杉和凤凰竹，再次是香樟和悬铃木，珊瑚树、构树、臭椿和银杏较低。但不同的芳香物质和含量具有不同的清香味和香度，大量释放柠檬醛的树种，如海桐、水杉、雪松、广玉兰、银杏和香樟等能散发愉快的香味。而释放 2- 莰醇的广玉兰、雪松和香樟也具有独特的芳香。雪松还释放独特的松油醇。

表 12-6　上海市 12 种绿化树种挥发性芳香成分及含量

树种	成分	相对含量	合计	树种	成分	相对含量	合计
罗汉松	ethyl acetoacetate	14.66	44.50	凤凰竹	iso-pebtanol	9.21	29.62
	allyl alcohol	13.76			ethyl acetoacetate	8.00	
	citral	6.77			allyl alcohol	6.36	
	acetyl methylcarbinol	6.33			acetyl methylcarbinol	6.05	
	iso-pebtanol	2.98		香樟	ethyl acetoacetate	11.35	25.89
海桐	citral	27.66	43.22		citral	9.98	
	ethyl acetoacetate	14.24			borneol-2	3.96	
	acetyl methylcarbinol	1.32			ethyl acetate	0.60	
广玉兰	citral	14.24	36.93	悬铃木	allyl alcohol	11.97	23.76
	iso-pebtanol	6.47			acetyl methylcarbinol	5.16	
	allyl alcohol	5.47			ethyl acetoacetate	4.26	
	borneol-2	3.41			benzaldehyde	2.37	
	ethyl acetoacetate	3.05		珊瑚树	allyl alcohol	10.36	17.95
	ethyl acetate	2.16			acetyl methylcarbinol	5.26	
	benzaldehyde	2.13			ethyl acetoacetate	2.33	
雪松	citral	17.77	34.65	构树	ethyl acetoacetate	10.19	17.22
	allyl alcohol	6.72			acetyl methylcarbinol	7.03	
	terpineol	5.24		臭椿	ethyl acetoacetate	9.78	17.18
	borneol-2	4.92			acetyl methylcarbinol	7.40	
水杉	citral	23.16	30.27	银杏	citral	10.31	16.99
	benzaldehyde	5.17			ethyl acetoacetate	6.68	
	ethyl acetoacetate	1.94			ethyl acetoacetate	1.94	

4. 城市园林植物群落的结构特征

上海植被自然分区特征表现为常绿阔叶林和常绿阔叶、落叶混交林的过渡性植被由于水条件以及人工的引育，城市园林的植物群落外观上表现出的林型特征较为丰富。根据建群种的性状，可将园林植物群落划分 8 个自然类。在这 8 个自然类中，以常绿阔叶林出现的比值最高，占调查样地的 24.03%。落叶阔叶林和常绿落叶阔叶混交林也占有较高的比率，分别为 17.53% 和 14.29%。地带性特点不强的类型出现频率较低，如常绿针叶、落叶针叶和落叶针阔混交林型，分别为 6.49%、5.84% 和 2.60%。在群落稳定性较好的公园绿地中，这种特征表现得更为明显。这说明了城市绿化不能脱离城市所处的地域环境，只有充分考虑地带性植被的特点，遵循自然植被生存、发展的规律，使适地绿化的生态学原理在城市绿化中得以体现，才能丰富城市绿化的生物多样性，发展城市绿化。

在自然森林植物群落的垂直结构上，若乔、灌、草层次丰富，比例适当，则可以充分利用光能。但城市园林植物群落大都存在着结构组成不尽合理的现象。调查表明在上海城市园林植物群落中，没有灌木层的群落占调查样地的 19.5%，有些群落中虽有下层植物分布，但密度、冠幅指数（冠幅指数 = 冠幅面积总和与单位土地面积之比）都小于乔木层，这类样地在调查样地中占有一定的比例，约 8.6%，灌木层冠幅指数小于乔木层的则有相当大的部分，约占 50.47%。

（1）乔木层树种的组成。由优势种决定的不同林型的群落结构组成是不同的，这种结构组成的特点既反映了地区植被的特点，又受群落内种间作用与生态因素的影响。107 块样地调查表明上海城市园林植物群落中一般常见树种约 68 种。虽然华东地区是我国植物种类较为丰富的地区之一，但在上海城市园林植物群落中的建群种与优势种种类不甚丰富，约在 12 种左右（表 12-7）。其中香樟出现的频率为最高，达 48.70%，广玉兰为 25.97%，水杉和雪松分别为 20.78% 和 18.83%，其余出现频率都较低，都在 10 % 左右或以下。这种频率的分布规律在调查的各类绿地中都相似，仅在工厂绿地，水杉的分布频率特别高，仅次于香樟，达 33.33%。

表 12-7　上海市园林植物群落主要建群树种分布

绿化功能区主要建群树种（乔木）	公园绿地		街头绿地		庭园绿地		工厂绿地		合计	
	出现次数	频度（%）	出现次数	频度（%）	出现次数	频度（%）	出现次数	频度（%）	出现次数	频度（%）
香樟	10	27.78	9	42.86	27	58.69	29	56.86	75	48.70
广玉兰	4	13.89	6	28.57	17	36.96	12	23.53	40	25.97
雪松	5	11.11	4	19.04	8	17.39	9	17.65	29	18.83
龙柏	2	5.56	0	0.00	4	8.70	10	19.61	16	10.39
榧树	4	11.11	1	4.76	2	4.35	2	3.92	9	5.84
悬铃木	1	2.78	2	9.52	5	10.87	7	13.72	15	9.74
榔榆	3	8.33	4	19.04	3	6.52	4	7.84	14	9.09
银杏	3	8.33	3	14.28	4	8.70	3	5.88	13	8.44
枫杨	2	5.56	1	4.76	4	8.70	1	1.96	8	5.19
柳树	1	2.78	0	0.00	5	10.87	0	0.00	6	3.90
泡桐	1	2.78	0	0.00	1	2.17	3	5.88	5	3.27
水杉	1	2.78	3	14.28	11	23.91	17	33.33	32	20.78

（2）不同林型下小乔木和灌木种类的分布。植物群落的垂直结构一般可分为乔木层、小乔木层、灌木层和地被层等，但随着植物群落类型的差异，各个层次的发育也有较大的不同。例如落叶林下由于阳光透射较多，因此，灌木层和地被层往往较为发达，而常绿林内由于郁闭度较大，地被层往往缺失或发育微弱。

上海城市园林植物群落的建群种和优势种虽不丰富，但由于建群种形成的群落内部环境一定程度上改善了中下层植物的生境，表现出林下小乔木和灌木层种类比较丰富，约有 105 种。在调查样地中出现频率最高的是棕榈，为 39.29 %。其次是桂花，为 25.00%。

在不同优势种组成的乔木林下，由于生境的差异，小乔木灌木层植物种类的分布有着不同之处。在落叶阔叶树种为建群种的植物群落中，物种较之常绿阔叶林为丰富，表现在单位面积上平均物种数为 0.09（表 12-8），高于常绿阔叶林（除植物园引种林外 ）。棕榈、小叶黄杨、八角金盘、蚊母树作为生态幅较广的种类，在各型植物群落的小乔木灌木层中平均出现频率较高，它们既有一定的耐阴性，对光照较强的环境也能较好地适应，在各种林型下都有优势的表现。桂花、罗汉松、大叶黄杨和珊瑚树仅以较高频率出现在落叶树群落中，在常绿群落中出现频率较低，而山茶、女贞、栀子、凤尾兰则以较高频率出现在常绿林下。

表 12-8　不同林型下灌木的物种丰富度与密度

林型	灌木种类丰富度（种数 / 平方米）	密度（株数 / 平方米）
落叶阔叶林	0.09	0.35
落叶针叶林	0.01	0.60
落叶针阔混交林	0.04	0.28
常绿阔叶林	0.05	0.31
常绿针叶林	0.03	0.07
常绿针阔混交林	0.10	0.30
阔叶混交林	0.06	0.27
针阔混交林	0.07	0.47

实际上，作为林下植物有着变化相对小的生境，可生长的种类应当是极其丰富的。在上海植物园引种区的一块香樟林下，仅小乔木灌木层中，有植物种类 32 种，物种丰富度达 0.26 种 / 平方米，其中，在其他样地中均未出现的植物种类，样方中就达 19 种之多。由此可见，在上海地区各种林型下生长的小乔木和灌木种类是亟待丰富的，同时也是能够改善的。

5. 上海城市绿化利用树种资源的现状与发展对策

（1）上海城市绿化利用树种资源现状。

① 城市绿化树种资源概况。据 1985 年进行的上海市绿化植物材料普查中发现绿化树种总数为 395 种，其中常见树种约 80 种左右。根据 1992 年上海植物园、上海师范大学抽样调查 155 个园林植物群落的结果表明，上海城市园林绿化常用树种只有 68 种。20 世纪末根据上海市有关部门估计，城市园林绿化树种总数达到 500 种左右。近些年在引种驯化方面的努力使城市绿化利用树种资源有所增长，但是常用树种数量在这些年来并没有太大的变化。

② 常用绿化树种及其应用频率。对上海市部分园林植物群落进行抽样调查，统计常用城市绿化树种及其出现频率见表 12-9。常用绿化树种为 80 余种，其中高大乔木约

25%，其余为中小乔木和灌木；常绿树种的比例约为 40%。调查结果表明，在城市园林植物群落中出现的频率超过了 30% 的绿化树种只有 3 种，即主要作为群落上层树种的香樟、广玉兰，以及主要为群落中下层树种的瓜子黄杨。出现树种数量较多的频率段在 1%~20% 之间，共有 57 种；其中出现树种最多的频率段为 1%~5% 之间，有 24 种。由于受样本数量的影响，调查中出现频率小于 1% 的树种数量相对较少，有 11 种，如无患子、七叶树和杨梅等树种。而出现频率大于 10% 的树种数量有 24 种，达到常用树种总数的近 1/3。因此，总的看来，由于常用树种数量少及部分树种的出现频率高，反映出上海市园林植物群落中树种组成类同性大，缺少组合的丰富和变化。在今后的绿化建设中，除增加常用树种数量这一主要途径外，在常用树种中应在适地适树的前提下适当增加低频率树种的应用。

表 12-9　上海城市绿化群落中树种的应用频率

频率（%）	树　　种
$30 \leq f < 40$	香樟、广玉兰、瓜子黄杨
$20 \leq f < 30$	棕榈、雪松、红叶李、桂花、圆柏、八角金盘
$10 \leq f < 20$	水杉、白玉兰、罗汉松、女贞、蚊母树、夹竹桃、石楠、山茶、紫荆、蜡梅、海桐、黄馨、金丝桃、凤尾兰、狭叶十大功劳
$5 \leq f < 10$	悬铃木、合欢、垂柳、垂丝海棠、石榴、紫薇、金钟花、雀舌黄杨、火棘、南天竹、结香、鸡爪槭、大叶黄杨、胡颓子、东瀛珊瑚、栀子花、枸骨
$1 \leq f < 5$	榆树、柳杉、苦楝、臭椿、梧桐、枫杨、朴树、黑松、银杏、侧柏、樱花、木绣球、桃、大叶冬青、枇杷、槐、木槿、月桂、构树、紫玉兰、红瑞木、小檗、榧树
$f < 1$	泡桐、无患子、枫香、七叶树、枸橘、麻叶绣球、五角槭、山胡椒、杨梅、含笑

③ 上海地区绿化树种资源利用格局。上海市区、城郊地带、郊县城镇及乡镇所有调查统计群落的加权平均树种数分别为 6.92、11.82、5.95 和 11.64，均值 8.05。可以看出，市区园林植物群落绿化树种丰富度较低，城郊地带最高，郊县城镇最低，乡镇又回复到较高的水平。这一结果说明园林植物群落的树种丰富度格局受城市化格局的影响较大，建群树种数量与其所处区域的土地利用特点有着密切的关系，植物资源的充分利用受到所处区域景观性质的限制。上海城市化的快速发展，带动周围卫星城镇的发展，决定了上海绿化群落树种丰富度的这种跳跃式的分布格局。另外，城郊地带和乡镇园林植物群落具有较高的树种丰富度也是上海城市绿化发展已经初步实现城乡一体化格局的标志。但未纳入统计的 5 个调查样点表明，乡村绿化仍未受到足够重视，一般还停留为残存的自然植物群落，只有极少的乡土树种和经济果木，主要为苦楝、榆树、构树、水杉、杨、柳、枇杷、桃树等少量树种构成的简单群落，树种单调，病虫害较严重，长势差。应该结合发展防护绿化和各类较稳定的生产型园林植物群落，充分利用树种资源，改进乡村绿化面貌，进一步完善城市绿化的城乡一体化格局。

④ 绿化群落面积对树种资源利用的影响。上海绿化群落面积按 50 平方米递增，从 0~550 平方米分为 11 个面积等级类型，其加权平均树种数量分别为 4.11、6.84、9.07、

10.25、11.64、12.55、11.71、11.00、13.67、10.33 和 11.20。可清楚看出，前 6 个面积等级群落类型的加权平均树种数量随面积的增加而增大，7~11 个面积等级群落类型，即群落面积由 300 平方米增加到 550 平方米时，加权平均树种数量维持在较大的数值上波动，但无明显规律性。从理论上说，自然群落可以确定一个在物种种类及其数量方面能够有代表性的最小面积阈值，而上海市园林植物群落（人工群落 ）的调查结果也显示，在一定的面积范围内，面积的增大有利于在城市园林绿化中充分地利用我国丰富的自然植物资源。城郊地带和郊区乡镇两个地带园林植物群落树种较丰富，群落面积普遍较大也是一个影响因素，在上海较适合的面积范围在 300 平方米左右。张庆费等也曾提出在城市绿地建设中应适当增加面积规模，如考虑建设 1 公顷 左右的绿地，若条件不成熟，应至少保证 0.3 公顷以上。但实际上城市园林绿地面积一般偏小，尤其是在市区；在城郊地带和郊区乡镇较容易实现较大面积的绿化，因此，丰富绿化树种，发展这两个地带的高质量绿化，对于建设城市生物多样性和实现大都市城乡绿化一体化格局都有重要作用，同时也有利于城市绿化中树种资源的充分利用。

（2）城市绿化树种资源利用发展的若干对策。

① 树种丰富度的提高。以往对于如何丰富一个园林植物群落的植物种类，主要基于丰富层次，根据不同树种的生态特性，充分利用垂直空间生态位资源，建立树种组成和结构较丰富的园林植物群落。调查研究结果显示，适当扩大群落面积有利于充分利用树种资源建立园林植物群落。因此，在城市绿化建设中应考虑适当增大群落面积，并且在设计中，充分考虑目前出现频率较低树种的应用，塑造群落间的多样性，提高树种资源的利用水平。

② 绿化树种资源利用发展对策。丰富城市绿地系统类型多样性：要充分利用绿化树种资源，首先要在研究认识城市生境多样性基础上，建立和丰富城市绿地系统的多样性，为树种资源的充分利用提供基础和条件。在江河海岸和城市污染区建立完善的城市生态环境防护绿化体系；在乡村发展各类生产防护绿地；在城郊过渡地带或城市郊区建立各类自然保护区、城郊风景区、森林公园、生态公园及各类绿地，加强城郊结合地区树种资源的利用，发展城市园林绿化。

扩大引种：城市绿化树种的丰富程度受当地自然地理、气候条件的影响和限制，据 1980 年的调查，我国城市绿化树种由北向南呈递增趋势，哈尔滨、杭州和广州分别是 143、581 和 796 种。但也受到城市园林树木引种栽培情况的影响，如北京得益于长期的城市园林建设，城市绿化树种达到 618 种，超过了杭州的数量。因此，扩大城市园林树木的引种栽培是丰富城市园林绿化树种的有效途径，可根据城市气候和自然地理植被特征，合理选择树种进行引种栽培试验，丰富城市可利用绿化树种。以上海为例，上海地处中亚热带北缘，地带性植被为常绿阔叶林，但常绿阔叶树种较单调，只有香樟、广玉兰等少数几种，其他如壳斗科、山茶科、金缕梅科等科属的常绿阔叶树种资源利用较少，可考虑扩大引种栽培。

加强乡土树种的恢复利用：上海等一些大城市在长期的城市化发展过程中，自然生态系统受到长期干扰，其中的乡土树种资源也受到排挤和破坏，在城市园林绿化建设中应该结合城市周围乡村的绿化建设，恢复发展乡土树种资源的利用，既丰富树种，又可保持城市固有的传统景观特色。

建立城市园林绿化树种资源信息系统：城市绿化树种及其利用现状还受到供求因素的影响。固有的资源供应现状和市场模式一定程度上限制了城市绿化建设中树种资源的利用水平，而利用现状又进一步引导资源生产开发，形成一种非良性的循环。建立较大区域的联结绿化树种资源产地与需求市场间的园林绿化树种资源信息系统，通过加强信息交流，调节引导市场供求向良性方向发展，将有助于城市绿化树种资源的丰富及利用现状的改善。

第二节　哈尔滨城市森林建设研究

哈尔滨市位于东经 126° 5′~30° 11′，北纬 45° 20′~46° 21′，是我国地理纬度最高的大城市。20 世纪初，中东铁路修建以来，哈尔滨成为铁路的枢纽，大量的俄罗斯、法国、德国和日本等国的商人涌入这里经商。到 20 世纪 20 年代，曾一度是远东著名的商贸城，先后有 30 多个国家的十几万侨民汇集于此。工业先进，商业繁荣，文化发达。无论是城市建筑景观，还是人们生活习俗都杂揉着浓郁的欧陆风情和本土气息。中西文化合壁，成为城市独特的风景线，素有“东方莫斯科”“东方小巴黎”之称。全市面积 5300 平方公里，人口 946.23 万人，辖七区十二县，其中市区面积 1660 平方公里，建成区面积 203 平方公里，人口 276.12 万人。属于温带大陆性气候，地带性植被为落叶阔叶林。

解放以来，哈尔滨经过大规模的改造和建设，加快了城市化的进程。新中国成立 50 年来，市区人口增加了 4.3 倍，工业企业增加了 6.5 倍。作为一个人口稠密的较老工业城市，50 年来，尤其是近年来城市绿化迅速发展。50 年间绿地面积增加 18.6 倍，公共绿地面积增加 69.3 倍，公园数量增加 10.5 倍，2000 年新增绿地 111.52 公顷，新植树木 16 万株。但是，城市生态环境远不能满足现代化生态城市的要求。主要表现为高强度的热岛效应使城市中心的气温要高于太阳岛风景区 2℃，另外，二次扬尘污染严重。首要污染物为总悬浮颗粒物和降尘，虽然 1999 年比 1998 年有所下降，但仍超国家二级标准的 30%，降尘超过相对标准的 35%。从而加重城市热岛现象，城区出现闷热低湿和突发性暴雨、冰雹等灾害，明显地增加流行感冒等疾病，影响市民的身心健康和城市的持续发展。

1999 开始，中国林科院、哈尔滨市人民政府、东北林业大学等单位共同开展了城市森林建设的基础研究，取得了很大的进展。

一、哈尔滨城市森林现状与格局分析

（一）哈尔滨市绿地现状的分析

1. 哈尔滨市绿地系统发展的历史沿革

哈尔滨市区的绿地系统是由建成区绿地和郊区绿地组成的。建成区的绿地发展是在新

中国成立以后形成和发展起来的，通常将哈尔滨市的绿地系统发展划分为 3 个时期。

（1）解放初至“文化大革命”前。哈尔滨市由于是从中东铁路的修建而发展起来的，而绿地的分布主要集中于南岗区、大直街的中心地带、道里区一些小型绿地和沿江码头附近，故这两个区的庭院绿化较好。为了增加公共绿地，改变分布不均的绿地布局，相继在其他各区改建、扩建、新建了一批相当于市、区一级的公园、游园、街头绿地等，街北的太阳岛公园也是在这一时期形成的。

（2）“文化大革命”期间。同其他城市一样很多绿地被毁被占，公共绿地减少了 88 公顷，绿化建设出现停滞不前的局面。

（3）“文化大革命”后至今。主要是十一届三中全会以后，绿地的布局、规模、结构都有了显著的改善和变化。特别是 1986 年后按照哈尔滨市城市总体规划，先后开发建设了沿江 26 公里的绿化带、马家沟河两岸绿化、太阳岛风景区和一些小游园、小绿地，使哈尔滨的绿地面积由 1975 年的 453 公顷增加到 1999 年的 4884.70 公顷（表 12-10），并且形成了由水系（主要指松花江、马家沟）沿岸绿化、公路（有绿化的道路 943 条）、铁路两旁绿化和市内的各级公园（22 处）、游园（130 处）组成的绿色斑块——廊道体系（图 12-11）。

表 12-10　哈尔滨市绿地系统指标发展历程

年代	绿地面积（公顷）	公共绿地（公顷）	人均公共绿地（平方米 / 人）	绿化覆盖率（%）	绿地率（%）
1952	400.50	150.00	1.39		4.40
1965		230.60	1.15		
1975	435.70	210.70	1.16		3.10
1981	2250.00	282.00	1.5	11.3	10.00
1989	3297.28	760.50	3.31	24.53	21.14
1999	4884.70	997.70	3.61	28.37	24.06

注：该表部分数据由哈尔滨市规划院提供。

2. 哈尔滨市绿化现状分析及评价

由哈尔滨市绿化普查材料统计可以得知（主要是按传统的绿地分类方法来统计，不包括生态景观保护地），哈尔滨市建成区各种绿地总面积约为 48.85 平方公里，占市区总面积的 24.06%，人均绿地面积为 17.69 平方米。全市有树木 392 万株，其中古树名木 1501 株。现有绿化街道 943 条，主要树种有榆树、杨树、柳树、糖槭；公共绿地面积 997.70 公顷，人均公共绿地面积 3.61 平方米；专用绿地面积 2428.79 公顷，其中已绿化的单位庭院面积 566.49 公顷；居住绿地 151.13 公顷，绿化较好的小区主要分布于开发区；防护绿地面积 650.4 公顷；生产绿地面积占城市建设用地面积 2.5%，可施业面积占总面积的 82%。从哈尔滨市区分区绿地结构来看，按绝对绿地面积统计，动力区最多，南岗区次之，香坊区最少（图 12-12）。

按各分区绿地率统计，其排序是：动力区（45%）> 道外区（32%）> 平房区（28%）

图 12-11　由航片信息提取的哈尔滨市绿地系统现状

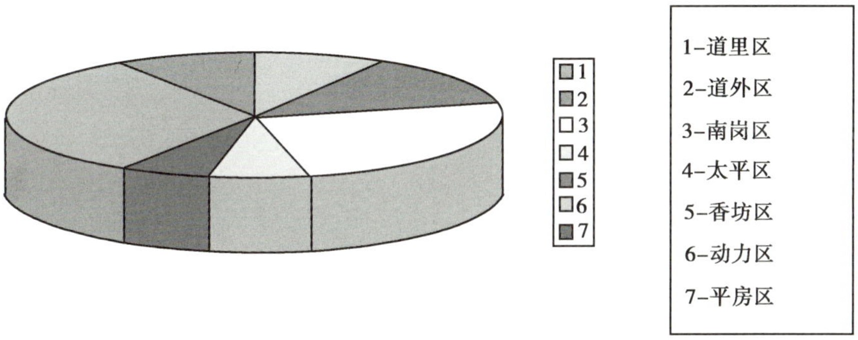

图 12-12　各行政区绿地面积比例

> 南岗区（20%）> 道里区（15%）> 太平区（11%）> 香坊区（10%）。与按绝对绿地面积统计相比，道外区和平房区的绿地率排序跃居第二、三位。其原因是道外区松北部分的太阳岛公园、湿地及平房区的市郊农田等绿地面积大大地增加了它们的绿地率。而动力区无论是绿地的绝对面积，还是绿地率均居首位，其原因是动力区为后期建成区，各项绿地规划指标较高，且区内包含有动物园、哈尔滨林场、黑龙江省植物园等大面积的绿地。

从绿地类型结构来看，专用绿地（企事业单位绿地）面积最多。根据统计数据可知，全市 1652 个企事业单位绿地面积达 24.28 平方公里，占市区绿地总面积的 51.9%。由表 12-11 可计算出，企事业单位本身的绿地率为 22.9%。

表 12-11　各行政区企事业单位绿化状况　　面积单位：平方米

行政区名	总面积	绿化面积	绿地面积	乔木株数（株）	灌木株数（株）	绿地面积占绿化面积百分比（%）	绿地率（%）
道里区	6793827	1563834	979759	54893	14806	62.7	14.4
道外区	13108035	762148	287440	56854	32909	37.7	2.19
南岗区	21773963	11250419	9056963	449983	87637	80.5	41.6
太平区	11647228	2062370	904292	76293	33067	43.8	7.76
香坊区	11716730	1904859	1597457	133790	51759	83.9	13.6
动力区	33067646	9227250	8783499	395448	65074	95.2	26.6
平房区	7512409	3042691	2678474	199173	37277	88.0	35.6
总计	105619838	29813571	24287884	1366434	322529	81.5	23.0

由表 12-12 和表 12-13 统计数据可知，公园绿地占公园总面积的 84%，占绿地总面积的 9.6%；游园绿地面积占游园总面积的 92.5%，占绿地总面积的 9.2%。公共绿地（公园与游园绿地面积之和）占哈尔滨市绿地总面积的 20.4%，占哈尔滨市建成区总面积的 4.9%。同时我们还要注意到，在哈尔滨市公园中还有 365178 平方米的水体面积。公共绿地中包括大量的树木，它们在很大程度上提高了公共绿地面积内的空间（三维）绿色量。

表 12-12　各行政区公园绿化状况统计　　面积单位：平方米

行政区名	总面积	道路广场面积	绿地面积	水体面积	绿地率（%）
道里区	857231.05	179075.35	577755.7	100400	67.4
道外区	1516120.35	151552.16	1227009.19	137559	80.9
南岗区	900339.71	61275.25	755845.46	83219	84.0
太平区	113921.00	23198.00	83723.00	7000	73.5
香坊区	71880.00	9880.00	57000.00	5000	79.3
动力区	1734700.00	40700.00	1662000.00	32000	95.8
平房区	149096.00	16147.00	132949.00	0	89.2
总计	5343288.11	481827.8	4496282	365178	84.1

表 12-13　各行政区游园绿化状况　　面积单位：平方米

行政区名	总面积	道路等面积	绿地面积	乔木株数（株）	灌木株数（株）	绿地率（%）
道里区	37132	12840	24292	427	419	55.1
道外区	860864	108595	752269	29893	54792	87.4
南岗区	645856	56941	588915	42181	8991	91.2
太平区	965200	107675	857525	25136	9020	88.8
香坊区	176270	327	175943	223	29	99.8
动力区	971653	31940	939713	17671	8305	96.7
平房区	976706	28219	948487	63927	11646	97.1
总计	4633681	346537	4287144	179458	93202	92.5

表 12-14、表 12-15、表 12-16 和表 12-17 分别表示居住区绿地、道路绿地、防护绿地、生产绿地的绿化情况。

表 12-14 各行政区居住区绿化状况 面积单位：平方米

行政区名	总面积（米）	绿化面积	绿地面积	乔木株数（株）	灌木株数（株）	绿地面积占绿化面积百分比（%）	绿地率（%）
道里区	951322	147438	116734	3003	6943	79.2	12.2
道外区	671247	47568	28775	1825	2474	60.5	4.3
南岗区	5339628	1080346	596866	83708	27261	55.2	11.2
太平区	1459183	239634	161558	6544	3735	67.4	11.1
香坊区	555709	176581	93972	8042	4768	53.2	16.9
动力区	2018469	570875	480059	29099	21532	84.1	23.8
平房区	639555	100688	33359	2894	1598	33.1	5.2
总计	11635113	2363130	1511323	135115	68311	64.0	13.0

从表 12-14 数据分析动力区和香坊区居住区绿化情况较好，原因是上述两区新建小区较多，而且绿化接近国家关于居住区绿化的指标要求。道外区和平房区居住区绿化指标较低，其原因是道外区人口密度大，旧区占全区比例大，可绿化用地少；平房区旧区占的比例大，居住区绿化的整体水平不高，也是导致指标较低的原因。

表 12-15 各行政区道路绿化状况 面积单位：平方米

行政区名	总长度（公里）	道路面积	绿化面积	绿地面积	绿地面积占绿化面积百分比（%）	绿地率（%）
道里区	135792	2721585	349717	150191	42.9	12.8
道外区	145789	1739388	368919	22021	5.97	21.2
南岗区	189918	5856898	1269158	466428	36.8	21.7
太平区	76535	2857292	397385	123938	31.2	13.9
香坊区	77013	1982833	372257	202947	54.5	18.8
动力区	54977	2219977	532555	187486	35.2	24.0
平房区	92444	2391241	631731	401333	63.5	26.2
总计	772468	19769214	3921722	1554344	39.6	20.0

从表 12-15 中各区道路绿化情况分析，各区道路绿化水平相差不是很大。平房、动力较高，其原因是动力区为新型工业区，道路绿化较好，且保存率较高；而平房区虽开发不如其他行政区，由于路网较少，而绿化管理较好，所以覆盖率相对较高；道里区为哈尔滨市的商业区，由于用地限制，道路绿化受到影响，覆盖率偏低。

表 12-16　各行政区防护绿地状况

行政区名	绿地面积（平方米）	乔木数（株）	灌木数（株）
道里区	1710360	241435	82220
道外区	2962735	106175	0
南岗区	112850	11148	3461
太平区	1014901	219069	0
香坊区	4700	675	0
动力区	630105	161063	2080
平房区	68400	5407	0
总计	6504051	744972	87761

从表 12-16 防护林统计分析，道外区、太平区、香坊区、平房区的灌木防护林为零。其原因是上述四区在哈尔滨市东南向，为市区下风向，而哈尔滨市的防护林主要指城防林，按防护林规划要求城防林应设在城市上风向，且要求减弱有害季风的影响。哈尔滨市的有害季风为西北风，这是导致东南向四个区灌木防护林指标为零的主要原因。

表 12-17　各行政区生产绿地状况　　面积单位：平方米

行政区名	总面积	施业面积
道里区	641600	529900
道外区	790000	6500
南岗区	98000	89400
太平区	0	0
香坊区	585000	470000
动力区	2897800	2370800
平房区	0	0
总计	5012400	4110100

从表 12-17 中的生产绿地的统计看，各区生产绿地面积有较大差异，且分布不够合理。动力区的生产绿地较大，原因是动力区自然条件较好，交通方便，并且能够提供较大面积的土地。太平区和平房区生产绿地为零，原因是太平区为哈尔滨市化工区，污染较严重；而平房区则距市区较远，交通不便利。另外从哈尔滨市生产绿地的资料中分析，哈尔滨市生产绿地的品种结构缺乏统一规划，几个大型苗圃所经营的种类缺乏特色。

通过哈尔滨市绿化统计数据分析看，哈尔滨市绿地系统在近几年已经有了明显改善，但是根据 1998 年全国城市建设统计报道，哈尔滨市绿化三大项指标均低于全国绿化水平的平均值及东北三省的城市指标，主要表现为：

（1）绿地面积少，所有绿化指标均未达到国家要求标准，且有些指标与国家指标差距较大。（表 12-18 和表 12-19）。

（2）从哈尔滨市绿地系统的现状及各行政区的各类绿地分布看，绿地分布不匀，主要分布在动力区、南岗区及沿江一带，而在哈尔滨市环境污染较重、人口密集的太平区、道

表 12-18 园林城及东北三省城市绿化指标

名称	人均公共绿地（平方米 / 人）	建成区绿地率（%）	建成区绿化覆盖率（%）
园林城市	不低于 6	30 以上	35 以上
哈尔滨	3.61	24.06	28.37
沈阳	6.29	26.97	31.04
长春	7.26	35.15	37.91

表 12-19 建设部城市绿化规划指标

人均建设用地（平方米 / 人）	人均公共绿地（平方米 / 人）		建成区绿地率（%）		建成区绿化覆盖率（%）	
	2000 年	2010 年	2000 年	2010 年	2000 年	2010 年
<75	>5	>6	>25	>30	>30	>35
75~105	>6	>7	>25	>30	>30	>35
>105	>7	>8	>25	>30	>30	>35

外区绿地分布却很少。

（3）哈尔滨市现有公园中，虽然公园面积较大，但其他用地占较大比例（如道路、场地、游乐设施），致使公园绿地面积大大减少，设施用地和绿化用地比例不合理，街头游园数量不足，分布不合理，不能满足居民日常活动需要。

（4）道路绿化中，城市道路绿化面积严重不足，道路绿地率低，道路改造建设中，没有按照道路绿化规范留出足够绿化用地，道路红线与其他用地间的绿带面积有限，甚至有的无绿化隔离带，分车带窄，缺少街旁绿地，且道路绿化结构简单、树种单一。在已有的 943 条道路中只有 33.4% 的道路绿地率达到园林城市的标准。

（5）专用绿地绿化：相当一部分单位庭院中硬质景观较多，减少了绿化的面积。

（6）居民庭院绿化：20 世纪 80 年代末以来，新区开发基本能够按国家标准规划 30% 以上的绿化用地，但绿化重点一般投入到中心花园和组团花园之中，小区的道路绿化和宅间、宅旁绿化较少，绿化用地远远不够，居民户外绿化空间少。

（7）防护绿地：现有防护绿地比较分散不能构成体系，主要零星分部在城乡结合部，而在铁路沿线、哈尔滨市东、哈尔滨市西化工区缺少防护绿地。

（8）生产绿地：面积不足且绿化品种单一，满足不了城市绿化用苗需要。现有的该类绿地只 11 块，而且分布不匀，主要集中于道里区、动力区和南岗区。

3. 哈尔滨市绿地系统的调整对策

（1）根据调查的绿地数据对城市未达到国家标准的各类绿地进行调整。调整的方法是按城市用地的情况及均衡的原则确定各类绿地缺少的面积和数量。

（2）在公园及游园规划中除考虑服务半径及可达性、分布的均匀度外，还要从公园及游园性质和其对环境的影响方面考虑，提高其绿地率，以达到国家标准。

（3）居住区规划必须严格按国家标准执行，对旧区改造除提高绿化面积外，应从提高质量角度出发，优化绿地结构。

（4）防护绿地规划应从城市结构、现有防护绿地的分布考虑。规划化工区（太平区）和其他区之间的防护绿地，在平房区和市中心区之间建立防护隔离林带。

（5）发挥绿地网络中的道路、铁路、水体的绿化廊道作用，在未来的城市规划中，除道路绿化外，应从通过城市的水系和道路对城市环境的影响和作用考虑，尤其是从铁路退出未来城市后的用地将发挥什么作用考虑。使这种廊道发挥城市绿地网络的生态功能，并可大大提高城市绿化覆盖率和绿化量，建立完整的绿化网络体系。

（6）提高各类绿地的绿化指标，在5~10年时间内，达到国家关于园林城市的绿化指标要求。提高指标的途径可以从建成区内各类用地的现状来考虑，还可以从城市大环境的宏观角度出发。参考国外城市林业发展建设的经验，由市政园林部门与林业部门协调进行。如建立城郊林、各区环状林地、城市内的片状林地等。

（7）从城市植物景观多样性考虑，进行合理的树种规划。丰富现有绿化植物种类，提高常绿树种应用的比例。规划中应充分考虑植物的季相景观。

（8）在生产绿地规划中除增加用地面积外，应调整其布局，使其均匀合理。生产绿地的规划应形成规模化，同时生产绿地的苗木生产从城市绿化苗木多样性考虑，由市政园林部门对苗木品种统一规划，使城市生产绿地达到可持续发展。

（9）新的技术和思维方式的介入是提高城市绿地规划水平的关键。在应用传统绿地规划方法的同时引入景观生态学理论，利用地理信息系统和卫星遥感技术进行科学规划。规划的思路是首先用景观生态学对哈尔滨城市绿地进行科学分类，利用地理信息系统和卫星遥感技术对城市人口分布、热岛效应、绿化用地分布的均匀性和各类绿地的比例（优势度）等进行科学分析，再结合传统的绿地分类方法进行各类绿地的合理布局。

（10）绿地系统规划的最终目的是要改善城市环境。而如何在有限的绿化用地内发挥植物改善环境的作用，是体现从定性到定量规划的关键。规划中应从优化绿化结构，选择合适的植物种类考虑，最终实现科学规划。

从城市动态发展进行绿地系统规划的动态规划。在城市发展过程中，有些用地由于其历史的原因会改变其功能作用。绿地系统规划可以从城市发展的动态变化中寻找提高绿地指标的机会，从而提高城市绿地指标。

（二）哈尔滨市绿化树种使用现状

哈尔滨市现有树木410.69万株，其中乔木95种，306.21万株；灌木109种，104.48万株；人均有树1.49株；街道树39.96万株，行道树25.26万株，古树名木1531株。哈尔滨市绿化树种150种以上，前面我们已经对树种使用情况进行了全面分析（见第7章表7-2）。

二、哈尔滨绿地系统生态功能分析

城市化在给人们带来舒适、便利的生存空间的同时，也付出了生态破坏的惨重代价。为解决这一过程中出现的诸多环境问题，有效改善城市生态环境，进行城市景观的合理布局显得极为重要。绿色植被作为城市景观要素中的绿色斑块体，对城市环境的光、热、水、气及有毒物质等具有积极调节作用。绿色植被内部的组成结构则决定了不同绿地生态效益的优劣。

太阳辐射是城市能量主要来源，评价城市绿地改善小气候效应，太阳辐射为重要评价因子之一。空气温度主要来源于太阳辐射，植被的遮阴作用可以有效的降低空气温度。植物叶面的蒸腾作用能调节气温、空气湿度、吸收太阳辐射热，对改善城市小气候具有积极的作用。已有研究资料表明，当夏季城市气温为27.5℃时。草坪表面温度为20~24.5℃，比裸露地面低6~7℃，比柏油路面低8~20.5℃，而在冬季，铺有草坪的足球场表面温度则比裸露球场表面温度高4℃左右。

城市由于人类活动干预，不仅产生城市热岛，同时也形成了城市干岛，使城市气候日趋恶化。将城市中绿化树木比作一台台抽水机，通过不停地抽取土壤中的水分，并利用蒸腾作用将水分蒸发到大气中，即达到调节空气湿度的作用，具体表现为城市绿化区空气湿度明显高于非绿化区。

CO_2是大气污染的重要物质之一，大气中的CO_2含量平均为0.03%，随着工业的发展，CO_2的含量不断增加，在大城市中含量有时可达0.05%~0.07%，局部地区可达0.2%。含量达0.05%时，人的呼吸已感不适，当含量达到0.2%~0.6%时，就对人体有害。近年来，科学家的研究表明,大气中的CO_2浓度已由1880年的284微克/克增加到目前的350微克/克。作为“温室气体”的CO_2，每增加10%将使世界平均地面温度升高0.3℃左右。在城市中CO_2浓度增加将引起局部地区温度的升高,近而产生“热岛效应”和形成城市上空逆温层（于志熙，1993）。这将又会加剧城市空气的污染。

（一）不同结构片状绿地生态效应分析

1. 绿地遮阴效应分析

各对照点，日间光强分布曲线基本呈单峰分布，且各时段内光强变化幅度较大。测定所得对照点光强分布范围为17.0~1449.3微摩尔/平方米·秒。对于每一对照点，光强最低值出现于晚18：00，而光强最高值则出现于午前10：00至午间12：00。由绿地中央1.5米高度处进行光强的同步测定得，绿地观测点光强分布曲线较相应对照点变化幅度平缓，光强分布范围为5~1148.2微摩尔/平方米·秒。

绿化结构直接影响遮光效应。除草坪外，其他植被遮光效应均极为明显，其中以乔灌草、灌木、灌草等遮阴效应最佳，均达90%以上。草坪绿地1.5米高度处的光照与非绿地处相差无几，有时甚至高出非绿地。不同绿地的这种遮光效应主要由树木本身生长状态及林分状况综合决定。

2. 绿地调节空气温度分析

对于各对照点，日间温度变化曲线基本呈单峰分布，各时段内温度变化幅度较大。由绿地中央1.5米高度处进行温度的同步测定得，绿地测定点温度变化曲线较对照点平缓，但分布曲线仍有明显峰值出现，各种绿地最低温度与最高温度值出现的时间与相应对照点较为一致，各绿地及其对照点温度日

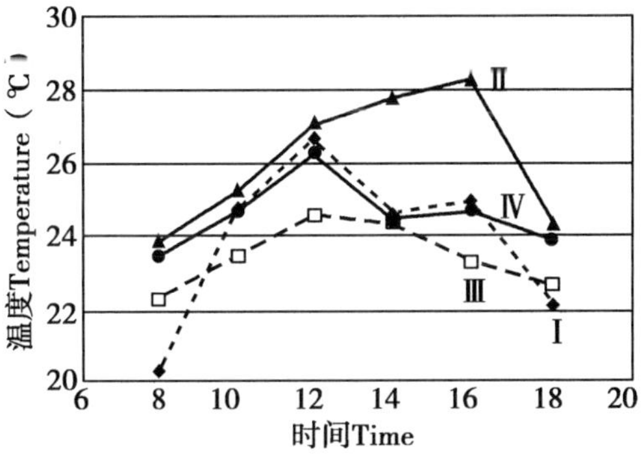

图12-13　乔草、草坪绿地及对照点温度日动态
Ⅰ乔草T+L，Ⅱ乔草对照T+L CK，Ⅲ草坪L，Ⅳ草坪对照L CK

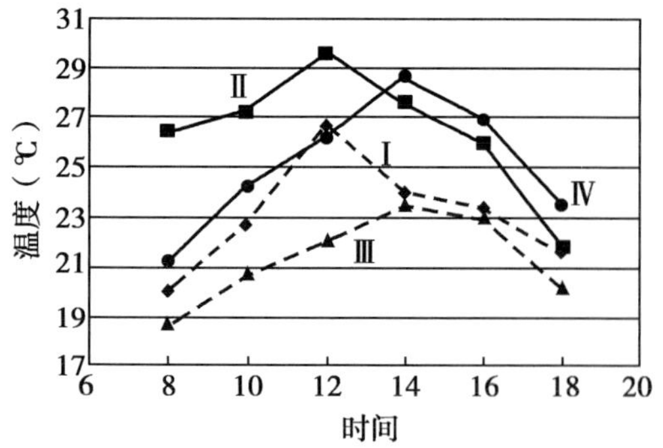

图 12-14　乔木、乔灌草绿地及对照点温度日动态

Ⅰ乔木 T，Ⅱ乔木对照 T CK，Ⅲ乔灌草 T+S+L，Ⅳ乔灌草对照 T+S+L CK

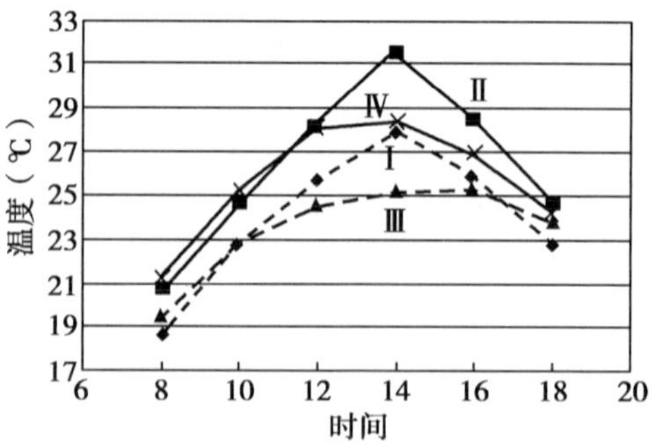

图 12-15　灌丛、灌草绿地及对照点温度日动态

Ⅰ灌丛 S，Ⅱ灌丛对照 S CK，Ⅲ灌草 S+L，Ⅳ灌草对照 S+L CK

动态如图 12-13、图 12-14、图 12-15 所示。

对所得数据分析可得，绿地与非绿地的对照点相比，不论绿地结构类型如何，绿地平均气温均低于非绿地，其中乔灌草的降温幅度最大，绿地平均温度比对照点低 3.76℃，草坪降温幅度最小，平均温度比对照点低 1.54℃。计算各种绿地的降温率得三维绿量较大的乔灌草结构及乔木结构，降温效应极为明显，乔灌草结构降温率为 14.78%。其他结构绿地依次排列为灌丛 > 乔草 > 灌草 > 草坪。受太阳辐射直接照射影响，草坪植被降温效应最差。乔灌草结构绿地降温率为草坪的约 3 倍，为灌草的 1.8 倍。

3. 绿地调节空气湿度分析

由所得数据分析得，日间各对照点空气湿度变化幅度较大，分布趋势大体符合“U”字型分布，即早间湿度最大，随空气温度升高，至午间及午后，湿度下降至最小值且下降急剧，晚间 18：00 时湿度又略有回升，回升缓慢，但仍达不到最大临界值。对于各种绿地 1.5 米高度处的空气湿度，其分布规律与非绿地对照点分布规律极为一致，基本呈“U”字型分布。日间无论绿地结构类型，绿地上空测定点处空气湿度均比非绿地高。

分析平均增湿效应（表 12-20）得，乔草复层结构平均增湿效应最大，值为 6.17%，最大增湿幅度达 14.8%，时间为午后 14：00；其次为乔灌草复层结构值为 4.89%，最大增湿幅度为 7.85%，时间为午间 12：00；草坪单层结构具有一定的增湿效应，但增湿效应较差，值为 2.38%，最大增湿幅度为 4.17%，为早 8：00 左右。

表 12-20　不同组成结构绿地生态效应

组成结构	遮光率（%）	降温率（%）	增湿效应	CO_2 吸收率（%）
乔灌草（T+S+L）	95.91	14.78	5.03	1.75
乔草（T+L）	94.88	8.55	6.17	1.67
灌草（S+L）	91.95	8.09	2.42	1.33
乔木（T）	80.74	12.39	3.95	1.70
灌丛（S）	97.65	9.27	2.60	1.17
草坪（L）	0.38	4.52	2.15	0.61

可得结论，平均增湿效应最大者乔草增湿率比平均增湿效应最小者草坪大近两倍，复层结构绿地增湿效应明显。主要由于复层结构植被具有良好的遮阴效应及较强的蒸腾作用，且具有空间灌层结构，其乱流交换强，土壤及植被蒸散出的水汽不易扩散。对实际测得数据进行分析不难看出，复层结构绿地增湿效应发挥最完全时约为午间 12：00 及午后 14：00，此时对照点湿度达最小域值，而单层结构草坪增湿效应发挥最完全时约为早间 8：00。

4. 绿地调节空气 CO_2 效应分析

由所得数据得，日间各对照点 CO_2 浓度变化基本呈下降趋势，下降幅度较大。各绿地观测点处日间 CO_2 浓度变化趋势与相应对照点基本一致，其各时段内变化更为急剧。绿地中央观测点处日间 CO_2 浓度变化幅度基本保持在 335~377 微克 / 克之间。对于白桦 + 草坪林地，由于其对照点及观测点受人为活动干扰较大，其对照点 CO_2 浓度日间变化呈急剧上升趋势，变化范围为 36.5~369.2 微克 / 克。白桦 + 草坪林地对 CO_2 起积极调节作用，CO_2 浓度呈下降趋势，下降趋势平缓，并于 16：00 有所回升，各时刻浓度值均低于对照点。

由表 12-20 平均 CO_2 吸收率得，6 种绿地结构类型中，三维绿量较大的乔灌草复层结构吸收 CO_2 能力最强，吸收率为 1.75%，单层草坪结构最差，吸收率为 0.61%，前者为后者的近 3 倍。其余结构排序依次为：乔木 > 乔草 > 灌草 > 灌丛。植被 CO_2 吸收效应主要决定于植被组成结构，并受林木栽植密度、林木生长状况及生理活动等因素影响。

根据遮光率、平均降温率、平均增湿效应、平均 CO_2 吸收率公式进行计算，得表 12-20 如下：

（二）不同结构带状绿地生态效应分析

1. 绿地遮阴效应分析

日间各对照点光强分布呈单峰曲线，峰值出现于 10：00 至 12：00，各时段内光强变化幅度较大。对照点光强分布范围为 20.0~1449.3 微摩尔 / 平方米 · 秒。林带观测点处光强分布曲线较相应对照点变化平缓，有较小峰值出现。光强分布范围为 10.1~1403.2 微摩尔 / 平方米 · 秒，各绿地及其对照点光照强度日动态如图 12-16、12-17 所示。

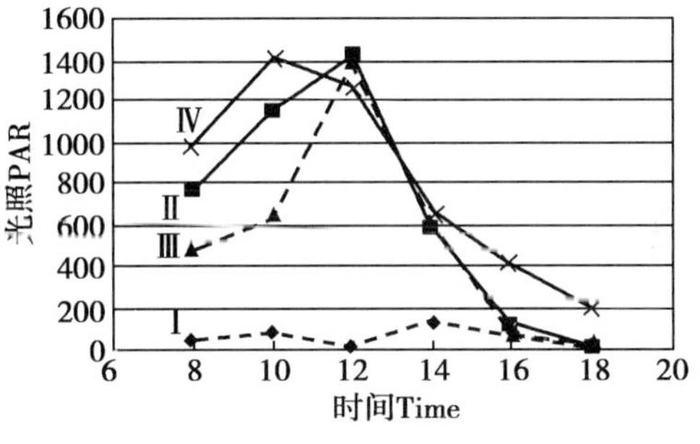

图 12-16　乔灌、乔草林带及对照点光照强度日动态

Ⅰ乔灌 T+S，Ⅱ乔灌对照 T+S CK，Ⅲ乔草 T+L，Ⅳ乔草对照 T+L CK

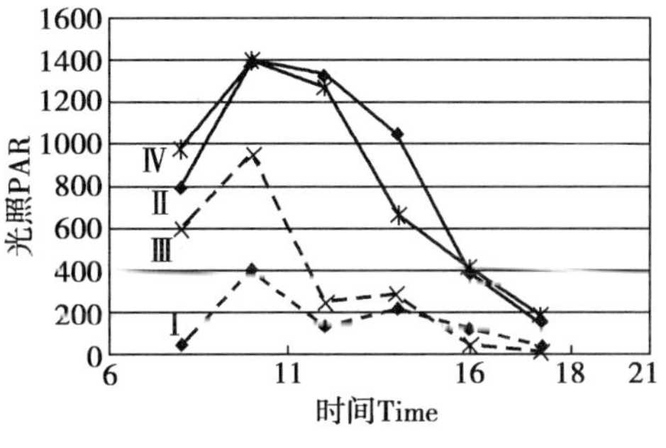

图 12-17　乔木、灌木林带及对照点光照强度日动态

Ⅰ乔木 T，Ⅱ乔木对照 T CK，Ⅲ灌木 S，Ⅳ灌木对照 S CK

由表 12-21 得，垂枝榆林带遮光率最明显，其值为 80.28%。分析林分状况（表 2）得，垂枝榆树高较小，林木冠幅大于单株林木间距，林带内无大块光斑，且测定点处于冠层中央。旱柳、旱柳 + 草坪两种林带冠幅小于单株林木间距，林带不连续，遮光效应较差。各林带

均具一定遮光效应，遮光效应受林分状况及林木枝叶密集程度影响。

2. 绿地调节空气温度分析

各对照点日间温度变化曲线呈单峰分布，峰值出现于午后 14：00，其值为 26.0~30.6℃，温度最小值出现于早 8：00，其值为 22~29℃。林带中央测定点温度变化规律与对照点相似，林带最低温度、最高温度出现时间与对照点较一致。复层结构日间林带测定温度均低于对照点，单层结构有时高于对照点。

由表 12-22 分析得，各种林带均具一定的降温作用。乔灌林带降温效应最明显，平均降温率达到 8.95%，最大降温幅度为 4.4℃。其次为乔草结构，灌丛降温效应最差，平均降温率为 4.77%，最大降温幅度为 2.6℃。林带降温效应与林木的遮光效应及增湿效应密切相关，复层结构林带降温效应大于单层林带。

3. 绿地调节空气湿度分析

日间各对照点空气湿度变化幅度较大，变化范围为 10%~45%。空气湿度最高值出现于早 8:00 左右，随后湿度呈逐步下降趋势，至 18:00 湿度略有回升，回升趋势显著。各林带 1.5 米高度处空气湿度变化规律与非绿地对照点极为一致，且各时刻湿度基本高于非绿地对照点。湿度变化范围为 15%~50%。

由表 12-22 分析平均增湿效应得，各林带均具有一定的增湿作用，按平均增湿效应排列为：乔灌 > 乔草 > 乔木 > 灌丛，旱柳 + 水蜡林带增湿效应最明显，其值为 4.05%。垂枝榆林带增湿效应最差。林带增湿效应与林带遮光性及林木蒸散作用相关，复层结构林带增湿效应大于单层林带。

4. 绿地调节空气 CO_2 效应分析

日间各对照点 CO_2 浓度变化基本呈下降趋势，下降幅度较大。各绿地观测点处日间 CO_2 浓度变化趋势与相应对照点基本一致，10：00 左右下降趋势较对照点明显，午后下降趋势缓慢，甚至出现回升，回升趋势较对照点显著，其值甚至超过同时刻相应对照点。林带中央观测点 CO_2 浓度变化范围为 344.4~388 微克 / 克。

由表 12-22 平均 CO_2 吸收率得，各种林带均具有一定的释氧固碳效应，其中乔灌结构林带吸收 CO_2 能力最强，平均 CO_2 吸收率远高于其他林带。栽植密度稀疏且为单层结构的乔木林带吸收效应最差，其值仅为 0.28%。植物叶片进行光合作用，吸收 CO_2，释放 O_2，决定于林木光合作用强弱，及林木的三维绿量。

根据遮光率、平均降温率、平均增湿效应、平均 CO_2 吸收率计算公式进行计算，得到表 12-21。

表 12-21 不同组成结构林带生态效应

组成结构	遮光率（%）	降温率（%）	增湿效应（%）	CO_2 吸收率（%）
乔灌（T+S）	69.57	8.95	4.05	1.06
乔草（T+L）	56.07	6.97	2.87	0.51
乔木（T）	65.11	6.28	2.86	0.06
灌木（S）	80.28	4.77	2.51	0.28

由上述分析可知，相同结构的片状与带状绿地，片状绿地遮光效应、降温增湿效应、释氧固碳效应均大于带状绿地。一块成功的城市绿地既要发挥其生态服务功能，又要满足景观功能的要求，但是其生态功能的发挥是基础，而景观功能则是生态功能基础的延伸和升华。

三、树种生态功能（滞尘能力）分析

据 1996~2000 年监测结果表明，哈尔滨的空气质量多处在轻微污染和良好程度之间，影响空气质量的主要是颗粒物即降尘与飘尘。哈尔滨的城市化过程还在继续发展，2001 年春季还出现了扬尘天气，因此从滞尘方面对树种的选择是有意义的。解决的方案：除了降低污染物的排放、严格控制污染源，将排放量减少到最低点，各种植物的滞尘、减轻污染的作用是不容忽视的。研究表明，一条 15 米宽的桦树林就可将附近露天煤矿产生的尘埃减少一半。

夏季，各种阔叶树种都处于旺盛生长阶段，都充分发挥树种的滞尘能力，由于众多的阔叶树数量远远超过了针叶树数量。因此，这个时期，主要针对的是阔叶树种。

测定结果表分别见表 12-22（大乔木）、表 12-23（小乔木）、表 12-24（灌木）。

表 12-22　哈尔滨市乔木的滞尘能力

树种名称	第一周滞尘（克 / 平方米）	排序	第二周滞尘（克 / 平方米）	排序	平均滞尘（克 / 平方米 · 周）
白桦	0.8605	4	1.1964	4	1.0285
糖槭	1.1187	3	1.9558	2	1.5373
榆树	1.3199	2	1.5708	3	1.4454
垂柳	0.4771	6	0.9120	6	0.6946
银中杨	1.6087	1	2.2343	1	1.9215
紫椴	0.5622	5	1.0796	5	0.8209
平均	0.9911		1.4915		

表 12-23　哈尔滨市小乔木的滞尘能力

树种名称	第一周滞尘（克 / 平方米）	排序	第二周滞尘（克 / 平方米）	排序	平均滞尘（克 / 平方米 · 周）
山桃稠李	2.1918	1	2.7092	1	2.4505
园冠榆	0.8108	2	0.9246	3	0.8677
野梨	0.6784	3	0.9518	2	0.8151
文冠果	0.5465	4	0.6251	5	0.5858
稠李	0.4838	5	0.8625	4	0.6732

表 12-24　哈尔滨市花、灌木的滞尘能力

树种名称	第一周滞尘（克 / 平方米）	排序	第二周滞尘（克 / 平方米）	排序	平均滞尘（克 / 平方米 · 周）
忍冬	1.5485	1	2.5083	1	2.0284
树锦鸡儿	1.2928	2	2.1224	2	1.7076
接骨木	1.3376	3	1.5523	3	1.4449
毛樱桃	1.1075	4	1.3488	5	1.2282
连翘	0.7962	5	1.2159	7	1.0061

（续）

树种名称	第一周滞尘（克 / 平方米）	排序	第二周滞尘（克 / 平方米）	排序	平均滞尘（克 / 平方米 · 周）
榆叶梅	0.7153	6	1.3099	6	1.0126
紫丁香	0.7053	7	1.3786	4	1.0119
五叶地锦	0.6465	8	0.7517	10	0.6991
暴马丁香	0.6375	9	1.0847	8	0.8611
金焰绣线菊	0.6231	10	0.7456	11	0.6844
水蜡	0.6033	11	1.0234	9	0.8134
金山绣线菊	0.5638	12	0.7305	12	0.6472

1. 乔木树种单位叶面积滞尘能力

滞尘较强的：银中杨、糖槭、榆树，7 天平均滞尘量大于或接近于 1.5 克 / 平方米。

滞尘一般的：白桦，7 天平均滞尘量接近 1 克 / 平方米。

滞尘较弱的：垂柳、紫椴，7 天平均滞尘量小于 1 克 / 平方米。其中最大值（银中杨 1.9215 克 / 平方米）是最小值（垂柳 0.6946 克 / 平方米）的近 3 倍。垂柳在乔木树种中滞尘能力处于劣势，这与北京的测定结果相吻合（陈自新等，1998）。而且在第一周、第二周的滞尘量还比北京（第一周 0.191 克 / 平方米，第二周 0.381 克 / 平方米）要大。这也说明哈尔滨的灰尘量要大于北京。

2. 小乔木树种单位叶面积滞尘能力

滞尘较强的：山桃稠李，平均滞尘量 2.4505 克 / 平方米 · 周，比乔木中滞尘量最大的银中杨还要多出 0.529g，其余几种小乔木的平均滞尘量都小于 1 克 / 平方米 · 周。最大值（山桃稠李 2.4505 克 / 平方米）是最小值（文冠果 0.5858 克 / 平方米 · 周）的近 5 倍。

3. 花灌木单位叶面积滞尘能力

滞尘最强的：忍冬。

滞尘较强的：树锦鸡儿、接骨木、毛樱桃、紫丁香、榆叶梅、连翘、暴马丁香、水蜡。

滞尘较弱的：金山绣线菊、金焰绣线菊、五叶地锦。

最大值（忍冬 2.0284 克 / 平方米 · 周）是最小值（金山绣线菊 0.6472 克 / 平方米 · 周）的 3 倍多。

从表 12-22、表 12-23、表 12-24 中及以上分析中可以看出，杜松、红皮云杉、银中杨、山桃稠李、忍冬分别是乔木、小乔木、花灌木中滞尘能力强的树种。在城市绿化中的一些特殊地带，如一些污染重的工厂、尘土飞扬的街道，应注意这些树种的使用，并且为了避免绿化树种的单一性，还应注意选择那些滞尘能力较强的树种。

四、哈尔滨城市森林建设的树种选择

采取普查法和树木生长状况目测法对哈尔滨市区内的七个区和松北镇、松蒲镇、王岗镇、东风镇、新香坊、城高子等六个近郊工业点进行全面普查。在对 943 条街路、128 个游园、20 个公园、11 处生产绿地、1469 个庭院、44 处防护绿地的树木种类（种、变种、品种）、分布数量、生长状况进行调查的基础上，利用统计分析的方法得出了各种绿地的面积、绿化率、绿地率及树种应用状况。

通过对哈尔滨市区和郊区现有树木种类和生长状况的全面调查分析，根据哈尔滨市的地理气候特点，结合多年来的研究成果，选择出可用于哈尔滨城市森林生态体系建设选择的树种 110 种，并按园林绿化用途进行分类列出。

1. 哈尔滨城市森林生态体系建设中可选择的树种

1	臭松	29	桑树	57	绣线菊	85	山梅花
2	沙松	30	蒙古栎	58	珍珠梅	86	兴安杜鹃
3	红皮云杉	31	槲树	59	蓬垒悬钩子	87	梓树
4	白杆云杉	32	糖槭	60	金老梅	88	杠柳
5	青杆云杉	33	茶条槭	61	天女木兰	89	籽椴
6	黑皮油松	34	色木槭	62	树锦鸡儿	90	糠椴
7	红松	35	白牛槭	63	松东锦鸡儿	91	柽柳
8	短叶松	36	野梨	64	金雀锦鸡儿	92	鼠李
9	樟子松	37	山楂	65	紫穗槐	93	五叶地锦
10	兴安落叶松	38	山丁子	66	山皂角	94	地锦
11	长白落叶松	39	黄太平	67	刺槐	95	山葡萄
12	侧柏	40	沙果	68	山槐	96	水曲柳
13	圆柏	41	水榆花楸	69	胡枝子	97	水蜡
14	杜松	42	花楸	70	黄檗	98	连翘
15	爬地柏	43	黄刺玫	71	红瑞木	99	小叶丁香
16	紫杉	44	玫瑰	72	偃伏梾木	100	红丁香
17	榆树	45	野蔷薇	73	文冠果	101	洋丁香
18	垂枝榆	46	十姐妹	74	沙枣	102	紫丁香
19	大果榆	47	榆叶梅	75	沙棘	103	暴马丁香
20	旱柳	48	重瓣榆叶梅	76	核桃楸	104	朝鲜荚蒾
21	绦柳	49	毛樱桃	77	枫杨	105	鸡树条荚蒾
22	龙爪柳	50	京桃	78	三棵针	106	接骨木
23	馒头柳	51	山杏	79	紫叶小檗	107	锦带花
24	银中杨	54	李子	80	卫矛	108	金银忍冬
25	山新杨	55	长梗郁李	81	华北卫矛	109	长白忍冬
26	新疆杨	52	稠李	82	南蛇藤	110	秦岭忍冬
27	白桦	53	山桃稠李	83	木绣球		
28	毛赤扬	56	东北扁核木	84	楔叶茶藨子		

2. 按用途和功能可供选择的树种

（1）道路及庭院绿化类树种。

1	红皮云杉	2	白扦云杉	3	黑皮油松	4	红松
5	樟子松	6	杜松	7	圆柏	8	沙松
9	榆树	10	垂枝榆	11	大果榆	12	旱柳
13	绦柳	14	龙须柳	15	馒头柳	16	银中杨
17	山新杨	18	新疆杨	19	白桦	20	桑树
21	糖槭	22	茶条槭	23	色木槭	24	白牛槭
25	野梨	26	山楂	27	山丁子	28	黄太平
29	沙果	30	水榆花楸	31	花楸	32	山皂角
33	刺槐	34	山槐	35	黄檗	36	文冠果
37	沙枣	38	沙棘	39	核桃楸	40	枫杨
41	蒙古栎	42	华北卫矛	43	梓树	44	籽椴
45	糠椴	46	柽柳	47	水曲柳	48	小叶丁香
49	红丁香	50	洋丁香	51	紫丁香	52	暴马丁香

（2）孤植类树种。

1	榆树	2	糖槭	3	山楂	4	山丁子
5	沙果	6	水榆花楸	7	花楸	8	京桃
9	山杏	10	稠李	11	山桃稠李	12	李子
13	天女木兰	14	山皂角	15	刺槐	16	山槐
17	枫杨	18	华北卫矛	19	籽椴	20	糠椴

（3）垂直绿化类树种。

1	地锦	2	五叶地锦	3	山葡萄	4	南蛇藤
5	五味子	6	葡萄	7	杠柳	8	铁线莲类
9	猕猴桃类	10	刺南蛇藤				

（4）绿篱类树种。

1	红皮云杉	2	水腊	3	榆树	4	三棵针
5	紫叶小檗	6	长梗郁李	7	紫杉	8	珍珠绣线菊
9	茶条槭						

（5）地被植物类树种。

1	沙地柏	2	百里香类	3	兴安桧	4	地锦

（6）常用的花灌木类。

1	黄刺玫	2	玫瑰	3	野蔷薇	4	十姐妹
5	榆叶梅	6	重瓣榆叶梅	7	毛樱桃	8	长梗郁李
9	东北扁核木	10	绣线菊	11	珍珠梅	12	蓬垒悬钩子
13	金老梅	14	树锦鸡儿	15	松东锦鸡儿	16	金雀锦鸡儿
17	紫穗槐	18	胡枝子	19	红瑞木	20	偃伏梾木
21	文冠果	22	沙枣	23	沙棘	24	卫矛

（续）

25	木绣球	26	楔叶茶藨子	27	山梅花	28	兴安杜鹃
29	鼠李	30	连翘	31	小叶丁香	32	红丁香
33	洋丁香	34	紫丁香	35	暴马丁香	36	朝鲜荚蒾
37	鸡树条荚蒾	38	接骨木	39	锦带花	40	金银忍冬
41	长白忍冬	42	秦岭忍冬				

3. 哈尔滨市应发展的树种

1	樟子松	2	黑皮油松	3	杜松	4	紫杉
5	红皮云杉	6	白扦云杉	7	青扦云杉	8	兴安桧
9	落叶松	10	籽椴	11	蒙古栎	12	家榆
13	银中杨	14	刺槐	15	山皂荚	16	色木
17	旱垂柳（雄株）	18	绦柳	19	五叶地锦	20	山葡萄
21	五味子	22	狗枣子	23	软枣子	24	铁线莲类
25	连翘类	26	茶条槭	27	山里红	28	红瑞木
29	接骨木	30	鸡树条荚蒾	31	偃伏梾木	32	紫穗槐
33	树锦鸡儿	34	黄刺玫	35	玫瑰	36	绣线菊类
37	山梅花	38	锦带花	39	金银忍冬	40	榆叶梅
41	沙棘	42	水蜡树	43	小檗类	44	楔叶茶藨子
45	京桃	46	丁香（多个种、变种及品种）				

第三节　厦门城市森林建设

一、厦门概况

厦门市位于东经 117° 53′~118° 25′，北纬 24° 25′~24° 54′，地处福建省东南沿海，与我国的台湾省隔海相望，在戴云山脉的西南段和博平岭东南的延伸支脉交界处，地势自西北向东南倾斜，并向海洋延伸，地貌类型以丘陵为主，地形复杂多样，地势起伏不平，最高山峰云顶山海拔 1175 米；属基岩地质结构，主要有变质岩与花岗岩两类岩石，主要矿物有石英、云石、云母。第四纪沉积分布较广，地型地貌以低丘、台地等类型为主。林业土壤主要为砖红壤性红壤、红壤，其次为黄壤。在海岸边缘与滩涂分布着盐土与风沙土。

厦门市属南亚热带海洋性季风气候，气候温和、雨量充足、雨热同期、干湿季节明显。年平均气温为 20.7℃，绝对最高气温 38.3℃，最低气温 –1℃；年均降水量 1143.5 毫米，年均蒸发量 1824 毫米，相对湿度 76%；年均日照时数 1900h，太阳辐射 123.3J，由于其独特的气候特征，素有“天然温室”之称，但台风、干旱等灾害频繁发生。

厦门市地带性植被为亚热带季风常绿阔叶林，原始森林已绝迹，现多为人工林，树种单一，植被类型、层次结构简单。乔木有马尾松、杉木、相思树、木麻黄、柠檬桉等，灌木有桃金娘、冬青、石斑木等，地被物有芒萁骨、五节芒等。土地总面积1565平方公里，海岸线总长234公里，截至1998年年底，厦门市园林绿地总面积达2423公顷，公共绿地面积537公顷，林木覆盖率达37%，城市绿化率达40.1%，人均公共绿地9.4平方米。

由于受地形、气候影响，厦门市境内河流众多而流程短，水量丰富，季节变化明显，多属于放射关系，发源于厦门山地丘陵，顺坡向周围辐射，并在境内入海。主要河流有西溪、东溪、官寻溪、九溪、宁溪、露尾溪、浦林溪、浦头溪、鹭溪等，除西部浦头溪汇入九龙江外，其他河流均发源于厦门岛外大陆沿海地区的山地丘陵，流程短而独流入海。西溪是厦门市最大的河流，全长34公里，流域面积496平方公里。

厦门市饮用水源来自北溪引水和坂头—石兜水库，全市饮用水源达标率为98.13%。坂头－石兜水库水质保持良好，1999年18个监测项目年均值均符合地面水二类标准，北溪引水供水管线水质除大肠菌群外，其余监测指标基本符合地面水二类标准。湖边水库是厦门岛最大的应急水源，1999年湖边水库水质综合污染指数为27.49，比1998年增加11.62，水体质量继续恶化，水体呈明显的有机质污染，主要超标污染物有BOD5、石油类、非离子氨、亚硝酸盐氮、高锰酸盐、大肠菌群等；污染主要来源于沿湖大量生活、畜养及部分工业废水直接排入水库。杏林湾水库现状功能为农田灌溉，水质达到农田灌溉水质标准中一类标准，符合农用水要求。九龙江干流河口水质基本符合地面水三类标准。厦门周围海域主要分为五部分：厦门西港、九龙江入海口、西南海域、东咀港和东部海域。其中东咀港和东部海域的水质优于西部海域。除总铅外，东咀港与东部海域各指标年均值符合海水水质三类标准；厦门西港、九龙江入海口及西南海域除无机氮、无机磷、大肠菌群和总铅外，其余各指标年均值亦基本符合GB3097—1997海水水质三类标准。员当湖水体几个主要污染物指标浓度呈现出逐年降低的趋势，但是，仍属富营养化水体，氮、磷含量还很高，生态环境尚未完全恢复，随时还有可能再度恶化，目前员当湖内湖水质略差于外湖。马銮湾水质呈现严重的富营养化，水质超过四类海水水质标准。其出现严重超标的项目为无机氮、无机磷。马銮湾目前的主导功能是养殖兼接纳污水，由于湾内高密度的养殖，再加上水体交换自净能力很差，致使湾内水质无法得到改善。

厦门市空气质量1999年仍保持着比较优良的水平，全市空气污染API指数平均值为35，空气质量优级率达88.5%。空气中NO_X、总悬浮颗粒物年日均值达到国家一级标准，SO_2年日均值达国家二级标准。O_3浓度时有超标，特别是湖里测点，超标频率较高。

随着城市建设的发展，现代交通工具噪声污染随之增加，市区噪声较为严重，城市道路干线交通噪声超标率达100%，平均等效声级74.6分贝。

固体废弃物主要为工业、生活垃圾、基建垃圾、旅游垃圾及植物自然生长落叶与枯死物，目前各类垃圾均能做到及时统一处理。

近年酸雨现象时有发生，已成为突出的环境问题，对植物有较大的破坏性，全年降水的pH值4.43，最低pH值3.75，酸雨频率达78.8%。

二、厦门森林生态现状

根据调查及材料收集，对厦门市森林生态网络体系建设相关的内容进行总结分析，归纳现状并提出有关问题。

1. 厦门市土地利用现状总结及分析

根据 1996 年土地利用现状调查，全市土地总面积 1563.74 平方公里，其中，厦门岛 4 个区土地总面积 133.67 平方公里，占全市总面积的 8.55%；同安区土地总面积 1008.37 平方公里，占全市总面积的 64.48%；集美区土地总面积 213.20 平方公里，占 13.63%；杏林区土地总面积 208.50 平方公里，占 13.34%。全市人均耕地 0.027 公顷，为全国人均耕地 0.089 公顷的 30.83%。

就土地利用的结构而言，农用地 120532.27 公顷，占全市土地总面积的 77.08%；建设用地 29219.41 公顷，占 18.69%；未利用地 6621.87 公顷，占全市土地总面积的 4.23%。在全市各类土地中，林地和耕地的面积最大，分别占全市土地总面积的 32.85% 和 21.47%；园地、居民点及工矿用地、水域和未利用土地分别占 14.93%、15.19%、9.28%、3.84%；交通用地比重最小，占全市土地总面积的 2.44%（表 12-25，表 12-26）。

表 12-25　厦门市各区土地面积统计　　单位：公顷

地区	厦门市	厦门岛	集美区	杏林区	同安区
面积	156373.55	13366.54	21320.22	20850.10	100836.69

注：表中数据引自《厦门市土地利用总体规划》。

表 12-26　厦门市各类用地面积统计　　单位：公顷

地区	农用地	耕地	园地	林地	水面	建设用地	居民点及工矿用地	交通用地	水用设施用地	未利用地	合计
全　市	120532.27	33578.62	23343.07	51371.08	12239.51	29219.41	23753.56	3819.63	1646.21	6621.87	156373.55
所占比例	77.08%					18.69%				4.23%	
厦门岛	5249.96	1375.98	526.81	2470.00	877.17	7598.28	6444.08	1102.10	52.11	518.30	13366.54
集美区	17304.13	4623.11	3482.98	7258.94	1939.09	3265.36	2594.58	487.99	182.78	750.73	21320.22
杏林区	14907.81	3360.01	3230.71	4750.51	3566.59	4936.29	4085.06	641.78	209.44	1006.00	20850.10
同安区	83073.37	24219.52	16102.56	36891.62	5856.67	13419.47	10629.83	1587.76	1201.88	4346.85	100836.69

注：表中数据引自《厦门市土地利用总体规划》。

2. 乡村绿地现状总结及分析

（1）乡村绿地现状。这里的乡村主要指上面各类用地中的农用地部分，面积为 120532.27 公顷。如将园地和林地均按绿地计算，则乡村的绿地面积为 74714.15 公顷，绿化率为 61.99%；有林地面积 42238.89 公顷，林木覆盖率为 35.04%；灌木林 1371.59 公顷，占 1.14%；未成林地 5776.79 公顷，占 4.79%；迹地和圃地 280.48 公顷，占 0.23%。厦门市的乡村绿地主要分布在西北和北部即同安区的莲花镇、汀溪镇、新墟镇和集美区的灌口镇、后溪镇。森林蓄积量则以国营汀溪林场、祥溪林场、天竺山林场和坂头林场所占比重最大。乡村绿地的主要树种有马尾松、木荷、相思类树种、桉树、杉木、湿地松、樟树等。但马尾松是主要的建群树种，结构简单，林相和林分质量较差，土壤瘠薄，生态功能脆弱。

（2）乡村绿地中存在的问题。在厦门市乡村绿地中存在这几个问题：①树种结构单一。在树种结构中，针叶树比重过大，占70%以上，树种单调，阔叶树所占比例太小。因而林分的结构简单，景观和生物的多样性受到限制，系统的生态功能较为脆弱。同时，由于树种结构的单一性，容易造成地力衰退，也给护林防火、病虫害防治带来极大的困难，一旦发生灾情役情，后果相当严重；②林分质量差、蓄积量小。厦门市的原始植被由于人为的破坏，已不复存在，取而代之的是以针叶树，特别是以马尾松为主的次生林，加之土壤立地较差，限制了林分生长，使得林分生长量低，林分质量差，蓄积量小，低质低效林分比重大，林相不整齐。尽管绿化率和林木覆盖率较高，但绿化、美化水平较低；③生态环境脆弱。树种的单一性和林分结构的简单性，使得生态系统的功能比较低下。系统的物质循环速率和能量的流通量减小，涵养水源和保持水土的能力减弱，抵御病虫害和防灾减灾的功能降低。因此，丰富树种的多样性和林分结构的复杂性是乡村绿化的关键，也是厦门市整个森林生态体系建设所必需解决的关键技术之一。

3. 城镇公共绿地现状总结及分析

（1）城镇公共绿地现状。厦门岛内现有公共绿地228.69公顷，其中公园220.53公顷，包括湖里公园、中山公园、万石山植物园、海滨公园、金榜公园、嘉禾公园、莲花公园、烈士陵园、南普陀寺、虎溪风景园、员当湖公园（亦称白鹭洲公园）和南湖公园；街头绿地8.16公顷，包括厦门人民大会堂广场、文化宫广场、火车站广场、机场候机室前广场、开元区街旁绿地、思明区街旁绿地、湖滨北路和湖滨南路林荫道、厦门大桥桥头绿地、机场三角绿地和厦门国际会展中心广场绿地等。厦门市杏林区建设的公园与街头小游园有4个，分别为日东公园（3公顷）、杏东公园（9.8公顷）、区政府东侧街头绿地、杏滨路街头绿地。厦门市集美区公共绿地共19.54公顷，人均公共绿地6.51平方米，有公共绿地5处，包括嘉庚公园、归来园、龙舟池、儿童公园等。厦门市同安区公共绿地约15公顷，人均3.32平方米，主要有大轮山梵天寺（8.5公顷）、双溪公园（1.8公顷）、位于324国道与福厦公路交汇处的立交桥小游园（3公顷）和位于东溪上的东桥头小游园（仅500平方米）。

（2）城镇公共绿地中存在的问题。总的来看，厦门市的绿化面积、林木覆盖率和绿化水平均居全国大中城市前列，但从绿化的质量来看，仍与厦门市当前的社会经济发展不相适应，存在着一些问题，有这几个方面：①绿地分布不均。因历史原因，在厦门市公共绿地分布不均，旧城区绿地严重不足；②树种单一，结构简单，绿量不足。③尚未充分利用生态位，存在片面追求绿地面积，草地面积过大（人称“稀树草原”），缺乏乔、灌、草的有机结合，绿量小，一此地方主要以叶量少的棕榈科植物为绿化树种，虽好看，但遮阴、防风抗风的作用较弱，尚未形成立体绿地的格局，绿化空间配置层次结构单一，生态位未得到充分利用；④重视觉、轻综合效益的发挥。绿化格局单调，使用的植物材料品种单一，在布局上缺乏在特殊区域配置相应的生态功能林等，存在重视觉，轻综合生态功能的倾向，导致生态系统仍然比较脆弱，综合生态效益较差；⑤森林景观比较贫乏，植物造景几近于零，季相不分明，色彩不丰富，生物多样性差；⑥缺乏片林，有学者曾提出城市森林生态网络工程建设中的“肺理论”，一座城市中应当有“大肺”与“小肺”。国外城市森林建设中一般都在相隔一定距离内建设片林，这实际上是这一小区域内的“小肺”，其生态效能是巨大的，而厦门市却很少见到片林。

4. 生产防护绿化现状总结及分析

（1）生产防护绿化现状。厦门市岛内有防护林绿地 39.90 公顷，园林生产绿地 113.59 公顷，包括忠仑苗圃、新区花圃、何厝苗圃、凤凰公司苗圃、枋湖后苗圃、后坑苗圃、湖里房地产苗圃、通行苗圃、厦门植物研究所等。厦门市杏林区生产绿地有区园林公司的 2 个苗圃，总面积 1.3 公顷，主要为街道和全区绿化提供苗木，但由于生产绿地面积过小，尚不能满足全区绿化的需要。集美区现仅在龙舟池南面有一排木麻黄防护林带，而在工业区与居住区之间未营建防护隔离带，沿海亦无防风林带，区内未建苗圃、花圃等生产绿地。同安区有生产绿地 25.26 公顷，其中大部分为私人经营的苗圃，现有的工业主要分布在城区东北部的城东工业区和西南部的城南工业区，大部分工业对环境有着不同程度的污染，在这些工业区与居民区之间基本上未设防护林带，环境较差。

（2）生产防护绿化存在问题。存在的问题有：①忽视生态功能林的建设。如杏林区的性质是工业区，在绿地建设上未考虑防护林带，特别是在工业区和居住区相邻处防护林的建设。又如在机场西、南侧的防护林宽度不够等；②生产绿地分布不均，岛内多而岛外少。岛外 3 个区的生产绿地面积仅为 26.56 公顷，远不能满足绿化用苗需要；而厦门岛内的生产绿地面积为 113.59 公顷，相对面积较大，考虑到岛土地的利用现状，增加岛内的绿化面积和公园数量，应将岛内部分苗圃改建为公园而在岛外增加生产性苗圃供应全市的绿化用苗。

5. 城镇居住区及各单位附属绿化分析

（1）城镇居住区及各单位附属绿化现状。厦门岛内有单位附属绿地 295.50 公顷，居住区绿地 70.47 公顷。相对岛外而言，岛内的单位附属绿地和居住区绿地面积较大，绿地率高，绿化水平也较高。杏林区的单位附属绿地主要集中在南部，其中部分绿化水平较高，如：建委、厦门职工休养所、区政府、自来水公司、正兴橡胶厂、普力生机电、力牛工业股份有限公司、杏滨生活小区等，其绿地率相对较高，布置丰富、养护管理好；但是大部分居住区绿地很少，绿化较差。集美区的单位附属绿地主要集中在集美镇，其中部分绿地水平较高，如集美学村、集美区政府、集美自来水公司等单位，其他单位的附属绿地较少，绿地率较低；其居住区绿化水平普遍不高，面积小，树种单一，管理差。同安城区居住区绿地和单位附属绿地面积不足，而且发展不平衡，新老城区反差较大。

（2）城镇居住区及各单位附属绿化存在问题。存在的问题有：①绿地发展不平衡。从厦门市单位附属绿地和居住区绿地的整体来看，不同单位和不同居住区的发展水平不一，反差较大；②绿地面积不足，绿化形式单一。就厦门市的单位附属绿地和居住区绿地现状而言，除少数单位和居往区比较重视绿地面积和绿化质量外，大部分单位和居住区绿地面积不足，绿化覆盖率偏低，绿化形式单一，多为建筑物旁简单的花坛形式，缺少变化，同时由于缺乏高大乔木的遮阴作用，绿地的遮阳降温、降噪、吸光等功能得不到明显的发挥。

6. 道路绿化分析

（1）主要交通干道绿化分析。厦门市主要交通干道 366796 米，已建成的公路绿色通道工程（护路林）124381 米，占 33.9%。其中，国道绿化 53200 米，占绿化长度的 42.8%；省道 27585 米，占 22.1%；高速公路绿化 8940 米，占 7.2%；其他交通干道 34656 米，占 27.9%（表 12-27）。

表 12-27　各类型主要交通干道绿化现状　　单位：米，公顷

单位	国道		省道		高速公路		其他干道		合计	
	长度	面积	长度	面积	长度	面积	长度	面积	长度	面积
厦门市	3546.7	168.1	1839.0	53.4	596.0	32.6	2310.4	59.2	8292.1	313.3
同安区	2055.7	109.3	1426.7	39.0	221.0	9.9	1554.4	33.5	5257.7	191.6
集美区	977.7	43.4	412.3	14.4	280.0	17.0	645.7	19.8	2315.7	94.6
杏林区	513.3	15.4	0.0	0.0	95.0	5.7	110.3	5.9	718.7	27.1

注：表中数据引自《厦门市林业生态重点工程建设总体规划》。

护路林存在的问题是：①主要交通干道绿化率低，仅占 33.9%；②树种单一、绿化格局单调，未能充分利用生态位，景观贫乏，且有些路段缺株现象严重，给人以破落之感；③投入少，重视不够。

（2）城区主要街道绿化分析。厦门岛内道路绿地 46.21 公顷，绿地率 10%~15%。由于历史原因，老城区的道路绿化较差；而新建城区由于对道路绿化的日益重视，均能做到路旁绿化，美化。但也存在树种单一、结构和形式简单、缺乏变化，另外，有些地段对棕榈科的植物过于依赖，虽然好看但不够实用，即综合生态功能较低。

杏林区街道的预留绿化用地基本有保证，建成的道路已普遍绿化，绿化较好的路段有杏东路、杏西路西段、日新路等，但杏林区部分旧城区道路红线宽度较窄，绿地拥挤，树木参差不齐，缺乏统一感。集美区部分早期建成的道路绿化虽然树种单一，但由于树龄较大，故绿化效果尚好，但从现有的道路而言，预留道路绿化用地较少，这不利于今后道路绿化的发展。同安区的新建道路多预留有道路绿化用地，道路红线内绿化用地基本上有保证，城区主要道路环北路、城西新街、城南大街、中山路等道路绿化基础较好，植物长势良好，道路绿化总面积达 4.75 公顷，老城区内道路红线宽度较窄，绿线宽度相应较窄。

城区主要街道绿化存在问题有：①绿地拥挤，缺乏统一感。部分旧城道路红线宽度较窄，绿地缺乏统一感，应利用立体绿化，加以弥补；②树种单一，结构和形式简单。这是厦门市道路绿化普遍存在的一个问题，特别是有些路段过于依赖棕榈科植物和片面追求草地面积，绿量少，重视觉，忽视综合功能的发挥，同时结构和形式简单，缺乏变化；③绿化指

标偏低。就整个厦门市来看，道路的绿化指标偏低，缺乏大的遮阴树木，给夏天出行的人们带来不便。

7. 海岸带绿化分析

（1）海岸带绿化现状。厦门市海岸线总长度 121160 米，均为泥岸类型。已建基干林带 51930 米，占 42.9%；断带岸段 69230 米（其中宜林断带岸段 26220 米，占断带岸断 37.9%；不宜林断带岸段 43010 米，占 62.1%。），占 57.4%。宜林断带中，荒地 2850 米，占 10.9%；农地 23210 米，占 88.5%；其他用地 160 米，占 0.6%。

不宜林断带中，农地 2800 米，占 65%；岩石地 3800 米，占 8.8%；养殖场 7870 米，占 18.3%；开发区 5720 米，占 13.3%；盐场 8860 米，占 20.6%；居民点 3770 米，占 8.8%；港口码头 1760 米，占 4.1%；其他 8430 米，占 19.6%。

（2）海岸带绿化存在问题。存在的问题有：①林带老化。现有海岸带防护林大多营造于 20 世纪五六十年代，大部分林分进入成、过熟阶段，林带老化，树冠稀疏，枯枝断梢严重，透风系数太大，亟待更新以确保防护林体系的完整和防护效能的持续发挥；②树种单一。现有的防护林树种主要为木麻黄，树种单一，层次结构简单。据研究，在海岸带的最前沿尚未找到可以代替木麻黄的树种。但是，在海岸的后沿，可用如湿地松、相思类树种、桉树等树种来丰富海岸带防护林的树种结构；③更新难度大。在海岸前沿，由于风大和干旱的影响，海岸带防护林带的更新难度很大，应选择抗风和抗旱的树种和种源对其加以改造。福建省林科院对海岸防护林的更新做了攻关研究，这一技术已经成熟，且可提供更新所需的树种、种源和无性系；④护岸林破坏严重。由于溪、河沿岸的开发建设，林木被伐，林地被占现象较为严重；⑤农田防护林残缺不全。现有农田防护林残缺不全，较为破碎，没有构成完整的网络体系，抵御风害的能力较弱。

三、厦门森林生态网络体系建设

（一）厦门市森林生态体系的内容界定

城市森林生态网络就是把森林引入城市（含市郊），以生态学的原理和方法为基础，考虑和吸收林学、森林环境学、城市生态学、造园学、景观学、树艺学、美学、仿生学、森林文化、社会学、生态伦理学、绿色经济和森林旅游等各方面的知识，建设以森林为主体的、社会、经济、生态可持续发展要求的城市生态环境，形成城市森林文化。具体的讲，就是把具有一定结构和功能的所有的生态点、生态线和生态面有机地联系在一体而形成的具有森林生态环境的城市生态体系。因此如何界定生态点、生态线和生态面，使人们从抽象的生态点、生态线、生态面概念认识到具体的实物，这是我们必须要解决的问题。因此，结合厦门市的实际，以建设城市生态环境为目的，为科学有效地对城市生态网络进行合理布局，我们对生态点、生态线和生态面做如下的界定。

1. 生态点

生态点是指具有一定面积的以乔木为主的植物群落分布且具有科学结构和功能的网络点。在城市森林生态系统中，生态点可以是公园、交通岛、生活小区绿地、单位附属绿地、苗圃、街头绿地、小游园、广场绿地等等。但并不是所有的地方都可以构成生态点，构成生态点的地方必须要具备的要素有：①必须是以乔木为主的植物群落，即具备构成植物群落的基本特征，有一定的植物种类和数量，一定的生态调节功能；②要有科学的结构，结构决定着生态点功能的发挥，结构和功能应保持一致；③要具有特定的功能，能给人们带来一定的生态价值，如休闲娱乐、欣赏观赏、遮阴降温、净化空气、隔阻噪音、保持水土等；④要有一定的生态承载力，不是稍有外来因素的破坏便被解体的地点，应要有一定的抗御作用；⑤要求一定的面积，面积可大可小，小到一个交通岛，面积仅几十平方米，大到一个公园，面积可以是上百公顷。当同时具备这些要素时，即可构成生态点。

2. 生态线

生态线是指在城市森林生态体系中具有一定结构和功能的并和各个生态点有机相连的植物群落通道。在城市森林生态系统中，生态线可以是街道、巷、小路、水系、铁路等的两侧植物群落。具体的讲，是由乔木为主的一定植物材料有机组成的线型植物组合，有一定的宽度和长度。同生态点的构成类似，生态线的构成必须具备以下几个要素：①由乔木为主的一定种类和数量组成的植物群体；②具有合理的结构和一定的功能，功能和结构相适应，如沿海防护林，其功能是防风固沙，则它的结构必须最大程度地满足沿海防护林降低风速和减弱砂粒移动的要求；③要有一定的承载力，对外来因素的破坏应有抗御作用；④要具有一定的宽度和长度的要求，特别是长度，这同时是生态线区别于生态点的重要特征。

3. 生态面

我们认为可以分为两个层次，城市建成区和市郊。生态面应指多个生态点通过生态线有机地联系在一起所形成的网络状生态体系。生态面不是生态点和生态线的简单代数叠加，它是一个有机的整体，具有自己独特的结构和强大的功能，是一个复杂的具有块状结构的生态系统。对城市森林生态系统而言，它应该具有美化市容、调节气温、涵养水源、防风固沙、清洁空气、清音防噪、保护生物多样性、维护生态平衡、优化人们生活环境等多种重要的作用。市郊生态面主要指具有一定面积的水域或林地，它除了具有上述生态功能外，还应当具有旅游、疗养、休闲、发展经济等经济、社会效益。

4. 生态点、生态线、生态面的关系

生态点、生态线和生态面既相互独立又相互联系，既有不同的内涵又有不同的外延。可以说，这三者之间是具有“你中有我、我中有你”的特点。生态点、生态线、生态面三者应当合理地布局，科学地配置各个生物群落、充分地利用生态位，艺术地配置景观，以形成各个群落有机联系、结构完整、社会、经济、生态三大效益相统一的多层次多功能的生态系统。

比如说，在全国森林生态网络体系中，厦门市是一个生态点，而在厦门市森林生态体系建设中，整个厦门市就成了一个生态面，这与森林生态体系建设的需要和范围有关。在全国森林生态网络体系中，厦门市是为具有相同自然条件和社会经济条件城市的森林生态网络体系建设提供示范和借鉴，它是一个生态点，而就厦门市森林生态体系建设而言，它是一个复杂的生态网络体系，由各个生态点和生态线有机地组成，体现着厦门市的城市面貌、城市文化、城市功能和城市经济。

总之，在进行厦门市城市森林生态体系建设的规划之前，我们必须对对生态点、生态线和生态面作出明确的界定，这样才能根据厦门市的实际情况和厦门市森林生态体系的现状，对厦门市城市森林生态网络体系建设作出具有厦门市特点的、符合时代发展需要的、景观优美和生态功能强大的、体现社会、经济、生态效益相统一的，具有可持续发展的城市生态网络体系。

（二）厦门市森林生态网络体系建设目标及布局

1. 建设的目标

通过厦门城市森林生态网络体系建设的研究，将厦门市建设成为一个环境优美、生态功能强大的森林生态城市，以改善厦门城市生态环境和城市居民生活质量、促进城市可持续发展、树立良好的城市形象、吸收外资和经济繁荣、提高市民生活水平、促进台海交流及旅游业的发展，为最终将厦门市建设成为一个工业发达，城市服务功能完善、具有较强内外辐射能力、环境优美、法制健全的社会主义现代化国际性海港风景城市提供生态保障。

2. 指导思想

（1）坚持与厦门市建设总体规划相衔接，为厦门市社会经济可持续发展服务。

（2）以厦门市的经济和社会发展状况和现有绿化体系为基础，统筹规划。

（3）网络建设要有足够的科学性、合理性、前瞻性和高标准性，同时，将建设的总体目标和近期目标有机结合起来。

（4）提高建设内容的可操作性，保证厦门森林生态体系建设的规划、设计、建设与管理的有序性。

3. 遵循的理论原则

（1）“以人为本”的原则。厦门森林生态体系建设的主体是森林生态环境，但其服务对象是“人”，因此，厦门森林生态体系建设必须以“人”为本，在强调森林生态环境建设的同时，充分考虑“人”的欣赏性、舒适性、文化性和历史性。

（2）“高起点、高标准、高水平、高效益”的原则。厦门森林生态体系建设要和厦门市较为发达的经济和社会发展水平相适应，要为厦门市的总体发展目标服务，和国际大都市接轨，因此规划必须坚持“高起点、高标准、高水平、高效益”的原则。

（3）“坚持生态学基本原理”的原则。厦门城市森林生态体系建设必须遵循生态学基本原理，以植物群落为绿地结构单位，以生物多样性为基础，以地带性植被为特征，构建具有厦门特色的乔、灌、草、花、藤复合生态系统。

（4）“系统性”原则。厦门城市森林生态体系建设是一个宏大的系统工程，在建设中应从市民的生存空间和自然过程的整体性和连续性出发，协调城市的总体规划，建立城乡一体化的大绿化格局，以城区为中心，向外辐射形成不同层次、不同类型、不同功能的森林生态网络体系。同时，在建设中应将长远性、综合性与科学性、可操作性综合考虑。

4. 厦门市森林生态网络布局

在厦门市森林生态网络体系建设原则的指导下，根据建设的目标和厦门市森林的功能和现状，作出网络布局。布局充分考虑了网络所能提供的生态效益，减少“岛状”生境的孤立状态，增加开敞空间的连接度，对厦门市区及其市郊的森林和绿地的建设进行一体化的布置，以网络状连接向外辐射，提高了以生态效益为主的绿色生态体系的稳定性，对森林系统内建立和谐的结构，为森林群落植物的耐害与抗御性提供了有益的帮助。

（三）厦门市森林生态网络体系建设内容

1. 生态面建设

以厦门市为总体范围，分为厦门岛、杏林、海沧、集美、同安等部分，所涉及的内容有：城区内植被覆盖地，包括城区内公共绿地（公园等）、居民区及单位绿地、道路绿化；城区边缘植被覆盖地，包括以自然山水为主体的城市绿色地带、插入城区的或与城区相邻的风景区和游乐区；远郊自然型植被覆盖地，包括远郊风景区、水土保持区、农地、林地、以及其他未利用地。

城区内的绿地与市民生活密切相关，所以应以城市生态与景观的改善为出发点。城区边缘（近郊）绿地可根据实际情况，有针对性地建设，有的可纳入城区绿地系统，有的可与城区交叉，进行有目的控制。远郊的自然性绿地对改善城区生态环境具有重要意义，要以保护管理为主进行必要的建设。

（1）城区森林生态建设。厦门市的地貌分布是以厦门岛中心，呈半圆状向东北、西北、北部辐射开来，城市、海湾、山林是厦门市的大前景。因此，厦门市生态面的网络分布是半圆扇状。生态面的建设要使人均生态绿地在2010年时达到表12-28所示指标。

表 12-28　生态面建设后人均生态绿地面积（2010 年）

项目	厦门岛	杏林	海沧	集美	同安城区	合计
生态绿地面积（公顷）	1600	450	900	250	450	3650
预计人口（万人）	95	18	30	10	16	169
人均绿地（平方米 / 人）	16.8	25.0	30.0	25.0	28.1	21.6

因为考虑到厦门市城市建设用地的实际情况及经济建设发展水平，不宜盲目追求国际先进发达国家水平，到2010年人均公共生态绿地达到21.6平方米，这种生态面的建设水平可达20世纪末的国际中等水平。但是目前厦门市的人均水平在12.6平方米，要使在十年内人均绿地指标提高9平方米，这也是一个较高水平。据厦门市城市总体规划，到2010年人均城市建设用地110平方米，在这个前提下，人均公共生态绿地水平在国内城市中已是居于领先水平。

城区内植物的配置除了强调指标以外，其绿化性质要与其生境相符，同时又要有一定形式的植物造景，形成一定的特色。以乔、灌、草相结合，形成生态立体效应。选择树种时要适地适树，以南亚热带区域基本树种为主。突出乡土树种与引种驯化优良园林植物相结合，采用速生树种与长龄树种相结合，以常绿树种为主，适当运用具有观赏价值的落叶树种，并且在有的地段选择抗逆性、抗风性、耐贫瘠土壤的适应性强的树种。常用树种可选择：

乔木类：凤凰木、小叶榕、大叶榕、高山榕、毕氏南洋杉、肯氏南洋杉、洋紫荆、洋金凤、羊蹄甲、菩提树、丹桂、四季桂、枫香、阿丁枫、凉伞枫、木棉、蒲桃、榲树、白兰、杧果、龙眼、荔枝、扁桃、人心果、杨梅、象牙红、龙牙花、银桦、泡花树、贝壳杉、福建柏、黑松、大花紫薇、山蜡梅、石榴、大女花、红花八角、观光木、黄花槐、各种荚竹桃、盆架木、火焰花、罗汉松、萍婆、重阳木、铁刀木、山茶、花榈木、香樟、第伦桃、黄连木、鹅掌楸、玉兰、荷花玉兰、二乔玉兰、紫花玉兰、深山含笑、银杏、香榧、红栲、桃花心木、木荚红豆、假蚊母树、南方红豆杉、青钱柳、鄂西红豆、香椿、小叶红豆、红椿、福建青冈、格氏栲、黄杞、南岭黄檀、女贞、柚木。

引台湾树种：台湾三角枫、台湾猴麦欢、大叶楠、恒春红豆、台湾红豆、台湾臭椿、台湾合芙蓉、台湾蝴蝶钱珠花、红桧、台湾海枣、香桂、台湾梭椤木、台湾赤楠、乌来杜鹃、乌来冬青、埔里杜鹃、此威山荣、松田氏冬青。

棕榈类：假槟榔、三药槟榔、桄榔、糖棕、王棕、大王椰子、董棕、油棕、刺葵、散尾葵、美丽针葵、蒲葵、鱼尾葵、海枣、伊拉克蜜枣、棕榈、华盛顿棕、酒瓶椰。

竹类：悬竹、青皮竹、佛肚竹、黄金碧玉竹、孝顺竹、凤尾竹、绿竹、苦竹、罗汉竹、刚竹、藤竹、赤竹、苦竹、四方竹、菲白竹、实心竹、紫竹。

灌木类：满天星、金叶女贞、红叶乌桕、红背桂、石楠 、映山红、月季、各种山茶、木芙蓉、朱槿、木槿、金合欢、银合欢、金缕梅、各种三角梅、一品红、扶桑、悬铃花、吊灯花、黄花第伦桃、金丝桃、假连翘、美蕊花、米兰、马樱丹、红桑、银桑、硬枝黄蝉、软枝黄蝉、龙舌兰、丝兰、凤尾兰、夜来香、黄金榕、变叶木、大叶黄杨、常春藤、彩叶草、杜鹃、紫金牛、千瓣白溲疏、八仙花、山梅花、火棘、麻叶绣球、石斑木、夜合、笑靥花、紫金牛、茉莉、苏铁科各种。

藤本类：凌霄、紫藤、使君子、金银花、茑萝、炮仗花、鸡血藤、金樱子、白木通、贯叶忍冬、西番莲、珊瑚藤、络石、云实、扁带藤、爬山虎。

水生植物：荷花、王莲、睡莲、萍蓬草、黄花莲。

草本地被类：结缕草、沿阶草、马尼拉草、假俭草、高丽芝草、中华结缕草、早熟禾、狗牙根、倭竹、地荟、垂盆草、酢浆草、吉祥草、石菖蒲、万年青、石蒜。

（2）林业用地森林生态建设。对于林业用地来讲，其生态建设主要在林业局所管辖的范围内进行。一般不在城区内，基本都在郊区。所以这部分的生态建设要以保护城市生态环境为基础，采用保护与改造相结合的方式来进行。因为厦门市森林资源总的看来不是很丰富，林种、树种结构不尽合理，针叶纯林多，针阔混交林和阔叶、纯林少，整体绿化水平不高，生态环境较脆弱，林分质量与城市森林生态网络建设的目标要求还有一定的距离。因此，应采取树种结构调整，改造劣质林分，对宜林地进行造林，在总体上形成一个树种丰富、层次复杂、季相分明、色彩斑斓、景观丰富、生态功能强大的社会、经济效益明显的森林生态体系。

根据不同的林分结构，进行不同的处理，对现有林分进行必要的调整。马尾松或湿地松纯林，易受病虫害的危害，对于郁闭度不大的林分，要除掉生长不好部分，补种台湾相思、肯氏相思、木荷、火力楠等阔叶树种；杉木纯林，同样在郁闭度较小的地方营造马占相思、大叶相思、木荷、柠檬、桉树等阔叶树种；各种阔叶纯林，采用封山育林的管护措施，进行必要的抚育、补植和病虫害防治工作，以促进树种生长；马尾松与阔叶树的混交林，采用抚育补植等管护措施；对低产的油茶林和果树要进行改造，采用适当间伐、防治病虫害和施肥等管护措施。

在宜林地进行必要的造林。造林方式可采用营造阔叶林或针阔混交林，选用造林类型的树种组成有：马尾松与木荷；马尾松与台湾相思；大叶相思、肯氏相思、马占相思或厚荚相思；马占相思与木荷；火力楠；木荷；巨尾桉或柠檬桉；龙眼或荔枝；毛竹；麻竹。对于这些不同的树种组成的造林方式，要以立地类型质量的好坏来因地选择。

（3）水源涵养保护用地森林生态建设。水源涵养保护用地是指为保护厦门市的水源而划定的用地，这类用地应该限制开发使用，以生态保护和水土保持为主，保护好厦门市的水源。在厦门生态面范围内主要有这些水源保护用地：溪东、汀溪水库保护用地；石兜水库保护用地；湖边水库保护用地；九龙江口保护用地。

这些水源涵养保护用地的生态建设要以保护为主，严格禁止任何开发建设行为，同时不能发展农业坡耕地，以防止水土流失。可采用乔灌相结合的方式，以建设水土保持林为主，选取蓄水保水能力强的树种进行造林，宜采用针阔混交林或阔叶林方式。可采用马尾松、相思、木荷、桉树、龙眼、荔枝、余甘子等。在水库周围较远的山林地带可采用林业用地的建设方式。在九龙江口可采用白骨壤和秋茄树为造林树种。

（4）荒山及裸露山体绿化建设。对厦门生态面范围内的荒山及裸露山体进行绿化治理，以改善其生态环境，防止产生滑坡、泥石流的现象，可采用的绿化植物有：南洋楹、夹竹桃、爬山虎、粉叶爬墙虎、葛藤、鸡血藤、油麻藤、薜荔、冠盖藤、柘树、云实、藤金合欢、藤黄檀、类芦、五节芒、斑茅、台湾相思、马占相思、大叶相思、黑荆等。这些植物有的耐干旱瘠薄土壤，有的生长迅速，有的具有攀援性质，能在较短时间内改变裸露山地的状态并且具有良好的效果。

（5）特种林的建设。建设特种林是体现森林生态网络体系工程特色的重要方面，也是森林生态网络体系建设科技含量和艺术含量的重要体现，在厦门城区及近郊（近郊为主）的林地改造成特种经济林、旅游景观林、保健疗养林、珍稀植物林、科普教育林、群落示范林等。在特种经济林中又分为引进水果的木本经济林、本地优良水果的木本经济和特种用材林。在旅游景观林中又可设为凤凰园、枫香园、相思园、玉兰园（收集各种玉兰）、紫薇园、黄花槐园、元月季园、蜡梅园、桂花园（主要是丹桂和四季桂）。这些林、园要做到植物配置的科学性生态位配置的合理性、景观配置的艺术性以及科学的经营管理，挖掘其文化蕴含，充分展示森林的自然美、色彩美、种类美、视觉美、气味美、姿态美、意境美、健康美、艺术美、静态美和动态美，形成其整体美，以积淀成为具有厦门特色的森林城市文化的主体之一。

在这些地方要处理好开发与保护的关系，要注意人为活动的影响对林木的破坏。在这些地方可利用科研的优势，建立一些科普基地，使林业科学技术、生态环境保护、科普教育、生态旅游、休闲观光和科学考察为一体。这些地方进行生态建设的核心是维护生态面平衡，在此基础上，以森林为主体的生态屏障，尽可能保留原有的森林，维持良好的生态景观和群落结构，增强生态系统的生物多样性，促进生态良性循环。同时还可以进行林业立体开发和新品种的引进工作，以科学技术创新为动力，进行林业生物技术、信息技术和新材料技术应用。

（6）防护林的生态屏障林建设。厦门市的防护林主要有沿海防护林和农田防护林，其作用是防风固沙和保护农田不受侵袭。防护林以木麻黄纯林、或木麻黄和相思混交为主，以片林或林网形式进行建设。厦门市作为一个沿海开发城市，每年均受到台风的影响，因此防护林的建设尤为重要，同时，作为生态网络的一部分，防护林的建设也是必不可少的。由于有些地方尚未形成片林，所以抗风性差，对环岛的防护林建设也不够，城市风口处没有防护林带，这些均是需要改善的地方，而且，防护林体系（包括红树林）的建设，可促进保护农业、沿海滩涂渔业和养殖业的发展。

（7）自然生态用地的森林生态建设。自然生态用地包括农业用地、自然植被用地和一些空地，这些用地是城市外围空间总体生态环境中的主要组成部分之一，也是必要的生态实体之一。为了保护厦门市的森林生态网络建设，同时也要考虑到对这部分区域进行控制，对城市建设用地占用农地现象要坚决制止，对于穿越自然生态用地的铁路、公路及市政设施要设置不小于 100 米宽的绿化带。

由于城市工业化进展迅速，城市人口增长快，同时因特区建设的需要，农业用地面积在逐年减少，再加上近年来，农药化肥、滥垦乱伐、乱挖海砂、开山炸石，使生态环境遭受破坏，加剧了农业生态恶性循环，这样也势必影响到森林生态体系。当引进了森林生态网络体系后，依附于森林建立起来的林地生态农业，可有较大收获。在市郊范围内发展林—果—药型生态结构、林—果—茶型生态结构、林—茶—猪—粮型、林—耕—养殖型生态结构，

图 12-18　生态面的建设

可使土地得到合理利用，使农、林、牧、副、工综合发展，生产水平也可大大提高。因此建立森林生态网络也是厦门特区经济发展的重要措施之一。

2. 生态线建设

根据厦门市的具体情况，生态线的建设可在交通线（如铁路、高速公路、国道、省道等）、流域线（水系）、沿海海岸线这3个方面来进行实施。

（1）交通线的森林生态建设。交通线是城市交通联系的纽带，是城市的动脉，是公共设施和空间的重要组成部分之一。因此，交通线也成为我们生态网络建设中生态线的重要部分之一，交通线的生态建设对整个网络的生态效益的发挥有着直接的决定作用。在交通线的绿化景观构成中，植物是其要素的一部分，优良的植物造景能够与周围地形、地貌、建设物、市政设施等相结合，形成整体协调的景观。但是，仅有景观的作用还不能充分发挥绿地的生态功能和构成完善的生态网络体系，所以，我们在对待生态线时不能将“线”仅仅视为一种平面形式的构成，而应该将其理解为一种立体的、与厦门市发展适应的具有空间生态意义的“绿色走廊”，使其成为城市大气循环、生态建设的绿色通道。交通线的生态建设不仅将起到滞尘、减噪、降低汽车尾气污染功能，而且还具有防风遮阴、避暑降温、保证交通安全等作用。

对于交通线的生态建设应采用重点和普及相结合，高、中、低档相结合，突出重点，抓好普及。因为交通线上的绿化具有开放性和管理上的粗放性，所以尽量选用适应性强、不易感染病虫害的乡土树种和地带树种。

主要交通线，如国道、省道等，考虑到道路较宽，交通流量大，需加强滞尘、降低噪音的功能，建设时应采用常绿乔木、亚乔木、灌木、地被复式结构为主，乔、灌、花、草的互相搭配，形成立体景观效应，也增强了综合生态效益。同时，主要交通线上也要考虑防护效应，形成多层次的绿带，交通线两边的山体斜坡或护坡，也可种上草或藤，有些地方还可以种上乔、藤、花等。主要乔木树种可选用：重阳木、铁刀木、菩提树、小叶榕、大叶榕、高山榕、杧果、羊蹄甲、枇杷、南洋杉、大王椰子、假槟榔、棕榈、天竺桂、巨尾桉、木棉、罗汉松、木莲、鹅掌楸等。灌木可选用：黄槿、三角梅、千头柏、小腊、黄心榕、变叶木、红桑、美蕊花、含笑、散尾葵、红背桂、木槿、棕竹、美丽针葵、朱蕉等。草本可选用：五彩马缨丹、马尼拉草、假俭草、美女樱、万年青、蟛蜞菊、倭竹等。种植方式可采用挖穴造林和设立花坛相结合。交通线两边一重山的森林生态建设除了考虑防护功能外，还应该相当注重森林景观的功能。

城区内街道类的交通线，因道路不是很宽，绿带可酌情减少，两侧为居住用地的要以大花乔木为主，辅以彩叶灌木，四季景色丰富；两侧靠近工业用地的要兼顾抗污染及美化的功能，增加抗污染树种。总体上突出植物的色彩景观，形成特色。行道树可采用：洋蒲桃、大叶榕、凤凰木、盆架树、杧果、菩提树、洋紫荆、细叶榕、木棉、高山榕、羊蹄甲等，其他植被的选择可参见“城区森林生态建设”中列出常用树种。

（2）流域线的森林生态建设。流域线（水系）两侧以建设护岸林为主，加强水土保持，在淡水水域线水系边护岸造林树种主要可选择有：水杉、水松、落羽杉、池杉、垂柳、龙爪柳、邓氏柳枫杨、鹅耳枥、桤木、构树、木波罗、印度榕、菩提树、榕树、小叶榕、相思树、橄榄、乌榄、苦楝、川楝、秋枫、乌桕、荔枝、大叶桉、赤桉、野桉、白千层、水冬瓜、黄棉木、水竹、芽竹、漫竹、藤枝竹、青皮竹、绿竹、麻竹、长枝竹；在咸水水域线水系边护岸造林树种主要可选择有：木麻黄、黄槿、苦槛兰、老鼠刺、秋茄、木榄、竹节树。灌木有三角梅、紫薇、美丽针葵、桂花、石榴等；竹类有绿竹、麻竹等。主要建设的流域线为厦门市内的各干流和支流水系。对流域内各水系附近的林木的种植、更新、采伐应当有计划地进行，新种植的林木应当为阔叶林或针阔混交林，且针阔混交林中阔叶林的比例不得低于35%。所有的水源涵养林和水土保持林应当限制皆伐，可允许适当的抚育性间伐和择伐，间伐和择伐的强度应当不大于15%。对这些水系进行利用和开发建设的，应当符合相关的环境保护法规和湿地保护要求，不能破坏这些水系的生态平衡，使这些与人们生活息息相关的资源充分发挥其生态效益和社会效益。

（3）环岛路（沿海海岸线）的森林生态建设。厦门市的沿海海岸线有的已建基干林带，但只占海岸线总长度的42.9%，因此在宜林岸段应进行植树造林，基干林带的主要造林树种可选择木麻黄、相思、巨尾桉，可进行混交造林。对于林带老化部分应进行必要的改造。

厦门市环岛路目前所种植的植被以棕榈科和草皮为主，在海岸前沿，由于常年到海风的影响，棕榈科的植物生长情况不好，有的已被风吹得呈倾斜状态，同时草皮的面积较大，树木较稀疏，对风力抗御能力差。因此，在这段路上最好应增加一些必要的树种进行完善，环岛线外缘：木麻黄类（3种）、黄槿、苦槛兰；环岛线内缘：柠檬桉、赤桉、野桉、尾叶桉、巨尾桉、白千层、红千层、夹竹桃、红花夹竹桃、黄花夹竹桃、台湾相思、马占相思、耳叶相思。当然由于环岛路属城区道路的一部分，也要考虑到视觉效果，所以在海岸线的后沿用相思类或桉树等来增加树种的结构，同时也可用生长能力强的一些园林性乔灌草植物来弥补景观效果。

3. 生态点建设

由于生态点所涉及的范围较大，所以在这里主要以城区、乡镇以及居民区建设的具体内容为侧重点来进行说明。

（1）公园。公园为市民公共绿地的重要组成部分，由于历史原因，公园绿地明显不足，类型简单，分布不均匀，除了以前建成的公园植物群落较为丰富以外，新建的公园有很大一部分都存在着片面追求绿地面积，草地面积过大，导致绿地“草坪化”和“平面化”，使树木和森林在许多绿地中仅仅作为点缀，大大降低了绿地的生态功能，宝贵的城市绿地未能为解决城市紧迫的生态问题发挥应有的作用，如白鹭洲公园是厦门近年来建的大型公园，也是外地游客向往的地方，但许多游客都感到夏天游白鹭洲公园尤如“烧烤园”，其主要原因即是乔木太少，且景观也没有太大特色（草坪的生态效益只有乔木混交群落的1/10）。同时，绿地本身的抗逆性和稳定性也下降，病虫害、杂草侵入和污染物威胁等加重和增加了养护管理的费用。因此，对于一些公园要适当改善种植结构，增加乔灌的组成比例，提高生物多样性和稳定性。

草坪建立时，前期投入较少，成形快，容易见效，草坪面积增长迅速，然而，草坪养护管理难度高，投入大，据估算，草坪的养护投入比乔灌草组成的群落至少大三倍以上，而且草坪还需要消耗大量的水和能源，也增添了市政基础设施的压力。因此，遵循森林生态网络体系建设的原则，以植物群落为绿地结构单位，构造乔、灌、草、藤的复合群落，改变现有新建公园的不合理结构，布局要做到“小、多、均、精”，既满足和方便了广大市民的游憩需求，协调城市容积率和环境的矛盾，也充分发挥了公园的绿地规模效应和稳定性，并且可以突出厦门市的鲜明地方特色景观，建设公园的生态效益。如白鹭洲公园应当增加一些耐盐碱的大树（因为白鹭洲公园的底部是盐碱土），如：秋枫、黄槿、腊肠树、菜豆树、猫尾木、盆架木、鸡蛋花、钝叶黄檀、马占相思、耳叶相思、伊兰、白兰花、广玉兰、白千层、第伦桃、散沫花、长枝竹、花竹、撑篙竹、高脚麻竹、吊丝单竹、黄金间碧玉竹、云南甜龙竹、大头典竹。

（2）交通岛与立交桥。交通岛是城市道路的重要节点，其功能主要是组织交通。因此，在这些地方种植植被要以简洁为主而不类同，交通岛中心起坡不应过大，在实施过程中应避免交通岛被作为休息游园使用的倾向。

互通式大型立交桥既是道路交通的最大节点，也是厦门市的重要景观组成部分，一般有较大绿地面积烘托立交桥，总的以简洁大方为主，原则上不应辟为休息活动场所，大型桥梁桥头立交桥绿地，在人流可方便导入时，绿地可开辟为桥头公园。

（3）居民点及各单位绿地。居民点与各单位绿地也是城市中占地面积较多的绿地。由于它与市民生活息息相关，因此，它建设的好坏会影响到是否体现“以人为本”的生态建设。随着厦门市的人口增长和城市经济的发展，城市用地的生态建设质量问题已表现出来，与市民生活工作具有直接关系的这部分绿地的建设水平，是体现着生态网络体系构造的关键之一。这部分用地从建设到管理，要求各部门从生态效益出发的，不要仅为应付检查而敷衍了事。根据厦门市的情况，我们认为居住用地的种植植物的面积最少应为居住区的30%（即土地绿化率），各行政单位及商业单位等最少应达到35%，工业用地的最少应达到30%，产生有害气体的工厂最少应达到50%，医疗卫生及文教用地最少应达到40%，在旧城区最少应达到25%。同时，不同性质的用地，其绿化树种还有不同，工业用地应当着重选择抗污、抗噪音的树种，而医疗卫生用地应当着重选择优化环境、美化景观、能配合疗养保健的树种等等。再从现在的房地产业发展来看，坐落在有树、有林、有绿色、有庭院绿化、有山水的居民区的住宅价值可高出5%~20%，可以带来明显的经济环境效益；随着城市生活、生产面貌的改变，也可吸引更多的外商前来投资。因此，居民区和各单位的生态建设会带来整个社会的经济发展。

由于居民点分布在旧城区的也不少，对于旧城区，在保持原有城市风貌时，也要丰富其绿色生态景观，可采用几种方法。一种为屋顶绿化，在建筑结构允许的情况下，屋顶绿化是不增加用地面积而提高绿色景观的有效方法之一，同时也节约不少室外空间。第二为垂直绿化，通过垂直绿化可增加城市的生态绿量，改善生态环境，同时也丰富了建筑立面的景观效果。第三为阳台、窗台绿化。阳台与窗台的绿化，一方面可改善丰富旧城的景观，另一方面也可提高居民的绿化意识，使之能够更自觉地建设与保护生态环境。

（4）旅游点。在现有旅游景点上做好生态保护工作，防止人为破坏和污染，同时还要增加多种渠道开辟生态旅游方式。生态旅游是以不破坏自然资源为前提，以最简单的设施、最自然的状态向旅游者提供观光休闲服务，使旅游者在充分享受自然美的同时，受到潜移默化的生态教育，不仅可以满足人们回归自然的需要，还能增强人们自觉保护生态的意识。因此，我们在进行厦门市森林生态网络建设的时候，以生态旅游的观点进行定位，使经济发展与保护生态相适应，一方面使现有景点、旅游点得到充分利用和保护，另一方面也可以开拓新市场。当然，在进行生态旅游时，要调查研究，根据开展地的生态旅游环境与生态旅游市场进行科学认真的评估和预测，对开展地的生态旅游环境容量进行科学分析，在此基础上对生态旅游的适度规模、环境监测、组织管理、生态平衡的保护等都要作出相应的合理的规划。

四、沿海防护林在滨海城市环境建设中的地位及发展对策

随着城市经济的高速发展，现代化建设进程加快，城市人口急剧增长，城市生态环境遭受破坏，人们谋求绿色植被改善城市环境的意识日益增强。城市森林在改善城市生态环境的作用愈加显得重要和突出。滨海城市地处沿海与内陆的交接地带，海岸、平原和山地呈缀块交错，具有复杂的生态环境条件，森林生态系统的功能在滨海城市能够得到全面发挥。本文对滨海城市的森林生态功能区进行划分，并对沿海防护林建设的示范意义和发展对策进行重点阐述，以期为沿海地区生态城市建设提供科学依据。

（一）滨海城市森林生态功能区划分

滨海城市的森林生态功能区划，应在全面分析城市生态环境的基础上，综合考虑森林生态系统在城市各个生态环境区域所起的作用，在地域上进行科学区划。生态功能区划必须反映森林生态系统在该区域的主要功能，在森林的结构、数量和布局上能充分发挥森林的多种效能。依据系统学理论，区划中应把森林生态系统作为一个整体来考虑，按照系统的关联性、动态性和开放性原理，综合考虑生物多样性、系统抗干扰能力与自我恢复能力、资源与环境的容量和区域差异性原则进行功能区划分。

1. 沿海防护林生态功能区

滨海城市处于陆地与海洋交替的气候剧变带，极易发生灾害性天气，台风、暴雨、风暴潮和旱涝等袭击海岸及城市毗邻地段，给人民生命财产造成严重损失。据福建沿海近百年统计，登陆台风 191 次，平均每年 2 次，有影响的台风 275 次，平均每年 3 次，由台风引发的风沙、暴风雨等自然灾害破坏性极大。根据城市森林的分布，因害设防的需要，沿海防护林生态功能区主要由防风固沙林、农田防护林网、水源涵养林和水土保持林等 4 个功能分区组成防护林体系。

（1）防风固沙林生态功能分区。滨海城市多位于平原地区，受风沙危害影响较大，依据风蚀情况大体可划分为 3 级，即：强度风蚀、中度风蚀和弱度风蚀。防风固沙林是根据滨

海城市历年来受风沙灾害严重，为减轻和消除风沙危害而设置的生态功能分区。在防风固沙林的配置上，参考国内外资料，在强度风蚀区应设置 20%~25% 的高强度防护林，在中度风蚀区宜配置 15% 左右的防护林，在弱度风蚀区可设置 5%~8% 的防护林。基干林带是抵御风沙的首要防线，也是沿海防护林体系的骨干工程，对抗御台风、风暴潮和海浪侵袭等起着很大作用。通常在泥质海岸和沙质海岸以建防护林带为主，基岩海岸以人工片林为主，林带宽度多为 30~50 米，宜选用抗风性、耐盐性强的树种，林带多为紧密结构。基干林带后沿受海潮和风力影响，往往形成宽度不等的海积、风积沙土，有的沙垅深入内地达 10 公里以上，大都是流动半流动的沙地，只有解决防风固沙问题才能进一步利用。通常配置林带宽度为 100~200 米的防风固沙林，造林树种选择防风沙、固土作用显著的树种，东南沿海可选择木麻黄、湿地松、刚果 12 号桉、厚荚相思等。

（2）农田防护林生态功能分区。沿海地区气候多变，常给农业生产造成诸多不利影响。营建包括农田林、护路林和护渠林等构成的农田防护林生态网络功能区，具有进一步减弱风沙，改善农业生态环境和促进农作物稳产丰产的重要功能。农田防护林多呈方格网状，由主林带和副林带组成，主林带与主害风向垂直，以疏透结构为主，林带宽度 5~10 米；副林带与主林带垂直，采用通风结构，带宽 3~5 米。我国沿海城郊的农田林网树种组成较为单一，农田防护林网抗逆性较弱，有些地方遭受人为破坏严重，林带防护功能尚未完全发挥出来。

（3）水源涵养林生态功能分区。建立水源涵养林生态功能分区，使地表径流转变为地下径流，减轻洪水泥石流灾害，增加城市可供分配的水资源，对于滨海城市社会经济发展具有十分重要的战略地位。我国不少滨海城市缺水严重，可供分配使用的水资源有限，造成地下水过量超采，境外来水急剧减少。城郊山区是滨海城市的主要集水区，也是水土流失的重要源地。水源涵养林是以保护城市水源的流量、水质和水源的环境为主要目标的防护林，其主要功能在于提高天然降水利用率，缓洪减峰，消减泥沙和净化水质。据北京市林业局对密云水库的研究，林地土壤入渗量是荒草坡的 1.39~2.76 倍，使更多的地表径流转化为地下径流；林地植被落叶层能有效截持降水量，径流消减率 41.5%~48.5%，消减泥沙 96.5%~97.5%，林地土壤贮存水量为 1861.5 立方米 / 公顷，比荒草坡增加 1211.2 立方米 / 公顷。水源涵养林建设应在加强集水区天然林保护的前提下，营造多树种、多层次的森林群落，充分利用森林植被的生态恢复能力，采取人工促进天然更新的办法恢复森林植被，形成树种组成多样、结构复杂的混交林分。

（4）水土保持林生态功能分区。滨海城市周边的丘陵、山地往往缺乏森林植被，水土冲刷严重。据统计，1999 年福建沿海地区水土流失面积达 136.5 万公顷，比 1958 年增大 2 倍多，泉州市有些山地的土壤侵蚀面积达 40%。加强滨海城市周围山丘垂直绿化建设，增加林木覆盖率，营建水土保持林生态功能区，是保持水土和改善生态环境的关键措施。在保护原有天然植被的基础上，以封山育林、植树造林和飞机播种为手段，全面恢复乔灌草相结合的森林植被，使滨海城市的山地和丘陵林木覆盖率提高到 40%~50%，将使城市周围的径流量大量减少。

2. 大气净化森林生态功能区

城市居民在日常生活中经常遇到的环境污染是机动车、燃煤和粉尘等引起的氮氧化物悬浮颗粒物和二氧化硫等大气污染，以及交通、工业生产引起的噪声污染问题。建立大气净化森林生态功能区的作用，主要是防止污染、净化大气、减弱噪音和美化环境。城市森林可增加空气湿度和负离子浓度，1 公顷森林每昼夜可吸收 $1tCO_2$，释放 $735kgO_2$，可供 1000 人呼吸负离子，森林内负离子是城市室内的 400~500 倍，城市森林每增加 1%，可在 1 平方公里内降低空气粉尘 23 公斤，降低飘尘 22 公斤；宽大密集的树叶可降低噪音 20~25 分贝，噪音区与居民区间有 30 米宽生长繁茂的林带，可保居民安静地生活。我国南方滨海城市抗污染树种见表 12-29。

表 12-29　华南滨海城市的抗污染绿化树种

污染源	抗性强的树种	抗性较强的树种
SO_2	夹竹桃、构树、棕榈、印度榕、高山榕、樟叶槭、楝树、扁桃、盆架子、红背桂、松叶牡丹、杧果细叶榕、广玉兰	菩提树、桑树、鹰爪、番石榴、银桦、人心果、蝴蝶果、木麻黄、蓝桉、黄槿、黄葛榕、红果仔、米兰、石栗、香樟、海桐、木波罗
Cl_2	夹竹桃、构树、棕榈、樟叶槭、盆架子、印度榕、松叶牡丹、小叶驳骨丹、广玉兰、青冈栎、龙柏、大叶黄杨	高山榕、细叶榕、菩提树、桑树、梧桐、黄槿、蒲桃、石栗、人心果、番石榴、女贞、木麻黄、米兰、蓝桉、蒲葵、杧果、银桦、桂花、板栗、鹰爪、蝴蝶果、扁桃、黄葛榕
HF	大叶黄杨、海桐、夹竹桃、构树、棕榈、广玉兰、青冈栎、油茶	女贞、桑树、龙柏、香樟、玉兰、泡桐、梧桐、垂柳、乌桕、石楠、白蜡
H_2S	构树、桑树、海桐、梧桐	
CS_2	构树、桑树、泡桐、石榴	
O_3	银杏、香樟	

3. 自然保护区、森林公园森林生态功能区

该区主要是维持生物多样性和保护基因库，森林公园则以旅游开发为主，同时也起到保护生物多样性、净化空气和美化环境的作用。随着城市化进程的加快，城市居民在享受现代文明的同时，也渴望拥有大自然赐予的清新与宁静，渴望保护人类赖以生存和发展的生物多样性资源，自然保护区和森林游憩业成为现代城市生态环境建设的亮点。

4. 居民点绿化森林生态功能区

主要在人口密集的居民生活区，建设城市公园、植物园、街道广场绿地和营造生态风景林，满足市民对生态环境、旅游娱乐、休憩健身和审美等方面需要，配置功能多样的森林绿化景观。

5. 经济林生态功能区

在滨海城市的泥质、沙质海岸或不适于开垦农田的地区，按照生态经济学的原理，可营建以经济林、用材林为主的经济林生态功能区，在丘陵山地可发展果树、经济林木或营造高大的乔木，以提供部分木材和薪炭材，提高当地群众的收益。

6. 特殊人文景观森林生态功能区

在城市名胜古迹、宗教圣地和城郊结合部，可结合城市建筑、人工造景、传说古迹和社会风俗等人文景观，配置具有特殊功能的景观森林，突出森林文化、景观多样、寓教于乐的功能。

（二）沿海防护林在滨海城市区域经济发展中的地位

由于滨海城市独特的社会经济和文化地位，沿海防护林的功能也有其特殊性。不仅要求沿海防护林为城市区域经济发展提供庇护与保障，而且要求其本身在环境保护、提高市民经济收入和提供风景游憩功能等方面发挥重要的作用。沿海防护林功能的多样化决定着其地位的多层次性。

1. 沿海防护林在城市建设中的环境地位

从维护生态平衡的角度来看，沿海防护林的环境功能包括防御风沙、改善小气候、保护生物多样性、净化空气、保持水土、涵养水源和提高居民居住、休闲等方面的舒适度等。沿海防护林是滨海城市生态建设的重要组成部分，防风固沙和改善小气候是沿海防护林建设的环境基础和重要目标。由海洋来的强风或台风，经海岸防护林阻挡，风速大为降低。据江苏省林科院测定，在距林带距离为林带高度 3 倍的地方，风速降为空旷地的 55%，距林带距离为林带高度 16 倍处风速降低 30%，一条平均高 15 米、宽 100 米的林带有效防护距离可达 240 米；农田林网与无林网保护区相比，风速降低 30%。空气相对湿度提高 10%~20%，地表蒸发量减少 30%，土壤水分利用率提高 15%，生态系统光能利用率提高 10%~14%。由于防护林带的调节作用和林冠层的滞留作用，天然降水容易被截留，从而达到减少地表径流和改善水质的目的。据测定 1 公顷森林可蓄水 30 万 kg，是无林区的 20 倍，3333 公顷森林所涵蓄的水量可抵得上一座容量为 100 万立方米的水库，可为城市提供洁净的用水。随着市民环境意识的增强及对环境要求的提高，沿海防护林在城市环境建设中的地位将进一步提高。

2. 沿海防护林在城市建设中的经济地位

在沿海防护林生态系统中，应把系统整体效益的取得和整体功能的发挥作为评价整个系统经济地位的基础。城市经济快速发展对沿海防护林建设提出了新的要求，而沿海防护林对工农业生产的贡献率也因需求的提高得以持续增加。沿海地区营造防护林网后，被风沙危害的耕地可得到复耕，土地利用率得以提高。据福建泉州的观测，在沿海防护林的庇护下，农作物倒伏率比无林区减少 70%，果树落果率减少 60%~80%，早、晚薯增产 3.8%~16.4%，早、晚稻增产 3.3%~17.4%，出米率提高 3.5%~7.9%。防护林网本身的经济效益也随着林种及树种的多样化而得到逐步提高，尤其是一些经济类树种、药材在农田林网建设中的应用，使得沿海防护林的经济效益大幅度增加。据测算，1 公里长的 40 年生毛白杨防护林，更新采伐后可产木材 150 立方米，价值数千元。一座完整的森林城市，可为居民提供 50% 的薪材，降低取暖费 10%~20%。

3. 沿海防护林在城市建设中的社会地位

沿海防护林不仅维护了城市生态环境，提高了城市生态系统的绿量和绿视率，也极大地丰富了城市的生态景观，拓展了居民的生存空间和提高了市民生活质量。城市防护林的发展恢复了森林与人类的亲近关系，有利于增进居民身心健康，使人类与森林和谐相处，同时也丰富了沿海城市的旅游资源，对于树立城市的良好形象，吸引外资和旅游创收都有极大的促进作用。青岛、珠海等城市在沿海防护林的庇护下，利用天然港湾和沙滩的优美环境，兴建海滨森林公园、天然乐园和度假村等，吸引了大批的国内外游客，促进了对外开放和森林旅游业的发展。高水平的景观生态经济型防护林，可以在一定程度上促使农业产业的多元化进程，从而有可能吸引城郊的剩余劳动力，增加就业机会，有利于社会的稳定。同时产业的多样化，也促进了城市与农村两大社会群体的信息、文化和观念的交流及融合，从而促进整个社会文明程度的提高。

（三）提高滨海城市防护林建设质量的对策

沿海防护林作为滨海城市森林的重要组分，其建设质量的优劣反映出城市绿化水平和城市森林的总体功能，也是衡量一个生态城市现代化的标准，沿海防护林的配置应在综合考虑社会、生态和经济因素的前提下，把林木有机地结合在城市生态经济系统中，使之发挥为社会提供产量稳定的粮食、饲料或林副产品的功能优势，同时借以提高土壤肥力并改善局部小气候，以保障自然资源根本性的可持续生产力。为了同国外高水平的生态城市建设相接轨，有选择地借鉴符合国情的经验和做法，从而制定提高滨海城市防护林建设质量的对策尤显必要。

1. 构建多层次、多功能的生态网络体系

将沿海防护林作为城市森林生态系统的子系统，按照森林生态系统的多样性、高效性和可持续性原则，重视防护林子系统中各分量的相互协调和相互制约，合理进行城市防护林的规划和优化配置。在沿海防护林的总体布局上，协调城市容积率与环境的矛盾，充分发挥绿地和森林的生态效能，营建分布均衡、结构合理和功能完备的生态网络系统。建设防护林生态网络是城市森林发展的主题，基本构想是：以城市公园、植物园、广场绿地、居民区绿地、集镇、村庄及其森林公园和自然保护区建设作为生态点，以海岸、河流、道路防护林建设作为生态线，以水源涵养林、水土保持林和生态风景林建设作为生态面，建立立体的多层次的具有特定格局动态的复合生态网络体系。在点的布局上要充分向空间拓展，做到乔、灌、草合理搭配，以提高单位面积的绿量；在线的布局上要尽量增加带状林或片状林，以增强森林的生态功能；在面的布局上要发展以城区为中心的特殊空间绿化，并向外辐射形成不同层次、季相分明的绿地系统。建设森林生态网络体现了生态效益优先的原则，可以改善城市森林分布不均、零星分散的状况，增强森林生态系统的整体性和防护林的综合效能，用较少国土面积上的森林构筑起生态保护屏障，从而更好地发挥防护林对社会经济发展的促进作用。增强防护林工程的有效性和针对性，极大地满足城市对森林生态环境的社会需求，尤其是海岸线、道路线和水域线，是森林的生态效益和社会效益极易发挥的地方，但也是城市防护林建设的薄弱环节。

2. 以提高防护效能为核心，绿化与美化相结合，注重整体景观效果

城市防护林建设要在生态面系统总体目标下，以优化土地利用结构为基础，以发挥当地水土资源、气候资源和生物资源生产潜力为依据，以森林群落为基本建设单元，通过植物种群的合理配置与组合，建立一种功能完善、生物学稳定的防护林体系。从沿海防护林体系功能的永续利用出发，应逐步改造现有人工纯林为混交林，实现造林树种的多样化，因地制宜地发展多树种、多层次结构的防护林建设模式，构成适应性强和稳定性高的防护林生态系统，提高防护林体系的总体质量和综合效益。在城市防护林建设过程中，要充分利用生物多样性和生态位原理，把造林绿化与森林美学、景观生态学相结合，做好防护林树种选择、结构和景观配置，融滨海城市人文景观和自然景观为一体，增强沿海防护林的整体景观效果。城市居民对生态环境的多元化需求，对防护林类型和森林群落结构也提出了多样化的要求，这样才能适宜城市不同生态功能的需要，带给人们多姿多彩的审美感受，提高森林抵抗不良气候和病虫害的能力，使防护林群落达到生态上的科学性、布局上的艺术性和功能上的综合性。

3. 依靠科技进步和技术创新，提高沿海防护林的总体质量

科技先行是滨海城市防护林建设的重要保证，为此，要增加防护林营建的科技含量，充分运用现有沿海防护林建设中的科技成果，加大对滨海城市防护林建设的科研工作，研究出一整套树种配置、优良种源和无性系选择、树种种间关系的合理调整、防护林带管理和可持续经营等优化模式。当前要重点解决沿海防护林断带恢复、风口造林、抗风耐盐树种及良种选育、林带更新改造等技术问题，推广速生的抗风树种、容器育苗、苗木快速繁殖和混交林营造等适用技术，采用工程造林等技术方法，完善防护林体系的质量管理，提高防护林的生产力和生态功能。

五、3S 技术在厦门城市森林建设中应用

（一）厦门市森林生态网络体系 3S 技术的应用

根据法国卫星影像数据，SPOT PAN 293/300（数据接收日期为 1999 年 3 月 31 日）、美国陆地卫星影像数据，Landsat ETM 119/043（数据接收日期 2000 年 4 月 18 日）及厦门市林业基本图、林相图、政区图、土地利用现状及规划图、环境功能区划图、绿地系统规划图、1：50000 地形图等资料，结合相关野外调查资料，运用卫星遥感（RS）、地理信息系统（GIS）、全球定位系统（GPS）等 3S 技术相结合的方法，研究厦门城市森林现状（图 12-19）。

（1）厦门市森林生态网络体系建设内容。根据各种信息的处理，可以知道厦门市森林生态网络体系建设就是把具有一定结构和功能的所有生态点、生态线和生态面有机地联系在一体而形成的具有森林生态环境的城市生态体系。联系厦门市的实际，生态点是指具有一定面积的以乔木为主的植物群落分布且具有科学结构和功能的网络点，生态线是指在城市森林生态体系中具有一定结构和功能的并和各个生态点有机相连的植物群落通道，生态面是指城市建成区和市郊。那么厦门市森林生态网络体系建设也就是这些生态点、生态线、生态面建设的综合体。

（2）厦门市森林生态网络体系建设的对象。根据卫星遥感分类后的图像（类别）及植生指数图像（NDVI 值，已处理到 0~255 之间）相结合，判定建设对象，见表 12-30（注：裸

图 12-19　中国森林生态网络体系建设厦门试验点的研究

地的 NDVI 值一般都小于 50，但为了便于进行比较说明，也将其列于表内）。

表 12-30　厦门市森林生态网络体系建设对象判定

NDVI 值	<76	76~114	114~153	153~255
林　地	植树更新	改造	保持现状	保持现状
草　地	改造	改造	适当增加乔灌木	
水域周围	改造	改造	水土涵养	水土涵养
农　地	减少坡耕地的开发，建立农林渔立体结构			
沙　地	防护林	防护林	改造	保持
道路两侧	改造	改造	对植物进行配置	
城镇居民地	改造	改造	增加景观绿化效应	
裸地（未利用）	依据不同的土地质地选择不同的方法进行全面治理			

依据遥感图像和全球定位系统，将建设对象落到具体的地点，这样对于厦门市及其区域的空间连结和边缘可以得到正确合理的生态建设。在保证社会经济的发展与城市的生态效益和生态环境的动态平衡的同时，使厦门市的生态网络具有整体性、层次性和发展性，增强城市生态系统的自我调节、修复能力，协调资源环境与经济发展。

2. 厦门市热岛效应与植被覆盖的遥感关系

厦门市作为南方亚热带地区的森林生态网络体系建设示范点，其森林生态布局、居民生活结构、气候特征变化、环境质量等是重点研究的方面。而城市热岛效应则是体现城市生态系统的一个重要指标，是城市生活环境质量的量度。利用卫星遥感数据资料，以地理信息系统为分析工具，对厦门市的热环境空间分布进行研究，同时结合厦门市森林生态网络体系建设内容和总体规划，对厦门市的各类信息进行综合处理，探讨厦门市城市热岛效应与地表植被覆盖的关系。

（1）厦门市热岛效应分布。对厦门市热红外图像进行分析，将5个等级类别的边缘跟踪后的界线叠加到融合后的卫星影像上，对厦门市热岛效应分布地区进行分析，对应于5个热红外等级类别，将厦门市热岛效应区域分为：强度区、中度区、边缘区、无效应区4个区域，另外一个类别为厦门市周围的海水区域（表12-31）。

表 12-31　厦门市热岛效应面积统计

	总计	强度区	中度区	边缘区	无效应区
卫星图像像元数	6955556	871000	1426768	1069804	3587984
面积（平方公里）	1565	195.975	321.023	240.706	807.296
百分比（%）	100	12.5	20.5	15.4	51.6

通过厦门市热岛效应等级图和融合后的卫星影像图，确定热岛效应的分布范围和特点。厦门市热岛效应范围与城市建成区基本一致，还与厦门市的地类及植被分布有密切关系。

强度区分布在厦门市区、杏林区、集美、同安等城镇范围内，这些是居民生活区、繁华商业区、工业区等，人口密度相对较大，人为活动频繁，产生的热量较多，同时这些区域内建筑物多而且密集，植被覆盖相对较少，是产生强烈的热岛效应区域。典型的地点有：市中心、机场、住宅区、环岛路等。

中度区分布在强度区的周围，以公路的两侧、乡镇、小型居民小区、农业用地为主要分布地，这些区域有部分植被覆盖，产生中等程度的热岛效应。

边缘区分布在河流两岸、城乡结合部、郊区等范围，在这些区域内热岛效应已不是很明显，逐渐向无效应区过渡。

无效应区分布在厦门市的乡村地带和各林场范围，同时还包括山区水系、水库区域，这些地带植被覆盖度大，大部分以森林为主，水源涵养和水土保持良好，是生态环境最佳的区域。

（2）热岛效应与植被覆盖关系分析。为了进行一步研究与热岛效应有关的各项因素，对有关因子进行回归分析。因变量为 TM6 热红外图像灰度值，自变量有：缨穗变换的 6 个轴数据（CAP1~6），高程（DEM），各种图像指数（NDVI、CVI、BVI、CLA）。利用 100 米 ×100 米的网格在图像上采点，得到因子的数据，除去 NDVI≤0 的数据项，共有 295 组数据参加计算，得到回归方程如下：

$$\begin{aligned} TM6 = & 151.84088 + 0.07874CAP1 + 0.93809CAP2 - 0.05202CAP3 \\ & + 0.05549CAP4 + 0.03971CAP5 - 0.32623CAP6 - 0.00492DEM \\ & - 14.32066NDVI - 0.58584CVI - 2.38435BVI - 3.08508CLA \end{aligned}$$

复相关系数 $r = 0.6597$

$t = 19.82 > t_{0.01} = 2.24$ 表明回归差异显著，回归方程可靠有效。

同时，对各因子进行相关分析，得到表 12-32 的相关系数。

表 12-32　因子相关分析

	TM6	CAP1	CAP2	CAP3	CAP4	CAP5	CAP6	DEM	NDVI	CVI	BVI	CLA
TM6	1.000											
CAP1	0.543**	1.000										
CAP2	−0.443**	−0.482	1.000									
CAP3	−0.473**	−0.723	0.537	1.000								
CAP4	−0.298*	−0.540	0.210	0.647	1.000							
CAP5	−0.496	−0.926	0.545	0.746	0.558	1.000						
CAP6	−0.416	−0.810	0.321	0.475	0.282	0.717	1.000					
DEM	−0.420**	−0.415	0.425	0.053	−0.266	0.332	0.411	1.000				
NDVI	−0.446**	−0.446	0.988	0.526	0.238	0.502	0.257	0.388	1.000			
CVI	−0.357*	−0.277	0.970	0.443	0.175	0.363	0.112	0.308	0.975	1.000		
BVI	−0.435*	−0.401	0.978	0.507	0.207	0.456	0.222	0.382	0.992	0.976	1.000	
CLA	−0.463**	−0.593	0.880	0.678	0.355	0.745	0.403	0.306	0.870	0.814	0.857	1.000

热红外数据 TM6 受到多种相关因素的影响，显著影响的有：缨帽变换的亮度轴 CAP1、绿度轴 CAP2、湿度轴 CAP3，数字高程 DEM，归一化植被指数 NDVI，黏土指数 CLA。一般影响的有：缨帽变换的阴霾轴 CAP4，差值植被指数 CVI，比值植被指数 BVI。

结合各项因子的正负相关性可以知道，除 CAP1 对厦门市热岛效应为正相关以外，其他因子都是负相关。因此，反映出厦门市在植被覆盖大的近郊山区不易产生热岛效应、高湿度地区（如水库、湖面等）也不产生热岛效应现象；而沿海低海拔、植被覆盖小的地区热岛效应较为强烈，同时地面热量辐射大、大气烟尘浑浊的地区（如工业区）易产生热岛效应。

六、厦门市主要行道绿化树种凤凰木生长效应

城市绿色廊道是森林生态网络体系的基本建设单元，对于城市绿地系统功能的多样化及生态面系统的稳定等起着重要作用。加强城市道路主干线绿化建设，构成城市绿地系统的生态线，这是发挥厦门城市森林生态网络体系的整体效益，促进厦门市生态环境协调发展的有效途径。凤凰木原产于热带非洲，凤凰木为落叶大乔木，高可达 20 米，胸径达 1 米。是优良的城市园林绿化树种，在厦门市主要道路广为引种栽植，其冠形匀称、枝叶优雅且花色鲜艳，1986 被确定为厦门的市树。

1. 凤凰木在厦门岛的生长

凤凰木适合于热带、亚热带地区栽培，闽南地区作为行道树和景观树广为种植。厦门岛于 20 世纪 70 年代开始以凤凰木作为行道树大量种植，现厦门岛有 10 余条干道以凤凰木为主要行道树，给厦门增添了浓厚的南国风情和亚热带风光色彩。

10 条道路的凤凰木的生长情况表明在厦门岛凤凰木作为行道树生长状况中等或较好（表 12-33）。据调查，厦门岛生长的凤凰木最高为 16.5 米（镇海路），胸径最大者为 54.8 厘米（鼓浪屿区一个托儿所内）。

表 12-33 厦门岛主要道路的凤凰木生长情况

道路名称	种植时间	行数	株行距（米）	现存株数（株）	平均树高（米）	树高生长量（米 / 年）	平均胸径（公里）	胸径生长量 /（厘米 / 年）	平均冠幅（米 × 米）	综合评价
公园东路	1972	1	4	107	8.50	0.274 2	30.57	0.986 0	9.44 × 9.88	较好
公园南路	1972	1	4	48	7.50	0.241 9	31.12	1.003 9	12.2 × 10.8	好
延平路	1977	1	5	58	8.38	0.322 1	31.5	1.211 5	8.40 × 7.45	中
厦大一条街	1978	2	4 × 4	63	6.75	0.270 0	40.72	1.628 7	10.8 × 10.3	好
镇海路	1981	1	4	77	7.50	0.340 9	25.58	1.162 9	10.53 × 9.33	中
故宫路	1983	1	5	57	10.50	0.525 0	37.50	1.875 0	13.8 × 12.4	好
悦华路	1985	2	4 × 4	210	6.63	0.368 1	27.31	1.517 2	7.93 × 6.63	差
湖中路	1986	1	5	295	5.54	0.325 9	25.61	1.506 2	7.66 × 7.30	中
白鹭洲路	1994	2	4 × 3	287	3.39	0.376 3	12.16	1.351 1	4.23 × 4.20	中
金尚路	1997	2	4 × 4	1253	4.57	0.761 9	11.14	1.857 1	4.64 × 4.07	中

2. 厦门岛栽植凤凰木的生长模型

凤凰木在肥沃、排水良好的土壤中生长良好，但其根部含有固氮菌可耐瘠薄土壤，因此可粗放管理，耐高温高湿，但不耐寒，只能生长于霜期不超过 5~10 天的地区。

为了更好地了解凤凰木在厦门岛的生长情况，以抽样调查的 60 株凤凰木基础数据资料，分别对树高、胸径与年龄进行单因子生长模拟。经过 16 种单因子模型拟合，树高和胸径与年龄的拟合模型均以双曲线类型最优，相关系数为 0.95 和 0.94，拟合优度分别为 90.92% 和 87.62%，呈极显著相关关系（表 12-34）。

表 12-34　凤凰木的树高与胸径分别与年龄的单因子拟合模型及参数

序号	方程	树高					胸径				
		F值	相关系数	拟合优度（%）	A	B	F值	相关系数	拟合优度（%）	A	B
1	Y= A+BX	60.36	0.71	51.00	3.114	0.162	139.53	0.84	70.64	5.147	1.061
2	Y=（A+BX）/X	580.84	0.95	90.92	−35.65	9.003	410.60	0.94	87.62	−316.7	48.462
3	Y=1/（A+BX）	69.22	−0.74	54.41	0.299	−0.006	65.31	−0.73	52.96	0.108	−0.003
4	Y= X/（A+BX）	111.16	0.81	65.71	1.316	0.088	5.02	0.28	7.97	0.638	0.007
5	Y= Ae^{BX}	72.77	0.75	55.65	1.188	0.029	124.12	0.83	68.15	2.151	0.048
6	Y= AXe^{BX}	81.29	−0.76	58.36	−0.455	−0.029	7.64	−0.34	11.64	0.509	−0.011
7	Y= AX^{B}	96.44	0.79	62.45	0.344	0.508	175.00	0.87	75.11	0.785	0.828
8	Y= Ae^{BX^2}	0.38	0.08	0.65	1.679	0.001	2.45	0.20	4.05	2.909	0.001
9	Y= A+BLn（X）	80.26	0.76	58.05	−1.606	2.83	145.14	0.85	71.45	−2.944	17.483
10	Y=e（e Xp（B/X））	70.68	−0.74	54.93	2.19	−5.774	132.77	−0.83	69.60	3.811	−9.651
11	Ln（Y）= A+BX	72.77	0.75	55.65	1.188	0.029	124.12	0.83	68.15	2.151	0.048
12	Ln（Y）= A +Ln（X）	96.44	0.79	62.45	0.344	0.508	175.00	0.87	75.11	0.785	0.828
13	Y= A+B/X	62.00	−0.72	51.67	8.688	−2.341	95.45	−0.79	62.20	40.47	−97.61
14	Y=k/（1+ Ae^{BX}）	0.00	0.00	0.00	0	0	0.00	0.00	0.00	0	0
15	Y=ke−Ae^{BX}	0.00	0.00	0.00	0	0	0.00	0.00	0.00	0	0
16	Y=1/（AX^{B}）	96.44	−0.79	62.45	−0.344	−0.508	175.00	−0.87	75.11	−0.785	−0.828

注：Y 为树高、胸径生长量，X 为年龄，A、B 为常数。$F_{0.05}$（df_1=1，df_2=58）=3.905　　$F_{0.01}$=7.039

树高（H）与年龄（Y）的最优拟合模型为：H=（−35.652+9.003Y）/Y

胸径（$D_{1.3}$）与年龄（Y）的最优拟合模型为：$D_{1.3}$=（−316.647+48.462Y）/Y

凤凰木为速生树种，可 5 年为一个龄级。应用上述生长模型，可以推算出 1~10 龄级的树高与胸径理论值，进而计算各龄级的年生长量（表 12-35）。

表 12-35　厦门岛行道树凤凰木生长的理论值

龄级	1	2	3	4	5	6	7	8	9	10
年龄（年）	5	10	15	20	25	30	35	40	45	50
树高（米）	1.87	5.44	6.62	7.22	7.57	7.81	7.98	8.11	8.21	8.29
胸径（厘米）	—	16.80	27.35	32.63	35.80	37.91	39.41	40.55	41.43	42.13
树高年生长量（米 / 年）	0.37	0.54	0.44	0.36	0.30	0.26	0.23	0.20	0.18	0.17
胸径年生长量（厘米 / 年）	—	1.68	1.82	1.63	1.43	1.26	1.13	1.01	0.92	0.84

3. 街区凤凰木绿化调节小气候效应

厦门市街区绿化改善小气候效应，最明显的是表现在降温和增湿两方面。在种植凤凰木的街道，白天的气温比未绿化区平均降低 2.1℃，日最高气温降低 0.8℃；绿化街区平均空气相对湿度比对照增加 5.4%，最低空气湿度则比未绿化街区提高 7.6%。城市街区绿化的环境效应与绿地类型、树木种类、生长发育状况及树冠郁闭度有关系，特别是与绿化面积大小和绿地蒸腾率有较为密切的关系（表 12-36）。

表 12-36　厦门市凤凰木绿化与未绿化街区小气候效应的比较

测定区域	白天气温（℃）		白天空气相对湿度（%）	
	平均	最高气温（13：00）	平均	最小湿度（13：00）
绿化街区	26.4	29.0	83.6	77.8
未绿化街区	28.5	29.8	79.3	72.3
差值	–2.1	–0.8	+4.3	+5.5

注：2001 年 7 月 10 日（晴天）13 点观察

4. 凤凰木对台风的抗逆性

厦门地处我国东海岸，为典型的南亚热带海洋性季风气候，属于台风多发地带。据统计，自 1956 年至今，对厦门市有影响的台风就达 225 个。尤其是在 1999 年 10 月 9 日，“9914”号台风登陆正面袭击厦门地区，台风中心最大风力达 13 级，局部区域达 14 级，最大风速达 46 米 / 秒，且台风中心在下马地区上空盘旋 7 小时，全市普降暴雨，降雨量达 200 毫米左右。

经过“9914”号台风的袭击，厦门市的园林绿化遭受重创，在厦门市区近 3 万株行道树中受损 2.3 万株，占 75%，其中倒伏 1.3 万株，折株 1 万株。凤凰木在这次强台风中，发生连根拔起、倒伏、断折枝等现象。台风过后，进行了台风对凤凰木的破坏影响调查。在“9914”号台风中，凤凰木倒伏率 17.3%，断折枝率 20.2%。表现为小树倒伏少、四周空旷处于台风口的凤凰木受破坏严重等现象，但总体与其他行道树相比，凤凰木受台风破坏相对较小（表 12-37）。受台风危害较轻的主要原因是：①凤凰木根系发达、树干多弯曲，抵御台风能力较强；②冠幅大但多呈扁平状，树冠容积小，且在 10 月份，快到生理落叶期，受台风阻力较小；③凤凰木多集中于厦门老市区，周围楼房林立，台风影响面小；而金尚路的凤凰木均为幼树，台风破坏小。

表 12-37　厦门主要道路的凤凰木受“9914”号台风破坏情况

道路名称	倒伏率（%）	断折枝率（%）	道路名称	倒伏率（%）	断折枝率（%）
公园东路	23.5	—	悦华路	22.5	—
公园南路	32.8	—	湖中路	15.1	24.5
延平路	34.2	33.1	白鹭洲路	29.1	—
夏大一条街	21.1	13.7	金尚路	4.6	26.2
镇海路	26.9	—	全岛合计	17.3	20.2
故宫路	16.1	3.2			

注：部分数据引自文献。

5. 危害凤凰木的病虫害

主要害虫为凤凰木夜蛾 *Pericyma cruegeri*，其幼虫食叶，主要为害时间在 4~5 月份。厦门岛的白鹭洲路上有部分凤凰木植株受害，其蛹结茧以丝状物挂于枝叶上，在空中飘曳，常掉落在行人身上，引起皮肤过敏。防治方法是喷洒 50% 杀螟松剂 1 000 倍液或 50% 西维因可湿性粉剂 500~800 倍液。

其他害虫还有银纹淡黄蝶及尺蠖类，其幼虫啃食凤凰木叶片，防治方法同凤凰木夜蛾。

在厦门湖里区，作为行道树的凤凰木生长较差，每年均有一部分植株发生根腐病，继而生长势趋弱，最后直至死亡；而且在台风破坏中，发生倒伏现象严重。伍建榕等在攀枝花市，对凤凰木的根腐病进行病原鉴定，认定致命病害是白纹羽病，病原菌是子囊菌亚门的褐座坚壳菌（*Rosalinia necatrix*），在自然条件下难见其有性和无性孢子，常见菌丝体和白色菌索，发病植株地上部初期症状是黄叶枯梢，发叶迟，最后枝条枯萎植株死亡。这与厦门湖里区的凤凰木发病症状相似。这种病害在攀枝花市的加油站和药检所附近较常见，这些地方污染严重；而湖里区是厦门的主要工业区，种植凤凰木的悦华路一带，有许多鞋厂、制衣厂等大量排出废气废水,也是受污染十分严重的地方。防治方法是对轻病株进行环状根施、枝干施杀菌剂，并加强养护管理。

第四节　怀宁县城市森林建设

怀宁新城位于安徽省怀宁县境北部，高河镇（古称高河埠）东北侧，地理坐标：东经 116°49.35′，北纬 30°44.33′。新城北接桐城，西邻潜山，南靠安庆；西可远眺天柱名胜，东距长江黄金水道咫尺之遥。新城交通方便，206 国道、合九铁路、沪蓉高速途经于此；新城地位优势明显，它不仅连接着合肥与安庆两大城市，且是我省大别山南坡诸县的出口，赣湘皖三省交接的中转点。

自 1998 年通过《怀宁新县城总体规划》以来的短短数年时间，一座新城已在高河拔地而起，为了尽快实现老县城的全面搬迁，新城正在加快建设步伐，与此同时，县委、县政府及时提出城市基础设施建设与环境建设同步发展，实现城市可持续发展，把怀宁新城建设成具有新世纪特色、生态环境良好、环境经济健康发展的城市。

为了实现怀宁县委、县政府把怀宁县建设成为具有良好生态环境，健康发展的城市目标；本着服务当代、造福后世，符合新世纪的发展趋势，实现高起点高要求的原则，制定城市森林生态网络体系建设规划。

一、怀宁县基本概况

新城规划人口 15 万，规划建成区面积 15 平方公里，人均规划用地指标 100 平方米；城市基本形状为矩形，城市纵轴成东南—西北走向，建成区长 6000 米，宽 2300 米，新城周围理论生态辐射范围中包括有金拱、马庙、茶岭三大镇，总面积达 250 平方公里，此范围内河渠纵横、大小湖泊众多，新城的东南方向另有面积 1600 公顷的三鸦寺湖；周围遍布着大小不等的人工林地，这些均为怀宁新城的环境建设提供了丰富的资源。因此开展城市森林生态网络体系建设，怀宁新城已具备优越的条件。

1. 自然条件

（1）地貌。新城位于长江平原区的岗地丘陵地区，属大别山南麓余脉，区域范围内多数为海拔 20~30 米间的低丘缓坡，但地形比较破碎，小块地貌单元比例较大；多数平缓的地块被长期耕作。

新城处于高河集水区范围，地势基本是分别从东北与东南向高河递减，但高度变化不大，仅在新城西南和东南方向各有一海拔高于 200 米的山峰，前者名独秀，耸立于低丘之上，登高能远眺长江天堑，遥望“天柱”名山；新城东临长江，在大沙河界北，皖河贯穿全县，其南侧的高河是县城附近的主要水道，河水流经三鸦寺湖而入长江。新城区域内湖泊、水系密布，据航片分析该范围内各类河道密度高达 2.2 米 / 平方公里；三鸦寺湖面积 1600 公顷，是仅次于菜子湖的县内第二大湖。据史料记载，该湖水质清澈、鱼泽丰厚，虽说因受安庆造纸厂的排污影响而风光不再，但仍不失为近城的最重要水域景观。

（2）气候。怀宁属于北亚热带湿润季风气候区，具有四季分明、气候温和、雨量充沛、光照充足、霜雪期短的特点。年平均气温为 16~17℃，常年高温期在 6~8 月，月平均气温为 25~30℃；最高月为 7 月，月平均气温 28.6℃；极端最高气温 44.7℃；常年低温期为当年的 12 月至次年的 2 月，月平均气温 5℃左右；最冷月为 1 月，月平均气温 3.4℃；极端最低气温 –15℃；年平均降雨量 1349.4 毫米，以夏季最多，春季次之，冬季最少；年平均无霜期 241 天。季风明显，冬季以北风、西北风为主；夏季盛行西南风。

（3）水文。新城水源主要以降水为主，水源不足，稍遇干旱即可成灾；但周围小型河流众多，其中最大的河流为高河，高河贯穿新城西南，系菜子湖流域的上游支流，起源于石镜乡独秀山北麓，沿途与枫林河、查湾河、泉水河等支流汇合统入三鸦寺湖，再经马踏石出口、入人行河汇入菜子湖，全长 15 公里，总流域面积 176 平方公里。高河镇境内的河畈区历史上是河道弯曲，水系繁乱，两岸多为水稻田，但降雨分布不均匀，主要集中在春夏，秋季多出现旱情，故俗有十年九不收之称。1975 年冬对原高河进行综合治理，对高河大桥上（双河口）至三鸦寺湖 9 公里的干河段裁弯取直，同时部分保留了老河段，新河按 20 年一遇洪水设计，河道宽 80~100 米，河底高程 11.5~12.5 米，堤顶高程 17.0~18.0 米，泻洪量 420 立方米 / 秒，两岸立堤后形成南北两大圩，成为主要的农业耕作区。另外主要的水系有大沙河的支流人形河，其流经育儿、金拱、凉亭 3 乡；再有三鸦寺湖，原湖面面积 11.79 平方公里，已围湖造田 3.5 平方公里，正常蓄水位为 11.5~12.5 米，蓄水量约 770 万立方米，流域面积 300 平方公里，是新城附近的最大湖泊。

（4）土壤。怀宁地处中亚热带到北亚热带过渡地带，土壤亦具有过渡性特征。据《全国第二次土壤普查暂行技术规程》和《安徽省土壤工作分类及土壤普查技术若干问题的意见》，全县土壤分 6 个土类，12 个亚类，63 个土属，89 个土种。新城区域范围的主要土壤类型有：黄棕壤、潮土、紫色土等；黄棕壤主要分布在金拱、高河、育儿、枫林等乡镇海拔 30~60 米的地带；潮土主要分布在海拔 20 米左右的高河大河两岸，这些地方地形平坦，土质肥沃，水源充足；紫色土主要分布在海拔 25~40 米处的育儿、枫林、金拱、高河等乡的丘陵地带。其亚类石灰性紫色土主要分布在育儿、枫林 2 乡；中性紫色土主要分布在丘陵岗地的金拱、高河、万桥、枫林等乡海拔 25~40 米处。

（5）植被。怀宁地处北亚热带，地带性自然植被为落叶与常绿阔叶混交林，但由于长期受人为活动的影响，原生植被已不复存在，现有的都是由天然更新而成的次生植被群落或人工更新而成的人工林群落。从航片上判读，新城生态辐射范围的 250 平方公里面积，成片分布的各类植被斑块共计 240 个；面积 4335.1008 公顷，为土地面积的 17.6%；其植被类型主要有以下几种：

① 零星分布的次生植物群落。主要在一些以紫色土为主的、土层相对浅薄贫瘠的部分剥蚀岗地，小块零星分布有朴树、柘树、棠梨、黄荆、山槐、鼠李、扁担杆子、短柄栎、野蔷薇等。

② 人工林群落，是现有植被的主体，用材林以马尾松纯林为主，郁闭度在 0.2~0.7 之间，大多是 1980 年前后造林，林分分化严重、小径阶个体比例较高；另有少量火炬松、杉木林、毛竹林；经济林比重较低，主要有少量的板栗和鲜果；特色树种为望春花，主要分布在石镜乡，当地群众有栽种望春花的习惯，已有近百年的历史，目前有胸径 30 厘米左右的成片望春花林，主要生产木笔、望春花种子及苗木，形成一大特色。

③ 村庄四旁树木，怀宁新城周围 3 镇有大小村庄 570 个，四旁树木较多，一般是围绕村庄拥有一个栽植圈，树木浓密、郁闭度大，常见村庄掩于绿树丛中。主要的乔木树种有：枫杨、杨树类、刺槐、槐树、榔榆、白榆、朴树、乌桕、旱柳、垂柳、臭椿、侧柏、麻栎、青桐、构树等；家前屋后一般栽植少量果树，如梨、枣、柿、桃、石榴、枇杷等。由于缺乏规划，树种比较杂乱，通透性差；林冠下多灌木，如鼠李、黄荆、扁担杆子、野蔷薇、算盘子等。

④ 河道与公路两侧林带，河道两岸主要树种为枫杨、垂柳、杨和刺槐等。公路行道树则以杨树为主，其他有如二球悬铃木、香樟、蜀柏、水杉等树种。

2. 社会经济条件

（1）行政区划：县域面积 1543 平方公里，辖 10 乡、16 镇，359 个行政村。

（2）人口：全县总人口 71.71 万，人口密度 465 人 / 平方公里；目前新城正在建设，2010 年规划发展人口达到 15 万人。

（3）交通：全县交通便捷，主要通过 206 国道，合九铁路、沪蓉高速、合安高速公路与境外相通；县域内共修建县乡油路 137 公里，改造乡村公路 180 公里，新建中小桥梁 14 座，实现乡乡通油路，95% 以上的村晴雨都能通车，公路网已趋完善。高河历史上可以通航直达长江，因此新县城所在的高河埠曾是水陆交通要道，目前在丰水期仍可通航木船，但年吞吐量极小。

（4）经济状况：怀宁基本属于农业县，农业产值约占国内生产总值的 31.9%，主要农作物为水稻、油菜，圩区以水稻、棉花为主；近年来开发沿江滩地种植杨树带动了小型木材加工业的发展，但工业比重较低，占 38.4%。全县经济增长速度几乎与全国平均水平相当，如以 2000 年为例，全县 29.12 亿元，比 1995 年增长 0.54 倍，按可比口径，年递增 7.6%；财政收入完成 2.07 亿元，比 1995 年增长 1.05 倍，年递增 15.4%；农民人均收入 2386 元，比

1995年净增759元，年递增8.0%；全社会固定资产投资达到6.76亿元，五年固定资产累计完成22.6亿元；社会商品零售总额9.90亿元，年递增9.6%。经济结构得到合理调整，支柱产业初步形成，三产比例由1995年的42.4：34.2：23.4调整为2000年的31.9：38.4：29.7。第一产业占GDP比重逐步下降，大农业内部结构调整趋于合理，经济作物、养殖业、林业在第一产业占的比重逐年提高，效益十分明显，加快了农民脱贫致富奔小康步伐；第二产业总体经济实力增强，到"九五"末，全县实现工业增加值9.8亿元，比1995年增加0.61倍；第三产业快速发展，三产增加值占全县GDP比重达到29.7%。私有产业是改革开放以来发展最为迅速的经济领地，至今已形成相当规模的私营木材加工产业，主要集中在新城北的马庙乡。

（5）社会、人文、历史景观：据史料记载怀宁于东晋建县，至今已1500余年，历史悠久。近代怀宁县城多次搬迁，许多人文景观、历史建筑遗留在安庆市内，尽管如此，怀宁县并不显得人文历史景观贫乏。县域境内近代文化科技名人有：最早引入马列主义的中共创始人之一陈独秀，共和国两弹元勋邓稼先等。而流传千年，至今仍感人至深的孔雀东南飞的故事，就发生在离新城近10公里的小吏乡，焦、刘两姓的后人居住于此，并保留了古墓等遗迹。另外，如邓如石的铁砚山房、杨月楼的故居以及众多的出土文物，均显示怀宁具有厚实的文化底蕴。怀宁又是黄梅戏发源地之一，村民十有八九爱看、爱唱黄梅戏；新城西南的独秀山，登高可远眺天柱擎天、遥望长江碧波，是古代文人墨客吟诗会友的好去处，留下了许多美丽的传说、文人轶事；而三鸦寺湖的万亩湖水碧波荡漾，湖岸曲折，湖心有土墩三处，据民间传说，水涨墩高，从不被水所淹，湖畔曾有三鸦古寺，更为怀宁风景增添万种情趣。

3. 新城绿化现状

新城于2000年开始建设，目前道路体系已经建成，城市中心的县政府大楼、少数行政机构办公楼及住宅小区已经落成，县城粗具规模并正在大力建设中，整体的绿化工作也已经起步，主要是依据原来总体规划中的绿化规划设想而开展的，虽说仍在建设中但其特点已可见一斑。

（1）中心广场——新城绿化的重点。新城中心自县政府大院向南、向西在主干道两侧连续设计建设了2处广场，即中心广场和文化广场，它们与县府大院内的县府广场连接，构成了新城中心广场群，这3处广场采用彩色大理石、花岗石等硬质材料铺面，四周辐射状安排小块绿地。从目前的绿化设计来看主要是应用小乔木、造型的针叶树木、花灌木、四季花卉和草坪来构成图案式的格局。已种植的树种有桂花、石榴、海桐、雪松、红叶李、蔷薇等。

（2）道路绿化。目前已完成城市主干道——稼先路的绿化，该道路是新城的中轴线，是新城的景观大道，目前采用截干香樟作为行道树，快慢车道隔离带的绿化带采用彩叶小灌木，如金叶女贞、红花木、日本小檗、海桐等构成间隔的组团，每隔一段距离安排造型别致的容器栽种四季花卉以增加色彩和效果。

（3）公共绿地。新城内前进小河自西北向东南曲折流过，河宽3~5米，两岸建花岗石垂直驳岸，在中心广场附近沿河设长条形绿地，以草坪为主，分散或组团式栽植少量乔木，主要树种为：棕榈、雪松、红叶李、广玉兰、桂花、垂柳、海桐等。

二、规划总体思路

1. 规划范围、内容和期限

（1）规划范围。本规划仅涉及怀宁新城及其周边环境。关于周边环境的范围确定一般有两种方法：

其一，一般根据城市生态辐射效应的原理，确定其生态影响的范围一般为城市周边以外的 5 公里或 10 公里。

其二，根据作为城市氧源的绿地来确定，理论研究认为城市氧源绿地的布局，可以用风向玫瑰图按某种倍数（X）来放大，当氧源为森林时 X=2；全为农田时 X=6；一般城市取风玫瑰的最长瓣的长度，即

$$Lc=XR$$

其中，Lc 为取风玫瑰的最长瓣时的供氧范围；R 为城市半径；X 为放大倍数

本规划考虑主要供氧源以人工林地为主，并平衡整个规划范围，故采用 X=2。

本规划根据这两个原则，同时考虑因新城位于怀宁县境位置以及实际的自然环境状况，确定怀宁新城森林生态网络体系建设规划范围：以高河镇为中心、10 公里为规划半径的区域，涉及金拱、茶岭、马庙三镇的重要水系、湖泊、公路、铁路，总面积约 250 平方公里，为县域的 16.51%。

规划分为 3 个层次：

第一层次，即怀宁新城规划区，计 15 平方公里。

第二层次，怀宁新城周围主要的生态辐射区，包括新城高河镇的大部分地区以及马庙和金拱镇部分区域。北部以马庙镇的王屋、江夏庄和金拱镇的陈大院、桂家老屋、枫树岭、庙屋和大屋店北侧小路为界，东至金拱镇的鸽子墩——沪蓉高速公路和安庆支线与 206 国道互通式立交道口以东 100 米左右，南部至高河大河以南 1.5 公里左右的双庙附近，西部至高安铁路以西 100 米左右范围，总面积 235 平方公里。

第三层次，城东南部的湖区风景区，由于新城缺少较大面积的水面，拟借城东南约 10 公里处的三鸦寺湖广大水面及周围丘岗来营造东郊风景区。

（2）规划主要内容。城市森林是由城市行政区域内所有树木和相关的植被和动物所组成，包括城区森林和郊区森林。城区森林主要指供广大群众使用的公共绿地，如城区的大小公园、动物园、植物园、花园、园林小区和街道、人行道、道路绿化，以及江河两岸的护堤林等；同时还包括工厂区、住宅区、公共建筑地段、机关、事业单位、学校、医院等单位范围内供本单位使用的绿地树木等；郊区森林是指城市郊区的风景林、果园、农田防护林、水源林、水土保持林、用材林、经济林、竹林和村镇绿化、道路绿化、庙宇绿化、旅游景点绿化等。建立城市森林网络体系就是把这些具有一定结构和功能的所有生物生态单元有机地结合成一个整体，形成具有森林生态环境的城市生态体系。

具体规划内容如下：

① 城区城市森林系统规划。按照城市森林生态体系建设的理念来实施相当于传统绿地系统的规划。按新城建设总体规划，城区范围内北达合九铁路，南接高河大河，东到 206 国道和 1 号路，西以 9 号路为界，规划面积 15 平方公里。在现有用地规划的基础上，主要规划内容包括城区森林的组成、布局、建设原则、目标，并提出各类土地利用类别的规划建设技术指标。

② 城乡结合部规划。即城市生态辐射区域的规划，涉及金拱、马庙、茶岭三镇，占地面积约 235 平方公里。规划内容有道路、水系、湖泊堤岸防护林，农田防护林的建设规划，包括指导思想、原则、目标和各项建设技术指标；村镇现有林建设规划，包括现有林保护和改造措施，林种结构调整等。

③ 重要建设项目规划。在上述规划的基础上，考虑人口与城市规模的发展对生态环境、游憩环境以及产业环境的要求，重点规划沿河流、公路的植被廊道；以生态辐射区范围内的大水面为依托建设以湿地景观为主的东郊景区建设规划；植物种质资源保护利用繁殖基地的规划以及 206 国道入城段的道路景观规划与设计。

（3）规划期限：

① 近期 2002~2005 年；

② 中期 2006~2010 年；

③ 远期 2011~2020 年。

2. 规划依据

①《怀宁新县城总体规划》

②《中华人民共和国森林法》

③《中华人民共和国城市规划法》

④《全国生态环境建设规划》

⑤《城市绿化条例》

⑥《城市绿化规划建设指标的规定》

⑦《湿地保护公约》

⑧《怀宁林业建设规划》

3. 规划指导思想

（1）根据怀宁新城的特定地理位置、环境条件，经济地位，以及完全是新建的独特情况，力求充分利用一切当地的有利条件，遵循新世纪我国城市发展的规律，争取以较快的速度建成有特色的森林和园林城市。

（2）在中国森林生态网络体系建设理论的指导下，运用景观生态学、生态经济学的理论，按照生态功能优先、建设良好环境的前提，构筑起布局合理，并与新城未来发展及生态需求相适应的，具有自身特色的森林生态网络体系，在城乡一体化的环境建设基础上，实现新城的环境建设目标。

（3）保护和提升现有的山林、水体、地形等自然资源环境，尽可能充分利用现有的自然资源来营造良好的城市环境，例如借东南郊外的三鸦寺湖水面和近城区的高河河网水域，组织好滨河与湿地景观；构筑城郊的大森林，为城市居民提供亲近自然的机会，充分发挥新城的环境资源特色。

（4）鉴于新城建设刚刚起步，目前仅有少量已经完成的建设单体，因此应以高标准、高水平、高速度的建设为指导思想，在此过程中不断提升城市的环境质量。

（5）从生态平衡出发，建设合理的绿色植物覆盖区，使城市环境与周围的自然环境协调，溶解城市边界，尽可能多地构筑开放型的城市绿地系统，为城市居民创造优美、舒适的户外活动环境和理想的生活质量。

（6）努力提高规划对城市发展的可适应性，体现可持续发展的思想，并使规划具有较强的可操作性。

4. 规划原则

（1）系统优化原则。新城森林生态网络体系建设是一个庞大体系工程，在构筑这一体系的过程中，必须从市民的生存空间和自然过程的整体性和连续性出发，充分发挥城市森林生态网络体系的综合功能效益；统一规划、综合考虑，优化系统结构，构筑与新城自然环境条件、规模和发展目标协调一致，具有自身特色的良好生态环境和投资环境。

（2）长远目标与近期目标相结合，实现可持续发展的原则。新城森林生态网络建设既是一项复杂、庞大的生态工程，又是一项复杂、庞大的社会系统工程，而且是一项造福后代的工程。因此，必须考虑自身的经济实力和承受能力，做到近期目标与远期目标相结合，近期以城区绿地建设和郊区防护林建设、现有林保护、恢复森林植被为目标；远期以提高林分质量为目标，在实现城市的可持续发展目标的前提下，具有超前意识，立足于长远，高起点、高标准、高水平、高效益。

（3）以人为本，生态优先，绿化、美化相结合的原则。新城森林生态网络体系建设的主体是森林生态环境，但其服务对象是“人”，所以，必须运用景观生态学、森林美学理论，在以人为本的原则指导下，正确处理好生态、绿化、美化三者之间的关系，使城市森林生态网络体系充分体现生态功能与绿化、美化完美地结合，充分开放城市的各类绿地营造森林文化的氛围来满足各类人群的不同需求；并以提高居住环境质量来达到以人为本的规划与建设目标。

（4）因地制宜、合理布局、突出地方特色的原则。根据城市发展规模、经济水平、自然地理条件，构筑起城市森林生态网络体系的框架、结构、布局、内容，做到重点突出，均匀分布，合理配置城市各类森林及绿地；充分利用周边的自然环境资源，突出地方特色，不盲目模仿移植，不片面追求时尚，充分体现规划的现实性和可操作性。

（5）整体布局上突出“三个”结合。即周边大型片林与城市内部小片绿地相结合；农田林网、水系植被的带状林带与大块的片状森林相结合；城市内部开放型的城市森林、各类绿地与经营性绿地结合，以开放型绿地为主的原则。

（6）科学性原则。以森林生态网络体系建设、景观生态学、生态经济学、城市林业的理论为指导，借鉴国内外生态城市及城市森林建设发展的有益经验和方法，尽可能运用现有的研究成果，使规划具有较强的科学性和先进性。

5. 规划目标

用 10~15 年的时间，在怀宁新城建立起与新城发展规模及生态需求相适应，可支撑其生态环境和社会经济可持续发展的，结构合理、功能完善、景观优美的森林生态网络体系。具体目标是，到建设期末人均公共绿地面积达到 12.5 平方米，城区森林覆盖率 30%~35%，外围生态辐射区 40%；生物多样性有明显的增加；形成城乡一体化的环境格局，以片林、农田林网、河岸植被、流域植被相结合的森林景观为城市的背景，拥有良好的游憩和投资环境的、具国内县级城市的先进水平的世纪新城。

6. 总体布局结构

新城地处交通要道，水系完整，因此，在构筑新城森林生态网络布局时，应充分利用这一自然条件，以新城为核心，包括城市周边的生态辐射区实现一区、一湖、两片、三网的总体格局（图 12-20、图 12-21）。

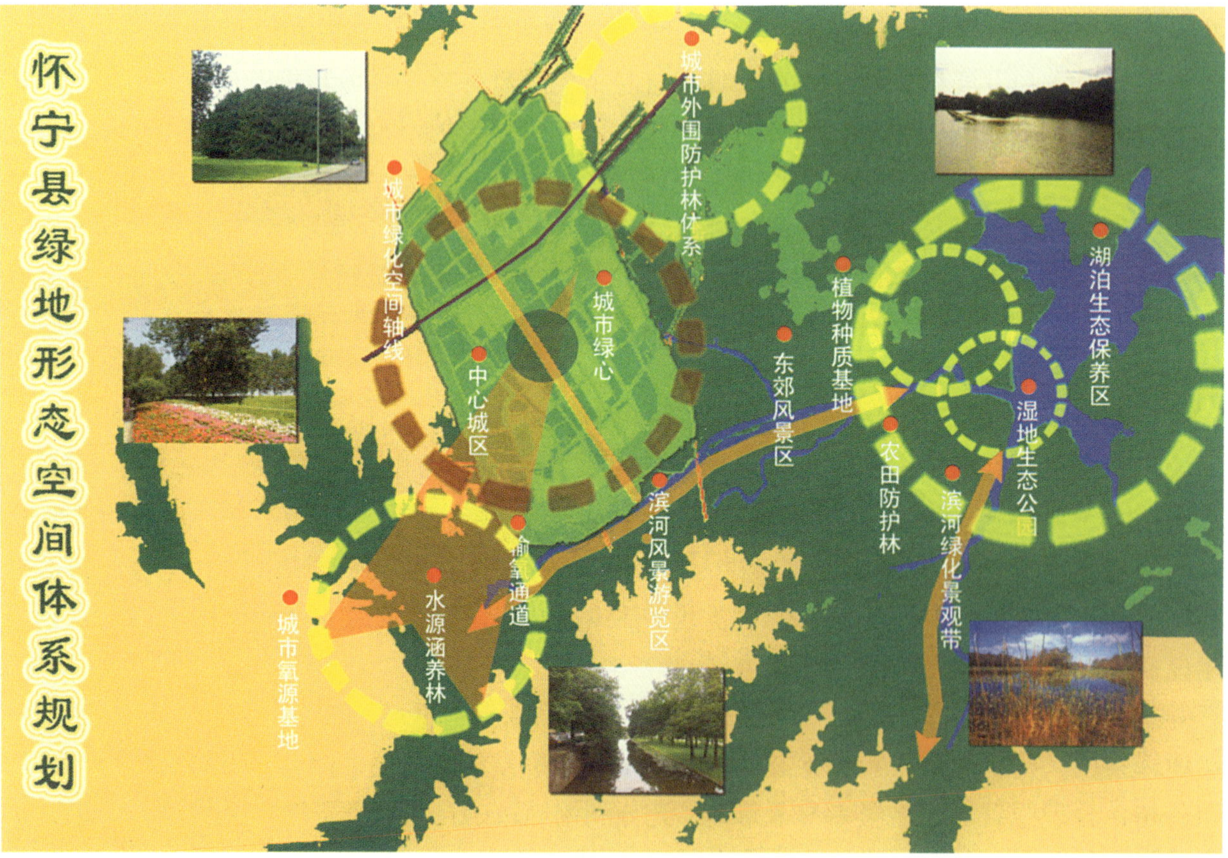

图 12-20　怀宁县城市绿地规划

（1）一区。即重点建设新城内部的城市森林生态体系，以开放型绿地建设为主体，结合水体道路，充分利用住宅区和单位绿地的建设空间，使城区的树木覆盖率达到 35%，以获得良好的居住环境。

（2）一湖。即环绕郊外的三鸦寺大湖修复湿地自然环境，营建兼生产与游憩两大功能

图 12-21 怀宁县城市绿地规划效果图

为一体的植物种质繁育基地，逐步发展为东郊风景区，成为新城居民周末的主要休闲与游憩的去处，并以其优美的自然环境和乡土风光成为吸引附近城市旅游人群的胜地。

（3）两片。即通过改造和扩大现有的片林，在新城生态辐射区范围内的东北与西南方向的主风方向构筑两大片丘岗森林，成为新城生态环境的保障与提供新鲜空气的氧源基地。

（4）三网。即着重建设以合九铁路、沪蓉高速、206 国道、安潜省道干线通道绿化工程为主，结合乡村公路的道路绿化网；沿各级河道的水系植被网；与地形地貌自然特点结合的农田林网。

最终与村庄四旁绿化、水土保持林分相融合，形成大小不等的自然式森林网格；在全面提升规划区绿化质量，打造良好自然环境的前提下，创造城乡一体化的森林生态网络体系。

三、城区城市森林体系建设规划方案

1. 新城城市森林生态体系建设规划的几项计算

依据城市森林的理论以及怀宁新城的总体规划、建设现状及存在的问题，将新城森林生态体系规划定位在实现 30%~35% 的树木覆盖率基础上，由此确定以行道树为基数推算城市可植树的机会，最终确定城市的树木覆盖和不同用地类型的树木覆盖，在此基础上规划各类不同的绿地。

（1）行道树：道路 100% 绿化可栽植行道树总数 3 万株。

（2）绿地面积计算：

① 据国外的研究，良好环境的城市行道树约占城市树木的 10%~15%。由此，树木的总量应为 20 万 ~30 万株。

② 据美国城市林学家 Rowantree 的研究，当每公顷土地拥有 5.5~28 平方米的立木地径面积时，具有森林的实质。例如合肥环城公园平均为 20.8 平方米 / 公顷；公园 12.3 平方米 / 公顷，相当于树木密度为；237 株 / 公顷（树木胸径 15 厘米）

应用上述理论，现取 300 株 / 公顷（树木胸径 15 厘米）计算，可得以下 3 个结果：

选用 22 万株树木：19 万株 /300 株 / 公顷 = 630 公顷

选用 25 万株树木：22 万株 /300 株 / 公顷 = 733 公顷

选用 30 万株树木：27 万株 /300 株 / 公顷 = 900 公顷

（3）覆盖率推算：

① 选用 30 万株树木，覆盖率 = 34.7%

② 选用 25 万株树木，覆盖率 = 28.9%

③ 选用 22 万株树木，覆盖率 = 25.4%

④ 取 300 株 / 公顷（树木胸径 15 厘米）计算每公顷绿地平均树冠覆盖率：

$$300\text{ 株 / 公顷 } \times 3.1416 \times（4.7\text{ 米 }/2）^2 = 5204\text{ 平方米 / 公顷} \Rightarrow 52\%$$

（4）规划各类绿地面积的确定：从上述理论计算，新城绿地总量以 730 公顷，树木总量为 25 万株，树木密度为 300 株 / 公顷最好。

但按照怀宁用地规划及各类用地的控制指标，绿地总量应控制在 630 公顷，树木总数以 25 万株为宜；绿地树木密度为 350 株 / 公顷。

按此规划数据，到建设期末全城区平均密度为 167 株 / 公顷；相当于拥有平均立木地径面积 5.23~6.3 平方米 / 公顷，理论上认为具有森林的实质。

（5）规划指标：总绿地面积达到 630 公顷；占规划面积的 41.9%；乔木、小乔木总数 25 万株；平均密度为 350 株 / 公顷。该规划的密度指标较大，但因为城区有高速公路和铁路两侧的防护林带，可容纳较高密度的种植，因此如果培植适当仍可保证绿地的开合相宜、疏密有序的总体格局。

2012~2017 年年达到森林覆盖率 28.9%；2022 年约 35%。

绿地面积 284 公顷（表 12-38）；城市公共绿地 187 公顷（表 12-39），人均公共绿地面积 12.5 平方米。

表 12-38 各类用地的绿地规划及控制指标

规划	面积（公顷）	占总面积的比例（%）	原规划绿地指标	原绿地面积（公顷）	规划绿地指标	规划绿地面积（公顷）
工业用地	225.02	15.0	0.20	45.40	0.25	56.255
仓储用地	85.50	5.7	0.20	17.10	0.20	17.100
居住用地	367.80	24.5	0.30	110.34	0.40	128.730
公共用地	278.40	18.6	0.35	97.44	0.40	55.680
市政设施	27.45	1.8	0.35	9.61	0.35	5.490
特殊用地	3.75	0.3	0.30	1.12	0.30	1.125
对外交通	57.30	3.8	0.25	14.33	0.30	17.190

（续）

规划	面积（公顷）	占总面积的比例（%）	原规划绿地指标	原绿地面积（公顷）	规划绿地指标	规划绿地面积（公顷）
道路用地	217.50	14.5	0.25	54.37	0.30	65.250
城市绿地	237.00	15.8		237.00		284.000
总计				586.30		630.820

表 12-39　怀宁新城各类绿地规划面积

绿地类型	面积（公顷）	占绿地的总面积的比例（%）	覆盖率指标	备注
单位绿地	135.65	21.5	0.5	
居住区绿地	128.73	20.4	0.5	
防护绿地	116.286	18.5	0.8	包括城区高速公路、铁路
生态绿地	62.334	9.9	0.8	
公共绿地	187.0	29.7	0.5	包括道路绿地、各类开放型绿地
总计	630.0			

按表 12-39 计算，理论覆盖率为 24.6%，加上行道树覆盖率 3.47%，则为 28.07%。十分接近上述按树木数量折算的覆盖率。

2. 城市公共绿地系统规划

公共绿地是城市绿地系统的主体部分，被称为城区生态系统的“肺”，是市民工余假日活动、文化、科普的主要场所，与市民日常生活健康息息相关。本规划界定公共绿地为全开放型的大型绿地，包括中央绿地、游览园区、各类大小不等的分散型绿地、街头绿地等。

（1）城市公共绿地系统格局。基本格局为一核心、一景区、两带、三块、多点状的格局，与道路绿化构成公共绿地系统（表 12-40）。

表 12-40　新城各类绿地面积

绿地类型	面积（公顷）	占公共绿地的比例（%）
中央绿地	36.00	19.25%
城北绿地	12.00	6.42%
东南绿地	10.00	5.35%
西南绿地	11.50	6.15%
稼先路（前进小河）	15.50	8.29%
团结小河沿线	17.59	8.96%
高河入城滨河区	22.00	10.70%
点状绿化	27.20	14.50%
道路绿化：	35.21	19.28%
高速两侧	12.37	

（续）

绿地类型	面积（公顷）	占公共绿地的比例（%）
铁路一侧	7.44	
206 国道	6.0	
安潜路两侧	9.4	
共计	187.00	

① 一核心：即位于城区中央的核心绿地群，主要包括目前的广场及其四周，已规划的综合公园，通过景观路的道路绿化设计形成树木廊道，将各处绿地有机地连接起来构成大型的中央绿地群。总计面积达 36 公顷，主要包括：

a. 广场群，即目前已基本建成市府广场、文化广场及市府大院内的广场，三处广场基本相连构成了市中心的广场群，今后将成为城市中心活动区。从现状分析，广场的设计与建设基本受近年我国城市广场热的影响;从效果来看，硬铺装表面比例过大，草坪面积过多，树木偏少，特别是大乔木较少，加之周围基本规划为商业区和办公区，因此今后城市热岛效应将在此处十分明显。

b. 文化广场西侧边际的墙式浮雕背后即规划建筑单体，如此将影响浮雕的突显、减弱文化氛围和意境。因此，无论从生态环境的角度出发，还是从文化内涵考虑，都必须对其实施改造来提升其整体水平。

c. 现保留的 6.7 公顷文化设施用地，应调整为与绿地结合的建设模式，在绿地中构筑展示怀宁悠久历史与丰富文化底蕴的、高品位小型建筑与设施。

d. 政府大院北侧已规划建设的综合公园 30 公顷。

e. 适当调整现有的用地规划，使该处的绿地相对集中。

f. 中央绿地群的规划建设要求：

• 在已建成的广场中的绿地上补植乔、灌木，注意观叶、观花树种的合理搭配，适当选用长寿、树冠浓密、尺度适中的乔木，配置应该错落有致、疏密相宜；根据现状，树冠覆盖应为 25%~30%，一方面增加了绿量，另一方面不至于破坏现有的格局。

• 在现有广场的周边增设绿地，以疏林草地的原则配植，树冠覆盖率不应低于 50%，常绿树种以 1/3 为宜；草种应选用耐踩踏的，如结缕草、日本结缕草、野生结缕草等为主；同时规划一定面积的观花、观叶灌木和四季地栽草花栽植小区；整个绿地应具有良好的通透性和可观赏性。

• 在文化广场墙体式浮雕的西侧规划带状绿地，以栽植高大乔木为主，形成林带，成为具有一定景深、立体感极强的绿色背景。

• 县政府内的广场、建筑物间的停车场均增补树木。

• 县政府院的周边围墙采用通透性结构，间隔性的配植攀缘植物和悬挂式的盆栽花草。

• 乔、灌、草相结合，营造具有森林小气候特征的公园小环境。

② 一景区：即城南高河北侧的滨河景观游览区，规划面积 20 公顷，老河两岸平坦、土

壤条件好，具有完整的河岸线，因此规划依河而建的滨河游览区，其目标应该是新城的亮点和特色之处。在保持现有自然坡岸和树木的前提下，根据生态优先和适地适树的原则，采用条块结合的布置构成，选择树形美观或能观花赏叶的树种，因地制宜地铺筑小径，设置坐凳、小凉亭等，可适当安排一些游乐设施。通过精心设计布置，形成绿色的环河林带，使这一区域在优美自然的绿化配置衬托下，景观特色更加明显。可供选择的树种有雪松、樟树、女贞、三角枫、龙柏、槐树、合欢、栾树、桂花、重阳木、望春花、广玉兰、垂柳、银杏、鹅掌楸、红叶李、海棠、樱花、枫杨、水杉花、紫薇、紫荆、榆树等。

③ 两带：即沿穿城而过的两条集水沟，前进小河与金塘小河规划建设两条沿河绿化带。

a. 前进小河绿化带，全长 5.4 公里，面积 15.5 公顷。前进小河基本与新城中轴路——稼先路平行，两侧已规划为公共绿地但树木种植量相对不足。遗憾的是在新城首期建设中，小河已被取直和全面驳岸，线条僵直的垂直驳岸在很大程度上反映了人们对水患的恐惧和对人工景观的偏爱，但却为利用河流营造亲水氛围带来了难度，目前能做的只有在沿河增加植物的种植量来柔和河道景观。

b. 金塘小河绿化带，全长 3.52 公里，沿河规划绿地面积 17.59 公顷。该水系位于城东北侧边缘，曲折流过城区，水面宽窄不等，一般为 5~15 米不等。该河道集水面积小，一般在丰水期才有较多河水，因此可在入高河口建闸抬高及控制河道水量，两岸治理应吸取前进小河的教训，以亲水绿地与保持自然河道植被的格局为主，间隔一定距离规划较大面积的块状绿地，同时可发挥生态隔离的功能。

④ 三块：分别设置在城区高速公路北侧，中央绿地群的东南、西南区位，规划建设三片开放式中型绿地，面积分别为 12、10、11.5 公顷，与中央绿地呼应。鉴于怀宁新城区内缺少水面的特点，应在各个大型绿地内增设水体，西南区位绿地的水面应与现有的河渠相通。

⑤ 多点状：主要为居民小区附近的片状开放型绿地，要求距离居民小区 500~700 米就应有一块面积不小于 2 公顷的绿地，同时在所有的十字路口规划建设街头小绿地，形成多点状的布局，共计面积 27.2 公顷。

a. 住宅区的小型绿地 6 个，面积 24 公顷，在各住宅区设小型分散、开放型绿地，主要功能是为居民、儿童、老人的日常活动提供场所；设计原则应该有适合不同人群的空间和简单的设施。

b. 主要交通十字路口的街头绿地，一般面积在 300~500 平方米；在十字路口的转角处设绿地，外侧以草坪、草花、低矮的灌木为主，内侧选用乔木群植作背景，并设步行道，这样可避免十字路口不能栽植行道树而出现的绿化空缺，同时又为行人提供随时亲近自然的机会。可规划 70 块，共计面积 2.8 公顷。

⑥ 道路绿地：

a. 稼先路道路林带的增设。稼先路地段为怀宁县政治、文化、商业中心，其绿化规划应能充分体现怀宁县经济、精神文明建设水平以及地方特色；该道路在市政府广场北一段人行道边留有较宽的空间（12 米），虽说已经铺装彩色地砖但仍可改造来增植树木，仅去除栽植坑位置的地砖，而保留其他铺装地表。

该段应种植3行落叶大乔木，一直向北延伸与规划的公园接壤，株行距分别为8米，使树木有足够的生长空间；种植处应至少有4平方米土壤空间，栽植后土表覆盖彩色碎石、小花地被型草花；采用不同色彩的草花与碎石相间布置的办法来增加变化，树冠下间隔配置座椅。

b. 高速公路、铁路、206国道、安潜公路道路绿化带。构筑宽窄变化、条状与小块状相结合的格局，宽度为10~15米，共计面积35.21公顷（表12-40）。

（2）具体规划要点：

① 以乔灌木的植物造景为主体，要求绿化用地应占总面积70%以上，树冠覆盖率至少达到50%。

② 所有的土表采用垫状植物和草坪覆盖，实现黄土不见天的目标。

③ 在拥有相当树木背景的基础上配植面积适当、开放型的草坪，同时适当配置与周围环境及人文历史背景吻合，又颇具特色的园林建筑或园林小品。

④ 植物材料尽可能运用乡土种类来反映皖西南的植物区系特点，未经试验、本地历史上又未见有栽培记录的外来树种，运用要慎重，不能作为景观的主栽树种处理。

⑤ 常绿与落叶树木、观花与观叶植物配置比例恰当，营造能体现生物多样性和地方特色的城市森林。

按照上述的原则规划绿地建设，真正使公共绿地成为改善城区生态环境的主体，发挥其维护城市生态平衡的生态功能与丰富城市景观、美化市容的作用，成为城市两个文明建设的主要载体之一。

根据新城森林生态网络建设总目标、国家建设县级园林城市的要求以及进入新世纪以来城市绿化发展的趋势，新城人均公共绿规划指标为12.5平方米的水平，若与全国园林城市相比则各项指标高于平均水平（表12-41）。规划绿地率比较高是目前的趋势，如佛山市规划到2010年实现绿地率达到40.6%。

表12-41 怀宁新城与主要园林城市比较

城市	人均绿地（平方米）	绿地率（%）	城市	人均绿地（平方米）	绿地率（%）
北京	7.08	33.56	威海	14.9	33.0
合肥	7.3	25.19	中山	9.39	32.6
珠海	20.07	32.2	大连	6.45	38.0
杭州	5.56	40.8	厦门	9.42	32.7
深圳	35.2	36.3	南京	8.0	37.6
马鞍山	8.2	33.0	南宁	6.72	30.94
怀宁新城	12.5	41.9	园林城市平均	11.52	33.82

3. 城市单位附属绿地与居住区绿地规划

（1）单位附属绿地是指城区机关、团体、医院、学校、体育场馆及大型建筑附属绿化规划。城区附属单位绿地也是城区绿色生态系统的重要组成部分。做好城区附属绿地建设规划，不但对绿化美化单位环境，改善生态环境质量十分重要，而且有利于城市的生态美学形象和综合功能的发挥。单位附属绿地规划建设目标，机关团体学校在新建城区不低于40%，旧城区不低于35%；医院在新城区不低于45%，旧城区不低于50%；宾馆、商业、体育场等大型公共建筑，建筑面积在2万平方米以上的不低于30%，2万平方米以下的不低于20%，必须满足单位绿地面积用量和树冠覆盖率指标；规划要求所有单位的围墙必须采用通透式结构，或直接应用高墙式绿篱作为与公众的隔离，如果新城能做到单位不设围墙，使内外绿地融合一体，将是全国的首创，本规划极力提倡。

单位绿地规划建设应根据单位性质以及对绿地的主要功能要求来进行，选择高品位的乔、灌、草品种，精心配置，充分体现绿化的生态功能和美学价值。在医疗单位，绿化树种的选择除了要考虑美学价值外，还要考虑清洁、净化环境的作用，因此，应注意筛选一些能释放清新空气和具有杀菌作用的树种，如樟树、柏树等。

（2）居住区绿化规划。居住区绿化系统分别由水平系统和竖向系统组成，保持绿化空间的连续性，让居民随时都能活动在绿化环境之中。根据我国城市居住区绿化规程，新建居住区绿地率不低于40%，旧城区改造（原高河镇）绿地率不低于25%。为了实现这个目标，住宅小区的楼房布局应有所突破，可以打破传统的建筑成行、成列的规则式布局结构，适当调整建筑的朝向，使建筑的布局多变，运用人车分流的格局来增加建筑之间的植树空间，在适当变化地形的基础上构筑开敞绿地，并把居民的户外活动主要引向小区外围的公共绿地。

4. 防护及生态绿地

主要结合城区边缘河道、公路防护林林带及郊区农田防护林规划，建设防护绿地系统。本规划的防护绿地包括：

（1）防护绿地。主要为城区合九铁路与沪蓉高速两侧的护路林绿地。

① 铁路在两侧控制线外侧设计宽30米的林带，城内长8.016公里，共计面积48.096公顷；

② 沪蓉高速防护林带的宽度至50米，城内长6.819公里，共计面积68.19公顷，在中间设乔木林带25米，靠近高速一侧设15米的灌木带，在向城区一侧设10米灌木与花草种植带。灌木带应选择具有观赏性、稍耐阴、粗生易管，高度不超过2米的树种，如夹竹桃、木芙蓉、木槿等，株距2米；乔木带选择抗风能力强的乔木树种，采用三角形植穴配置方式，株距3米；为了增强护路林的景观多样性和生物多样性，减轻司机的视角疲劳，确保交通安全，每隔1公里交叉变换乔木树种的种类。根据地形和土壤条件选择树种。

（2）生态绿地。在城区南线高河滨河园区内侧设生态绿地，作为土地控制，面积62.334公顷，该地保持原始地貌，营造以速生树种与地带性顶极群落的建群树种为主的生态林。

5. 行道树规划

在城市绿地系统中街道绿化作为“线”，对城市绿地系统的形成起着极为重要的作用，是城市绿地系统的骨架，其布局的合理性及其绿化的有效性直接影响着城市绿地系统的合理性。城市街道景观设计直接影响着城市的园林绿化效果。街道绿化可根据街道类型及绿化用地的宽窄，分别规划建设为森林大道、景观路、林荫道、休闲绿化路等，使街道绿化充分体现生态功能与美化社会功能的协调统一，丰富绿色文化景观内涵。

（1）绿化原则：

① 安全性原则，即道路景观及其各种景观设施的规划设置等都以保证车辆、行人的安全为前提。任何景观和景观设施都不应对司机构成视觉上和交通上的阻碍。

② 生态性原则，城市道路景观空间要有足够的绿化，常绿树种和落叶树种配置比例适当，一方面在夏季达到一定遮阴效果，另一方面在冬季有足够的阳光透射到人行道。

③ 多样性原则，原则上采用一条路一种树种，既能构成整个行道树系统的生物多样化，又能方便管理与养护。

④ 观赏性原则，从道路的视觉景观形象出发，任何道路景观都应该考虑其视觉景观上的审美要求。各种绿化植物，因树形、色彩、香味、季相等不同，在景观上也会产生不同的效果，因此要注意多品种的协调和多种栽植方式的配合。

（2）功能分析：

① 遮蔽种植。通过种植植物来遮蔽人们视线内不需要的部分，并用绿化来美化道路景观。但要结合不同道路的性质和交通功能来考虑，如对于商业性强的道路就不能种植过密，同时采用较高的枝下高整形，达到一定的通透性以免影响商业广告效应。好的遮蔽种植一定要起到遮劣扬美的作用，对于城市沿路不良景观进行遮挡，对好的景观特征加以利用，从而形成有特色的道路综合景观。

② 遮阴功能。要求树种的选择和搭配，使得人行道在夏季有一定的遮阴，冬季有一定的阳光；同时不因树冠过密而影响街道污染气体的扩散。

③ 隔音栽植。为了降低路边建筑的噪声，在人行道绿带中按一定方式种植乔木与灌木可以起到降噪作用。如种植一行树冠浓密的行道树，沿街 2~3 楼可降低 12 分贝。如乔木下配植灌木，特别是多行栽植，就会收到更好的防尘与降噪效果。

④ 加强道路特性。采用不同的绿化方式将有助于加强道路特性，从而使不同的道路区分开来。道路要求具有连贯性，而绿化则有助于加强这种连贯性，同时也有助于加强道路的方向性。

（3）规划设计构思：

① 稼先大道景观结构。怀宁县稼先大道位于怀宁县政治、文化、商业中心，以道路为依托，成为全城观主轴。次景观轴垂直于主景观轴，以稼先大道为依托，把绿色景观沿纵深延伸和扩展。

② 二级道路的景观结构。怀宁县城内的二级道路的景观结构，应结合各条道路周边不同的文化环境分别进行形式多样的景观布置，以期利用道路景观的识别特性，创造丰富多彩的城市景观。

（4）种植设计：

① 稼先路和黄梅路森林大道种植设计。稼先路和黄梅路森林大道绿化种植设计力求简

练、层次丰富，配合森林景观大道建设，创造大气魄的景观。整个植物景观设计突出“森林城”“生态城”的气氛，通过运用多行大乔木列植，强化大道及两侧的植物景观效果，以乔木、灌木、花卉组成变化丰富的植物组群。具体为在稼先路和黄梅路现有一行行道树的基础上，在内侧增植两行，今后可形成郁郁葱葱的“绿色长龙”。

同时，根据景观结构将整个绿化分为核心、带状、块状 3 个层次。

② 二级道路种植设计。怀宁新城内二级道路网络交错，绿化种植设计应突出特色，在确定主干树种、统一风格的基础上，结合每条道路的具体功能（如商业、教育、行政等），确定不同的主题。通过运用不同的植物景观（季相、色彩、形态、层次等）形成每条道路与众不同的个性，达到具有丰富变化的景观效果。

③ 206 国道进城段和高速公路入口处也应建成森林大道，设计宽度为道路两侧控制线外 30 米，株行距 3 米 ×3 米。

④ 其他道路可建设成林荫道，即两边各栽一行行道树，株距 3 米，其间可以配置花灌木；可供选择的乔木树种有香樟、女贞、望春花、栾树、乌桕、榆树、三角枫、无患子、五角枫、楸树、喜树、香椿、朴树、美国山核桃、二球悬铃木、杜仲等 。

6. 生产绿地规划

苗木是城市绿化的物质基础，城市林业的建设发展需要大量优质的造林和绿化苗木，因此，在城市林业建设规划时，应结合城市林业规划建设的发展需要，规划建设相适应的苗木生产基地——苗圃。

但由于怀宁新城的特殊情况，新城城区内不再规划生产性绿地，其原因有三：首先，怀宁县原有国营苗圃可继续生产一部分苗木；其次按市场经济的原则，不宜再新建国有企业性质的苗圃，可结合农业产业结构调整安排农民利用一定量的土地培育新城建设所需要的苗木；再次，也是最重要的原因，本规划已结合三鸦寺湿地景区规划了皖西南植物种质资源保护与繁殖基地，在建设初期可结合退耕还林、退耕还湖生产苗木，同时逐步完成建设目标，苗圃可作为其中的一个区，其他区在前期也可作为临时苗圃来生产苗木，后期留下的树木即可建成一个植物园。

四、怀宁新城生态辐射区范围的森林网络体系建设规划

1. 林地调整规划

新城的城市背景主要有两大内容：一是大面积的农田；二是周围的低岗丘陵，具有大小面积不等的成片林地。后者多半是 20 世纪 80 年代前后造林形成的人工林植被，树种多为马尾松，兼有少量的毛竹及杉木。据最新航片判读，这部分林地计有 3367 公顷，森林覆盖率为 13.24%，相对偏低。但这部分林地无疑对城市的生态环境有较大的影响，特别是在城市主风方向，因此有必要全面提高森林覆盖率；同时，新城全年风向特征明显，冬季盛行北风和东北风，夏季则以西南风为主，因此有必要针对季风的特点规划一定面积的防护林带，如在上述方向上分别规划较大面积的片林，冬季可抵御寒风的侵袭，夏季则成为干热风的过滤器，为城市提供清新的空气；再者，一个城市如果具有较大面积、高质量的森林背景，

将可为城市居民提供无数户外活动的乐趣。

按照生态学的理论，一个健康的生态系统应该是平衡的系统，但城市本身是很难实现的，必须有效利用城市所在区域的环境容量，采取相应的平衡措施。如以氧为例，城市内部环境的绿色植物一般难以平衡整个城市对氧气的消耗，因此从周围得到补充通常成为一个解决的方法，当然关于其作用的大小目前是有争议的，但其作用的存在则是被大家所接受的。根据规划区实际及上述原则和设想，在整个规划区内的现有丘岗林地基础上，把小片林地周围的旱地有计划地逐步退耕，适地适树的营造人工林，通过调整农业产业结构与退耕还林，扩大和新增森林面积 3607.6 平方米，使原来小片分散的林地逐渐连片；到规划期末片林总面积达到 7622.8 公顷，覆盖率增加到 30%。同时，重点在新城的东北与西南两方向的近郊，构筑两大片景观和生态林。

（1）新城城郊构筑两大片林。新城东北与西南城郊分别构筑两大片林地，面积总计 1174.09 公顷。

① 新城东北片状林地规划。在新城东北方向，在城区边际外 3 公里，总计 3.496 平方公里的范围内，将现有小片的林地扩大，并尽可能增加林地连接度以增加防护效应，属于此范畴的林地总面积 844.69 公顷，为防护范围的 24.2%；目前共有林地斑块 41 个，最大面积为 280.81 公顷。

② 新城西南片状林地规划。在新城区西南方向，在城区边际外 2 公里，总计 1.5784 平方公里的范围内，同上方法将现有小片的林地扩大，并尽可能增加林地连接度，以增加防护效应，属于此范畴的林地总面积 329.4 公顷，为防护范围的 20.9%；共计有林地斑块 13 个，最大面积为 157.52 公顷。

③ 片林规划与营建要点。主要逐步扩大现有林分，使原有林地连片，不仅要能发挥良好的防护功能，同时应能使其具有游憩、观赏的作用。

营建的原则要注意以下几点：

a. 林分水平结构：应摈弃采用统一密度的传统经营模式，而保持疏密相间的格局，并容许适当比例的林中空地的存在；所有林中空隙边界应该为不规则形状，但空隙的面积以小于 100 平方米为宜。

b. 林分的垂直结构：在疏林区可适当保留林下的部分灌木，如山楂、野蔷薇、杜鹃以及一些常绿小灌木；密林处应作为集约经营的对象，实施割灌作业。

c. 林分的树种结构：因现有的大部分林地为针叶纯林，因此树种结构的调整主要内容为增加林分的阔叶树种，使其逐步形成针阔混交林。采用的方法：

• 在林中空地或郁闭度较低的林冠下直播或补植麻栎、小叶栎、枫香、黄连木、栾树、朴树、榆树、榉树、楸树、无刺刺槐等，可采用随机配植，也可分区采用一种阔叶树种。如采用直播麻栎的方法，一般一穴播 2~3 粒种子，7~10 年麻栎进入树冠层，形成混交模式。

• 林中空地种植早期耐阴的常绿乔木树种，主要可选用香樟、青冈栎等地带性植被中的常绿树种。

（2）一般林分改造与退耕还林。除了上述近郊的两大片林作为重点改造内容外，其他均为一般改造与需退耕还林的林地，主要在水系的集水区范围，改造与营建具有良好结构的健康森林，同时发挥水源涵养的作用。主要采取以下措施：

① 封山育林。封山育林在水热条件良好的地带成功率很高，可在沿高速公路原有植被遭破坏的地段或在原有次生植被的地域实施封育，5~6 年后对封育的林地实施改造，如引进目的树种，适当抚育加快目的树种的生长等措施，加快成林。但由于当地植被破碎程度高，因此必须选择连片面积大、容易控制、人为活动少的地段进行。

② 针叶林中实施补阔技术。同上述。

③ 退耕还林。该地域一般土壤条件较好，又邻近村庄。一般可分 3 种情况区别对待：与原来针叶林地相接的小块退耕地，还林以营造阔叶林为主，主要选择栎类、榆树类、枫香、香椿等乡土树种；面积较大、土壤条件良好的还林地块，以培育速生丰产林为主，主要选择优良杨树无性系、枫香等树种；邻近村庄、水环境较好的地域可适当发展经济林，可选择果材两用的树种，如薄壳山核桃、板栗、银杏、香椿等，但应注意不要追求规模，可作为乡村庭院经济的补充。

2. 林网规划

林网由水网、道路网的绿化与农田林网构成，是新城生态辐射区的绿色骨架。

（1）河道、湖泊的堤岸绿化。河渠堤岸林带是森林生态网络体系中的重要组成部分，对于保护农田、村庄等土地利用非常重要，而河岸林、滩地林在保护河岸、农田、道路等方面也起到了很大的作用。因此，基于河流、湖泊沿线土地经济效益和社会效益安全考虑，在河道、湖泊沿线也应该加强生物措施与工程措施的结合，把防洪工程建设与河道及河道沿线土地的生态恢复结合起来，通过建立河岸保护林带形成生物措施与工程建设相结合的防护体系，把恢复河流生态功能、净化侧方径流、防洪减灾与有效利用结合起来。所以，河道、湖泊滩地、堤岸林绿化建设规划，应防护效益优先，绿化、美化随后。规划区的水网林带总计长度为 615.92 公里，面积 923.38 公顷。

① 高河大河与三鸦寺湖水系防护林建设规划。高河大河和三鸦寺湖是新城重要的河流和湖泊，是沿线工农业生产及人民生活的重要水源，也是新城旅游业发展的潜在优势，因此，绿化规划时我们既考虑生态需要又考虑旅游及经济的需求，提出宽林带，在高河大堤以及三鸦寺湖湖堤营造 50 米宽的林带，在林带树种构成上扩大观赏型和经济型树种的栽植比例，建设观光农业区，为城市居民回归大自然创造良好去处。可选树种有桃、李、香椿、杨树、枫杨、柳树、水杉等。

② 三鸦寺湖滩地绿化。三鸦寺湖的间隙性水淹滩地是一个值得开发的土地资源，目前都是以耕种农作物为主，但遇到多雨年份则难保收成，同时，由于围垦和使用化肥、农药，造成湖面缩小、水质污染，不利于防洪排涝。因此，从防洪、环境保护以及调整农业产业结构出发，我们提出在间隙性滩地营造杨树片林。累计还湖面积 752.72 公顷。

③ 一般河流的河岸绿化。即在两侧河岸各栽植单行树木林带，株距 3 米，累计长度 561.02 公里，累计造林 37.4 万株。

（2）道路网绿化规划。道路是连接城乡的重要交通、经济、信息通道，在国民经济发展与现代化建设中占有重要地位，它包括铁路、高速公路、各级公路（国道、省道、市道、乡村公路）。道路绿化就是通过道路两侧的绿化，形成四通八达的“绿色长廊”。道路绿化不仅起到滞尘、减噪、降低汽车尾气污染功能，而且具有防风庇荫、避暑降温、保证交通安全的作用。道路绿化林带建设必须与当地社会、经济发展状况和自然条件相结合，体现“安全、绿化、美化相结合，生态、经济和社会效益兼顾以及因地制宜、适地适树”的原则。道路林带总长度为 282.9225 公里。

① 合九铁路与沪蓉高速护路林带。林带设置及树种配置原则同城内，其中，城外合九铁路长 15.854 公里，林带面积 95.124 公顷；沪蓉高速长 11.077 公里，林带面积 110.77 公顷。根据地形和土壤条件，可供选择的乔木树种有杨树、枫香、黄连木、栎类、乌桕、枫杨、槐树、香椿、栾树、无患子、女贞、香樟等。

② 国道、省道绿化。前者为 206 国道，后者为安庆至潜山省道，目前具有一定的绿化基础，主要绿化树种有樟树、杨树、法国梧桐等。对于其两侧的护路林规划，应当是在原有林带的基础上适当加大林带的宽度，调整、提高、完善林带结构。

206 国道两侧控制线外设计宽 30 米的林带，长 12.278 公里，面积 73.67 公顷，安庆至潜山省道两侧控制线外设计宽 20 米的林带，长 13.37 公里，面积 53.46 公顷。树种选择和空间配置同铁路和高速公路林带规划。

③ 乡村公路绿化。乡村公路是乡村通往交通干道的重要通道，路面窄、标准低，加上两侧多半为农田，因此，乡村公路绿化时应充分考虑这一实际，使形成的林带既能护路又能维护农业丰产、稳产。按照这一规划目标，乡村公路两侧规划单行乔木林带，株间距 4 米，长 230.3468 公里，累计造林 11.5 万株。主要供选树种有杨树、香樟、水杉等，每隔一定的距离变换树种。

（3）农田林网。规划区属丘岗，地形比较复杂，在规划建设农田林网时应首先采用与地形地貌相联系的自然网格，必要时再辅以人工网格。但规划区的道路河渠密集，两侧林带构成的网格密度已达 3.94 公里 / 公顷；如按一般农田林网的网格 300~500 亩计算，农田林网的理论密度可为 4.47~3.456 公里 / 公顷。由此计算可见，目前规划区的林网密度已在合理的农田林网密度范围之内，因此，可利用规划的道路与水网林带来代替，只需在少数连片面积大的农田适当补设林带即可。

3. 村镇绿化规划

村镇绿化是实现城乡一体化森林生态网络体系的重要组成部分，改革开放几十年来，农民收入不断提高，农民致富后的最直接表现就是建造新宅，由此推动村镇的迅速发展。但是在经济高速发展的过程中，由于缺乏规划、缺乏前瞻意识，一般忽视周围居住环境同步发展，村旁的绿化随意性强、缺少管理，因此绿化质量不高；而乡镇则多沿公路建筑，以发展马路经济，缺少应有的绿地。

但值得提出的是，当地农民群众对四旁绿化的积极性和热情还是比较高的，这充分反映在目前的绿化状况。据航片分析，规划区内的村庄通常被判读为类似森林的斑块，对全规划区森林覆盖率的贡献率为 3.77%，是现有森林覆盖率的 28.47%，可见其绿化程度是相当高的。由此应实施以下村镇绿化规划：

（1）乡镇规划。主要包括金拱、马庙、茶岭三镇。

① 规划中心绿地：要求每个镇都有中心绿地，规划面积为镇用地面积的 10%~15%。

② 街道绿化率达到 80% 以上。

③ 沿公路的规划红线之内应留有绿化带。

④ 乡镇的外围结合现有林地的改造形成 1~2 片面积较大的林地。

（2）村庄绿化规划。根据规划区的实际情况，在保护、维持现有覆盖率的基础上实施：

① 结合发展庭院经济，改造四旁绿化的树种结构。

② 改造沿路、沿水的植被，如清理杂灌、引种高价值的树木。

③ 合理利用四旁绿化的乡土树种资源。据调查，目前村庄周围的树林密度大、种类组成比较复杂，如榔榆、香椿、臭椿等，可适当疏苗用作新城绿化，一方面可部分解决新城建设中绿化苗木的缺口，另一方面为村庄绿化改造作好准备。当然此项工作必须在林业部门的规划、监督下有步骤地进行，避免造成破坏。

按照适地适树的原则，可供选择的乡土阔叶树种有樟树、枫香、望春花、乌桕、刺槐、臭椿、黄连木、榆树、榔榆、朴树等。

五、重点建设项目规划

1. 皖西南植物种质资源保护与繁殖基地建设规划概要

在高河流入三鸦寺湖入口的西侧，规划 100 公顷，建设皖西南植物种质资源保护与繁殖基地。整个规划区分为 3 个部分：

（1）植物园。面积 20 公顷，在园区土壤条件良好、地形有一定变化的地域建植物园，主要收集大别山南坡的珍稀树种、观赏树种、特用经济植物，并适当引种一部分适合长江流域生长、有前途的城市绿化树种，作为种质资源的异地保护基地，通过比较筛选，为园区的苗木生产提供繁殖材料。植物园的设计应把植物园的功能与景观游憩功能结合。

（2）苗木生产基地。面积 80 公顷，选择地势平坦、水文条件较好的地段，主要繁殖可供长江流域地区城市绿化的各类苗木，以地带性的常绿树种，观赏价值高、寿命长，稀有、特有的树木为主。

2. 湿地公园建设规划

（1）规划建设高河入口处的水面为湿地公园，面积为湖面的 1/4。同时沿高河堤岸建从城区通达湿地公园的公路，疏通高河同时形成水上通道。在尽量保护湿地自然环境的基础上，形成滩地、沼泽、挺水植物景观区，浅滩设木栈道提供亲水、垂钓的机会

（2）全面规划三鸦寺湖，在完善湖区流域植被的基础上，把整个湖区建成湿地生态保护区。

六、树种规划

怀宁新县城树种规划是绿地系统规划的重要组成部分。树种规划关系到怀宁县园林绿化的成败。树种规划就是要在怀宁县树种调查的基础上，认真总结绿化工作中的成绩、经验、缺点、教训，从质和量入手，对怀宁县绿化用树做一全面的安排。也就是要按比例地选择一批适应怀宁县自然条件，在环境保护和结合生产中功效良好，能较好地发挥园林绿化多功能的树种。树种规划为城市园林绿化设计提供指导，为园林建设项目的审批提供规范性文件，也为苗圃按规划进行育苗、引种和培育各种规格的苗木提供计划，使怀宁县的园林绿化建设工作获得顺利的发展，取得显著的成绩。

1. 树种规划的指导思想

根据怀宁县的自然和社会经济条件，实事求是、因地制宜地规划城市绿化树种。树种选择以乡土树种为主，也要适当考虑引种周围地区栽培成功的外来树种。要以乔木为主，但必须做好乔、灌、草的有机结合。选择的树种一定要注意在改造和保护环境中能发挥重要的作用，且具有较高的观赏价值和经济利用价值，实现生态、经济和社会效益的协调发展。

2. 树种规划应遵循的原则

（1）树种规划应与当地森林植被区的自然规律相一致。怀宁县地处北亚热带，地带性植被为常绿、落叶阔叶混交林带，树种规划时必须合理搭配常绿和落叶树种。

（2）坚持以乡土树种为主，注意选用引种栽培成功的外来树种。乡土树种可以体现地带性的特点与风格；适应本地风土条件，具有较强的抗逆性；还可以节约成本，管理方便，有利于绿化。

（3）主要树种的抗性一定要强。要求主要树种对怀宁的自然环境条件及具体立地条件适应性要强，抗逆性强，病虫害少，特别是没有毁灭性的病虫害，又能抵抗、吸收多种有毒气体，易于大苗移栽成活，栽培管理简便。

（4）以乔木为主，坚持乔木、亚乔木、灌木、藤本、地被植物全面合理地安排。

（5）根据怀宁县的具体情况，在树种规划时应因地制宜地贯彻园林结合生产。

（6）速生树与慢生树相衔接，大力促使长寿而珍贵的慢生树种快长。

（7）在选定城市园林树种时，要切实贯彻“适地适树”的原则，不盲目地追求所谓的时尚。

3. 规划树种

树种规划包括重点树种和一般树种的选定和排序，根据怀宁县城的大小和具体的自然条件，选择主要树种（骨干）27 种，一般树种 123 种，合计 149 种，具体排序如下：

（1）主要树种：

常绿乔木：青冈栎、香樟、杜英、桂花、广玉兰、香榧、日本雪松、冷杉、欧洲云杉、火炬松、龙柏、蜀桧、侧柏。

落叶乔木：栓皮栎、白栎、榔榆、栾树、黄连木、香椿、樗树、榉树、朴树、枫香、平基槭、五角枫、无患子、山槐。

一般树种（计 122 种）：

乔木类：

常绿类：①针叶类：柏类、罗汉松、马尾松。②阔叶类：香樟、女贞、紫楠、石楠、椤木石楠、蚊母树、杨梅、枇杷、小果冬青、大叶冬青、冬青、青冈、小叶青冈、莽草、深山含笑、棕榈、枸橘。③竹类：刚竹、孝顺竹、水竹、紫竹。

落叶树种：银杏、槐树、南京椴、红花刺槐、樱花类、鸡爪槭、三角枫、栎类、灯台树、四照花、七叶树、杂交鹅掌楸、乌桕、泡桐、杏、苦楝、南酸枣、金钱松、水杉、池杉、中国梧桐、杨树类、垂柳、河柳、梓树、楸树、桑树、杜仲、重阳木、悬铃木、柿树、香果树、巨紫荆、枫杨、迎春、桃、贴梗海棠、金钟花、湖北海棠、垂丝海棠、木绣球、蝴蝶荚蒾、紫玉兰、二乔木兰、紫丁香、牡丹、紫薇、夹竹桃、月季、石榴、迎夏、金丝桃、金丝梅、木芙蓉、梅花、蜡梅、枣、梨、山麻杆、木瓜、樱桃、山楂、紫叶李、红枫、东亚唐棣。

灌木类：

常绿灌木：含笑、海桐、枸骨冬青、蚊母、大叶黄杨、黄杨、栀子花、南天竹、十大功劳。

落叶灌木：火棘、山木兰、溲疏、紫荆、山梅花、金叶女贞、小叶女贞、铺地龙柏、洒金千头柏、棣棠花、喷雪花、绣线菊、木槿、粉花绣线菊。

爬藤类：常春藤、络石、三叶地锦、葡萄、猕猴桃、金银花、爬山虎、木香、凌霄、紫藤、迎春。

七、实施规划的保障措施

城市森林生态网络体系建设除有一个科学合理的建设规划外，还必须有一系列的实施保障措施，只有这样才能使规划内容真正实施到位，真正发挥森林生态网络体系的生态、社会和经济效益，根据一些先期进行森林生态网络建设的城市经验，做好新城森林生态网络建设必须注意以下几个方面的工作：

1. 制订与健全相应的法律法规

制订怀宁新城市森林建设与管理条例。目前国家采用的是“城市园林绿化条例”，根据怀宁新城的建设特点，应明确提出并制订地方性的法规《怀宁城市森林建设与管理条例》，应明确以下内容：

（1）明确由一个部门来管理城市森林体系规划、建设、管理。目前怀宁县的林业局与园林局实为一个机构，这十分有利于城市森林的建设。建议应进一部立法，制订城市森林体系建设统一规划、统一建设、统一管理的具体细节。在我国的许多城市基本形成了园林部门管城内、林业部门管城外的局面，实际上分属了建设部门和林业部门两家，而他们的经营原则和目的基本是不同的，这样的体制显然不利于今后的实施和发展。我们应十分清楚，城市生态建设不能仅仅局限在城区（或建成区），它和周围的环境不可分割，如果分别采用不同的经营思想和原则很难协调，不利于城市生态建设目标的实现。

（2）强调城市绿化的宗旨是改善城市的生态环境，在提高生态环境质量的前提下达到美化生活环境的目的。根据不同的建设项目分别确定绿化用地标准、用于绿化建设的投资分配、绿地的基本性质。

（3）明确提出建设城市森林网络体系建设。城市环境中所有树木构成了城市森林，它是一种特殊类型的森林，不同于城市的绿地系统，也不同于通常概念的森林，因此在条例中明确写入城市森林的内容，以赋予法律的地位。

（4）将绿化覆盖率改为树冠覆盖率或城市森林覆盖率；保留绿地率和人均公共绿地面积指标。这样有利于提倡在城市栽植树木。并确定量化的指标，如生物多样性指标，生物量指标，生产力指标等。

（5）包括城市森林建设工程的监理制条款。以主管部门为独立法人的第三方介入的方法，执行对绿化工程从设计到施工的监督。

（6）法定城市森林建设中的各项审批权限的内容，绿地规划必须确保执行的基本年限，不能随政府班子的任期而另加调整。更改绿地的使用形式、调整或修改绿地系统规划，必须通过由专家组成的独立审核委员会，采取投票的办法决定。

（7）明确在城市财政预算或市政建设和养护费用中分配一定比例用于城市绿化的管理和养护。各类建设项目与商品住宅区开发项目，必须明确用于绿化建设的费用比例，而经费的使用必须由政府主管部门监督，不允许无序地提高绿地建设费用。

（8）增加城市植物群体，主要是树木，作为城市政府固定资产的条款内容，按管理固定资产的办法进行管理。

2. 强化城市森林系统的管理

从新城建设一开始就强调科学管理与养护。主要包括建立以下各类管理方法与和养护体系。

（1）加强对各类绿地的保护与管理，建立破坏绿地与树木的赔偿责任法，明确赔偿的依据、计算方法。

（2）按科学的方法来养护城市树木，特别注意各类树木的修剪，以确保不会构成对城市居民的威胁。

（3）加强技术管理，提高工程质量。森林生态网络建设离不开科学技术的支撑，科学规划、科学实施，从苗木、造林等各个技术环节，加强对工程的实施监督和管理工作。

（4）实行体制改革，引进竞争机制，减少绿地养护费用。改变目前多数城市基本上由城市绿化主管部门一家管理和养护的做法，城市所有公共绿地均通过投标，选择有资质的各类绿化经营公司来管理和养护，更好地发挥有限资金的作用。管理部门不直接管理专业性的养护队伍，所有的养护与管理均以投标的形式发包给专业公司或个人承担。

3. 积极筹措资金实现规划建设目标

怀宁新城建设过程中资金缺口较大，应按市场经济的原则来筹措资金。改变目前主要由政府投入建设公共绿地的做法，从社会融资、集资，制订鼓励政策给予各种优惠，例如在地价、税收等方面实施优惠，鼓励私人资本投资建设和养护绿地，鼓励个人、单位建设或认养绿地或树木。

4. 加强组织领导与提高管理水平

（1）森林生态网络体系建设涉及林业、园林、城建、环境保护、交通等部门，需要各部门的共同协作，如果没有一个强有力的组织领导，就会导致各部门间不协调的情况时有发生，使城市森林生态网络体系建设不能系统、高效地实施，从而影响其质量和生态、社会、经济效益的发挥。所以，必须领导重视，组织专门的领导班子，加强对森林生态网络体系建设的统一领导，明确责任分工协作体系、业务活动和管理过程规范，把各部门的力量有机地结合在一起，形成具有特定功能的整体协作行为系统，以满足森林生态网络体系建设的需要。

（2）加强宣传力度、统一思想，实现对森林生态网络体系建设认识上的突破。森林生态网络体系建设是一项利在当代功在千秋的伟业，涉及城市乡村，需要社会各方的共同努力，由于它是一项新兴的事业，人们对它的内涵、功能、意义还不十分了解，甚至产生认识的模糊。因此，有必要加强对森林生态网络建设重要性和必要性的舆论宣传工作，使人们一致认识到：建设森林生态网络体系是保护生态环境、实现城市经济可持续发展的需要；是推动城市郊区经济发展，加快脱贫致富步伐，建设生态农业的迫切需要；是改善城市投资环境、扩大对外开放、发展外向型经济的迫切需要。

5. 建立有效的苗木生产机制

怀宁城市森林网络体系建设在短期内需大量的各类苗木，从目前的情况看缺口很大，特别是缺少稀有、特色的苗木，如果全部靠从外地购买则需大量资金，而且也不容易实现上述树种规划的目标。

（1）以自产为主，有计划地按照规划期限结合农业产业结构调整，发动农民生产各类苗木，并可逐渐成为观赏苗木生产基地，同时为我国城市化绿化事业的发展做贡献。

（2）结合远期东郊景观区的建设，可先行发展苗木生产，以培育地方特色树种苗木为主。

（3）充分利用邻近大别山南坡的优势，规划选育乡土树种苗木。

（4）利用村庄绿化改造工程，适当移植一部分密度过大的特色树种。

八、分期建设规划及投资概算

分近期、中期和远期三阶段实施。城内部分按照目前一般标准做适当调整；城外部分按照安徽省世界银行贷款第四期项目造林标准计算，用材林造林投资平均 4168.64 元 / 公顷，马尾松林分改造 1950 元 / 公顷。

1. 近期 2002~2005 年完成项目

（1）城区绿地系统建设工程。主要应完成中央绿地建设，行道树及道路绿化，城东南及西南的片状绿地，部分小区附近绿地，防护林及生态林；预计投资 8298.4 万元

（2）重点林分改造和退耕还林工程（新城东北和西南片林）。重点林分改造面积 298 公顷，预计投资 58.11 万元；重点退耕还林面积 876.09 公顷，预计投资 365.21 万元

（3）合九铁路、沪蓉高速、206 线、安潜线林带工程。合计林带面积 333.0288 公顷，预

计投资 138.83 万元。

（4）建设皖西南植物种质资源保护与繁殖基地。主要通过农业产业结构调整形成苗木生产基地。

2. 中期 2006~2010 年完成项目

（1）完成城区的其他部分绿化建设工程，投资 5393.6 万元。

（2）高河及三鸦寺湖沿岸林带工程，合计林带面积 274.5115 公顷，预计投资 114.43 万元。

（3）一般河流林带工程，合计林带面积 648.8693 公顷，预计投资 270.49 万元。

（4）乡村道路绿化工程，合计林带面积 199.5186 公顷，预计投资 83.17 万元。

（5）退耕还湖滩地造林工程，合计面积 752.7195 公顷，预计投资 313.78 万元。

（6）一般退耕还林工程，合计面积 2731.5633 公顷，预计投资 1138.69 万元。

（7）一般林分改造工程，合计面积 3717.1611 公顷，预计投资 724.85 万元。

3. 远期 2011~2020 年完成项目

（1）完善皖西南植物种质资源保护与繁殖基地建设工程。

（2）湿地公园建设工程。

九、规划附件

1. 森林生态网络体系建设投资预算表

怀宁城市森林生态网络体系建设的投资预算情况见表 12-42 至表 12-45。

表 12-42 城区绿地建设投资预算（不包括专用绿地）

项目名称	总面积（公顷）	单价（万元）	建设性质	投资估算（万元）
中央广场群	36	80	扩建	2880
滨河景观区	22	60	新建	1320
前进小河（包括稼先路）	15.5	80	续建	1240
金塘小河	17.59	60	新建	1055.4
城北绿地	12	60	新建	720
东南绿地	10	60	新建	600
西南绿地	11.5	60	新建	690
小块与点状绿化	27.2	60	新建	1632
城区道路	35.21	40	新建	1408.4
高速两侧	12.37	40	扩建	494.8
铁路一侧	7.44	40	扩建	297.6
安潜路两侧	9.4	40	续建	376
206 国道	6	40		240
生态绿地	62.334	10		623.34

（续）

项目名称	总面积（公顷）	单价（万元）	建设性质	投资估算（万元）
行道树	30000	120		360
防护绿地	116.286	10		1162.86
总计				13692

表 12-43　城区分期投资预算

年限	项目名称	总面积（公顷）	单价（万元）	投资估算（万元）
2002~2005 年	中央广场群	36	80	2880
	前进小河（包括稼先路）	15.5	80	1240
	东南绿地	10	60	600
	西南绿地	11.5	60	690
	道路：高速两侧	12.37	40	494.8
	206 国道	6	40	240
	铁路一侧	7.44	40	297.6
	小块与点状绿化	13.6	60	816
	防护绿地	80	10	800
	行道树	20000	120	240
	小计			8298.4
2005~2010 年	团结小河	17.59	60	1055.4
	城北绿地	12	60	720
	小块与点状绿化	13.6	60	816
	安潜路两侧	9.4	40	376
	滨河景观区	22	60	1320
	行道树	10000	120	120
	生态绿地	62.334	10	623.34
	防护绿地	36.286	10	362.86
	小计			5393.6
总计				13692

表 12-44　新城生态辐射区森林生态网络体系建设投资预算

工程名称	林带长度（公里）	林带宽度（米）	面积（公顷）	投资（万元）
沪蓉高速	11.077	50×2	110.77	46.18
合九铁路	15.854	30×2	95.124	39.65
206 线	12.278	30×2	73.668	30.71
安潜线	13.3667	20×2	53.4668	22.29
乡村道路	230.3468	11.5 万株	199.5186	83.17
高河及三鸦寺湖	54.9023	50	274.5115	114.43

（续）

工程名称	林带长度（公里）	林带宽度（米）	面积（公顷）	投资（万元）
一般河流	561.0195	37.4 万株	648.8693	270.49
林带合计	898.8443		1455.9282	606.92
退耕还湖			752.7195	313.78
一般退耕还林			2731.5633	1138.69
重点退耕还林			876.09	365.21
还湖、还林合计			4360.3728	1817.68
重点林分改造			298	58.11
一般林分改造			3717.1611	724.85
林分改造合计			4015.1611	782.96
合计投资				3207.56

表 12-45 森林生态网络建设分期投资预算

期限	工程名称	林带长度（公里）	林带宽度（米）	面积（公顷）	投资（万元）
2002~2005 年	沪蓉高速	11.077	50 × 2	110.77	46.18
	合九铁路	15.854	30 × 2	95.124	39.65
	206 线	12.278	30 × 2	73.668	30.71
	安潜线	13.3667	20 × 2	53.4668	22.29
	重点林分改造			298	58.11
	重点退耕还林			876.09	365.21
	小计				562.15
2005~2010 年	高河及三鸦寺湖	54.9023	50	274.5115	114.43
	一般河流	561.0195	37.4 万株	648.8693	270.49
	乡村道路	230.3468	11.5 万株	199.5186	83.17
	退耕还湖			752.7195	313.78
	一般退耕还林			2731.5633	1138.69
	一般林分改造			3717.1611	724.85
	小计				2645.41
合计					3207.56

2. 效益测算

（1）城区建设期末年生态效益测算，详见表 12-46。

表 12-46 城区生态效益测算

绿地类型	面积（公顷）	产 O_2（吨）	吸收 CO_2（吨）	滞尘（吨）	蓄水（吨）
中央绿地	36.00	259.20	345.60	235.44	3.24
城北绿地	12.00	86.40	115.20	78.48	1.08

（续）

绿地类型	面积（公顷）	产 O_2（吨）	吸收 CO_2（吨）	滞尘（吨）	蓄水（吨）
东南绿地	10.00	72.00	96.00	65.40	0.90
西南绿地	11.50	82.80	110.40	75.21	1.03
嫁先路（前进小河）	15.50	111.60	148.80	101.37	1.39
金塘小河沿线	17.59	126.65	168.86	115.04	1.58
高河入城滨河区	22.00	158.40	211.20	143.88	1.98
点状绿化	27.20	195.84	261.12	177.89	2.45
道路绿化	35.21	253.51	338.02	230.27	3.17
单位绿地	135.65	976.68	1302.24	887.15	12.20
居住区绿地	128.73	926.86	1235.81	841.89	11.58
防护绿地	116.29	837.26	1116.35	760.51	10.46
生态绿地	62.33	448.80	598.41	407.66	5.61
行道树	85.71	617.14	822.86	560.57	7.71
总计	715.71	5153.14	6870.86	4680.77	64.39

（2）生态辐射区效益估算：

① 林带蓄积预估。到规划期末（2015）林带面积达 1455.9282 公顷，以栽植杨树为例，根据我们对怀宁县一般杨树林分调查，10 年生左右的杨树每公顷蓄积可达 101.2904 立方米 / 公顷，照此标准计算到规划期末林带蓄积为 147471.55 立方米。

② 还湖滩地造林蓄积预估。以栽植杨树为例，根据我们调查怀宁县滩地杨树在立地条件较好的情况下，10 年生左右蓄积可达 112.59 立方米 / 公顷，本次还湖滩地立地条件较好，照此标准计算到规划期末还湖 752.7195 公顷蓄积为 84748.689 立方米。

③ 退耕还林蓄积预估。退耕还林面积合计 3607.6533 公顷，按栽植一般阔叶树，同时考虑丘岗地的立地条件，10 年生左右阔叶树林分蓄积可达 50.85 立方米 / 公顷，则退耕还林蓄积合计为 183449.17 立方米。

④ 林分改造蓄积预估。根据我们对蚌埠市郊黑松人工林改造研究知，在黑松林下点播麻栎，10 年生左右林分蓄积可达 30.51 立方米 / 公顷，以此为标准改造 4015.1611 公顷马尾松林，到规划期末麻栎蓄积达 122502.57 立方米。

到规划期末，以上 4 项合计蓄积为 538171.97 立方米，以 300 元 / 立方米计算，折合人民币 16145.159 万元。

参考文献

REFERENCE

1. 胡锦涛．坚定不移沿着中国特色社会主义道路前进　为全面建成小康社会而奋斗——在中国共产党第十八次全国代表大会上的报告．北京：人民出版社，2012.
2. 白明霞，祝长龙，刘平．丁香芳香气味物质的收集与测定．吉林林学院学报，1999，15（1）: 53~55.
3. 包满珠，李如生．浅谈园林建设与生物多样性保护的关系．中国园林，1998，14（1）: 8~10.
4. 本条毅，水谷敦司，高仓直．城市绿地对周围环境影响的微气象观测．农业气象，1998，54（4）: 323~328.
5. 蔡邦平，王振忠．营造鹭岛第一道风景线．厦门日报，2000，3，14（6）.
6. 蔡晓明．生态系统生态学．北京：科学出版社，2000.
7. 蔡永立，宋永昌．浙江天童常绿阔叶林藤本植物的适应生态学．叶片解剖特征的比较．植物生态学报，2001，25（1）: 90~98.
8. 曹文志等．加拿大森林可持续管理标准和指标评介．农村生态环境，2000，16（3）: 58~60，62.
9. 柴一新，祝宁，韩焕金．城市绿化树种的滞尘效应．应用生态学报，2002，13（9）: 1120~1126.
10. 车生泉．城市绿色廊道研究．城市规划，2001，25（11）: 44~48.
11. 陈炳超，刘革宁，陈利芳．提高城市森林生态效益的有效途径．广西林业科学，1999，28（1）: 24~29.
12. 陈炳浩．城市生态与城市绿化体系．城市林业——'92 首届城市林业学术研讨会'论文集．北京：中国林业出版社，1993，37~43.
13. 陈芳清，王祥荣．从植物群落学的角度看生态园林建设——以宝钢为例．中国园林，2000，16（5）: 35~37.
14. 陈田雷，陈琪等．强化景观生态过程与格局的连续性与完整性，促进城市可持续发展．广西师范学报（自然科学版）.2000，17（1）: 50~53.
15. 陈吉泉．河岸植被特征及其在生态系统和景观中的作用．应用生态学报，1996，7（4）: 439~448.
16. 陈鉴潮．兰州市鸟类群落廿年演替．兰州大学学报，1984，4: 78~97.
17. 陈进勇．植物园在生物多样性保护中的作用．北京林业大学学报，1998，20（2）: 62~66.
18. 陈俊愉，余树勋，朱有阶，等．关于"移植大树"的笔谈．中国园林，2001，17（1）: 90~92.
19. 陈俊愉．中国农业百科全书——观赏园艺卷（12）．北京：农业出版社，1996.
20. 陈灵芝．生物多样性保护现状及其对策．见：中国科学院生物多样性委员会．生物多样性研究的原理与方法．北京：中国科学技术出版社，1994.
21. 陈鑫峰，贾黎明，丁望兰，等．北京市森林旅游业建设和风景游憩林经营策略探讨 .21 世纪首都绿化．北京：中国林业出版社，1999.

22. 陈有民．园林树木学．北京：中国林业出版社，1990.
23. 陈紫兰．城市园林的困境与出路——兼论上海的城市园林．中国园林，1999，15（3）：37~39.
24. 陈自新，苏雪痕，刘少宗，等．北京城市园林绿化生态效益的的研究（1）．中国园林，1998，14（1）：57~60.
25. 陈自新，苏雪痕，刘少宗，等．北京城市园林绿化生态效益的的研究（2）．中国园林，1998，14（2）：51~54.
26. 陈自新．城市园林植物生态学研究动向及发展趋势．中国园林，1991，7（2）：42~45.
27. 储东华，雍明虹．昆明街头换树种力葆四季春常在．云南日报，2001，1月4日．
28. 褚泓阳，弓弼，彭泓．草坪的生态景观研究．陕西林业科技，1995，2：41~44.
29. 丛日春．包头市环境保护林树种选择的研究．北京林业大学（博士学位论文），1998.
30. 丛日春．试论城市林业在我国城市发展中的地位．北京林业大学学报，1997，（2）：1~10.
31. 崔丽娟．湿地价值评价研究．北京：科学出版社，2001.
32. 戴树桂，张林．论城市室内环境中气溶胶污染问题．城市环境与城市生态，1998，11（1）：55~58.
33. 但尚铭．成都平原城市热岛效应的卫星遥感分析．第十三届全国遥感技术学术交流会，福州，2001.
34. 但新球，姜海湘，龚艳．森林浴场的规划设计探讨．中南林业调查规划，1999，18（3）：36~39.
35. 但新球．森林公园的疗养保健功能及在规划的应用．中南林业调查规划，1994，1：54~57.
36. 董雅文．城市景观生态．北京：商务印书馆，1993.
37. 董志良，孙传余，刘贵阳．扬州市森林生态网络体系建设研究．江苏林业科技，2002，29（3）：11~14.
38. 杜秀文，牛树奎．两种针叶树胸高直径与叶量、冠量相关性的分析．东北林业大学学报，第15卷专刊.189~194.
39. 段舜山，彭少麟，张社尧．绿地植物的环境功能与作用．生态科学，1999，18（2）：1~3.
40. 范定臣，韩新华，骆玉华．绿化树种悬铃木的优势、不足及改进措施．河南林业科技，1999，（3）：43~44.
41. 方精云．中国陆地生态系统碳库．见：现代生态学热点问题研究．北京：中国科技出版社，1996.
42. 方煜，王泽坚．海多元生态的共生——深圳市沙头角海滨区详细蓝图及城市设计．城市规划，2001，25（7）：71~74.
43. 冯采芹．绿化环境效应研究．北京：中国环境科学出版社，1992.
44. 冯向东．城市规划中的生态学观点．生态学杂志，1986，5（1）：29~32，21.
45. 冯益明，李增禄．城市林业资源地理信息系统（UFSGIS）的研建及应用．林业科学研究，1999，12（3）：310~314.
46. 奉树成，陈敏，陈钢．大树引入城市与改善城市生态环境．中国园林，1999，15（2）：41~43.
47. 符气浩，杨小波，吴庆书．城市绿化的生态效益．北京：中国林业出版社，1996.
48. 傅徽楠，严玲璋，张连全．上海城市园林植物群落生态结构的研究．中国园林，2000，16（2）：22~25.
49. 高健．钴~60Gamma射线辐照中国水仙的诱变效应和机理研究．中国林科院林业研究所（博士学位论文），2000.
50. 高峻，宋永昌．城市绿地系统动态及土地利用关系研究．城市环境与城市生态，2001，6：18~20.
51. 高峻，杨名静，陶康华．上海城市绿地景观格局的分析研究．中国园林，2000，16（1）：53~56.
52. 高尚士．不飞絮的杨树品种：银中杨．内蒙古林业，1994，4：28.
53. 高尚武．治沙造林学．北京：中国林业出版社，1984.
54. 高绪评，徐和宝，陈树元等．氟监测植物的筛选及监测指标的研究．植物资源与环境，1992，1（3）：

28~34.
55. 龚艳．森林旅游的学科内涵与人类的文明．中南林业调查规划，1999，18（1）：52~53.
56. 龚铮午，吴楚材．鸡血藤花香气化学成分初步研究．林产化学与工业.1998，18（1）：65~68.
57. 古新仁，刘苑秋．景观生态学原理在城市生物多样性保护中的应用探讨——城市园林建设对策．江西农业大学学报，2001，23（3）：371~374.
58. 顾春熙．城市生态学．北京：中国林业出版社，1990.
59. 顾向荣．伦敦综合治理城市大气污染的举措．北京规划建设，2000，2：36~38.
60. 关景芬．我国城市林业持续发展研究．林业经济，1995，2：26~33.
61. 管宁生．城市绿地实施植物多样性的探讨．云南林业科技，2000，（1）：60~63.
62. 广州市城市规划勘测设计院．从"云山珠水"走向"山城田海"——生态优先的广州"山水城市"建设初探．城市规划，2001，25（3）：28~31.
63. 桂来庭．城市森林的结构及生态作用．中南林业调查规划，1995，3：49~51.
64. 桂来庭．从我国的城市化看城市森林的发展．中南林业调查规划，1995，4：24~27.
65. 郭雪飞，殷慧伟，严善春．植物挥发气味物质成分的收集与分析．东北林业大学学报，1997，25（5）：105~108.
66. 国家林业局．中国湿地保护行动计划．北京：中国林业出版社，2000.
67. 韩路，王海珍．生态位理论的发展及其在农业生产中的应用．新疆环境保护，1999，21（4）：10~15.
68. 何芳良．生态系统的复杂性与稳定性．生态学进展，1988，5（3）：157~162.
69. 何小弟，赵御龙，蒋献忠．扬州古运河风光带生态景观建设规划．扬州大学学报（农业与生命科学版），2002，23（3）：74~78.
70. 何兴元，宁祝华．城市森林研究进展．北京：中国林业出版社，2002.
71. 候元兆．森林环境与价值核算．北京：中国林业出版社，2002.
72. 胡玉佳，李玉杏．海南岛热带雨林．广州：广东高等教育出版社，1992.
73. 黄会一．木本植物对土壤镉的吸收、积累、耐性．中国环境科学，1989，9（5）：323~330.
74. 黄平江．福建沿海防护林．福州：福建科学技术出版社，1995.
75. 黄天芳．有毒植物的开发利用．生物学杂志，1996，（2）：27.
76. 黄晓鸾，王书耕．城市生存环境绿色量值群的研究（3）：国内外园林绿地功能量化的研究．中国园林，1998，14（57）：57~59.
77. 霍尔姆斯·罗尔斯顿．环境论理学．北京：中国社会科学出版社，2000.
78. 江源，刘硕．城市土地利用下的植物物种资源特征分析．自然资源学报，1999，14（4）：359~362.
79. 江泽慧，彭镇华．林业新科技革命与我国森林生态网络体系建设．光明日报，1998，1月23日．
80. 江泽慧．对林业新科技革命的内涵、突破口和途径的探讨．林业科学研究，1998，11（1）：1~6.
81. 江泽慧．加快城市森林建设，走生态化城市发展道路．中国城市林业，2003，1（2）．
82. 江泽慧．林业与经济社会可持续发展．生态学研究，1997，1：1~4.
83. 江泽慧．论林业在可持续发展中的战略地位．林业经济，1996，6：9~16.
84. 江泽慧．中国现代林业．北京：中国林业出版社，2000.
85. 姜长阳，张土弟，张玲玲．常见有毒花卉的应用（下）．花木盆景，1992，（1）：16.
86. 姜东涛．城市森林与绿地面积的研究．东北林业大学学报，2001，29（1）：70~73.
87. 姜东涛．森林生态效益估测与评价方法的研究．华东森林经理，2000，14（4）：14~19.
88. 姜允芳．沈阳市居住生态绿地系统分析．沈阳建筑工程学院学报，1999，15（2）：125~128.

89. 金笠铭，金薇 . 绿文化与绿色社区的策划 . 城市规划，2000，24（11）.
90. 金为民，姚永康，许东新 . 城市森林小气候效应研究初报 . 东北林业大学学报，2002，30（3）：115~117.
91. 康立新 . 沿海防护林体系功能及其效益 . 北京：科学技术文献出版社，1994.
92. 康慕谊 . 城市生态学与城市环境 . 北京：中国计量出版社，1997.
93. 柯合作，胡宏友 . 厦门市绿化树种规划可持续发展原则探讨 . 亚热带植物通讯，1999，28（2）：37~41.
94. 郎奎建，李长胜，殷有 . 林业生态工程 10 中森林生态效益计量理论和方法 . 东北林业大学学报，2000，28（1）：1~7.
95. 李丹燕 . 广州城市绿地系统特征及其效益分析 . 生态经济，1999，5：43~45.
96. 李刚 . 南京城市生态系统可持续发展指标体系与评价 . 南京林业大学学报，2002，26（1）：23~26.
97. 李衡 . 哈尔滨市区绿化规划及植物材料选择的探讨 . 黑龙江园林，1999，（4）：10，14.
98. 李辉，赵卫智，古润泽 . 居住区不同类型绿地释氧固碳及降温增湿作用 . 环境科学，1999，20（11）：41~44.
99. 李吉跃，常金宝 . 新世纪的城市林业：回顾与展望 . 世界林业研究，2001，14（3）：1~8.
100. 李吉跃等 . 我国 21 世纪城市林业可持续发展的战略探讨 . 面向 21 世纪的林业 . 北京：中国林学会，1997，131~134.
101. 李金昌著 . 资源核算理论 . 北京：海洋出版社，1991.
102. 李宝，童耕雷，郑雪松 . 试论生物对环境的调节作用 . 生态学杂志，2002，21（1）：49~52.
103. 李敏 . 城市绿地系统与人居环境规划 . 北京：中国建筑工业出版社，1999.
104. 李睿 . 高效和谐：以生态位观点指导园林植物配置 . 中国园林，1991，7（2）：46~47.
105. 李团胜 . 城市景观生态建设 . 城市环境与城市生态，1996，9（3）：34~37.
106. 李团胜 . 试论城市景观生态规划 . 生态学杂志，1998，17（5），63~67.
107. 李霞，吕显洲，张德杰 . 杨树绿化品系选育的研究 . 林业科技，1999，24（6）：52~54.
108. 李湘萍，汤庚国，王定胜 . 江苏湿地植物群落学特征及其分布和演替规律 . 南京林业大学学报，1998，22（1）：47~52.
109. 李晓储，裴建文，赵御龙 . 扬州市古运河生态环境林观光休闲型绿化模式营建研究 . 江苏林业科技，2001，28（4）：4~6，39.
110. 李晓储，孙传余，董志良 . 扬州古运河生态环境林建设研究 . 江苏林业科技，2002，29（2）：1~4.
111. 李晓储，赵御龙，黄利斌，等 . 扬州古运河生态环境林生态保健型绿化模式构建研究 . 江苏林业科技，2002，29（5）：1~5.
112. 李秀珍 . 城市的景观生态学探讨 . 城市环境与城市生态，1995，8（2）：26~29.
113. 李增禄，雷相东 . 城市森林的兴起与发展 . 河南农业大学学报，1994，28（3）：317~322.
114. 李忠魁，周冰冰 . 北京市森林资源价值初报 . 林业经济，2001，（2）：36~42.
115. 梁高峰，丁玉晶，孟君毅等 . 自然 · 绿色 · 节带——包头市景观特色探析 . 城市规划，2001，25（5）：79~80.
116. 梁星权 . 城市林业 . 北京：中国林业出版社，2001.
117. 梁耀开 . 环境评价与管理 . 北京：中国轻工出版社，2002.
118. 廖凤林 . 城市空气花粉污染评价 . 城市环境与城市生态，2000，13（3）：45~46.
119. 廖福霖 . 城市森林生态网络工程建设中的几个理论和技术问题 . 福建农业大学学报，2000，29（2）：

157~161.
120. 林晨，王紫雯，赵可新．城市行道树规划的生态学探讨．中国园林，1998，16（6）：41~42.
121. 林开敏，郭玉硕．生态位理论及其应用研究进展．福建林学院学报，2001，21（3）：283~287.
122. 刘殿芳，马玉珠．城市森林初探．内蒙古林学院学报（自然科学版），1999，21（3）：65~68.
123. 刘惠清，许嘉巍，卜兆君．长春城市土地生态区的生态建设．地理研究，1999，18（3）：267~272.
124. 刘惠英．大中龄悬铃木果毛污染的治理与保护．武汉园林，1999，（1）：9~14.
125. 刘建敏．有益人体健康的几种室内观叶植物．绿化与生活，1999，4：17.
126. 刘立民，刘明．绿量——城市绿化评估的新概念．中国园林，2000，16（5）：32~34.
127. 刘奇志，段瑜，穆霖．塑造21世纪滨水城市标志景观——南岸嘴地区规划设计国际咨询创意竞赛回顾．城市规划，2001，25（12）：72~75.
128. 刘秀梅，聂俊华，王庆仁．植物修复重金属污染土壤的研究进展．甘肃农业大学学报，2001，1：8~13.
129. 刘学会，唐万鹏，石鹏皋．宜昌市不同城市森林类型生态效益研究．湖北林业科技，2001，2：1~5.
130. 鲁敏等．城市生态学与城市生态环境研究进展．沈阳农业大学学报，2002，33（1）：76~81.
131. 路纪琪．生物多样性保护与城市生态系统的协调发展．河南师范大学学报，2001，29（3）：62~64.
132. 罗定先．城市绿化的探讨．广东省林学会通讯，1994（5）：15~19.
133. 罗杰·帕曼．自然资源与环境经济学．北京：中国经济出版社，1992.
134. 骆永明，金属污染土壤的植物修复．土壤，1999，（5）：261~265.
135. 马灵芳，管东生，郑淑颖．广州新河浦小区庭院树木特征及其环境空间的关系．城市环境与城市生态，2000，13（1）：25~27.
136. 马中．环境与资源经济学概论．北京：高等教育出版社，1999.
137. 缪昆，王雁．植物对氟化物的吸收积累及抗性作用的研究综述．东北林业大学学报，2002，30（3）：100~106.
138. 欧静．生态园林的植物配置．山地农业生物学报，2001，20（3）：170~173.
139. 庞名瑜，姜义华，黄懿珍．夹竹桃气体挥发物分析．中国园林，1999，15（2）：10~12.
140. 彭南轩．“美国林业”建议城市树冠应达到40%．世界林业动态，1998，（3）：8.
141. 彭镇华，江泽慧．中国森林生态网络系统工程．应用生态学报，1999，10（1）：99~103.
142. 彭镇华，王成．俄罗斯、挪威、芬兰和瑞典的城市森林建设．中国花卉园艺，2002，9.
143. 彭镇华，王成．河流沿线土地利用对策的研究．应用生态学报，2002，13（4）：481~485.
144. 彭镇华，尤传楷．城市林业与合肥市城市经济林建设的探讨．国土绿化，1993，3：29~30.
145. 彭镇华．林网化与水网化——中国城市森林建设理念的探究．中国城市林业，2003，1（1）：1~6.
146. 彭镇华．论中国森林生态网络体系城市点的建设．世界林业研究，2002，15（1）：54~61.
147. 彭镇华．迎接21世纪生态环境新时代——论中国森林生态网络系统工程．安徽农业大学学报，1998，25（2）：101~108.
148. 戚珩，范为．古城阆中的风水格局——浅释风水理论与古成环境意向．天津大学学报（增刊），1989，77~99.
149. 戚继忠，由士江，王洪俊．园林植物清楚细菌能力的研究．城市环境与城市生态，2000，13（4）：36~38.
150. 钱吉，汪敏，唐俊．城市发展与生物多样性保护．自然杂志，1997，19（3）：173~174.

151. 钱妙芬．行道绿化夏季小气候效应及模糊综合评价．南京林业大学学报，2000，24（6）：55~58.
152. 钱学森．城市学与山水城市．北京：中国建筑工业出版社，1996.
153. 乔勇进，夏阳，王玉祥．盐碱地城市林业生态体系建设树种选择及配置的研究．防护林科技，2002，1：4~7，27.
154. 任海，彭少麟．恢复生态学导论．北京：科学出版社，2002.
155. 沙琢．城市林业及其发展概况．国外林业，1990，（2）：1~3.
156. 尚廓．中国风水格局的构成、生态环境与景观．天津大学学报（增刊），1989，26~31.
157. 邵龙义，时宗波，黄勤．都市大气环境中可吸入颗粒物的研究．环境保护，2000，1：24~29.
158. 沈德中．污染土壤的植物修复．生态学杂志，1998，17（2）：59~64.
159. 沈国舫，翟明普．混交林研究——全国混交林与树种间关系学术讨论会文集．北京：中国林业出版社，1997.
160. 沈国舫.21世纪中国绿化的新纪元及首都绿化的新高地．绿化与生活，2001，1：4~6.
161. 沈国华，汪企明，蒋慎法．应用化学药剂控制悬铃木飞毛污染的研究．江苏林业科技，1995，22（4）：1~5，14.
162. 沈逮，辛淑华，尹群智．论城市林业在城市发展中的作用．防护林科技，2001，476（2）：42~43.
163. 沈振国，陈怀满．土壤重金属污染生物修复的研究进展．农业生态环境，2000，16（2）：39~44.
164. 宋永昌．生态城市的指标体系与评价方法．城市环境与城市生态，1999，12（5）：16~19.
165. 宋永昌．天潼风景区自然植被的生态学研究．上海：上海科学技术出版社，1997.
166. 宋永昌．城市生态学．上海：华东师范大学出版社，2000.
167. 宋永芳，罗嘉梁，倪善庆．泡桐花的化学成分研究．林产化学与工业，1990，10（4）：265~272.
168. 粟娟，廖绍波，梁家强．珠海市城市森林的总体布局与植物组成．林业科学研究，2002，15（3）：310~316.
169. 粟娟，廖绍波．珠海市城市森林的总体布局与植物组成．林业科学研究，2002，15（3）：310~316.
170. 粟娟，孙冰，黄家平．广州市城市林业管理信息系统的研制与开发．城市环境与城市生态，1997，10（3）：15~18.
171. 粟娟，孙冰，黄家平．试论具有岭南文化特色的广州城市森林的建设．热带地理，1998，18（3）：217~221.
172. 孙冰，粟娟，谢左章．广州市城市森林的空间特征与发展研究．城市环境与城市生态，1997，10（2）：50~54.
173. 孙帆．敦化南北不同景观生态类型鸟类群的比较研究．动物学研究，1988，2：103~111.
174. 孙施文．城市规划哲学．北京：中国建筑工业出版社，1997.
175. 索奎霖．面积·位置·效率——城市绿地生态效益的三大柱石．中国园林，1999，15（3）：52~53.
176. 唐东芹，傅德亮．景观生态学与城市园林绿化关系的探讨．中国园林，1999，15（3）：40~43.
177. 唐东芹，钱虹妹，杨学军．生态园林观及其实施发展途径．上海交通大学学报（农业科学版），2001，19（2）：130~134.
178. 唐东芹，杨学军，邵芹英．上海城市绿化树种生长适应性调查及规划意见．林业科技，2001，26（5）：54~56.
179. 唐东芹，赵纪闻，李永涛．东平国家森林公园旅游资源评价．上海农学院学报，1999，17（3）：195~200.
180. 唐万鹏，刘学会，张新叶．宜昌市城市森林生态系统建设技术．东北林业大学学报，2002，30（3）：137~140.

181. 陶青，唐荣南，吴钰，等 . 城郊森林区对城区环境生态影响 . 城市环境与城市生态，1995，8（2）：13~16.
182. 汪安林 . 控制悬铃木飞毛污染的研究概况 . 南京园林，1988，1：14~15.
183. 王伯荪，李鸣光，彭少麟 . 植物种群学 . 广州：广州高等教育出版社，1995.
184. 王伯荪 . 城市植被与城市植被学 . 中山大学学报（自然科学版），1998，37（4）：9~12.
185. 王伯荪 . 植物群落学 . 北京：高等教育出版社，1987.
186. 王成，夏宁 . 近自然的设计和管护——建设高效和谐的城市森林 . 中国城市林业，2003，1（1）.
187. 王成，徐化成，郑均宝 . 河谷土地利用格局与洪水干扰的关系 . 地理研究，1999，18（3）：327~335.
188. 王成，周金星 . 城镇绿地生态功能表现的尺度差异 . 东北林业大学学报，2002，30（3）：107~110.
189. 王成 . 城市森林建设中的生物多样性保护 . 中国城市林业，2003，1（2）.
190. 王成 . 城市森林建设中的植源性污染 . 生态学杂志，2003，30（3）.
191. 王成 . 城镇不同类型绿地生态功能的对比分析 . 东北林业大学学报，2002，30（3）：111~114.
192. 王成 . 考察澳大利亚城市森林建设所得的一些启示 . 中国城市林业，2003，1（3）.
193. 王成 . 中国森林生态网络体系建设城镇点的研究 . 中国林科院林业研究所（博士后出站报告），2001.
194. 王丹妮，狄洪发 . 园林绿化与人居环境 . 中国园林，1998，14（4）：9~12.
195. 王和祥 . 增加生物多样性是建设生态园林的必由之路 . 中国园林，1999，15（5）：77~78.
196. 王礼先 . 林业生态工程学 . 北京：中国林业出版社，1998.
197. 王立荣 . 广州城市绿地系统景观生态学分析 . 城市环境与城市生态，1998，11（3）：26~29.
198. 王良睦，王中道，许海燕 .9914 号台风对厦门市园林绿化破坏情况的调研及对策研究 . 中国园林，2000，16（4）：65~68.
199. 王林 . 宜昌城市森林现状浅析 . 湖北林业科技，1997，（1）：23~26.
200. 王木林，缪荣兴 . 城市森林的成分及其类型 . 林业科学研究，1997，10（5）：531~536.
201. 王木林 . 论城市森林的范围及经营对策 . 林业科学，1998（4）：39~47.
202. 王庆仁，崔岩山，董艺婷 . 植物修复——重金属污染土壤整治有效途径 . 生态学报，2001，21（2）：326~331.
203. 王如松 . 高效・和谐——城市生态调控原则与方法 . 长沙：湖南教育出版社，1988.
204. 王熹 . 日本的城市绿化 . 园林，1986，（1）：33.
205. 王献溥，崔国发 . 城市绿化中的生物多样性保护问题 . 北京林业大学学报，2000，22（4）：135~136.
206. 王祥荣 . 生态与环境——城市可持续发展与生态环境调控新论 . 南京：东南大学出版社，2000.
207. 王祥荣 . 面向 21 世纪城市绿化发展的思路与对策——以上海为例 . 城市环境与城市生态，1999，12（1）：60~63.
208. 王祥荣 . 生态园林与城市环境保护 . 中国园林，1998，14（2）：14~16.
209. 王艳芬，陈佐，黄德华 . 锡林河流域灰尘自然沉降初报 . 植物生态学报，2000，2：459~462.
210. 王雁，苏雪痕，彭镇华 . 植物耐阴性研究进展 . 林业科学研究，2002，15（3）：349~355.
211. 王浙浦 . 生态园林——二十一世纪城市园林的理论基础 . 中国园林，1999，15（3）：35~36.
212. 韦希勤 . 美国的近期森林资源及其研究项目 . 世界林业研究，1999，12（2）.
213. 魏芝琴，姜来成，侯杰 . 城市生态园林初探 . 防护林科技，1998，（3）：48~50.
214. 魏中梁，陈开旭，华雪杰 . 山、水、城共生共融——苍南城市中心区城市设计国际征集方案评述 . 城市规划，2001，25（8）：65~66，71.
215. 邬建国．景观生态学——格局、过程、尺度与等级．北京：高等教育出版社，2000.
216. 吴必虎．地方旅游开发与管理．北京：科学出版社，2000.
217. 吴承照．现代城市游憩规划设计理论与方法．北京：中国建筑工业出版社，1998.
218. 吴承照．游憩与景观生态理论研究．城市规划汇刊，2000，1：71~73.
219. 吴国强，余思澄，王振健．上海城市环城绿带规划开发理念初探．城市规划，2001，25（4）：74~75.
220. 吴良镛．关于山水城市．城市发展研究，2001，8（2）：17~18.
221. 吴良镛．人居环境科学导论．北京：中国建筑工业出版社，2001.
222. 吴人坚．生态城市建设的原理和途径．上海：复旦大学出版社，2000.
223. 吴人韦，夏敏．城市绿化的生态化．城市环境与城市生态，1999，12（6）：32~35.
224. 吴人韦．城市绿地的分类．中国园林，1999，6：59~62.
225. 吴勇，苏智先．中国城市绿地现状及其生态经济价值评价．四川师范学院学报（自然科学版），2002，23（2）：184~188.
226. 吴泽民，Joe R. McBride，DavidJ.Nowak. 合肥城市森林减少大气污染的效果研究．中国城市林业，2003，1（1）.
227. 吴泽民，高健，吴文友．城市森林及其结构研究．见：何兴元，宁祝华主编．城市森林研究进展．北京：中国林业出版社，2002.
228. 吴泽民，黄成林，白林波，等．合肥城市森林结构分析研究．林业科学，2002，38（4）：7~13.
229. 吴章文，吴楚材，石强．树精气的研究．中南林学院学报，1999，19（4）：38~40.
230. 伍建榕，王海林，陈秀虹，等．攀枝花市凤凰木根病的研究——病原鉴定及其防治初探．西南林学院学报，1998，18（2）：109~113.
231. 夏阳，许景伟，乔勇进．滨海盐碱地城市林业（森林）生态体系建设模式与评价体系研究．防护林科技，2001，49（4）：41~43.
232. 晓兵．警惕：带毒的鲜花．内蒙古林业，2000，9：38.
233. 肖国清．城市大环境绿化的探讨．中国园林，1991，7（2）：40~47.
234. 肖胜，廖福霖．应用遥感技术研究厦门热岛效应与植被覆盖的关系．东北林业大学学报，2002，30（3）：141~143.
235. 徐波．关于城市绿地及其分类的若干思考．中国园林，2000，16（5）：29~32.
236. 徐鹤．生态影响评价中生境评价方法．城市环境与城市生态，1999，12（6）：50~53）。.
237. 徐华英．中国空气污染状况及对人体健康的影响．气候与环境研究，1999，4（1）：56~60.
238. 徐化成．关于人工林的地力下降问题．世界林业研究，1992，5（1）：66~73.
239. 徐化成．景观生态学．北京：中国林业出版社，1996.
240. 徐莎．居住区绿化建设应注意的问题．中国林业，1999，8：37.
241. 许大为，张俊玲，李雷鹏．哈尔滨市马家沟绿地现状分析及生态廊道的构建．东北林业大学学报，2002，30（2）：90~93.
242. 许大卫，刘晓丹，范光华．哈尔滨市绿地系统现状的分析和调整对策．东北林业大学学报，2002，30（3）：127~130.
243. 许东新，杨学军，唐东芹．上海城市外环林带森林结构调查与优化模式的研究．东北林业大学学报，2002，30（3）：118~122.
244. 许慧．景观生态学的理论与应用．北京：中国环境科学出版社，1993.

245. 许木启，黄玉瑶．受损水域生态系统恢复与重建研究．生态学报，1998，18（5）：547~558.
246. 许再富．植物园的科普教育及其发展．生物多样性，1996，4（1）：52~53.
247. 薛达元．生物多样性经济价值评估．北京：中国环境科学出版社，1997.
248. 薛建辉，李苏萍．城市森林效益与可持续性研究展望．南京林业大学学报，2002，2（1）：31~35.
249. 薛立，陈红跃．世界森林发展趋势．广东林业科技，2000，16（2）：38~42.
250. 严玲璋，陶康华，周国祺．能力创造有利于城市生态质量的绿色空间环境．中国园林，1999，15（1）：4~7.
251. 阎秀英，付雪松．城市道路行道树树种规划的探讨．吉林林业科技，1999，5：42~44.
252. 阳建强，冷嘉伟，王承慧．文化遗产推陈出新——江南水乡古镇同里保护与发展的探索研究．城市规划，2001，25（5）：50~55.
253. 杨京平，卢剑波．生态恢复工程技术．北京：化学工业出版社，2002.
254. 杨瑞兴，刘玉贞，王和祥，等．天津城市环境与园林树种规划的研究．园林科技通讯，1996，6（2）：9~23..
255. 杨小波，吴庆书，邹伟，等．城市生态学．北京：科学出版社，2001.
256. 杨学军，李永涛，石富超．东平国家森林公园风景林美学评价及经营对策．上海农学院学报，1999，17（3）：201~207.
257. 杨学军，林源祥，胡文辉．上海城市园林植物群落的物种丰富度调查．中国园林，2000，69（3）：67~69.
258. 杨学军，唐东芹，钱虹妹．上海城市绿化利用树种资源的现状与发展对策．植物资源与环境学报，2000，9（4）：30~33.
259. 杨学军，唐东芹．城市地区湿地生境类型的生态绿化对策．林业科技通讯，2001，（7）：3~5.
260. 杨学军，许东新，金为民．上海城市森林生态网络系统工程体系建设初探．上海农学院学报，2000，18（2）：132~137.
261. 杨学军，许东新，唐东芹．城市森林规划的理论与方法综述．生态经济，2001，（7）：38~40.
262. 杨学军，许东新，王新华，等．上海地区重金属污染防护绿化树种选择研究．中国城市林业，2003，1（2）.
263. 杨学军．论城市林业及其研究．上海农学院学报，1999，17（1）：34~39.
264. 叶功富，廖福霖，倪志荣．厦门市行道绿化树种凤凰木的调查研究．林业科学研究，2002，15（3）：332~337.
265. 叶功富．木麻黄基干林带的防风效应及其与林带结构关系的研究．防护林科技，2000（专刊）：103~107.
266. 叶镜中．森林生态学．北京：中国林业出版社，1993.
267. 殷康前，倪晋仁．湿地研究综述．生态学报，1998，18（5）：539~545.
268. 尹擎，但国丽，吕元林．昆明市园林绿化乡土植物选择初探．云南大学学报（自然科学版），2001，23：52~56.
269. 游成龙．对发展城市林业的几点认识和建议．广东省林学会通讯，1994，（5）：19~21.
270. 俞孔坚．景观：文化、生态与感知．北京：科学出版社，1998.
271. 俞孔坚．理想景观探源——风水的文化意义．北京：商务印书馆，1998.
272. 余谋昌．生态文化论．石家庄：河北教育出版社，2001.
273. 袁兴中，刘红．城市生态园林与生物多样性保护．生态学杂志，1994，13（4）：71~74.
274. 云正明，刘金铜．生态工程．北京：气象出版社，1998.

275. 张兵，赵燕菁，李晓江．北抑南拓、东移西调——走向跨越式成长的广州．城市规划，2001，25（3）：11~15.
276. 张昌庆，李勤．重庆市中区大气污染与居民肺癌死亡率的初步分析．环境与健康杂志，1994，6：280.
277. 张大军，常臻．银中杨引种育苗试验研究．辽宁林业科技，1990，（6）：3~6.
278. 张鼎华．城市林业．北京：中国环境科学出版社，2001.
279. 张光明，谢寿昌．生态位概念演变与展望．生态学杂志，1997，46（6）：46~51.
280. 张建华．自然保护区评价研究的进展．农村生态环境，1993，（2）：5~10，20.
281. 张乃明．土壤——植物系统重金属污染研究现状与展望．环境科学进展，1999，7（4）：30~33.
282. 张强．城市园林绿化与人类健康关系浅析．生态经济，1999，（3）：34~36.
283. 张庆费，庞名瑜，姜义华．上海主要绿化树种的抑菌物质和芳香成分分析．植物资源与环境学报，2000，9（2）：62~64.
284. 张庆费，徐绒娣．城市森林建设的意义和途径探讨．大自然探索，1999，18（2）：82~86.
285. 张庆费．城市绿地系统生物多样性保护的策略探讨．城市环境与城市生态，1999，12（3）：36~38.
286. 张庆费．城市生物多样性的保护及其在园林绿化中的应用．大自然探索，1997，16（4）：98~101.
287. 张效芳，祝宁．把哈尔滨建设成具有特色的北方园林城的几点意见．黑龙江园林，1998，（3）：11，6.
288. 张新献，古润泽，陈自新．北京城市居住区滞尘能力测定．北京林业大学学报，1997，19（4）：12~17.
289. 章金鸿，李玫，潘南明，等．深圳福田红树林对重金属的吸收、累积与循环．云南环境科学，2000，19（增）：53~56.
290. 赵锋．城市绿地控制性规划初探．中国园林，1998，14（57）：14~16.
291. 郑光美．北京及其附近地区夏季鸟类的生态分布．动物学研究，1984，5（1）：29~40.
292. 郑黎文．龙海市城市绿地系统规划研究．中国园林，1999，15（6）：57~58.
293. 郑州市城市规划局，郑州市规划局规划编制研究中心．郑州郑东新区总体发展概念规划国际征集综述．城市规划，2002，26（3）：65~68.
294. 中国科学院生物多样性委员会．生物多样性研究的原理与方法．北京：中国科学技术出版社，1994.
295. 中国可持续发展林业战略研究项目组．中国可持续发展林业战略研究总论．北京：中国林业出版社，2002.
296. 中国生物多样性国情研究报告编写组编．中国生物多样性国情研究报告．北京：科学出版社，1998.
297. 周道瑛，王雁，苏雪痕．完善北京城市隔离片林种植结构的研究．北京林业大学学报，1998，20（4）：70~75.
298. 周干峙．迎接城市规划的第三个春天．城市规划，2002，26（1）：9~10.
299. 周坚华，孙天纵．三维绿色生物量的遥感模式研究与绿化环境效益估算．环境遥感，1995，10（3）：162~174.
300. 周坚华．城市生存环境绿色量值群的研究（5）：绿化三维量及其应用研究．中国园林，1998，14（5）：61~63.
301. 周蕾芝，张国庆，张爱光．森林公园旅游设施建设中舒适度问题的探讨，林业资源管理，2002，（2）：55~58.
302. 周明浩，李延平，史祖民，等．卫生城市和健康城市．环境与健康杂志，2000，17（6）：377~380.

303. 周跃，周鸿．城市园林公墓林木的水土保持效益．城市环境与城市生态，1999，12（5）：20~22.
304. 朱亮锋．芳香植物及其化学成分．海口：海南人民出版社，1993.
305. 朱文泉，何兴元，陈玮．城市森林研究进展．生态学杂志，2001，20（5）：55~59.
306. 祝宁，安庆国，于桂云，等．哈尔滨市环境空气分析初报．东北林业大学学报，2002，30（3）：123~126.
307. 祝宁，李敏，柴一新．城市绿地综合生态效应场的研究．中国城市林业，2003，1（1）.
308. 祝宁，李敏，柴一新．哈尔滨市绿地系统生态功能分析．应用生态学报，2002，13（9）：1117~1120.
309. 祝宁，李敏，王成，等．哈尔滨市绿地系统结构初步分析．东北林业大学学报，2002，30（3）：131~136.
310. 宗跃光．城市景观生态规划中的廊道效应研究——以北京市区为例．生态学报，1999，19（2）：145~150.
311. Agee J，Johnson D. Ecosystem Management for parks and Wideness Seattle. University of Washington press，1993.
312. Ahern J.Planning for an extensive open space system：linking landscape structure and function. Landscape and Urban Planning，1991，21：131~145.
313. Akabari A S，S Dorsano，J Huang. Cooling Our Connunities：A Guidebook to Tree Planting and Light Colored Surfaceing.U.S. EPA，Washington，DC 1992，217pp.
314. Anderson L M，Cordell H K，Influence of trees on residential property values in Athens Georgia. A survey based on actual sales priced. Landscape Urban Plan，1988，15：153~164.
315. Bradley G A. Urban Forestry Landscapes. University of Washington Press. Seattle and London，1995.
316. Budd W W，Coen P，Saunders P R，et al. Stream corridor management in the Pacific Northwest：Determination of stream corridor widths.Environment management，1987，11：587~597.
317. Cecil C Konignendijk. A Short Histry of Urban Forestry in Europe. Journal of Arboriculture 1997,23（1）：31~39.
318. Charles H Nilon. Classification of urban forestry in three US cities：a test of moll's urban forestry zone model. Journal of Arboriculture，1991，（15）：255~263.
319. Chistensen N L，Bartuska A M，Brown J H，et al，The report of the ecological society of America committee on the scientific basis for ecosystem management.Ecological Applications，1996，6：665~691.
320. Council of Tree and Landscape Appraisers（CTLA）.Guide for Plant Appraisal（8th ed）.International Society of Arboriculture，Champaign IL. 1992.
321. Dale V H S，Brown R A. Haeuber etal. Ecological principles and guidelines for managing the use of land. Ecological Application，1999.
322. David J，Mary H. Assessing the US Urban Forset Resource Journal of Forestry. 2001，3：37~42 .
323. David J，Daniel E. Compensatory value of urban trees in the United States . Journal of Arboriculture 2002，28（40）：194~199.
324. Dushenkov Mikheev S，Prokhnevsky A. Phytoremediation of radiocesium -contaminated soil in the vicinity of Chernobyl，Ukraine. Environ. Sci. Technil. 1999，33（3）：469~475.
325. Dwyer J. Economic benefits and costs of urban forest. In Alliances for Community Trees：proceedings of the Fifth National Urban Forest Conference，American Forestry Associantion，Washington DC，1991.

326. E.Gregory Mcpherson and Rowan A.Rowntree Energy conservation potential of urban tree planning. Journal of Arboriculture，1993，19（6）：321~331.
327. E.Gregory McPherson，James R.Simpson，Paula J.Peper，and Qingfu Xiao Benefit-cost analysis of Modesto municipal urban forest. Journal of Arboriculture，1999，25（5）：235~247..
328. George B. Profous and Rowan A Rowntree. The structure and management of the urban forest in Prague，Czechoslovakia，I. Growing space in metropolitan Prague. Journal of Arboriculture，1993，（17）：117~130.
329. Gobster P H. Urban Savanna：reuniting ecological preference and function. Restoration and Management Notes，1994，12（1）：64~71.
330. Goldstein B. The struggle over ecosystem management at Yellowstone.Bioscience，1992，42：183~187.
331. Grey G W，F J Deneke. Urban forestry. New York，1978.
332. Grumbine，R.E.What is Ecosystem Management.Conservation Biology，1994，8（1）：27 ~38.
333. Jessie L，David R. Betters Economic analysis of urban tree replacement decisions Journal of Arboriculture.2000，26（2）：69~76.
334. John F E.Gregory Mcpherson，Herbert W.Schroeder.Assessing the benefits and costs of the urban forest Journal of Arboriculture.1992，18（5）：227~234.
335. Jorgensen E. The history of Urban Forestry in Canada. In：First Canada Urban Forest Conference.1993，14~18.
336. Lewis C A. Green Nature / Human Nature：The Meaning of Plants in Our Lives. Chicago：University of Lllinois Press，1996.
337. McPherson E G，Rowntree R A. Energy conservation po tential of urban tree planning. Journal of Arboriculture，1993，19（6）：321~331.
338. McPherson E G. Structure and sustainability of Sacramento's urban forestry. Journal of Arboriculture，1998，24（2）：174~189.
339. Miller R W. Urban Forestry. New Jersey：Prentice Hall，1996.
340. Miller R W.Urban forestry：planning and managing urban green spaces. New Jersey：Prentice-Hall，Inc，1997.
341. Murphy W K，et al. Converting Urban Tree Residue to Energy. Journal of Arboriculture，1980，6（4）：85~88.
342. N J. 罗森堡 . 小气候——生物环境 . 北京：科学出版社，1982.
343. Nowak D J. Atmospheric Carbon Dioxide Reduction by Chicago' Urban forest 1994，95~114.
344. R・福尔曼 . 景观生态学 . 北京：科学出版社，1990.
345. Schaefer J M，M T. Designing and protecting river corridors for wildlife，Rivers，1992，3（1）：14~26.
346. Sudha P，Ravindranath N H. A study of Bangalore urban forest. Landscape and UrbanPlanning，2000，47：47~63.

植物名称对照表

（按笔画排序）

一画

一串红 *Salvia splendens*
一枝黄花 *Solidago decurens*
一品红 *Euphorbia pulcherrima*
一球悬铃木 *Platanus occidentalis*

二画

丁香 *Syzygium aromaticum*
七叶树 *Aesculus chinensis*
了哥王 *Wikstroemia indiea*
二月蓝（诸葛菜）*Orychophragmus violaceus*
二乔玉兰 *Magnolia soulangea*
二球悬铃木 *Platanus acerifolia*
人心果 *Manilkara zapota*
八仙花 *Viburnum macrocephalum*
八角金盘 *Fatsia japonica*
十大功劳 *Mahonia conferta*
十姐妹 *Rosa multiflora* var. *carnea*

三画

万年青 *Rohdea japonica*
三叶地锦 *Partthenocissus himalayana*
三角枫 *Acer bugerianum*
三药槟榔 *Areca triandra*
三倍体毛白杨（*Populus Tomentosa* ×*P. Bolleana*）× *P. Tomentosa*
三棱 *Euphorbia barnhartii*
三棵针 *Berberris amurensis*
千头柏 *Platycladus Orientalis* ‘*sieboldii*’
千根草 *Euphorbia thymifolia*
卫矛 *Euonymus sacrosancta*
土沉香 *Aquilaria sinensis*
大王棕（大王椰子）*Roystonea regia*
大叶冬青 *Ilex chinensis*
大叶桉 *Eucalyptus robusta*
大叶黄杨 *Euonymus japonica*
大叶黄柏 *Plantycladus fargeii*
大叶楠 *Machilus kusanoi*
大叶榕 *Ficus virens* var. *sublaneolata*
大红花 *Hibiscus fragilis*
大花紫薇 *Lagrestroemia speciosa*
大豆 *Glycine max*
大麦 *Hordeum vulgare*
大麦草 *Agropyron cristatum*
大果榆 *Ulmus macrocarpa*
女贞 *Ligustrum lucidum*
小叶丁香 *Syringa microphylla*
小叶女贞 *Ligustrum quiboui*
小叶红豆 *Ormasia microphylla*
小叶青冈 *Cyclobalanopsis myrsinaefolia*
小叶栎 *Quercus chenii*
小叶黄杨 *Buxus sinica*
小叶榕 *Ficus microcarpa*
小麦 *Triticum aestivum*
小果冬青 *Ilex micrococca*
小腊 *Ligustrum sinense*
小檗 *Berberis thunbergii*
山丁子 *Malus baccata*
山乌桕 *Sapium disiolor*

山杏 *Prunnus sibirica*
山杨 *Populus davidiana*
山皂角 *Gleditsia japonica*
山皂荚 *Gleditsia melanacantha*
山里红 *Crataegus pinnatifida*
山胡椒 *Lindera glauca*
山茶 *Camellia japonica*
山荞麦 *Ploygonum allbertii*
山桃稠李 *Prunus maackii*
山梅花 *Philadelphus schrenkii*
山麻杆 *Alchornea davidii*
山腊梅 *Chimonanthus nitens*
山葡萄 *Vitis amurensis*
山楂 *Crataegus pinnatifida*
山槐 *Maackia amurensis*
川楝 *Melia toosendan*
广玉兰 *Magnolia grandiflora*
马占相思 *Acacia mangium*
马尼拉草 *Zoysia matrella*
马尾松 *Pinus massoniana*
马唐 *Digitaria sanguinalis*
马铃薯 *Solanum tuberosum*
马缨丹 *Lantana camara*

四画

中华结缕草 *Zoysia sinica*
中国梧桐 *Firmiana simplex*
丰花月季 *Floribunda roses*
乌来冬青 *Ilex uraiensis*
乌桕 *Sapium sebiferum*
乌蔹莓 *Cissus japonica*
乌榄 *Canarium pimela*
云杉 *Picea asperata*
云实 *Caesalpinia decapetala*
云南黄馨 *Jasminum mesnyi*
五爪金龙 *Ipomoea cairica*
五叶地锦 *Parthenocissus uinquefolia*
五节芒 *Miscanthus floridulus*
五角槭 *Acer mono*
五味子 *Schisandra chinensis*
五味子 *Schisandra chinensis*
元宝枫 *Acer truncatum*
凤仙花 *Impatiens balsamina*
凤尾兰 *Yucca gloriosa*
凤凰木 *Delonix regia*
凤凰竹（凤尾竹）*Bambusa multiplex* var. *mama*
化香 *Platycarya strobilacea*
天女木兰 *Magnolia sieboldii*
天目琼花 *Viburnum sargentii*
天竺桂 *Cinnamomum japonicum*
太平花 *Philadelphus pekinensis*
巴豆 *Croton tiglium*
文冠果 *Xanthoceras sorbifolia*
无花果 *Ficus carica*
无刺刺槐 *Robinia pseudoacacia* var. *inermis*
无患子 *Sapindus mukurassi*
日本七叶树 *Aesculus turbinata*
日本小檗 *Berberis thunbergii*
日本冷杉 *Abies firma*
日本辛夷 *Magnolia kobus*
日本榧 *Torreya nucifera*
日本樱花 *Cerasus yedoensis*
月季 *Rosa chinensis*
月桂 *Laurus nobilis*
木瓜 *Chaenomeles sinensis*
木芙蓉 *Hibiscus mutabilis*
木油桐（皱桐）*Aleurites montana*
木波罗 *Artocarpus heterophyllus*
木香 *Rosa banksiae*
木绣球 *Hydrangea paniculata*
木荷 *Schima superba*
木莲 *Manglietia fordiana*
木麻黄 *Casuarina equisetifolia*
木棉 *Bombax malabaricum*
木榄 *Bruguiera gymnorhiza*
木槿 *Hibiscus syriacus*
毛白杨 *Populus tomentosa*
毛竹 *Phyllostachys pubescens*
毛赤扬 *Alnus hirsute*
毛果巴豆 *Croton lachnocarpus*
毛梾 *Cornus walteri*
毛樱桃 *Prunus tomentosa*

水冬瓜 *Alnus cremastogyne*
水曲柳 *Fraxinus mandshurica*
水竹 *Bambusa rigida*
水杉 *Metasequoia glyptostroboide*
水松 *Glyptostrobus pensilis*
水青冈 *Fagus longipetiolata*
水葱 *Scirpus tabernaemontani*
水榆花楸 *Sorbus alnifolia*
水蜡 *Ligusfrum obtusifolium*
火力楠 *Michelia macclurei*
火炬松 *Pinus taeda*
火炬树 *Rhus typhina*
火秧簕 *Euphorbia antiquorum*
火棘 *Pyracantha fortuneana*
火焰花 *Phlogacanthus curviflorus*
王莲 *Victoria amazonica*（*V. regia*）
王棕 *Roystonea regia*
贝壳杉 *Agathis dammara*
长叶石栎 *Lithocarpus henryi*
长叶莴苣 *Lactuca dolichophylla*
长白忍冬 *Lonicera ruprechtiana*
长白落叶松 *Larix olgensis*
长枝竹 *Bambusa dolichoclada*
长梗郁李 *Prunus nakaii*

五画

东北扁核木 *Prinsepia sinensis*
东亚唐棣 *Amelanchier asiatica*
东瀛珊瑚 *Aucuba japonica*
丝兰 *Yucca smalliana*
丝棉木 *Euonymus bungeanus*
冬瓜 *Benincasa hispida*
冬青 *Ilex purpurea*
加拿大杨 *Populus canadaensis*
北京丁香 *Syringa pekinensis*
北美圆柏 *Sabina virginiana*
北美鹅掌楸 *Liriodendron tulipifera*
台湾三角枫 *Acer buergerianum* var. *formosanum*
台湾红豆 *Ormosia formosana*
台湾相思 *Acacia confusa*
四方竹 *Chimonobambusa quadrangularis*
四季桂 *Osmanthus fragrans* var. *semperflorens*
四照花 *Cornus kousa* var. *chinensis*
巨尾桉 *Eucalyptus grandis* × *e. urophylla*
平枝栒子 *Cotoneaster horizontalis*
平基槭 *Acer truncatum*
玉兰 *Magnolia denudata*
玉米 *Zea mays*
瓜子黄杨 *Buxus sinica*
甘遂 *Euphorbia ransui*
白三叶 *Trifolium repens*
白千层 *Melaleuca leucadendra*
白木通 *Akebia trifoliate* var. *australis*
白牛槭 *Acer mandshurica*
白兰 *Michelia alba*
白玉兰 *Magnolia denulata*
白皮松 *Pinus albicaulis*
白杄云杉 *Picea meyeri*
白栎 *Quercus fabri*
白骨壤 *Avicennia marina*
白桦 *Betula platyphylla*
白菜 *Brassica pekinensis*
白榆 *Ulmus. pumila*
白蜡 *Fraxinus chinensis*
石山巴豆 *Croton calcareous*
石栎 *Lithocarpus glabra*
石栗 *Aleurites moluccana*
石菖蒲 *Acorus tatarinowii*
石斑木 *Photinia glabra*
石楠 *Photinia serrulata*
石蒜 *Lycoris radiata*
石榴 *Punica granatum*
龙爪柳 *Salix matsudana f. tortusa*
龙爪槐 *Sophora japonica* var. *pendula*
龙牙花 *Erythrina corallodendron*
龙竹 *Dendrocalamus giganteus*
龙舌兰 *Agave americana*
龙柏 *Sabina chinensis* var. *kaizuka*
龙眼 *Dimocarpus longan*

六画

光叶榉 *Zelkova serrata*

全缘栾树 *Koelreuteria bipinnata*
兴安杜鹃 *Rhododendron dauricum*
兴安桧 *Sabina davurica*
兴安落叶松 *Larix gmelinii*
刚竹（桂竹、苦竹、斑竹）*Phyllostachys bambusoides*
刚果 12 号桉 *Eucalyptus* abl 12
华山松 *Pinus armandi*
华北卫矛 *Euonymus maackii*
华盛顿棕 *Washingtonia filifera*
印度榕 *Ficus elastica*
合欢 *Albizia julibrissin*
吉祥草 *Reineckia carnea*
吊丝单竹 *Dendrocalamus variostriata*
吊灯花 *Hibiscus schizopetalus*
向日葵 *Helianthus annus*
地瓜 *Ficus tikoua*
地肤 *Kochia scoparia*
地榆 *Sanguisorba officinalis*
地锦 *Parthenocissus tricuspidata*
多年黑麦草 *Lolium perenne*
多花蔷薇 *Rosa multiflora*
多脉青冈 *Cyclobalanopsis mutinervis*
多裂麻疯树 *Jatropha curcas*
夹竹桃 *Nerium indicum*
早园竹 *Phylloslarhys praecox*
早熟禾 *Poa annua*
朱槿 *Hibiscus rosa-sinensis*
朱蕉 *Cordyline fruticosa*
朴树 *Celtis sinensis*
杂交鹅掌楸 *Liriodendron chinense*
池杉 *Taxodium ascendens*
灯台树 *Cornus controversa*
百里香 *Thymus mongolicus*（*T. serpyllum* var. *mongolicus*）
竹节树 *Carallia brachiata*
米槠 *Castanopsis carlesii*
红丁香 *Syringa villosa*
红千层 *Callistemon rigidus*
红叶乌桕 *Euphorbia cotiniflia*
红叶李 *Prunus cerasifera*
红皮云杉 *Picea koraiensis*
红花八角 *Illicium arborescens*
红花夹竹桃 *Nerium carnea*
红花羊蹄甲 *Bauhinia blakeana*
红花刺槐 *Sophora rubriflora*
红花檵木 *Lorpetalum chinense* var. *rubrum*
红芽大戟 *Knoxia carymbosa*
红松 *Pinus koraiensis*
红果子 *Crataegus cuneata*
红枫 *Acer palmatum f. atropureum*
红背桂 *Excoecaria cochin-chinensis*
红栲 *Castanopsis hystrix*
红桑 *Murus rubra*
红桧 *Chamaecyparis formosensis*
红雀珊瑚 *Pedilanthus tithymaloides*
红椿 *Cedrela toona*
红瑞木 *Cornus alba*
红槭 *Acer rubrum*
红鳞扁莎 *Pycreus sanguiolentus*
羊茅 *Festuca ovina*
羊草 *Leymus chinensis*
羊蹄甲 *Bauhinia perpurea*
老鼠刺 *Berberis julianae*
耳叶相思 *Acacia auriculiformis*
色木槭 *Acer mono*
芝麻 *Eruca sativa*
西府海棠 *Cerasus arasoides* var. *rubra*
西番莲 *Passiflora coerulea*
观光木 *Tsoongiodendron odorum*
阴香 *Cinnamomum burmannii*

七画

余甘子 *Phyllanthus emblica*
佛肚竹 *Bambusa ventricosa*
冷杉 *Abies fabri*
含笑 *Michelia figo*
坚荚树 *Viburnum sempervirens*
孝顺竹 *Bambusa multiplex*
尾叶桉 *Eucalyptus urophylla*
忍冬 *Lonicera maackii*
怀牛膝 *Achyranthes bidentata*

扶桑 *Hibiscus rosa-sinensis*
拟南芥 *Arabidopsis thaliana*
旱柳 *Salix matsudana*
李子 *Prunus salicina*
杧果 *Mangifera indica*
杜仲 *Eucommia ulmoides*
杜松 *Juniperus rigida*
杜英 *Elaeocarpus decipiens*
杜鹃 *Rhododendron simsii*
杠柳 *Periploca sepium*
杨梅 *Myrica rubra*
沙地柏 *Sabina vulgaris*
沙松 *Abies holophylla*
沙果 *Malus asiatica*
沙枣 *Laeagnus angustifolia*
沙棘 *Hippophae rhmnoides*
牡丹 *Paeonia suffruticosa*
皂荚 *Gleditsia triacanthos*
芥菜 *Brassica juncea*
芦苇 *Phragmites communis*
芫花 *Daphne genrwa*
花竹 *Phyllostachys nidularia*
花楸 *Sorbus pohuashanensis*
花榈木 *Ormosia henryi*
芽竹 *Phyllostachys robustiramea*
苎麻 *Boehmeria nivea*
苏木 *Caesslpinia sappan*
苏铁 *Cycas revolute*
赤竹 *Sasa longiligulata*
赤桉 *Eucalyptus camaldolensia*
迎春 *Jasminum nudiflorum*
迎夏 *Jasminum floridum*
连翘 *Forsythia mandshurica*
阿丁枫（细青皮）*Altingia execlsa*
鸡爪槭 *Acer palmatum*
鸡血藤 *Millettia reticulata*
鸡尾木 *Excoecaria agallocha*
鸡冠花 *Celosia cristata*
鸡树条荚蒾 *Viburnum sargentii*
鸡蛋花 *Plumeria rubra*
鸡麻 *Rhodotypos scandens*
麦瓶草 *Silene vulgaris*

八画

京桃 *Prunus davidiana*
使君子 *Quisqualis indica*
依兰 *Cananga odorata*
侧柏 *Platycladus orientalis*
刺南蛇藤 *Celastrus flagellaris*
刺柏 *Juniperus formosana*
刺葵 *Phoenix hanceana*
刺槐 *Robinia pseudoacacia*
坡垒 *Hopea hainanensis*
垂丝海棠 *Malus halliana*
垂柳 *Salix babylonica*
垂盆草 *Sedum sarmentosum*
垂榆（垂枝榆）*Ulmus pumila* var. *pendula*
夜合 *Magnolia coco*
夜来香 *Cestrum nocturnum*
实心竹 *Phyllostachys bambusoides*
拧筋槭 *Acer triflorum*
松东锦鸡儿 *Caragana ussuriensis*
松田氏冬青 *Euonymus matsudai*
板栗 *Castanea mollissima*
构树 *Broussonetia papyrifera*
枇杷 *Eriobotrya japonica*
枣 *Ziziphus jujuba*
枫杨 *Pterocarya stenoptera*
枫香 *Liquidambar formasana*
欧洲云杉 *Picea abies*
河柳 *Salix chaenomeloides*
油松 *Pinus tabulaeformis*
油茶 *Camellia oleifera*
油桐 *Aleurites fordii*
油棕 *Elaeis guineensis*
沿阶草 *Ophiopogon bodinieri*
法国梧桐 *Platanus arientalis*
泡花树 *Craibiodendron stellatum*
泡桐 *Paulownia fortunei*
泽漆 *Euphorbia hekioscopia*
爬山虎 *Parthenocissus tricuspidata*
爬地柏 *Juniperus procumbens*

狗牙根 *Cynodon dactylon*
狗枣子 *Actinidia kolomikta*
玫瑰 *Rosa rugosa*
空心苋 *Alternanthera pungens*
细叶变叶木 *Codiaeum* var. *variegatum* f. *taeniosum*
细叶榕 *Ficus retusa*
细轴芫花 *Wikstroemia nutans*
罗汉竹 *Phyllostachys pubescens* var. *heterocucla*
罗汉松 *Podocarpus macrophilus*
肯氏南洋杉 *Araucaria cunninghamii*
肯氏相思 *Acacia cunninghamii*
苜蓿 *Medicago sativa*
苦楝 *Melia azedarach*
苦槛蓝 *Myoporum bontioides*
苦槠 *Castanopsis sclerophylla*
英国栎 *Quercus robur*
苹果 *Malus pumila*
苹婆 *Sterculia nobilis*
茉莉 *Jasminum sambac*
茑萝 *Quamoclit pennata*
软枝黄蝉 *Allemenda cathartica*
软枣 *Diospyros lotus*
郁金香 *Tulipa gesneriana*
金丝桃 *Hypericum chinense*
金丝梅 *Hyperricum beanii*
金叶女贞 *Ligustrum vicargi*
金合欢 *Acaia farnesiana*
金老梅 *Potentilla fruticosa*
金鱼藻 *Ceratophyllum demersum*
金钟花 *Forsythia viridissima*
金钱松 *Pseudolarix amabilis*
金钱草 *Desmodium styractfolium*
金银木（金银忍冬）*Lonicera maackii*
金银花 *Lonicera japonica*
金雀锦鸡儿 *Caragana frutex*
金焰绣线菊 *Spiraea xbumalda*
金缕梅 *Hamamelis mollis*
金樱子 *Rosa laevigata*
青冈 *Cyclobalanopsis glauca*
青冈栎 *Cyclobalanopsis glauca*
青牛胆 *Tinospora sagittata*
青皮竹 *Bambusa textiles*
青杆云杉 *Picea wilsonii*
青桐 *Firmiana simplex*
青钱柳 *Cyclocarya paliurus*
鱼尾葵 *Caryota ochlandra*
鸢尾 *Iris tectorum*

九画

冠盖藤 *Pileostegia viburnoides*
南天竹 *Nandina domestica*
南方红豆杉 *Taxus chinensis* var. *mairei*1
南京椴 *Tilia miqueliana*
南岭黄檀 *Dalbergia balansae*
南洋杉 *Araucaria cunninghamia*
南洋楹 *Albizia falcate*
南蛇藤 *Celastrus arbiculatus*
南酸枣 *Choerospondias axillaris*
厚皮香 *Ternstroemia gymnanthera*
厚荚相思 *Acacia crassicapa*
变叶木 *Codiaeum* var. *variegatum*
复叶槭 *Acer negundo*
扁担杆子 *Grewia biloba*
扁桃 *Amygdalus communis*
挪威槭 *Acer platanoides*
映山红 *Rhododendron simsii*
枸骨 *Ilex cornuta*
枸骨叶冬青 *Ilex aquifolium*
枸橘 *Poncirus trifoliata*
柑橘 *Citrus reticulata*
柘树 *Cudrania tricuspidata*
柚木 *Tectona grandis*
柠檬 *Citrus medica*
柠檬桉 *Eucalyptus citriodora*
柳杉 *Cryptomeria fortunei*
柳条稷 *Panicum virgatum*
柽柳 *Tamarix chinensis*
柿 *Diospyros kaki*
栀子花 *Gardenia jasminodes*
树锦鸡儿 *Caragana arborescens*
洋丁香 *Syringa vulgaris*
洋白蜡 *Fraxinus pennsylvanica*

洋金凤 *Caesalpinia pulcherrima*
洋紫荆 *Bauhinia blakeana*
洋葱 *Allium cepa*
洋蒲桃 *Syzygium samarangense*
洒金柏 *Plantycladus orientalis* 'memperourescens'
炮仗花 *Colquhounia mollis*
牵牛花 *Pharbitis indica*
独活 *Herackeum hemsleyanum*
狭叶十大功劳 *Mahonia fortunei*
珊瑚藤 *Antigonon leptopus*
珍珠绣线菊 *Spiraea thunbergii*
珍珠梅 *Sorbaria sorbifolia*
畏芝 *Cadrania cochinchinensis*
盆架子 *Alstonia scholars*
盆架树 *Winchia calophylla*
相思树 *Acacia confusa*
秋枫 *Bischofia javanica*
秋茄树 *Kandelia candel*
类芦 *Neyraudia reynaudiana*
籽椴 *Tilia amurensis*
绒毛白蜡 *Fraxinus tomentosa*
结香 *Edgeworthia chrysantha*
结缕草 *Zoysia japonica*
络石 *Trachelospermum jasminoides*
美人蕉 *Canna indica*
美女樱 *Verbena hybrida*
美丽针葵 *Phoenix loureirii*
美国山核桃 *Carya illinoensis*
美国地锦 *Phrthenocissus quinquefolia*
美洲五针松 *Pinus strobus*
美蔷薇 *Rosa bella*
美蕊花 *Calliandra surinanensis*
胡杨 *Populus diversifolia*
胡枝子 *Lespedeza bicolor*
胡萝卜 *Daucus carota* var. *sativa*
胡颓子 *Elaeagnus pungens*
茶条槭 *Acer ginnala*
荔枝 *Litchi chinensis*
荞麦 *Fagopyrum esculentum*
贴梗海棠 *Chaenomeles speciosa*
重阳木 *Bischofia polycarpa*
重瓣榆叶梅 *Prunus triloba* var. *plena*
钝叶黄檀 *Dalbergia obtusifolia*
韭菜 *Allium tuberosum*
香果树 *Emmenopterys henryi*
香桂 *Cinnamomum porrectum*
香椿 *Toona sinensis*
香榧 *Torreya grandis*
香樟 *Cinnamomum camphora*

十画

倭竹 *Shibataea chinensis*
凌霄 *Campsis grandiflora*
唐菖蒲 *Gladiolus communis*
圆叶乌桕 *Sapium rotundifolium*
圆冠榆 *Ulmus densa*
圆柏 *Sabina chinensis*
家榆 *Ulmus pumila*
射干 *Belamcanda chinensis*
栓皮栎 *Quercus vaiabilis*
核桃 *Juglans regia*
核桃楸 *Juglans mandshurica*
格氏栲 *Castanopsis kawakamii*
栾树 *Koerleuteria paniculata*
桂花 *Osmanthus fragrans*
桃 *Prunus persica*
桃花心木 *Swietenia mahogany*
桄榔 *Arenga saccharifera*
桉 *Eucalyptus robusta*
桑树 *Morus alba*
桤木 *Alnus cremastogyne*
梧桐 *Firmiana simplex*
浮萍 *Lemna minor*
海州常山 *Clerodendrum trichotomum*
海枣 *Phoenix dactylifera*
海南蒌 *Piper hainanense*
海桐 *Pittosporum tobira*
海棠 *Malus spectabilis*
狼毒 *Euphorbia fischeriana*
笑靥花 *Spiraea prunifolia*
粉叶爬墙虎 *Parthenocissus thomsonii*
粉花绣线菊 *Spiraea japonica*

绣线菊 *Spiraea sp.*
绦柳 *Salix matsudana* f. *pendula*
臭松 *Abies nephrolepis*
臭椿 *Ailanthus altissima*
荷花 *Nelumbo nucifera*
荷花玉兰 *Magnolia gandiflora*
莴苣 *Lactuca sativa*
莽草 *Illicium lanceolatum*
蚊母树 *Distylium racemosum*
蚕豆 *Vicia faba*
酒瓶椰 *Mascarena lagenicaulis*
铁刀木 *Cassia siamea*
铁线莲 *Clematis florida*
铁海棠 *Euphorbia mivii*
铅笔柏 *Sabina virginiana*
高山积雪 *Euphorbia marginata*
高山榕 *Ficus altissima*
高丽芝草 *Zoysia fennifolia*

十一画

偃伏梾木 *Cornus stolonifera*
假色槭 *Acer pseudo-sieboldianum*
假连翘 *Duranta repens*
假俭草 *Ermochloa ophiuroides*
假蚊母树 *Distyliopsis dunnii*
假槟榔 *Archontophoenix alexandrae*
剪刀股 *Ixerlis debilis*
常春藤 *Hedera nepalensis* var. *sinensis*
常绿油麻藤 *Mucuna sempervirens*
彩叶草 *Coleus scutellarioides*
悬竹 *Ampelocalamus*
悬铃木 *Platanus acerifolia*
悬铃花 *Malvaviscus*
接骨木 *Sambucus williamsii*
曼陀罗 *Datara stramoniam*
望春花 *Magnolia biondii*
梅花 *Armeniaca mume*
梓树 *Catalpa ovata*
深山含笑 *Michelia maudiae*
猕猴桃 *Actinidia chinensis*
猪殃殃 *Galium aparine* var. *tenerum*
猫尾木 *Dolichandrone cauda-felina*
猫眼草 *Euphorbia lunulata*
甜瓜 *Cucumis melo*
甜龙竹 *Dendrocalamus brandisii*
甜储 *Castanopsis eyeri*
第伦桃（五桠果）*Dillenia indica*
续随子 *Euphorbia lathyris*
绿竹 *Bambusa oldhami*
菜豆树 *Radermachera sinica*
菠菜 *Spinacia*
菩提树 *Ficus riligiosa*
菲白竹 *Sasa fortuner*
菹草 *Potamogeton crispus*
萍蓬草 *Nuphar pumilum*
萝卜 *Raphanus sativus*
象牙红 *Euphorbia pucherrima*
鄂西红豆 *Ormosia hosiei*
野桉 *Eucalyptus rudis*
野梨 *Pyrus ussuriensis*
野蔷薇 *Rosa multiflora*
野樱桃 *Cerasus serrulata*
银中杨 *Populus alba* f. *berolinensis*
银合欢 *Leucaena glauca*
银杏 *Ginkgo biloba*
银桑 *Acer ginnala ssp.theiferum*
银桦 *Grevillea robusta*
银粉背蕨 *Aleuritopteris argentea*
雀舌黄杨 *Buxus bodinieri*
雪松 *Cedrus deodara*
麻叶绣球 *Spiraea cantoniensis*
麻竹（大头典竹）*Bendrocalamus latiflorus*
麻栎 *Quercus accutissima*
黄心榕 *Ficus microcarpa*
黄毛豆腐柴 *Premna fukva*
黄瓜 *Cucumis sativus*
黄杞 *Engelhardtia roxburghiana*
黄杨 *Buxus sinica*
黄芫花 *Wikstroemia*
黄花夹竹桃 *Thevetia peruviana*
黄花铁线莲 *Clematis intricate*
黄花槐 *Sophroa xanthoantha*

黄连木 *Pistacia chinensis*
黄刺玫 *Rosa xanthina*
黄金条 *Forsythia viridissima*
黄金间碧玉竹 *Phyllostachys bambusoides var castilloni*
黄金榕 *Ficus microcarpa*
黄栌 *Cotinus clggygria*
黄荆 *Vitex negundo*
黄棉木 *Adina polycephala*
黄葛榕 *Ficus virena ait var sublanccolata*
黄槿 *Hibiscus tiliaceus*
黄檗（黄波罗）*Phellodendron amurense*
黄馨 *Jasmminum mesnyi*

十二画

喜树 *Campotheca acuminata*
喷雪花 *Spiraea thunbergii*
塔柏 *Sabina chinensis* ‘*pyramidalis*’
散尾葵 *Chrysalidocarpus lutescens*
散沫花 *Lawsonia inermis*
斑茅 *Erianthus arundinaceus*
景天 *Sedum erythrostictum*
朝鲜荚蒾 *Viburnum koreanum*
棕竹 *Rhapis excelsa*
棕榈 *Trachycarpus fortunei*
棠梨 *Malus manshurica*
棣棠 *Kerria japonica*
椤木石楠 *Photinia davidsoniae*
椰子树 *Cocos nucifera*
榔榆 *Ulmus parvifolia*
湖北海棠 *Malus hapenhensis*
湿地松 *Pinus elliottii*
草 *Koeleria cristata*
溲疏 *Deutzia scabra*
番石榴 *Psidium guajava*
番茄 *Lycopersicon esculentum*
短叶松 *Pinus banksiana*
硬枝黄蝉 *Alameda neriifolia*
紫丁香 *Syringa oblata*
紫叶小檗 *Berberris vulgaris* var. *atropurea*
紫玉兰 *Magnolia liliflora*
紫竹 *Phyllostachys nigra*
紫杉 *Taxus cuspidate*
紫花苜蓿 *Medicago sativa*
紫金牛 *Ardisia japonica*
紫洋芋 *Festuca rubra*
紫荆 *Cercis chinensis*
紫椴 *Tilia amurensis*
紫楠 *Phoebe sheareri*
紫薇 *Lagersteromia indica*
紫穗槐 *Amorpha fruticosa*
紫藤 *Wisteria sinensis*
腊肠树 *Cassia fistula*
腊梅 *Chimonanthus praecox*
萱草 *Hemerocallis fulva*
萹蓄 *Polygomun aviculare*
落叶松 *Larix gmlinii*
落羽杉 *Taxodium distchum*
葛藤 *Pueraria lobataohwii*
葡萄 *Vitis vinifera*
董棕 *Caryopta obtusa*
遏蓝菜 *Thlaspi caerulesccens*
酢浆草 *Oxalis corniculata*
铺地龙柏 *Sabina chinensis*
阔叶猕猴桃 *Actinidia latifolia*
鹅耳枥 *Carpinus turczaninowii*
鹅掌楸 *Liriodendron chinense*
黑心菊 *Rudeckia hybrida*
黑皮油松 *Pinus tabulaeformis* var. *mukdensis*
黑松 *Pinus thunbergii*
黑荆 *Acacia mearnsii*

十三画

新疆杨 *Populus alba* var. *pyramidalis*
椴树 *Tilia tomentosa*
楔叶茶藨子 *Ribes diacantha*
楝树 *Melia azedarach*
楸树 *Catalpa bungei*
楹树 *Albizia chinensis*
榆叶梅 *Prunus triloba*
榆树 *Ulmus pumila*
榉树 *Zelkova schneideriana*

槐树 *Sophora japonica*
满天星 *Pavetta hongkonggensis*
睡莲 *Nymphaea tetragona*
福建青冈 *Cyclobalanopsis daimingshanensis*
福建柏 *Foienia hodginsii*
稠李 *Prunus padus*
蒙古栎 *Quercus mongolica*
蒲桃 *Syzygium jambos*
蒲葵 *Livistona chinensis*
蓝桉 *Eucalyptus globules*
蓬垒悬钩子 *Rubus crataegifolius*
蜂腰榕 *Ficus capitulatus*
锦带花 *Weigela florida*
鼠李 *Rhamnus yoshinoi*

十四画

榕树 *Ficus microcarpa*
榧树 *Torreya grandis*
漫竹 *Phyllostachys stimulosa*
碧桃 *Prunus persica*
蔷薇 *Rosa multiflora*

十五画

槭树 *Acer veitchii*
撑篙竹 *Bambusa pervariabilis*
暴马丁香 *Syringa ticulata*
槲树 *Quercus dentate*
樟子松 *Pinus sylvestris* var. *mongolica*
樟叶槭 *Acer cinnamomifolium*
樟树 *Cinnamomum camphora*
樱花 *Prunus serrulata*
樱桃 *Cerasus pseudocerasus*
橄榄 *Canarium album*
橡树 *Quercus dentate*
蝴蝶果 *Cleidiacarpon cavaleriei*
蝴蝶荚蒾 *Viburnum plicatum f. tomentosum*

十六画

燕麦 *Avena fatua*
糖棕 *Borassus flabellifer*
糖槭 *Acer saccharinum*
薄壳山核桃 *Carya ilinoensis*
薜荔 *Ficus pumila*

十七画

糠椴 *Tilia mandshurica*
蟋蟀草 *Elesine indica*

十八画

藤竹 *Dinochloa utilis*
藤枝竹 *Bambusa lenta*
藤金合欢 *Acacia sinuate*
藤黄檀 *Dalbergia hancei*
蟛蜞菊 *Wedelia chinensis*
鹰爪 *Haworthia radula*

十九画

麒麟冠 *Epipremnum pinnatum*

国家林业局重点出版工程　国家出版基金资助项目

"十二五"国家重点图书出版规划项目——中国森林生态网络体系建设出版工程

内容简介

党的十八大把生态文明建设放在突出地位，将生态文明建设提高到一个前所未有的高度，并提出建设美丽中国的目标，通过大力加强生态建设，实现中华疆域山川秀美，让我们的家园林荫气爽、鸟语花香，清水常流、鱼跃草茂。

2002年，在中央和国务院领导亲自指导下，中国林业科学研究院院长江泽慧教授主持《中国可持续发展林业战略研究》，从国家整体的角度和发展要求提出生态安全、生态建设、生态文明的"三生态"指导思想，成为制定国家林业发展战略的重要内容。国家科技部、国家林业局等部委组织以彭镇华教授为首的专家们开展了"中国森林生态网络体系工程建设"研究工作，并先后在全国选择25个省(自治区、直辖市)的46个试验点开展了试验示范研究，按照"点"(北京、上海、广州、成都、南京、扬州、唐山、合肥等)"线"(青藏铁路沿线，长江、黄河中下游沿线，林业血防工程及蝗虫防治等)"面"(江苏、浙江、安徽、湖南、福建、江西等地区)理论大框架，面对整个国土合理布局，针对我国林业发展存在的问题，直接面向与群众生产、生活，乃至生命密切相关的问题；将开发与治理相结合，及科研与生产相结合，摸索出一套科学的技术支撑体系和健全的管理服务体系，为有效解决"林业惠农""既治病又扶贫"等民生问题，优化城乡人居环境，提升国土资源的整治与利用水平，促进我国社会、经济与生态的持续健康协调发展提供了有力的科技支撑和决策支持。

"中国森林生态网络体系建设出版工程"是"中国森林生态网络体系工程建设"等系列研究的成果集成。按国家精品图书出版的要求，以打造国家精品图书，为生态文明建设提供科学的理论与实践。其内容包括系列研究中的中国森林生态网络体系理论，我国森林生态网络体系科学布局的框架、建设技术和综合评价体系，新的经验，重要的研究成果等。包含各研究区域森林生态网络体系建设实践，森林生态网络体系建设的理念、环境变迁、林业发展历程、森林生态网络建设的意义、可持续发展的重要思想、森林生态网络建设的目标、森林生态网络分区建设；森林生态网络体系建设的背景、经济社会条件与评价、气候、土壤、植被条件、森林资源评价、生态安全问题；森林生态网络体系建设总体规划、林业主体工程规划等内容。这些内容紧密联系我国实际，是国内首次以全国国土区域为单位，按照点、线、面的框架，从理论探索和实验研究两个方面，对区域森林生态网络体系建设的规划布局、支撑技术、评价标准、保障措施等进行深入的系统研究；同时立足国情林情，从可持续发展的角度，对我国林业生产力布局进行科学规划，是我国森林生态网络体系建设的重要理论和技术支撑，为圆几代林业人"黄河流碧水，赤地变青山"梦想，实现中华民族的大复兴。

作者简介

彭镇华教授，1964年7月获苏联列宁格勒林业技术大学生物学副博士学位。现任中国林业科学研究院首席科学家、博士生导师。国家林业血防专家指导组主任，《湿地科学与管理》《中国城市林业》主编，《应用生态学报》《林业科学研究》副主编等。主要研究方向为林业生态工程、林业血防、城市森林、林木遗传育种等。主持完成"长江中下游低丘滩地综合治理与开发研究""中国森林生态网络体系建设研究""上海现代城市森林发展研究"等国家和地方的重大及各类科研项目30余项，现主持"十二五"国家科技支持项目"林业血防安全屏障体系建设示范"。获国家科技进步一等奖1项，国家科技进步二等奖2项，省部级科技进步奖5项等。出版专著30多部，在《Nature genetics》《BMC Plant Biology》等杂志发表学术论文100余篇。荣获首届梁希科技一等奖，2001年被授予九五国家重点攻关计划突出贡献者，2002年被授予"全国杰出专业人才"称号。2004年被授予"全国十大英才"称号。